黑客攻防与电脑安全从新手到高手

（微视频+火力升级版）

网络安全技术联盟 编著

清华大学出版社
北京

内容简介

本书在剖析用户进行黑客防御中迫切需要或想要用到的技术时，力求对其进行“傻瓜”式的讲解，使读者对网络防御技术有一个系统的了解，能够更好地防范黑客的攻击。全书共分为 17 章，包括电脑安全快速入门，电脑系统漏洞的防护策略，系统入侵与远程控制的防护策略，电脑木马的防护策略，电脑病毒的防护策略，电脑系统安全的防护策略，电脑系统账户的防护策略，磁盘数据安全的防护策略，文件密码数据的防护策略，网络账号及密码的防护策略，网页浏览器的防护策略，移动手机的安全防护策略，平板电脑的安全防护策略，网上银行的安全防护策略，手机钱包的安全防护策略，无线蓝牙设备的安全防护策略，无线网络安全的防护策略等内容。

本书赠送的微视频，读者可直接在书中扫码观看。另外，本书还赠送其他王牌资源，帮助读者掌握黑客防守方方面面的知识。由于赠送资源比较多，我们在本书前言部分对资源项做了详细说明。

本书内容丰富，图文并茂，深入浅出，不仅适用于网络安全从业人员及网络管理员，而且适用于广大网络爱好者，也可作为大中专院校相关专业的参考书。

图书在版编目(CIP)数据

黑客攻防与电脑安全从新手到高手：微视频+火力升级版 / 网络安全技术联盟编著. —北京：清华大学出版社，2019 (2024. 8 重印)
（从新手到高手）
ISBN 978-7-302-52590-5

Ⅰ ①黑… Ⅱ. ①网… Ⅲ. ①黑客—网络防御 Ⅳ. ①TP393.081

中国版本图书馆CIP数据核字（2019）第044611号

责任编辑：张　敏
封面设计：杨玉兰
责任校对：胡伟民
责任印制：从怀宇

出版发行：清华大学出版社
网　　址：https://www.tup.com.cn，https://www.wqxuetang.com
地　　址：北京清华大学学研大厦A座　　**邮　　编：**100084
社 总 机：010-83470000　　**邮　　购：**010-62786544
投稿与读者服务：010-62776969, c-service@tup.tsinghua.edu.cn
质量反馈：010-62772015, zhiliang@tup.tsinghua.edu.cn
印 装 者：涿州市般润文化传播有限公司
经　　销：全国新华书店
开　　本：185mm×260mm　　**印　　张：**19.75　　**字　　数：**495千字
版　　次：2019年6月第1版　　**印　　次：**2024年 8月第6次印刷
定　　价：69.80元

产品编号：082952-01

Preface

前 言

随着手机、平板电脑的普及，无线网络的安全防范就变得尤为重要。为此，本书除了讲解 有线网络的攻防策略外，还把目前市场上流行的无线攻防、移动端攻防、手机钱包等热点 问题融入本书中。

本书特色

知识丰富全面：涵盖了所有黑客攻防知识点，由浅入深地介绍黑客攻防方面的技能。

图文并茂：注重操作，在介绍案例的过程中，每一个操作均有对应的插图。这种图文结合的方式便于读者在学习中直观、清晰地看到操作的过程及效果，更快地理解和掌握。

案例丰富：把知识点融汇于系统的案例实训当中，并且结合经典案例进行讲解和拓展，进而达到“知其然，并知其所以然”的效果。

提示技巧、贴心、周到：本书对读者在学习中可能会遇到的疑难问题以“提示”的形式进行了说明，以免读者在学习的过程中走弯路。

超值赠送

本书除赠送214节同步微视频外，还赠送精美教学PPT课件，黑客工具（107个）速查电子书，常用黑客命令（160个）速查电子书，常见故障维修电子书，Windows 10系统使用和防护技巧电子书，8大经典密码破解工具电子书，加密与解密技术快速入门电子书，网站入侵与黑客脚本编程电子书，黑客命令全方位详解电子书。读者可扫描右方二维码或通过电子邮件至zhangmin2@tup.tsinghua.edu.cn获取PPT课件和电子书。

PPT课件

电子书

读者对象

本书不仅适用于网络安全从业人员及网络管理员，而且适用于广大网络爱好者，也可作为大中专院校相关专业的参考书。

写作团队

本书由长期研究网络安全知识的网络安全技术联盟组织编写，王秀英、王英英、刘玉萍、刘尧、王朵朵、王攀登、王婷婷、张芳、李小威、王猛、王维维、李佳康、王秀荣、王天护、皮素芹等人参与了编写工作。在编写过程中，虽尽所能地将最好的讲解呈现给读者，但也难免有疏漏和不妥之处，敬请不吝指正。若您在学习中遇到困难或疑问，或有何建议，可通过电子邮件至zhangmin2@tup.tsinghua.edu.cn与我们联系。

编　者

Contents

目　录

第1章　电脑安全快速入门

作为计算机或网络终端设备的用户，要想使自己的设备不受或少受黑客的攻击，就必须了解一些黑客常用的入侵技能及学习一些计算机安全方面的知识。本章介绍一些电脑安全方面的基础知识，主要内容包括IP地址、MAC地址、端口及黑客常用DOS命令的应用等。

1.1　IP地址与MAC地址

在互联网中，一台主机只有一个IP地址，因此，黑客要想攻击某台主机，必须找到这台主机的IP地址，然后才能进行入侵攻击，可以说找到IP地址是黑客实施入侵攻击的一个关键。

1.1.1　认识IP地址

IP地址用于在TCP/IP通信协议中标记每台计算机的地址，通常使用十进制来表示，如192.168.1.100，但在计算机内部，IP地址是一个32位的二进制数值，如11000000 10101000 00000001 00000110（192.168.1.6）。

一个完整的IP地址由两部分组成，分别是网络号和主机号。网络号表示其所属的网络段编号，主机号则表示该网段中该主机的地址编号。

按照网络规模的大小，IP地址可以分为A、B、C、D、E 5类，其中A、B、C类3种主要的类型地址，D类专供多目传送地址，E类用于扩展备用地址。

- A类IP地址。一个A类IP地址由1个字节的网络地址和3个字节的主机地址组成，网络地址的最高位必须是“0”，地址范围从1.0.0.0～126.0.0.0。
- B类IP地址。一个B类IP地址由2个字节的网络地址和2个字节的主机地址组成，网络地址的最高位必须是“10”，地址范围从128.0.0.0～191.255.255.255。
- C类IP地址。一个C类IP地址由3个字节的网络地址和1个字节的主机地址组成，网络地址的最高位必须是“110”。地址范围从192.0.0.0～223.255.255.255。
- D类IP地址。D类IP地址第一个字节以“10”开始，它是一个专门保留的地址。它并不指向特定的网络，目前这一类地址被用在多点广播（Multicast）中。多点广播地址用来一次寻址一组计算机，它标识共享同一协议的一组计算机。
- E类IP地址。以“10”开始，为将来使用保留，全“0”（0.0.0.0）IP地址对应于当前主机；全“1”的IP地址（255.255.255.255）是当前子网的广播地址。

具体来讲，一个完整的IP地址信息应该包括IP地址、子网掩码、默认网关和DNS等4部分。只有这些部分协同工作，在互联网中计算机才能相互访问。

- 子网掩码：子网掩码是与IP地址结合使用的一种技术。其主要作用有两个：一是用于确定IP地址中的网络号和主机号；二是用于将一个大的IP网络划分为若干小的子网络。
- 默认网关：默认网关意为一台主机如果找不到可用的网关，就把数据包发送给默认指定的网关，由这个网关来处理数据包。

- DNS：DNS服务用于将用户的域名请求转换为IP地址。

1.1.2 认识MAC地址

MAC地址是在媒体接入层上使用的地址，也称为物理地址、硬件地址或链路地址，由网络设备制造商生产时写在硬件内部。MAC地址与网络无关，也即无论将带有这个地址的硬件（如网卡、集线器、路由器等）接入到网络的何处，MAC地址都是相同的，它由厂商写在网卡的BIOS里。

MAC地址通常表示为12个十六进制数，每两个十六进制数之间用冒号隔开，如08:00:20:0A:8C:6D就是一个MAC地址，其中前6位（08:00:20）代表网络硬件制造商的编号，它由IEEE分配，而后3位（0A:8C:6D）代表该制造商所制造的某个网络产品（如网卡）的系列号。每个网络制造商必须确保它所制造的每个以太网设备前3个字节都相同，后3个字节不同，这样，就可以保证世界上每个以太网设备都具有唯一的MAC地址。

知识链接

IP地址与MAC地址的区别在于：IP地址基于逻辑，比较灵活，不受硬件限制，也容易记忆。MAC地址在一定程度上与硬件一致，基于物理，能够具体标识。这两种地址均有各自的长处，使用时也因条件不同而采取不同的地址。

1.1.3 查看IP地址

计算机的IP地址一旦被分配，可以说是固定不变的，因此，查询出计算机的IP地址，在一定程度上就实现了黑客入侵的前提工作。使用ipconfig命令可以获取本地计算机的IP地址和物理地址，具体的操作步骤如下。

Step 01 右击“开始”按钮，在弹出的快捷菜单中执行“运行”命令。

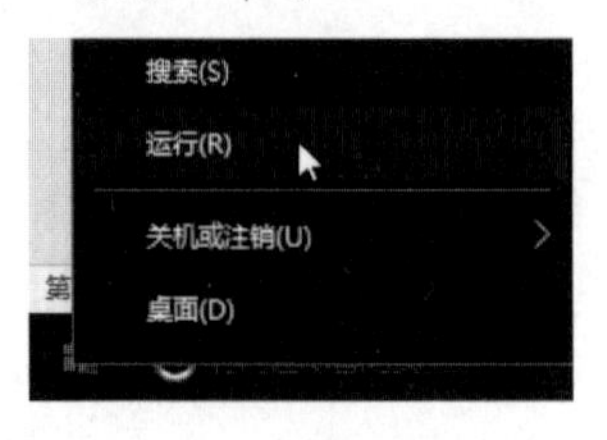

Step 02 打开“运行”对话框，在“打开”后面的文本框中输入cmd命令。

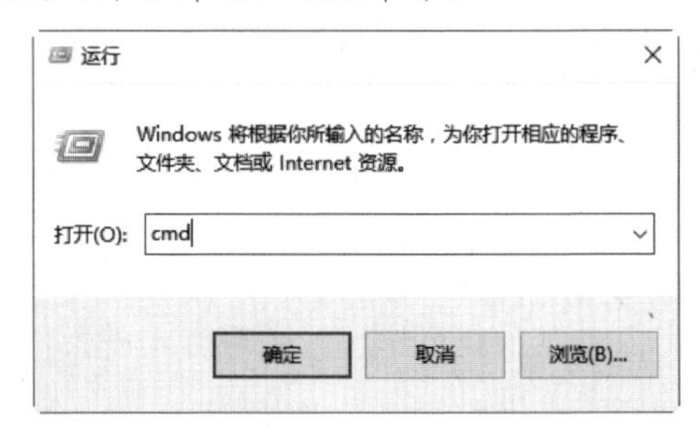

Step 03 单击“确定”按钮，打开“命令提示符”窗口，在“命令提示符”窗口中输入ipconfig，按Enter键，即可显示出本机的IP配置相关信息。

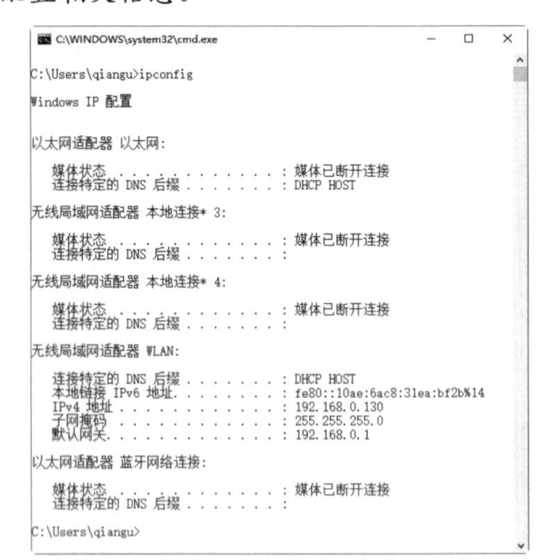

提示： 在“命令提示符”窗口中，192.168.0.130表示本机在局域网中的IP地址。

1.1.4 查看MAC地址

在“命令提示符”窗口中输入ipconfig /all命令，然后按Enter键，可以在显示的结果中看到一个物理地址：00-23-24-DA-43-8B，这就是用户计算机的网卡地址，它是唯一的。

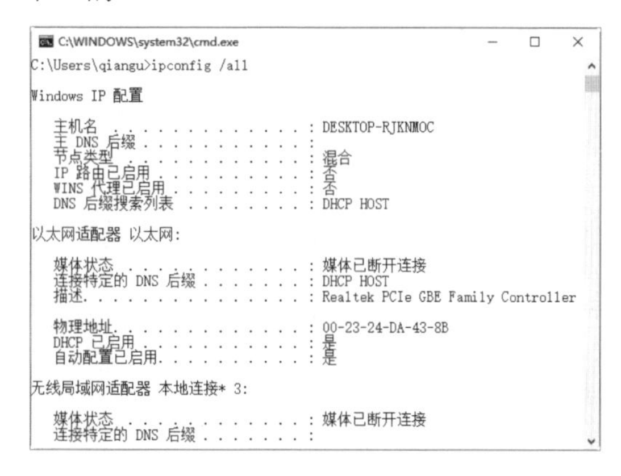

1.2 什么是端口

“端口”可以认为是计算机与外界通信交流的出口。一个IP地址的端口可以有65 536（即256×256）个，端口是通过端口号来标记的，端口号只有整数，范围是0～65 535（256×256-1）。

1.2.1 认识端口

计算机领域可分为硬件领域和软件领域。在硬件领域中，端口又被称为接口，如常见的USB端口、网卡接口、串行端口等；在软件领域中，端口一般是指网络中面向连接服务和无连接服务的通信协议端口，是一种抽象的软件结构，包括一些数据结构和I/O（基本输入输出）缓冲区。

在网络技术中，端口又有几种含义：其中，一种是物理意义上的端口，如集线器、交换机、路由器等连接设备，用于连接其他的网络设备的接口，常见的有RJ-45端口、Serial端口等；另一种是逻辑意义上的端口，一般指协议TCP/IP中的端口，范围是0～65 535（256×256-1）。

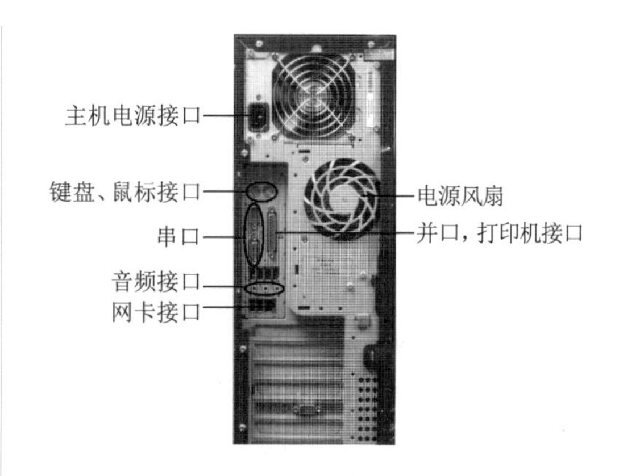

1.2.2 查看系统的开放端口

经常查看系统开放端口的状态变化，可以帮助计算机用户及时提高系统安全，防止黑客通过端口入侵计算机。用户可以使用netstat命令查看自己系统的端口状态，具体操作步骤如下。

Step 01 打开“命令提示符”窗口，在其中输入netstat -a -n命令。

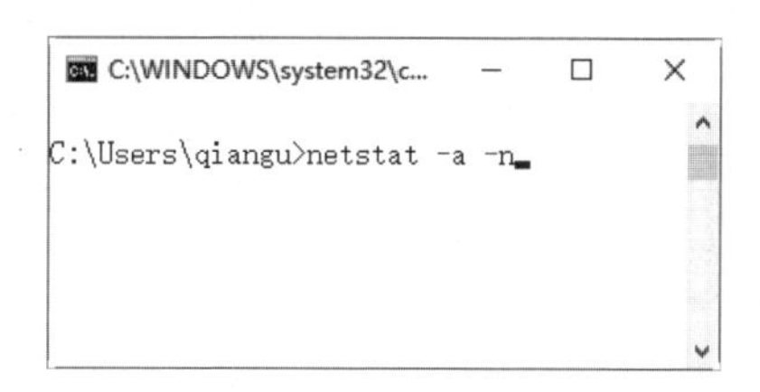

Step 02 按Enter键，即可看到以数字显示的TCP和UCP连接的端口号及其状态。

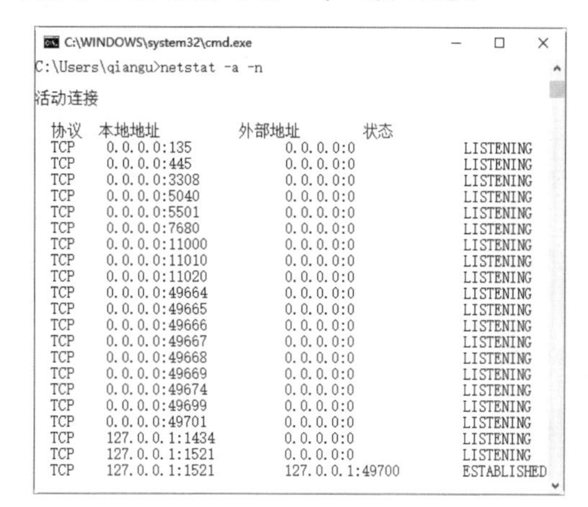

1.2.3 关闭不必要的端口

默认情况下，计算机系统中有很多没有用或不安全的端口是开启的，这些端口很容易被黑客利用。为保障系统的安全，可以将这些不用的端口关闭。关闭端口的方式有多种，这里介绍通过关闭无用服务来关闭不必要的端口。

以关闭Branch Cache服务为例，具体操作步骤如下。

Step 01 右击“开始”按钮，在弹出的快捷菜单中执行“控制面板”命令。

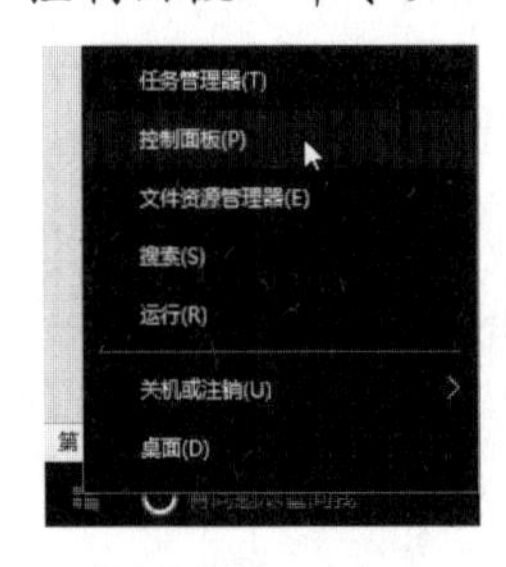

Step 02 打开“控制面板”窗口，双击“管理工具”图标。

Step 03 打开“管理工具”窗口，双击“服务”图标。

Step 04 打开“服务”窗口，找到Branch Cache服务项。

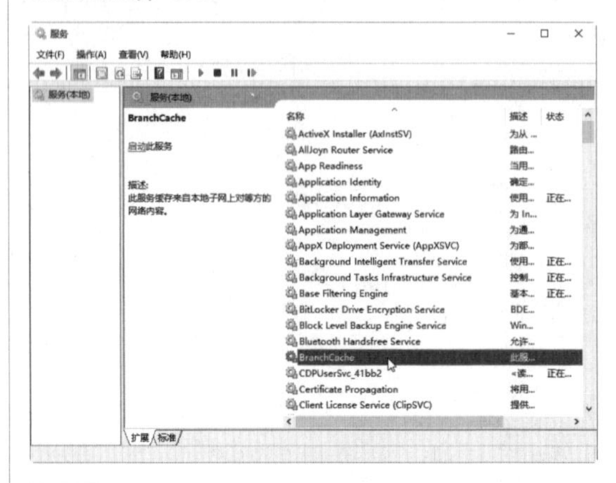

Step 05 双击该服务项，弹出“Branch Cache的属性”对话框，在“启动类型”下拉列表中选择“禁用”选项，然后单击“确定”按钮禁用该服务项的端口。

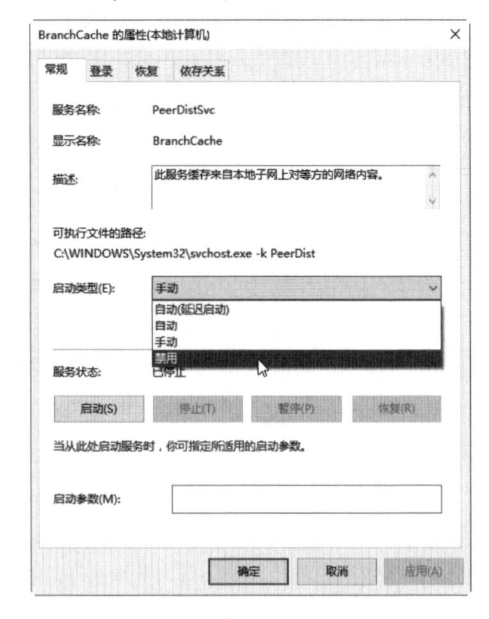

1.2.4 启动需要开启的端口

开启端口的操作与关闭端口的操作类似，下面具体介绍通过启动服务的方式开启端口的具体操作步骤。这里以右边上述停止的Branch Cache服务端口为例。

Step 01 在“Branch Cache的属性”对话框中单击“启动类型”右侧的下拉按钮，在弹出的下拉列表中选择“自动”。

Step 02 单击“应用”按钮，激活“服务状态”下的“启动”按钮。单击“启动”按钮，即可启动该项服务。

Step 03 再次单击“应用”按钮，在“Branch Cache的属性”对话框中可以看到该服务的“服务状态”已经变为“正在运行”。

Step 04 单击“确定”按钮，返回“服务”窗口，此时即可发现Branch Cache服务的“状态”变为“正在运行”，这样就可以成功开启Branch Cache服务对应的端口。

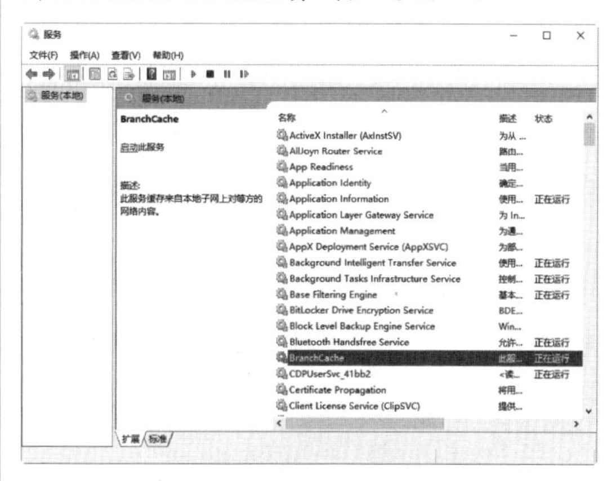

1.3 黑客常用的DOS命令

熟练掌握一些DOS命令是一名计算机用户的基本功，本节就来介绍黑客常用的一些DOS命令。了解这样的命令可以帮助计算机用户追踪黑客的踪迹，从而提高个人计算机的安全性。

1.3.1 cd命令

cd（Change Directory）命令的作用是改变当前目录，该命令用于切换路径目录。

cd命令主要有以下3种使用方法。

（1）cd path：path是路径，例如输入cd c:\命令后按Enter键或输入cd Windows命令，即可分别切换到C:\和C:\Windows目录下。

（2）cd..：cd后面的两个“.”表示返回上一级目录，例如当前的目录为C:\Windows，如果输入cd..命令，按Enter键即可返回上一级目录，即C:\。

（3）cd\：表示当前无论在哪个子目录下，通过该命令可立即返回到根目录下。

下面将介绍使用cd命令进入C:\Windows\system32子目录，并退回根目录的具体操作步骤。

Step 01 在“命令提示符”窗口中输入cd c:\命

令，按Enter键，即可将目录切换为C:\。

Step 02 如果想进入C:\Windows\system32目录中，则需在上面的“命令提示符”窗口中输入cd Windows\system32命令，按Enter键，即可将目录切换为C:\Windows\system32。

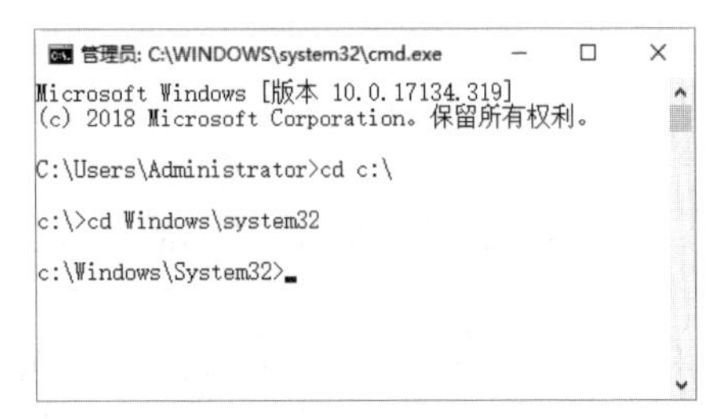

Step 03 如果想返回上一级目录，则可以在“命令提示符”窗口中输入cd..命令，按Enter键。

Step 04 如果想返回到根目录，则可以在“命令提示符”窗口中输入cd\命令，按Enter键。

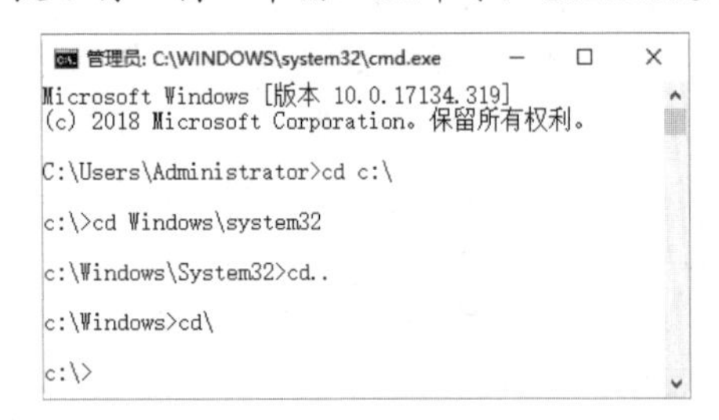

1.3.2　dir命令

dir命令的作用是列出磁盘上所有的或指定的文件目录，可以显示的内容包含卷标、文件名、文件大小、文件建立日期和时间、目录名、磁盘剩余空间等。

dir命令的格式如下。

```
dir [盘符][路径][文件名][/P][/W][/A:属性]
```

其中各个参数的作用如下。

（1）/P：当显示的信息超过一屏时暂停显示，直至按任意键才继续显示。

（2）/W：以横向排列的形式显示文件名和目录名，每行5个（不显示文件大小、建立日期和时间）。

（3）/A:属性：仅显示指定属性的文件，无此参数时，dir显示除系统和隐含文件外的所有文件。可指定为以下几种形式。

① /A:S：显示系统文件的信息。

② /A:H：显示隐含文件的信息。

③ /A:R：显示只读文件的信息。

④ /A:A：显示归档文件的信息。

⑤ /A:D：显示目录信息。

使用dir命令查看磁盘中的资源，具体操作步骤如下。

Step 01 在“命令提示符”窗口中输入dir命令，按Enter键，即可查看当前目录下的文件列表。

Step 02 在“命令提示符”窗口中输入dir d:/a:d命令，按Enter键，即可查看D盘下的所有文件的目录。

```
管理员: C:\WINDOWS\system32\cmd.exe
C:\Users\Administrator>dir d:/ a:d
 驱动器 D 中的卷是 软件
 卷的序列号是 B0CE-3B52

 D:\ 的目录

2017/02/13  13:45    <DIR>          $RECYCLE.BIN
2017/07/31  16:22    <DIR>          -c-a-d2016注册
2018/07/05  18:32    <DIR>          1
2018/11/20  19:03    <DIR>          2
2017/07/21  17:28    <DIR>          360Downloads
2018/11/20  18:50    <DIR>          360安全浏览器下载
2017/07/31  18:33    <DIR>          3Dmax
2017/07/25  09:45    <DIR>          Adobe CC 2015 通用破
解补丁v1.5
2015/06/24  08:53    <DIR>          AdobeCC20142015pj
2017/11/14  18:27    <DIR>          AdobeDreamweaverCS6
2017/02/11  14:34    <DIR>          AutoCAD_2016_Simplifi
ed_Chinese_Win_64bit_dlm
2017/02/19  19:45    <DIR>          CamtasiaStudio-v6.03H

2017/03/01  19:40    <DIR>          DESKTOP-RJKNMOC
2017/03/03  11:27    <DIR>          HyperSnap 6
2017/08/02  18:02    <DIR>          Java
2018/09/21  13:07    <DIR>          js
2018/11/20  18:57    <DIR>          my
2017/08/03  10:33    <DIR>          MyDrivers
2017/03/23  11:57    <DIR>          Office2016_zh_32Bit
2017/11/10  12:40    <DIR>          office2016正式版激活
```

Step 03 在“命令提示符”窗口中输入dir c:\windows /a:h命令，按Enter键，即可列出C:\Windows目录下的隐藏文件。

1.3.3 ping命令

ping命令是协议TCP/IP中最为常用的命令之一，主要用来检查网络是否通畅或者网络连接的速度。对于一名计算机用户来说，ping命令是第一个必须掌握的DOS命令。在“命令提示符”窗口中输入ping /?，可以得到这条命令的帮助信息。

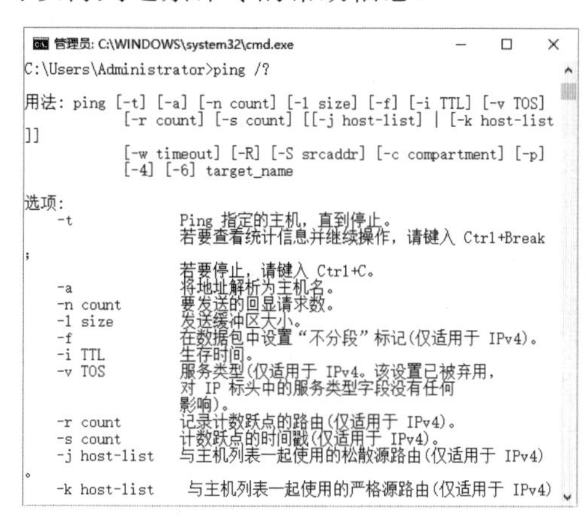

使用ping命令对计算机的连接状态进行测试的具体操作步骤如下。

Step 01 使用ping命令来判断计算机的操作系统类型。在“命令提示符”窗口中输入ping 192.168.0.130命令，运行结果如下图所示。

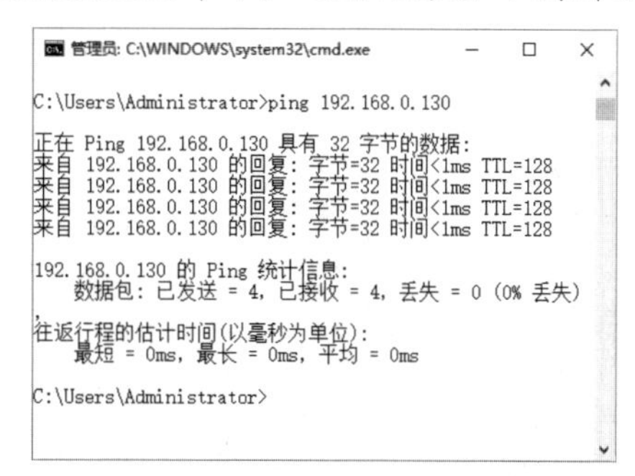

Step 02 在“命令提示符”窗口中输入ping 192.168.0.130 -t -l 128命令，可以不断向某台主机发出大量的数据包。

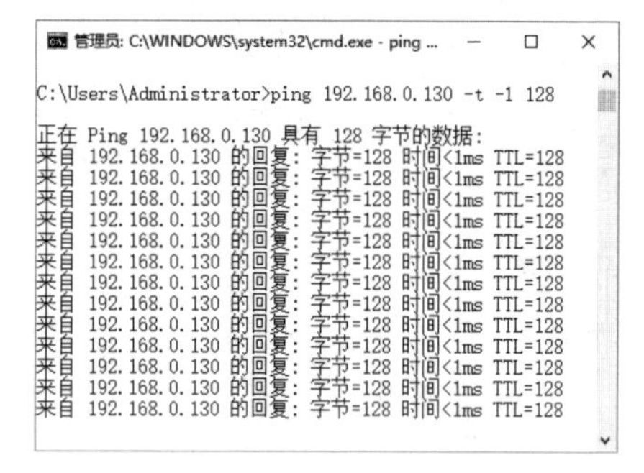

Step 03 判断本台计算机是否与外界网络连通。在“命令提示符”窗口中输入ping www.baidu.com命令，其运行结果如下图所示，图中说明本台计算机与外界网络连通。

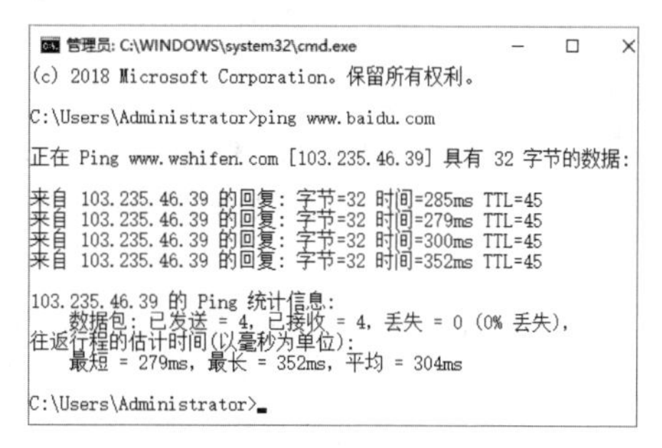

Step 04 解析某IP地址的计算机名。在“命令提示符”窗口中输入ping -a 192.168.0.130命令，其运行结果如下图所示，可知这台主机的名称为DESKTOP-RJKNMOC。

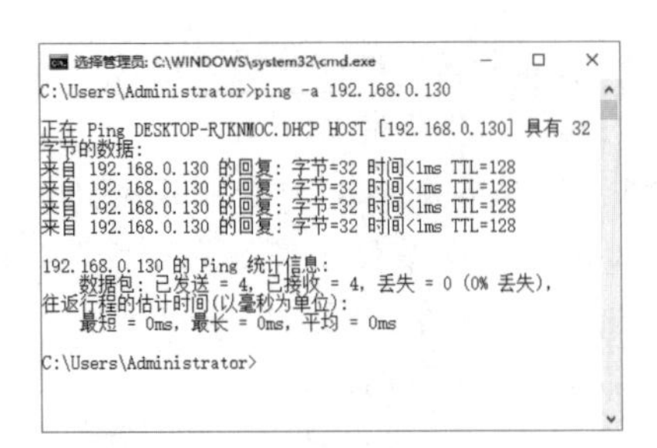

知识链接

利用TTL值判断操作系统类型。由于不同操作系统的主机设置的TTL值是不同的，所以可以根据其中TTL值来识别操作系统类型。一般情况下，分以下3种。

（1）TTL=32，则认为目标主机操作系统为Windows 95/98。

（2）TTL=64～128，就认为目标主机操作系统为Windows NT/2000/XP/7/10。

（3）TTL=128～255或者32～64就认为是UNIX/Linux操作系统。

1.3.4 net命令

使用net命令可以查询网络状态、共享资源及计算机所开启的服务等，该命令的语法格式信息如下。

```
NET [ ACCOUNTS | COMPUTER | CONFIG | CONTINUE | FILE | GROUP | HELP | HELPMSG | LOCALGROUP | NAME | PAUSE | PRINT | SEND | SESSION | SHARE | START | STATISTICS | STOP | TIME | USE | USER | VIEW ]
```

查询本台计算机开启哪些Windows服务的具体操作步骤如下。

Step 01 使用net命令查看网络状态。打开“命令提示符”窗口，输入net start命令。

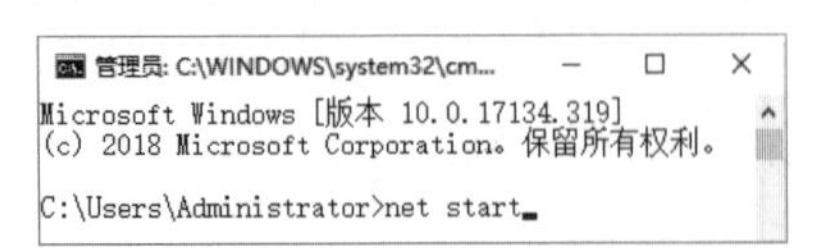

Step 02 按Enter键，则在打开的“命令提示符”窗口中可以显示计算机所启动的Windows服务。

1.3.5 netstat命令

netstat命令主要用来显示网络连接的信息，包括显示活动的TCP连接、路由器和网络接口信息，是一个监控TCP/IP网络非常有用的工具，可以让用户得知系统中当前都有哪些网络连接正常。

在“命令提示符”窗口中输入netstat/?，可以得到这条命令的帮助信息。

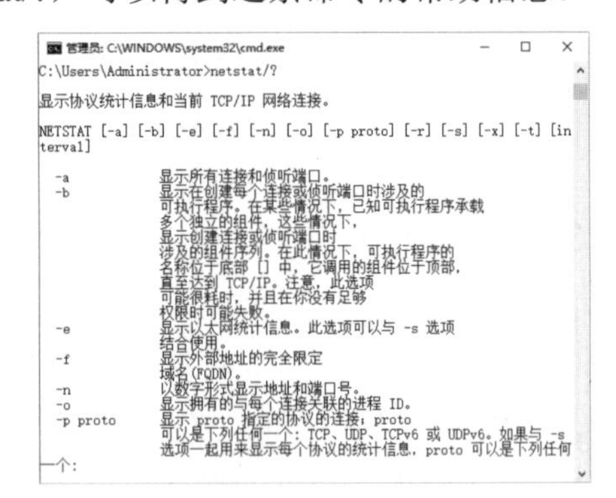

该命令的语法格式信息如下。

```
NETSTAT [-a] [-b] [-e] [-f] [-n] [-o] [-p proto] [-r] [-s] [-x] [-t] [interval]
```

其中比较重要的参数的含义如下。

- -a：显示所有连接和监听端口。
- -n：以数字形式显示地址和端口号。

使用netstat命令查看网络连接的具体操作步骤如下。

Step 01 打开“命令提示符”窗口，在其中输入netstat -n或netstat命令，按Enter键，即可查看服务器活动的TCP/IP连接。

```
C:\Users\Administrator>netstat

活动连接

  协议  本地地址              外部地址            状态
  TCP    127.0.0.1:1521         DESKTOP-RJKNMOC:49700  ESTABLISHED
  TCP    127.0.0.1:1521         DESKTOP-RJKNMOC:49702  ESTABLISHED
  TCP    127.0.0.1:49700        DESKTOP-RJKNMOC:1521   ESTABLISHED
  TCP    127.0.0.1:49702        DESKTOP-RJKNMOC:1521   ESTABLISHED
  TCP    192.168.0.130:50224    a104-124-190-57:https  ESTABLISHED
  TCP    192.168.0.130:50665    123.151.79.44:https    CLOSE_WAIT
  TCP    192.168.0.130:51279    52.230.3.194:https     ESTABLISHED
  TCP    192.168.0.130:51556    111.206.57.247:http    ESTABLISHED
  TCP    192.168.0.130:52126    125.74.5.166:http      CLOSE_WAIT
  TCP    192.168.0.130:52204    hn:http                ESTABLISHED
  TCP    192.168.0.130:52418    36.99.30.169:http      ESTABLISHED
  TCP    192.168.0.130:52428    180.163.238.167:https  ESTABLISHED
  TCP    192.168.0.130:52432    52.229.207.60:https    ESTABLISHED
  TCP    192.168.0.130:52433    203.208.39.104:http    SYN_SENT

C:\Users\Administrator>
```

Step 02 在"命令提示符"窗口中输入netstat -r命令，按Enter键，即可查看本机的路由信息。

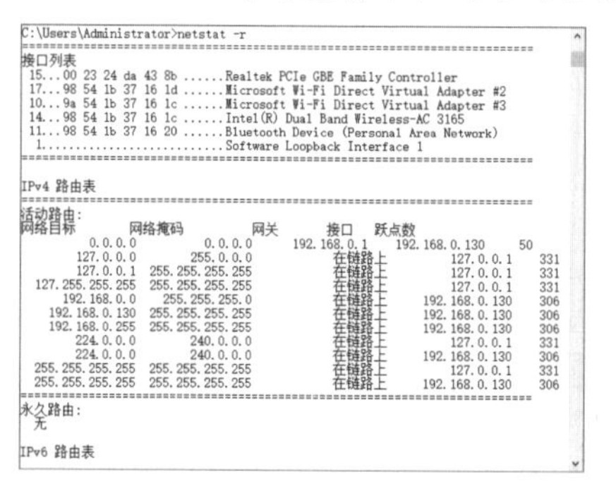

Step 03 在"命令提示符"窗口中输入netstat -a命令，按Enter键，即可查看本机所有活动的TCP连接。

```
C:\Users\Administrator>netstat -a

活动连接

  协议  本地地址              外部地址            状态
  TCP    0.0.0.0:135            DESKTOP-RJKNMOC:0      LISTENING
  TCP    0.0.0.0:445            DESKTOP-RJKNMOC:0      LISTENING
  TCP    0.0.0.0:3308           DESKTOP-RJKNMOC:0      LISTENING
  TCP    0.0.0.0:5040           DESKTOP-RJKNMOC:0      LISTENING
  TCP    0.0.0.0:5501           DESKTOP-RJKNMOC:0      LISTENING
  TCP    0.0.0.0:7680           DESKTOP-RJKNMOC:0      LISTENING
  TCP    0.0.0.0:11000          DESKTOP-RJKNMOC:0      LISTENING
  TCP    0.0.0.0:11010          DESKTOP-RJKNMOC:0      LISTENING
  TCP    0.0.0.0:11020          DESKTOP-RJKNMOC:0      LISTENING
  TCP    0.0.0.0:49664          DESKTOP-RJKNMOC:0      LISTENING
  TCP    0.0.0.0:49665          DESKTOP-RJKNMOC:0      LISTENING
  TCP    0.0.0.0:49666          DESKTOP-RJKNMOC:0      LISTENING
  TCP    0.0.0.0:49667          DESKTOP-RJKNMOC:0      LISTENING
  TCP    0.0.0.0:49668          DESKTOP-RJKNMOC:0      LISTENING
  TCP    0.0.0.0:49669          DESKTOP-RJKNMOC:0      LISTENING
  TCP    0.0.0.0:49674          DESKTOP-RJKNMOC:0      LISTENING
  TCP    0.0.0.0:49699          DESKTOP-RJKNMOC:0      LISTENING
  TCP    0.0.0.0:49701          DESKTOP-RJKNMOC:0      LISTENING
  TCP    127.0.0.1:1434         DESKTOP-RJKNMOC:0      LISTENING
  TCP    127.0.0.1:1521         DESKTOP-RJKNMOC:0      LISTENING
  TCP    127.0.0.1:1521         DESKTOP-RJKNMOC:49700  ESTABLISHED
  TCP    127.0.0.1:1521         DESKTOP-RJKNMOC:49702  ESTABLISHED
  TCP    127.0.0.1:4300         DESKTOP-RJKNMOC:0      LISTENING
  TCP    127.0.0.1:4301         DESKTOP-RJKNMOC:0      LISTENING
  TCP    127.0.0.1:12101        DESKTOP-RJKNMOC:0      LISTENING
```

Step 04 在"命令提示符"窗口中输入netstat -n -a命令，按Enter键，即可显示本机所有连接的端口及其状态。

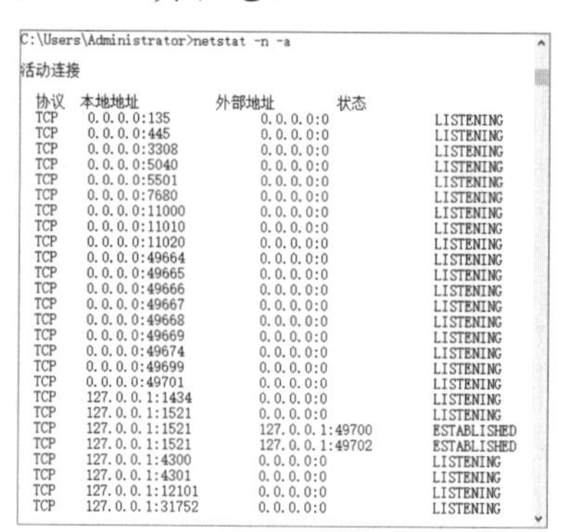

1.3.6 tracert命令

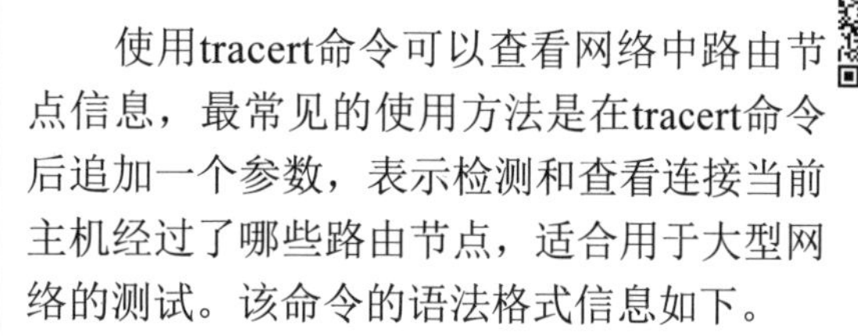

使用tracert命令可以查看网络中路由节点信息，最常见的使用方法是在tracert命令后追加一个参数，表示检测和查看连接当前主机经过了哪些路由节点，适合用于大型网络的测试。该命令的语法格式信息如下。

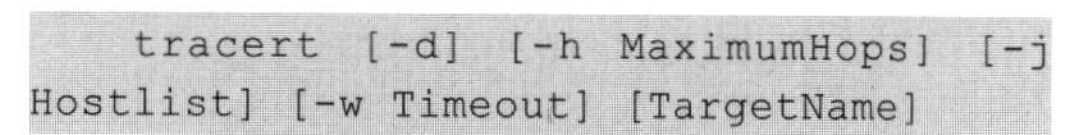

```
tracert [-d] [-h MaximumHops] [-j Hostlist] [-w Timeout] [TargetName]
```

其中各个参数的含义如下。

- -d：防止解析目标主机的名称，可以加速显示tracert命令结果。
- -h MaximumHops：指定搜索到目标地址的最大跳跃数，默认为30个跳跃点。
- -j Hostlist：按照主机列表中的地址释放源路由。
- -w Timeout：指定超时时间间隔，默认单位为毫秒。
- TargetName：指定目标计算机。

例如：如果想查看www.baidu.com的路由与局域网络连接的情况，则在"命令提示符"窗口中输入tracert www.baidu.com命令，按Enter键，其显示结果如下图所示。

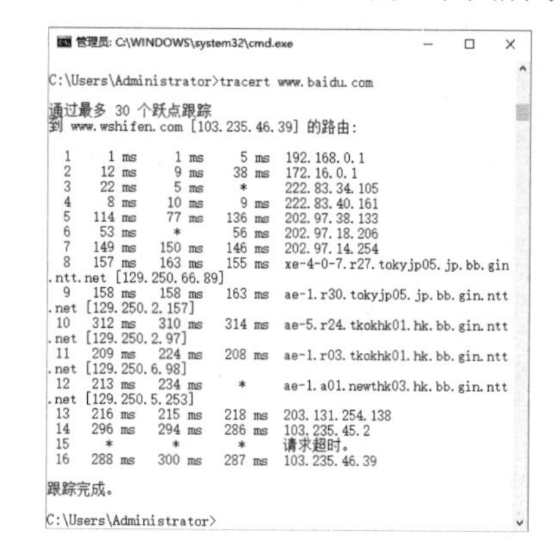

1.4 实战演练

实战演练1——自定义"命令提示符"窗口的显示效果

系统默认的"命令提示符"窗口显示

的背景色为黑色，文字为白色，那么如何自定义其显示效果呢？具体操作步骤如下。

Step 01 右击“开始”按钮，在弹出的快捷菜单中执行“运行”命令，弹出“运行”对话框，在其中输入cmd命令，单击“确定”按钮，打开“命令提示符”窗口。

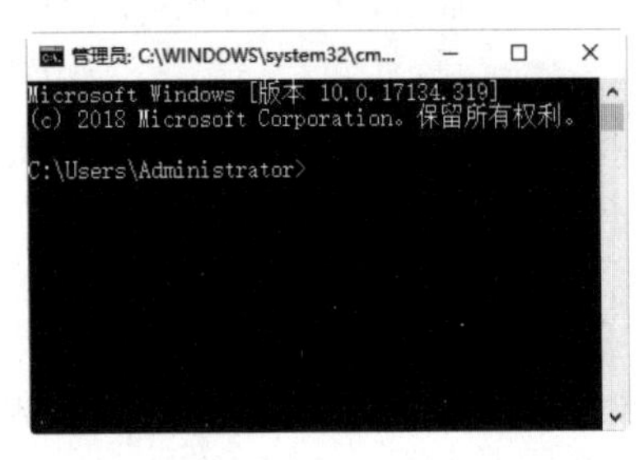

Step 02 右击窗口的顶部，在弹出的快捷菜单中执行“属性”命令。

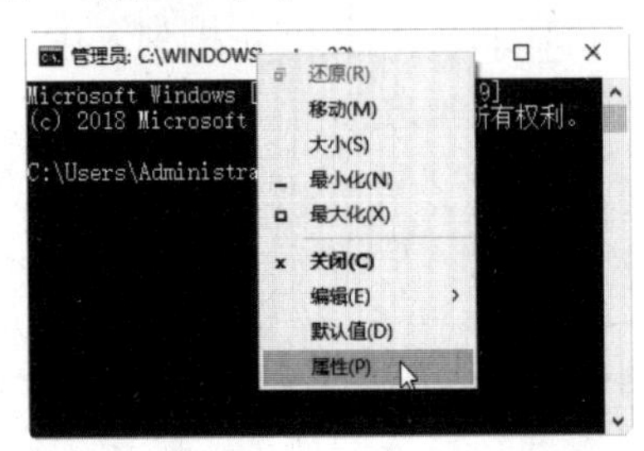

Step 03 打开“属性”对话框，选择“颜色”选项卡，选中“屏幕背景”单选按钮，在颜色条中选中白色色块。

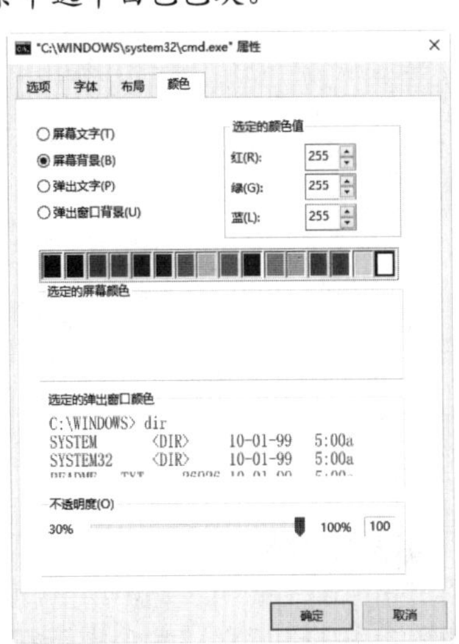

Step 04 选择“颜色”选项卡，选中“屏幕文字”单选按钮，在颜色条中选中黑色色块。

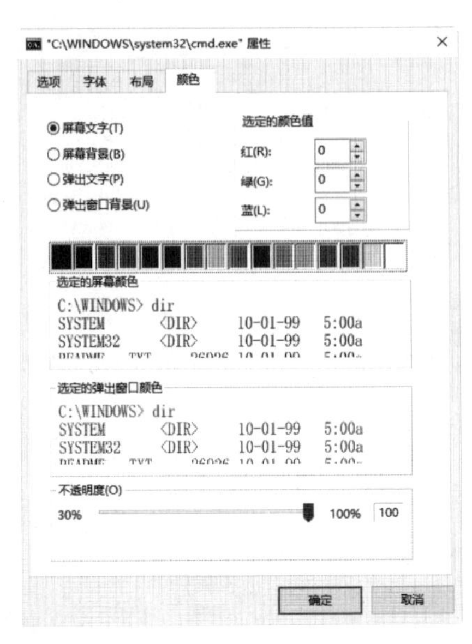

Step 05 单击“确定”按钮，返回到“命令提示符”窗口中，可以看到“命令提示符”窗口的显示方式变为白底黑字样式。

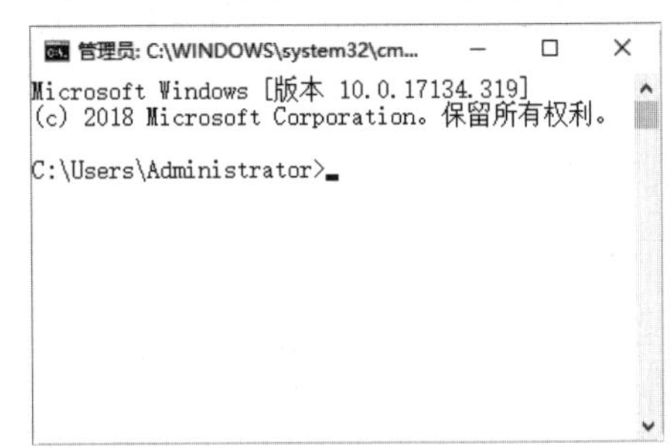

实战演练2——使用shutdown命令实现定时关机

使用shutdown命令可以实现定时关机的功能，具体操作步骤如下。

Step 01 在“命令提示符”窗口中输入shutdown /s /t 40命令。

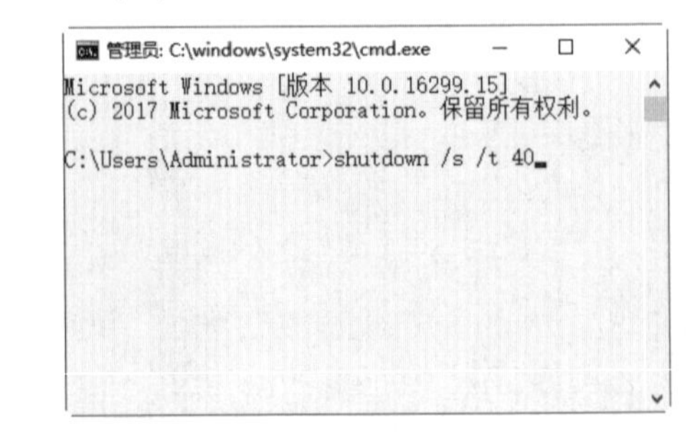

Step 02 弹出一个即将注销用户登录的信息

提示框，这样计算机就会在规定的时间内关机。

Step 03 如果此时想取消关机操作，可在命令行中输入命令shutdown /a后按Enter键，桌面右下角出现如下图所示的弹窗，表示取消成功。

1.5　小试身手

练习1：快速锁定Windows桌面

在离开计算机时，可以将地算机锁屏，这样可以有效地保护桌面隐私。主要的有两种快速锁屏的方法。

（1）使用菜单命令：按Windows键，弹出“开始”菜单，单击账户头像，在弹出的快捷菜单中执行“锁定”命令，即可进入锁屏界面。

（2）使用快捷键：按Windows+L组合键，可以快速锁定Windows系统，进入锁屏界面。

练习2：隐藏桌面搜索框

Windows 10操作系统的任务栏默认显示搜索框，用户可以根据需要隐藏搜索框，具体操作步骤如下。

Step 01 在任务栏上单击鼠标右键，在弹出的快捷菜单中选择“Cortana”→“隐藏”菜单命令。

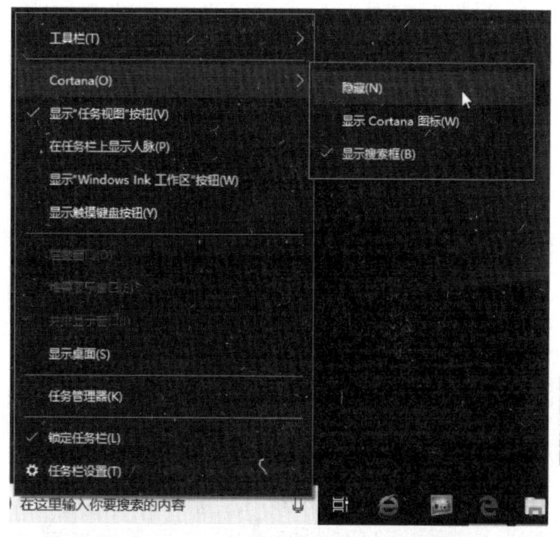

Step 02 隐藏搜索框后，效果如下图所示。

第2章 电脑系统漏洞的防护策略

目前，用户普遍使用的操作系统为Windows 10操作系统，不过，该系统也存在这样或那样的漏洞，这就给黑客留下了入侵攻击的机会。因此，计算机用户如何才能有效地防止黑客的入侵攻击，就成了迫在眉睫的问题。本章介绍系统漏洞的安全防护策略，主要内容包括系统漏洞的相关概述、典型系统漏洞的入门与防御及系统漏洞的安全防护策略等。

2.1 系统漏洞概述

计算机系统漏洞也被称为系统安全缺陷，这些安全缺陷会被技术高低不等的入侵者所利用，从而达到其控制目标主机或造成一些更具破坏性的影响的目的。

2.1.1 什么是系统漏洞

系统漏洞是指应用软件或操作系统软件在逻辑设计上的缺陷或在编写时产生的错误。某个程序（包括操作系统）在设计时未被考虑周全，则这个缺陷或错误将可能被不法分子或黑客利用，通过植入木马病毒等方式来攻击或控制整个计算机，从而窃取计算机中的重要资料和信息，甚至破坏系统。

系统漏洞又称安全缺陷，可对用户造成不良后果。若漏洞被恶意用户利用，会造成信息泄露；黑客攻击网站即是利用网络服务器操作系统的漏洞，对用户操作造成不便，如不明原因的死机和丢失文件等。

2.1.2 系统漏洞产生的原因

系统漏洞的产生不是安装不当的结果，也不是使用后的结果。归结起来，其产生的原因主要有以下几点。

（1）人为因素：编程人员在编写程序过程中故意在程序代码的隐蔽位置保留了后门。

（2）硬件因素：由于硬件的原因，编程人员无法弥补硬件的漏洞，从而使硬件问题通过软件表现出来。

（3）客观因素：受编程人员的能力、经验和当时的安全技术及加密方法发展水平所限，在程序中难免存在不足之处，而这些不足恰恰会导致系统漏洞的产生。

2.2 系统漏洞评分标准——CVSS

通用弱点评价体系（CVSS，Common Vulnerability Scoring System）是由NIAC开发、FIRST维护的一个开放且能够被产品厂商免费采用的标准。利用该标准，可以对弱点进行评分，进而帮助我们判断修复不同弱点的优先等级。

2.2.1 CVSS简介

CVSS是一个行业公开标准，可以帮助用户建立衡量漏洞严重程度的标准，比较漏洞的严重程度，从而确定处理它们的优先级。

CVSS得分基于一系列维度上的测量结果，这些测量维度被称为量度（Metrics）。漏洞的最终得分最大为10，最小为0。得分在7～10的漏洞通常被认为比较严重，得分在4～6.9的是中级漏洞，0～3.9的则是低级漏洞。CVSS包括3种类型的分数：基本分数、暂时分数和环境分数。其中，基本分数和暂时分数通常由安全产品卖主、供应商给出，因为他们能够更加清楚地了解漏洞的详细信息；环境分数通常由用户给出，因为他们能够在自己的使用环境下更好地评价漏洞存在的潜在影响。

2.2.2 CVSS计算方法

CVSS有一整套漏洞评分计算方法，但也有一些指标具有不确定性和复杂性，会导致完全的定量分析困难。它采用了3个客观性指标和11个主观性指标。

1. 基本评价

基本评价是指该漏洞本身固有的一些特点，以及这些特点可能造成的影响评价分值。

（1）攻击途径（AccessVector）：本地攻击得分为0.7，远程攻击得分为1.0。

（2）攻击复杂度（AccessComplexity）：分为低、中、高3个标准，给出的分值分别为0.6、0.8、1.0。

（3）认证（Authentication）：需要认证得分为0.6、不需要认证得分为1.0。

（4）机密性（ConfImpact）：不受影响得分为0、部分影响得分为0.7、完全影响得分为1.0。

（5）完整性（IntegImpact）：不受影响得分为0、部分影响得分为0.7、完全影响得分为1.0。

（6）可用性（AvailImpact）：不受影响得分为0、部分影响得分为0.7、完全影响得分为1.0。

（7）权值倾向：平均、机密性、完整性、可用性得分分别为0.333、0.5、0.25和0.25。

计算公式为：基本评价=（10×攻击途径×攻击复杂度×认证×（机密性×机密性权重 + 完整性×完整性权重 + 可用性×可用性权重））

2. 生命周期评价

生命周期评价是针对较新类型漏洞（如0day漏洞）设置的评分项，因此SQL注入漏洞不用考虑。这里列举出3个与时间紧密关联的要素及其得分，具体介绍如下。

（1）可利用性：未证明得分为0.85、概念证明得分为0.9、功能性得分为0.95、完全代码得分为1.0。

（2）修复措施：官方补丁得分为0.87、临时补丁得分为0.9、临时解决方案得分为0.95、无措施得分为1.0。

（3）确认程度：不确认得分为0.9、未经确认得分为0.95、已确认得分为1.0。

计算公式为：生命周期评价=基本评价×可利用性×修复措施×未经确认

3. 环境评价

每个漏洞会造成的影响大小都与用户实际工作环境密不可分，因此可选项中又包括了环境评价，这可以由用户自评。

（1）危害影响程度：无得分为0、低得分为0.1、中得分为0.3、高得分为0.5。

（2）目标分布范围：无（0%）得分为0、低（1%～15%）得分为0.25、中（16%～49%）得分为0.75、高（50%～100%）得分为1.0。

计算公式为：环境评价=（生命周期评价+（10-生命周期评价）×危害影响程度）×目标分布范围

评分与危险等级介绍如下。

- [0,4)：被认为是低等级威胁。
- [4,7)：被认为是中等级威胁。
- [7,10]：被认为是高等级威胁。

不同机构按照CVSS分值定义威胁的低、中、高威胁级别（Severfity），CVSS体现漏洞的风险，威胁级别表示漏洞风险对系统的影响程度；CVSS分值是工业标准，威胁级别不是。

2.3 RPC服务远程漏洞的防护策略

RPC协议是Windows操作系统使用的一种协议，提供了系统中进程之间的交互通信，允许在远程主机上运行任意程序。在

Windows操作系统中使用的RPC协议，包括Microsoft其他一些特定的扩展，系统大多数的功能和服务都依赖于它，它是操作系统中极为重要的一个服务。

2.3.1 什么是RPC服务远程漏洞

RPC全称是Remote Procedure Call，在操作系统中，它默认是开启的，为各种网络通信和管理提供了极大的方便，但也是危害极为严重的漏洞攻击点，曾经的冲击波、震荡波等大规模攻击和蠕虫病毒都是Windows操作系统的RPC服务漏洞造成的。可以说，每一次的RPC服务漏洞的出现且被攻击，都会给网络系统带来一场灾难。

启动RPC服务的具体操作步骤如下。

Step 01 在Windows操作界面中选择“开始”→“Windows系统”→“控制面板”→“管理工具”选项，打开“管理工具”窗口。

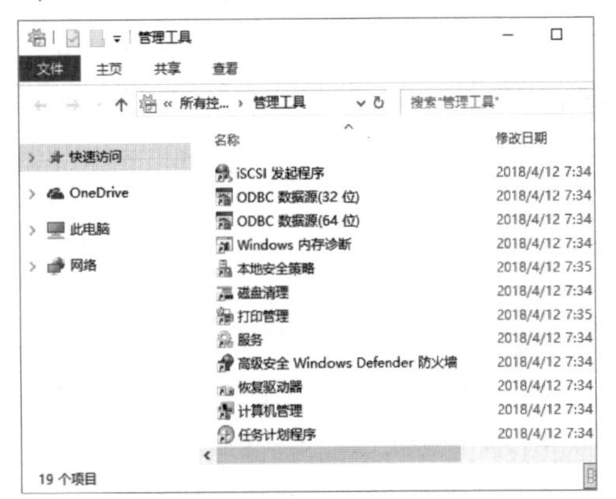

Step 02 在“管理工具”窗口中双击“服务”图标，打开“服务”窗口。

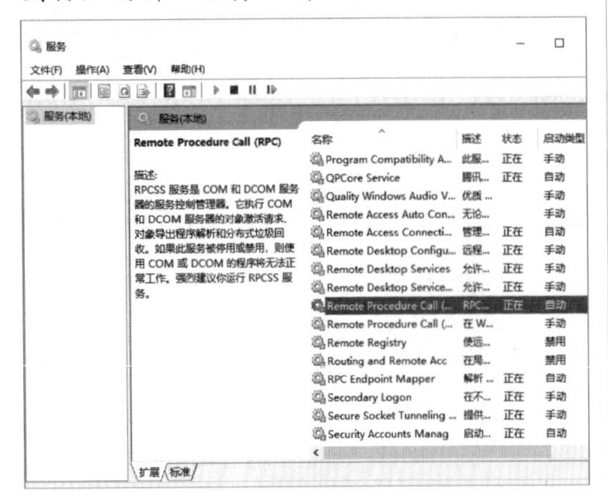

Step 03 在服务（本地）列表中双击“Remote Procedure Call（RPC）”选项，打开“Remote Procedure Call（RPC）的属性（本地计算机）”对话框，在“常规”选项卡中可以查看该协议的启动类型。

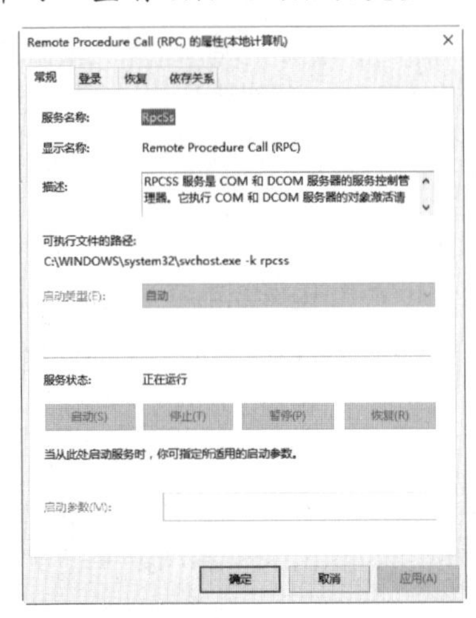

Step 04 选择“依存关系”选项卡，在显示的界面中可以查看一些服务的依赖关系。

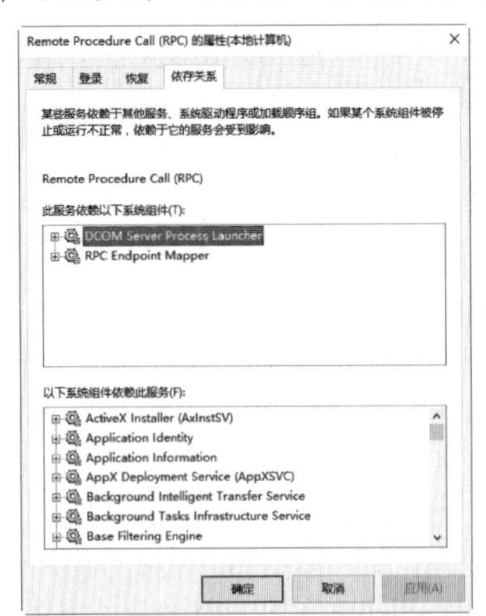

分析：从上图的显示服务可以看出，受其影响的系统组件有很多，其中包括了DCOM接口服务，这个接口用于处理由客户端机器发送给服务器的DCOM对象激活请求（如UNC路径）。攻击者若成功利用此漏洞则可以以本地系统权限执行任意指令，还可以在系统上执行任意操作，如安装程序，查看、更改或删除数据，建立系统管理员权限的账户等。

若想对DCOM接口进行相应的配置，其具体操作步骤如下。

Step 01 执行“开始”→“运行”命令，在弹出的“运行”对话框中输入Dcomcnfg命令。

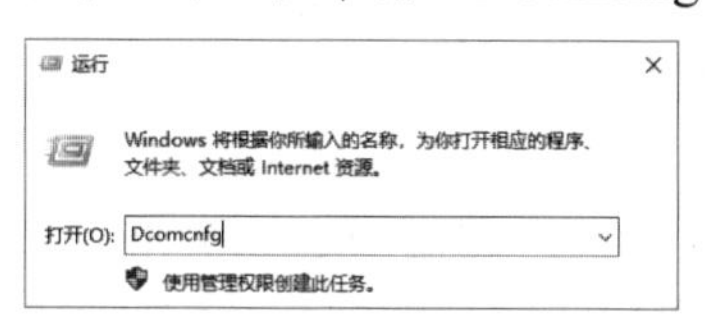

Step 02 单击“确定”按钮，弹出“组件服务”窗口，单击“组件服务”前面的“>”号，依次展开各项，直到出现“DCOM配置”选项为止，即可查看DCOM中各个配置对象。

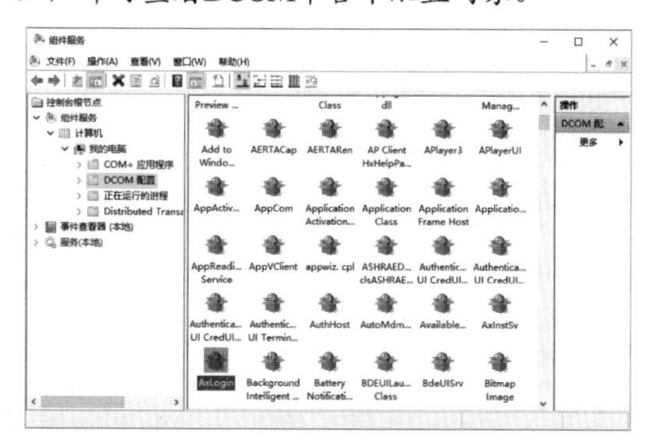

Step 03 根据需要选择DCOM配置的对象，如AxLogin，并单击鼠标右键，从弹出的快捷菜单中选择“属性”菜单命令，打开“AxLogin属性”对话框，在“身份验证级别”下拉列表中根据需要选择相应的选项。

Step 04 选择“位置”选项卡，在打开的界面中对AxLogin对象进行位置的设置。

Step 05 选择“安全”选项卡，在打开的界面中对AxLogin对象的启动和激活权限、访问权限和配置权限进行设置。

Step 06 选择“终结点”选项卡，在打开的界面中对AxLogin对象进行终结点的设置。

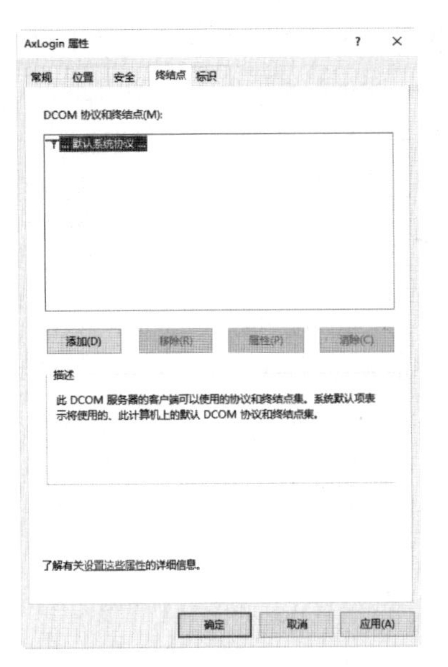

Step 07 选择“标识”选项卡，在打开的界面中对AxLogin对象进行标识的设置，选择运行此应用程序的用户账户。设置完成后，单击“确定”按钮即可。

由于DCOM可以远程操作其他计算机中的DCOM程序，而技术使用的是用于调用其他计算机所具有的函数的RPC（远程过程调用），因此，利用这个漏洞，攻击者只需要发送特殊形式的请求到远程计算机上的135端口，轻则可以造成拒绝服务攻击，重则可以以本地管理员权限执行任何操作。

2.3.2 RPC服务远程漏洞入侵演示

DcomRpc接口漏洞对Windows操作系统乃至整个网络安全的影响，可以说超过了以往任何一个系统漏洞。其主要原因是DCOM是目前几乎各种版本的Windows系统的基础组件，应用比较广泛。下面就以DComRpc接口漏洞的溢出为例，为大家详细讲解溢出的方法。

Step 01 将下载好的DComRpc.xpn插件复制到X-Scan的plugins文件夹中，作为X-Scan插件。

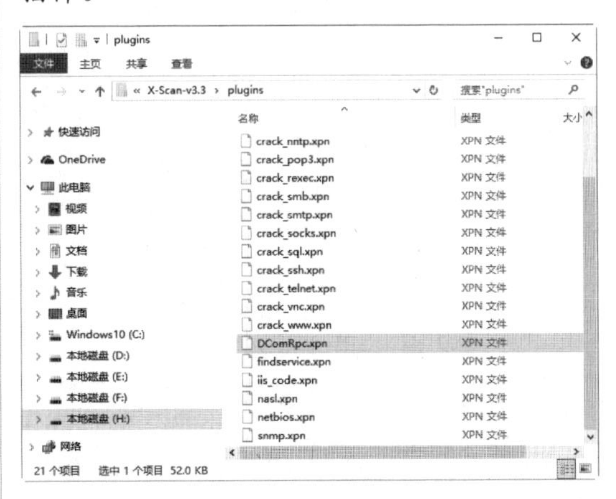

Step 02 运行X-Scan扫描工具，选择“设置”→“扫描参数”选项，打开“扫描参数”对话框，再选择“全局设置”→“扫描模块”选项，即可看到添加的“DComRpc溢出漏洞”模块。

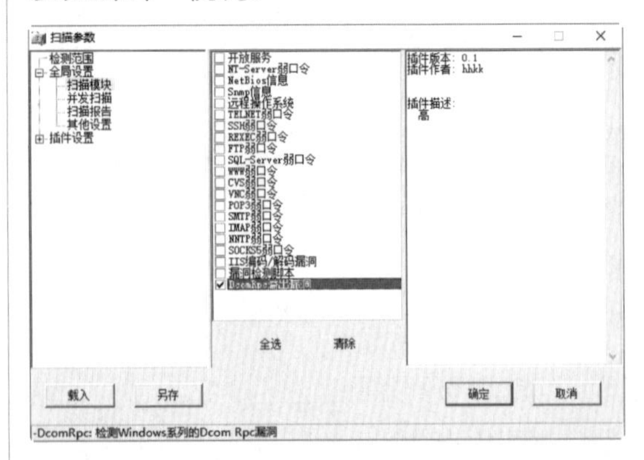

Step 03 在使用X-Scan扫描到具有DComRpc接口漏洞的主机时，可以看到在X-Scan中有明显的提示信息，并给出相应的HTML格式的扫描报告。

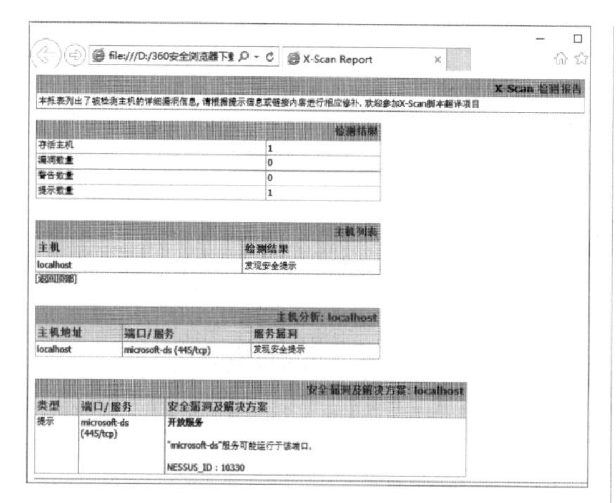

Step 04 如果使用RpcDcom.exe专用DcomRpC溢出漏洞扫描工具，则可先打开“命令提示符”窗口，进入RpcDcom.exe所在文件夹，执行“rpcdcom -d 192.168.0.130”命令后开始扫描并会给出最终的扫描结果。

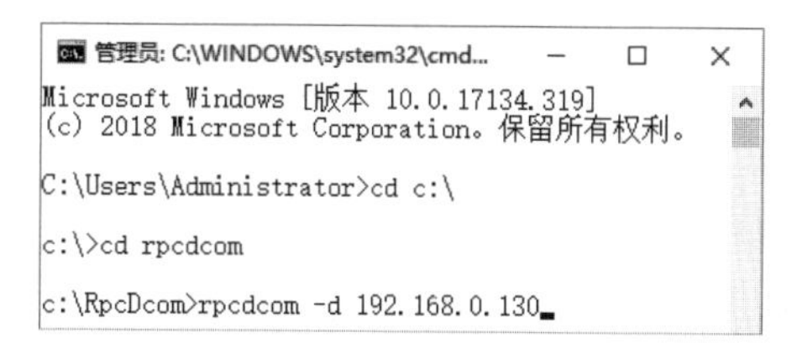

2.3.3　RPC服务远程漏洞的防御

RPC服务远程漏洞可以说是Windows操作系统中最为严重的一个系统漏洞，下面介绍几个RPC服务远程漏洞的防御方法，以使用户的计算机或系统处于相对安全的状态。

1. 及时为系统打补丁

防御系统出现漏洞最直接、有效的方法是打补丁，对于RPC服务远程溢出漏洞的防御也是如此。不过在对系统打补丁时，务必要注意补丁相应的系统版本。

2. 关闭RPC服务

关闭RPC服务也是防范DcomRpc漏洞攻击的方法之一，而且效果非常彻底。其具体的方法为：选择“开始”→“设置”→“控制面板”→“管理工具”选项，在打开的“管理工具”窗口中双击“服务”图标，打开“服务”窗口。在其中双击“Remote Procedure Call（RPC）”服务项，打开其属性窗口。在属性窗口中将启动类型设置为“禁用”，这样自下次开机开始RPC将不再启动。

另外，还可以在注册表编辑器中将HKEY_LOCAL_MACHINE\SYSTEM\CurrentControlSet\Services\RpcSs的Start值由4变成2，重新启动计算机。

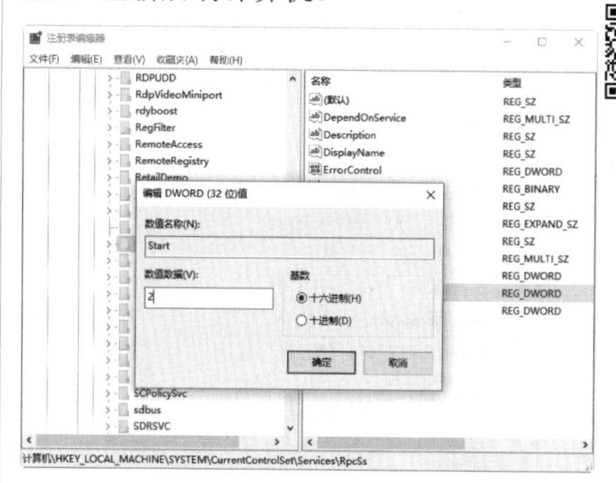

不过，进行这种设置后，将会给Windows的运行带来很大的影响，例如从登录Windows 10系统到显示桌面，要等待相当长的时间。这是因为Windows的很多服务都依赖于RPC，在将RPC设置为无效后，这些服务将无法正常启动。这种方式的弊端非常大，一般不能采取这种关闭RPC服务的方式。

3. 手动为计算机启用（或禁用）DCOM

针对具体的RPC服务组件，用户还可以采用具体的方法进行防御。例如禁用RPC服务组件中的DCOM服务，这里以Windows 10操作系统为例，其具体的操作步骤如下。

Step 01 选择"开始"→"运行"选项，打开"运行"对话框，输入Dcomcnfg命令，单击"确定"按钮，打开"组件服务"窗口，选择"控制台根节点"→"组件服务"→"计算机"→"我的电脑"选项，进入"我的电脑"文件夹，若针对于本地计算机，则需要右击"我的电脑"选项，从弹出的快捷菜单中选择"属性"选项。

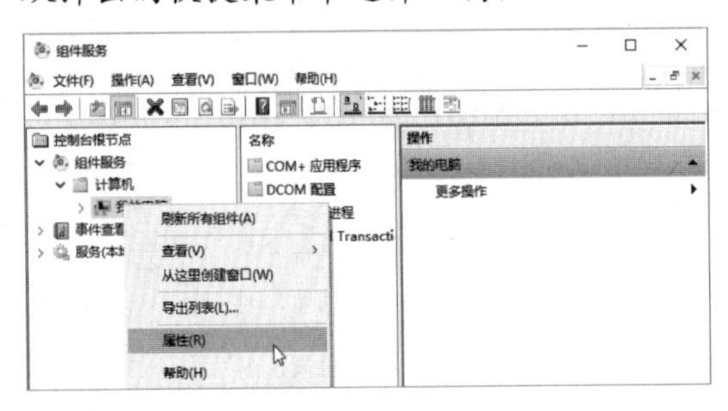

Step 02 打开"我的电脑 属性"对话框，选择"默认属性"选项卡，进入"默认属性"设置界面，取消勾选"在此计算机上启用分布式COM（E）"复选框，然后单击"确定"按钮即可。

Step 03 若针对于远程计算机，则需要右击"计算机"选项，从弹出的快捷菜单中选择"新建"→"计算机"选项，打开"添加计算机"对话框。

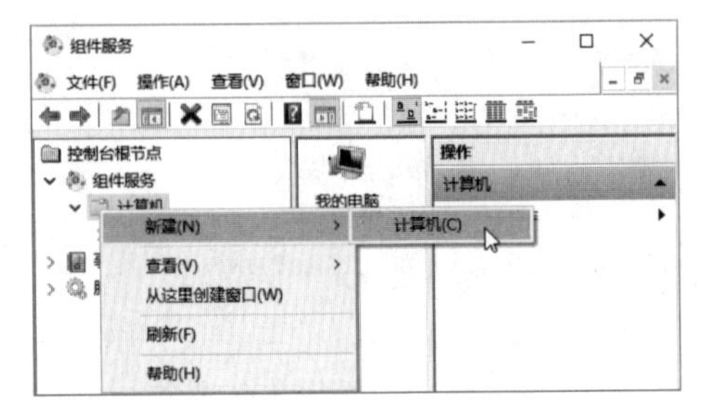

Step 04 在"添加计算机"对话框中，直接输入计算机名或单击右侧的"浏览"按钮来搜索计算机。

2.4 WebDAV漏洞的防护策略

WebDAV漏洞也是系统中常见的漏洞之一，黑客利用该漏洞进行攻击，可以获取系统管理员的最高权限。

2.4.1 什么是WebDAV缓冲区溢出漏洞

WebDAV缓冲区溢出漏洞出现的主要原因是IIS服务默认提供了对WebDAV的支持，WebDAV可以通过HTTP向用户提供远程文件存储的服务，但是该组件不能充分检查传递给部分系统组件的数据，这样远程攻击者利用这个漏洞就可以对WebDAV进行攻击，从而获得LocalSystem权限，进而完全控制目标主机。

2.4.2 WebDAV缓冲区溢出漏洞入侵演示

下面就来简单介绍WebDAV缓冲区溢出攻击的过程。入侵前攻击者需要准备两个程序，即WebDAV漏洞扫描器——WebDAVScan.exe和溢出工具webdavx3.exe，其具体的操作步骤如下。

Step 01 下载并解压缩WebDAV漏洞扫描器，在解压后的文件夹中双击WebDAVScan.exe可执行文件，即可打开其操作主界面，在“起始IP”文本框和“结束IP”文本框中输入要扫描的IP地址范围。

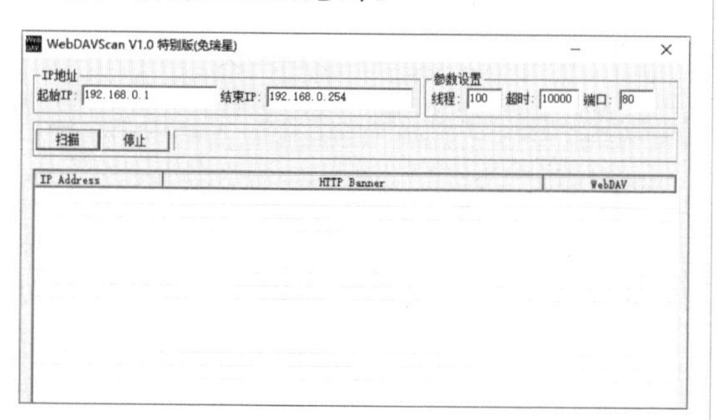

Step 02 输入完毕后，单击“扫描”按钮，即可开始扫描目标主机，该程序运行速度非常快，可以准确地检测出远程IIS服务器是否存在WebDAV漏洞，在扫描列表的WebDAV列中凡是标明Enable的则说明该主机存在漏洞。

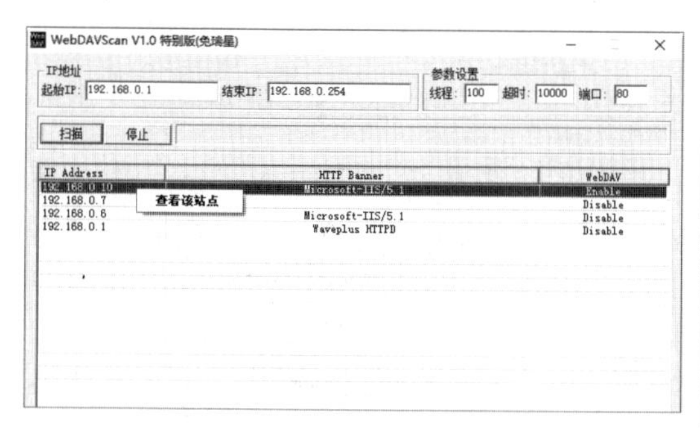

Step 03 选择“开始”→“运行”选项，在打开的“运行”对话框中输入cmd命令，单击“确定”按钮，打开“命令提示符”窗口，输入cd c:\命令，进入C:盘目录中。

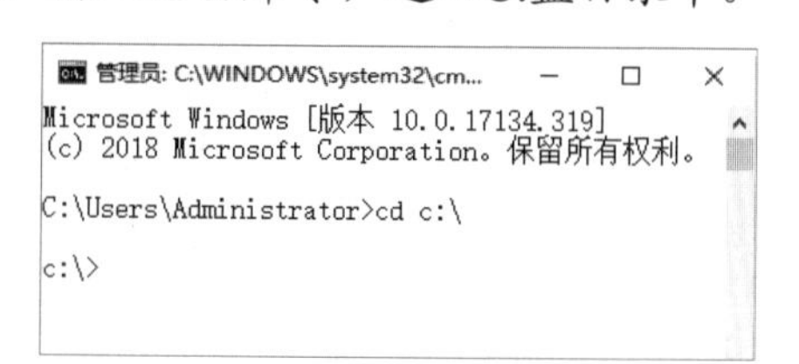

Step 04 在C:盘目录中输入命令“webdavx3.exe 192.168.0.10”，并按Enter键，即可开始溢出攻击。

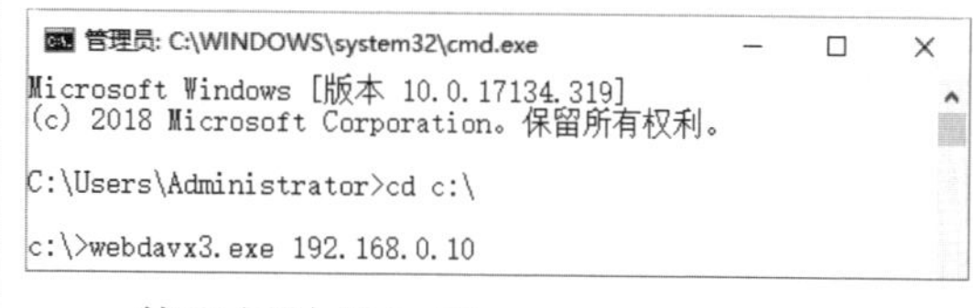

其运行结果如下：

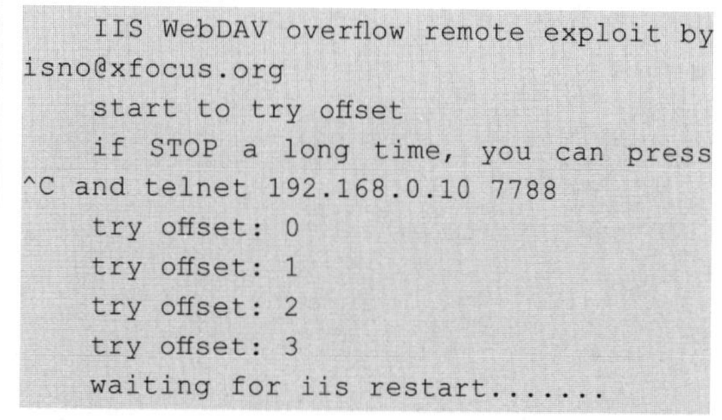

```
    IIS WebDAV overflow remote exploit by
isno@xfocus.org
    start to try offset
    if STOP a long time, you can press
^C and telnet 192.168.0.10 7788
    try offset: 0
    try offset: 1
    try offset: 2
    try offset: 3
    waiting for iis restart.......
```

Step 05 如果出现上面的结果则表明溢出成功，稍等两三分钟，按Ctrl+C组合键结束溢出，再在“命令提示符”窗口中输入如下命令：telnet 192.168.0.10 7788，当连接成功后，则就可以拥有目标主机的系统管理员权限，即可对目标主机进行任意操作。

Step 06 在“命令提示符”窗口中输入命令：cd c:\，即可进入目标主机的C:盘目录。

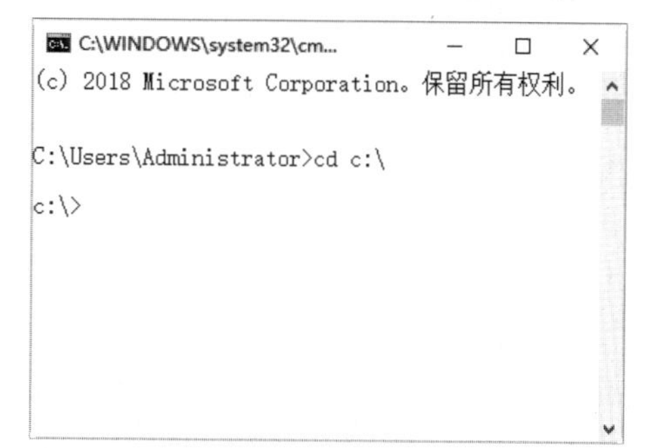

2.4.3　WebDAV缓冲区溢出漏洞的防御

如果不能立刻安装补丁或者升级，用户可以采取以下措施来降低威胁。

（1）使用微软提供的IIS Lockdown工具防止该漏洞被利用。

（2）可以在注册表中完全关闭WebDAV包括的PUT和DELETE请求，具体的操作步骤如下。

Step 01 启动注册表编辑器。在“运行”对话框中输入命令regedit，然后按Enter键，打开“注册表编辑器”窗口。

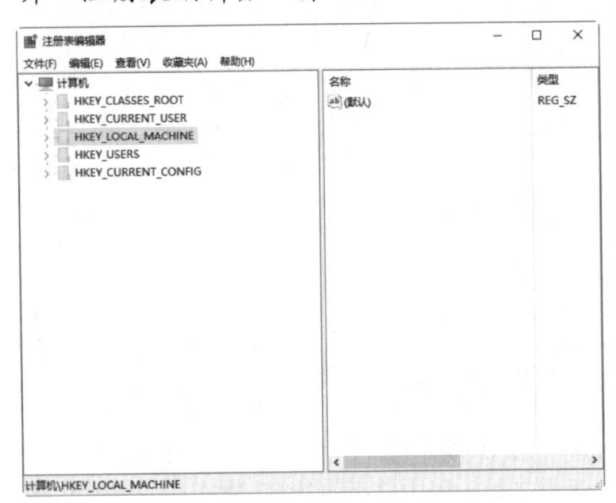

Step 02 在注册表编辑器中依次找到如下所示的键：HKEY_ LOCAL_MACHINE\SYSTEM\CurrentControlSet\Services\W3SVC\Parameters。

Step 03 选中该键值后单击右键，从弹出的快捷菜单中选择“新建”选项，即可新建一个项目，并将该项目命名为DisableWebDAV。

Step 04 选中新建的项目“DisableWebDAV”，在窗口右侧的“数据”下侧单击右键，从弹出的快捷菜单中选择“新建”→“DWORD（32位）值（D）”选项。

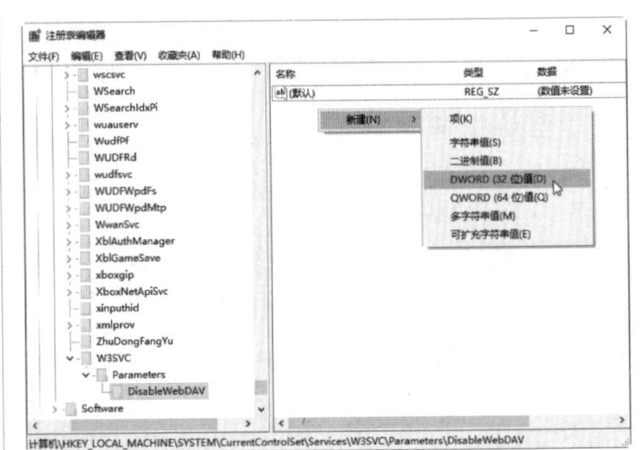

Step 05 选择完毕后，即可在“注册表编辑器”窗口中新建一个键值。选择该键值并右击，在弹出的快捷菜单中选择“修改”选项，打开“编辑DWORD（32位）值”对话框，在“数值名称”文本框中输入DisableWebDAV，在“数值数据”文本框中输入1。

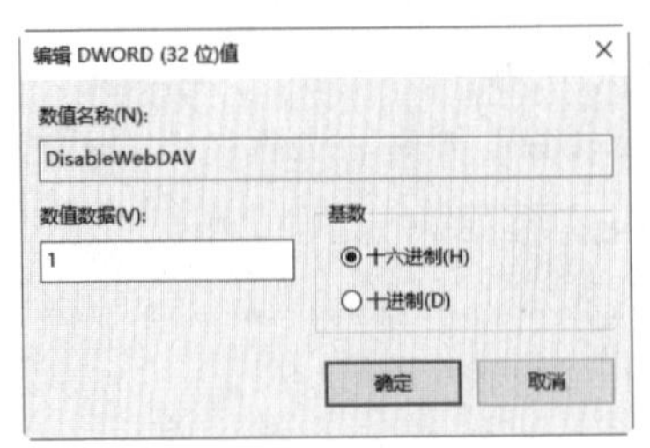

Step 06 单击“确定”按钮，即可在注册表中完全关闭WebDAV包括的PUT和DELETE请求。

2.5　系统漏洞的防护策略

要想防范系统的漏洞，首选就是及时为系统打补丁，下面介绍几种为系统打补丁的方法。

2.5.1　使用“Windows更新”及时更新系统

“Windows更新”是系统自带的用于检测系统更新的工具。使用“Windows更新”可以下载并安装系统更新文件，以Windows 10系统为例，具体的操作步骤如下。

Step 01 单击“开始”按钮，在打开的菜单中选择“设置”选项。

Step 02 打开“设置”窗口，在其中可以看到有关系统设置的相关功能，单击“更新和安全”图标。

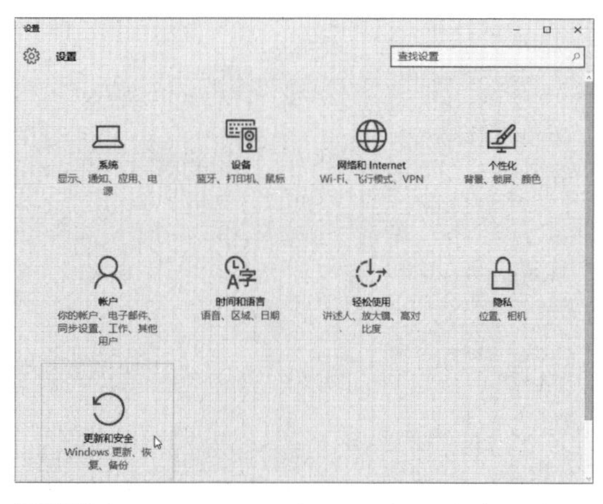

Step 03 打开“更新和安全”窗口，在其中选择“Windows更新”选项，并单击“检查更新”按钮。

Step 04 此时，可以看到系统开始检查网上是否存在更新文件。

Step 05 检查完毕后，如果存在更新文件，则会弹出如下图所示的信息提示，提示用户“有可用更新”，并自动开始下载更新文件。

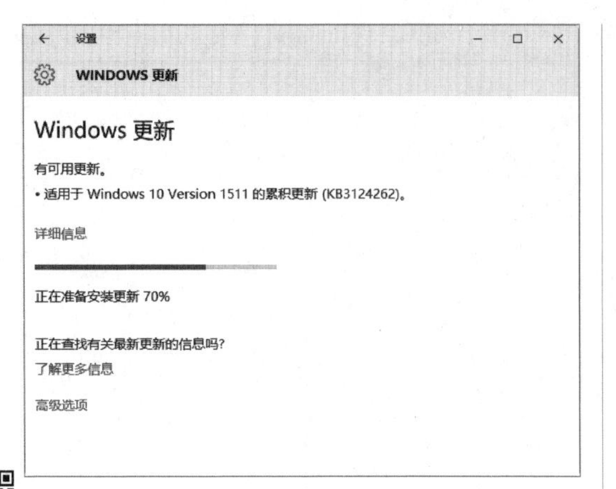

Step 06 下载完成后，系统会自动安装更新文件。安装完毕后，会弹出如下图所示的信息提示框。单击“立即重新启动”按钮，立即重新启动电脑。

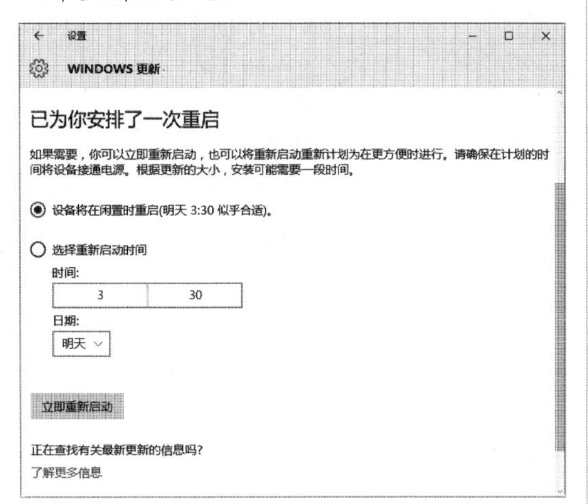

Step 07 重新启动完毕后，再次打开“Windows更新”窗口，在其中可以看到“你的设备已安装最新的更新……”信息提示，单击“高级选项”超链接。

Step 08 打开“高级选项”设置界面，在其中可以选择安装更新的方式。

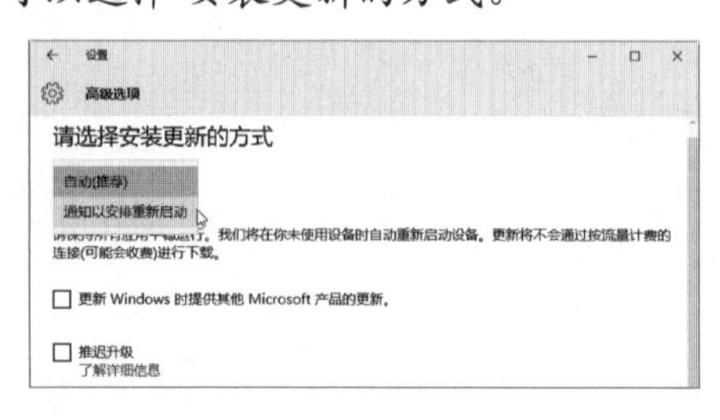

2.5.2　使用《360安全卫士》下载并安装补丁

除使用Windows系统自带的Windows Update下载并及时为系统修复漏洞外，还可以使用第三方软件及时为系统下载并安装漏洞补丁，常用的有《360安全卫士》《优化大师》等软件。

使用《360安全卫士》修复系统漏洞的具体操作步骤如下。

Step 01 双击桌面上的“360安全卫士”图标，打开“360安全卫士”窗口。

Step 02 单击“系统修复”按钮，进入下图所示的界面。

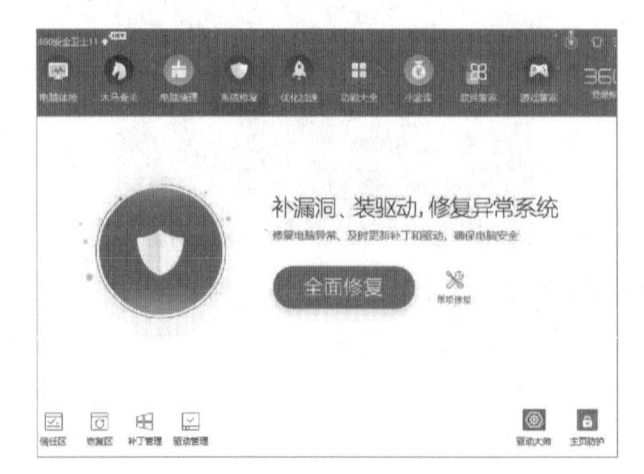

Step 03 单击“全面修复”按钮，《360安全卫士》开始自动扫描系统中存在的漏洞，并在下面的界面中显示出来，用户在其中可以自主选择需要修复的漏洞。

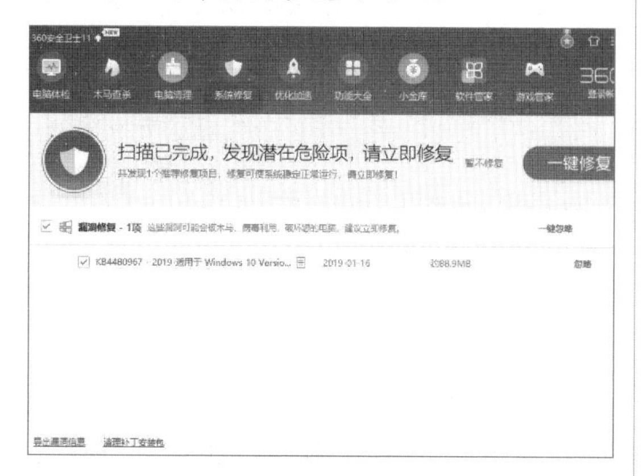

Step 04 单击“一键修复”按钮，开始修复系统存在的漏洞。

Step 05 修复完成后，会在界面中给出相应的提示信息，并且会出现“完成修复”按钮。

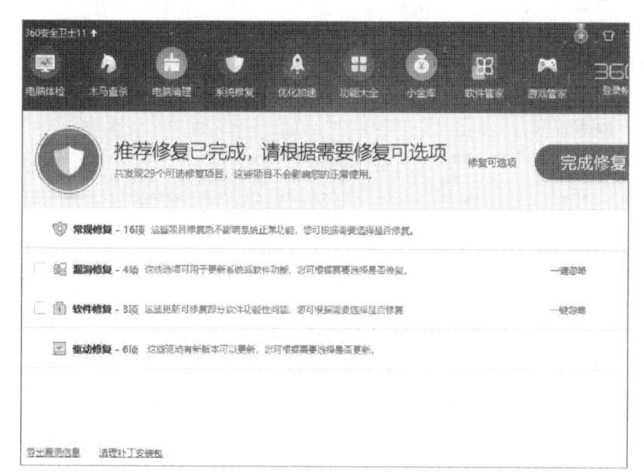

2.6　实战演练

实战演练1——使用系统工具整理磁盘碎片

磁盘碎片整理是指重新排列卷上的数据并重新合并碎片数据，有助于计算机更高效地运行。在Windows 10操作系统中，磁盘碎片整理程序可以按计划自动运行，用户也可以手动运行该程序或更改该程序使用的计划，具体操作步骤如下。

Step 01 打开“此电脑”窗口，在需要整理碎片的分区上右击，并在弹出的快捷菜单中选择“属性”选项。

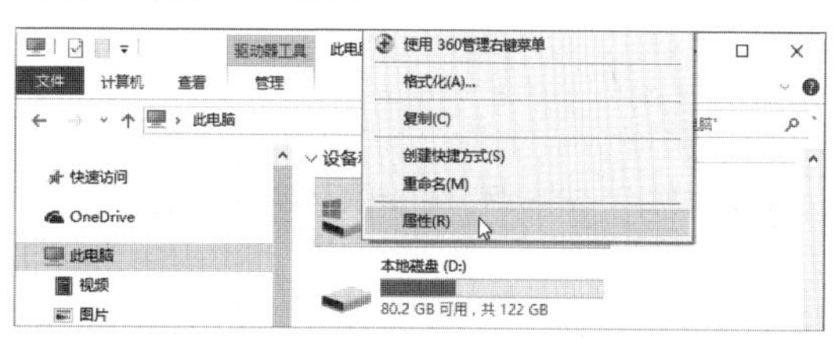

Step 02 弹出“Windows10(C:)属性”对话框，选择“工具”选项卡，在“对驱动器进行优化和碎片整理”下单击“优化”按钮。

Step 03 弹出“优化驱动器”窗口，选择需要整理碎片的磁盘，单击“分析”按钮。

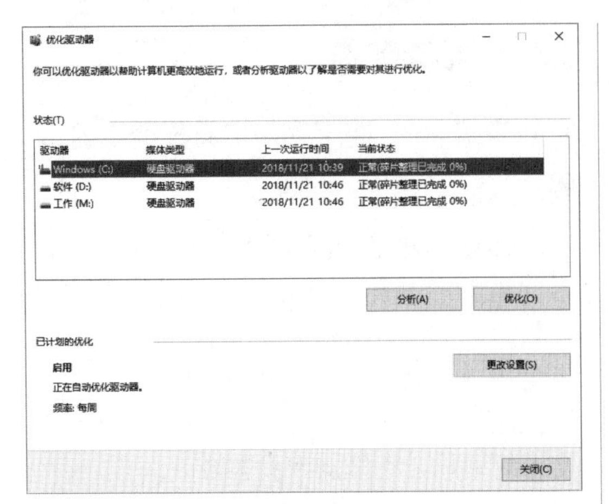

Step 04 系统开始自动分析磁盘，在“当前状态”列下显示碎片分析的进度。

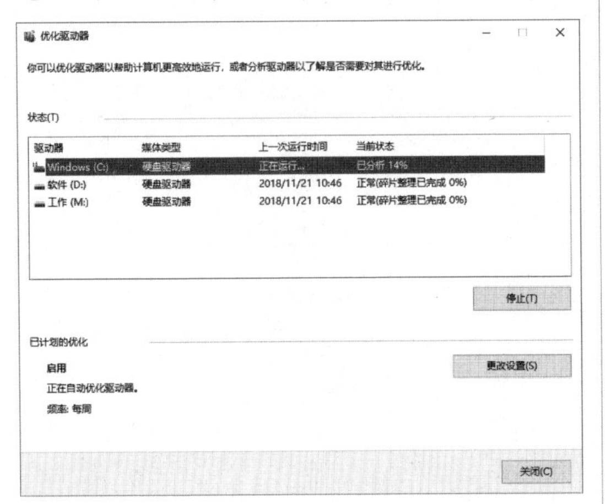

Step 05 分析完成后，系统开始自动对硬盘碎片进行整理操作，并显示整理的进度。

Step 06 除了手动整理磁盘碎片外，用户还可以设置自动整理碎片的计划，单击“启用”按钮。

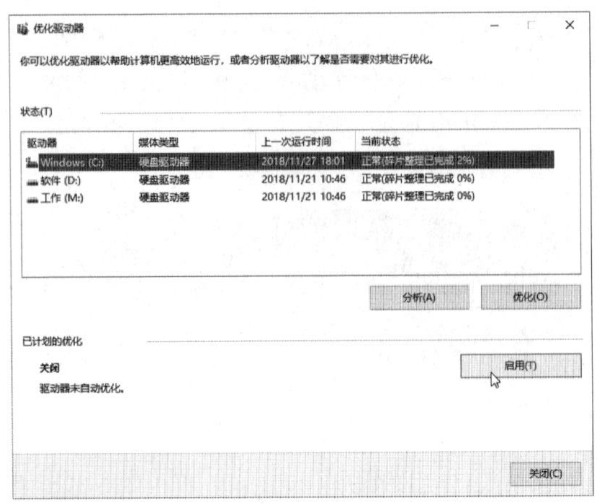

Step 07 弹出“优化驱动器”对话框，用户可以设置自动检查碎片的频率、时间和磁盘分区，设置完成后，单击“确定”按钮。

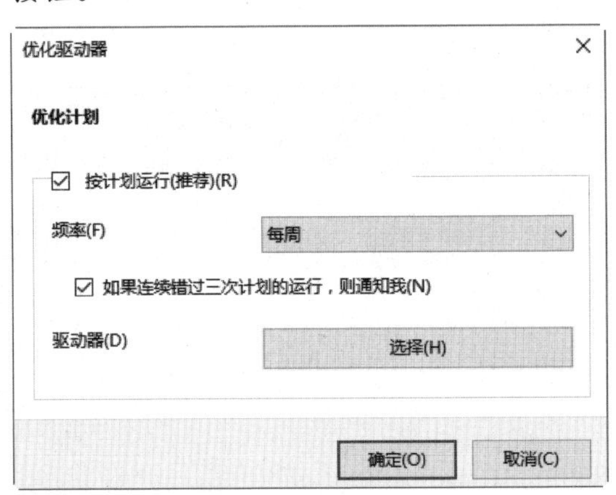

Step 08 返回到“优化驱动器”窗口，单击“关闭”按钮，即可完成磁盘的碎片整理。

实战演练2——关闭开机时的多余启动项

在电脑启动的过程中，自动运行的程序称为开机启动项。有时一些木马程序会在开机时运行，用户可以通过关闭开机启动项来提高系统安全性，具体的操作步骤如下。

Step 01 按键盘上的Ctrl+Alt+Delete组合键，打开如下图所示的界面。

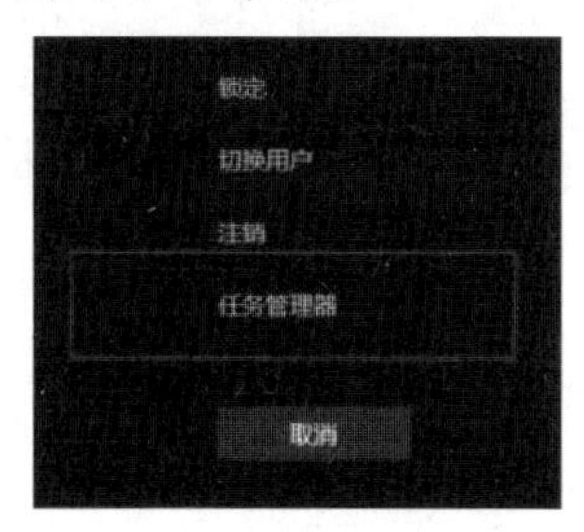

Step 02 单击“任务管理器”选项，打开“任务管理器”窗口。

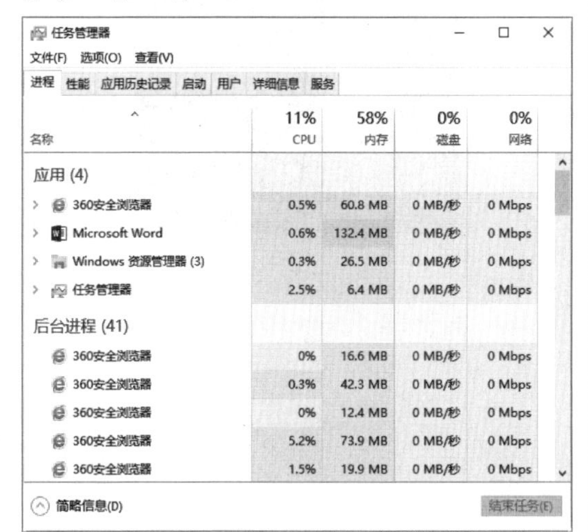

Step 03 选择“启动”选项卡，进入“启动”界面，在其中可以看到系统中的开机启动项列表。

Step 04 选择开机启动项列表中需要禁用的启动项，单击“禁用”按钮，即可禁止该启动项开机自启。

2.7 小试身手

练习1：怎样用左手操作键盘

如果用户习惯用左手操作鼠标，就需要对系统进行简单设置，以满足用户个性化的需求。具体操作步骤如下。

Step 01 在桌面的空白处单击鼠标右键，在弹出的快捷菜单中选择“个性化”菜单命令，在弹出的“设置”窗口中单击左侧的“主题”→“鼠标光标”超链接。

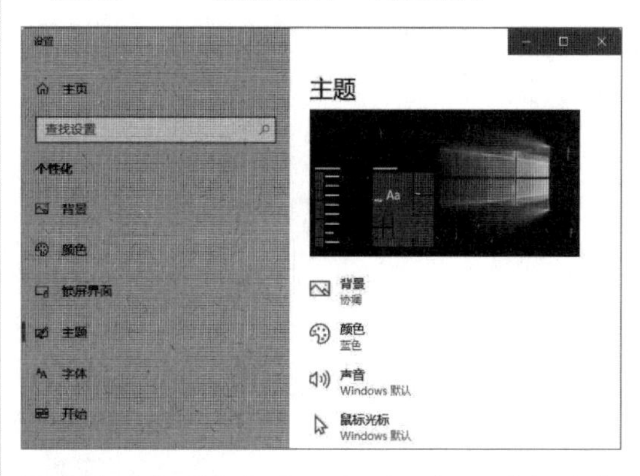

Step 02 弹出“鼠标属性”对话框，选择“鼠标键”选项卡，然后勾选“切换主要和次要的按钮”复选框，单击“确定”按钮即可完成设置。

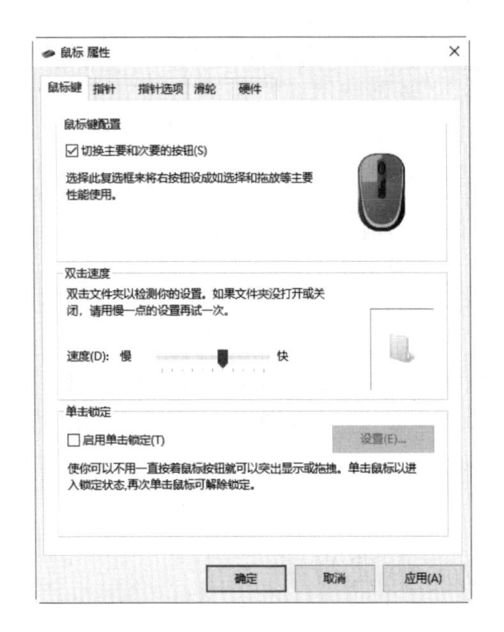

练习2：将应用程序固定到任务栏

用户除了可以将程序固定到“开始”屏幕外，还可以将程序固定到任务栏中的快速启动区域，以便使用程序时快速启动。具体操作步骤如下。

Step 01 单击“开始”按钮，选择要添加到任务栏的程序，单击鼠标右键，在弹出快捷菜单中选择“固定任务栏”命令，即可将其固定到任务栏中。

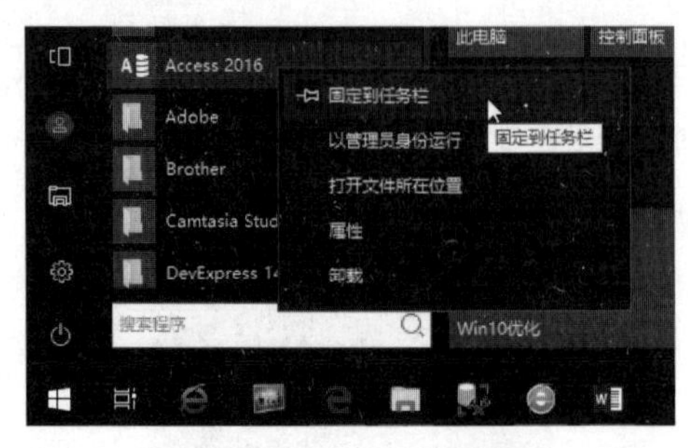

Step 02 对于不常用的程序图标，用户也可以将其从任务栏中删除。右键单击需要删除的程序图标，在弹出的快捷菜单中选择“从任务栏取消固定”命令即可。

第3章　系统入侵与远程控制的防护策略

随着计算机的发展及应用的广泛性，越来越多的操作系统为满足用户的需求，在其中加入了远程控制功能，这一功能本来是方便用户使用的，但也为黑客们所利用。本章介绍系统入侵与远程控制的防护策略，主要内容包括系统入侵的常用手段、远程控制工具入侵系统的方法及远程控制的防护策略等。

3.1　通过账号入侵系统的常用手段

入侵计算机系统是黑客的首要任务，无论采用什么手段，只要入侵到目标主机的系统当中，这一台计算机就相当于是黑客的了。本节介绍几种常见的入侵计算机系统的方式。

3.1.1　使用DOS命令创建隐藏账号

黑客在成功入侵一台主机后，会在该主机上建立隐藏账号，以便长期控制该主机，下面介绍使用命令创建隐藏账号的操作步骤。

Step 01 右击“开始”按钮，在弹出的快捷菜单中选择“运行”选项，打开“运行”对话框，在“打开”文本框中输入cmd。

Step 02 单击“确定”按钮，打开“命令提示符”窗口。在其中输入net user ty$ 123456 /add命令，按Enter键，即可成功创建一个名为“ty$”、密码为“123456”的隐藏账号。

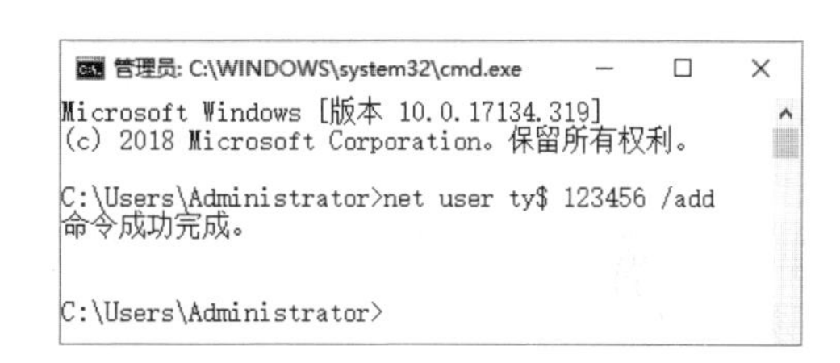

Step 03 输入net localgroup administrators ty$ /add命令，按Enter键后，即可为该隐藏账号赋予管理员权限。

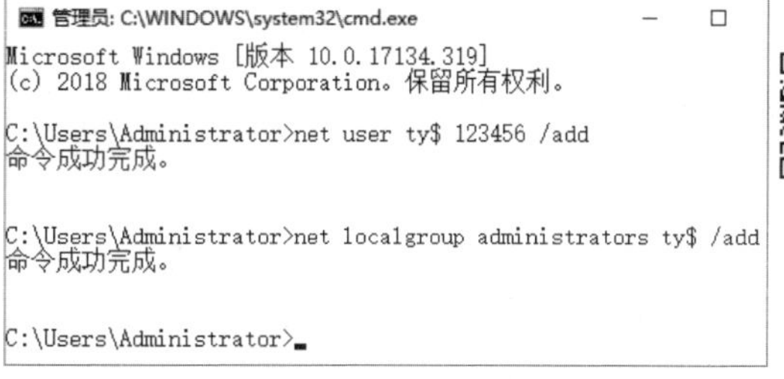

Step 04 再次输入net user命令，按Enter键后，即可显示当前系统中所有已存在的账号信息，但是发现刚刚创建的“ty$”并没有显示。

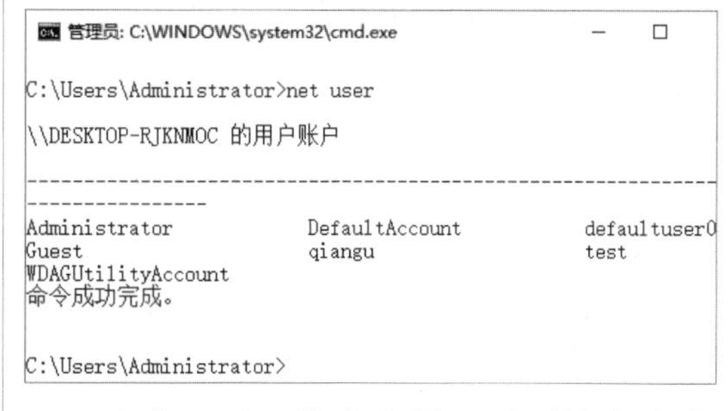

由此可见，隐藏账号可以不被命令查看到。不过，这种方法创建的隐藏账号并

不能完美被隐藏。查看隐藏账号的具体操作步骤如下。

Step 01 在桌面上右击“此电脑”图标，在弹出的快捷菜单中选择“管理”选项，打开“计算机管理”窗口。

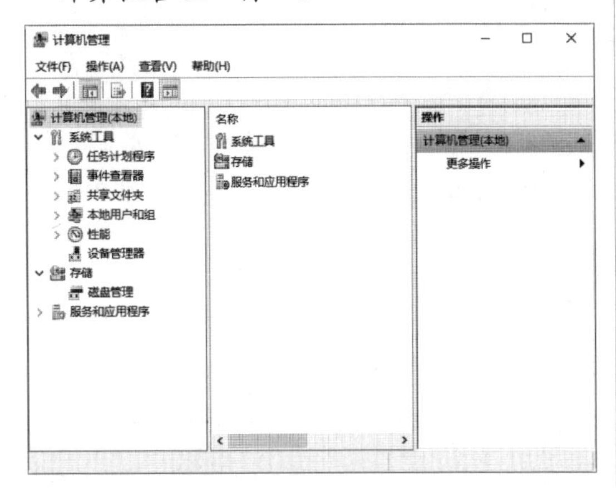

Step 02 依次展开“系统工具”→“本地用户和组”→“用户”选项，这时在右侧的窗格中可以发现创建的“ty$”隐藏账号依然会被显示。

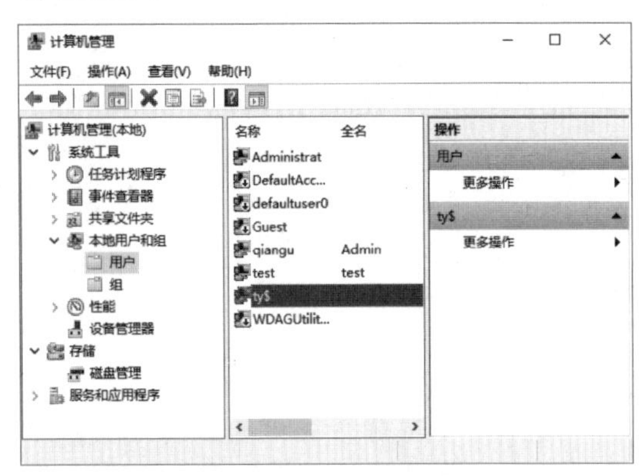

提示：这种隐藏账号的方法并不实用，只能做到在“命令提示符”窗口中隐藏，属于入门级的系统账户隐藏技术。

3.1.2 在注册表中创建隐藏账号

注册表是Windows操作系统的数据库，包含系统中非常多的重要信息，也是黑客最多关注的地方。下面就来看看黑客是如何使用注册表来隐藏账号的。

Step 01 选择“开始”→“运行”选项，打开“运行”对话框，在“打开”文本框中输入regedit。

Step 02 单击“确定”按钮，打开“注册表编辑器”窗口，在左侧窗口中，依次选择HKEY_LOCAL_MACHINE\SAM\SAM注册表项，右击SAM，在弹出的快捷菜单中选择“权限”选项。

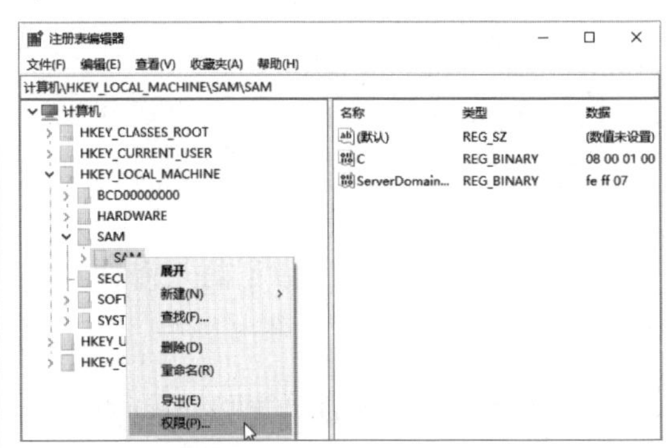

Step 03 打开“SAM的权限”对话框，在“组或用户名”栏中选择“Administrators（DESKTOP-JMQAAOB\Administrators）”，然后在“Administrators的权限”栏中勾选“完全控制”和“读取”复选框，单击“确定”按钮保存设置。

Step 04 依次选择HKEY_LOCAL_MACHINE\SAM\SAM\Domains\Account\Users\ Names注册表项，即可查看到以当前系统中的所有系统账户名称命名的子项。

Step 05 右键单击“ty$”项，在弹出的快捷菜单中选择“导出”选项。

Step 06 打开“导出注册表文件”对话框，将该项命名为ty.reg，然后单击“保存”按钮，即可导出ty.reg。

Step 07 按照Step05和Step06的方法，将HKEY_LOCAL_MACHINE\SAM\SAM\Domains\ Account\Users\下的000001F4和000003E9项分别导出并命名为administrator.reg和user.reg。

Step 08 用记事本打开administrator.reg，选中“"F"=后面”的内容并复制下来，然后打开user.reg，将“"F"=后面”的内容替换掉。完成后，将user.reg进行保存。

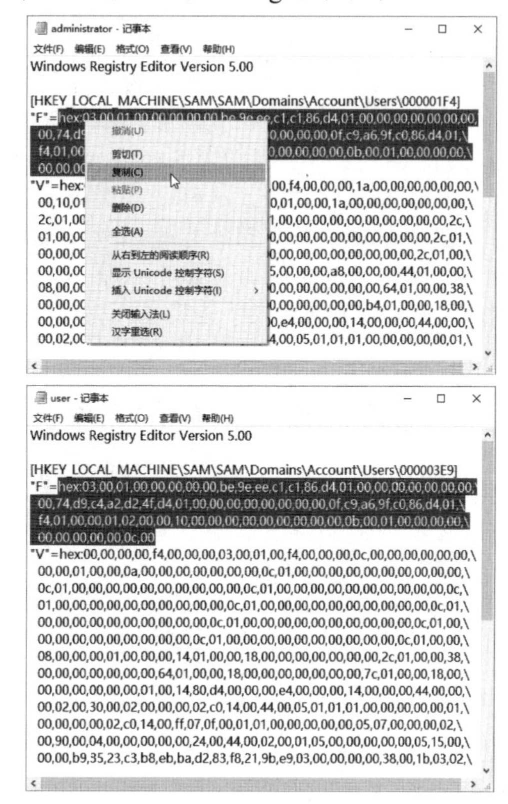

Step 09 打开“命令提示符”窗口，输入net user ty$ /del命令，按Enter键后，即可将建立的隐藏账号“ty$”删除。

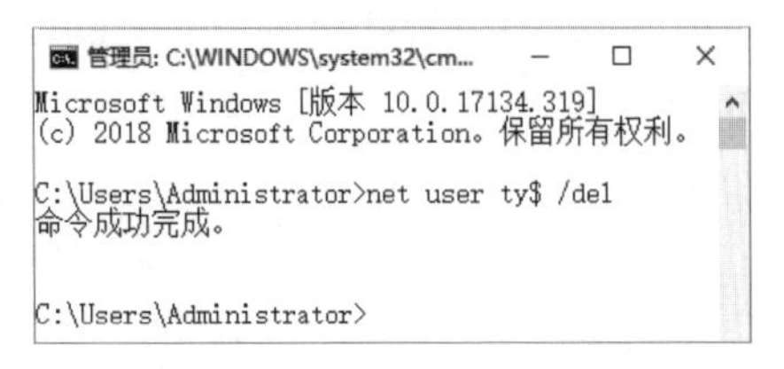

Step 10 分别将ty.reg和user.reg导入到注册表中，即可完成注册表隐藏账号的创建。此时在“本地用户和组”窗口中，也查看不到隐藏账号。

提示： 利用此种方法创建的隐藏账号在注册表中还是可以查看到的。为了保证建立的隐藏账号不被管理员删除，还需要对HKEY_LOCAL_MACHINE\SAM\SAM注册表项的权限进行取消。这样，即便是真正的管理员发现了并要删除隐藏账号，系统就会报错，并且无法再次赋予权限。经验不足的管理员就只能束手无策了。

3.2 抢救被账号入侵的系统

当确定自己的计算机遭到入侵后，可以在不重装系统的情况下采用如下方式“抢救”被入侵的系统。

3.2.1 揪出黑客创建的隐藏账号

隐藏账号的危害是不容忽视的，用户可以通过设置组策略，使黑客无法使用隐藏账号登录。具体操作步骤如下。

Step 01 右击“开始”按钮，在弹出的快捷菜单中选择“运行”选项，打开“运行”对话框，在“打开”文本框中输入gpedit.msc。

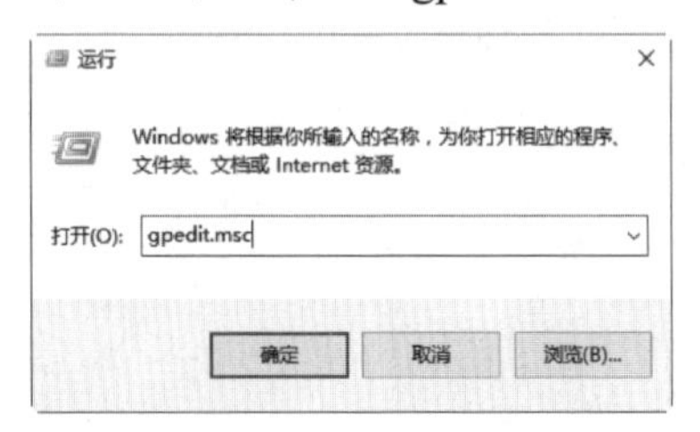

Step 02 单击“确定”按钮，打开“本地组策略编辑器”窗口，依次展开“计算机配置”→“Windows设置”→“安全设置”→“本地策略”→“审核策略”选项。

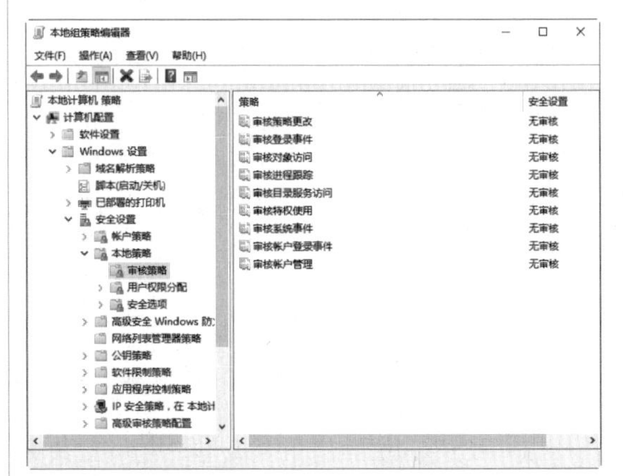

Step 03 双击右侧窗口中的“审核策略更改”选项，打开“审核策略更改 属性”对话框，勾选“成功”复选框，单击“确定”按钮保存设置。

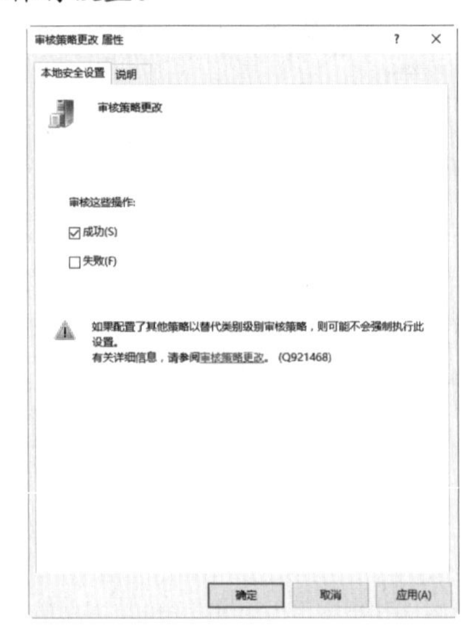

Step 04 按照上述步骤，将“审核登录事件”选项做同样的设置。

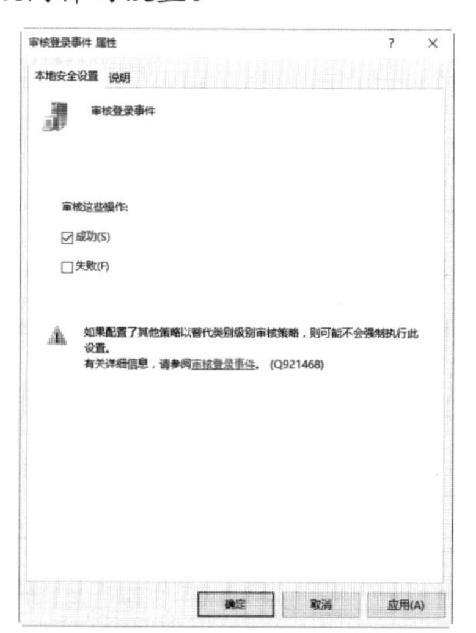

Step 05 按照Step02和Step03，将“审核进程跟踪”选项做同样的设置。

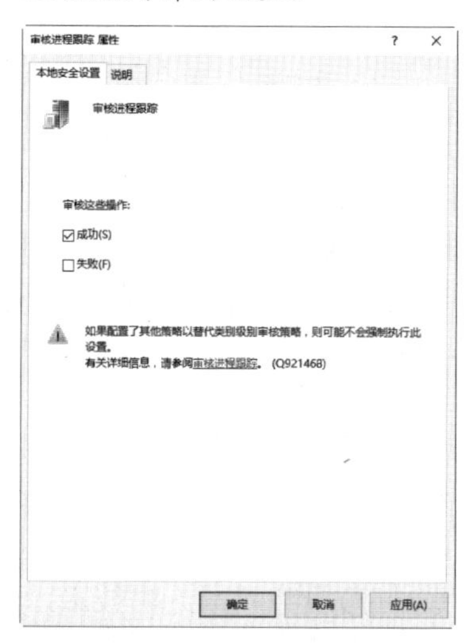

Step 06 设置完成后，用户就可以在“计算机管理”窗口中的“事件查看器”选项下，查看所有登录过系统的账号及登录的时间，如果有可疑的账号，在这里可一目了然，即便黑客删除了登录日志，系统也会自动记录删除日志的账号。

提示：若在确定黑客的隐藏账号后，却无法删除，这时，可以通过“命令提示符”窗口，运行net user“隐藏账号”“新密码”命令来更改隐藏账号的登录密码，使黑客无法登录该账号。

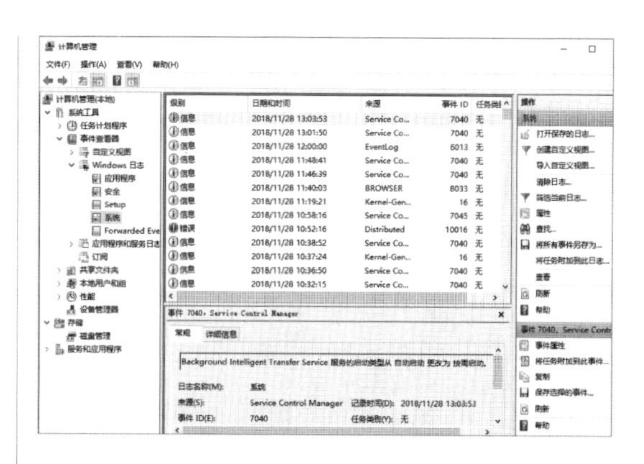

3.2.2　批量关闭系统危险端口

众所周知，网络上木马病毒无孔不入。在各种防护手段中，关闭系统中的危险端口是非常重要的，但是对于计算机新手来说，哪些端口是危险的，哪些端口是不危险的，并不清楚。下面就来介绍一些自动关闭危险端口的方法，帮助用户扫描并关闭危险的端口。

对于初学者来说，一个一个地关闭危险端口太麻烦了，而且也不知道哪些端口应该关闭，哪些端口不应该关闭。不过用户可以使用一个叫作“危险端口关闭小助手”的工具来自动关闭端口，具体的操作步骤如下。

Step 01 下载并解压缩“危险端口关闭小助手”工具，在解压的文件中双击“自动关闭危险端口.bat”批量处理文件，则可自动打开“命令”窗口，并在其中闪过关闭状态信息。

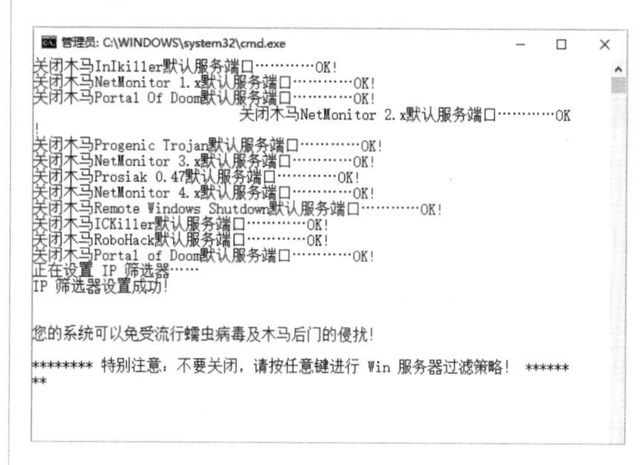

Step 02 关闭结束后，系统中的危险端口就全

部被关闭掉了。当程序停止后，不要关闭“命令”窗口，这时按下任意键，或继续运行“Win服务器过滤策略”，然后再进行木马服务端口的关闭，全部完成后，系统才做到真正的安全。

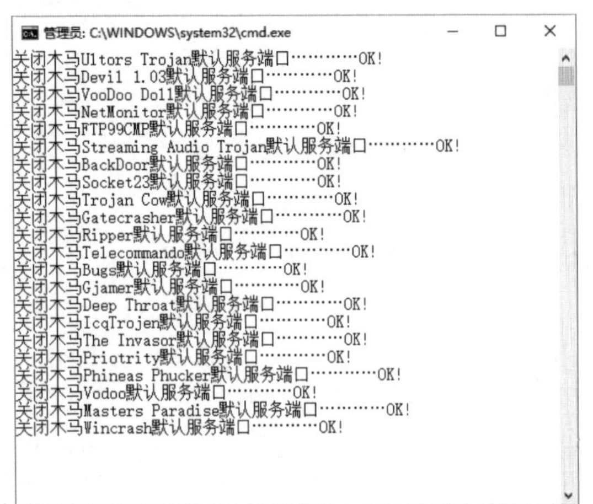

Step 03 使用“危险端口关闭小助手”工具还可以手工修改、自动关闭端口，利用该功能可以把最新的端口添加到关闭的列表中。用记事本打开“关闭危险端口.bat”文件，即可在其中看到关闭端口的重要语句rem ipconfig -w REG -p "HFUT_SECU" -r "Block UDP/138" -f *+0:138:UDP -n BLOCK -x >nul，其中UDP参数用于指定关闭端口使用的协议，138参数代表要关闭的端口。

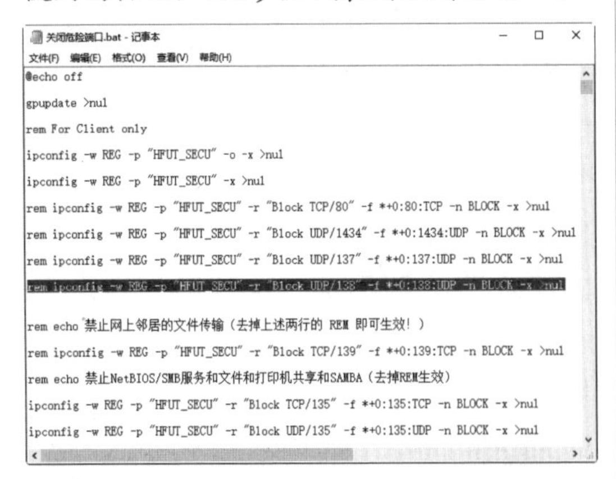

Step 04 参照上述语句，可以手工添加语句，将一些新的木马病毒使用的端口加入到关闭列表中，例如，要关闭新木马使用的8080端口，则可以添加如下语句rem ipconfig -w REG -p "HFUT_SECU" -r "Block UDP/8080" -f *+0:8080:UDP -n BLOCK -x >nul，添加完成后的显示效果如下图所示。

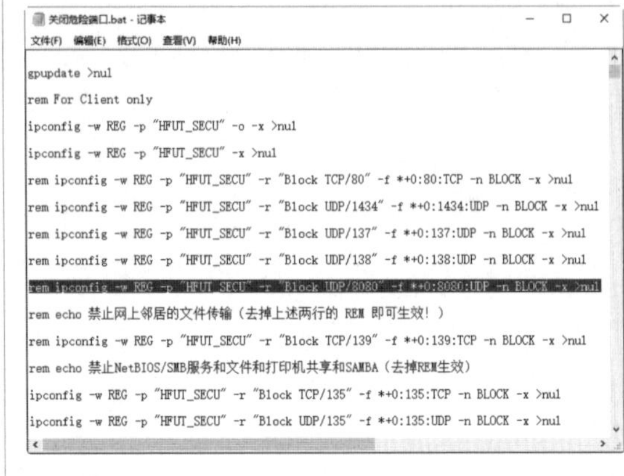

Step 05 添加完毕后，将该文件保存为.bat文件，重新运行即可关闭新添加的端口。

3.3 通过远程控制工具入侵系统

通过远程控制工具入侵目标主机系统的方法有多种，最常见的有telnet、ssh、vnc、远程桌面等技术，除此之外还有一些专门的远程控制工具，如RemotelyAnywhere、PcAnywhere等。

3.3.1 什么是远程控制

远程控制是在网络上由一台计算机（主控端/客户端）远距离去控制另一台计算机（被控端/服务器端）的技术，而远程一般是指通过网络控制远端电脑，和操作自己的电脑一样。

远程控制一般支持LAN、WAN、拨号方式、互联网方式等网络方式。此外，有的远程控制软件还支持通过串口、并口等方式来对远程主机进行控制。随着网络技术的发展，目前很多远程控制软件提供通过Web页面以Java技术来控制远程电脑，这样可以实现不同操作系统下的远程控制。远程控制的应用体现在如下几个方面。

（1）远程办公。这种远程的办公方式

不仅大大缓解了城市交通状况，还免去了人们上下班路上奔波的辛劳，更可以提高企业员工的工作效率和工作兴趣。

（2）远程技术支持。一般情况下，远距离的技术支持必须依赖技术人员和用户之间的电话交流来进行，这种交流既耗时又容易出错。有了远程控制技术，技术人员就可以远程控制用户的电脑，就像直接操作本地电脑一样，只需要用户的简单帮助就可以看到该机器存在问题的第一手材料，很快找到问题的所在并加以解决。

（3）远程交流。商业公司可以依靠远程技术与客户进行远程交流。采用交互式的教学模式，通过实际操作来培训用户，从专业人员那里学习知识就变得十分容易。而教师和学生之间也可以利用这种远程控制技术实现教学问题的交流，学生可以直接在电脑中进行习题的演算和求解，在此过程中，教师能够轻松看到学生的解题思路和步骤，并加以实时的指导。

（4）远程维护和管理。网络管理员或者普通用户可以通过远程控制技术对远端计算机进行安装和配置软件、下载并安装软件修补程序、配置应用程序和进行系统软件设置等操作。

3.3.2 通过Windows远程桌面实现远程控制

远程桌面功能是Windows操作系统自带的一种远程管理工具，它具有操作方便、直观等特征。如果目标主机开启了远程桌面连接功能，就可以在网络中的其他主机上连接控制这台目标主机了。

在Windows 10操作系统中开启远程桌面的具体操作步骤如下。

Step 01 右击“此电脑”图标，在弹出的快捷菜单中选择“属性”选项，打开“系统”窗口。

Step 02 单击“远程设置”，打开“系统属性”对话框，在其中勾选“允许远程协助连接这台计算机”复选框，设置完毕后，单击“确定”按钮，即可完成设置。

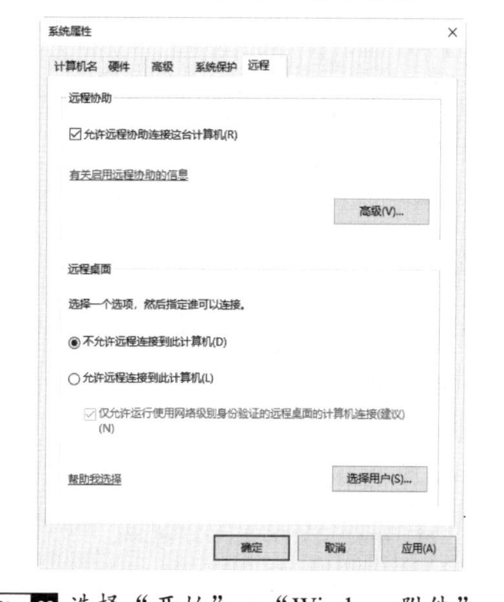

Step 03 选择“开始”→“Windows附件”→“远程桌面连接”选项，打开“远程桌面连接”窗口。

Step 04 单击“显示选项”按钮，展开即可看到选项的具体内容。在“常规”选项卡的“计算机”下拉列表中选择需要远程连接的计算机名称或IP地址；在“用户名”文本框中输入相应的用户名。

Step 05 选择“显示”选项卡，在其中可以设置远程桌面的大小、颜色等属性。

Step 06 如果需要远程桌面与本地计算机文件进行传输，则需在“本地资源”选项卡下设置相应的属性。

Step 07 单击“详细信息”按钮，在“本地设备和资源”中选择需要的驱动器后，单击“确定”按钮，返回到“远程桌面连接”对话框中。

Step 08 单击“连接”按钮，进行远程桌面连接。

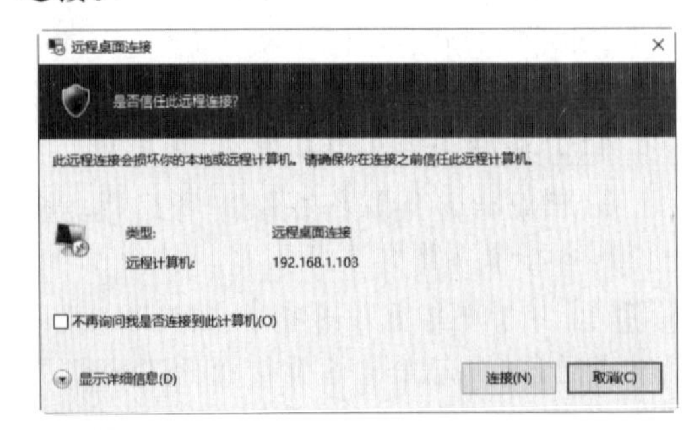

Step 09 单击“连接”按钮，弹出“远程桌面连接”对话框，显示正在启动远程连接。

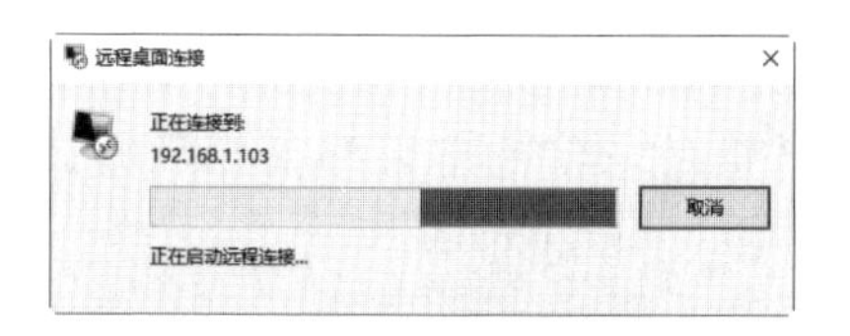

Step 10 启动远程连接完成后，将弹出“Windows安全性”对话框。在“用户名”文本框中输入登录用户的名称；在“密码”文本框中输入登录密码。

Step 11 单击“确定”按钮，会弹出一个信息提示框，提示用户是否继续连接。

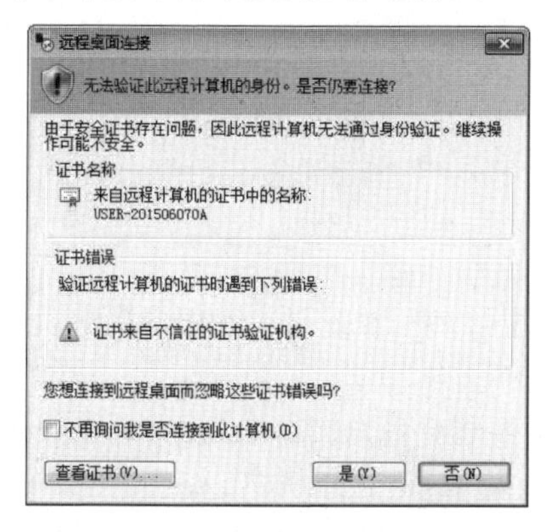

Step 12 单击“是”按钮，即可登录到远程计算机桌面，此时可以在该远程桌面上进行任何操作。

另外，在需要断开远程桌面连接时，只需在本地计算机中单击远程桌面连接窗口上的“关闭”按钮，弹出“远程桌面连接”提示框。单击“确定”按钮，即可断开远程桌面连接。

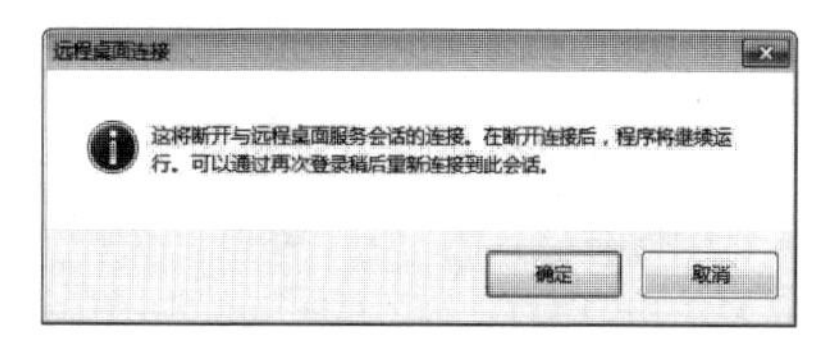

提示： 在进行远程桌面连接之前，需要双方都勾选“允许远程用户连接到此计算机”复选框，否则将无法成功创建连接。

3.4　使用RemotelyAnywhere工具入侵系统

RemotelyAnywhere工具是利用浏览器进行远程连接入侵控制的小程序，使用时需要实现在目标主机上安装该软件，并知道该主机的连接地址及端口，这样其他任何主机都可以通过浏览器来访问目标主机了。

3.4.1　安装RemotelyAnywhere

安装RemotelyAnywherel软件，具体操作步骤如下。

Step 01 运行RemotelyAnywhere安装程序，在弹出的对话框中单击Next按钮。

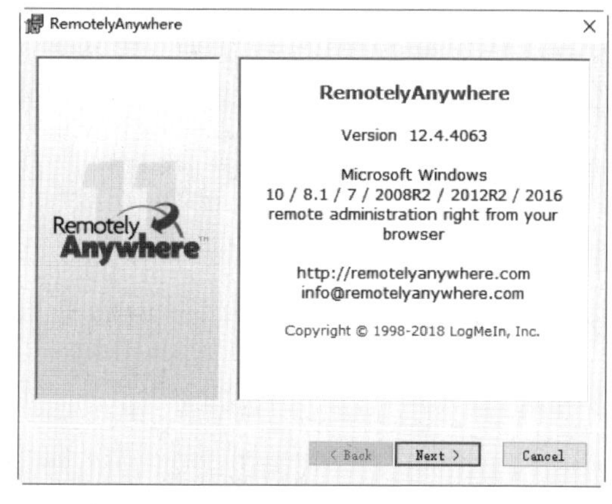

Step 02 弹出RemotelyAnywhere License

Agreement对话框，单击I Agree按钮。

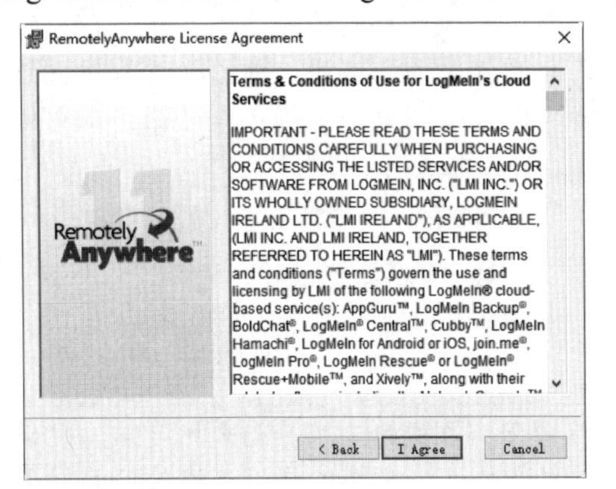

Step 03 弹出Software options对话框，选中Custom单选按钮，可以手工指定软件安装配置项，本实例选中Typical单选按钮，使用默认配置，单击Next按钮。

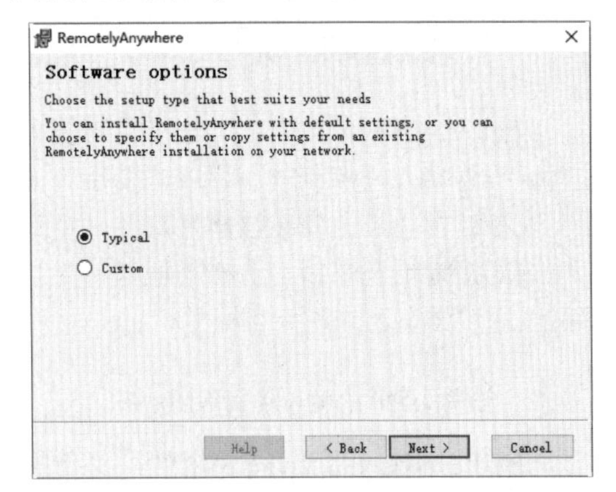

Step 04 弹出Choose Destination Location对话框，单击Browse按钮，可以改变安装目录，本实例采用默认配置，单击Next按钮。

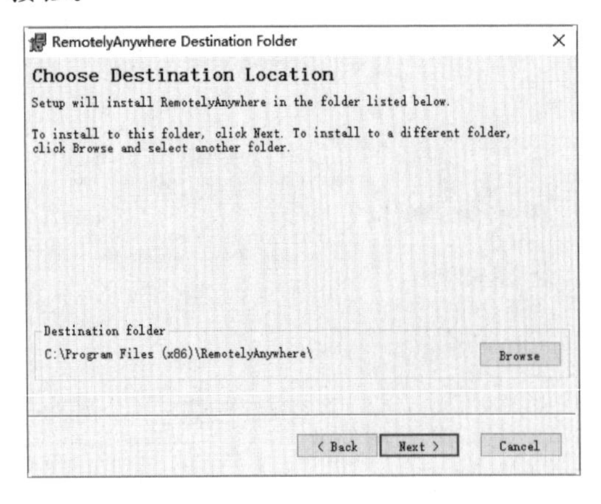

Step 05 弹出Start copying files对话框，显示已配置信息，信息中说明连接服务器的端口为2000，单击Next按钮。

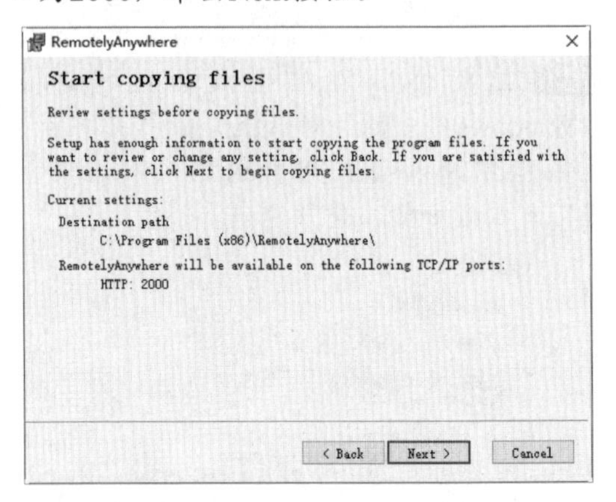

Step 06 弹出Install status对话框，Remotely Anywhere程序正在安装。

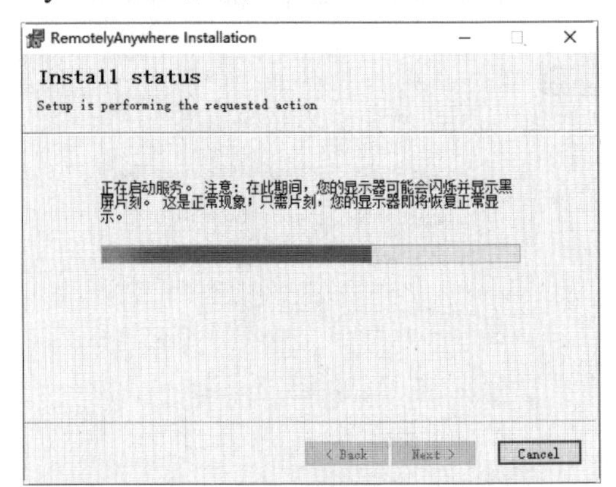

Step 07 安装完成后，弹出Setup Completed对话框，对话框中标明可以使用地址http://DESKTOP-JMQAA08:2000和http://ipaddress:2000连接服务器，单击Finish按钮。

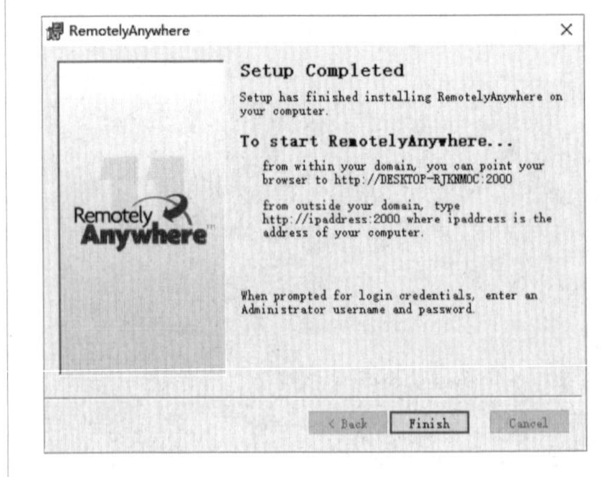

Step 08 弹出Windows验证页面，在其中需要输入此计算机的用户名和密码。

Step 09 单击“登录”按钮，弹出RemotelyAnywhere激活方式选择界面，可以选中“我已是RemotelyAnywhere用户或已具有RemotelyAnywhere许可证”单选按钮进行激活，也可以选择“我希望现在购买RemotelyAnywhere”在线激活，本实例选择“我想免费试用”，单击“下一步”按钮。

Step 10 在弹出界面的“电子邮件地址”文本框中输入激活使用的邮箱地址，并在“产品类型”下拉列表中选择试用产品类型，本实例采用“服务器版”，单击“下一步”按钮。

Step 11 在弹出的界面中依次输入指定内容，单击“下一步”按钮。

Step 12 RemotelyAnywhere激活成功，需要重新启动RemotelyAnywhere程序，单击“重新启动REMOTELYANYWHERE”按钮。

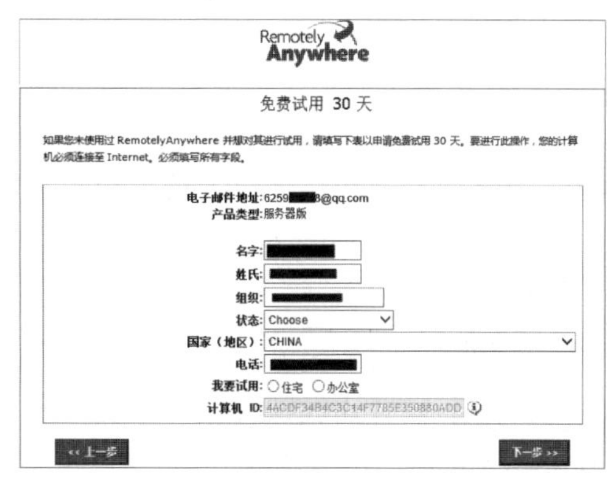

3.4.2 连接入侵远程主机

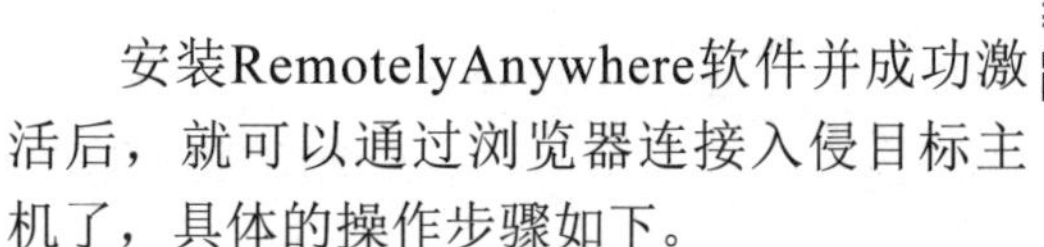

安装RemotelyAnywhere软件并成功激活后，就可以通过浏览器连接入侵目标主机了，具体的操作步骤如下。

Step 01 打开浏览器，然后在地址栏中输入RemotelyAnywhere安装过程中提示的地址，通用格式为“http://{目标服务器IP|主机名|域名}:2000”，本实例使用https://desktop-rjknmoc:2000/main.html进行讲解，在“用户名”文本框和“密码”文本框中输入有效的远程管理账户的信息，默认使用Administrator账号登录。

Step 02 单击“登录”按钮，进入RemotelyAnywhere远程管理界面，左侧显示管理功能列表，用户可以使用不同的管理功能对远程主机进行多功能全方位的管理操作。

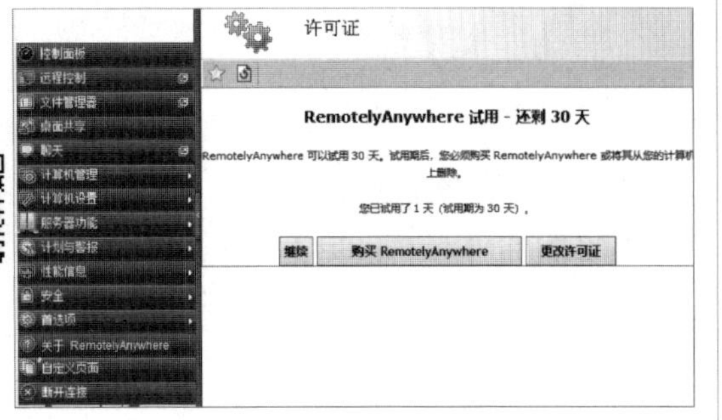

Step 03 单击“继续”按钮进行远程主机信息查看与管理，默认显示“控制面板”管理功能界面。

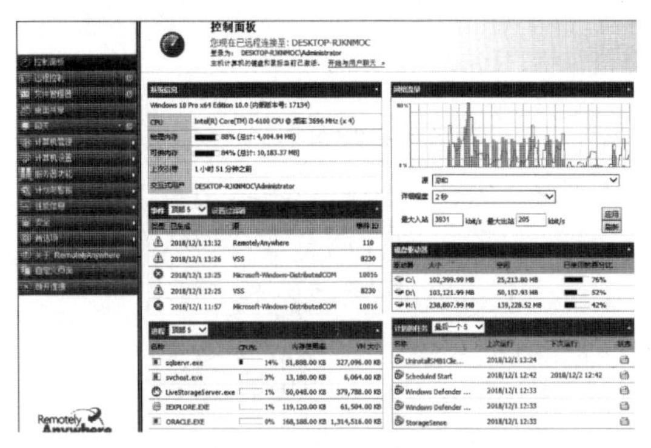

通过该页面可以快速了解远程服务器的多种状态、信息，具体内容如下。

（1）系统信息：显示系统版本、CPU型号、物理内存使用情况、总内存（包括虚拟内存）使用情况、系统已启动时间、登录系统账户。

（2）事件：显示最近发生的系统事件，默认显示5个事件。

（3）进程：显示进程的系统资源占用情况，默认以CPU占用比例为序，显示CPU占用率最高的5个进程。

（4）已安装的修补程序：最近安装的系统补丁，默认显示5个补丁信息。

（5）网络流量：动态显示网络流量信息。

（6）磁盘驱动器：所有分区的空间使用情况。

（7）计划的任务：显示最后执行的任务计划，默认为5个。

（8）最近的访问：系统最近访问记录。

（9）日记：管理员可在此区域编辑管理日记。

3.4.3 远程操控目标主机

当成功侵入目标主机后，就可以通过浏览器远程操控目标主机了，具体的操作步骤如下。

Step 01 选择左侧列表中的“远程控制”选项，在右侧窗格中显示了远程主机的界面，通过该窗格可以利用本地的鼠标、键盘、显示器直接控制远程主机。在窗格上侧有部分工具可以使用，包括颜色调整、远程桌面大小调整等。

Step 02 选择左侧列表中的“文件管理器”选项，在右侧窗格中显示了本地和远程主机的资源管理器，在两个资源管理器中可以随意地拖曳文件，以实现资料互传。

Step 03 选择左侧列表中的“桌面共享”选项，在右侧窗格中显示了实现桌面共享的操作方法。按照提示方法右击桌面状态栏的程序图标，在弹出的快捷菜单中选择Share my Desktop...选项。

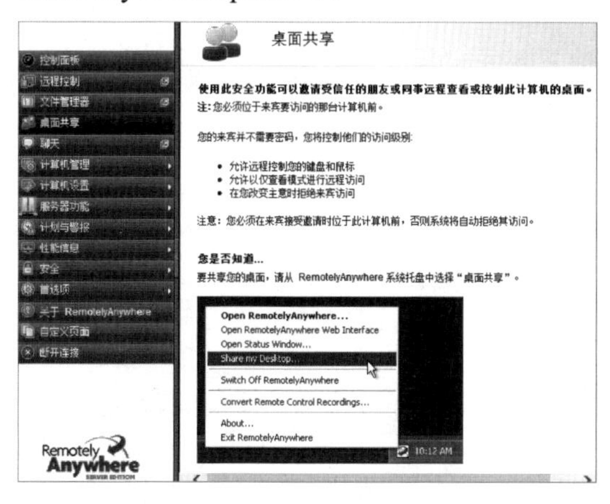

Step 04 弹出“桌面共享”对话框，选中“邀请来宾与您一起工作”单选按钮，单击“下一步”按钮。

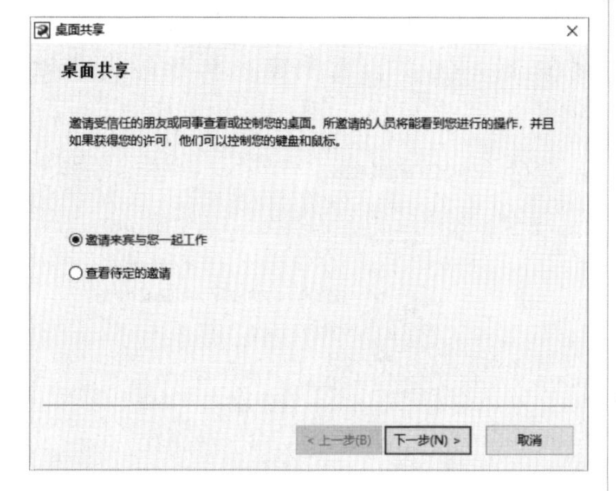

Step 05 弹出“邀请详情”对话框，可以在该对话框中配置邀请名，默认按时间显示，方便以后查看，还可以设置本次邀请的有效访问时限，在最后一个文本框中输入被邀请人连接目标主机使用的地址，全部选择默认配置，单击“下一步”按钮。

Step 06 弹出“已创建邀请”对话框，在文本框中显示了被邀请人获得的地址，可以通过单击“复制”和“电子邮件”两个按钮，让被邀请人获得邀请地址，单击“完成”按钮，完成本次邀请。

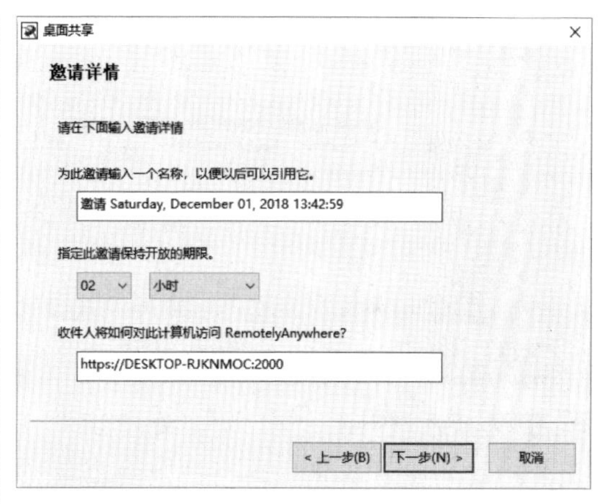

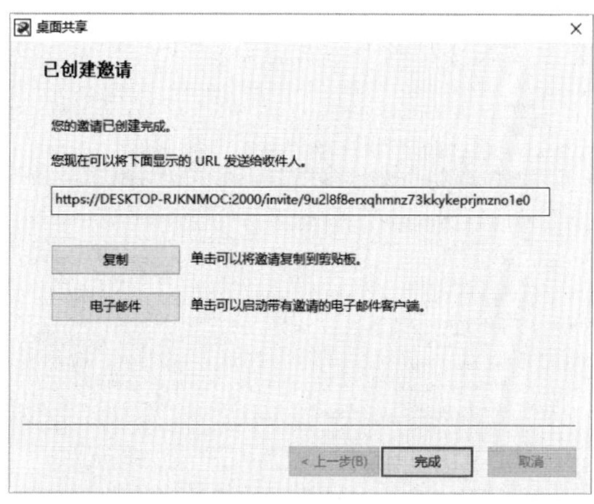

Step 07 单击左侧列表中“聊天”选项，通过右侧窗格可以与被管设备聊天，一般被管设备很少有人在，所以该功能用得比较少。

Step 08 选择左侧列表中的“计算机管理”→“用户管理器”选项，在右侧“用户管理器”窗格中显示了远程主机的用户和组信息，单击“添加用户”按钮可以为远程主机增加用户，同时可以单击用户名对其进行编辑。

Step 09 选择左侧列表中的“计算机管理”→“事件查看器”选项，在右侧窗格中显示了“事件查看器”窗格，通过该窗格可以查看远程主机的事件信息。

事件查看器（应用程序）

事件 ID	源	用户	已生成	计算机
916	ESENT	N/A	2018/12/1 13:46	DESKTOP-RJKNMOC
1001	Windows Error Reporting	N/A	2018/12/1 13:45	DESKTOP-RJKNMOC
1000	Application Error	N/A	2018/12/1 13:43	DESKTOP-RJKNMOC
916	ESENT	N/A	2018/12/1 13:43	DESKTOP-RJKNMOC
205	RemotelyAnywhere	SYSTEM	2018/12/1 13:39	DESKTOP-RJKNMOC
202	RemotelyAnywhere	SYSTEM	2018/12/1 13:37	DESKTOP-RJKNMOC
102	RemotelyAnywhere	SYSTEM	2018/12/1 13:33	DESKTOP-RJKNMOC
110	RemotelyAnywhere	SYSTEM	2018/12/1 13:32	DESKTOP-RJKNMOC
102	RemotelyAnywhere	SYSTEM	2018/12/1 13:30	DESKTOP-RJKNMOC
100	RemotelyAnywhere	SYSTEM	2018/12/1 13:29	DESKTOP-RJKNMOC
101	RemotelyAnywhere	SYSTEM	2018/12/1 13:29	DESKTOP-RJKNMOC
105	RemotelyAnywhere	SYSTEM	2018/12/1 13:29	DESKTOP-RJKNMOC
500	RemotelyAnywhere	SYSTEM	2018/12/1 13:29	DESKTOP-RJKNMOC
102	RemotelyAnywhere	SYSTEM	2018/12/1 13:27	DESKTOP-RJKNMOC
8230	VSS	N/A	2018/12/1 13:26	DESKTOP-RJKNMOC
916	ESENT	N/A	2018/12/1 13:26	DESKTOP-RJKNMOC
1033	MsiInstaller	Administrator	2018/12/1 13:25	DESKTOP-RJKNMOC

Step 10 选择左侧列表中的“计算机管理”→“服务”选项，在右侧窗格中显示了“服务”窗格，通过该窗格可以查看远程主机所有的服务项，也可以单击这些服务项进行启动、禁用和删除等操作。

Step 11 选择左侧列表中的“计算机管理”→“进程”选项，在右侧窗格中显示了“进程”窗格，通过该窗格可以查看远程主机所有的进程，单击PID为1016的进程。

Step 12 弹出新界面，显示出进程1752的进程名为Runtime Broker.exe，同时还显示了该进程的其他信息，通过修改“优先级类”下拉列表选项可以调整该进程的优先级别，可以为需要优先执行的进程做调整。

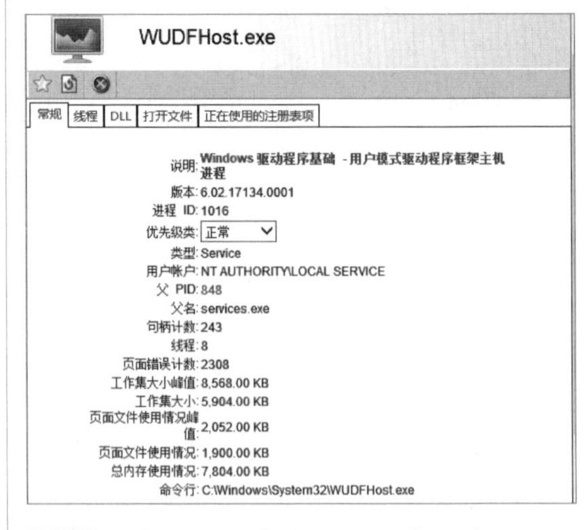

Step 13 选择左侧列表中的“计算机管理”→“注册表编辑器”选项，在右侧窗格中显示了“注册表编辑器”窗格，通过该窗格可以查看远程主机的注册表信息。

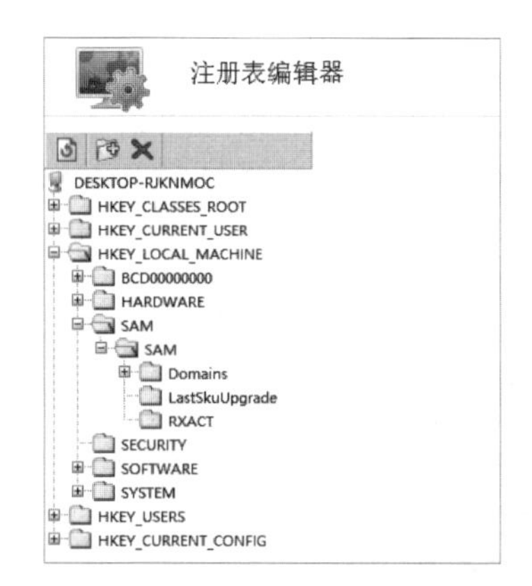

Step 14 选择左侧列表中的“计算机管理”→“重新引导选项”，在右侧窗格中显示了“重新引导选项”窗格，通过该窗格可以根据需求对远程主机做各种引导操作，只需要单击指定的图标按钮就可以。

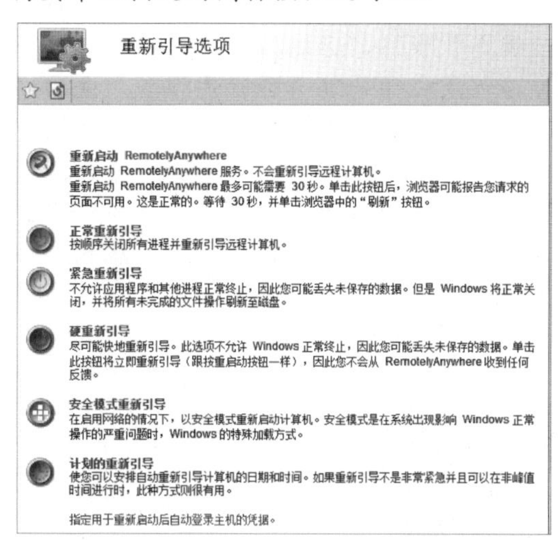

Step 15 选择左侧列表中的“计算机设置”→“环境变量”选项，在右侧窗格中显示了“环境变量”窗格，通过该窗格可以修改远程主机的环境变量信息，通过单击指定环境变量选项进行调整。

Step 16 选择左侧列表中的“计算机设置”→“虚拟内存”选项，在右侧窗格中显示了“虚拟内存”窗格，通过该窗格可以修改远程主机的不同磁盘驱动器提供虚拟内存的数量，建议不要选择C盘，总量设置为物理内存的1.5倍，单击“应用”按钮使配置生效。

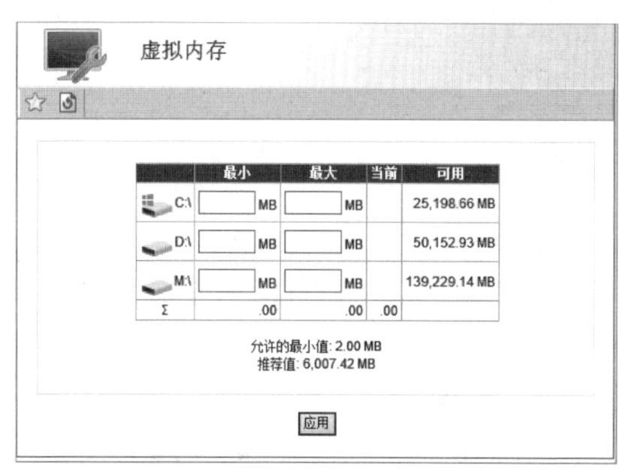

Step 17 通过RemotelyAnywhere还可以配置个别主机的配置，例如FTP、活动目录。不过该功能一般不建议使用。

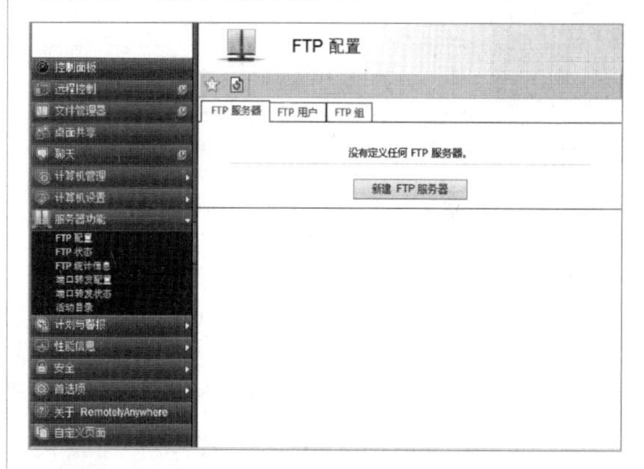

Step 18 在左侧选项列表中选择“计划与警报”选项，该选项下有两个子选项，分别是“电子邮件警报”和“任务计划程序”。通过“电子邮件警报”选项可以监视系统接收的电子邮件信息，对垃圾邮件等有安全威胁的信息提供警报提示，通过“任务计划程序”选项可以为系统配置任务计划。

Step 19 在左侧选项列表中选择“性能信息”→“CPU负载”选项，在右侧显示“CPU负载”窗格，该窗格显示了CPU的使用情况图表，从下方列表中可以看到各个进程的CPU使用情况。

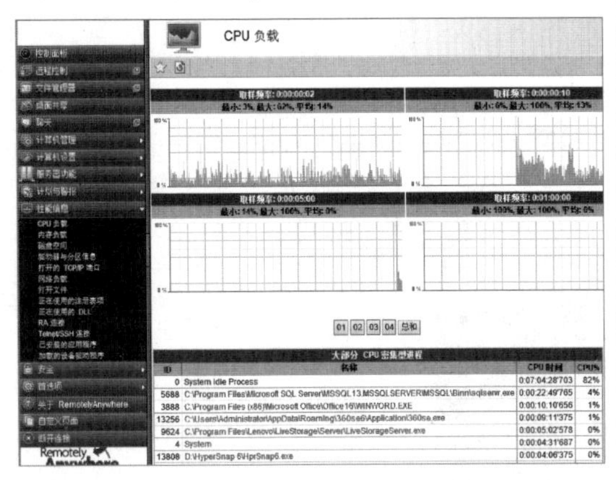

Step 20 在左侧选项列表中选择“性能信息”→“驱动器与分区信息”选项，在右侧显示“驱动器与分区信息”窗格，该窗格显示了远程主机磁盘分区情况，以及各个分区的状态信息，在其中可以单击指定分区进行分区调整。

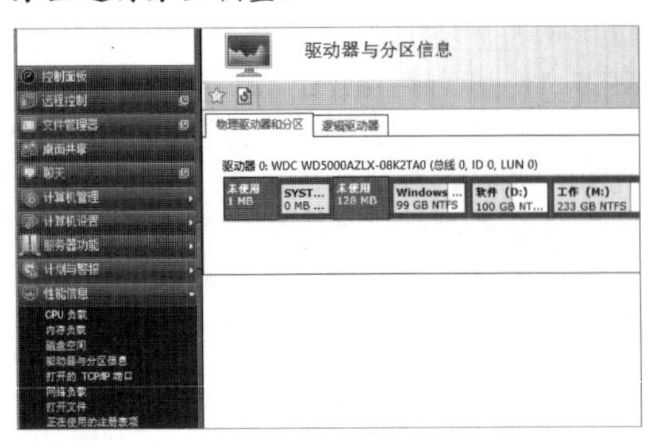

Step 21 在左侧选项列表中选择“安全”→“访问控制”选项，在右侧显示“访问控制”窗格，通过该窗格可以设置部分访问控制内容，如为特定用户指定访问权限。配置完成后，单击“应用”按钮生效。

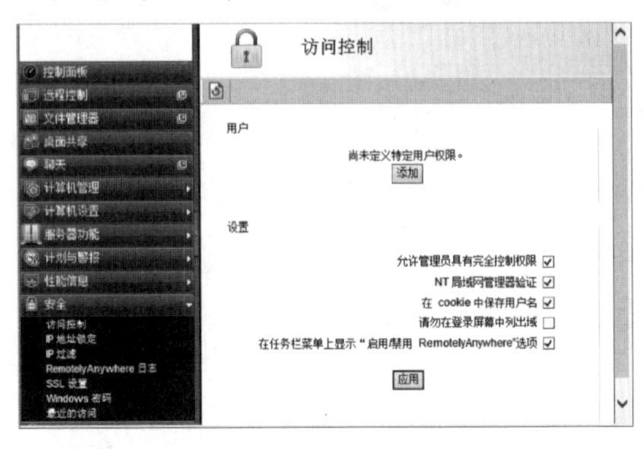

Step 22 在左侧选项列表中选择“安全”→“IP地址锁定”选项，在右侧显示“IP地址锁定”窗格，通过该窗格可以对非法访问远程主机的地址进行锁定操作，主要通过“拒绝服务过滤器”和“验证攻击过滤器”两项来完成配置。“拒绝服务过滤器”根据对服务器HTTP无效请求数进行IP地址锁定，“验证攻击过滤器”根据对服务器无效验证数进行IP地址锁定，超出阀值的按照规定时间锁定地址。

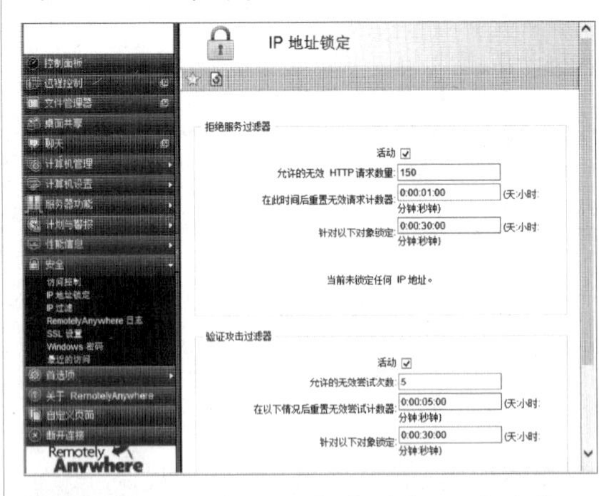

Step 23 在左侧选项列表中选择“安全”→“IP过滤”选项，在右侧显示“IP过滤”窗格，通过单击右侧窗格的“添加”按钮，可以为远程服务器添加IP过滤策略；选择配置好的配置文件，单击“使用配置文件”按钮，可以使该项IP过滤策略生效。

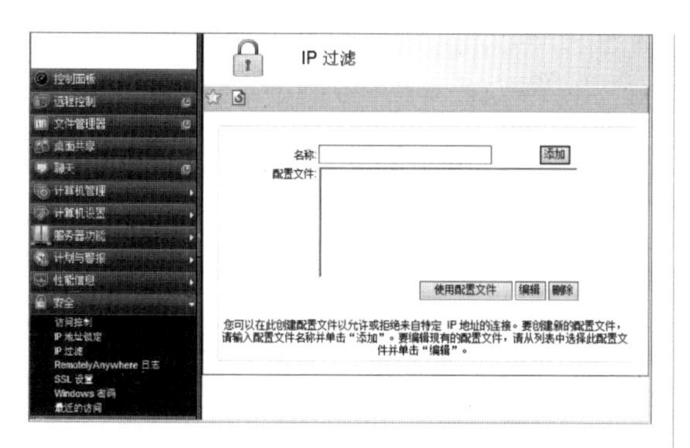

3.5　远程控制的防护策略

要想使自己的计算机不受远程控制入侵的困扰，就需要用户对自己的计算机进行相应的保护操作了，如关闭自己计算机的远程控制功能、安装相应的防火墙等。

3.5.1　关闭Windows远程桌面功能

关闭Windows远程桌面功能是防止黑客远程入侵系统的首要工作，具体的操作步骤如下。

Step 01 右键单击桌面上的“计算机”图标，在弹出的快捷菜单中选择“属性”选项，打开“系统属性”对话框。

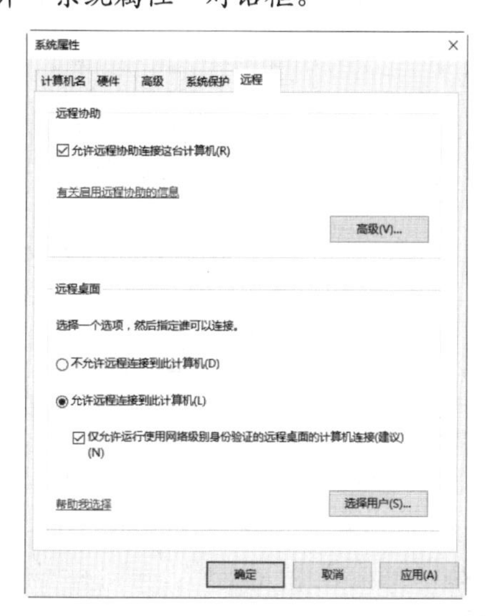

Step 02 取消勾选“允许远程协助连接这台计算机”复选框，选中“不允许远程连接到此计算机”单选按钮，然后单击“确定”按钮，即可关闭Windows系统的远程桌面功能。

3.5.2　开启系统的防火墙

为了更好地进行网络安全管理，Windows操作系统特意为用户提供了防火墙功能。如果能够巧妙地使用该功能，就可以根据实际需要允许或拒绝网络信息通过，从而达到防范攻击、保护系统安全的目的。

使用Windows自带防火墙的具体操作步骤如下。

Step 01 在“控制面板”窗口中双击“Windows防火墙”图标项，打开“Windows防火墙”对话框，在该对话框中会显示此时Windows防火墙已经被开启。

Step 02 若单击“允许程序或功能通过Windows

防火墙”链接，在打开的窗口中可以设置哪些程序或功能允许通过Windows防火墙访问外网。

Step 03 若单击Step01中的“更改通知设置”或“启用或关闭Windows防火墙”链接，在打开的窗口中可以开启或关闭防火墙。

Step 04 若单击Step01中的“高级设置”链接，进入“高级安全Windows防火墙”窗口，在其中可以对入站、出站、连接安全等规则进行设置。

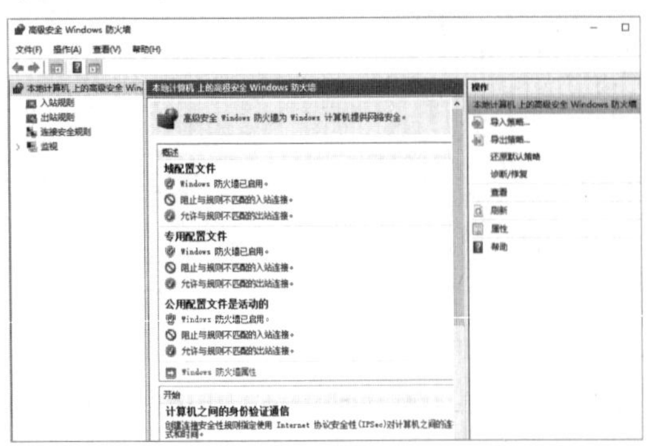

3.5.3 关闭远程注册表管理服务

远程控制注册表主要是为了方便网络管理员对网络中的计算机进行管理，但这也给黑客入侵提供了方便。因此，必须关闭远程注册表管理服务，具体的操作步骤如下。

Step 01 在“控制面板”窗口中双击“管理工具”选项，进入“管理工具”窗口。

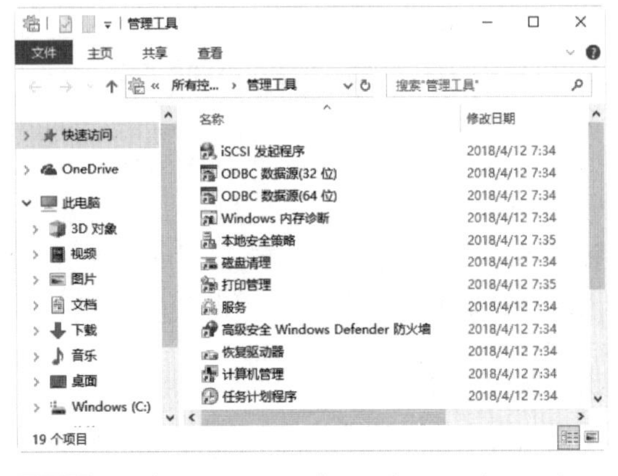

Step 02 从中双击“服务”选项，打开“服务”窗口，在其中可看到本地计算机中的所有服务。

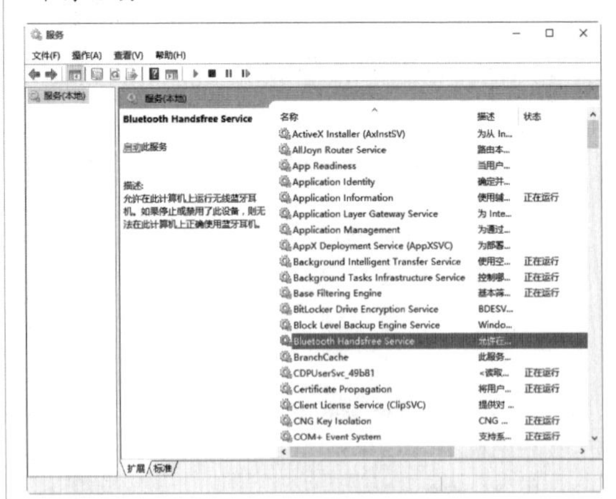

Step 03 在“服务”列表中选中“Remote Registry”选项并右击，在弹出的快捷菜单中选择“属性”选项，打开“Remote Registry的属性”对话框。

Step 04 单击“停止”按钮，即可打开“服务控制”提示框，提示Windows正在尝试启动本地计算上的一些服务。

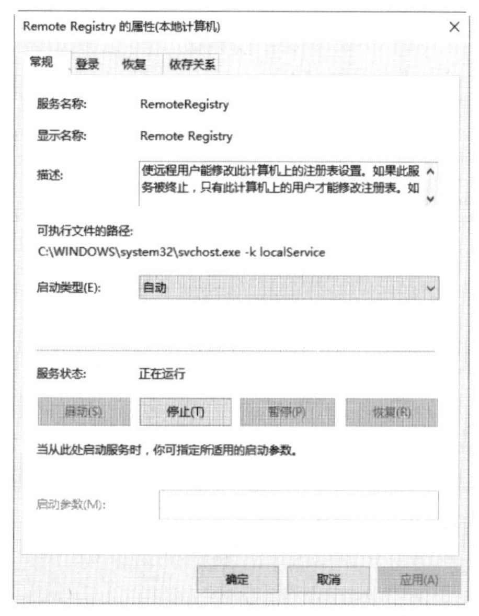

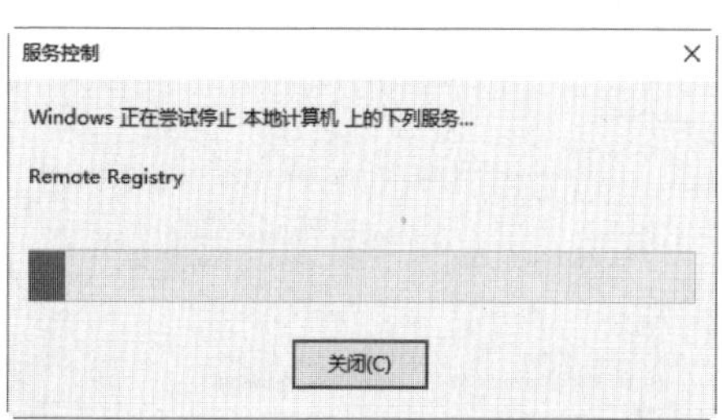

Step 05 在服务启动完毕后，返回到“Remote Registry的属性”对话框中，此时可看到“服务状态”已变为“已停止”，单击“确定”按钮，即可完成“允许远程注册表操作”服务的关闭操作。

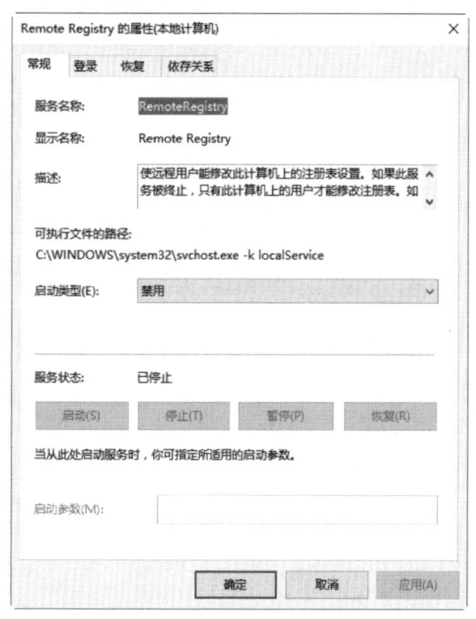

3.6　实战演练

实战演练1——禁止访问控制面板

黑客可以通过控制面板进行多项系统的操作。用户若不希望他们访问自己的控制面板，可以在“本地组策略编辑器”窗口中启用“禁止访问控制面板”功能，具体的操作步骤如下。

Step 01 打开“本地组策略编辑器”窗口，在其中依次展开“用户配置”→“管理模板”→“控制面板”项，即可进入“控制面板”的设置界面。

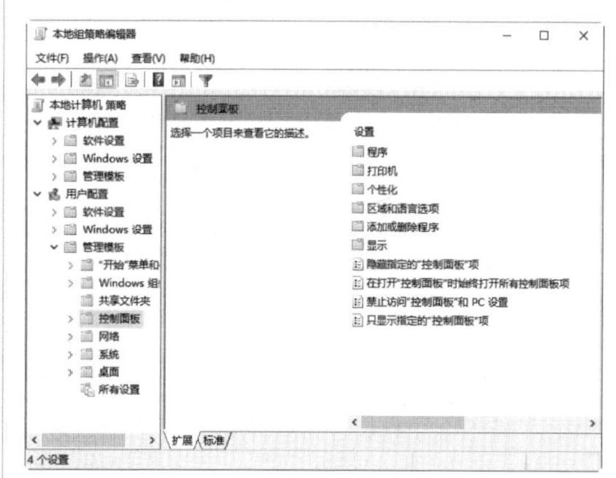

Step 02 右击“禁止访问‘控制面板’和PC设置”选项，在快捷菜单中选择“编辑”选项，或双击“禁止访问‘控制面板’和PC设置”选项。

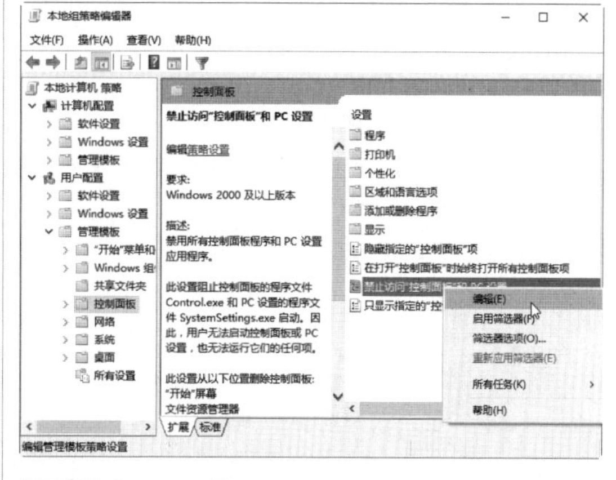

Step 03 打开“禁止访问‘控制面板’和PC设置”对话框，在其中选中“已启用”单选按钮，单击“确定”按钮，即可完成禁

止控制面板程序文件的启动，使得其他用户无法启动控制面板。此时还会将“开始”菜单中的“控制面板”命令、Windows资源管理器中的“控制面板”文件夹同时删除，彻底禁止访问控制面板。

实战演练2——启用和关闭快速启动功能

使用系统自带的“启用快速启动”功能，可以加快操作系统的开机启动速度。启用和关闭快速启动功能的具体操作步骤如下。

Step 01 单击“开始”按钮，在打开的“开始屏幕”中选择“控制面板”选项，打开“所有控制面板项”窗口。

Step 02 单击“电源选项”图标，打开“电源选项”设置界面。

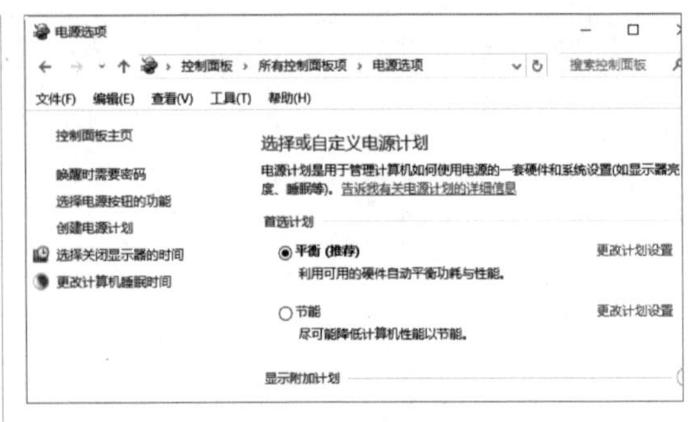

Step 03 单击“选择电源按钮的功能”超链接，打开“系统设置”窗口，在“关机设置”区域中勾选“启用快速启动（推荐）”复选框，单击“保存修改”按钮，即可启用快速启动功能。

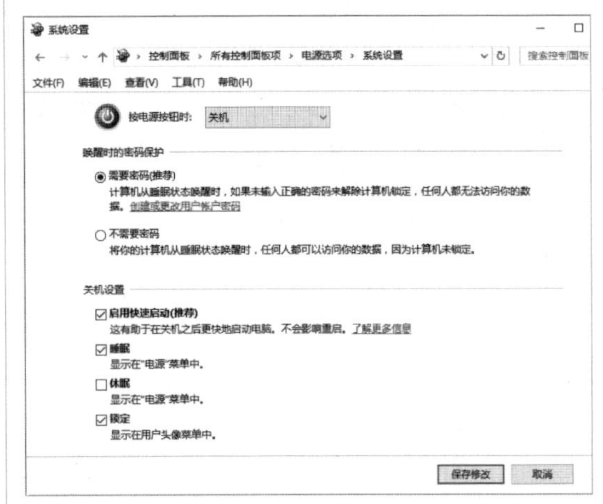

Step 04 如果想要关闭快速启动功能，则可以取消勾选“启用快速启动（推荐）”复选框，然后单击“保存修改”按钮即可。

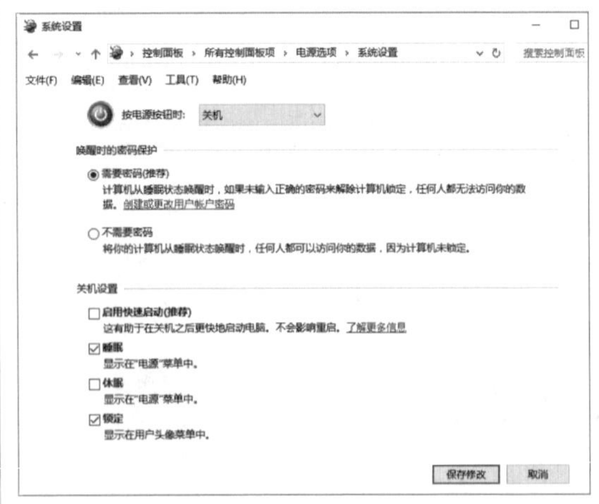

3.7　小试身手

练习1：开启系统“上帝模式”

“上帝模式”，即God Mode，或称为“完全控制面板”，是Windows 10操作系统中隐藏的一个简单的文件夹窗口，但它包含了几乎所有Windows操作系统的设置，用户只需通过这一窗口就能实现所有的操控。下面介绍如何打开该窗口。

Step 01 在桌面上创建一个文件夹，按F2键，将其重命名为“God Mode.{ED7BA470-8E54-465E-825C-99712043 E01C}”，单击桌面任意位置完成命名，即可看到该文件夹变为“God Mode”命名的图标。

Step 02 双击God Mode图标，打开God Mode窗口，即可看到该窗口包含了各种系统设置选项和工具，而且清晰明了。双击任意选项，即可打开对应的系统设置或工具窗口。

练习2：开启系统“平板模式”

Windows 10新增了一种使用模式——平板模式，它可以使你的计算机像平板电脑那样被使用。开启“平板模式”的具体操作步骤如下。

Step 01 单击桌面右下角通知区域中的“通知”图标，在弹出的窗口中单击“平板模式”图标。

Step 02 返回桌面，即可看到系统桌面变为平板模式，可拖曳鼠标进行体验。

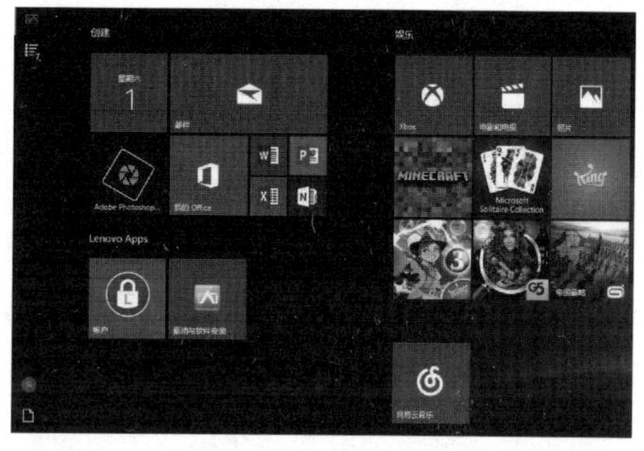

Step 03 如果电脑支持触屏操作，则体验效果更佳。若要退出平板模式，则再次单击“平板模式”图标即可。

第4章　电脑木马的防护策略

木马攻击是黑客最常用的攻击方法，会影响网络和计算机的正常运行，而且其危害程度越来越严重，主要表现为对计算机系统有强大的控制和破坏能力，如窃取主机的密码、控制目标主机的操作系统和文件等。本章介绍电脑木马的防护策略，主要内容包括木马的常用手段、木马的自我保护方式、木马的启动方式及如何清除电脑木马等。

4.1　什么是电脑木马

在计算机领域中，木马是一类恶意程序，具有隐藏性和自发性等特性，可被用来进行恶意行为的攻击。

4.1.1　常见的木马类型

木马又被称为特洛伊木马，它是一种基于远程控制的黑客工具，在黑客进行的各种攻击行为中，木马都起到了开路先锋的作用。一台计算机一旦中了木马，就变成了一台“傀儡机”，对方可以在目标计算机中上传下载文件、偷窥私人文件、偷取各种密码及口令信息等，可以说，该计算机的一切秘密都将暴露在黑客面前，隐私将不复存在。

随着网络技术的发展，现在的木马可谓形形色色，种类繁多，并且还在不断增加，因此，要想一次性列举出所有的木马种类，是不可能的。但是，从木马的主要攻击能力来划分，常见的木马主要有以下几种类型。

1. 网络游戏木马

由于网络游戏中的金币、装备等虚拟财富与现实财富之间的界限越来越模糊，因此，以盗取网络游戏账号和密码为目的的木马也随之发展泛滥起来。网络游戏木马通常采用记录用户键盘输入、游戏进程、API函数等方法获取用户的密码和账号，窃取到的信息一般通过发送电子邮件或向远程脚本程序提交的方式发送给木马制作者。

2. 网银木马

网银木马是针对网上交易系统编写的木马，其目的是盗取用户的卡号、密码等信息。此类木马的危险非常直接，受害用户的损失也更加惨重。

网银木马通常针对性较强，木马制作者可能首先对某银行的网上交易系统进行仔细分析，然后针对安全薄弱环节编写病毒程序。例如“网银大盗”木马，在用户进入银行网银登录页面时，会自动把页面换成安全性能较差、但依然能够运转的老版页面，然后记录用户在此页面上填写的卡号和密码。随着网上交易的普及，受到外来网银木马威胁的用户也在不断增加。

3. 即时通信软件木马

现在，即时通信软件百花齐放，如QQ、微信等，而且网上聊天的用户群也十分庞大，常见的即时通信类木马一般有发送消息型与盗号型。

（1）发送消息型木马：通过即时通信软件自动发送含有恶意网址的消息，目的在于让收到消息的用户单击网址激活木马，用户中木马后又会向更多好友发送木马消息。此类木马常用技术是搜索聊天窗口，进而控制该窗口自动发送文本内容。

（2）盗号型木马：主要目标在于即时通信软件的登录账号和密码，工作原理和网络游戏木马类似，木马制作者盗得他人账号后，可以偷窥聊天记录等隐私内容。

4. 破坏性木马

顾名思义，破坏性木马唯一的功能就是破坏感染木马的计算机文件系统，使其遭受系统崩溃或者重要数据丢失的巨大损失。

5. 代理木马

代理木马最重要的任务是给被控制的“肉鸡”种上代理木马，让其变成攻击者发动攻击的跳板。通过这类木马，攻击者可在匿名情况下使用Telnet、ICO、IRC等程序，从而在入侵的同时隐蔽自己的踪迹，谨防别人发现自己的身份。

6. FTP木马

FTP木马的唯一功能就是打开21端口并等待用户连接，新FTP木马还加上了密码功能，这样只有攻击者本人才知道正确的密码，从而进入对方的计算机。

7. 反弹端口型木马

反弹端口型木马的服务端（被控制端）使用主动端口，客户端（控制端）使用被动端口，正好与一般木马相反。木马定时监测控制端的存在，发现控制端上线立即弹出，主动连接控制端打开的主动端口。

4.1.2　木马常用的入侵方法

木马程序千变万化，但大多数木马程序并没有特别的功能，入侵方法大致相同。常见的入侵方法有以下几种。

1. 在Win.ini文件中加载

Win.ini文件位于C:\Windows目录下，在文件的[windows]段中有启动命令run=和load=，一般此两项为空，如果等号后面存在程序名，则可能就是木马程序，应特别当心，这时可根据其提供的源文件路径和功能做进一步检查。

这两项分别是用来当系统启动时自动运行和加载程序的，如果木马程序加载到这两个子项中，系统启动后即可自动运行或加载木马程序。这两项是木马经常攻击的方向，一旦攻击成功，则还会在现有加载的程序文件名之后再加一个自己的文件名或参数，这个文件名也往往是常见文件的，如借command.exe、sys.com等文件来伪装。

2. 在System.ini文件中加载

System.ini位于C:\Windows目录下，其[boot]字段的shell=Explorer.exe是木马喜欢的隐藏加载地方。如果shell=Explorer.exe file.exe，则file.exe就是木马服务端程序。

另外，在System.ini中的[386Enh]字段中，要注意检查字段内的driver＝路径\程序名也有可能被木马所利用。再有就是System.ini中的“mic”“drivers”“drivers32”这3个字段，也是起加载驱动程序的作用，但也是增添木马程序的好场所。

3. 隐藏在启动组中

有时木马并不在乎自己的行踪，而在意是否可以自动加载到系统中。启动组无疑是自动加载运行木马的好场所，其对应文件夹为C:\Windows\startmenu\programs\startup。在注册表中的位置是：HKEY_CURRENT_USER\Software\Microsoft\Windows\Current Version\Explorer\shell Folders Startup="c:\Windows\start menu\programs\startup"，要检查启动组。

4. 加载到注册表中

由于注册表比较复杂，所以很多木马都喜欢隐藏在这里。木马一般会利用注册表中下面的几个子项来加载。

HKEY_LOCAL_MACHINE\Software\Microsoft\Windows\CurrentVersion\RunServersOnce;

HKEY_LOCAL_MACHINE\Software\Microsoft\Windows\CurrentVersion\Run；

HKEY_LOCAL_MACHINE\Software\Microsoft\Windows\CurrentVersion\RunOnce；

HKEY_CURRENT_USER\Software\Microsoft\Windows\CurrentVersion\Run；

HKEY_ CURRENT_USER\Software\Microsoft\Windows\CurrentVersion\RunOnce；

HKEY_ CURRENT_USER\Software\Microsoft\Windows\CurrentVersion\RunServers。

5．修改文件关联

修改文件关联也是木马常用的入侵手段，当用户一旦打开已修改文件关联的文件后，木马也随之被启动，如冰河木马就是利用文本文件（.txt）这类最常见但又最不引人注目的文件格式关联来加载自己，当中了该木马的用户打开文本文件时就自动加载了冰河木马。

6．设置在超链接中

这种入侵方法主要是在网页中放置恶意代码来引诱用户点击，一旦用户单击超链接，就会感染木马，因此，不要随便单击网页中的链接。

4.2 木马常用的伪装手段

由于木马的危害性比较大，所以很多用户对木马也有了初步的了解，这在一定程度上阻碍了木马的传播。这是运用木马进行攻击的黑客所不愿意看到的。因此，黑客们往往会使用多种方法来伪装木马，迷惑用户的眼睛，从而达到欺骗用户的目的。木马常用的伪装手段很多，如伪装成可执行文件、网页、图片或电子书等。

4.2.1 伪装成可执行文件

利用EXE捆绑机可以将木马与正常的可执行文件捆绑在一起，从而使木马伪装成可执行文件，运行捆绑后的文件相当于同时运行了两个文件。将木马伪装成可执行文件的具体操作步骤如下。

Step 01 下载并解压缩EXE捆绑机，双击其中的可执行文件，打开“EXE捆绑机8.3版”主界面。

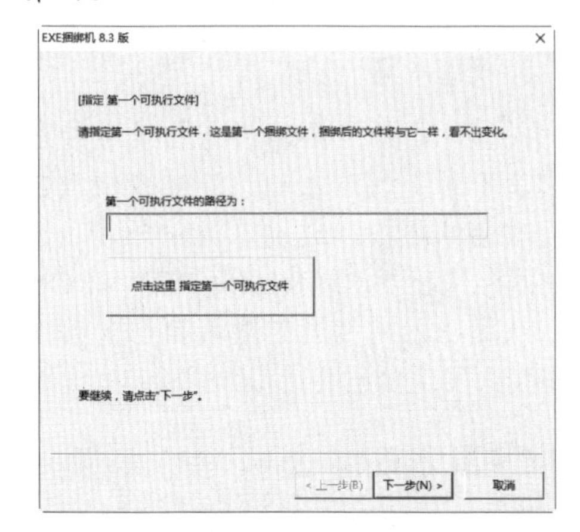

Step 02 单击“点击这里 指定第一个可执行文件”按钮，打开“请指定第一个可执行文件”对话框，在其中选择第一个可执行文件。

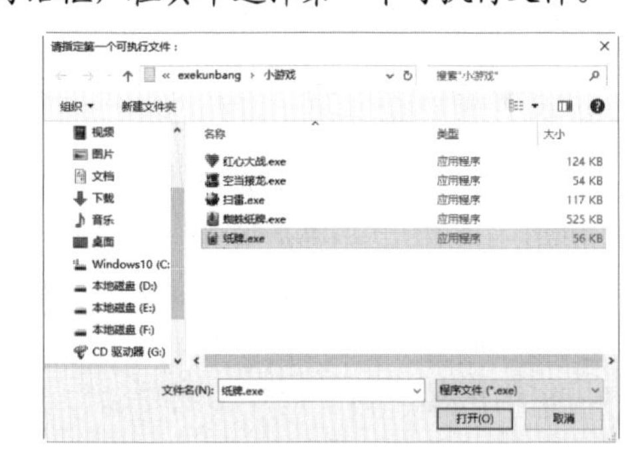

Step 03 单击“打开”按钮，返回到“指定第一个可执行文件”对话框。

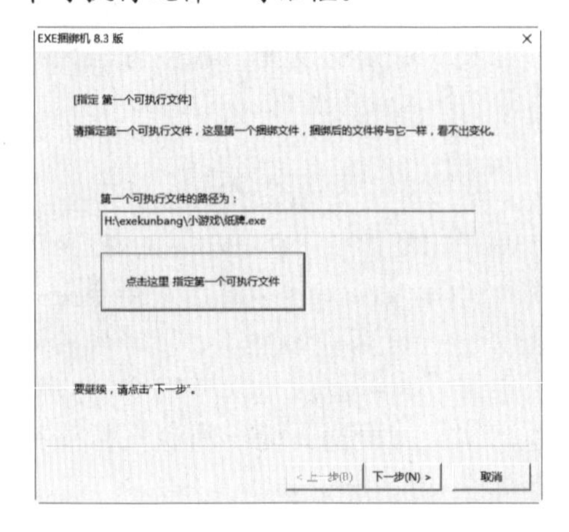

Step 04 单击“下一步”按钮，打开“指定第二个可执行文件”对话框。

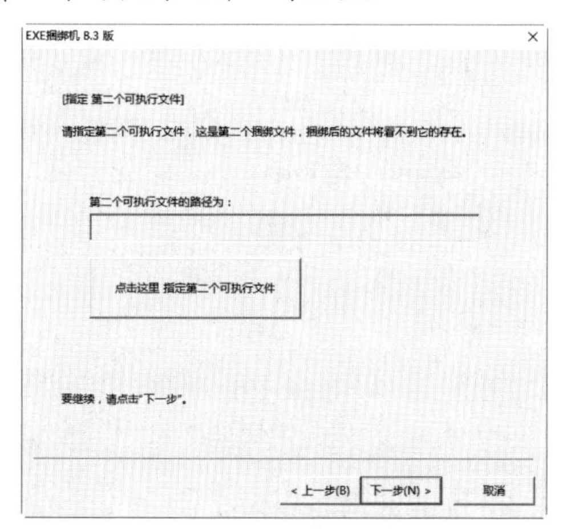

Step 05 单击“点击这里 指定第二个可执行文件”按钮，打开“请指定第二个可执行文件”对话框，在其中选择已经制作好的木马文件。

Step 06 单击“打开”按钮，返回到“指定第二个可执行文件”对话框。

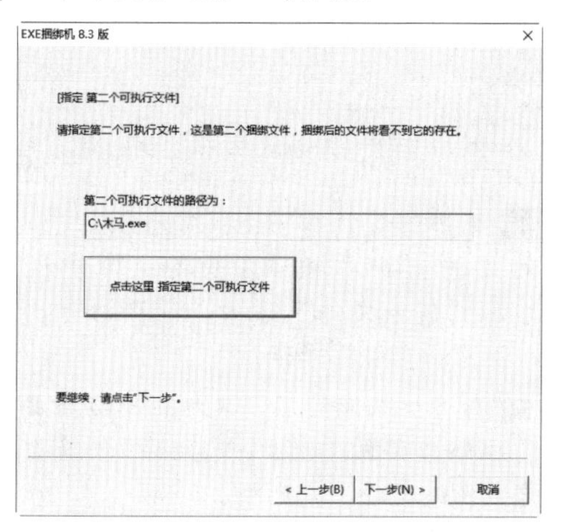

Step 07 单击“下一步”按钮，打开“指定保存路径”对话框。

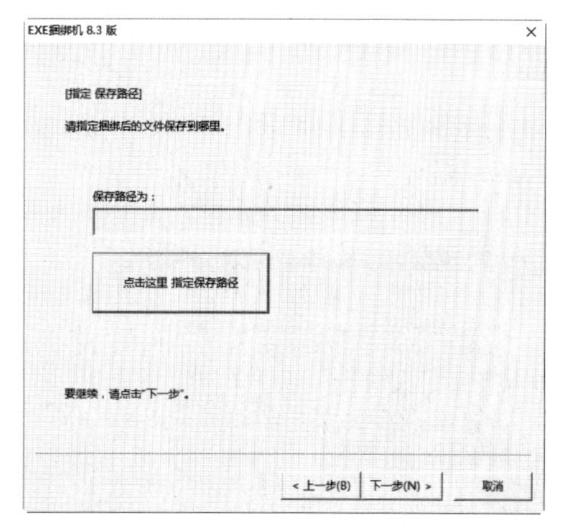

Step 08 单击“点击这里 指定保存路径”按钮，打开“保存为”对话框，在“文件名”文本框中输入可执行文件的名称，并设置文件的保存类型。

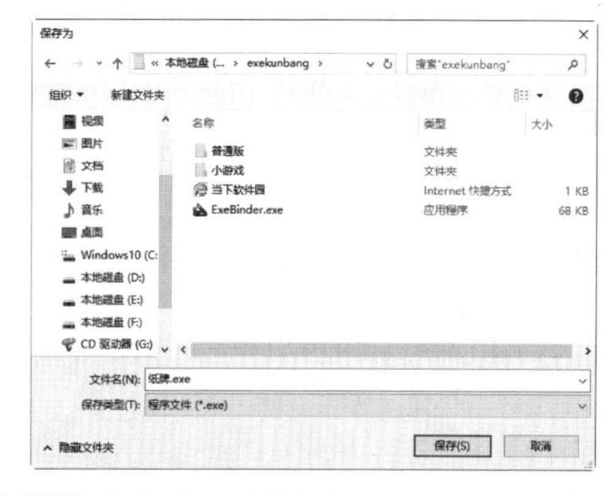

Step 09 单击“保存”按钮，即可指定捆绑后文件的保存路径。

Step 10 单击“下一步”按钮，打开“选择版本”对话框，在“版本类型”下拉列表中选择“普通版”选项。

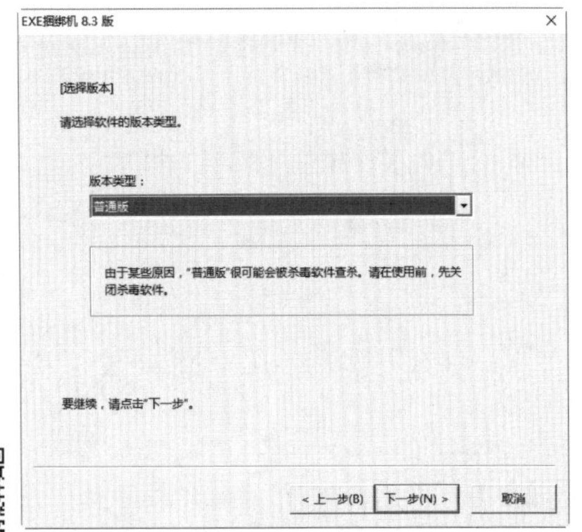

Step 11 单击“下一步”按钮，打开“捆绑文件”对话框，该对话框提示用户开始捆绑第一个可执行文件与第二个可执行文件。

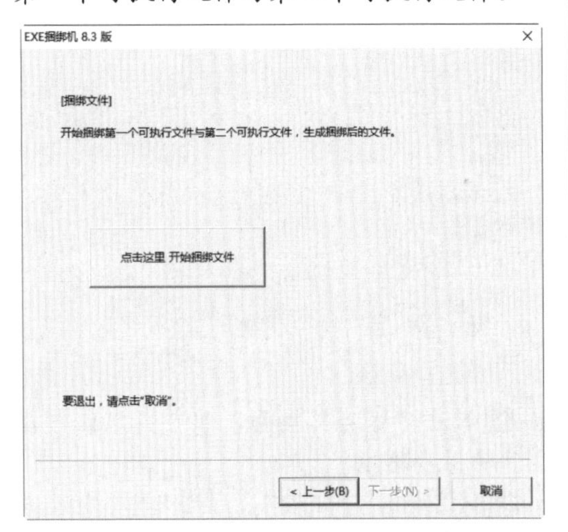

Step 12 单击“点击这里 开始捆绑文件”按钮，即可开始进行文件的捆绑。待捆绑结束后，即可看到“捆绑文件成功”提示框。单击“确定”按钮，即可结束文件的捆绑。

提示：黑客可以使用木马捆绑技术将一个正常的可执行文件和木马捆绑在一起。一旦用户运行这个包含木马的可执行文件，就可以通过木马控制或攻击用户的计算机。

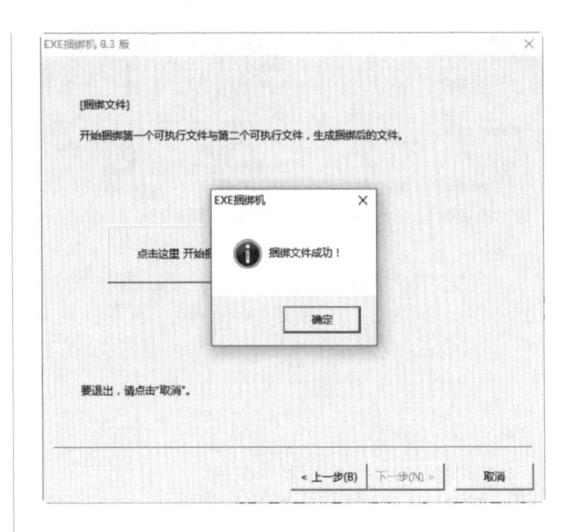

4.2.2 伪装成自解压文件

利用WinRAR的压缩功能可以将正常的文件与木马捆绑在一起，并生成自解压文件，一旦用户运行该文件，同时也会激活木马文件，这也是木马常用的伪装手段之一。将木马伪装成自解压文件，具体的操作步骤如下。

Step 01 准备好要捆绑的文件，这里选择的是蜘蛛纸牌.exe和木马.exe文件，并存放在同一个文件夹下。

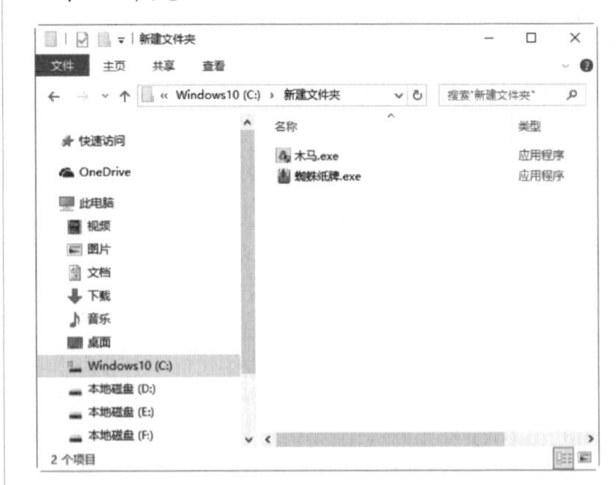

Step 02 选中蜘蛛纸牌.exe和木马.exe文件所在的文件夹并右键，在快捷菜单中选择“添加到压缩文件”选项，随即打开“压缩文件名和参数”对话框。

Step 03 在“压缩文件名”文本框中输入要生成的压缩文件的名称，并勾选“创建自解压格式压缩文件”复选框。

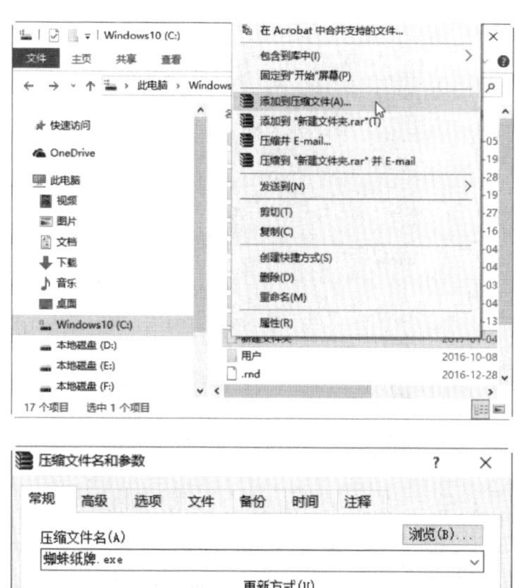

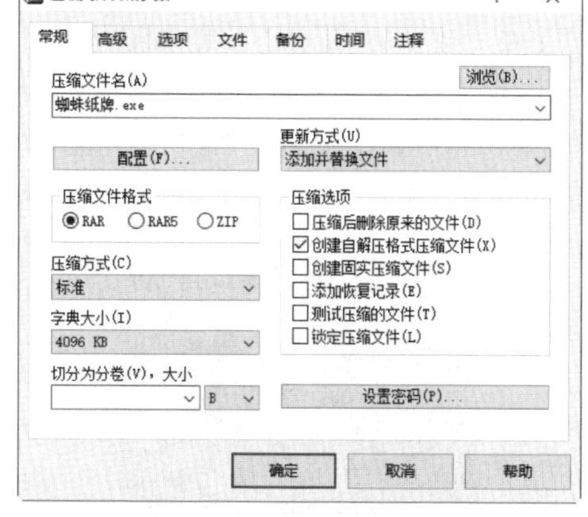

Step 04 选择“高级”选项卡，在其中分别勾选“保存文件安全数据”“保存文件流数据”“后台压缩”“完成操作后关闭计算机电源”“如果其他WinRAR副本被激活则等待”复选框。

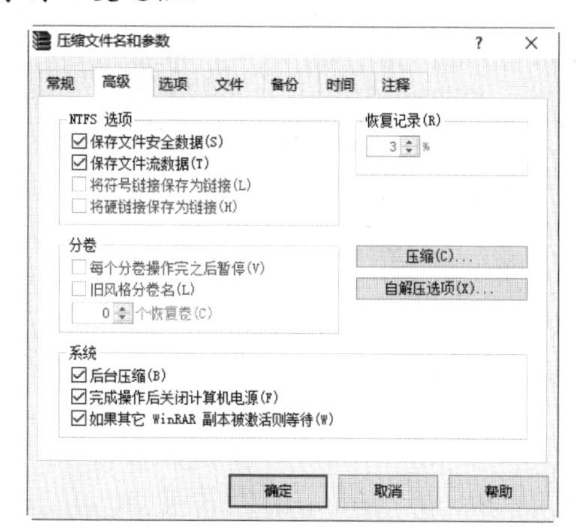

Step 05 单击“自解压选项”按钮，即可打开“高级自解压选项”对话框，在“解压路径”文本框中输入解压路径，并选中“在当前文件夹中创建”单选按钮。

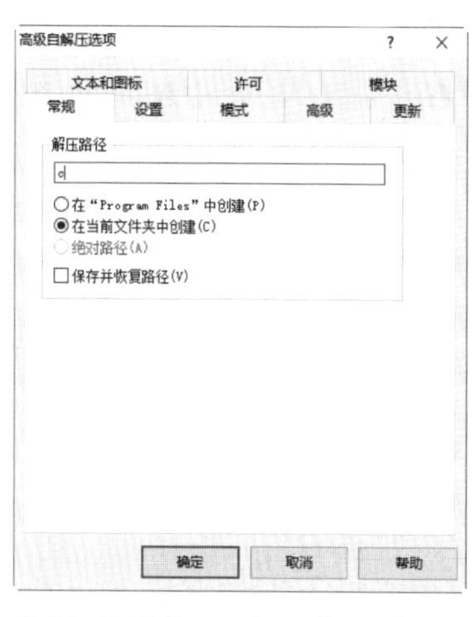

Step 06 选择“模式”选项卡，在其中选中“全部隐藏”单选按钮，这样可以增加木马程序的隐蔽性。

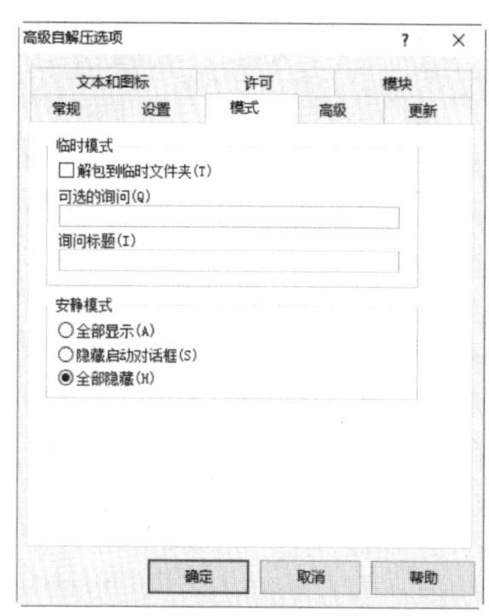

Step 07 为了更好地迷惑用户，还可以在“文本和图标”选项卡下设置自解压文件窗口标题、自解压文件图标等。

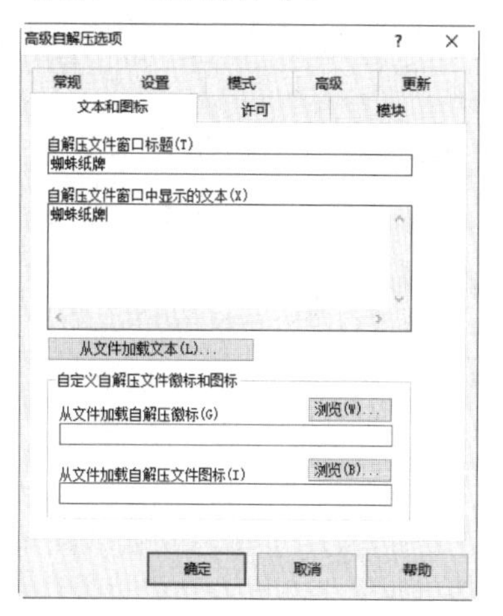

Step 08 设置完毕后，单击“确定”按钮，返回“压缩文件名和参数”对话框。在“注释”选项卡中可以看到自己所设置的各项。

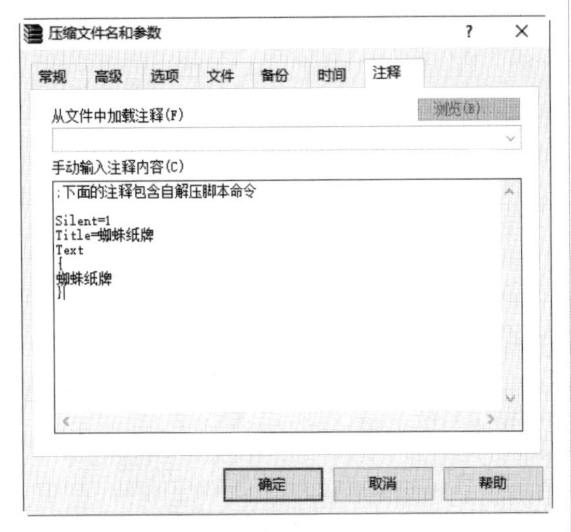

Step 09 单击“确定”按钮，即可生成一个名为“蜘蛛纸牌”自解压的压缩文件。这样用户一旦运行该文件后就会中木马。

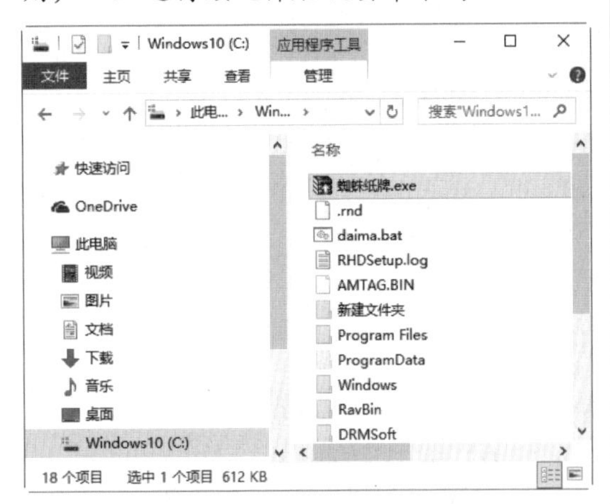

4.2.3 将木马伪装成图片

将木马伪装成图片是许多木马制作者常用来骗对方执行木马程序的方法，例如将木马伪装成GIF、JPG等，这种方式可以使很多人中招。用户可以使用“图片木马生成器”工具将木马伪装成图片，具体的操作步骤如下。

Step 01 下载并运行“图片木马生成器”程序，打开“寻梦图片木马生成器V1.0”主窗口。

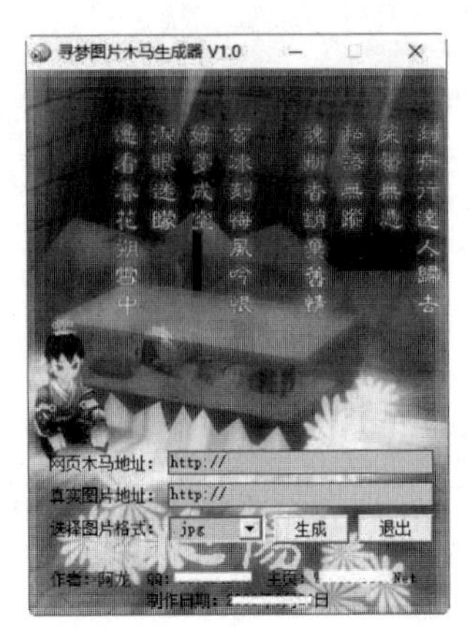

Step 02 在“网页木马地址”文本框和“真实图片地址”文本框中分别输入网页木马和真实图片地址；在“选择图片格式”下拉列表中选择“jpg”选项。

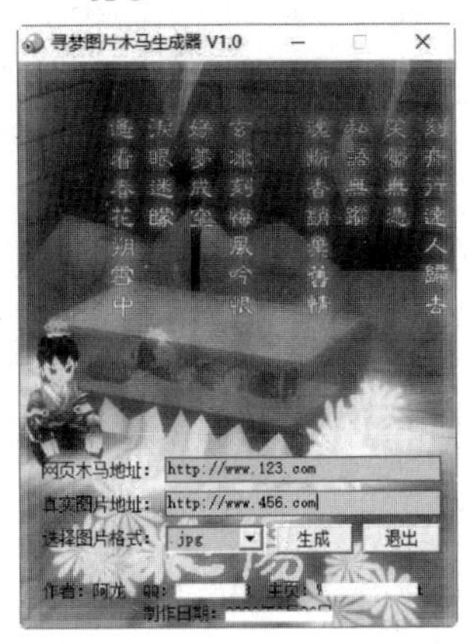

Step 03 单击“生成”按钮，随即弹出“图片木马生成完毕”提示框，单击“确定”按钮，关闭该提示框，这样只要打开该图片，就可以自动把该地址的木马下载到本地并运行。

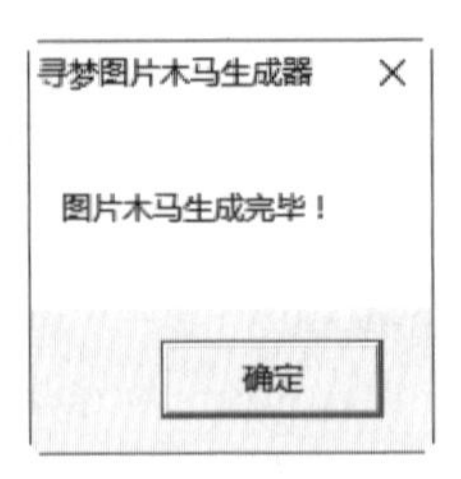

4.2.4 将木马伪装成网页

网页木马实际上是一个HTML网页，与其他网页不同，该网页是黑客精心制作的，用户一旦访问了该网页就会中木马。

下面以“最新网页木马生成器”为例介绍制作网页木马的过程。

提示：在制作网页木马之前，必须有一个木马服务器端程序，在这里使用生成木马程序文件名为“muma.exe”。

Step 01 运行“最新网页木马生成器”主程序后，即可打开其主界面。

Step 02 单击“选择木马”文本框右侧“浏览”按钮，打开“另存为”对话框，在其中选择刚才准备的木马文件“木马.exe”。

Step 03 单击“保存”按钮，返回到“最新网页木马生成器sp2”主界面。在“网页目录”文本框中输入相应的网址，如http://www.index.com/。

Step 04 单击“生成目录”文本框右侧“浏览”按钮，打开“浏览文件夹”对话框，在其中选择生成目录保存的位置。

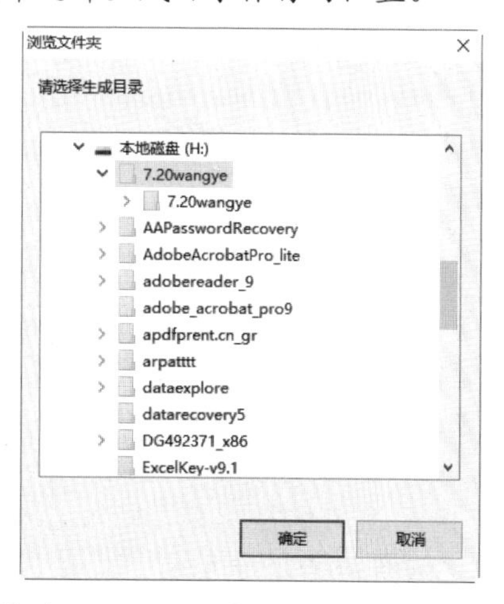

Step 05 单击“确定”按钮，返回到“最新网页木马生成器sp2”主界面。

Step 06 单击“生成”按钮，会弹出一个信息提示框，提示用户“网页木马创建成功！”，单击“确定”按钮，即可成功生成网页木马。

Step 07 在“7.20wangye”文件夹中将生成bbs003302.css、bbs003302.gif及index.htm 3个网页木马。其中index.htm是网站的首页文件，而另外两个是调用文件。

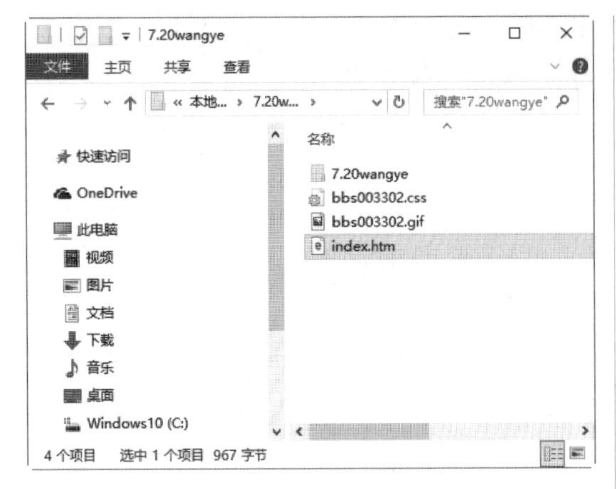

Step 08 将生成的3个木马上传到前面设置的存在木马的Web文件夹中，当浏览者一旦打开这个网页，浏览器就会自动在后台下载指定的木马程序并开始运行。

提示： 在设置存放木马的Web文件夹路径时，设置的路径必须是某个可访问的文件夹，一般位于自己申请的一个免费网站上。

4.3 木马的自我保护

在杀毒软件越来越强的情况下，木马不但要具有更强的功能，还要具有自我保护的功能。目前，大部分杀毒软件是靠特征码来识别木马的，因此，可以通过使用加壳工具来更改木马的特征码，以躲过杀毒软件的查杀。

4.3.1 给木马加壳

通过给木马加壳，可以将木马保护起来，不过一些特别强的杀毒软件仍然可以查杀出这些木马，因此，只有进行多次加壳才能保证不被杀毒软件查杀。《北斗程序压缩（NsPack）》就是一款可以为木马进行多次加壳的工具，其具体的操作步骤如下。

Step 01 用常见的加壳工具ASPack给某个木马服务端进行加壳，然后运行《北斗程序压缩》软件，打开其主窗口。

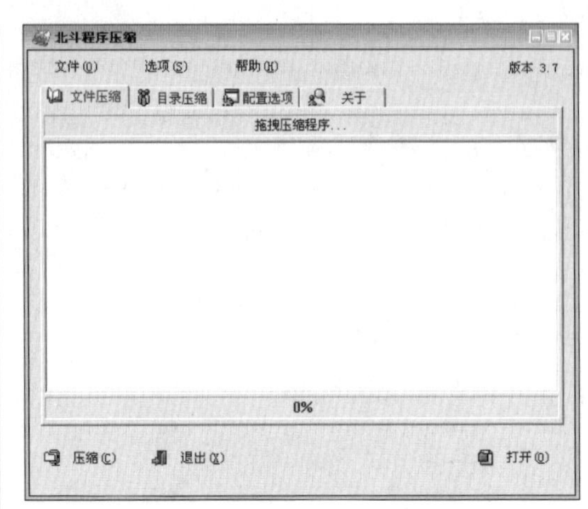

Step 02 选择“配置选项”选项卡，在其中勾选相应参数前的复选框。

其中有几个比较重要的参数，具体含义如下。

① 处理共享节：加壳时软件会智能地判断共享节的可用性并做出正确处理，使木马程序在压缩后能够正常使用，此项是必选的。

② 使用Windows DLL加载器：让Windows自动进行处理。

③ 最大程度压缩：压缩加壳生成后的程序，使其容量达到最小。

Step 03 选择“文件压缩”选项卡，单击“打开”按钮，即可打开“版本3.7”对话框，在其中选择一个可执行文件。

Step 04 单击“打开”按钮，返回到“文件压缩”选项卡，在空白窗格上面会显示出要加壳文件的路径和名称。

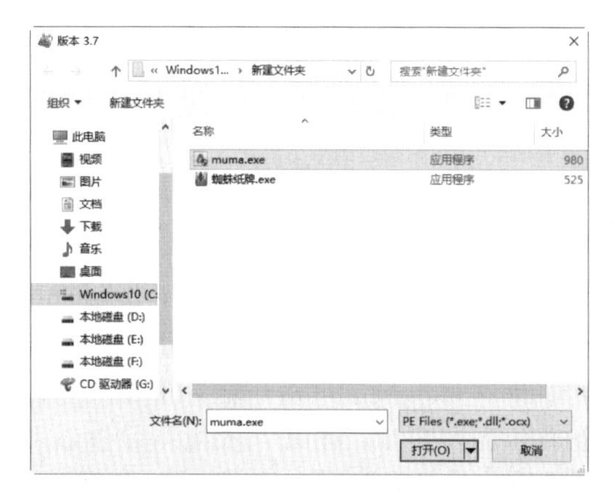

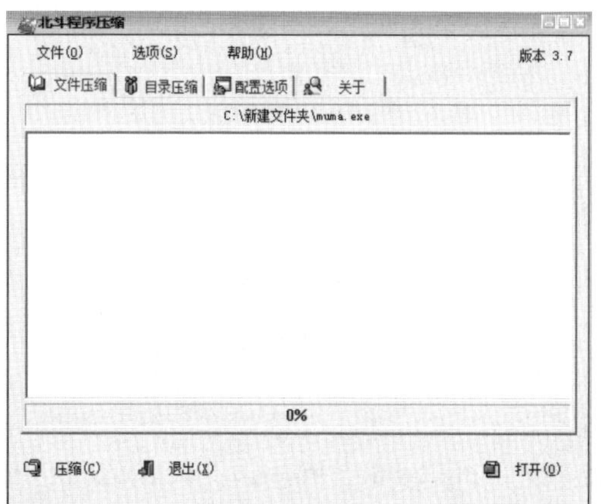

Step 05 单击“压缩”按钮，即可开始文件的压缩。经过北斗程序压缩加壳的木马程序，可以使用ASPack等加壳工具进行再次加壳，这样就有了两层壳的保护。

Step 06 当需要一次性对大量的木马程序进行压缩加壳时，可以使用“北斗程序压缩”的“目录压缩”功能，选择“目录压缩”选项卡，进入“目录压缩”设置界面。

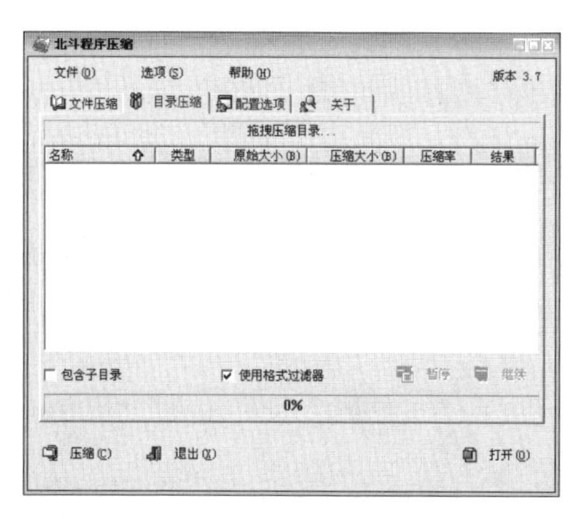

Step 07 单击“打开”按钮，即可打开“浏览文件夹”对话框，在其中选择需要压缩的文件夹。

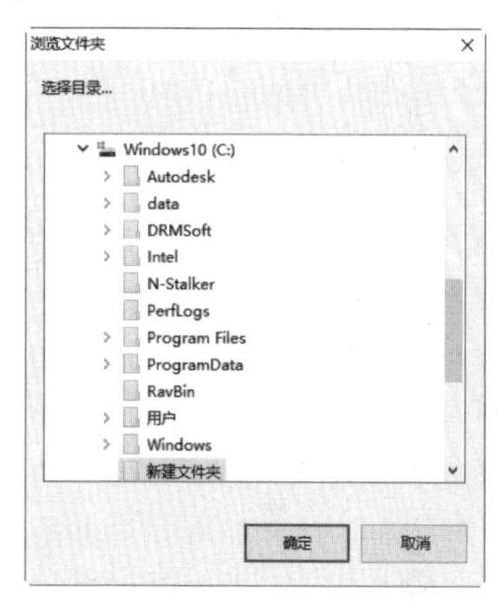

Step 08 单击“确定”按钮，返回到“目录压缩”选项卡下，即可看到添加的文件及其子目录，分别勾选“包含子目录”复选框和“使用格式过滤器”复选框。

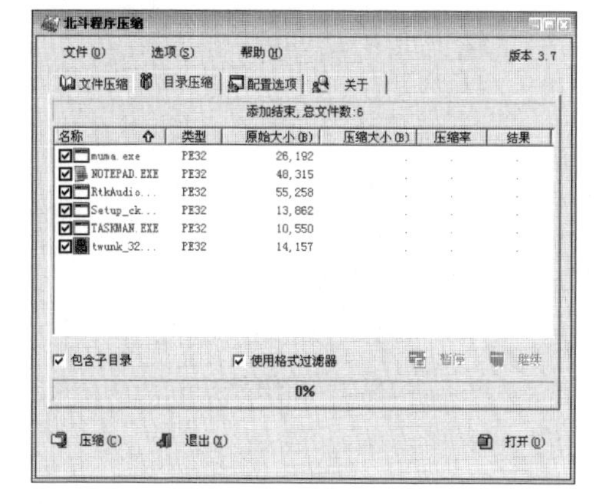

Step 09 单击“压缩”按钮，即可开始对选中的程序进行批量压缩加壳。

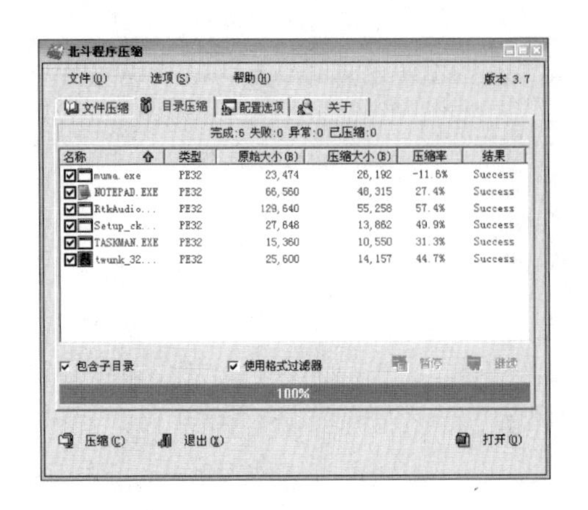

4.3.2 给木马加花指令

花指令是一段没有具体意义、不影响程序正常运行的代码，其主要作用是加大杀毒软件查杀病毒的难度。利用《超级加花器》工具可以为木马程序加花指令，该工具是一款典型的加花指令工具，支持附加数据自动检测，对于某些存在附加数据的EXE、DLL等程序加花后仍可执行。

使用《超级加花器》为木马程序加花指令的具体操作步骤如下。

Step 01 运行《超级加花器》工具，即可打开其主窗口。可以将要加花指令的程序直接拖动到“文件名”文本框中并释放鼠标；再在“花指令”下拉列表中选择相应的花指令。

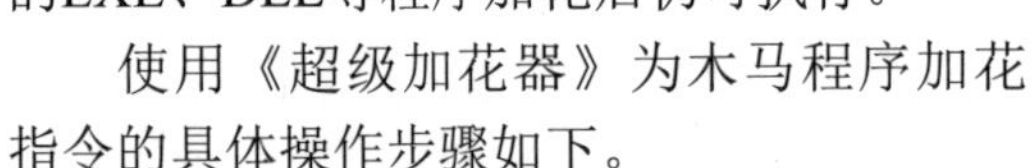

Step 02 单击“加花”按钮，就可以为选择的主程序进行加花了，待完成后即可看到“添加成功”提示框。单击“确定”按钮，即可完成加花操作。

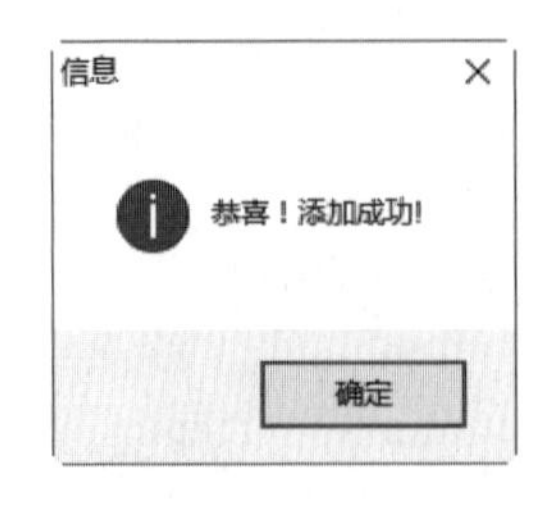

Step 03 在《超级加花器》中可以自己添加和保存自定义的花指令。在“超级加花器”主窗口中“添加花指令”栏目中输入花指令名称和内容后，单击“确定”按钮，即可成功添加该花指令。

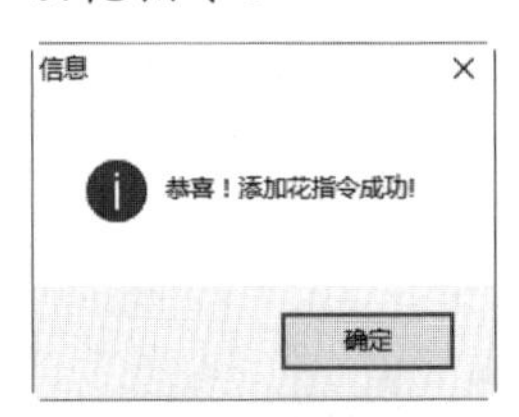

4.3.3 修改木马的入口点

由于一般的杀毒软件都会检测病毒还原后的代码，而且一般都把代码段开始的前10字节作为特征值，因此，在修改入口点的同时，也破坏了特征码，这样也就达到免杀的效果。利用PEditor可以将木马的入口地址加1来修改入口点，进而起到自我保护的功能。

使用PEditor修改入口点的具体操作步骤如下。

Step 01 运行PEditor程序，打开其主窗口。

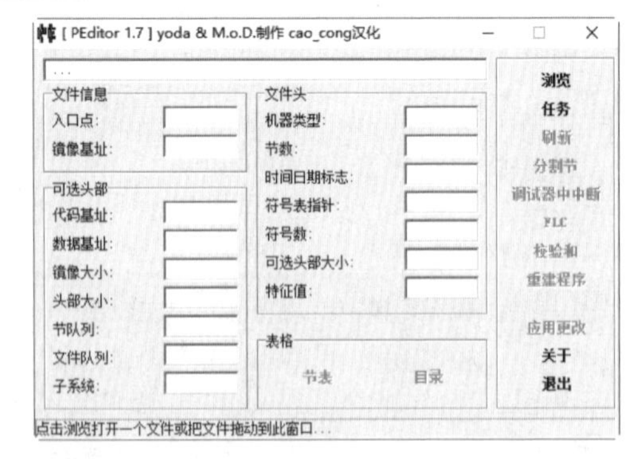

Step 02 单击“浏览”按钮，打开“选择你要查看的文件”对话框，在其中选择要进行免杀的程序。

Step 03 单击“打开”按钮，返回到PEditor程序主窗口，在其中可以看到相关文件的信息。

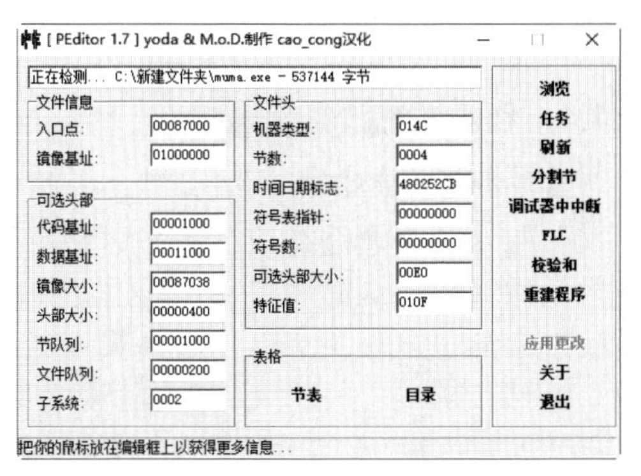

Step 04 把“入口点”文本框中原数值加1后，单击“应用更改”按钮，即可打开“××此文件更新成功”的提示框。单击“确定”按钮，即可完成修改入口点的防特征码免杀设置。

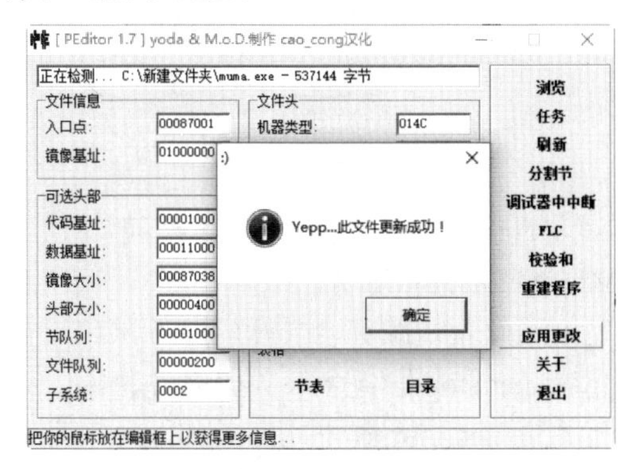

4.4　木马常见的启动方式

木马的启动方式可谓多种多样，通过注册表启动、通过system.ini启动、通过某些特定程序启动、通过服务甚至驱动启动等，真是防不胜防。其实，只要能够遏制住木马不让它启动，那么木马就没什么用了。本节就来介绍木马的各种启动方式，然后给出有效的防御对策，做到知己知彼百战不殆。

4.4.1　利用注册表启动

关于利用注册表启动，大家都比较熟悉，下面提醒用户注意几个注册表键值，只要有“run”敏感字眼，就需要注意了。

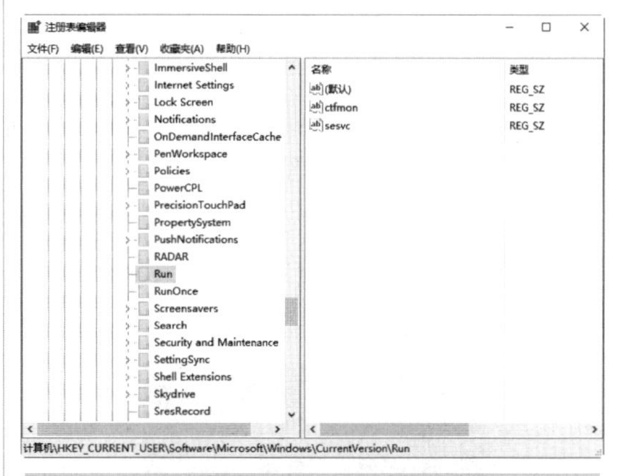


```
HKEY_LOCAL_MACHINE\Software\Microsoft\Windows\CurrentVersion\Run
HKEY_LOCAL_MACHINE\Software\Microsoft\Windows\CurrentVersion\RunOnce
HKEY_LOCAL_MACHINE\Software\Microsoft\Windows\CurrentVersion\Runservices
HKEY_CURRENT_USER\Software\Microsoft\Windows\CurrentVersion\Run
HKEY_CURRENT_USER\Software\Microsoft\Windows\CurrentVersion\RunOnce
```

4.4.2　利用系统文件启动

可以利用的文件有win.ini、system.ini、Autoexec.bat和Config.sys。当系统启动的时候，上述这些文件的一些内容是可以随着系统一起加载的，从而可以被木马利用。

用文本方式打开 C:\Windows下面的system.ini文件，如果其中包括一些RUN或者LOAD等字眼，就要小心了，很可能是木马修改了这些系统文件来实现自启动。同时，其他的几个所述文件也经常被利用，从而达到开机启动的目的，希望读者能够注意。

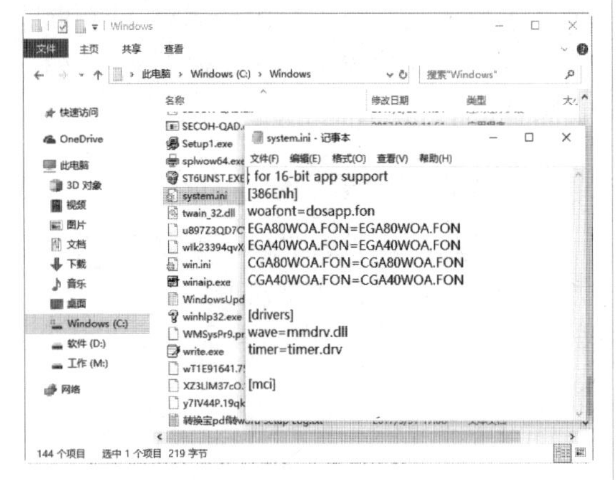

4.4.3 利用系统启动组启动

单击“开始”按钮，可看到Windows 10的启动菜单，如下图所示，如果其中有不明了的项目，很可能就是木马文件。

其实，这个启动方式是在“C:\Documents and Settings\gillispie\「开始」菜单\程序\启动”文件夹下被配置的，例如如果当前用户是administrator，那么这个文件的路径就是“C:\Documents and Settings\Administrator\「开始」菜单\程序\启动”。黑客就可以通过向这个文件夹中写入木马文件或其快捷方式来达到自启动的目的，而它对应的注册表键值为“Startup”，如下图所示。

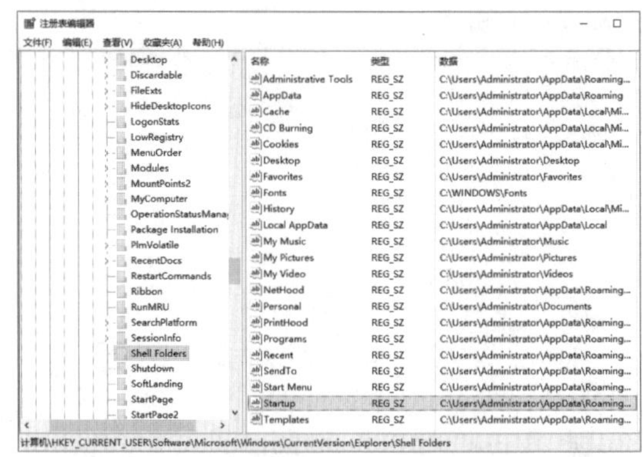

```
HKEY_CURRENT_USER\Software\Microsoft\Windows\CurrentVersion\Explorer\Shell Folders
```

4.4.4 利用系统服务启动

系统要正常的运行，就少不了一些服务，一些木马会通过加载服务来达到随系统启动的目的，这时用户可以通过“控制面板”中的“管理工具”下的“服务”选项来关闭服务。

对于一些高级用户，甚至可以通过CMD命令来删除服务。

- net start 服务名（开启服务）。
- net stop 服务名（关闭服务）。

使用net stop命令成功关闭了相关服务的操作界面，如下图所示。

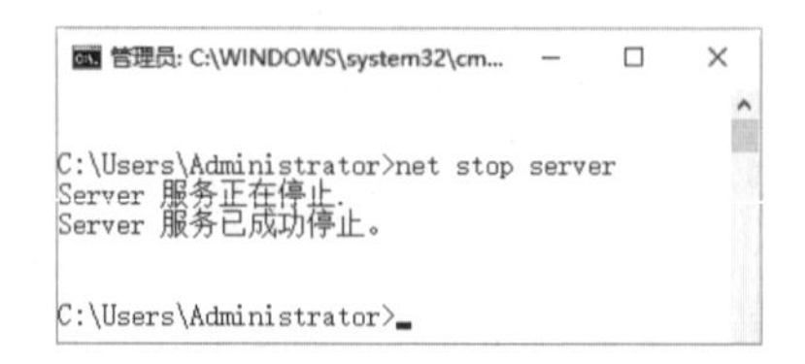

4.4.5 利用系统组策略启动

利用系统当中的组策略可以启动木马程序，具体的操作步骤如下。

Step 01 选择“开始”→“运行”菜单项，在打开的“运行”对话框中输入gpedit.msc命令。

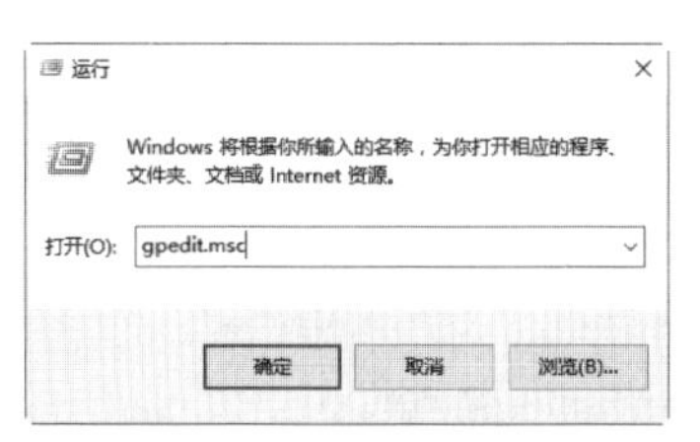

Step 02 单击“确定”按钮，打开“本地组策略编辑器”窗口，可看到“本地计算机策略”中有两个选项：“计算机配置”与“用户配置”，展开“用户配置”→“管理模板”→“系统”→“登录”选项。

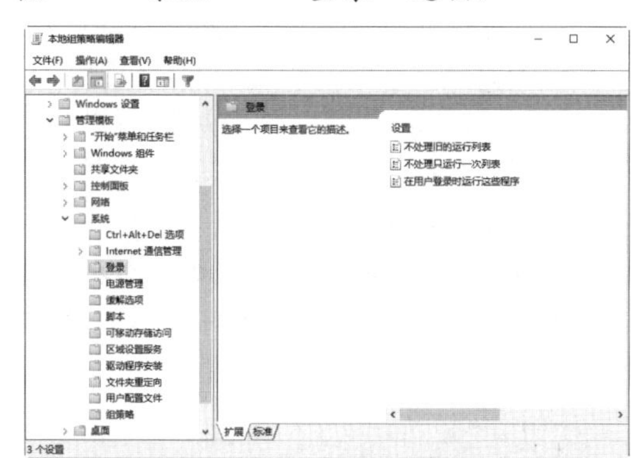

Step 03 双击“在用户登录时运行这些程序”子项，打开“在用户登录时运行这些程序属性”对话框，勾选“已启用”复选框。

Step 04 单击“显示”按钮，弹出“显示内容”对话框，在“登录时运行的项目”下方添加运行的项目，单击“确定”按钮，即可完成在用户登录时运行那些程序。

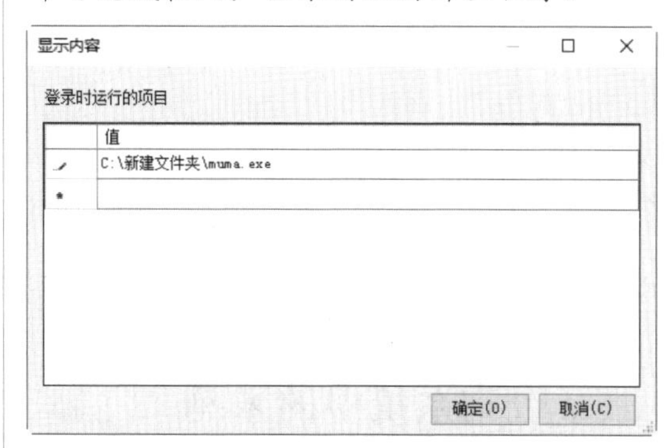

重新启动计算机，系统在登录时就会自动启动添加的程序，如果刚才添加的是木马程序，那么一个“隐形”木马就这样诞生了。

提示：由于用这种方式添加的自启动程序在系统的“系统配置实用程序”(MSCONFIG)中是找不到的，同样在所熟知的注册表项中也是找不到，所以非常危险。

通过这种方式添加的自启动程序虽然被记录在注册表中，但是不在所熟知的注册表的[HKEY_CURRENT_USER\Software\Microsoft\Windows\CurrentVersion\Run]项和[HKEY_LOCAL_MACHINE\Software\Microsoft\Windows\CurrentVersion\Run]项内，而是在注册表的[HKEY_CURRENT_USER\Software\Microsoft\Windows\CurrentVersion\Policies\Explorer\Run]项内。

如果用户怀疑计算机被种了“木马”，可是又找不到它在哪儿，建议到注册表的[HKEY_CURRENT_USER\Software\Microsoft\Windows\CurrentVersion\Policies\Explorer\Run]项中找找，如下图所示。或是进入“本地组策略编辑器”窗口的“在用户登录时运行这些程序”下，看看有没有启动的程序。

4.5 查询系统中的木马

当计算机出现以下几种情况时，最好查询一下系统是否中了木马。

（1）突然自己打开并进入某个陌生网站。

（2）计算机在正常运行的过程中突然弹出一个警告框，提示用户从未遇到的问题。

（3）Windows的系统配置自动被更改，如屏幕的分辨率、时间和日期、声音大小、鼠标灵敏度、CD-ROM的自动运行配置等。

（4）硬盘长时间地读盘，软驱灯长亮不灭，网络连接及鼠标屏幕出现异常现象。

（5）系统运行缓慢，计算机被自动关闭或者重启，甚至出现死机现象。

下面介绍几种常见的查询系统中的木马方式。

4.5.1 通过启动文件检测木马

一旦计算机中了木马，则在开机时一般都会自动加载木马文件，由于木马的隐蔽性比较强，在启动后大部分木马都会更改其原来的文件名。如果用户对计算机的启动文件非常熟悉，则可以从Windows操作系统自动加载文件中分析木马的存在并清除木马，这种方式是最有效、最直接的检测木马方式。但是，由于木马自动加载的方法和存放的位置比较多，对于初学者来说，处理起来比较有难度。

4.5.2 通过进程检测木马

由于木马也是一个应用程序，一旦运行，就会在计算机系统的内存中驻留进程。因此，用户可以通过系统自带的“任务管理器”来检测系统中是否存在木马进程，具体的操作步骤如下。

Step 01 在Windows操作系统中，按Ctrl+Alt+Delete组合键，打开“任务管理器”窗口。

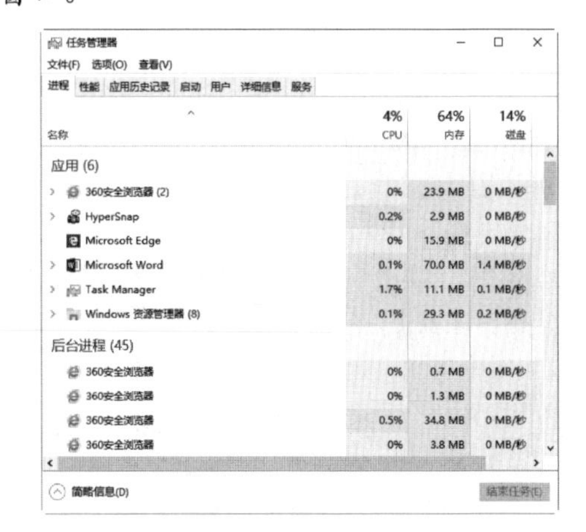

Step 02 选择“进程”选项卡，选中某个进程并右击，从弹出的快捷菜单中选择相应的菜单项，即可对进程进行相应的管理操作。

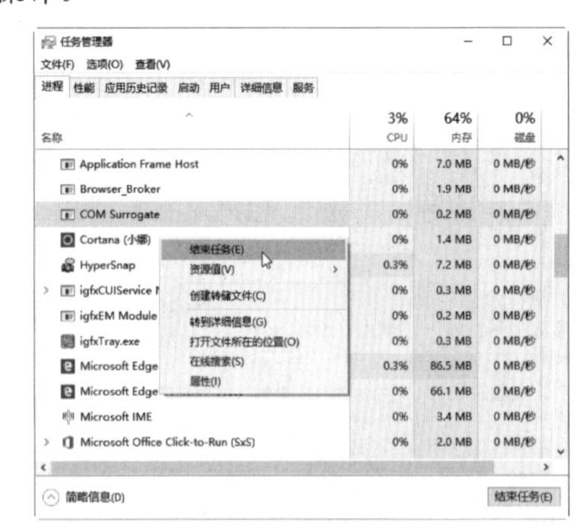

另外，用户还可以利用进程管理软件来检查系统进程并发现木马。常用的工具软件是“Windows进程管理器”，该软件可以更全面地对进程进行管理。其最大的特点是包含了几乎全部的Windows系统进程和大量的常用软件进程及不少的病毒和木马进程。

使用Windows进程管理器查询系统中木马的具体操作步骤如下。

Step 01 下载并解压缩“Windows进程管理器”软件后，可看到其中包含的4个文件。

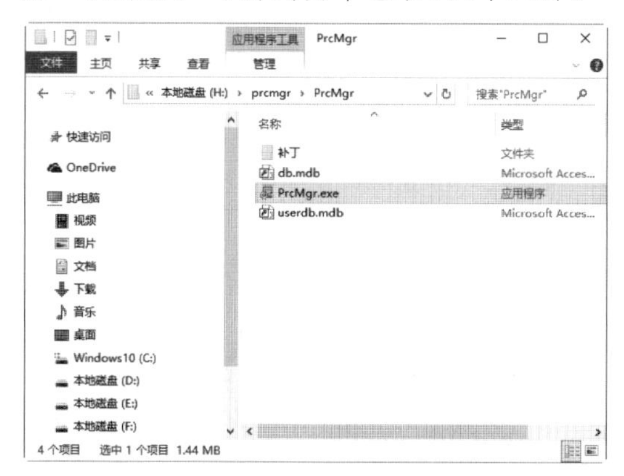

Step 02 双击“补丁”文件夹，打开“补丁”文件夹，在其中可以看到Windows进程管理器的补丁程序和补丁说明文件。

Step 03 双击补丁应用程序，打开“Windows进程管理器 补丁程序”对话框，在其中显示了补丁介绍及详细信息。

Step 04 单击“应用补丁”按钮，即可应用补丁程序，并弹出“提示”对话框，提示用户补丁应用成功。

Step 05 单击“确定”按钮，关闭“提示”对话框。然后双击Windows进程管理器启动程序，打开“Windows进程管理器”窗口。其中显示了系统当前正在运行的所有进程，与“任务管理器”窗口中的进程列表是完全相同的。

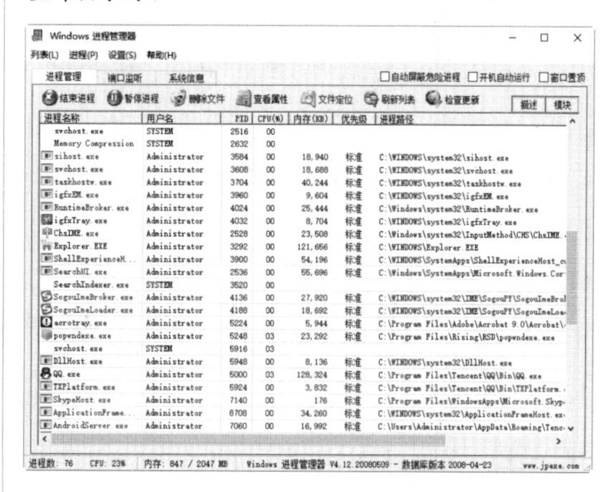

Step 06 在列表中选择一个进程选项后，单击“描述”按钮，即可看到该进程的详细信息。

Step 07 单击“模块”按钮，即可查看该进程的进程模块。

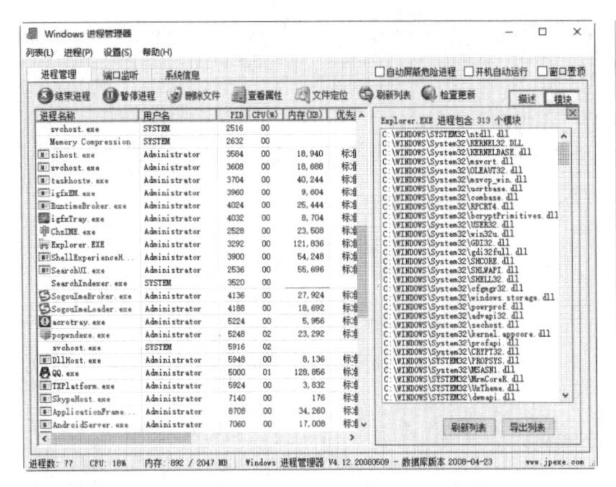

Step 08 在进程列表中右击某个进程，在其中可以进行结束/暂停进程、查看属性、删除文件等操作。

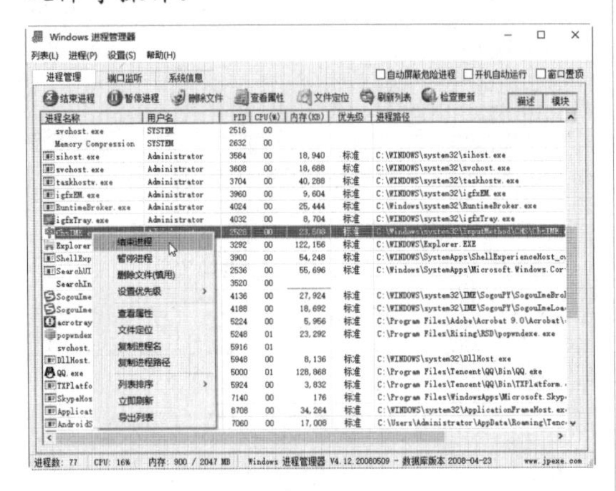

提示：按进程的安全等级进行了区分。
① 黑色表示的是正常进程（正常的系统或应用程序进程，安全）。
② 蓝色表示可疑进程（容易被病毒或木马利用的正常进程，需要留心）。
③ 红色表示病毒&木马进程（危险）。

4.5.3 通过网络连接检测木马

木马的运行通常是通过网络连接实现的，因此，用户可以通过分析网络连接来推测木马是否存在，最简单的办法是利用Windows自带的Netstat命令，具体的操作步骤如下。

Step 01 右击“开始”按钮，在弹出的快捷菜单中选择“运行”选项。

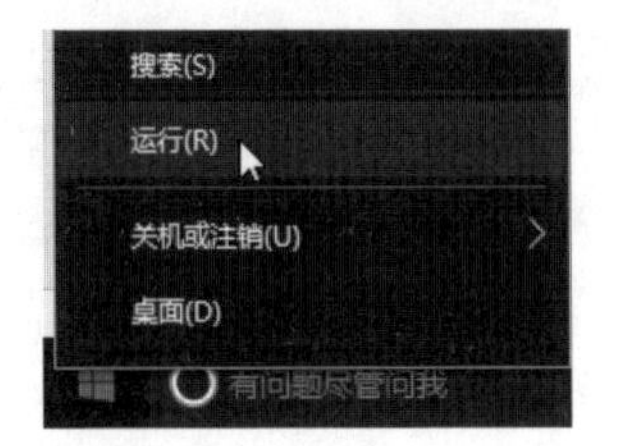

Step 02 在弹出的对话框中，在“打开”文本框中输入cmd命令。

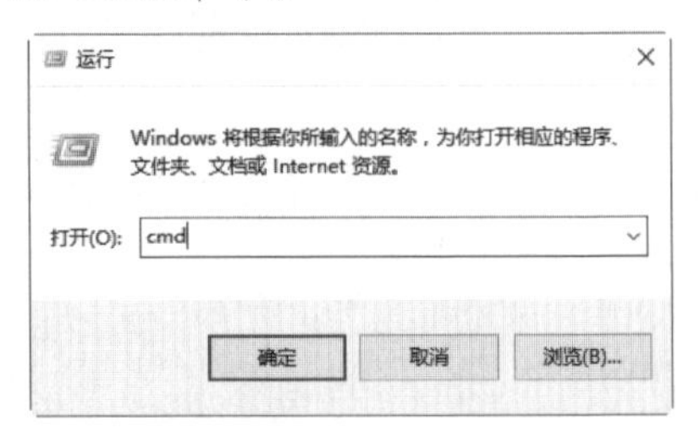

Step 03 单击“确定”按钮，打开“命令提示符”窗口。

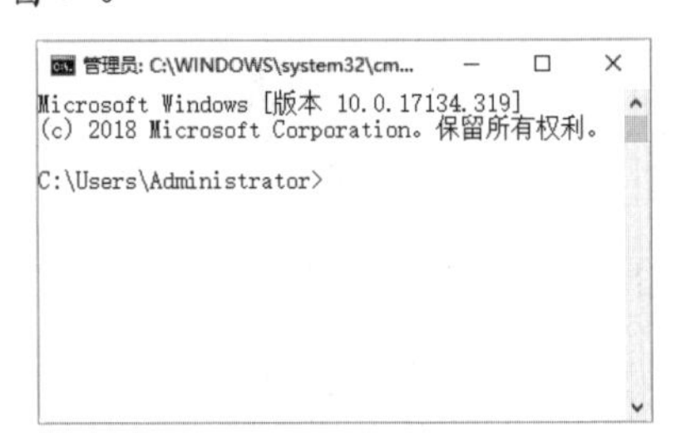

Step 04 在“命令提示符”窗口中输入“netstat –a”，按Enter键，其运行结果如下图所示。

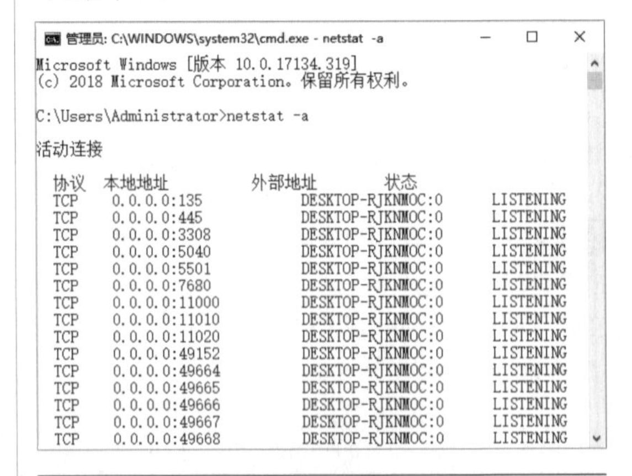

提示：参数“-a”的作用是显示计算机中目前所有处于监听状态的端口。如果出现不明端口处于监听状态，而目前又没有进行任何网络服务的操作，则在监听该端口的很可能是木马。

4.6 使用木马清除软件清除木马

对于那些识别出来的比较了解的木马病毒，可以使用手工清除的方法将其删除，但是如果不了解发现的木马病毒，要想确定木马的名称、入侵端口、隐藏位置和清除方法等非常困难，这时就需要使用木马清除软件清除木马。

4.6.1 使用金山《贝壳木马专杀》软件清除木马

根据云安全统计数据显示，每日有上百万用户机器被新木马/其他病毒感染，其中网络游戏盗号类木马占80%。《贝壳木马专杀》软件是国内首款专为网游防盗号量身打造的、完全免费的木马专杀软件；其安全检测采用云计算技术，拥有庞大的云安全数据库，能在5min内快速识别新木马/其他病毒，以保证系统、账号和用户隐私的安全。

使用金山《贝壳木马专杀1.5》软件清除木马的具体操作步骤如下。

Step 01 下载并安装《贝壳木马专杀1.5》软件，并双击其快捷图标，打开“贝壳木马专杀”主窗口。

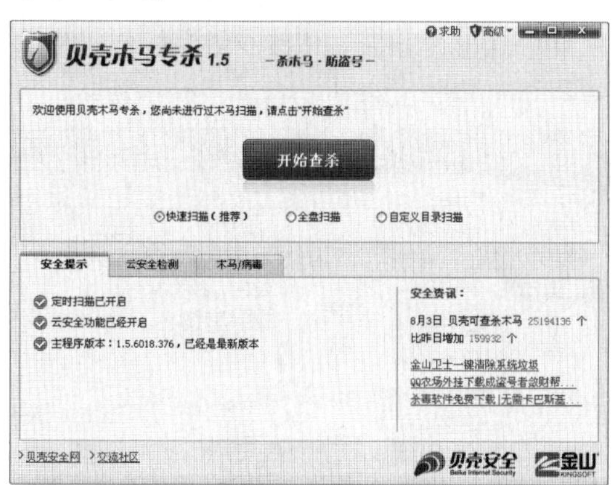

Step 02 选中“快速扫描（推荐）”单选按钮后，单击“开始查杀”按钮，即可开始查杀病毒。在“云安全检测”选项卡下，即可看到信任文件、无威胁文件、未知文件、木马/病毒等类型文件的个数。

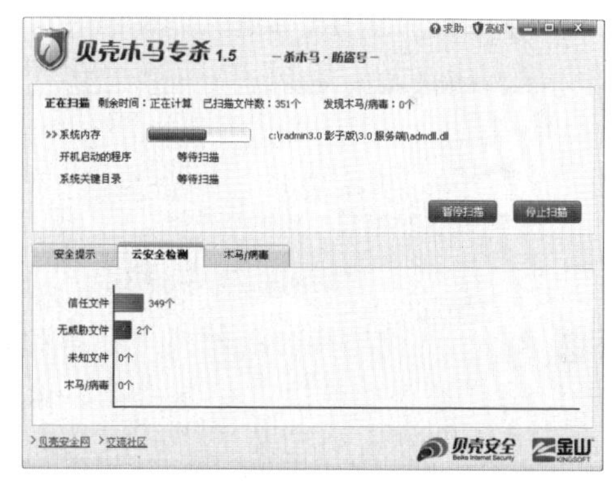

Step 03 在扫描的过程中，如果发现存在木马病毒文件，将会弹出“发现木马”对话框，在其中显示木马的名称、路径等信息。用户可根据实际需要选择“清除”或“跳过”，这里单击“清除”按钮，即可清除该木马文件。

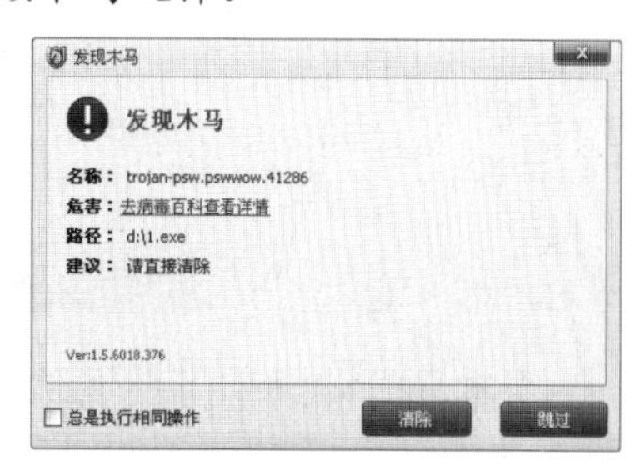

Step 04 如果想查看木马的详细信息，则可以在“发现木马”对话框中单击“去病毒百科查看详情”超链接，打开“贝壳安全文件百科”窗口，在其中即可看到该病毒文件的详细信息。

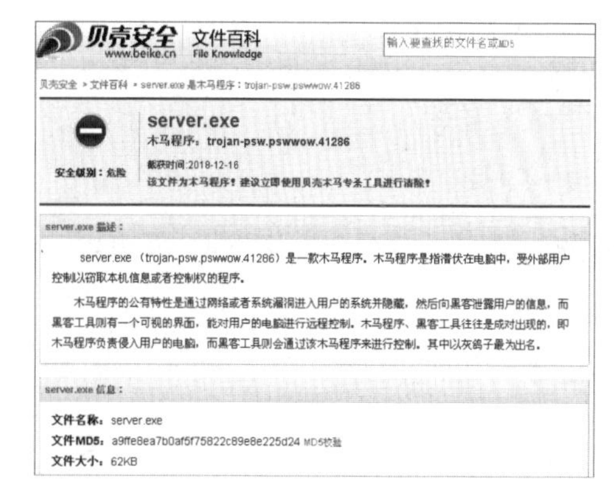

Step 05 待扫描完成后，打开“扫描报告”对话框，在其中可查看发现的木马病毒数、扫描所用的时间及扫描的文件数等信息。

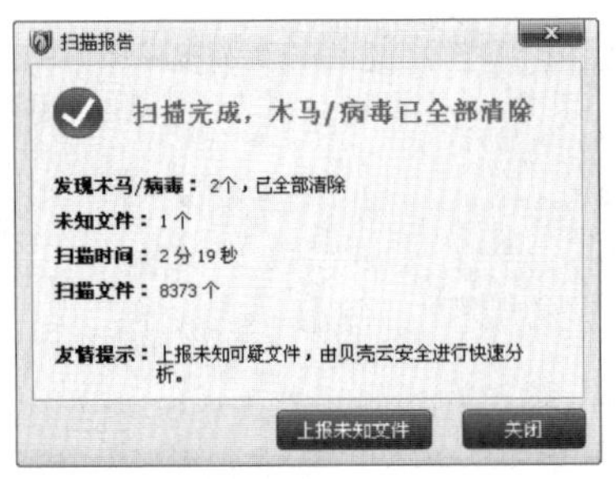

Step 06 单击“关闭”按钮返回到“贝壳木马专杀1.5”主界面并选择“木马/病毒”选项卡，在其中即可看到已经清除的木马病毒文件列表。

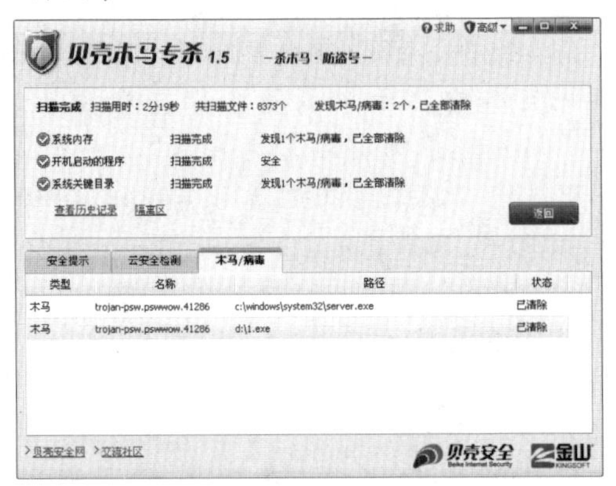

4.6.2 使用木马间谍清除工具清除木马

Spyware Doctor是一款非常先进的间谍软件、广告软件清除工具，可以检查并从计算机中移除间谍软件、广告软件、木马程序、键盘记录器和追踪威胁等。

使用Spyware Doctor清除木马间谍的具体操作步骤如下。

Step 01 下载并安装Spyware Doctor后，双击桌面上的Spyware Doctor图标，打开Spyware Doctor窗口。

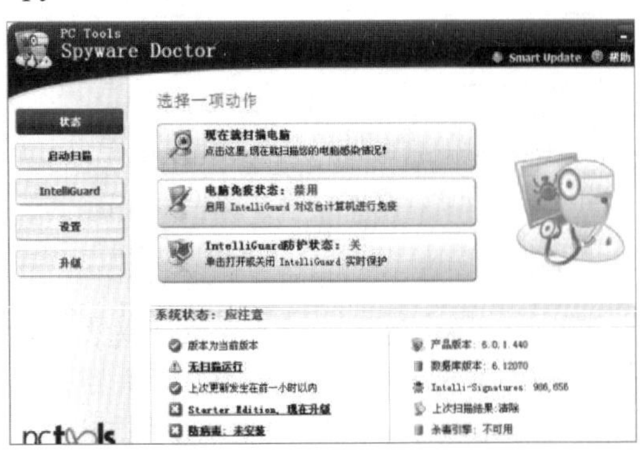

Step 02 在IntelliGuard选项卡中单击“单击激活IntelliGuard”链接，即可激活IntelliGuard。

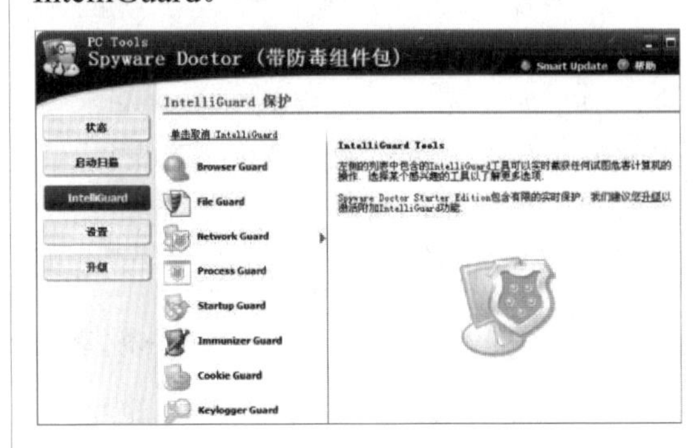

Step 03 在Spyware Doctor窗口中单击Browser Guard选项，打开Browser Guard窗口，在其中设置Browser Guard参数，从而保护浏览器设置不被恶意变更，以防止浏览器被恶意添加插件。

Step 04 单击File Guard选项，打开File Guard窗口，在其中设置File Guard参数，从而监控系统中的所有文件，以防止被入侵。

Step 05 单击Netword Guard选项，打开Netword Guard窗口，在其中设置Netword Guard参数，以阻止对网络设置的恶意更改，使得威胁软件停止拦截网路连接。

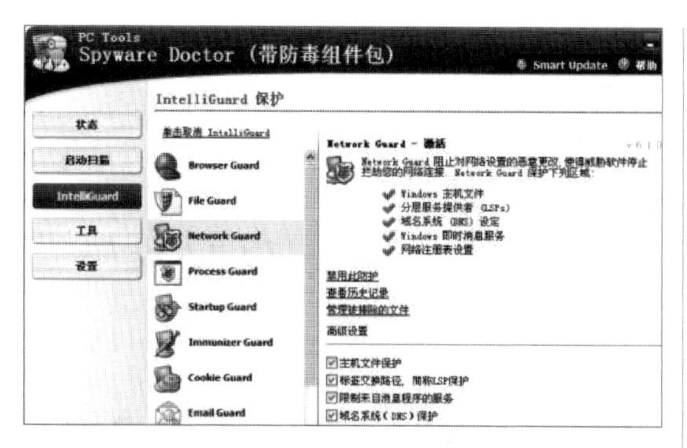

Step 06 单击Process Guard选项，打开Process Guard窗口，在其中设置Process Guard参数，以检测并阻止隐藏的恶意进程。

Step 07 单击Startup Guard选项，打开Startup Guard窗口，在其中设置Startup Guard参数，以检测并阻止恶意应用软件在系统中的配置并自动启动。

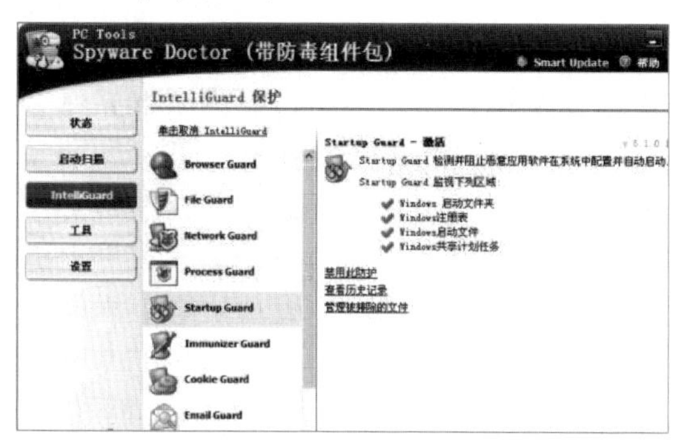

Step 08 单击Immunizer Guard选项，打开Immunizer Guard窗口，在其中查看Immunizer Guard参数，以防御嵌入计算机中ActiveX型病毒威胁。

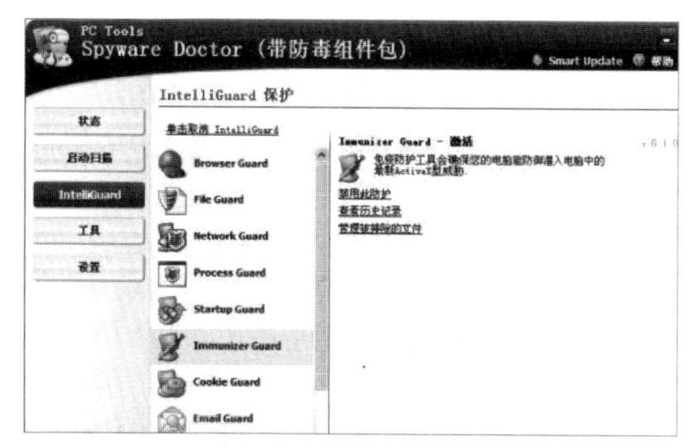

Step 09 单击Cookie Guard选项，打开Cookie Guard窗口，在其中设置Cookie Guard参数，以监视浏览器是否存在恶意跟踪或广告。

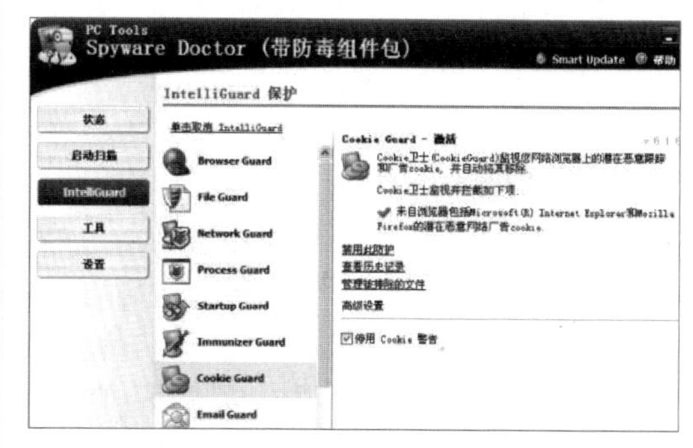

Step 10 单击Email Guard选项，打开Email Guard窗口，在其中设置Email Guard参数，以对收发的所有电子邮件中的附件进行扫描和查杀。

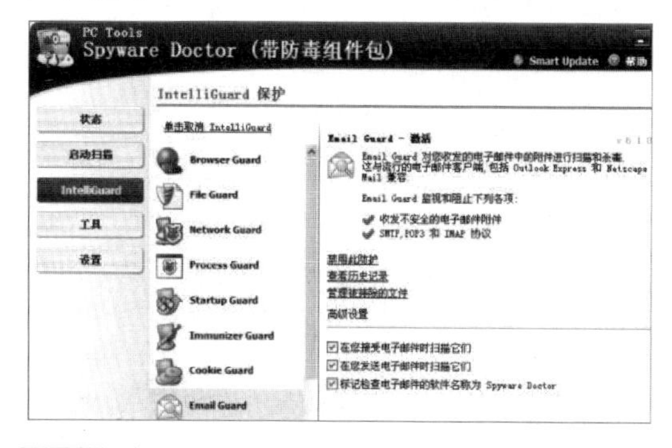

Step 11 单击Site Guard选项，打开Site Guard窗口，在其中设置Site Guard参数，以监视并拦截潜在恶意站点的访问。

Step 12 单击Keylogger Guard选项，打开Keylogger Guard窗口，在其中设置Keylogger Guard参数，以监视并阻止所有能够记录按键和个人信息的Keylogger恶意程序。

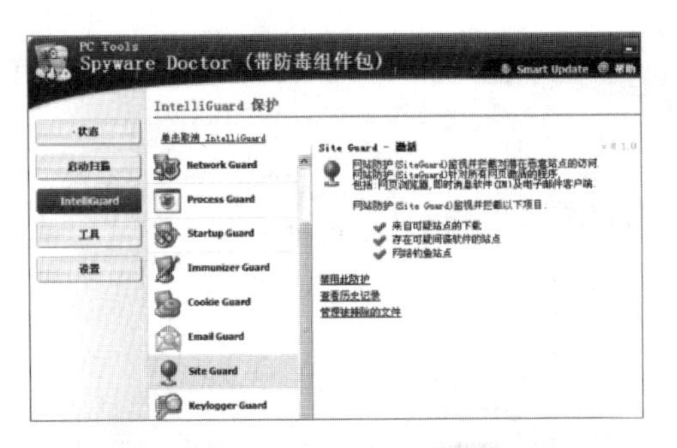

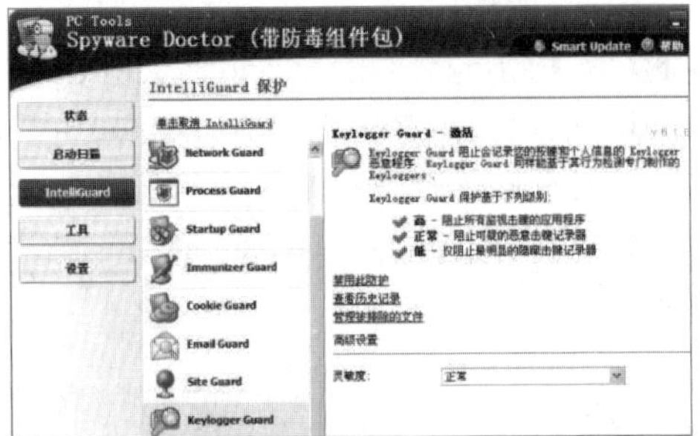

Step 13 单击Behavior Guard选项，打开Behavior Guard窗口，在其中设置Behavior Guard参数，以检测出计算机中的病毒、间谍软件、蠕虫、木马程序和其他恶意软件的攻击。

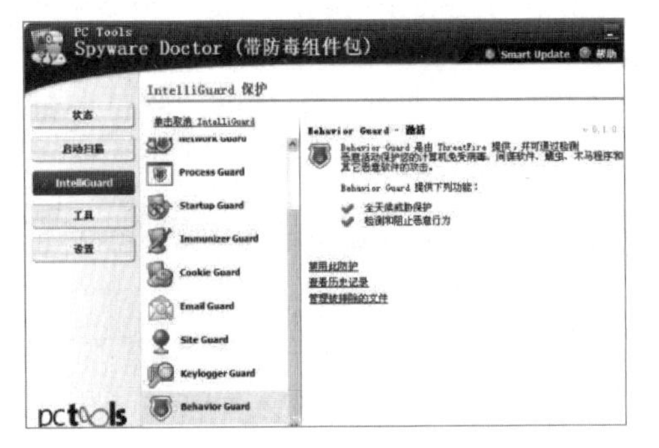

Step 14 单击“启动扫描”选项卡，在其中选择扫描范围。

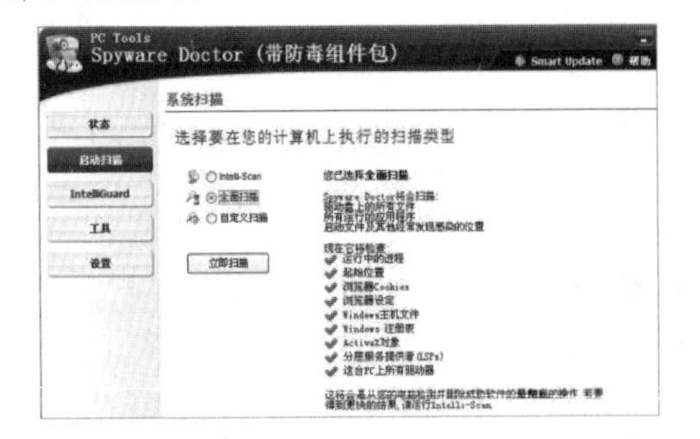

Step 15 单击“立即扫描”按钮，即可开始对选定的扫描范围进行扫描。

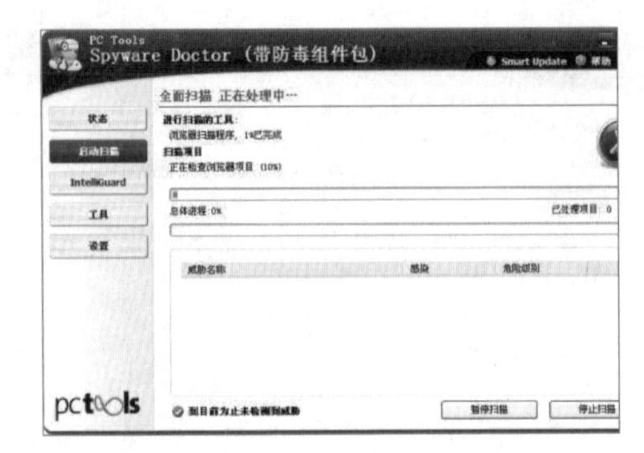

Step 16 在等待扫描完毕后，就会弹出“扫描摘要”对话框。单击“完成”按钮，即可完成对计算机的扫描。

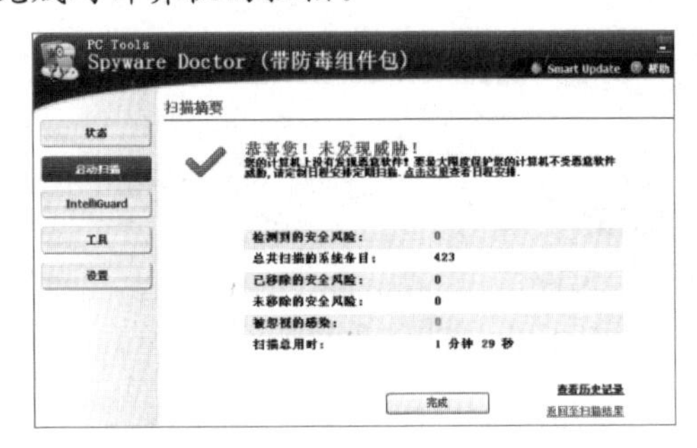

4.7 实战演练

实战演练1——在任务管理器中结束木马进程

进程是指正在运行的程序实体，并且包括这个运行的程序中占据的所有系统资源，如果自己的计算机运行速度突然慢了下来，就需要到“任务管理器”窗口当中查看一下是否有木马病毒程序正在后台运行。在“任务管理器”窗口中结束木马进程的具体操作步骤如下。

Step 01 按键盘上的Ctrl+Alt+Delete组合键，打开“任务管理器”界面。

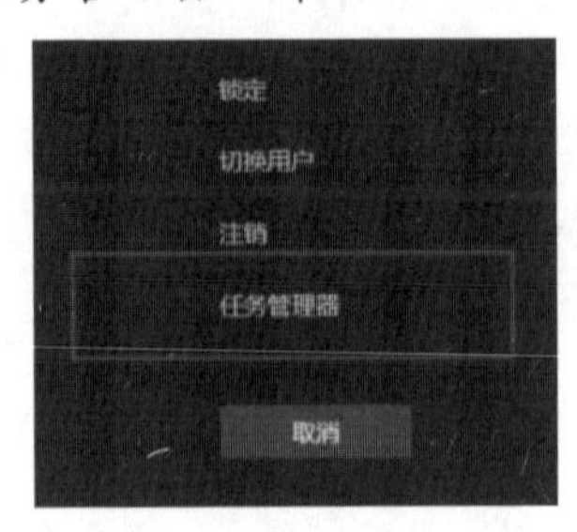

Step 02 单击“任务管理器”选项，打开“任务管理器”窗口，选择“进程”选项卡，即可看到本机中开启的所有进程。

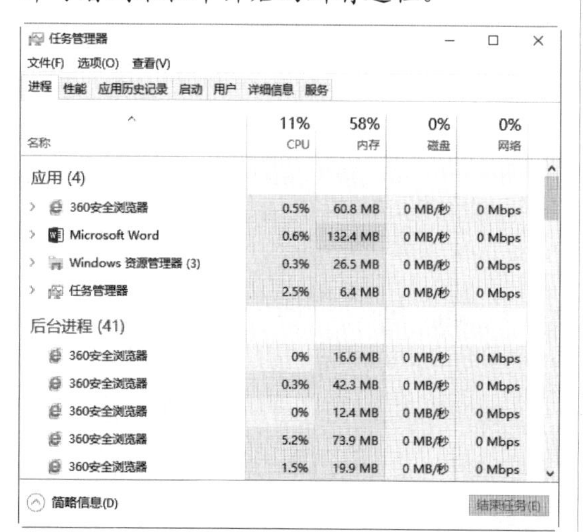

Step 03 在进程列表中选择需要查看的进程并右击，在弹出的快捷菜单中选择“属性”选项。

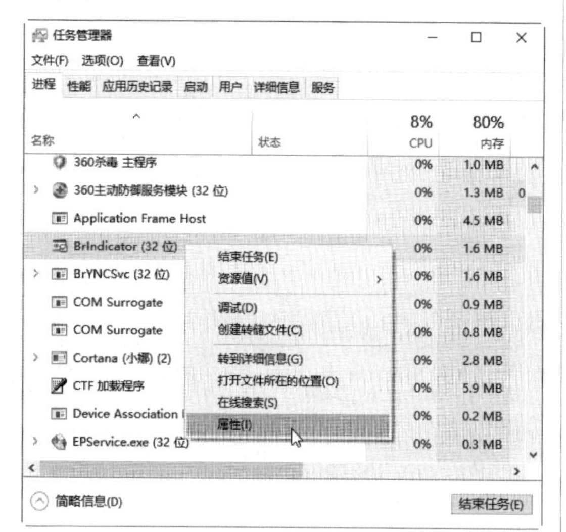

Step 04 弹出“BrIndicator.exe属性”对话框，在此可以看到进程的文件类型、描述、位置、大小和占用空间等属性。

Step 05 单击“高级”按钮，弹出“高级属性”对话框，在此可以设置文件属性和压缩或加密属性，单击“确定”按钮，保存设置。

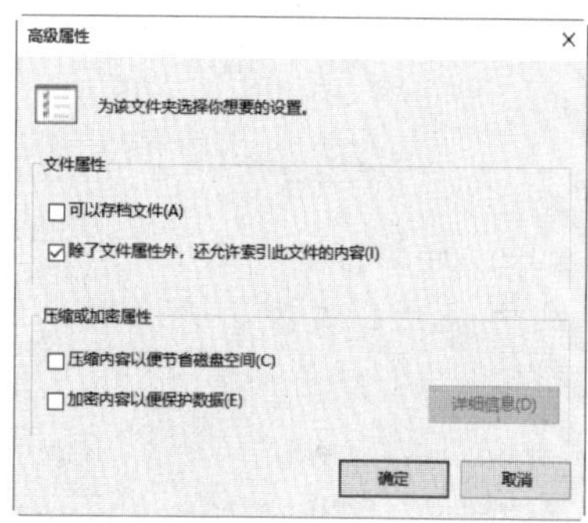

Step 06 选择“兼容性”选项卡，可以设置进程的兼用模式。

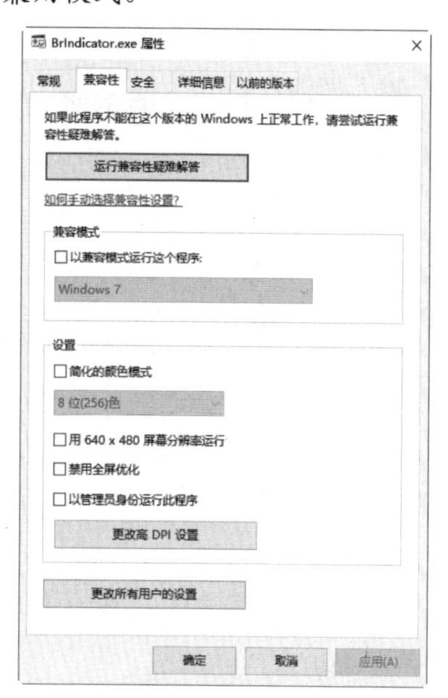

Step 07 单击“安全”选项卡，可以看到不同的用户对进程的权限，单击“编辑”按钮，可以更改相关权限。

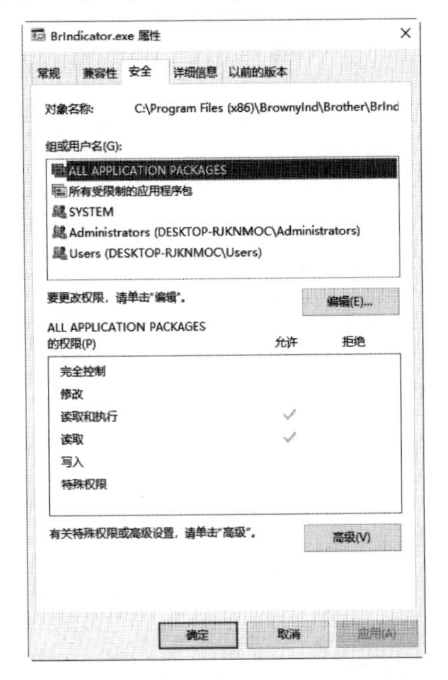

Step 08 选择“详细信息”选项卡，可以查看进程的文件说明、类型、产品版本和大小等信息。

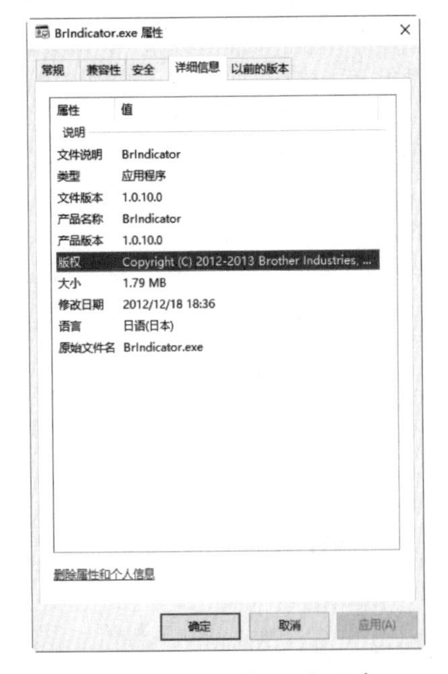

Step 09 选择“以前的版本”选项卡，可以恢复到以前的状态。查看完成后，单击“确定”按钮即可。

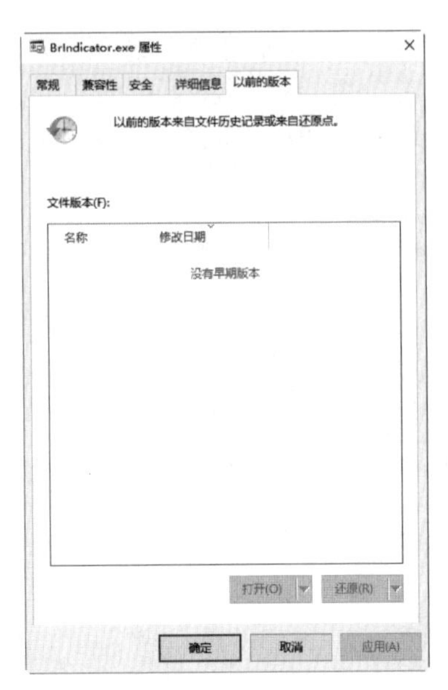

Step 10 在进程列表中查找多余的进程，然后选择进程并单击鼠标右键，从弹出的快捷菜单中选择“结束任务”命令，即可结束选中的进程。

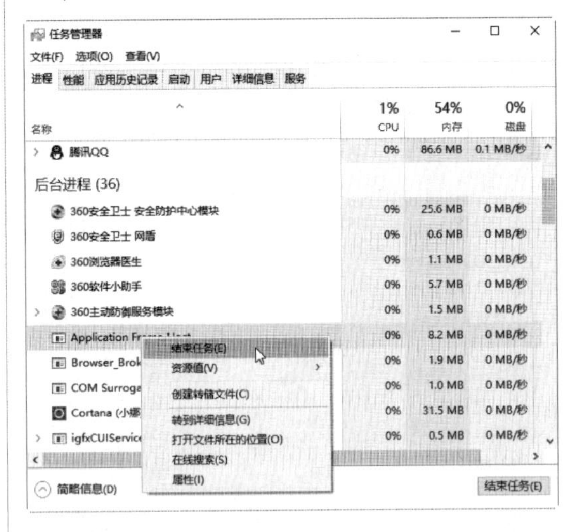

实战演练2——使用Windows Defender保护系统

Windows Defender是Windows 10操作系统的一项功能，主要用于帮助用户抵御间谍软件和其他潜在的有害软件的攻击，但在系统默认情况下，该功能是不开启的。下面介绍如何开启Windows Defender功能。

Step 01 单击“开始”按钮，从弹出的快捷菜单中选择“控制面板”选项，即可打开“所有控制面板项”窗口。

Step 02 单击“Windows Defender”超链接，即可打开“Windows Defender”窗口，提示用户此应用已经关闭。

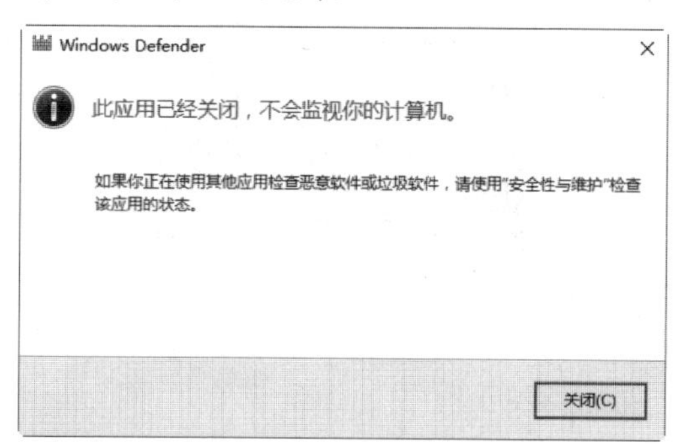

Step 03 在“控制面板”窗口中单击“安全性与维护”超链接，打开“安全性与维护”窗口。

Step 04 单击“间谍软件和垃圾软件防护”后面的“立即启用”按钮，弹出如下图所示的对话框。

Step 05 单击“是，我信任这个发布者，希望运行此应用”超链接，即可启用Windows Defender服务。

4.8　小试身手

练习1：删除上网缓存文件

用户可以通过“Internet选项”对话框来删除平时上网的缓存文件，具体的操作步骤如下。

Step 01 右击“开始”按钮，在弹出的快捷菜单中选择“控制面板”选项，打开“所有控制面板项”窗口，单击“Internet选项”超链接。

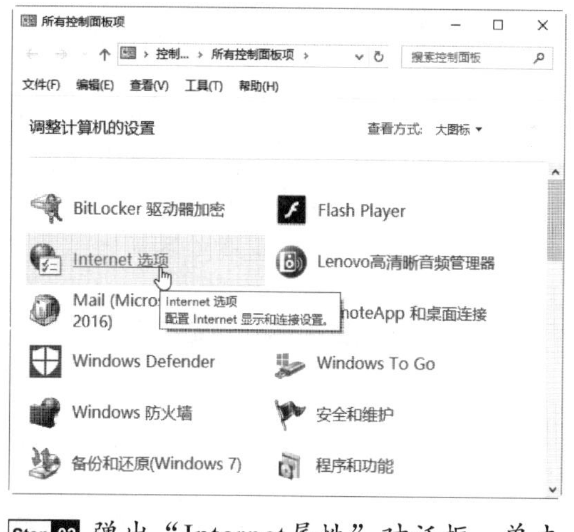

Step 02 弹出“Internet属性”对话框，单击“浏览历史记录”下的“删除”按钮。

Step 03 弹出“删除浏览历史记录”对话框，选择需要删除的缓存文件类型，单击“删除”按钮。

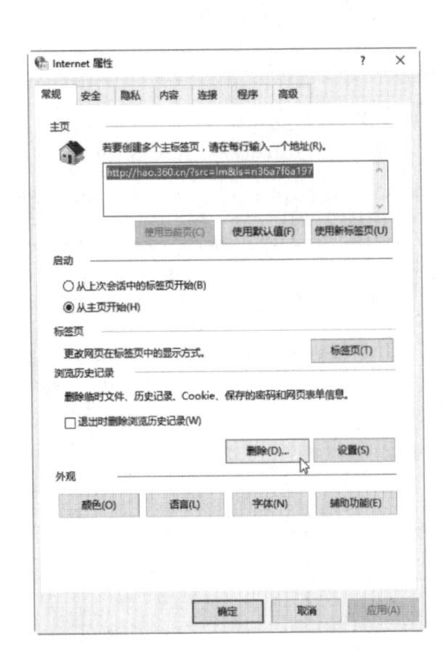

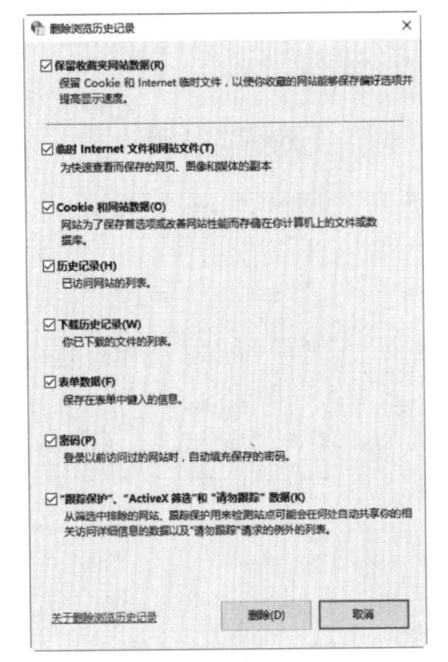

Step 04 弹出“删除浏览历史记录”窗口，系统开始自动删除上网的缓存文件。

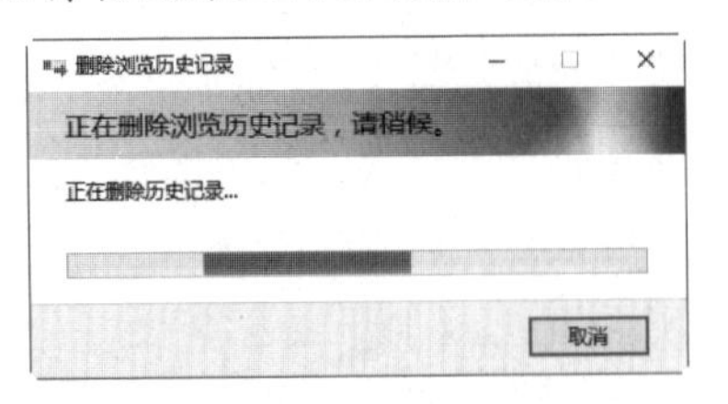

Step 05 删除完成后，返回到“Internet属性”对话框，单击“浏览历史记录”下的“设置”按钮。弹出“网站数据设置”对话框，设置缓存的大小和保存天数，单击“移动文件夹”按钮，可以转移缓存文件的位置，单击“确定”按钮，完成设置。

练习2：清除系统临时文件

在没有安装专业的清理垃圾软件前，用户可以手动清理垃圾临时文件，具体的操作步骤如下。

Step 01 右击“开始”按钮，在弹出的快捷菜单中选择“运行”选项。

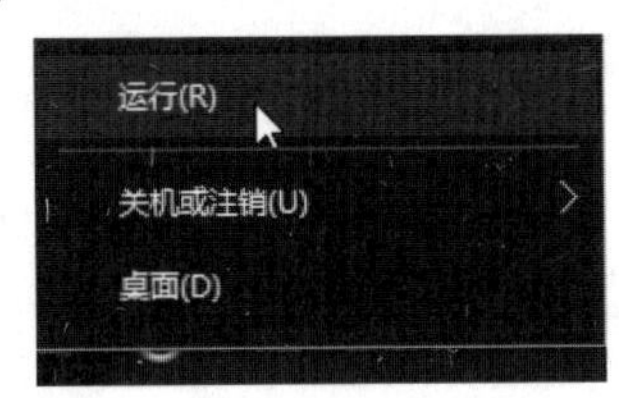

Step 02 打开“运行”对话框，在“打开”文本框中输入cleanmgr命令，单击“确定”按钮。

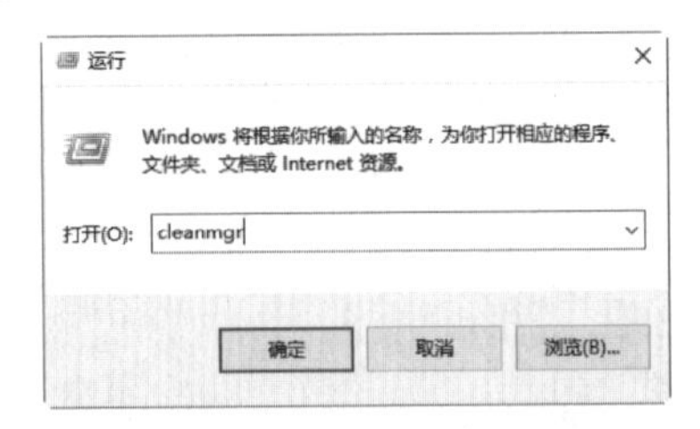

Step 03 弹出“磁盘清理：驱动器选择”对话框，单击“驱动器”右侧的向下按钮，在弹出的下拉列表中选择需要清理临时文件的磁盘分区，本实例选择“Windows10(C:)”选项。

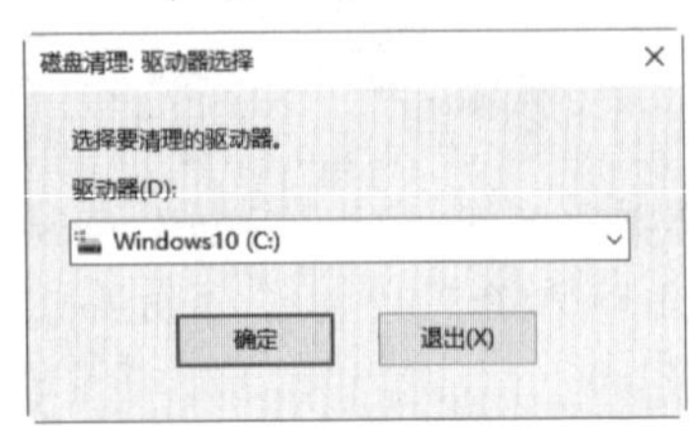

Step 04 单击“确定”按钮，弹出“磁盘清理”对话框，并开始自动计算清理磁盘垃圾。

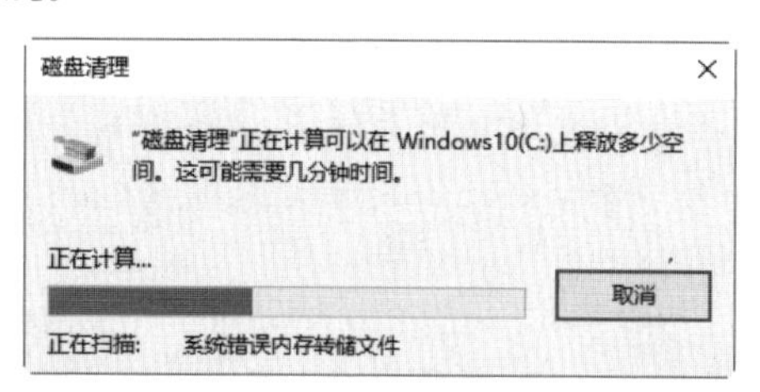

Step 05 弹出“Windows10(C:)的磁盘清理”对话框，在“要删除的文件”列表中会显示扫描出的垃圾文件和大小，选择需要清理的临时文件。

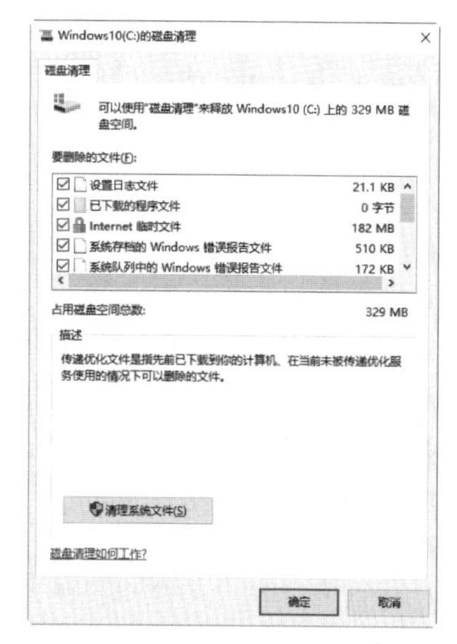

Step 06 单击“清理系统文件”按钮，系统开始自动清理磁盘中的垃圾文件。

第5章　电脑病毒的防护策略

随着信息化社会的发展，电脑病毒的威胁日益严重，反病毒的任务也更加艰巨。本章介绍电脑病毒的防护策略，主要内容包括什么是病毒、常见的病毒种类及如何防御病毒等内容。

5.1　认识电脑病毒

随着网络的普及，病毒也更加泛滥，它对计算机有着强大的控制和破坏能力，能够盗取目标主机的登录账户和密码、删除目标主机的重要文件、重新启动目标主机、使目标主机系统瘫痪等。因此，熟知病毒的相关知识就显得非常重要。

5.1.1　电脑病毒的特征和种类

平常所说的电脑病毒，是人们编写的一种特殊的电脑程序，病毒能通过修改电脑内的其他程序，并把自身复制到其他程序中，从而完成对其他程序的感染和侵害。之所以称其为“病毒”，是因为它具有与微生物病毒类似的特征：在电脑系统内生存、传染，还能进行自我复制，并且抢占电脑系统资源，干扰电脑系统正常的工作。

电脑病毒的主要特征有如下几点。

电脑病毒的主要特征

特　征	具体描述
人为制造	在电脑系统中，病毒源程序是人为制造的、存储在存储介质中的一段程序代码
隐蔽性	病毒源程序是人为制造的短小精悍的程序，这就使得它不易被察觉和发现
潜伏性	指源病毒依附于其他媒体寄生的能力，侵入后的病毒潜伏到条件成熟，才发作，会使电脑变慢
传染性	源病毒可以是一个独立的程序体，它具有很强的再生机能，它能把自身精确复制到其他程序体内，从而达到扩散的目的
激发性	从本质上讲，它是一个逻辑炸弹，只要系统环境满足一定的条件，通过外界刺激可使病毒程序活跃起来。激发的本质是一种条件控制，不同的病毒受外界控制的激发条件也不一样
破坏性	病毒程序一旦加载到当前运行的程序上，就开始搜索可进行感染的程序，从而使病毒很快扩散到整个系统上，并破坏磁盘文件的内容、删除数据、修改文件、抢占存储空间，甚至对磁盘进行格式化处理

电脑病毒主要有以下几类。

电脑病毒分类

病　毒	病毒特症
文件型病毒	这种病毒会将它自己的代码附上可执行文件（.exe、.com、.bat等）
引导型病毒	引导型病毒包括两类：一类是感染分区的；另一类是感染引导区的
宏病毒	一种寄存在文档或模板中的计算机病毒；打开文档，宏病毒会被激活，破坏系统和文档的运行
其他类	例如一些最新的病毒使用网站和电子邮件传播，它们隐藏在Java和ActiveX程序中，如果用户下载了含有这种病毒的程序，它们便立即开始破坏活动

5.1.2　电脑病毒的工作流程

计算机病毒的完整工作过程包括以下几个环节和过程。

（1）传染源：病毒总是依附于某些存储介质，如软盘、硬盘等构成传染源。

（2）传染媒介：病毒传染的媒介由其工作的环境来决定的，可能是计算机网络，也可能是可移动的存储介质，如U盘等。

（3）病毒激活：是指将病毒装入内存，并设置触发条件。一旦触发条件成熟，病毒就开始自我复制到传染对象中，进行各种破坏活动等。

（4）病毒触发：计算机病毒一旦被激活，立刻就会发生作用，触发的条件是多样化的，可以是内部时钟、系统的日期、用户标识符，也可能是系统一次通信等。

（5）病毒表现：表现是病毒的主要目的之一，有时在屏幕显示出来，有时则表现为破坏系统数据。凡是软件技术能够触发到的地方，都在其表现范围内。

（6）传染：病毒的传染是病毒性能的一个重要标志。在传染环节中，病毒复制一个自身副本到传染对象中去。

5.1.3　电脑中毒的途径

常见电脑中毒的途径有以下几种。

（1）单击超链接中毒。这种入侵方法主要是在网页中放置恶意代码来引诱用户点击，一旦用户单击超链接，就会感染病毒，因此，不要随便单击网页中的链接。

（2）通过恶意插件中毒。网站中存在各种恶意代码，借助IE浏览器的漏洞，强制用户安装一些恶意软件，有些顽固的软件很难卸载。建议用户及时更新系统补丁，对于不了解的插件不要随便安装，以免给病毒流行可乘之机。

（3）通过下载附带病毒的软件中毒。有些破解的软件在安装时会附带安装一下病毒程序，而此时用户并不知道。建议用户下载正版的软件，尽量到软件的官方网站去下载。如果在其他的网站上载了软件，可以使用杀毒软件先查杀一遍。

（4）通过网络广告中毒。上网时经常可以看到一些自动弹出的广告，包括悬浮广告、异常图片等。特别是一些中奖广告，往往带有病毒链接。

5.1.4　电脑中病毒后的表现

一般情况下，电脑病毒是依附某一系统软件或用户程序进行繁殖和扩散，病毒发作时危机电脑的正常工作，破坏数据与程序，侵占电脑资源等。

电脑在感染病毒后的现象为：

（1）屏幕显示异常，屏幕显示出不是由正常程序产生的画面或字符串，屏幕显示混乱。

（2）程序装入时间增长，文件运行速度下降。

（3）用户并没有访问的设备出现“忙”信号。

（4）磁盘出现莫名其妙的文件和磁盘坏区，卷标也发生变化。

（5）系统自行引导。

（6）丢失数据或程序，文件字节数发生变化。

（7）内存空间、磁盘空间减少。

（8）异常死机。

（9）磁盘访问时间比平常增长。

（10）系统引导时间增长。

（11）程序或数据神秘丢失。

（12）可执行文件的大小发生变化。

（13）出现莫名其妙的隐蔽文件。

5.2　查杀电脑病毒

当电脑出现中毒的特征后，就需要对其查杀病毒。流行的杀毒软件很多，360杀毒软件是当前应用比较广泛的杀毒软件之一，该软件引用双引擎的机制，拥有完善的病毒防护体系，不但查杀能力出色，而且对于新出现的木马病毒能够第一时间进行防御。

5.2.1 安装杀毒软件

《360杀毒》软件下载完成后，即可安装杀毒软件，具体操作步骤如下。

Step 01 双击下载的《360杀毒》软件安装程序，即可打开如下图所示的安装界面。

Step 02 单击“立即安装”按钮，即可开始安装360杀毒软件，并显示安装的进度。

Step 03 安装完毕后，弹出360新版特性提示对话框。

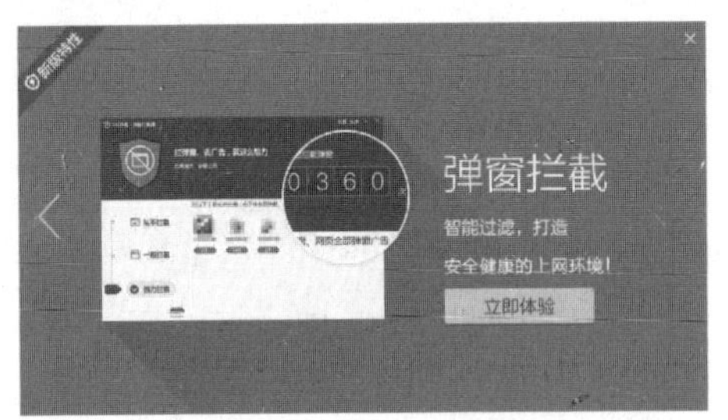

Step 04 单击“立即体验”按钮，即可打开360杀毒主界面，从而完成360杀毒的安装。

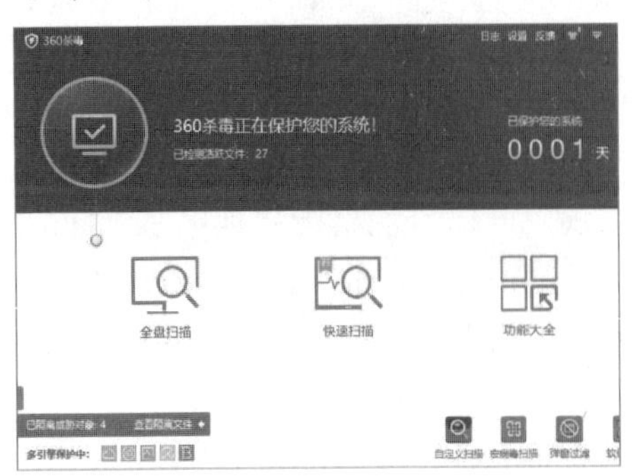

5.2.2 升级病毒库

病毒库其实就是一个数据库，里面记录着电脑病毒的种种特征，以便及时发现病毒并绞杀它们。只有拥有了病毒库，杀毒软件才能区分病毒和普通程序之间的区别。

新病毒层出不穷，可以说每天都有难以计数的新病毒产生。想要让计算机能够对新病毒有所防御，就必须要保证本地杀毒软件的病毒库一直处于最新版本。下面以“360杀毒”的病毒库升级为例进行介绍。

1. 手动升级病毒库

升级360杀毒病毒库的具体操作步骤如下。

Step 01 单击360杀毒主界面的“检查更新”链接。

Step 02 弹出“360杀毒-升级”对话框，提示用户正在升级，并显示升级的进度。

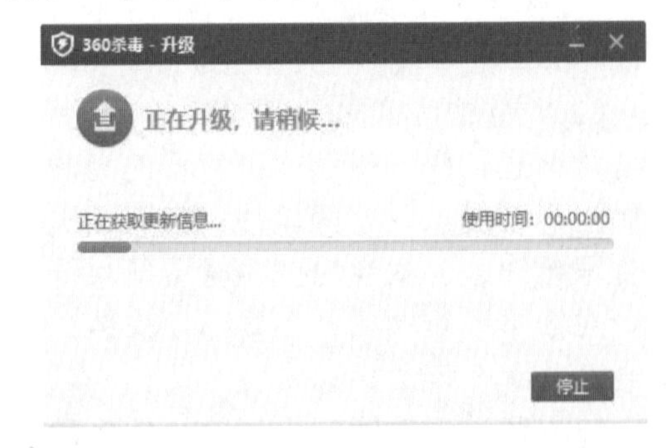

Step 03 升级完成后，弹出“360杀毒-升级”对话框，提示用户升级成功完成，并显示程序的版本等信息。

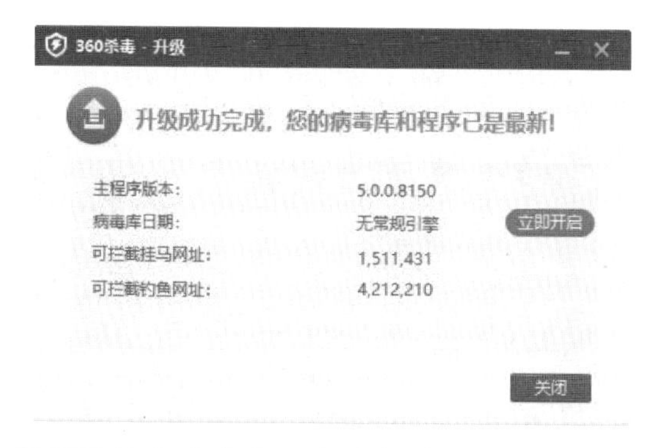

Step 04 单击病毒库日期右侧的“立即开启”按钮，开始升级病毒库信息。

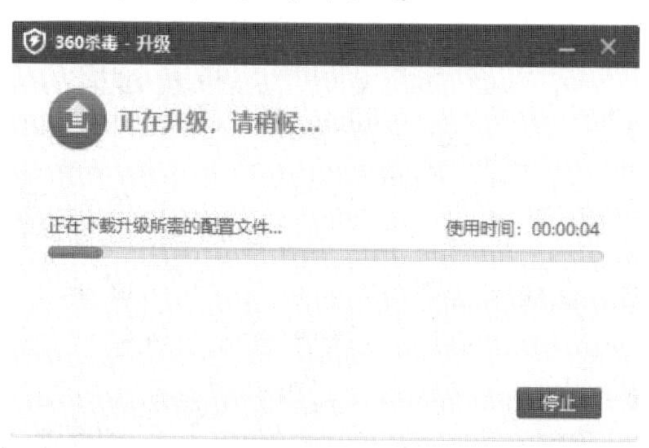

Step 05 升级完成后，提示用户常规引擎已成功安装。

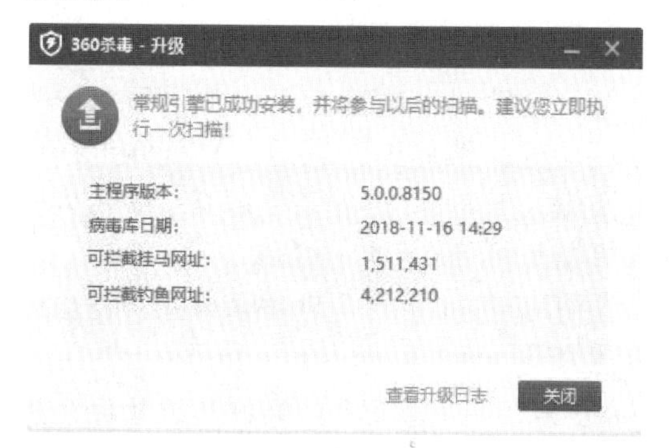

Step 06 单击“查看升级日志”超链接，即可打开“360杀毒-日志”对话框，在其中显示了产品升级的记录。

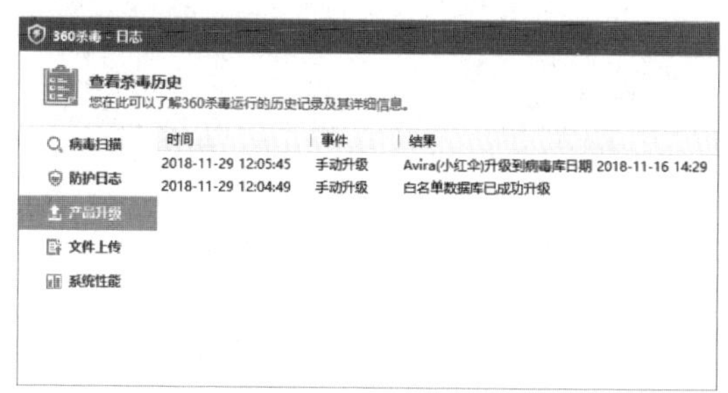

2. 制订病毒库升级计划

为了减去用户实时操心病毒库更新的问题，可以给杀毒软件制订一个病毒库自动更新的计划，具体的操作步骤如下。

Step 01 打开360杀毒的主界面，单击右上角的“设置”链接。

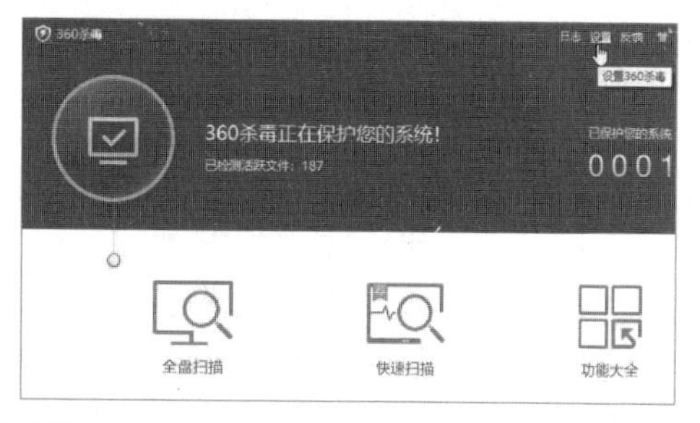

Step 02 弹出“360杀毒-设置”对话框，用户可以通过选择“常规设置”“病毒扫描设置”“实时防护设置”“升级设置”“系统白名单”“免打扰设置”等选项，详细地设置杀毒软件的参数。

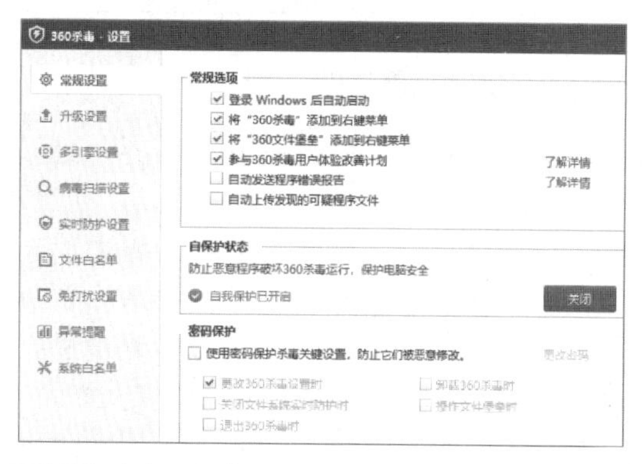

Step 03 选择“升级设置”选项，在弹出的对话框中用户可以设置“自动升级设置”和“代理服务器设置”，设置完成后单击“确定”按钮。

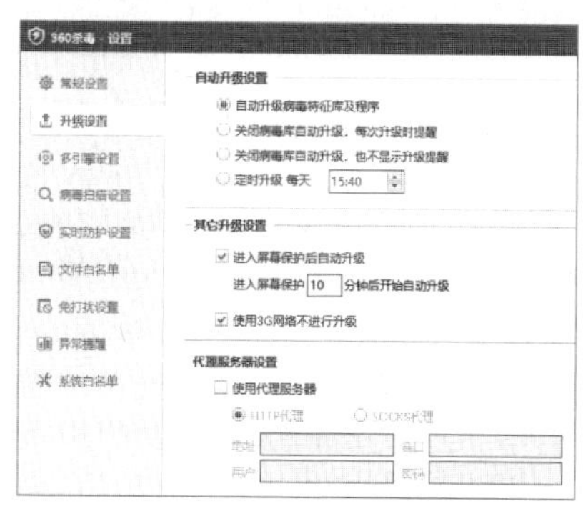

“自动升级设置”由以下4部分组成，用户可根据需求自行选择。

（1）“自动升级病毒特征库及程序”：选中该项后，只要360杀毒程序发现网络上有病毒库及程序的升级，就会马上自动更新。

（2）“关闭病毒库自动升级，每次升级时提醒”：网络上有版本升级时，不直接更新，而是给用户一个升级提示框，升级与否由用户自己决定。

（3）“关闭病毒库自动升级，也不显示升级提醒”：网络上有版本升级时，不进行病毒库升级，也不显示提醒信息。

（4）“定时升级”：制订一个升级计划，在每天的指定时间直接连接网络上的更新版本进行升级。

注意：一般不建议读者对“代理服务器设置”项进行设置。

5.2.3 设置定期杀毒

计算机通过长期的使用，可能会隐藏有许多的病毒程序。为了刨除隐患，应该定时给计算机进行全面的杀毒。抛去遗忘的顾虑，给杀毒软件设置一个查杀计划是很有必要的。以《360杀毒》软件为例进行定期杀毒设置，具体的操作步骤如下。

Step 01 单击“360杀毒”窗口右上角的“设置”按钮。

Step 02 打开“设置”对话框，选择“病毒扫描设置”选项，在“定时查毒”项中进行设置。

（1）“启用定时查毒”：开启或关闭定时查毒功能。

（2）“扫描类型”：设置扫描的方法，也可以说是范围，主要有“快速扫描”和“全盘扫描”两种。

（3）“每天”：制订每天一次的查杀计划。选择该选项后，可以进行时间调整。

（4）“每周”：制订每周一次的查杀计划。选择该选项后，可以设置星期和时间。

（5）“每月”：制订每月一次的查杀计划。选择该选项后，可以设置日期和时间。

5.2.4 快速查杀病毒

一旦发现电脑运行不正常，用户首先分析原因，然后即可利用杀毒软件进行杀毒操作。下面以《360杀毒》查杀病毒为例讲解如何利用杀毒软件杀毒。

使用《360杀毒》软件杀毒的具体操作步骤如下。

Step 01 启动《360杀毒》软件，该软件为用户提供了3个查杀病毒的方式，即全盘扫描、快速扫描和自定义扫描。

Step 02 这里选择快速扫描方式，单击“快速扫描”按钮，即可开始扫描系统中的病毒文件。

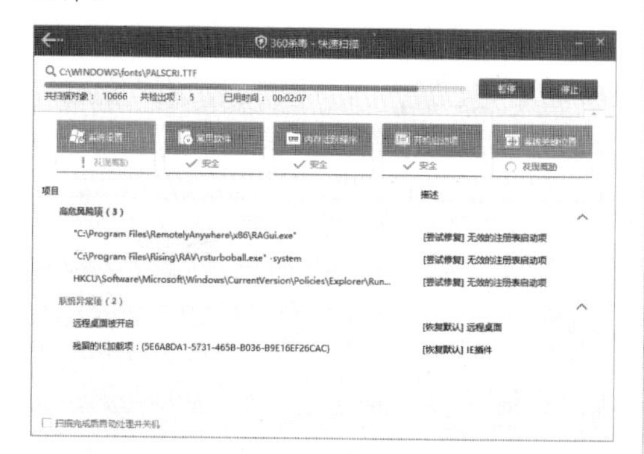

Step 03 在扫描的过程中，如果发现木马病毒，则会在下面的空格中显示扫描出来的木马病毒，并列出了其危险程度和相关描述信息。

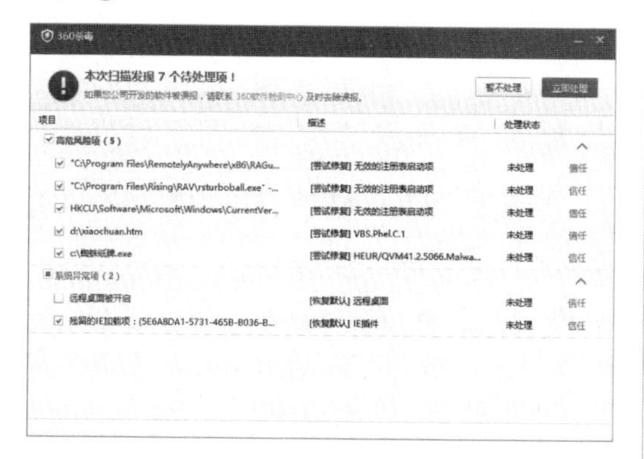

Step 04 单击“立即处理”按钮，即可删除扫描出来的木马病毒或安全威胁对象。

Step 05 单击“确定”按钮，返回到“360杀毒”窗口，在其中显示了被《360杀毒》软件处理的项目。

Step 06 单击“恢复区”超链接，打开“360恢复区”对话框，在其中显示了被《360杀毒》软件处理的项目。

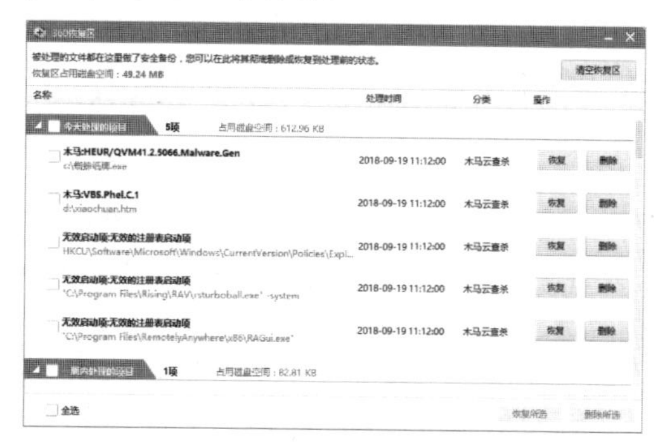

Step 07 勾选“全选”复选框，选中所有恢复区的项目。

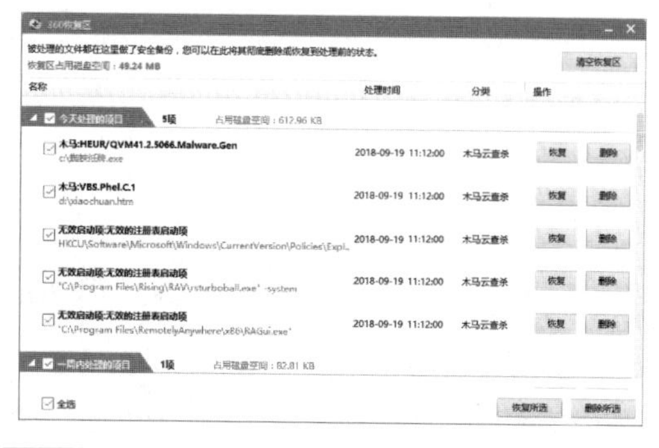

Step 08 单击“清空恢复区”按钮，弹出一个信息提示框，提示用户是否确定要一键清空恢复区的所有隔离项。

Step 09 单击“确定”按钮，即可开始清除恢复区所有的项目，并显示清除的进度。

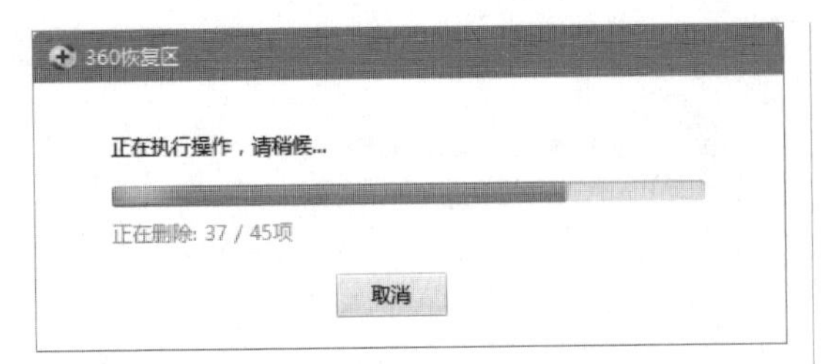

Step 10 清除恢复区所有项目完毕后，将返回“360恢复区”对话框。

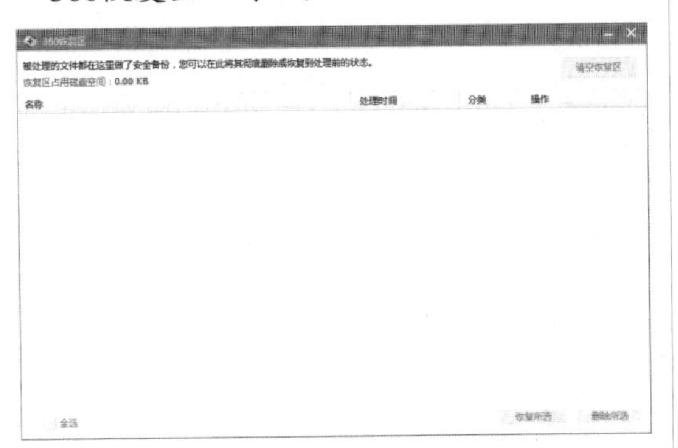

另外，使用《360杀毒》软件还可以对系统进行全盘杀毒。只需在“病毒查杀”选项卡下单击“全盘扫描”按钮即可，全盘扫描和快速扫描类似，这里不再详述。

5.2.5 自定义查杀病毒

以《360杀毒》软件为例对指定位置进行病毒的查杀，具体的操作步骤如下。

Step 01 在“360杀毒”主界面中单击“自定义扫描”图标。

Step 02 打开“选择扫描目录”对话框，在需要扫描的目录或文件前勾选相应的复选框，这里勾选“Windows10(C:)”复选框。

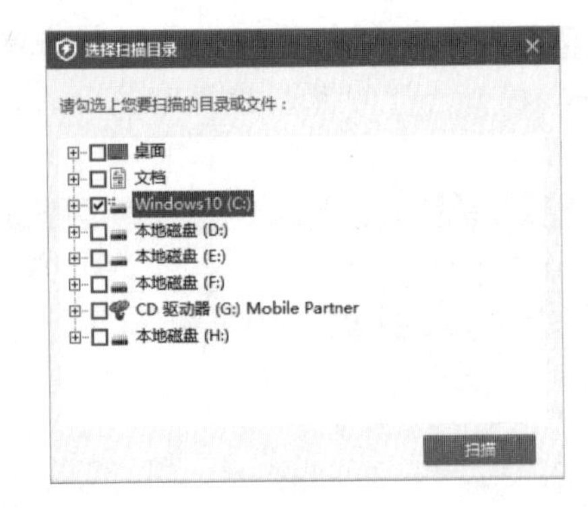

Step 03 单击“扫描”按钮，即可开始对指定目录进行扫描。

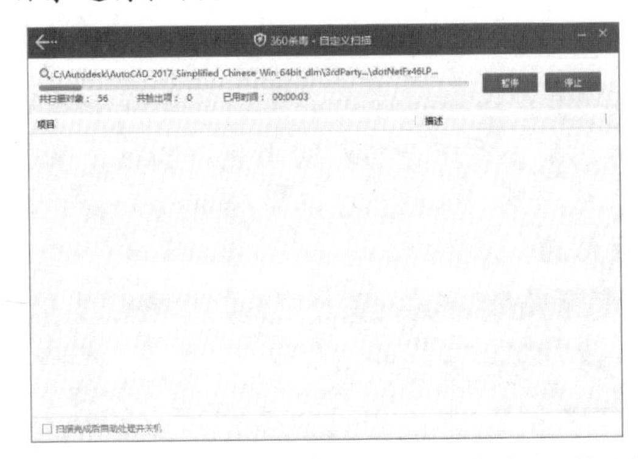

后面步骤和“快速查杀”相似，这里不再详细介绍。

提示： 大部分杀毒软件查杀病毒的方法比较相似，用户可以利用自己的杀毒软件进行类似的病毒查杀操作。

5.2.6 查杀宏病毒

使用《360杀毒》软件还可以对宏病毒进行查杀，具体的操作步骤如下。

Step 01 在“360杀毒”主界面中单击“宏病毒扫描”图标。

Step 02 弹出“360杀毒”对话框，提示用户扫描前需要关闭已打开的Office文档。

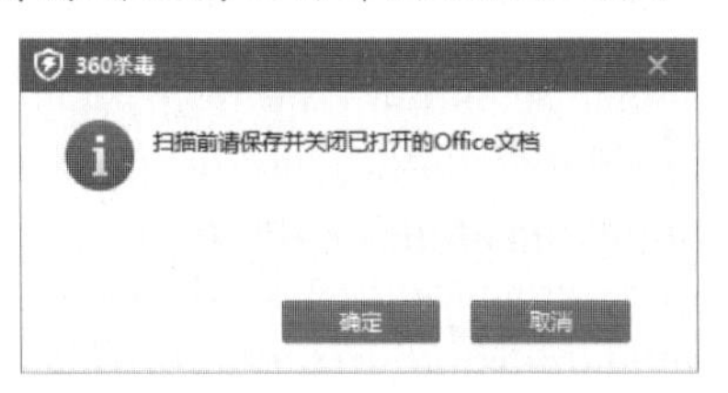

Step 03 单击“确定”按钮，即可开始扫描电脑中的宏病毒，并显示扫描的进度。

Step 04 扫描完成后，即可对扫描出来的宏病毒进行处理，这与“快速查杀”相似，这里不再详细介绍。

5.2.7　自定义《360杀毒》软件设置

使用《360杀毒》软件默认的设置，可以查杀病毒，不过如果用户想要根据自己的需要加强《360杀毒》软件的其他功能，则可以自定义设置《360杀毒》软件，具体的操作步骤如下。

Step 01 在“360杀毒”主界面中单击“设置”超链接，打开“360杀毒-设置”对话框。在“常规设置”区域中可以对常规选项、自我保护状态、密码保护进行设置。

Step 02 选择“升级设置”选项，在打开的“升级设置”区域中可以对自动升级、是否使用代理服务器升级进行设置。

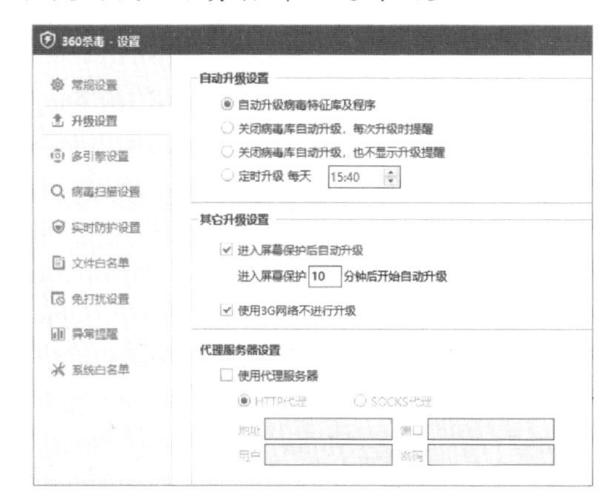

Step 03 选择“多引擎设置”选项，在打开的“多引擎设置”区域中可以根据自己的电脑配置及查杀要求对其进行调整。

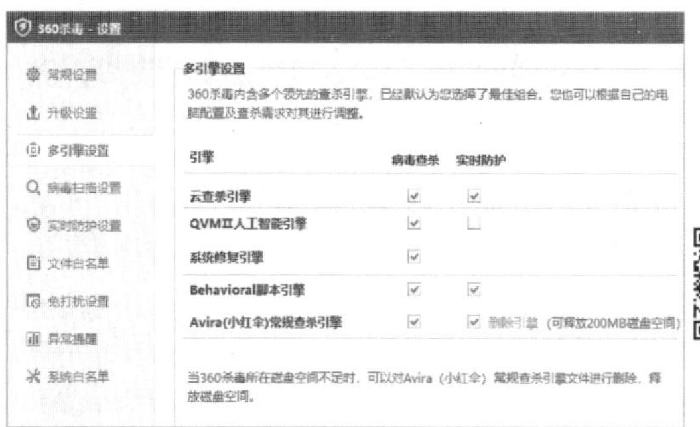

Step 04 选择“病毒扫描设置”选项，在打开的“病毒扫描设置”区域中可以对需要扫描的文件类型、发现病毒时的处理方式、定时查毒等参数进行设置。

Step 05 选择“实时防护设置”选项，在打开的“实时防护设置”区域中可以对防护级

别、监控的文件类型、发现病毒时的处理方式和其他防护选项进行设置。

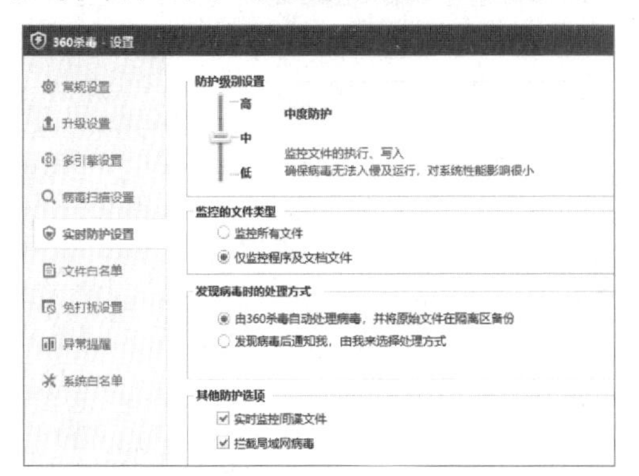

Step 06 选择“文件白名单”选项，在打开的“文件白名单”设置区域中可以对文件及目录白名单、文件扩展名白名单进行添加和删除操作。

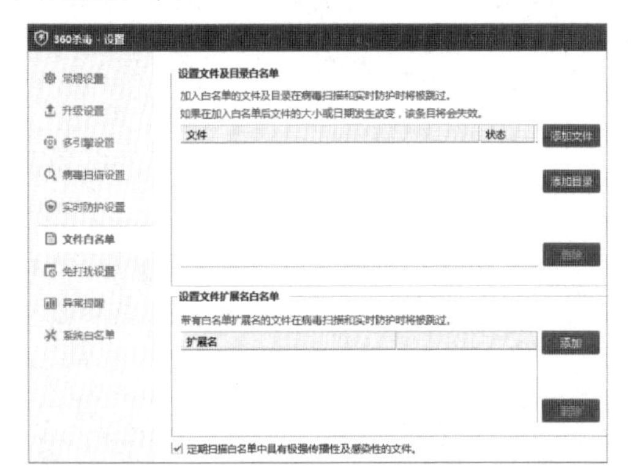

Step 07 选择“免打扰设置”选项，在打开的“免打扰设置”区域中通过单击“开启”按钮启动免打扰状态。

Step 08 选择“异常提醒”选项，在打开的“异常提醒”区域中可以设置上网环境异常提醒、进程追踪器异常提醒、系统盘可以用空间监测异常提醒和自动校正系统时间异常提醒等。

Step 09 选择“系统白名单”选项，在打开的“系统白名单”区域中可以对系统修复进行设置。设置完毕后，单击“确定”按钮，即可保存设置。

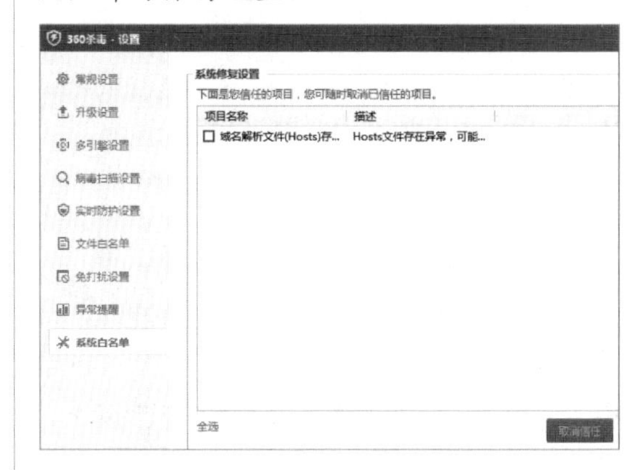

5.3 使用病毒专杀工具查杀病毒

在使用杀毒软件查杀病毒的过程中，一些比较顽固的病毒是扫描不出来的，这时就需要使用一些专门的病毒查杀工具来查杀这些病毒了。

5.3.1 查杀异鬼病毒

异鬼病毒是腾讯电脑管家捕获的一种恶性Bootkit病毒，该病毒可篡改浏览器主页、劫持导航网站，并在后台刷取流量。不过，电脑管家已全面防御异鬼Ⅱ病毒，使用电脑管家查杀异鬼Ⅱ病毒的具体操作步骤如下。

Step 01 在电脑管家中下载“异鬼Ⅱ病毒专杀工具”，双击运行工具，即可开始扫描异鬼Ⅱ病毒。

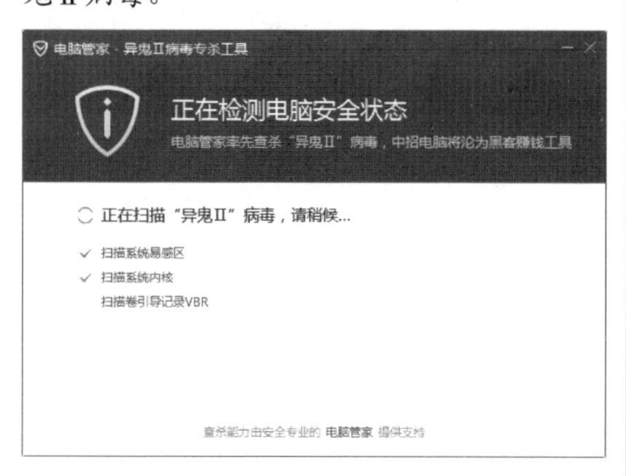

Step 02 如果扫描过程中没有发现异鬼Ⅱ病毒，将给出电脑安全的信息提示。

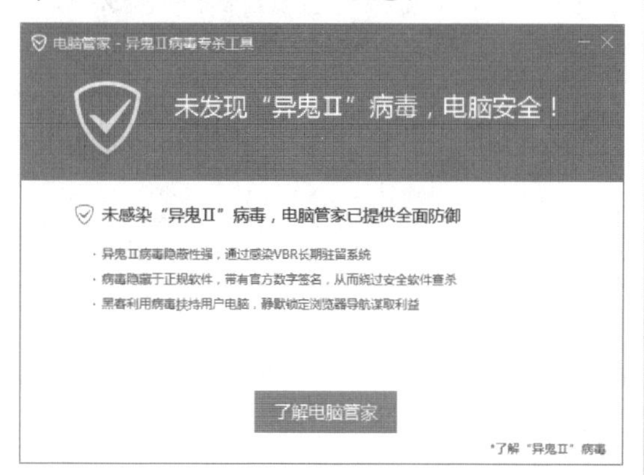

Step 03 如果发现异鬼Ⅱ病毒，将给出电脑中存在异鬼病毒的信息提示，需要用户立即进行查杀。

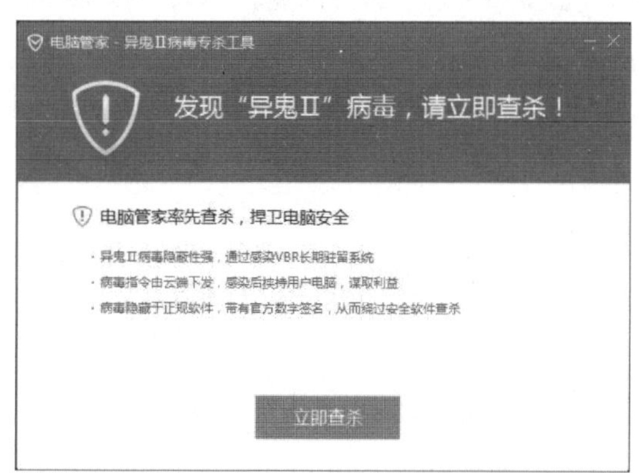

Step 04 单击“立即查杀”按钮，即可开始查杀异鬼Ⅱ病毒。

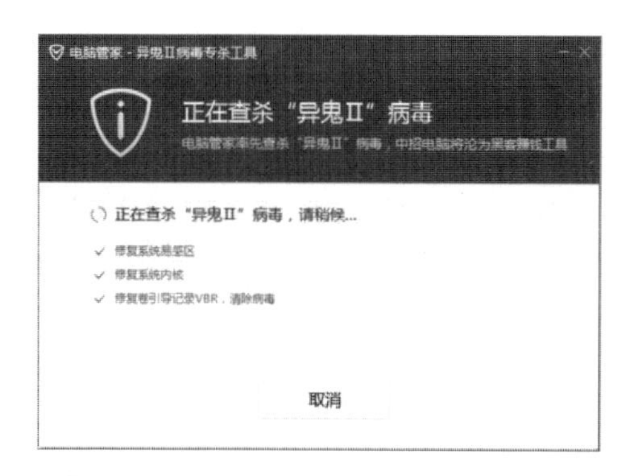

Step 05 查杀完成后，将给出异鬼Ⅱ病毒已成功清除的信息提示。

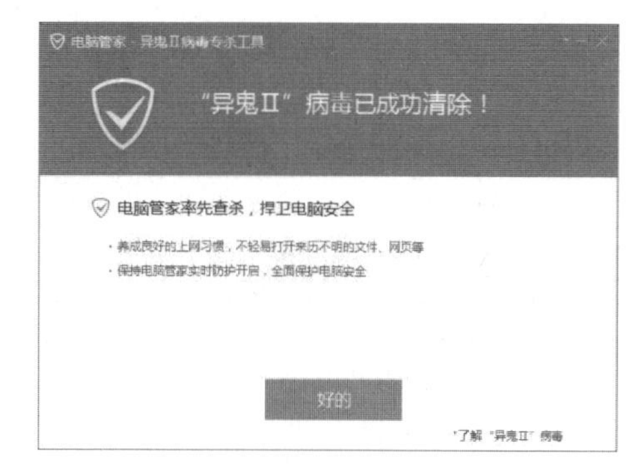

5.3.2 查杀CAD病毒

CAD病毒是利用Lisp语言编写，在CAD启动时自动加载，并自动生成扩展名为.sp、.fans的程序，该病毒到处传播，致使许多杀毒软件也无能为力，甚至重装CAD也不能解决问题。《360 CAD病毒专杀工具》是一款针对CAD病毒设计的查杀软件，专门查杀CAD病毒，让用户的电脑得到最佳保护。

Step 01 双击下载的《360 CAD病毒专杀工具》，打开“360 CAD病毒专杀工具”工作界面。

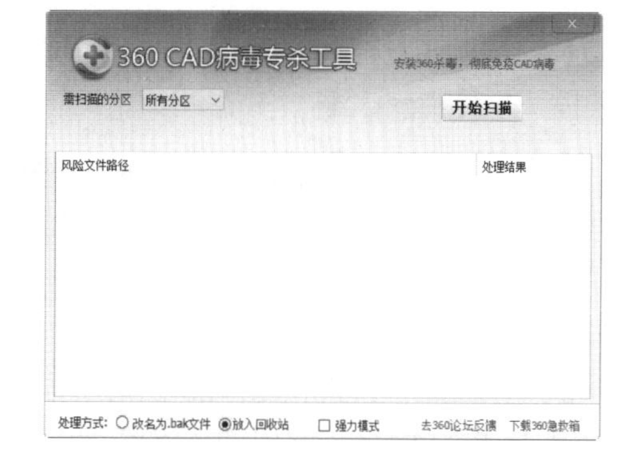

Step 02 单击“需扫描的分区”右侧的“所有分区”按钮，在弹出的下拉列表中选择需要扫描的分区。

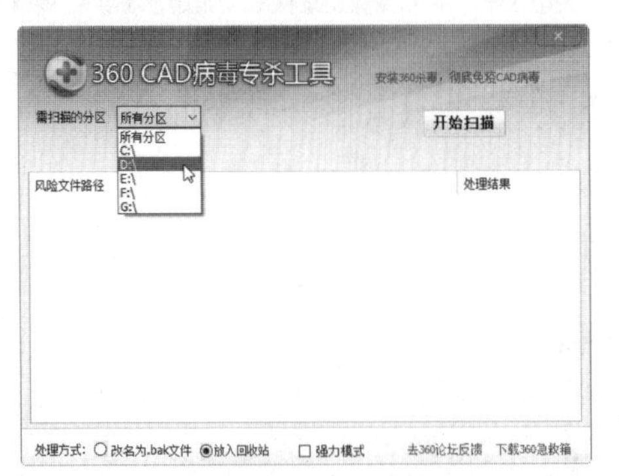

Step 03 单击“开始扫描”按钮，即可开始扫描分区中存在的CAD病毒，对于扫描出来的CAD病毒，将直接进行查杀。

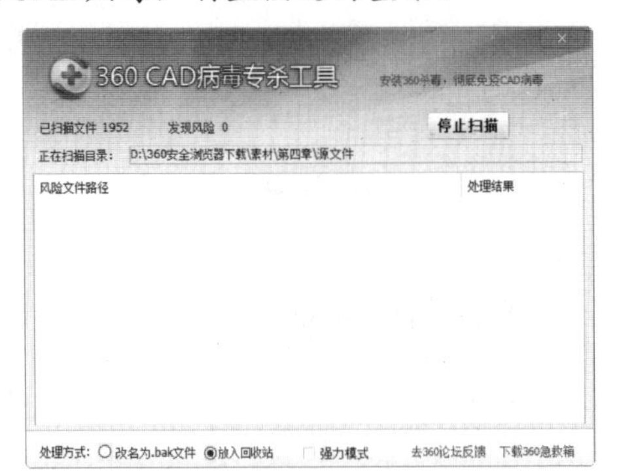

Step 04 扫描完成后，如果没有发现CAD病毒，将弹出一个“消息”对话框，提示用户“扫描结束，未发现风险”的信息。

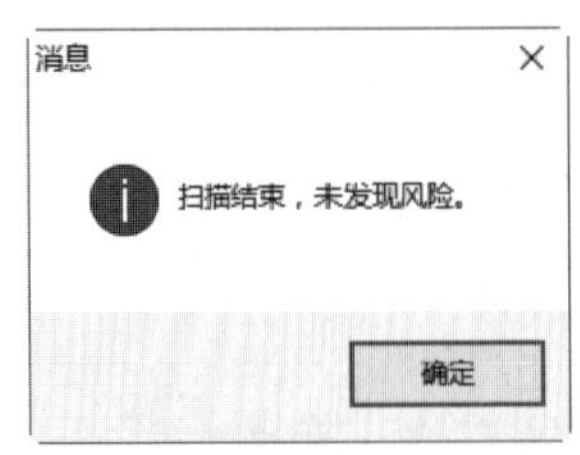

5.3.3 查杀顽固病毒

使用《360安全卫士》可以查询系统中的顽固木马病毒文件，以保证系统安全。使用《360安全卫士》查杀顽固木马病毒的具体操作步骤如下。

Step 01 在360安全卫士的工作界面中单击“木马查杀”按钮，进入360安全卫士木马病毒查杀工作界面，在其中可以看到《360安全卫士》为用户提供了3种查杀方式。

Step 02 单击“快速查杀”按钮，开始快速扫描系统关键位置。

Step 03 扫描完成后，给出扫描结果。对于扫描出来的危险项，用户可以根据实际情况自行清理，也可以直接单击“一键处理”按钮，对扫描出来的危险项进行处理。

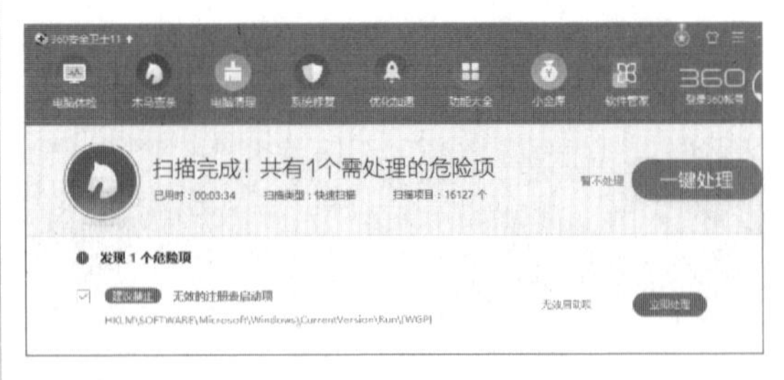

Step 04 单击“一键处理”按钮，开始处理扫描出来的危险项。处理完成后，弹出“360木马查杀”对话框，在其中提示用户处理成功。

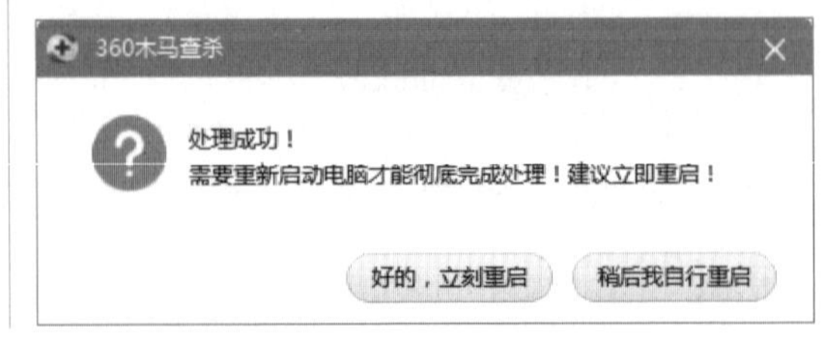

5.3.4　查杀U盘病毒

USBCleaner是一款绿色的辅助杀毒工具，具有检测查杀U盘病毒、U盘病毒广谱扫描、U盘病毒免疫、修复显示隐藏文件及系统文件、安全卸载移动盘等功能，可以全方位一体化修复并查杀U盘病毒。

1. 全面检测系统

使用USBCleaner全面检测系统病毒的具体操作步骤如下。

Step 01 从网上下载U盘专杀工具，其文件夹中包含的文件如下图所示。

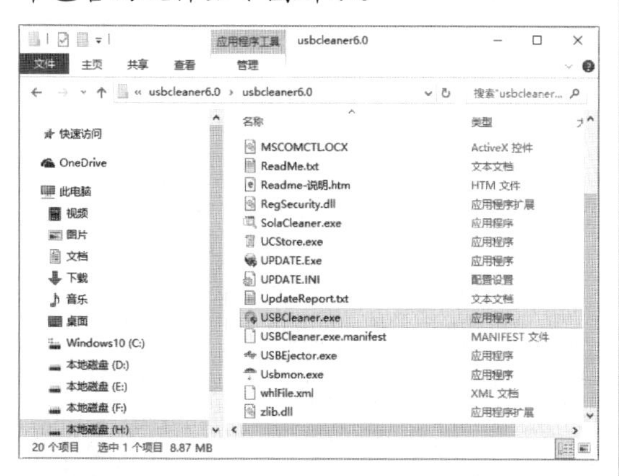

Step 02 双击“USBCleaner.exe”图标，打开“U盘病毒专杀工具USBCleanerV6.0”对话框。

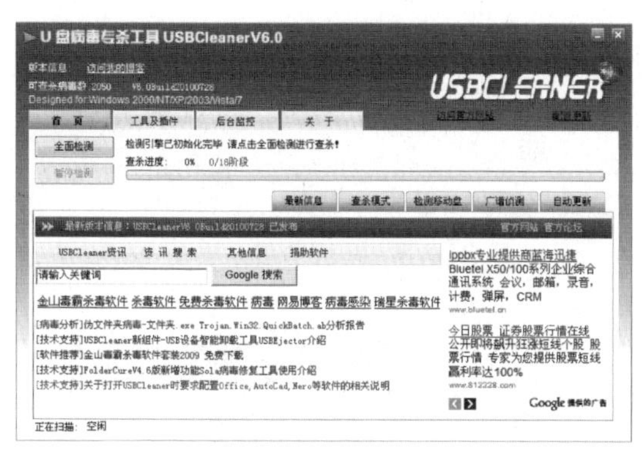

Step 03 单击“全面检测”按钮，即可对系统进行扫描。

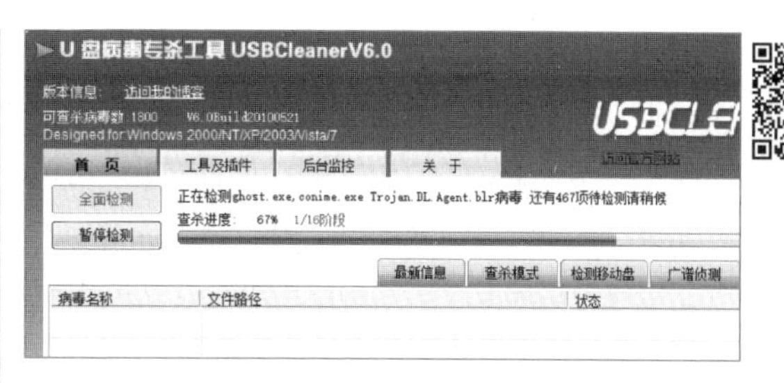

Step 04 在扫描的过程中，如果发现病毒，则会在下面的列表中显示，包括病毒的名称、文件路径和处理状态。

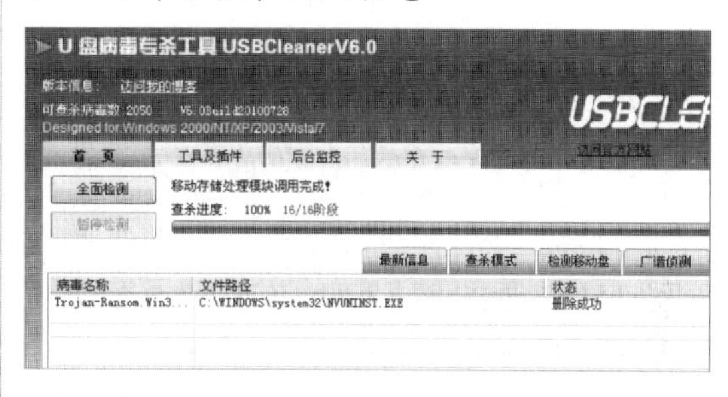

2. 检测移动盘

使用USBCleaner检测移动盘病毒的具体操作步骤如下。

Step 01 单击“检测移动盘”按钮，打开“移动存储病毒处理模块V1.1”对话框。

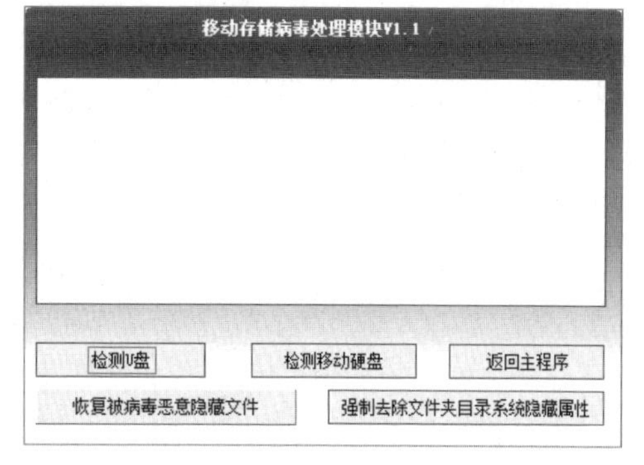

Step 02 单击“检测U盘”按钮，打开“千万不可直接插拔USB盘”提示框。

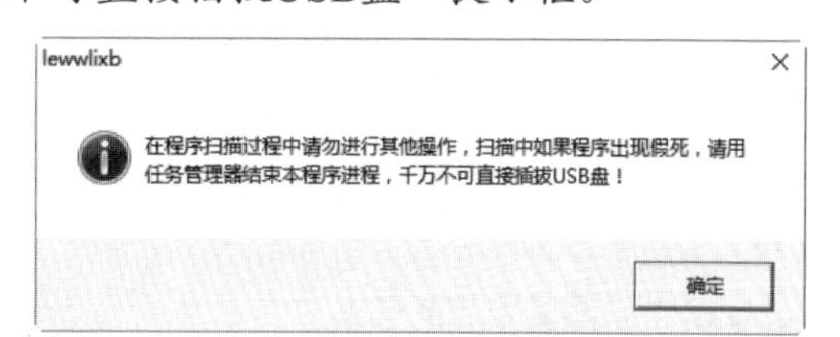

Step 03 单击“确定”按钮，打开“已发现U盘”信息提示框。

Step 04 单击"确定"按钮，即可对本机中的U盘进行检查，待检测完毕后，弹出"已完成检测"对话框。

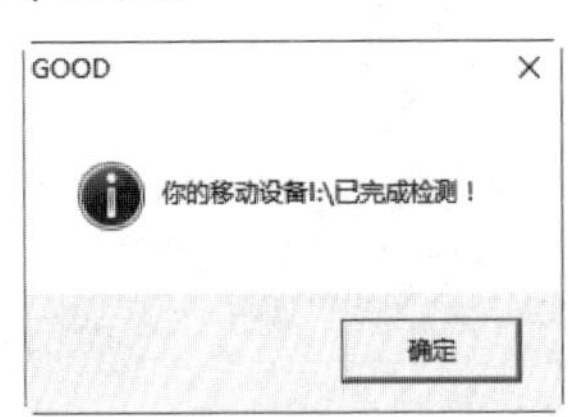

Step 05 单击"确定"按钮，打开"移动盘检测已完成，是否调用FolderCure查杀U盘中的文件夹图标病毒"提示框。

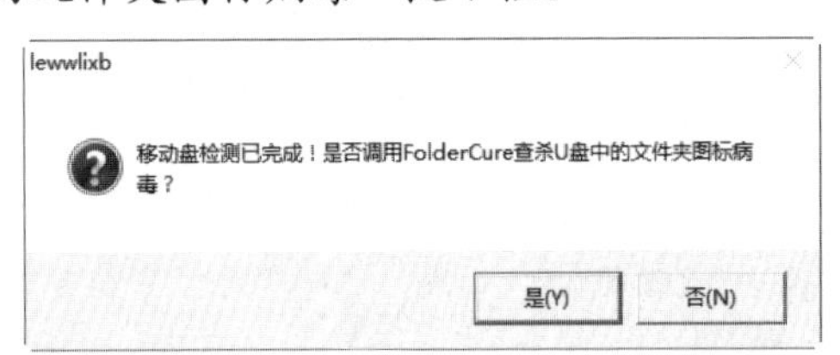

Step 06 单击"是"按钮，打开用USBCleaner中自带的"文件夹图标病毒专杀工具FolderCure"对话框来检测文件夹图标病毒。

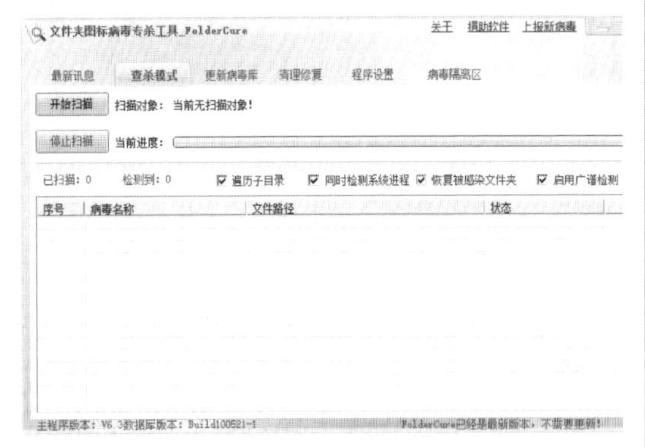

Step 07 单击"开始扫描"按钮，弹出"请选择扫描对象"信息提示。这里采用系统默认设置，即"执行全盘扫描（默认）"选项。

请选择扫描对象： 1秒后没有选择将自动执行全盘扫描.....

○ 执行全盘扫描（默认） ○ 执行U盘扫描 ○ 执行自定路径扫描 ○ 只恢复文件夹

Step 08 选择完毕后，即可对系统中的全盘进行文件夹图标病毒的扫描。

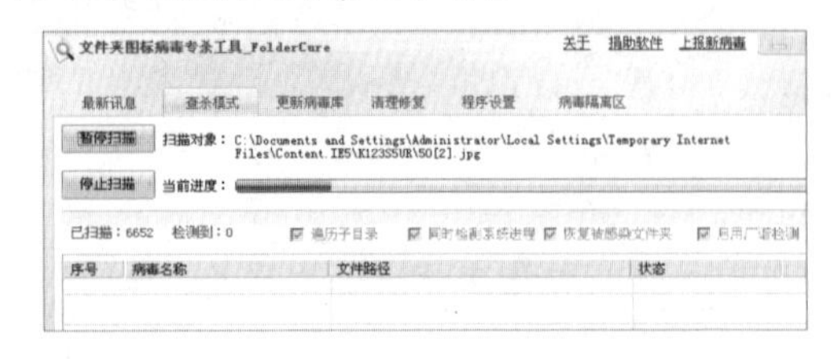

Step 09 待检测完毕后，会在"移动存储病毒处理模块V1.1"对话框中看到相应的操作日志。

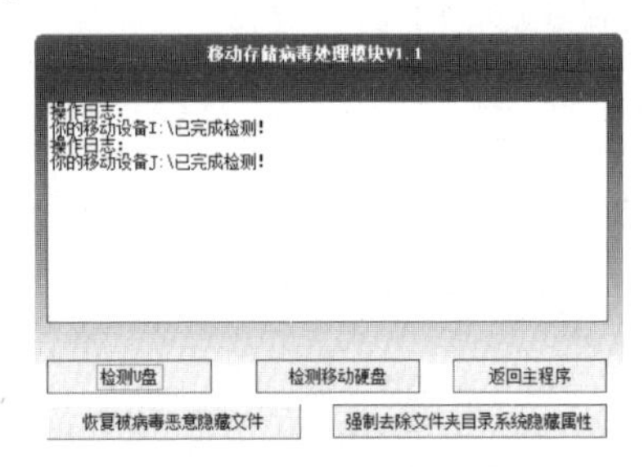

3. 检测未知病毒

使用USBCleaner检测未知病毒的具体操作步骤如下。

Step 01 在"U盘病毒专杀工具USBCleaner V6.0"对话框中单击"广谱侦测"按钮，即可看到"不能完全查杀未知病毒"对话框。

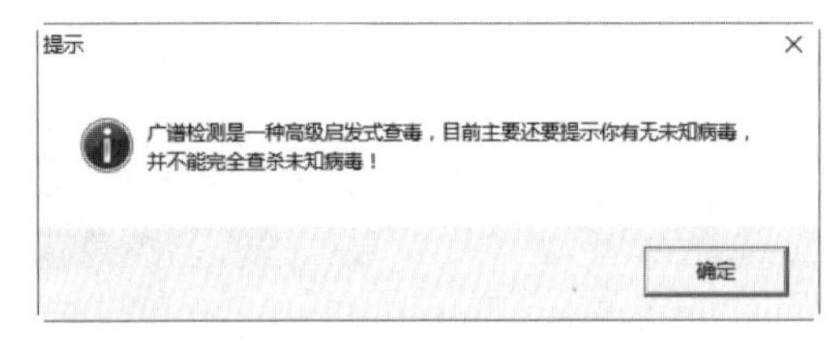

Step 02 单击"确定"按钮，即可进行光谱侦测，待侦测完毕后会把本机中所有的autorun.inf文件列出来。

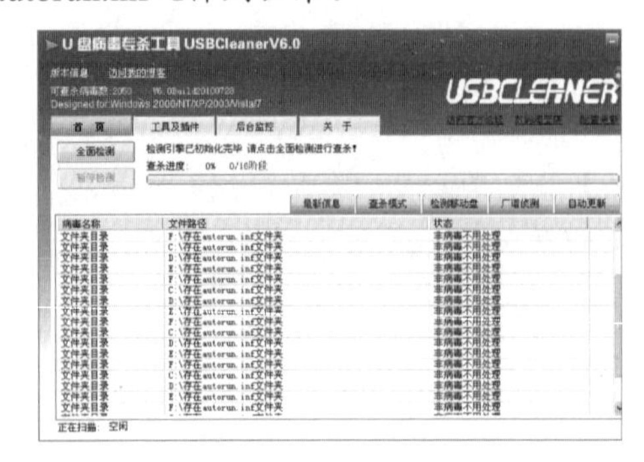

Step 03 在“U盘病毒专杀工具USBCleaner V6.0”对话框中选择“工具及插件”选项卡，在其中可以对U盘病毒免疫、移动硬盘卸载、USB设备痕迹清理、系统修复等属性进行设置。

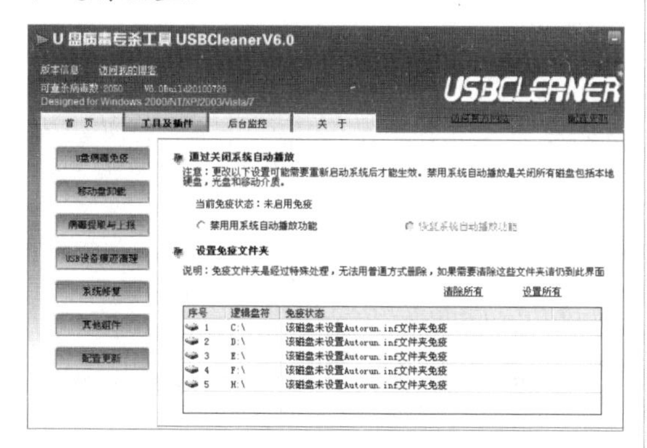

Step 04 单击“USB设备痕迹清理”按钮，打开“USB设备使用记录清理”对话框，在其中显示了USB设置的使用记录。

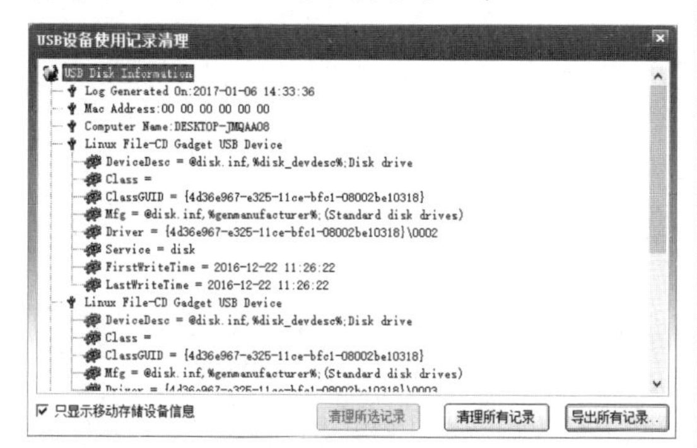

Step 05 单击“清理所有记录”按钮，即可将所有的USB使用记录清除。

Step 06 选择“后台监控”选项卡，在桌面上的状态栏中双击“USBMON监控程式”图标即可打开“USBMON监控程式”对话框，在其中可以对监控的各个属性进行设置。

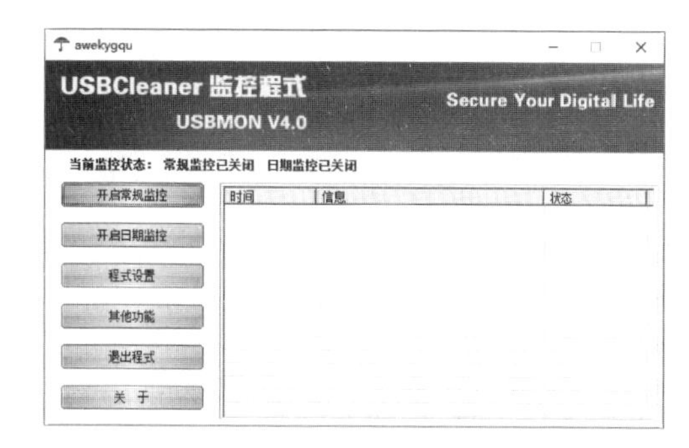

Step 07 单击“其他功能”按钮，在打开的窗口中即可对U盘的写保护和文件目录强制删除进行设置。

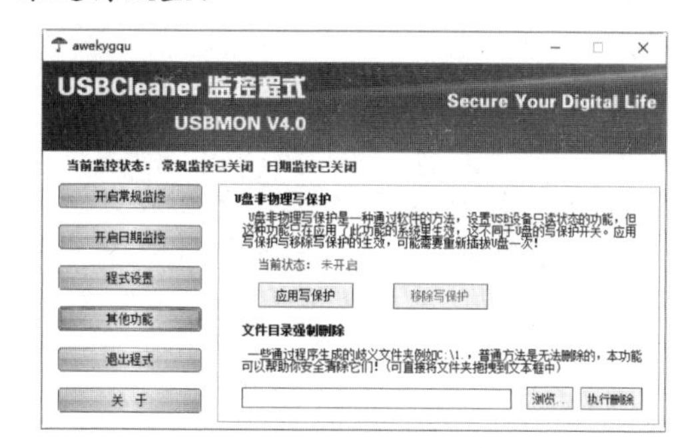

5.4　实战演练

实战演练1——在Word中预防宏病毒

包含宏的文档更容易感染病毒，所以用户需要提高宏的安全性。这里以在Word 2016中预防宏病毒为例来讲解预防宏病毒的方法，具体的操作步骤如下。

Step 01 打开包含宏的文档，选择“文件”→“选项”选项。

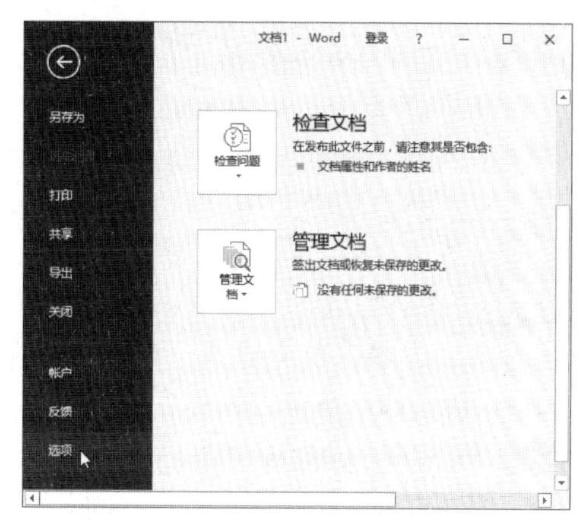

Step 02 打开“Word选项”对话框，选择“信任中心”选项，然后单击“信任中心设置”按钮。

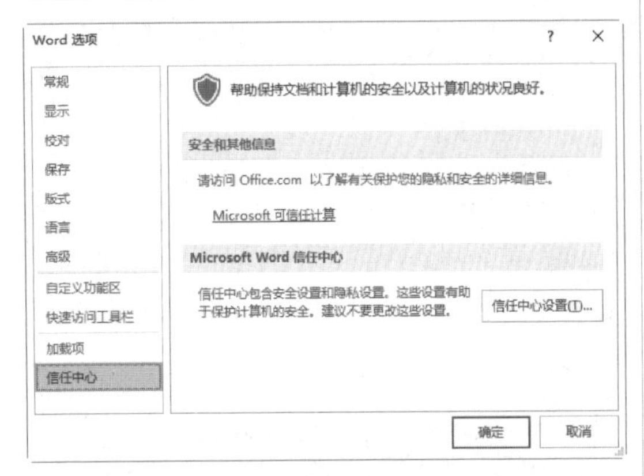

Step 03 弹出“信任中心”对话框，在左侧列表中选择“宏设置”选项，然后在“宏设置”列表中选中“禁用无数字签署的所有宏”单选按钮，单击“确定”按钮。

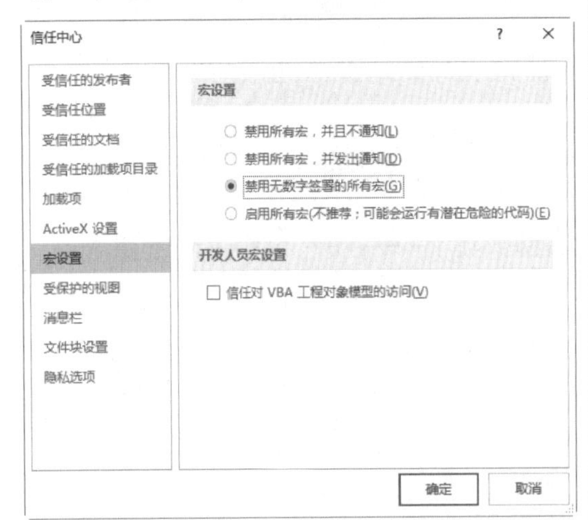

实战演练2——在安全模式下查杀病毒

安全模式的工作原理是在不加载第三方设备驱动程序的情况下启动电脑，使电脑运行在系统最小模式下，这样用户就可以方便地查杀病毒，还可以检测与修复计算机系统的错误。这里以Windows 10操作系统为例来讲解在安全模式下查杀并修复系统错误的方法，具体的操作步骤如下。

Step 01 按Windows+R组合键，弹出“运行”对话框，在“打开”文本框中输入msconfig命令，单击“确定”按钮。

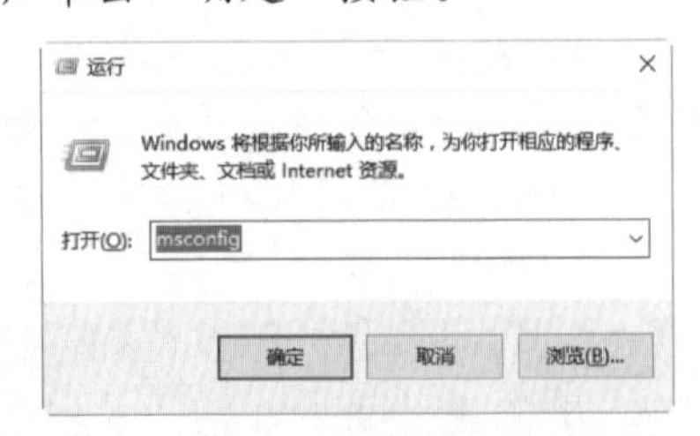

Step 02 弹出“系统配置”对话框，选择“引导”选项卡，在“引导选项”下勾选“安全引导”复选框、选中“最小”单选按钮。

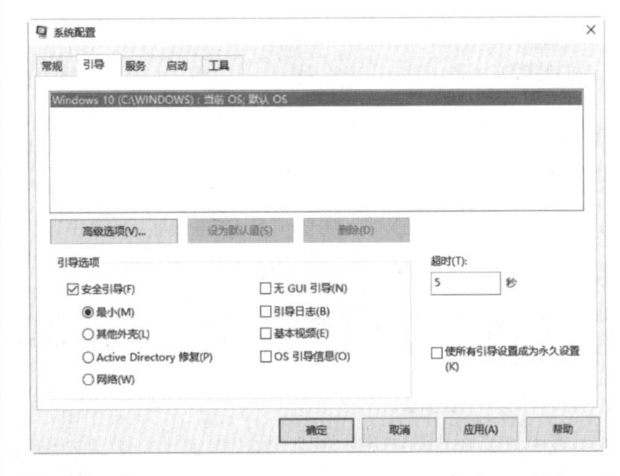

Step 03 单击“确定”按钮，即可进入系统的安全模式。

Step 04 进入安全模式后，即可运行杀毒软件，进行病毒的查杀。

5.5　小试身手

练习1：使用命令修复系统错误

查杀完成后，就可以使用命令修复系统错误了。SFC命令是Windows操作系统中使用频率比较高的命令，主要作用是扫描所有受保护的系统文件并完成修复工作。该命令的语法格式如下。

```
SFC"/SCANNOW""/SCANONCE""/SCANBOOT""/REVERT""/PURGECACHE""/CACHESIZE=x"
```

各个参数的含义如下。

- /SCANNOW：立即扫描所有受保护的系统文件。
- /SCANONCE：下次启动时扫描所有受保护的系统文件。
- /SCANBOOT：每次启动时扫描所有受保护的系统文件。
- /REVERT：将扫描返回到默认设置。
- /PURGECACHE：清除文件缓存。
- /CACHESIZE=x：设置文件缓存大小。

以最常用的SFC/SCANNOW为例，修复系统错误的具体操作步骤如下。

Step 01 右击“开始”按钮，在弹出的快捷菜单中选择“命令提示符(管理员)（A）”选项。

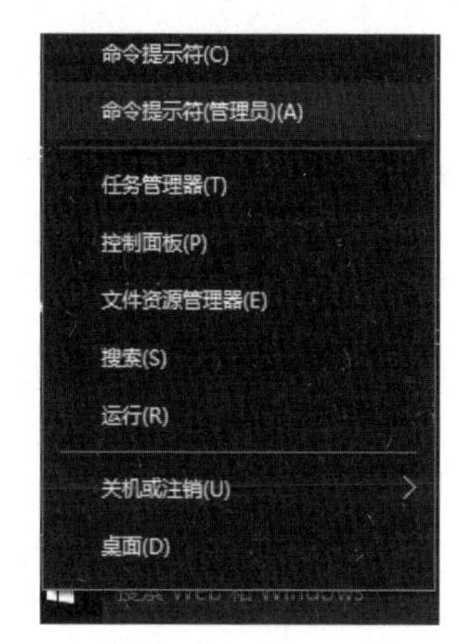

Step 02 弹出“管理员：命令提示符”窗口，输入命令“sfc/scannow”，按Enter键确认。

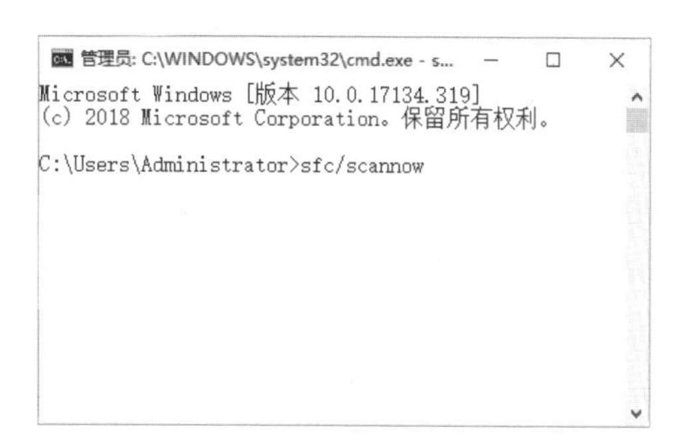

Step 03 开始自动扫描系统，并显示扫描的进度。

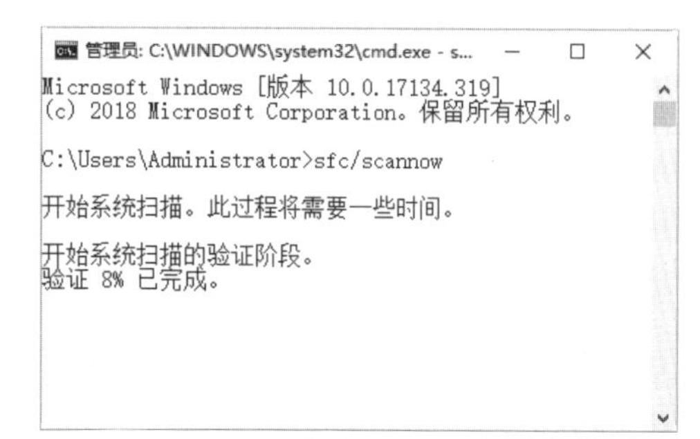

Step 04 在扫描的过程中，如果发现损坏的系统文件，会自动进行修复操作，并显示修复后的信息。

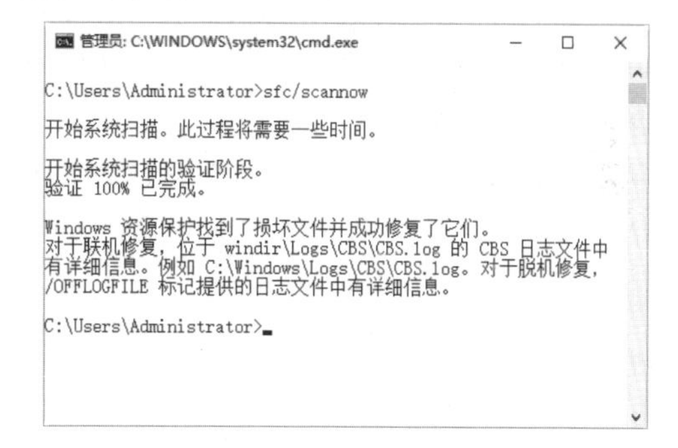

练习2：设置默认打开应用程序

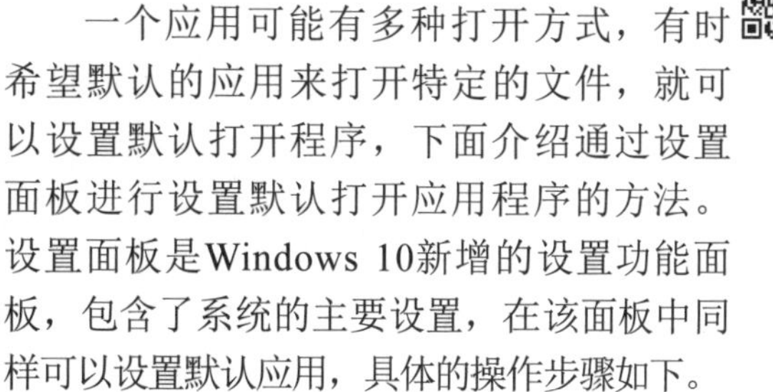

一个应用可能有多种打开方式，有时希望默认的应用来打开特定的文件，就可以设置默认打开程序，下面介绍通过设置面板进行设置默认打开应用程序的方法。设置面板是Windows 10新增的设置功能面板，包含了系统的主要设置，在该面板中同样可以设置默认应用，具体的操作步骤如下。

Step 01 按Windows+I组合键，打开“Windows设置”面板，单击“应用”图标选项。

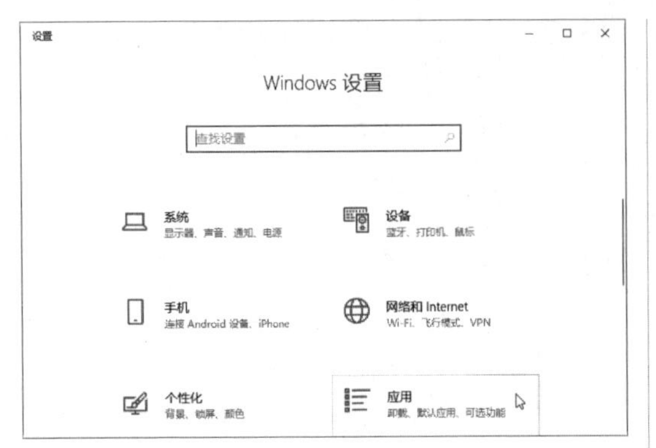

Step 02 单击“应用”界面左侧的“默认应用”选项，即可看到电子邮件、地图、音乐播放器、图片查看器等默认打开的应用。

Step 03 在要改变默认打开应用图标上单击，弹出“选择应用”列表，选择要使用的应用程序，即可进行更改，如这里将音乐播放器的打开程序设置为“Groove音乐”。

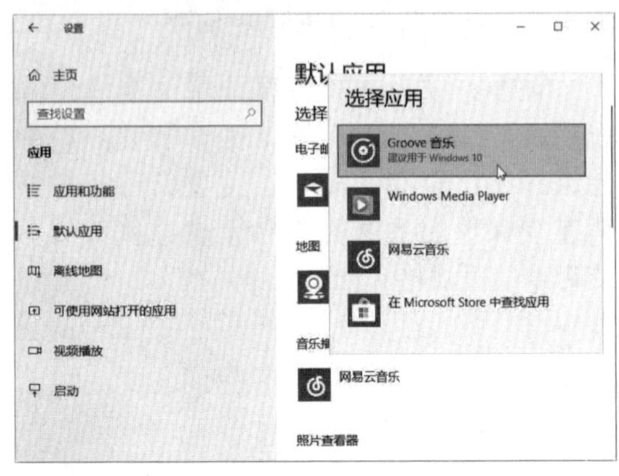

Step 04 在对应的文件中，如歌曲类型的文件，则变为Groove音乐的图标。

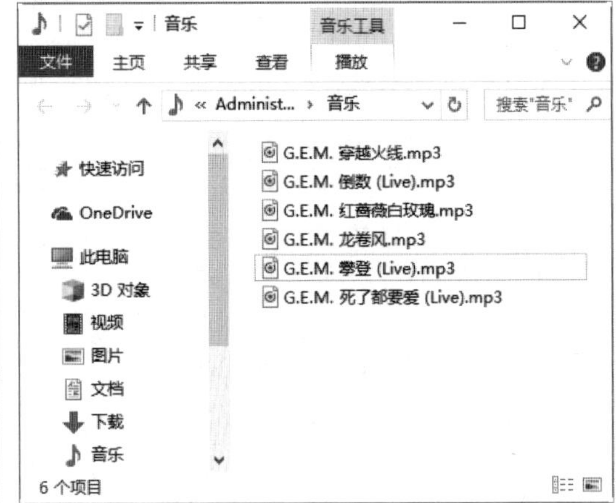

第6章　电脑系统安全的防护策略

用户在使用计算机的过程中，会受到恶意软件的攻击，有时还会不小心删除系统文件，这都有可能导致系统崩溃或无法进入操作系统，这时用户就不得不重装系统，但是如果对系统进行了备份，那么就可以直接将其还原，以节省时间。本章介绍电脑系统安全的防护策略，主要内容包括清除系统恶意软件、系统备份、系统还原及系统重置等。

6.1　系统安全之清理间谍软件

间谍软件是一种能够在用户不知情的情况下，在其计算机上安装后门、收集用户信息的软件。间谍软件以恶意后门程序的形式存在，该程序可以打开端口、启动ftp服务器或者搜集击键信息并将信息反馈给攻击者。

6.1.1　使用“事件查看器”清理

不管我们是不是电脑高手，都要学会自己根据Windows自带的“事件查看器”对应用程序、系统、安全和设置等进程进行分析与管理。

通过“事件查看器”查找间谍软件的具体操作步骤如下。

Step 01 右击“此电脑”图标，在弹出的快捷菜单中选择“管理”选项。

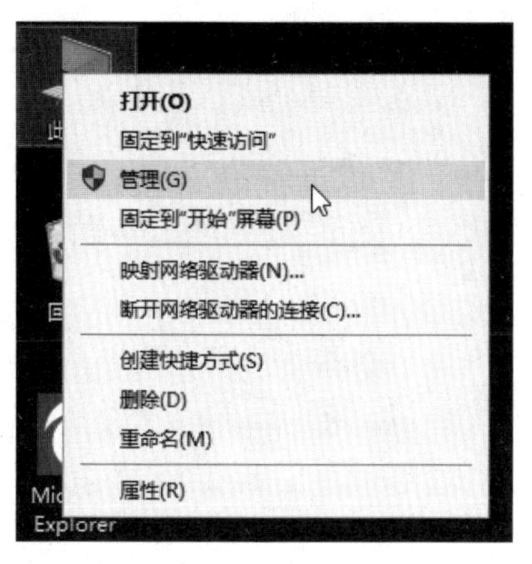

Step 02 弹出“计算机管理”对话框，在其中可以看到系统工具、存储、服务和应用程序三个方面的内容。

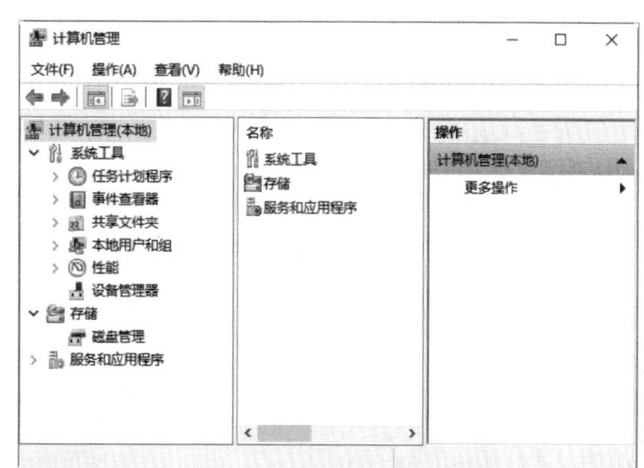

Step 03 在左侧依次展开“计算机管理（本地）”→“系统工具”→“事件查看器”选项，即可在下方显示事件查看器所包含的内容。

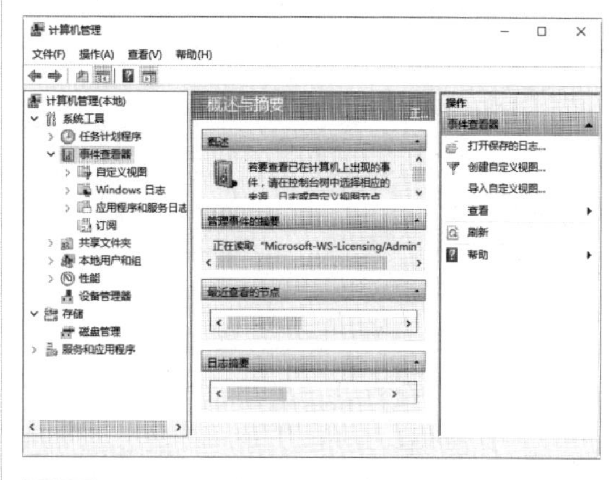

Step 04 双击“Windows日志”选项，即可在右侧显示有关Windows日志的相关内容，包括应用程序、安全、设置、系统和已转发事件等。

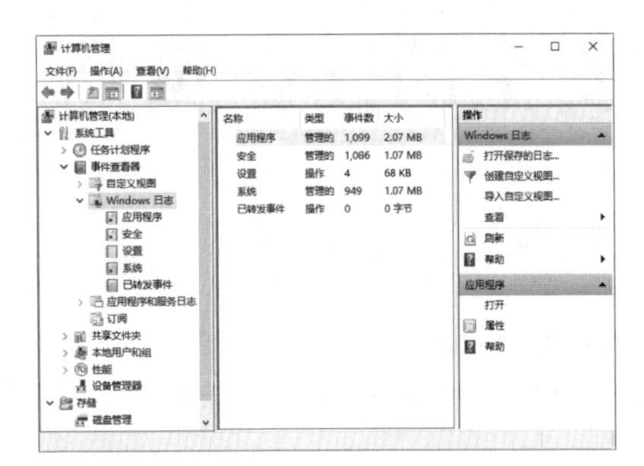

Step 05 双击右侧区域中的“应用程序”选项，即可在打开的界面中看到非常详细的应用程序信息，其中包括应用程序被打开、修改、权限过户、权限登记、关闭及重要的出错或者兼容性信息等。

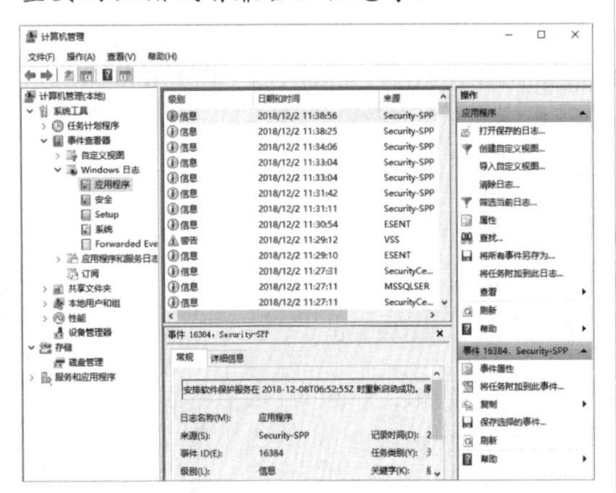

Step 06 右击其中任意一条信息，在弹出的快捷菜单中选择“事件属性”命令。

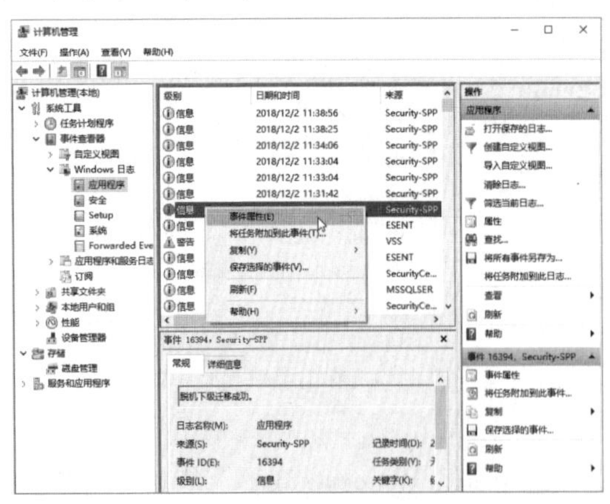

Step 07 打开“事件属性”对话框，在该对话框中可以查看该事件的常规属性及详细信息等。

Step 08 右击其中任意一条应用程序信息，在弹出的快捷菜单中选择“保存选择的事件”命令，弹出“另存为”对话框，在“文件名”文本框中输入事件的名称，并选择事件保存的类型。

Step 09 单击“保存”按钮，即可保存事件，并弹出“显示信息”对话框，在其中设置是否要在其他计算机中正确查看此日志。设置完毕后，单击“确定”按钮即可保存设置。

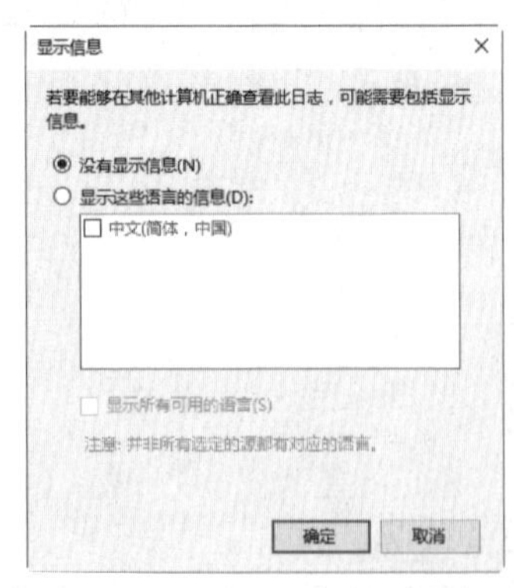

Step 10 双击左侧的“安全”选项，可以将电脑记录的安全性事件信息全都枚举于此，

用户可以对其进行具体查看和保存、附加程序等。

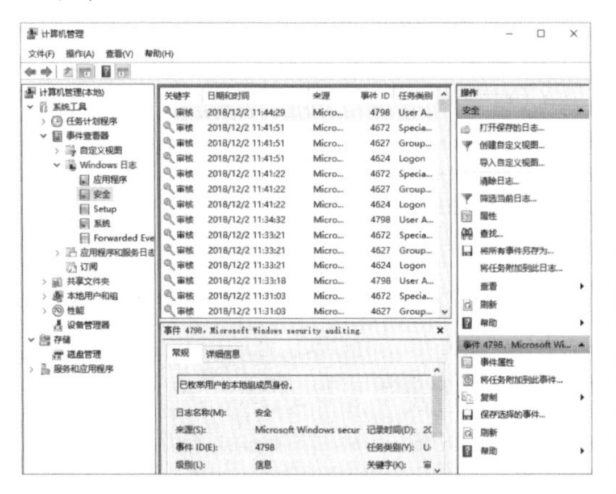

Step 11 双击左侧的“Setup”选项，在右侧将会展开系统设置详细内容。

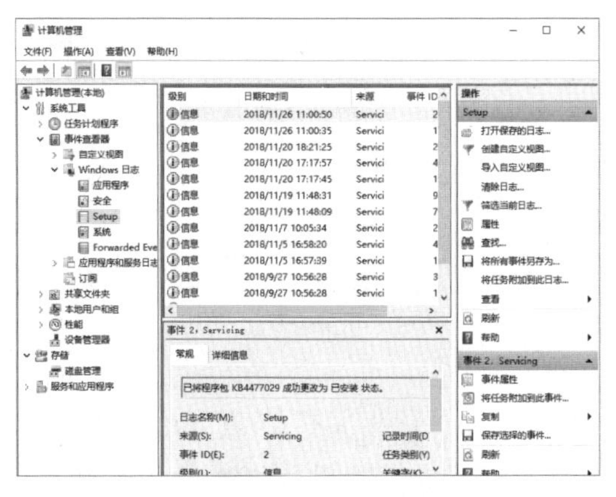

Step 12 双击左侧的“系统”选项，会在右侧看到Windows操作系统运行时内核及上层软硬件之间的运行记录，这里面会记录大量的错误信息，是黑客们分析目标计算机漏洞时最常用到的信息库，用户最好熟悉错误码，这样可以提高查找间谍软件的效率。

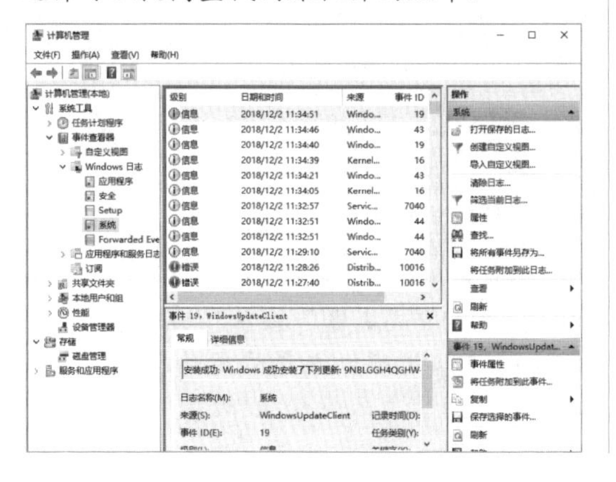

6.1.2　使用《反间谍专家》清理

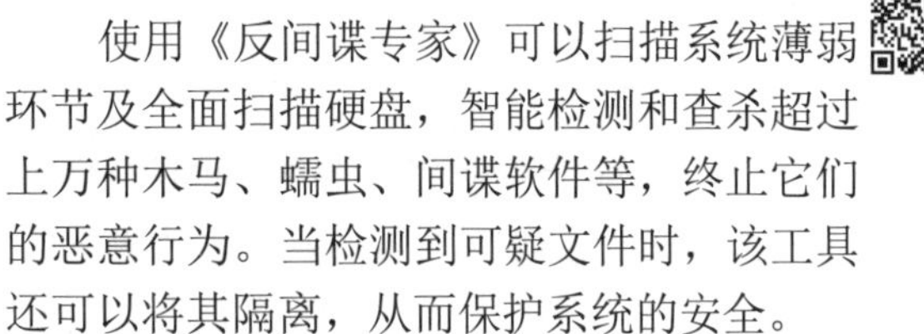

使用《反间谍专家》可以扫描系统薄弱环节及全面扫描硬盘，智能检测和查杀超过上万种木马、蠕虫、间谍软件等，终止它们的恶意行为。当检测到可疑文件时，该工具还可以将其隔离，从而保护系统的安全。

下面介绍使用《反间谍专家》软件清理的具体操作步骤。

Step 01 运行反间谍专家程序，即可打开“反间谍专家”主界面，从中可以看出《反间谍专家》有“快速查杀”和“完全查杀”两种方式。

Step 02 在“查杀”栏目中单击“快速查杀”按钮，然后在右边的窗口中单击“开始查杀”按钮，即可打开“扫描状态”对话框。

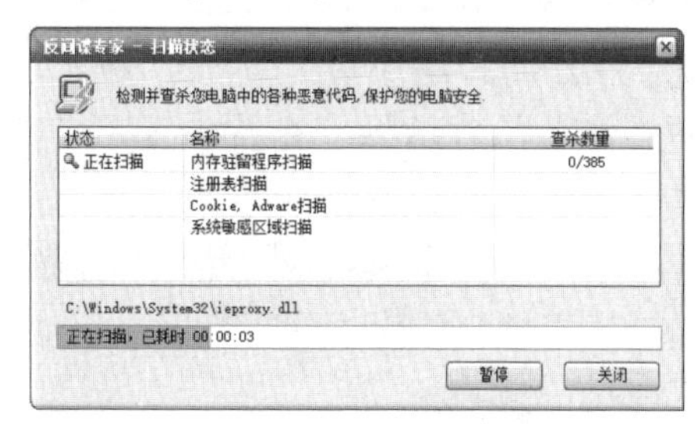

Step 03 在扫描结束后，即可打开“扫描报告”对话框，在其中列出了扫描到的恶意代码。

Step 04 单击“选择全部”按钮即可选中全部的恶意代码，然后单击“清除”按钮，即可快速杀除扫描到的恶意代码。

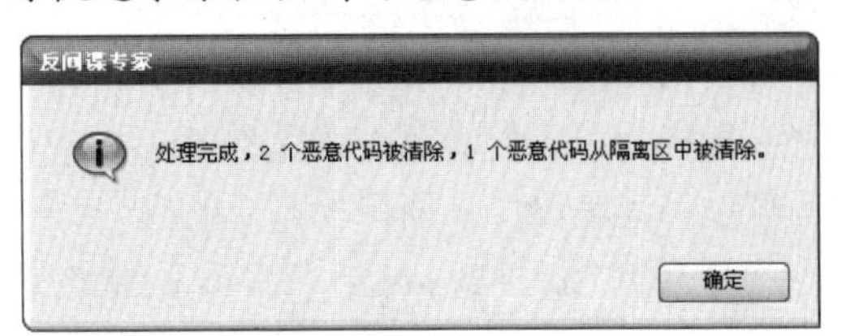

Step 05 如果要彻底扫描并查杀恶意代码，则需采用“完全查杀”方式。在“反间谍专家”主窗口中，单击“完全查杀”按钮，即可打开“完全查杀”对话框。从中可以看出完全查杀有三种快捷方式供选择，这里选中“扫描本地硬盘中的所有文件”单选按钮。

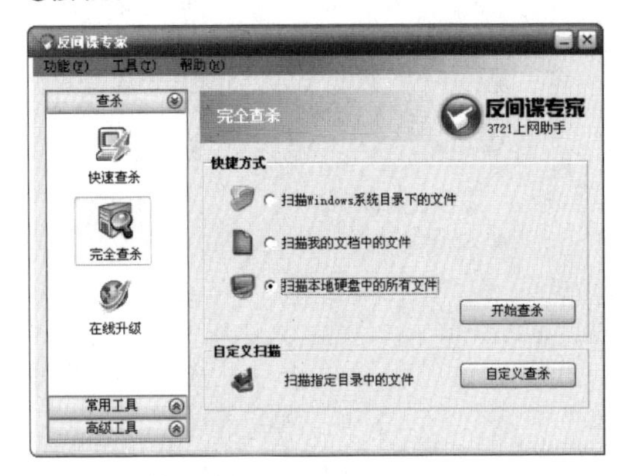

Step 06 单击“开始查杀”按钮，即可打开“扫描状态”对话框，在其中可以查看查杀进程。

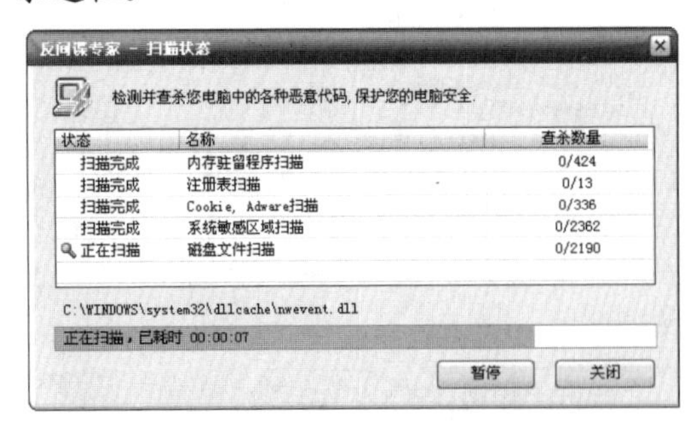

Step 07 待扫描结束后，即可打开“扫描报告”对话框，在其中列出所扫描到的恶意代码。勾选要清除的恶意代码前面的复选框后，单击“清除”按钮即可删除这些恶意代码。

Step 08 在“反间谍专家”主界面中切换到“常用工具”栏目中，单击“系统免疫”按钮即可打开“系统免疫”对话框，单击“启用”按钮，即可确保系统不受到恶意程序的攻击。

Step 09 单击“IE修复”按钮，即可打开“IE修复”对话框，在选择需要修复的项目之后，单击“立即修复”按钮，即可将IE恢复到其原始状态。

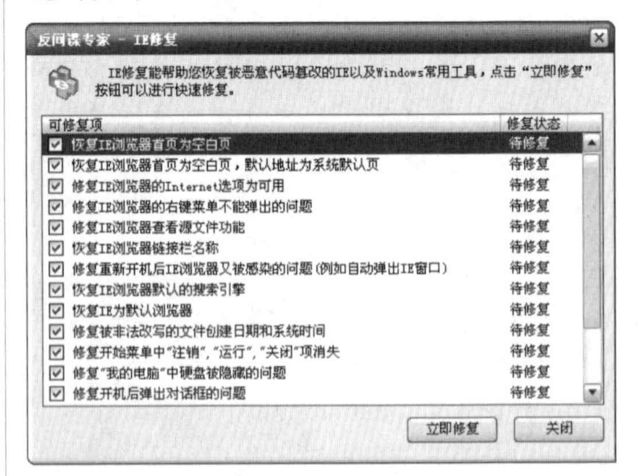

Step 10 单击“隔离区”按钮，则可查看已经隔离的恶意代码，选择隔离的恶意项目可以对其进行恢复或清除操作。

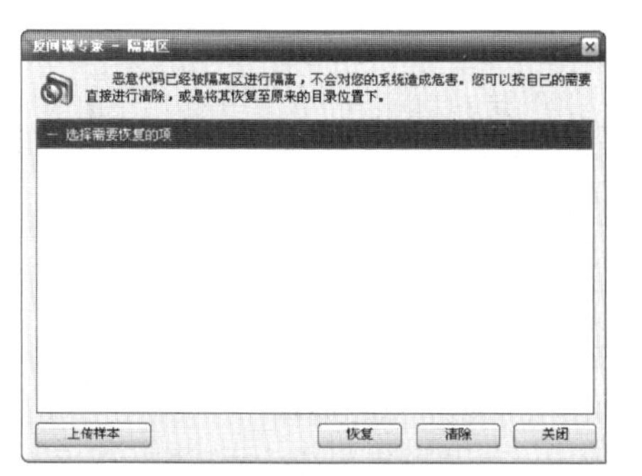

Step 11 单击“高级工具”功能栏，即可进入“高级工具”设置界面。

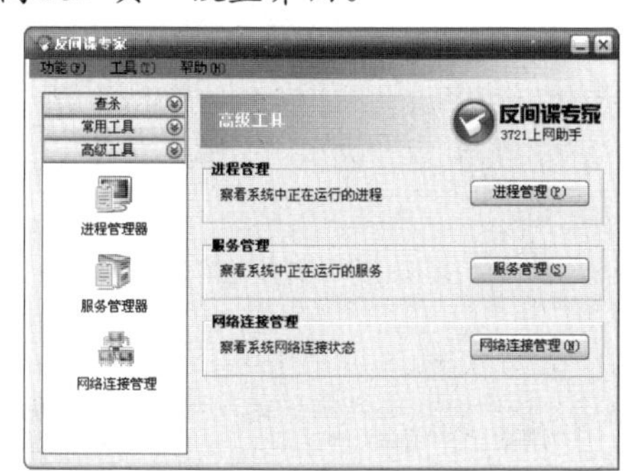

Step 12 单击“进程管理”按钮，即可打开“进程管理器”对话框，在其中对进程进行相应的管理。

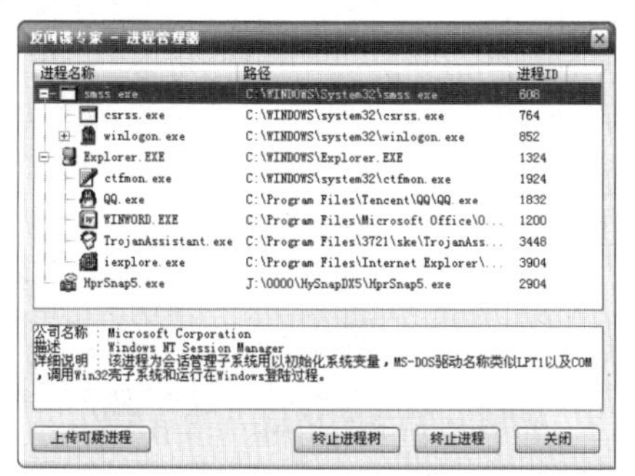

Step 13 单击“服务管理”按钮，即可打开“服务管理器”对话框，在其中对服务进行相应的管理。

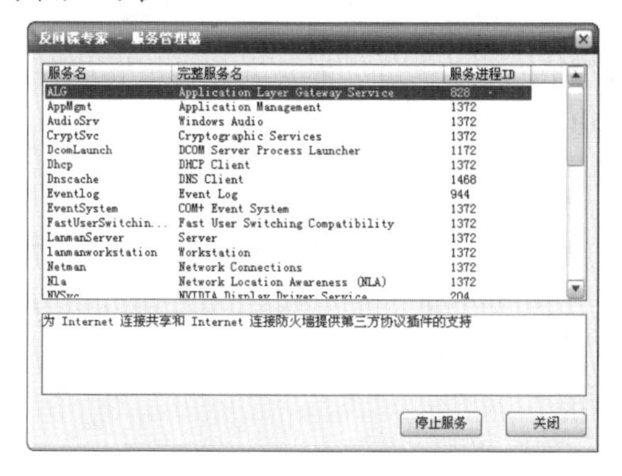

Step 14 单击“网络连接管理”按钮，即可打开“网络连接管理器”对话框，在其中对网络连接进行相应的管理。

Step 15 选择“工具”→“综合设定”菜单项，即可打开“综合设定”对话框，在其中对扫描设定进行相应的设置。

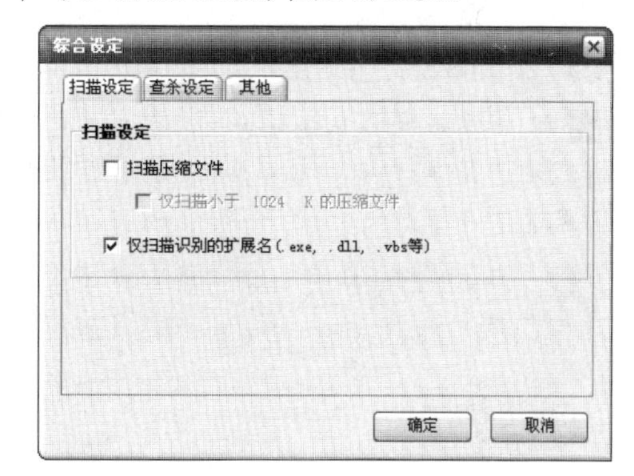

Step 16 选择“查杀设定”选项卡，即可进入“查杀设定”设置界面，在其中设置发现恶意程序时的缺省动作。

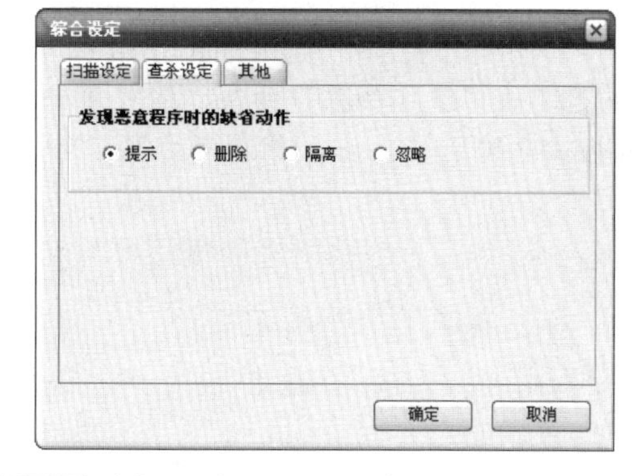

Step 17 选择“其他”选项卡，即可进入“其他”设置界面，在其中勾选“允许右键菜单选择扫描”复选框，单击“确定”按钮，即可完成设置操作。

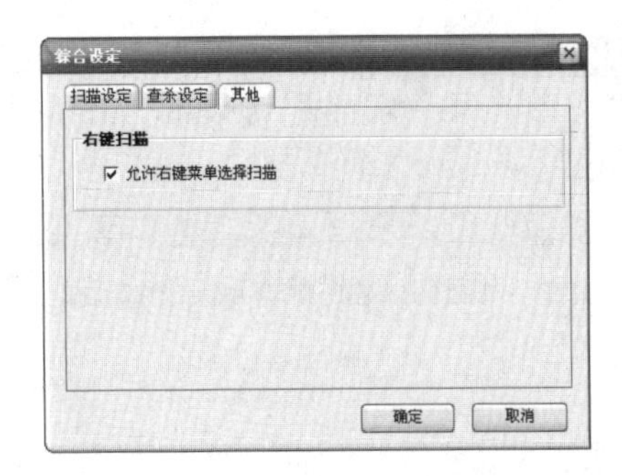

6.1.3 使用《Windows清理助手》清理

《Windows清理助手》是一款可以自定义规则的查杀程序，使用它可以清理网上大部分间谍软件，还可以根据用户的需求建立白名单与黑名单，做到完全可自定义是否清理。

使用《Windows清理助手》清理间谍软件的具体操作步骤如下。

Step 01 双击下载的《Windows清理助手》可执行程序，即可打开“Windows清理助手”工作界面。

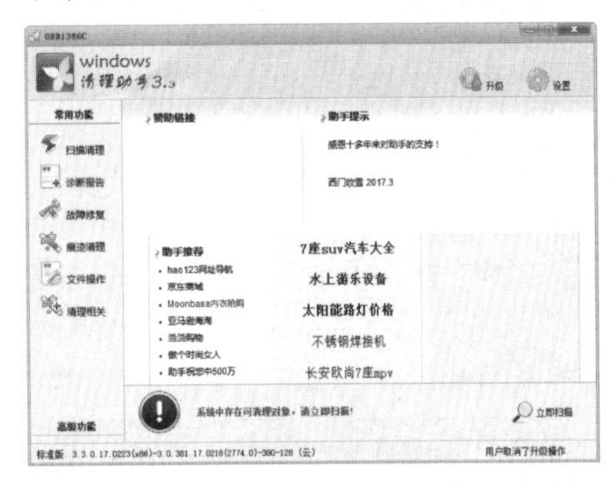

Step 02 单击“立即扫描”按钮，即可开始扫描电脑中的间谍软件，并在下方显示扫描进度条。

Step 03 扫描完成后，给出相应的提示信息，提示用户发现未知的风险程序，是否提交给技术人员进行分析，这里单击“是”按钮。

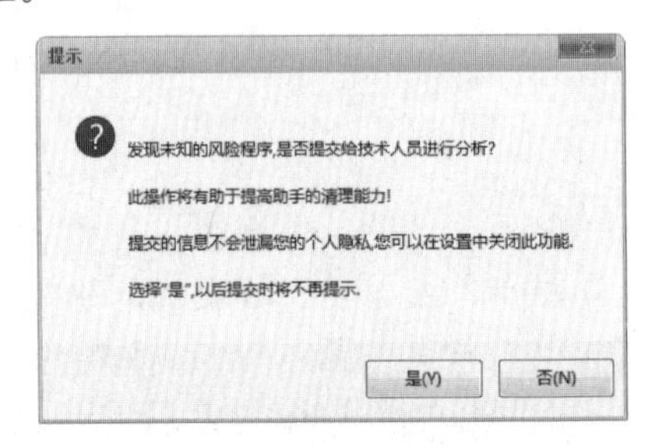

Step 04 分析完成后，返回到“Windows清理助手”工作界面，在其中选择需要清理的对象。

Step 05 单击“执行清理”按钮，弹出一个信息提示框，提示用户是否备份相应的文件/注册表信息，这里单击“是”按钮。

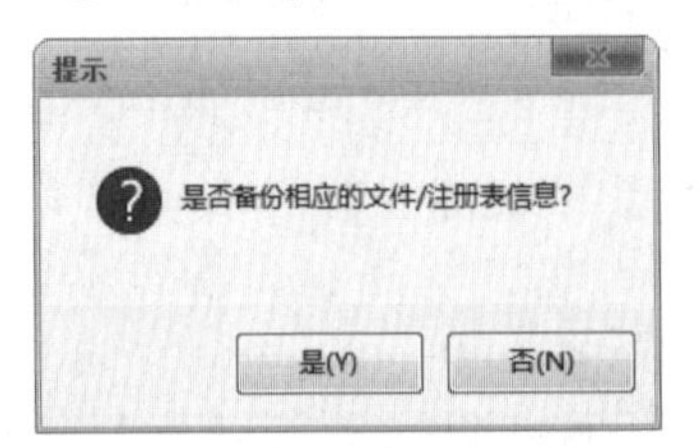

Step 06 备份完成后，即可开始清理扫描出来的间谍软件，并显示扫描的进度。

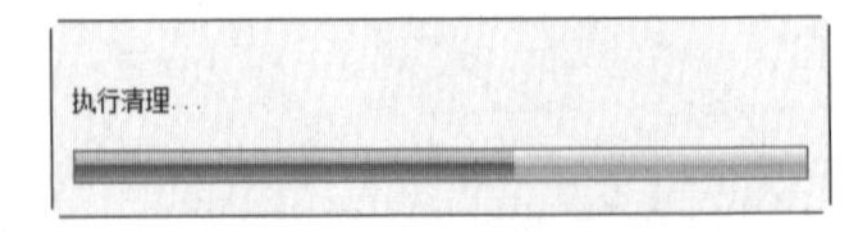

Step 07 在“常用功能”选项列表中选择“诊断报告”选项，进入“诊断报告”工作界面。

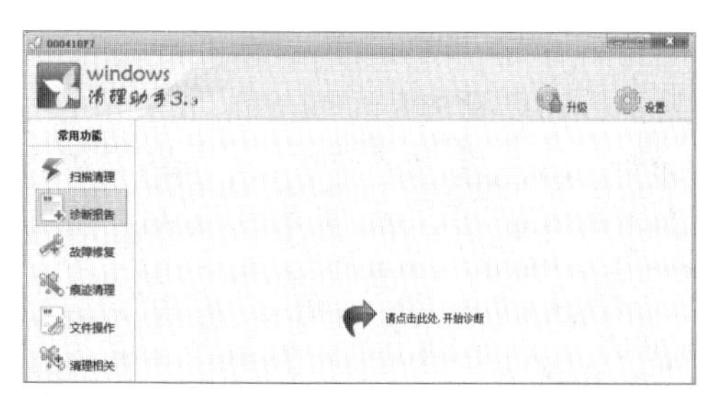

Step 08 单击“请点击此处，开始诊断”按钮，即可开始诊断系统，并在下方显示诊断的进度。

Step 09 选择“故障修复”选项，进入“故障修复”界面，在其中选择需要修复的对象。

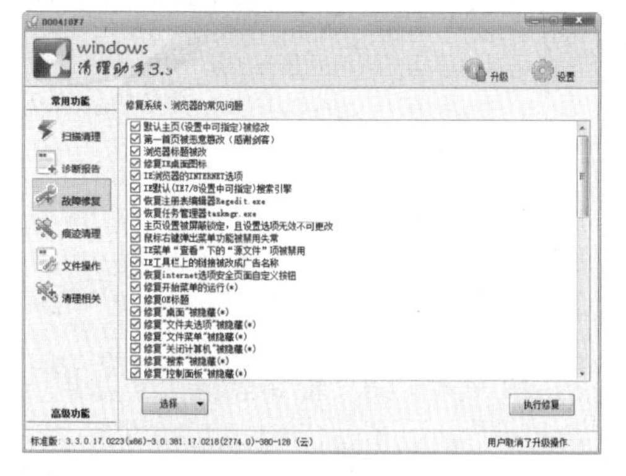

Step 10 单击“执行修复”按钮，弹出“故障修复”对话框，提示用户修复前暂时关闭正在运行的监控程序。

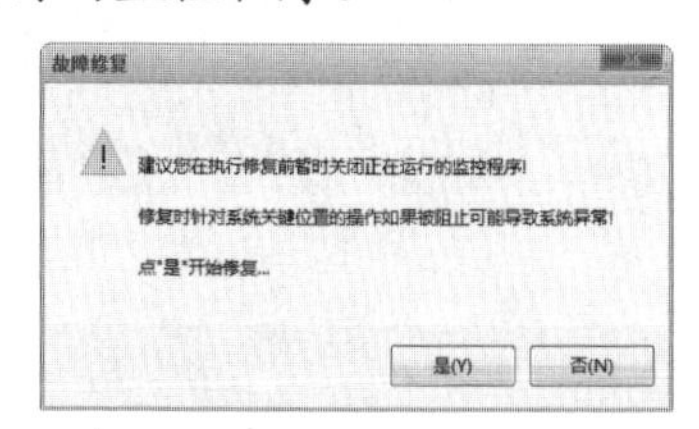

Step 11 单击“是”按钮，即可开始修复系统，待修复完成后弹出“故障修复”对话框，提示用户修复操作执行完成。

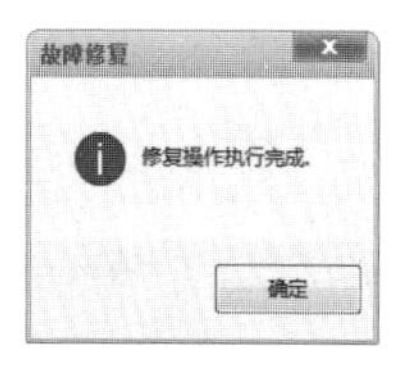

Step 12 选择“痕迹清理”选项，在打开的界面中选择要清理的文件和注册表项。

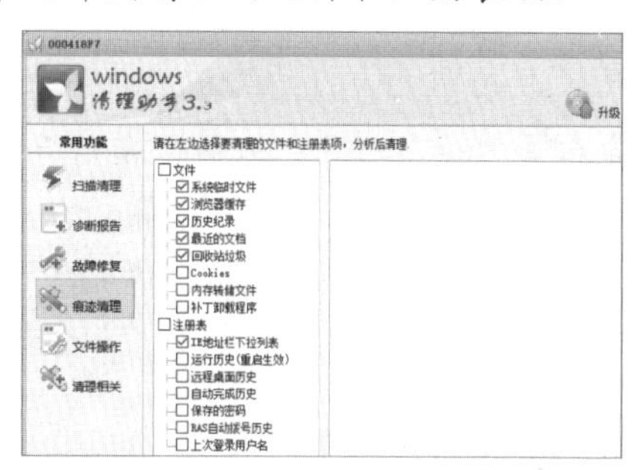

Step 13 单击“分析”按钮，即可开始分析痕迹，并在右侧的窗格中显示分析结果。

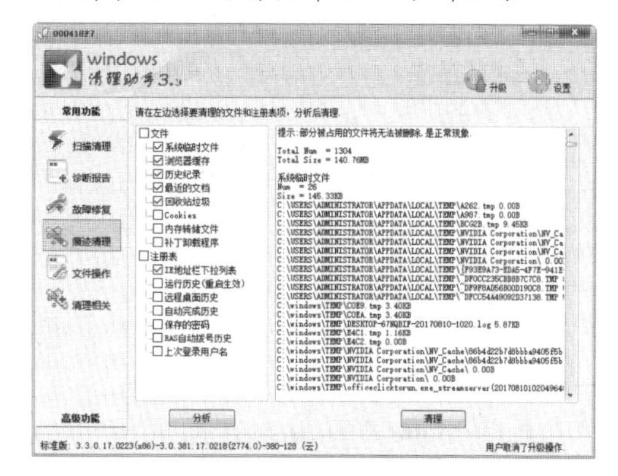

Step 14 单击“清理”按钮，即可清理扫描出来的痕迹。

Step 15 选择“文件操作”选项，进入“文件

操作”界面，通过单击“添加”按钮，可以添加相应的文件。

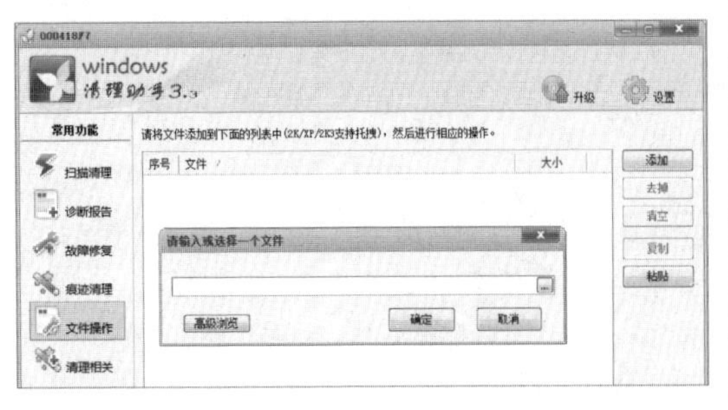

Step 16 选择“清理相关”选项，在打开的界面中可以查看清理时的日志记录。

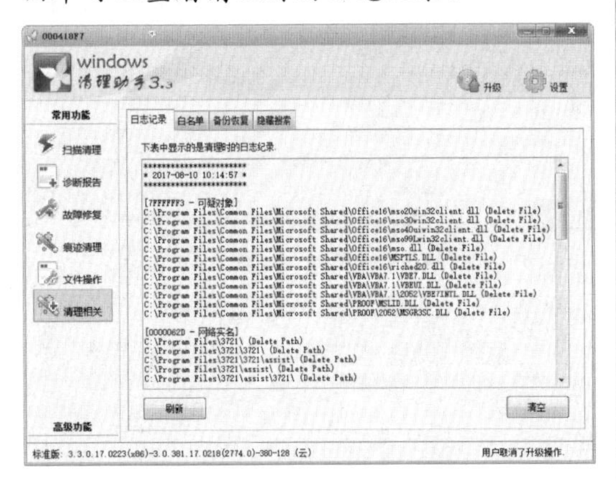

Step 17 单击“清空”按钮，弹出“日志记录”对话框，提示用户是否确定要清除所有的历史记录，单击“是”按钮，即可清空所有的历史记录。

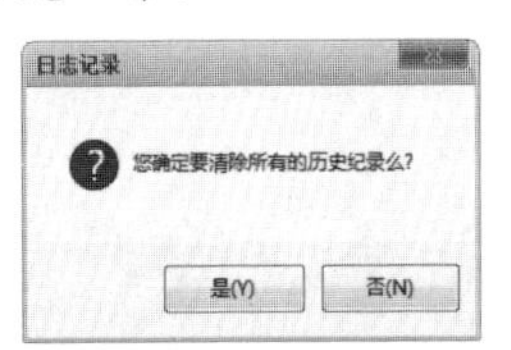

Step 18 选择“高级功能”选项，在弹出的列表中选择“脚本对象”选项，在其中可以启用“Windows清理助手”的脚本对象功能。

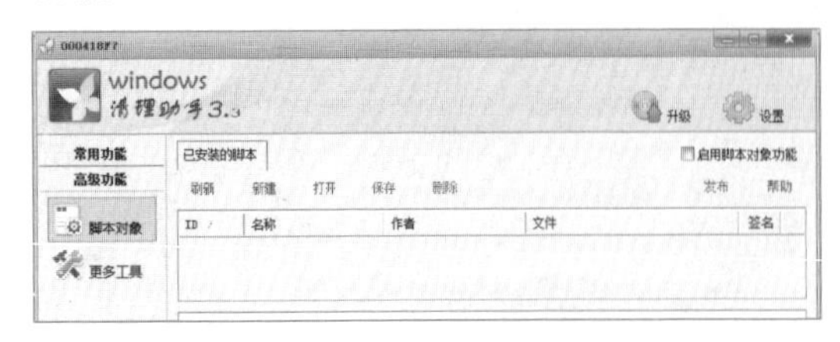

Step 19 选择“更多工具”选项，在打开的界面中可以查看“Windows 清理助手”提供的更多系统维护工具。

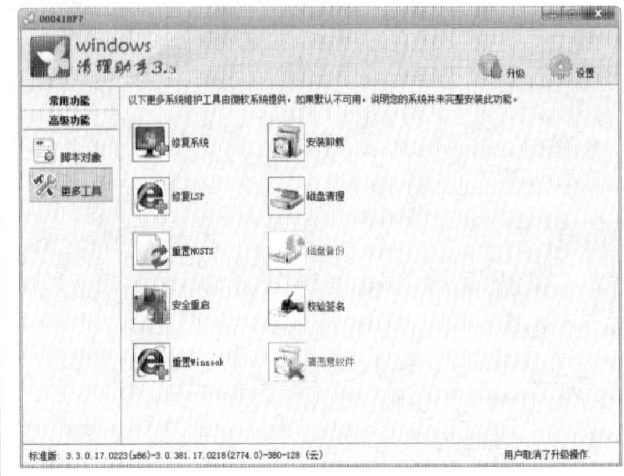

6.1.4 使用Spybot-Search&Destroy清理

Spybot-Search&Destroy是一款专门用来清理间谍程序的工具。到目前为止，它已经可以检测一万多种间谍程序（Spyware），并对其中的一千多种进行免疫处理。而且这个软件是完全免费的，并有中文语言包支持，可以在Server级别的操作系统上使用。

下面介绍使用Spybot-Search&Destroy软件查杀间谍软件的具体操作步骤。

Step 01 安装Spybot-Search&Destroy并设置好初始化后，即可打开其主窗口。

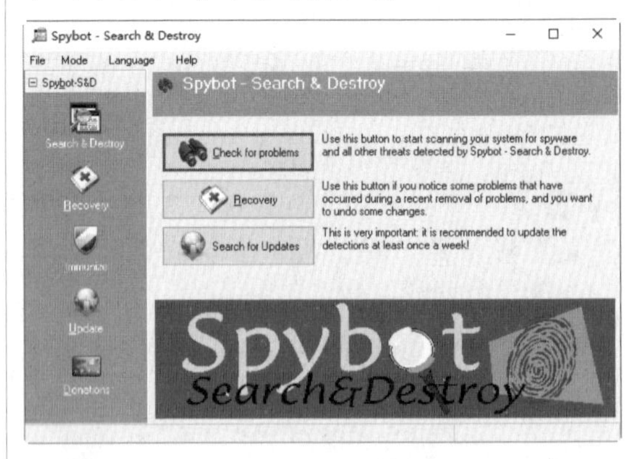

Step 02 由于该软件支持多种语言，所以在其主窗口中选择“Language”→“简体中文”命令，即可将程序主界面切换为中文模式。

Step 03 单击其中的“检测”按钮或单击左侧的“检查与修复”按钮，即可打开“检测与修复”窗口，并单击“检测与修复”按钮，Spybot此时即可开始检查系统找到的存在的间谍软件。

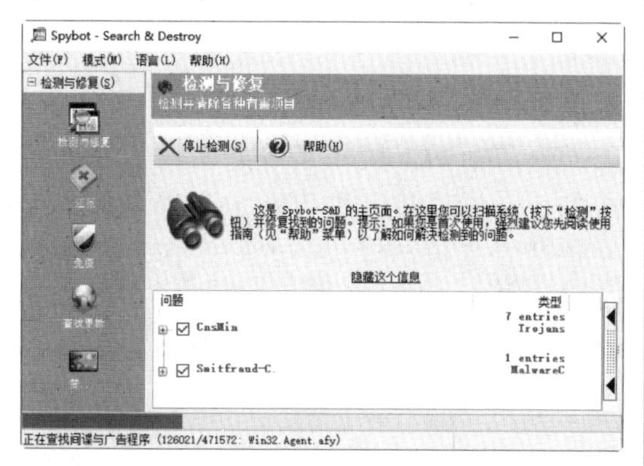

Step 04 在软件检查完毕后，检查页上将会列出在系统中查到可能有问题的软件。选取某个检查到的问题，再单击右侧的分栏箭头，即可查询到有关该问题软件的发布公司、软件功能、说明和危害种类等信息。

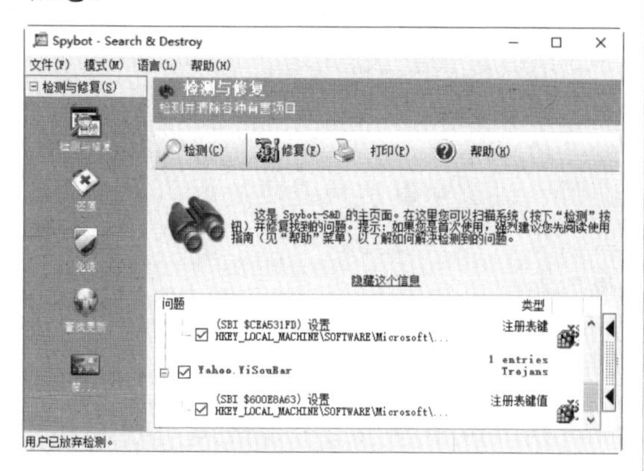

Step 05 选中需要修复的问题程序，单击“修复”按钮，即可打开“确认”提示框。

Step 06 单击“是”按钮，即可看到在下次系统启动时自动运行提示框。

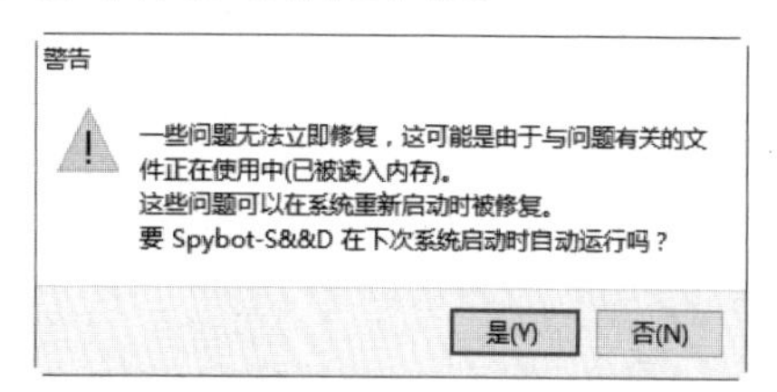

Step 07 单击“是”按钮，即可将选取的间谍程序从系统中清除。修复后的结果如下图所示，其中以✔标识已经成功修复的问题，以⊗标识修复不成功的问题。

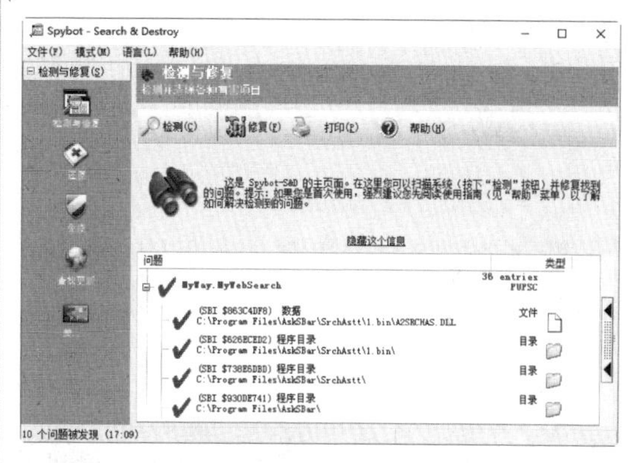

Step 08 待修复完成后，即可看到“确认”提示框。在其中会实现成功修复及尚未修复问题的数量，并建议重启计算机。单击“确定”按钮，重启计算机修复未修复的问题即可。

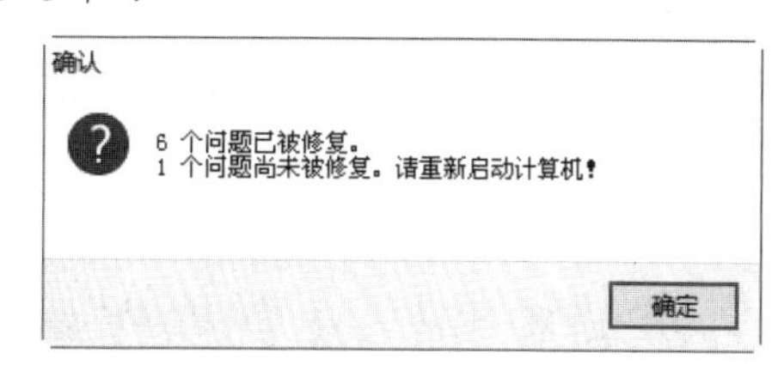

Step 09 选择“还原”选项，在打开的界面中选择需要还原的项目，单击“还原”按钮。

Step 10 弹出“确认”信息提示框，提示用户是否要撤销先前所做的修改。

Step 11 单击“是”按钮，即可将修复的问题还原到原来的状态，还原完毕后弹出“信息”提示框。

Step 12 选择“免疫”选项，进入“免疫”设置界面，免疫功能可使用户的系统具有抵御间谍软件的免疫效果。

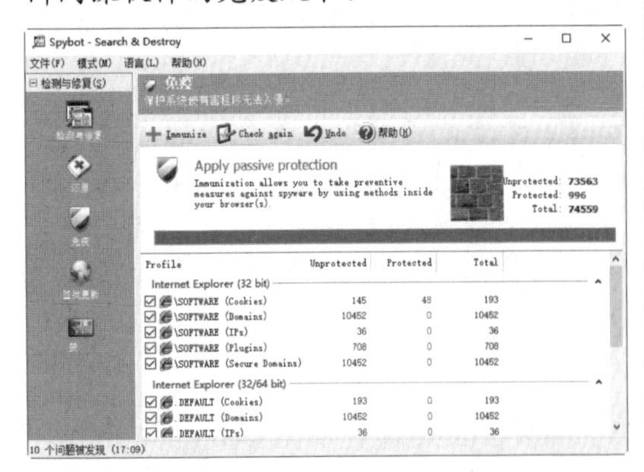

6.2 重装Windows 10操作系统

在安装有一个操作系统的计算机中，用户可以利用安装光盘重装系统，而无须考虑多系统的版本问题，只需将系统安装盘插入光驱，并设置从光驱启动，然后格式化系统盘，就可以像安装单操作系统一样重装单系统。

6.2.1 什么情况下重装系统

具体来讲，当系统出现以下3种情况之一时，就必须考虑重装系统了。

1. 系统运行变慢

系统运行变慢的原因有很多，如垃圾文件分布于整个硬盘而又不便于集中清理和自动清理，或者是计算机感染了病毒或其他恶意程序而无法被杀毒软件清理等，这就需要对磁盘进行格式化处理并重装系统了。

2. 系统频繁出错

众所周知，操作系统是由很多代码组成的，在操作过程中可能由于误删除某个文件或者是被恶意代码改写等原因，致使系统出现错误，此时，如果该故障不便于准确定位或轻易解决，就需要考虑重装系统了。

3. 系统无法启动

导致系统无法启动的原因有多种，如DOS引导出现错误、目录表被损坏或系统文件ntfs.sys文件丢失等。如果无法查找出系统不能启动的原因或无法修复系统以解决这一问题时，就需要重装系统了。

6.2.2 重装前应注意的事项

在重装系统前，用户需要做好充分的准备，以避免重装后造成数据的丢失等严重后果。那么在重装系统前应该注意哪些事项呢？

1. 备份数据

在因系统崩溃或出现故障而准备重装系统前，首先应该想到的是备份好自己的数据。这时，一定要静下心来，仔细罗列一下硬盘中需要备份的资料，把它们一项一项地写在一张纸上，然后逐一对照进行备份。如果硬盘不能启动，这时需要考虑用其他启动盘启动系统，然后复制自己的数据，或将硬盘挂接到其他电脑上进行备份。但是，最好的办法是在平时就养成每天备份重要数据的习惯，这样就可以有效避免硬盘数据不能恢复造成的损失。

2. 格式化磁盘

重装系统时，格式化磁盘是解决系统问题最有效的办法，尤其是在系统感染病毒后，最好不要只格式化C盘，如果有条件将硬盘中的数据都备份或转移，尽量备份后将整个硬盘都格式化，以保证新系统的安全。

3. 牢记安装序列号

安装序列号相当于一个人的身份证号，标识着安装程序的身份，如果不小心丢掉自己的安装序列号，那么在重装系统时，如果采用的是全新安装，安装过程将无法进行下去。正规的安装光盘的序列号会标注在软件说明书或光盘封套的某个位置上。但是，如果用的是某些软件合集光盘中提供的测试版系统，那么，这些序列号可能是存在于安装目录中的某个说明文本中，如SN.txt等文件。因此，在重装系统之前，首先将序列号找出并记录下来以备稍后使用。

6.2.3　使用安装光盘重装Windows 10

Windows 10作为新一代操作系统，备受关注，本小节将介绍Windows 10操作系统的重装，具体的操作步骤如下。

Step 01 将Windows 10操作系统的安装光盘放入光驱中，重新启动计算机，这时会进入Windows 10操作系统安装程序的运行窗口，提示用户安装程序正在加载文件。

Step 02 当文件加载完成后，进入程序启动Windows界面。

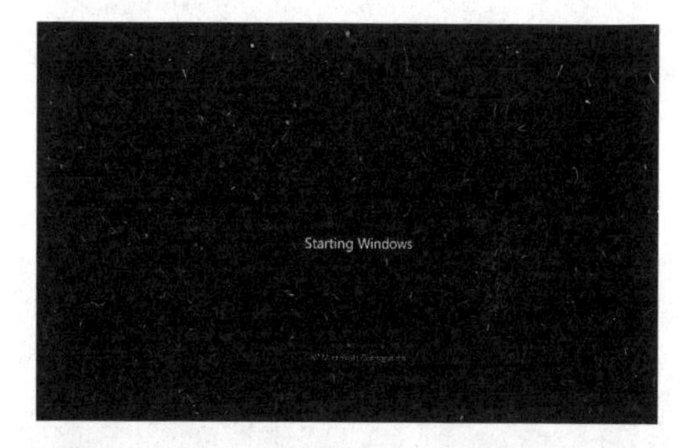

Step 03 进入程序运行界面，开始运行程序，并且显示程序的运行速度。

Step 04 运行程序完成，就会弹出安装Windows窗口，根据需求进行设置，一般这里设置为默认。

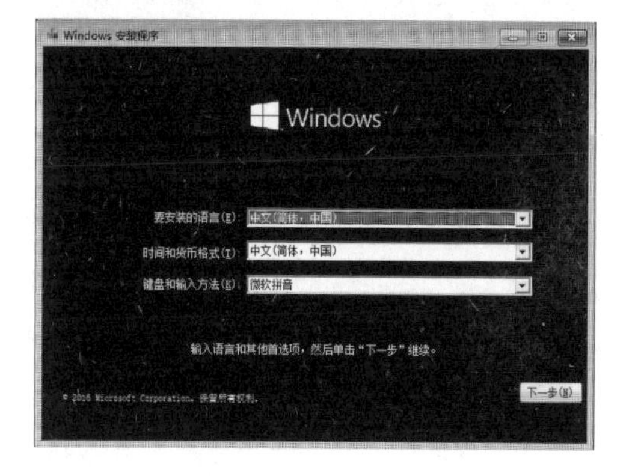

Step 05 当设置完成，单击“下一步”按钮，进入安装确认操作页面。

Step 06 单击“现在安装”按钮，进入“安装程序正在启动”页面。

Step 07 稍后进入“激活Windows”页面，需要在此页面中输入Windows 10操作系统的产品密匙，然后单击“下一步”按钮。

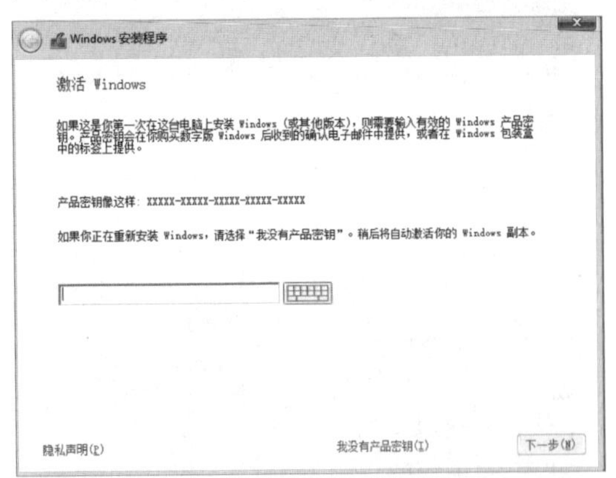

Step 08 进入“许可条款”页面，在此页面中勾选“我接受许可条款”选项，并且单击“下一步”按钮。

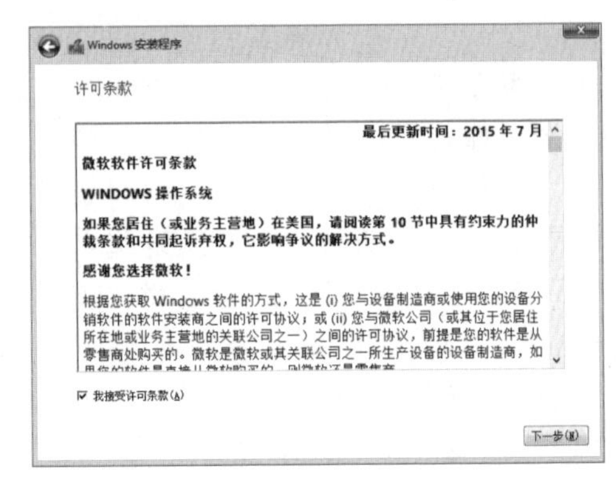

Step 09 完成“下一步”按钮操作后，进入“你想执行哪种类型的安装？”页面，这里选择“自定义：仅安装Windows（高级）”选项，如果需要升级，则单击“升级：安装Windows并保留文件、设置和应用程序”选项。

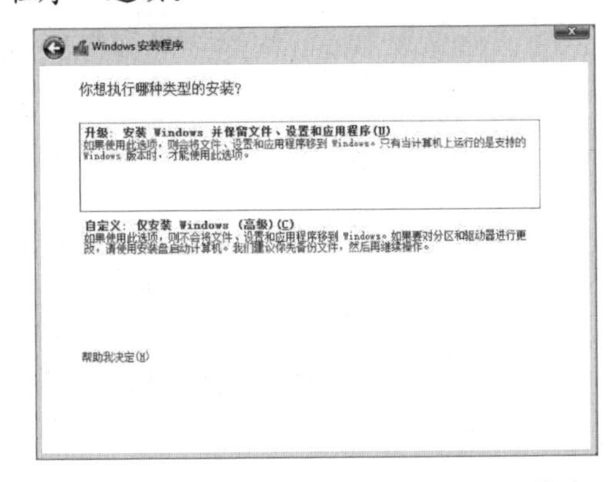

Step 10 稍后进入“你想将Windows安装在哪里？”界面，单击“新建”链接，开始创建硬盘分区，填写硬盘分区的大小，并单击“应用”按钮。

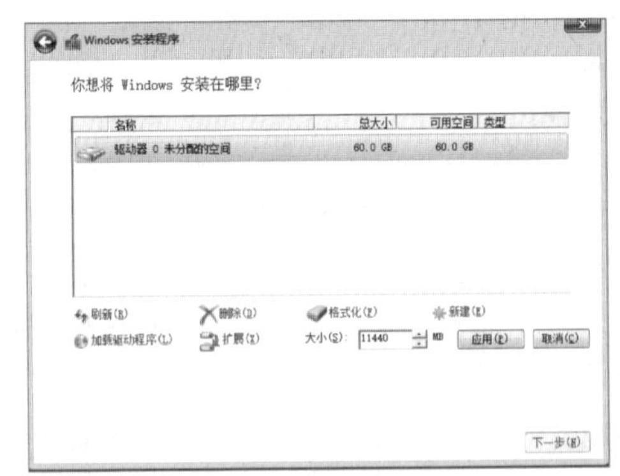

Step 11 单击“应用”按钮后，弹出确认提示框，单击“确定”按钮。

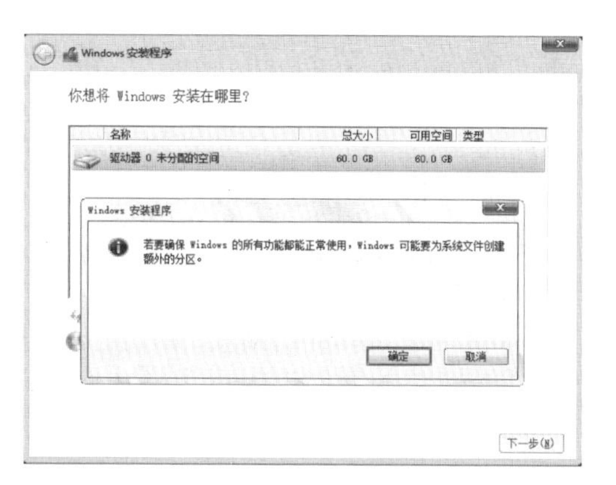

Step 12 第一个分区完成，如果还想继续为硬盘分区，单击“新建”链接就可以。

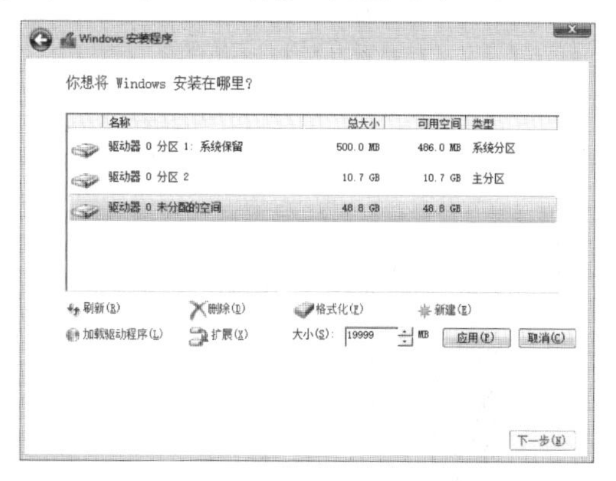

Step 13 硬盘分区完成，单击“下一步”按钮。

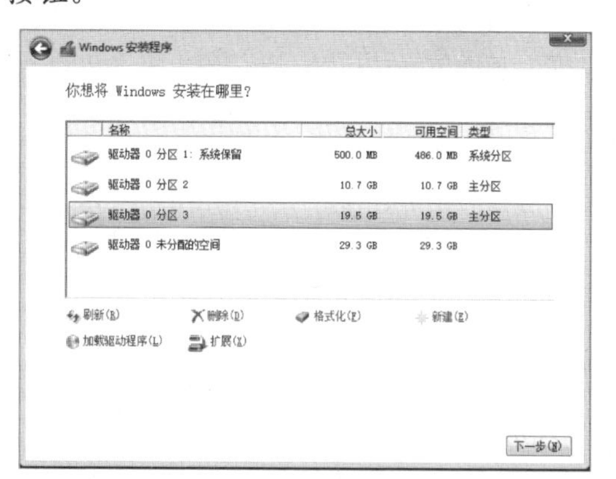

Step 14 驱动准备完成以后，接下来进入系统的设置引导界面，对Windows 10进行设置，你可以直接单击右下角的“使用快速设置”来使用默认设置，也可以单击屏幕左下角的“自定义设置”来逐项安排。在这里直接单击“使用快速设置”按钮继续。

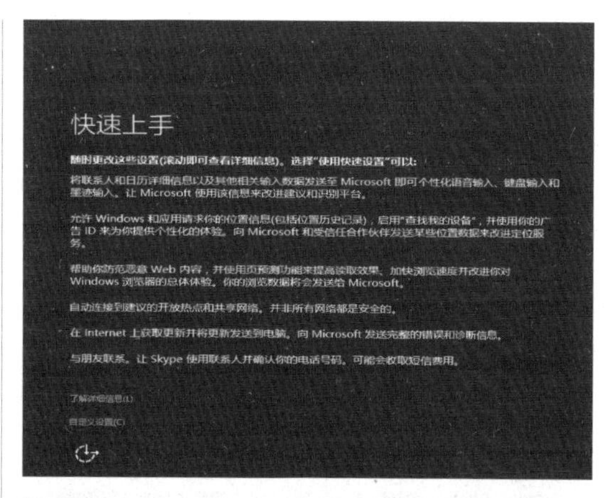

Step 15 进入“自定义设置”页面，根据需要设置快捷方式。

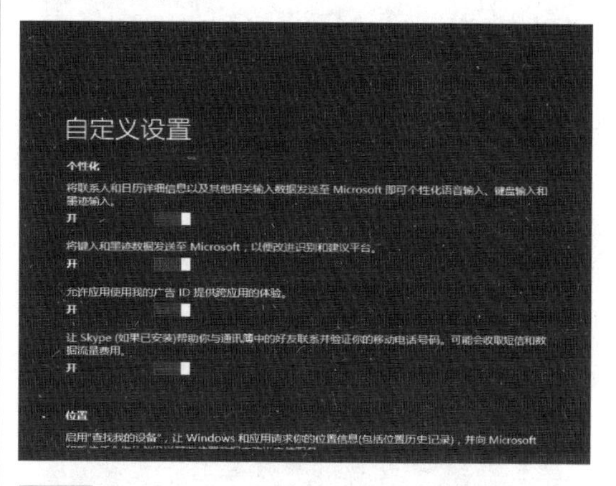

Step 16 自定义设置完成，单击“下一步”按钮，稍等一会儿，接下来进入设置账户页面，根据用户的使用选择电脑所有者，在这里选择“我拥有它”选项，单击“下一步”按钮。

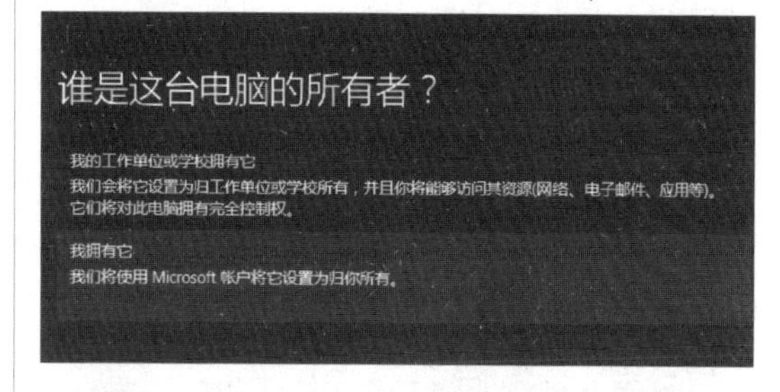

Step 17 进入“个性化设置”页面，拥有Microsoft账户可以进行登录，没有账户的可以进行创建，这里选择“跳过此步骤”选项。

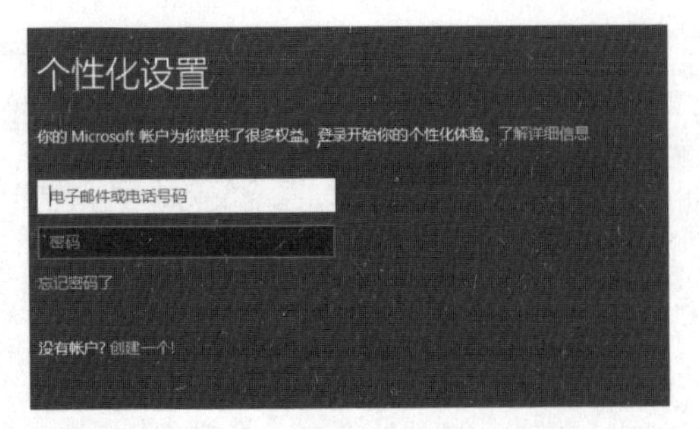

Step 18 进入“为这台电脑创建一个账户”界面，输入用户名、密码和密码提示，并且单击“下一步”按钮。

Step 19 进入Windows 10操作系统引导界面。

Step 20 跳过系统引导页面，进入Windows 10操作系统主页面，系统安装完成。

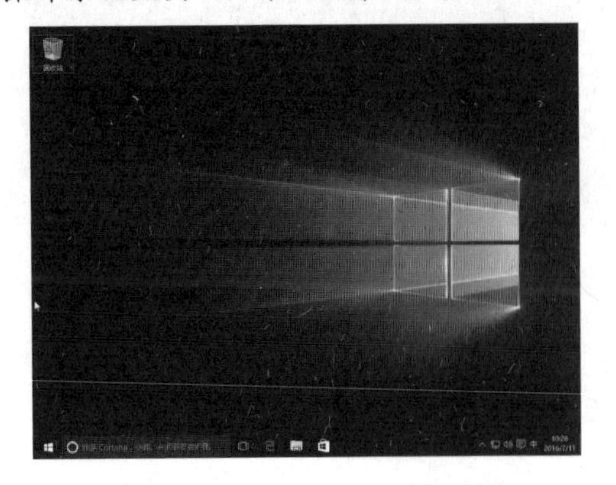

6.3 系统安全提前准备之备份

常见备份系统的方法为使用系统自带的工具备份和Ghost工具备份。

6.3.1 使用系统工具备份系统

Windows 10操作系统自带的备份还原功能更加强大，为用户提供了高速度、高压缩的一键备份还原功能。

1. 开启系统还原功能

要想使用Windows操作系统工具备份和还原系统，首选需要开启系统还原功能，具体的操作步骤如下。

Step 01 右键单击电脑桌面上的“此电脑”图标，在弹出的快捷菜单中选择“属性”选项。

Step 02 在打开的窗口中，单击“系统保护”超链接。

Step 03 弹出“系统属性”对话框，在“保护设置”列表框中选择系统所在的分区，并单击“配置”按钮。

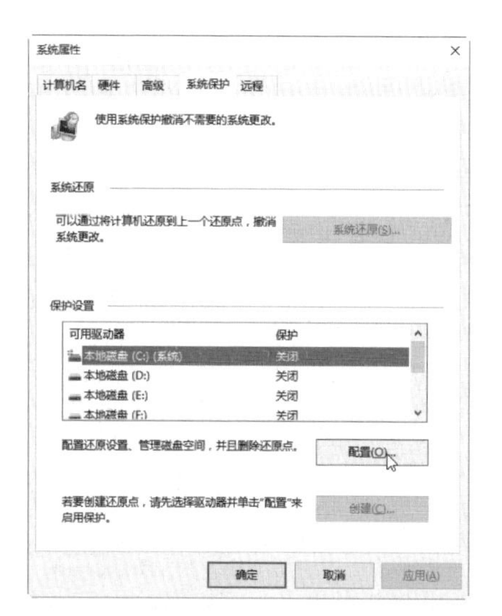

Step 04 弹出“系统保护本地磁盘”对话框，选中“启用系统保护”单选按钮，将调整“最大使用量”滑块到合适的位置，然后单击“确定”按钮。

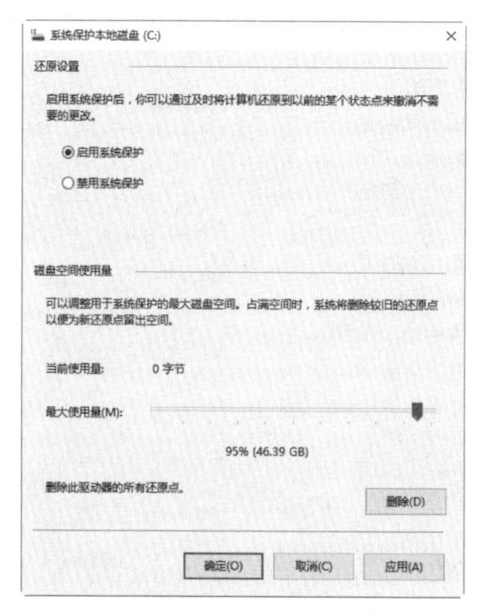

2. 创建系统还原点

用户开启系统还原功能后，默认打开保护系统文件和设置的相关信息，保护系统。用户也可以创建系统还原点，当系统出现问题时，就可以方便地恢复到创建还原点时的状态。

Step 01 在上面打开的“系统属性”对话框中，选择“系统保护”选项卡，然后选择系统所在的分区，单击“创建”按钮。

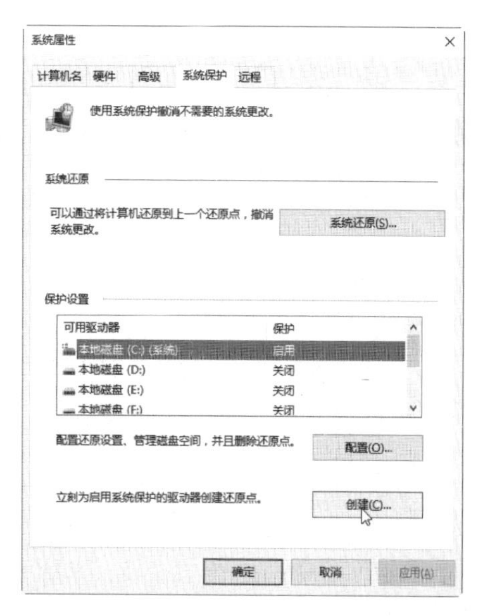

Step 02 弹出“创建还原点”对话框，在文本框中输入还原点的描述性信息。

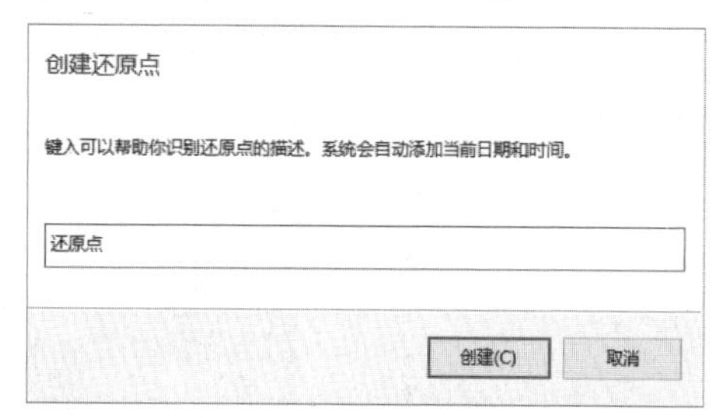

Step 03 单击“创建”按钮，即可开始创建还原点。

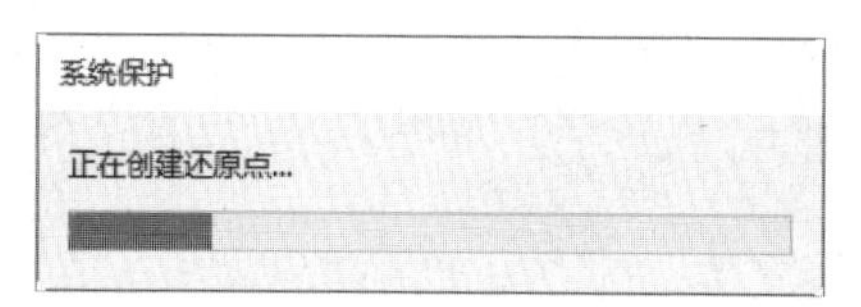

Step 04 创建还原点的时间比较短，稍等片刻就可以了。创建完毕后，将打开“已成功创建还原点”提示信息，单击“关闭”按钮即可。

6.3.2 使用系统映像备份系统

Windows 10操作系统为用户提供了系

统映像的备份功能，使用该功能，用户可以备份整个操作系统，具体的操作步骤如下。

Step 01 在“控制面板”窗口中，单击“备份和还原（Windows）”链接。

Step 02 弹出“备份和还原”窗口，单击“创建系统映像”链接。

Step 03 弹出“你想在何处保存备份？”对话框，这里有3种类型的保存位置，包括在硬盘上、在一张或多张DVD上和在网络位置上，本实例选中“在硬盘上”单选按钮，单击“下一步”按钮。

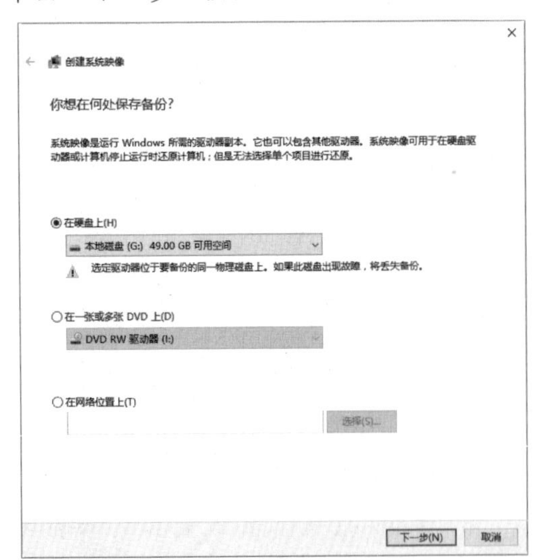

Step 04 弹出“你要在备份中包括哪些驱动器？”对话框，这里采用默认的选项，单击“下一步”按钮。

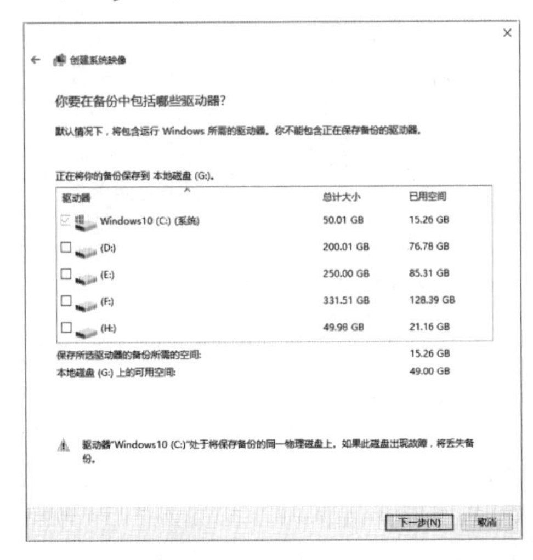

Step 05 弹出“确认你的备份设置”对话框，单击“开始备份”按钮。

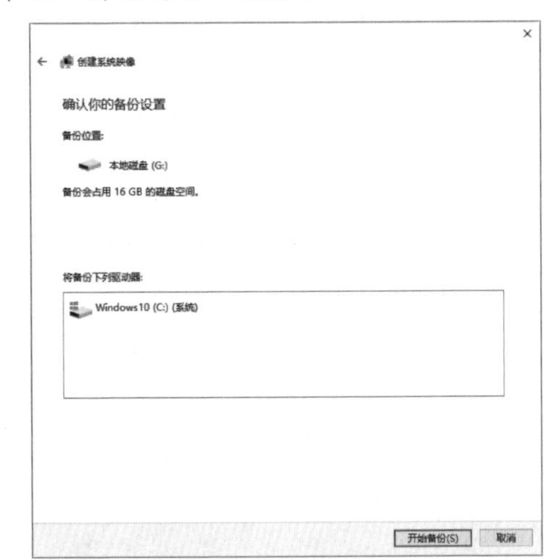

Step 06 系统开始创建系统映像，并显示备份的进度。

Step 07 备份完成后，单击“关闭”按钮即可。

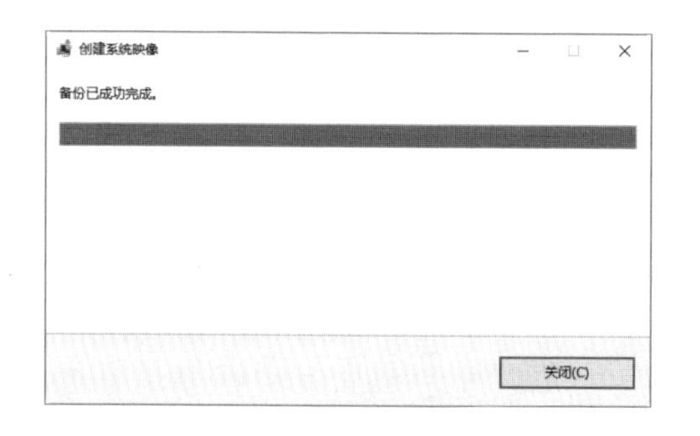

6.3.3　使用Ghost工具备份系统

一键GHOST是一个图形安装工具，主要包括一键备份系统、一键恢复系统、中文向导、GHOST11.2、DOS工具箱等功能。使用一键GHOST备份系统的具体操作步骤如下。

Step 01 下载并安装一键GHOST后，即可弹出“一键备份系统”对话框，此时一键GHOST开始初始化。初始化完毕后，将自动选中“一键备份系统”单选按钮，单击“备份”按钮。

Step 02 弹出“一键GHOST”提示框，单击“确定”按钮。

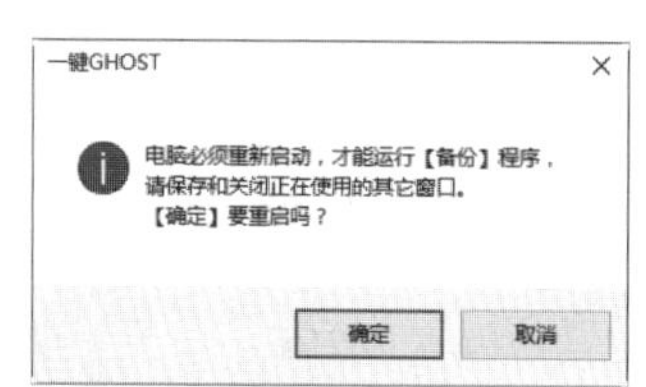

Step 03 系统开始重新启动，并自动打开GRUB4DOS菜单，在其中选择第一个选项，表示启动一键GHOST。

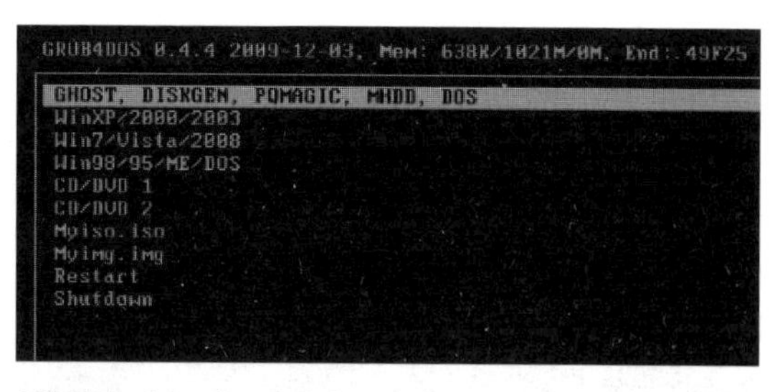

Step 04 系统自动选择完毕后，接下来会弹出“MS-DOS一级菜单”界面，在其中选择第一个选项，表示在DOS安全模式下运行GHOST 11.2。

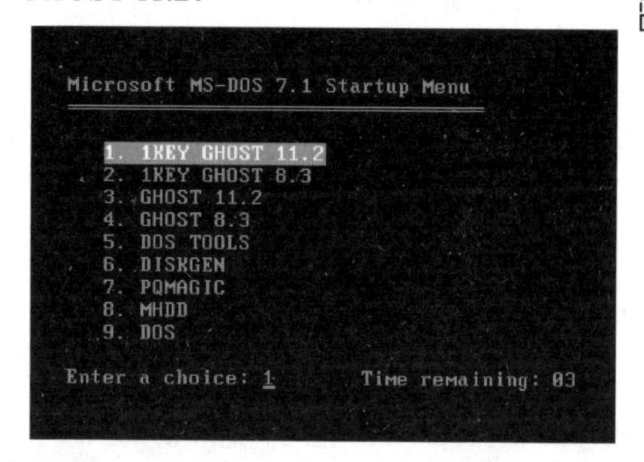

Step 05 选择完毕后，接下来会弹出“MS-DOS二级菜单”界面，在其中选择第一个选项，表示支持IDE、SATA兼容模式。

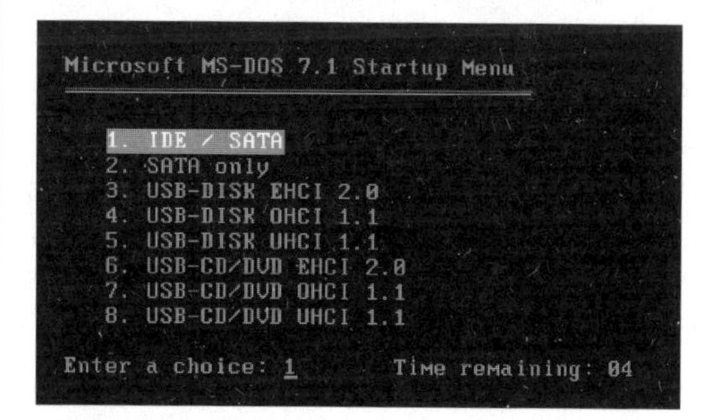

Step 06 根据C盘是否存在映像文件，将会从主窗口自动进入“一键备份系统”警告窗口，提示用户开始备份系统，单击“备份”按钮。

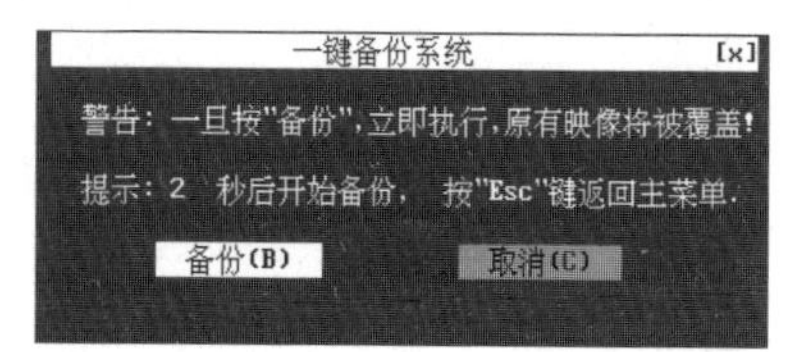

Step 07 此时，开始备份系统如下图所示。

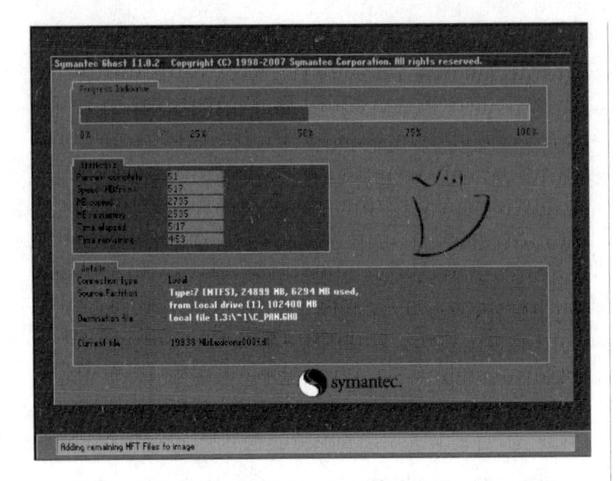

6.4 系统崩溃后的修复之还原

系统备份完成后，一旦系统出现严重的故障，即可还原系统到未出故障前的状态。

6.4.1 使用系统工具还原系统

在为系统创建好还原点后，一旦系统遭到病毒或木马的攻击，致使系统不能正常运行，这时就可以将系统恢复到指定还原点。

使用系统工具将系统还原到创建的还原点，具体的操作步骤如下。

Step 01 打开“系统属性”对话框，在“系统保护”选项卡下，单击“系统还原”按钮。

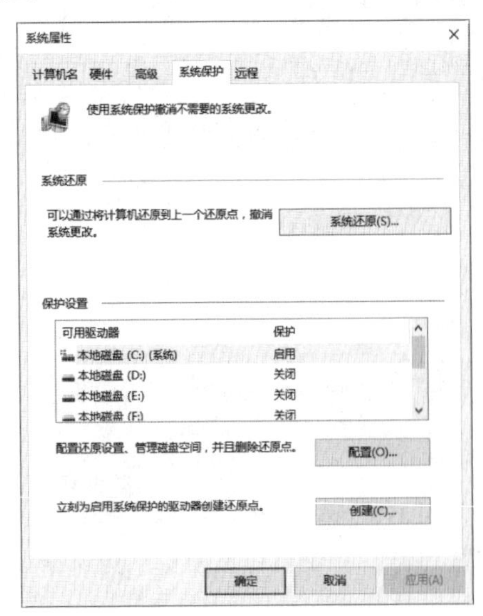

Step 02 弹出“还原系统文件和设置”对话框，单击“下一步”按钮。

Step 03 弹出“将计算机还原到所选事件之前的状态”对话框，选择合适的还原点，一般选择距离出现故障时间最近的还原点即可，单击“扫描受影响的程序”按钮。

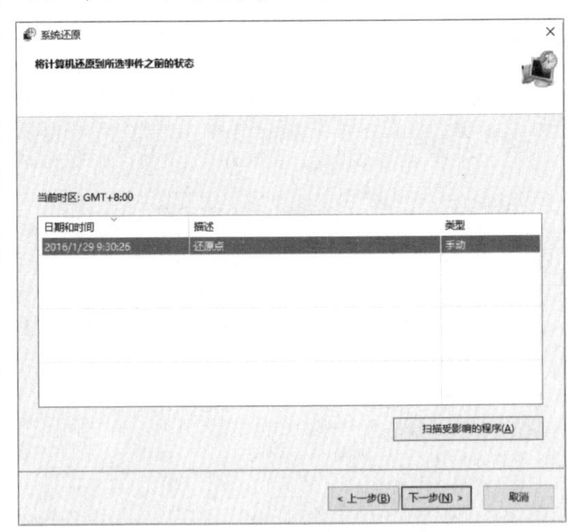

Step 04 此时，弹出“正在扫描受影响的程序和驱动程序”对话框。

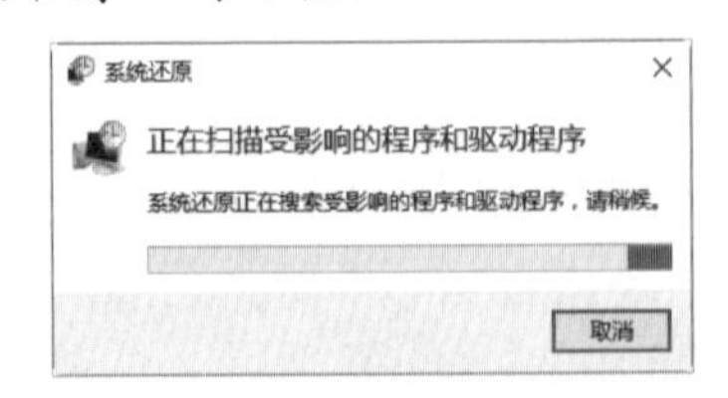

Step 05 稍等片刻，扫描完成后，将打开详细的被删除的程序和驱动信息框，用户可以查看所选择的还原点是否正确，如果不正

确，可以返回重新操作。

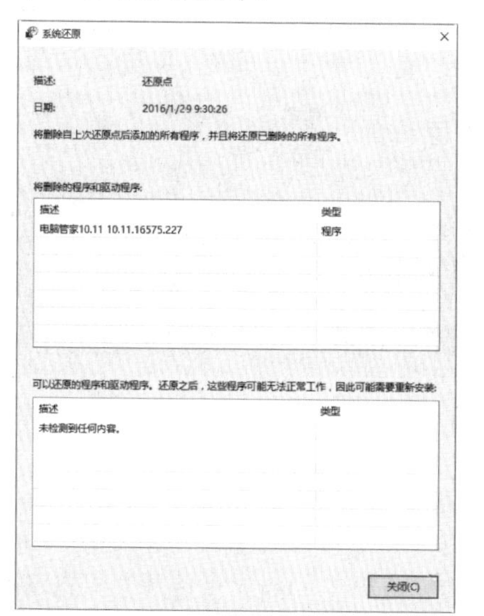

Step 06 单击"关闭"按钮，返回到"将计算机还原到所选事件之前的状态"对话框，确认还原点选择是否正确，如果还原点选择正确，则单击"下一步"按钮，弹出"确认还原点"对话框，如果确认操作正确，则单击"完成"按钮。

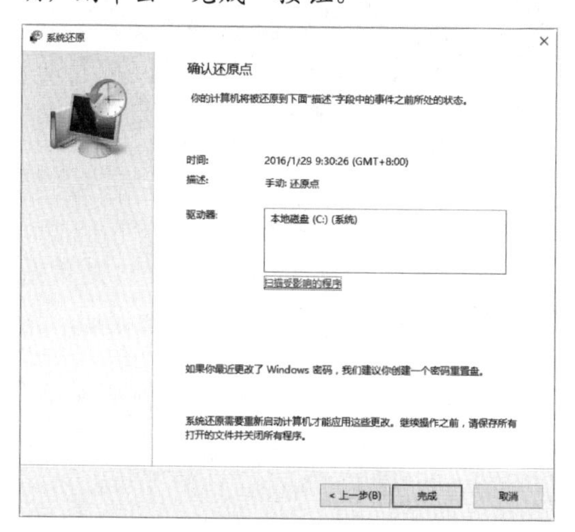

Step 07 打开提示框提示"启动后，系统还原不能中断，你希望继续吗？"，单击"是"按钮。电脑自动重启后，还原操作会自动进行，还原完成后再次自动重启电脑，登录到桌面后，将会打开系统还原提示框提示"系统还原已成功完成"，单击"关闭"按钮，即可完成将系统恢复到指定还原点的操作。

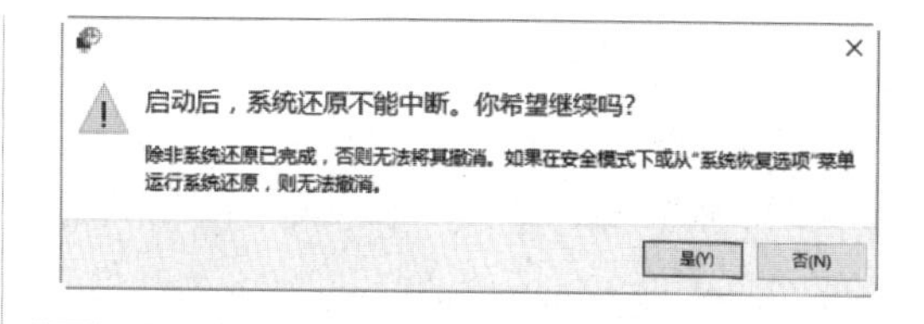

提示： 如果还原后发现系统仍有问题，则可以选择其他的还原点进行还原。

6.4.2 使用Ghost工具还原系统

当系统分区中数据被损坏或系统遭受病毒和木马的攻击后，就可以利用Ghost的映像还原功能将备份的系统分区进行完全的还原，从而恢复系统。

使用一键GHOST还原系统的具体操作步骤如下。

Step 01 在"一键GHOST"对话框中选中"一键恢复系统"单选按钮，单击"恢复"按钮。

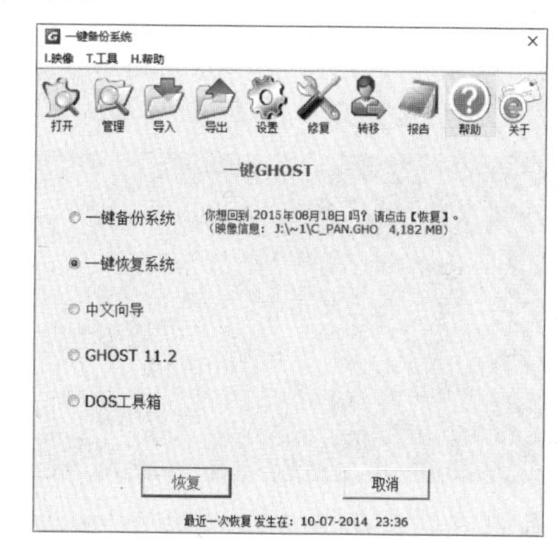

Step 02 弹出"一键GHOST"对话框，提示用户"电脑必须重新启动，才能运行【恢复】程序……"的信息，单击"确定"按钮。

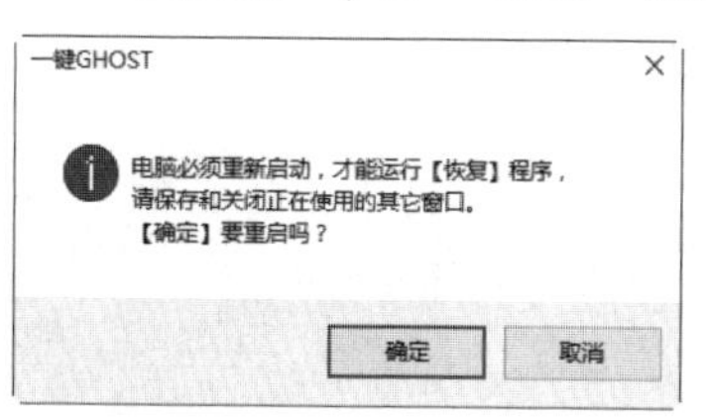

Step 03 系统开始重新启动，并自动打开GRUB4DOS菜单，在其中选择第一个选项，表示启动一键GHOST。

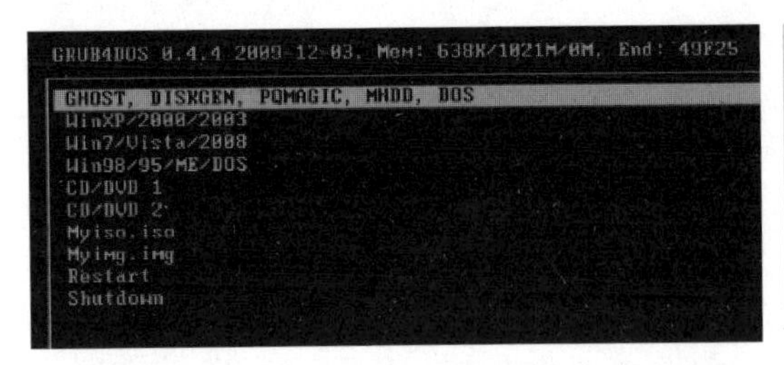

Step 04 系统自动选择完毕后，接下来会弹出“MS-DOS一级菜单”界面，在其中选择第一个选项，表示在DOS安全模式下运行GHOST 11.2。

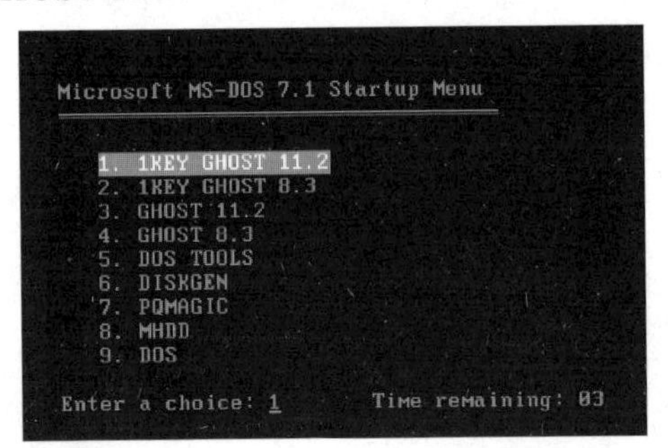

Step 05 选择完毕后，接下来会弹出“MS-DOS二级菜单”界面，在其中选择第一个选项，表示支持IDE、SATA兼容模式。

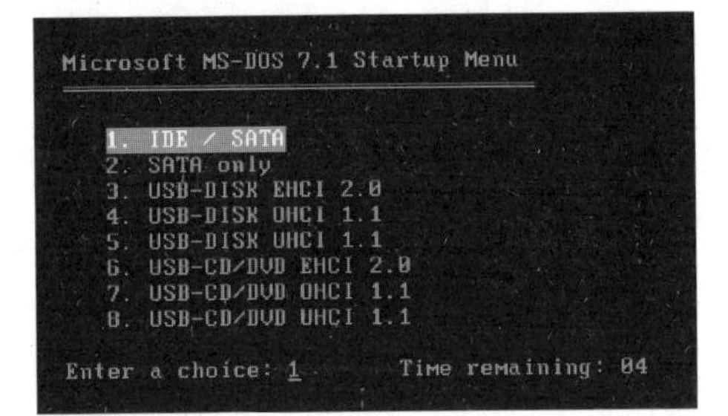

Step 06 根据C盘是否存在映像文件，将会从主窗口自动进入“一键恢复系统（来自硬盘）”警告窗口，提示用户开始恢复系统。单击“恢复”按钮，即可开始恢复系统。

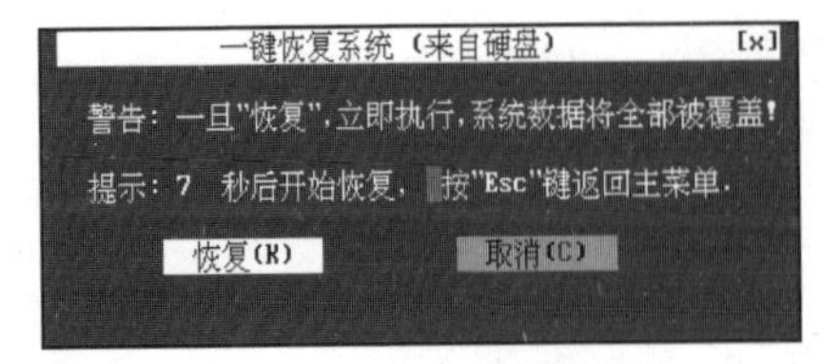

Step 07 此时，开始恢复系统。

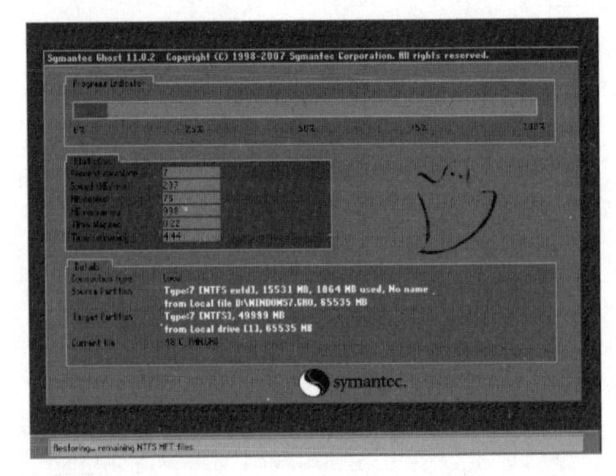

Step 08 在系统还原完毕后，将打开一个信息提示框，提示用户恢复成功，单击“Reset Computer”按钮重启电脑，然后选择从硬盘启动，即可将系统恢复到以前的系统。至此，就完成了使用GHOST工具还原系统的操作。

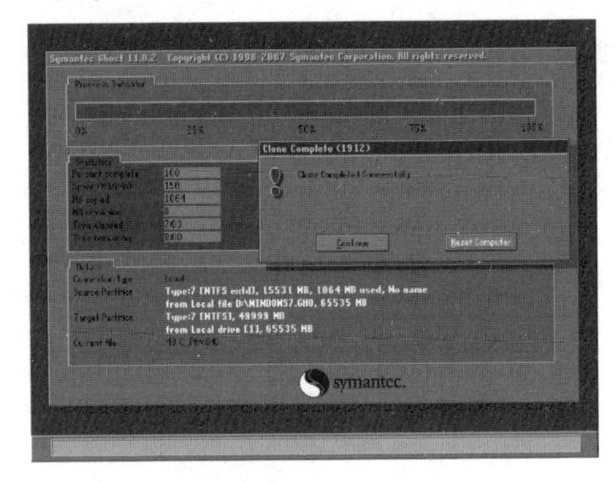

6.4.3 使用系统映像还原系统

完成系统映像的备份后，如果系统出现问题，可以利用映像文件进行还原操作，具体的操作步骤如下。

Step 01 在桌面上右击“开始”按钮，在打开的快捷菜单中选择“设置”选项，弹出“设置”窗口，选择“更新和安全”选项。

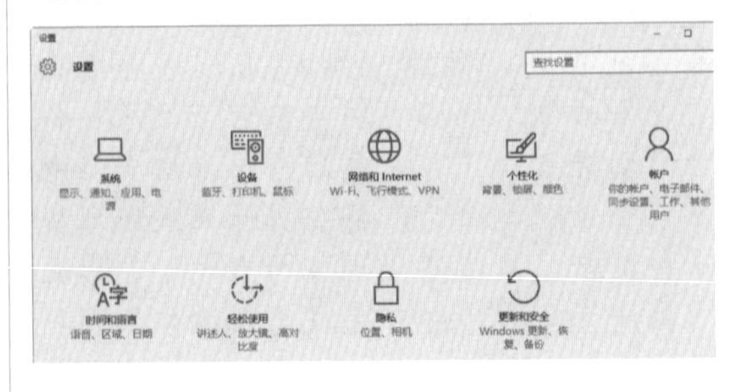

Step 02 弹出“更新和安全”窗口，在左侧列表中选择“恢复”选项，在右侧窗口中单击“立即重启”按钮。

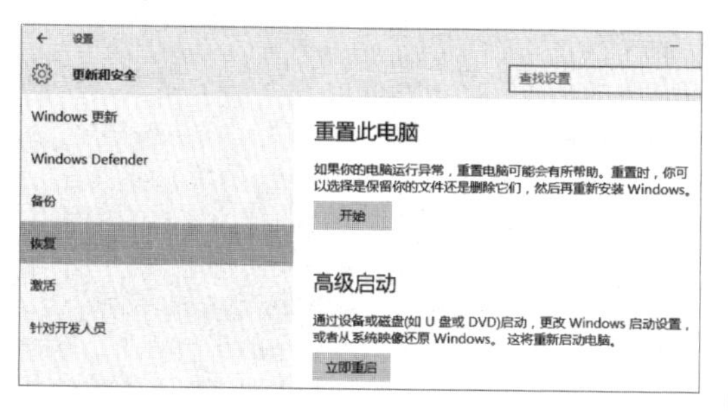

Step 03 弹出“选择其他的还原方式”对话框，采用默认设置，直接单击“下一步”按钮。

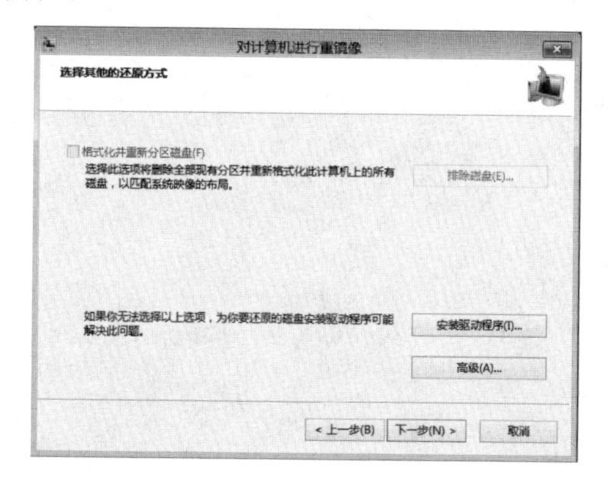

Step 04 弹出“你的计算机将从以下系统映像中还原”对话框，单击“完成”按钮。

Step 05 打开提示信息对话框，单击“是”按钮。

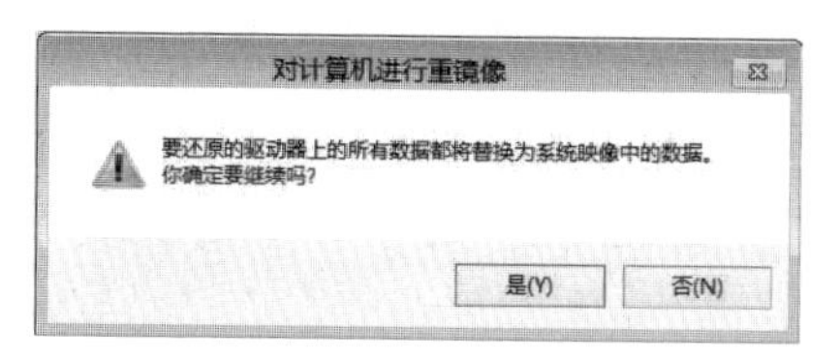

Step 06 系统映像的还原操作完成后，弹出“是否要立即重新启动计算机？”对话框，单击“立即重新启动”按钮即可。

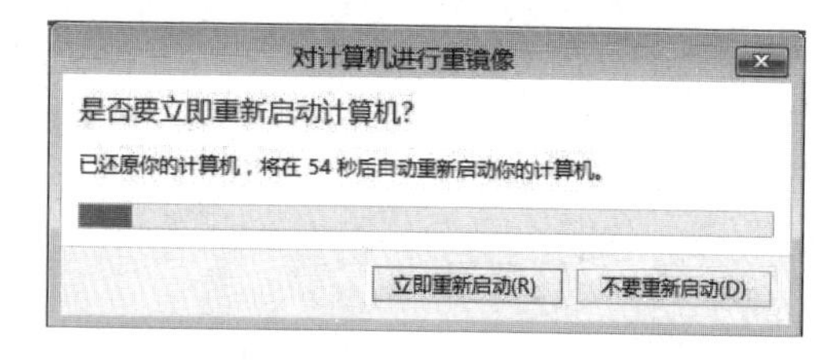

6.5 系统崩溃后的修复之重置

对于系统文件出现丢失或者文件异常的情况，可以通过重置的方法来修复系统。重置电脑可以在电脑出现问题时方便地将系统恢复到初始状态，而不需要重装系统。

6.5.1 在可开机情况下重置电脑

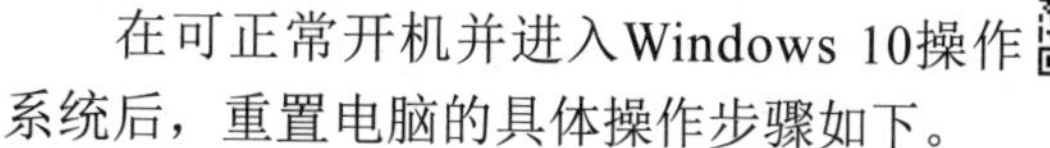

在可正常开机并进入Windows 10操作系统后，重置电脑的具体操作步骤如下。

Step 01 在桌面上右击“开始”按钮，在打开的快捷菜单中选择“设置”命令，弹出“设置”窗口，选择“更新和安全”选项。

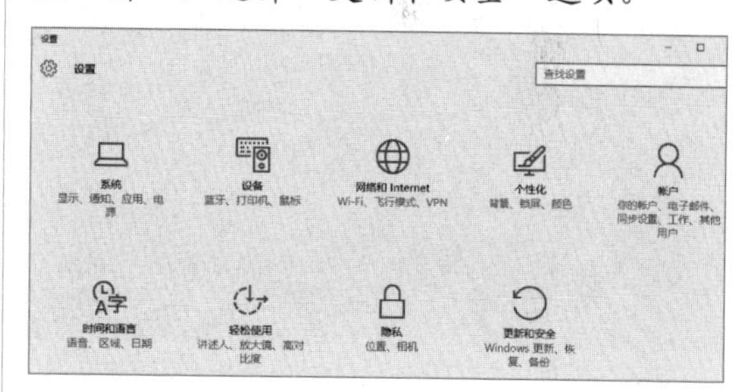

Step 02 弹出“更新和安全”窗口，在左侧列表中选择“恢复”选项，在右侧窗口中单击“立即重启”按钮。

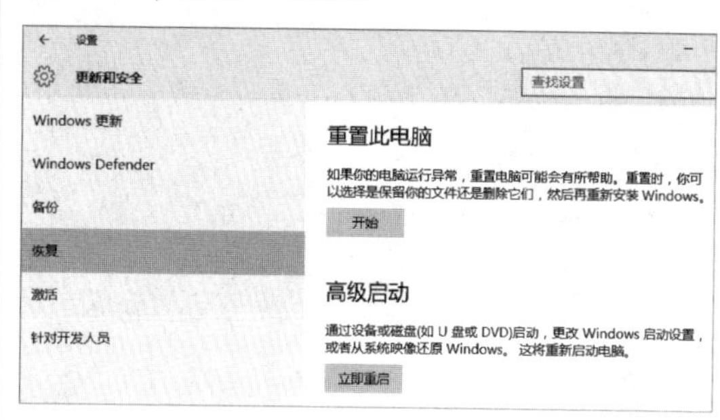

Step 03 弹出“选择一个选项”界面，选择“保留我的文件”选项。

Step 04 弹出“将会删除你的应用”界面，单击“下一步”按钮。

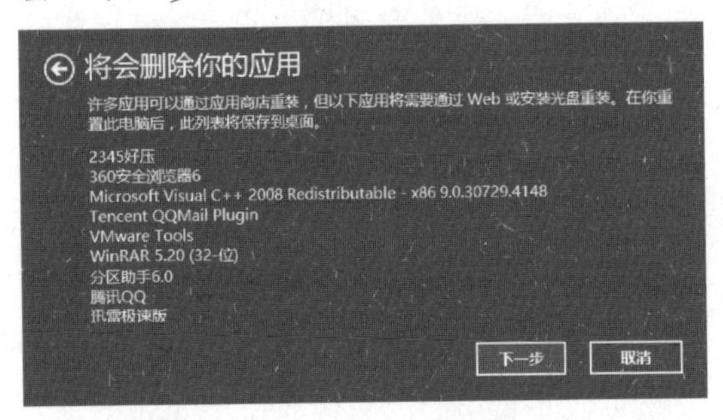

Step 05 弹出“警告”界面，单击“下一步”按钮。

Step 06 弹出“准备就绪，可以重置这台电脑”界面，单击“重置”按钮。

Step 07 电脑重新启动，进入“重置”界面。

Step 08 重置完成后会进入Windows 10系统安装界面。

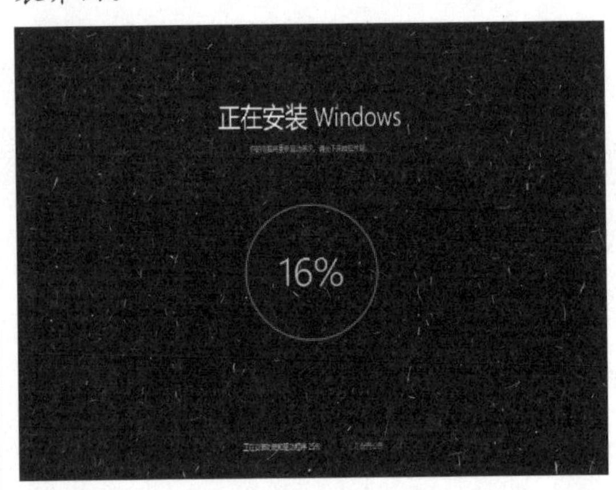

Step 09 安装完成后，系统自动进入Windows 10桌面并可看到恢复电脑时删除的应用列表。

6.5.2 在不可开机情况下重置电脑

如果Windows 10操作系统出现错误，开机后无法进入系统，此时可以在不开机的情况下重置电脑，具体的操作步骤如下。

Step 01 在开机界面中单击“更改默认值或选择其他选项”选项。

Step 02 进入“选项”界面，单击“选择其他选项”选项。

Step 03 进入“选择一个选项”界面，单击“疑难解答”选项。

Step 04 在打开的“疑难解答”界面中单击“重置此电脑”选项即可。其后的操作与在可开机的状态下重置电脑操作相同，这里不再赘述。

6.6　实战演练

实战演练1——设置系统启动密码

在Windows 10操作系统中，用户可以设置系统启动密码，具体的操作步骤如下。

Step 01 按Windows+R组合键，打开“运行”对话框，在“打开”文本框中输入cmd。

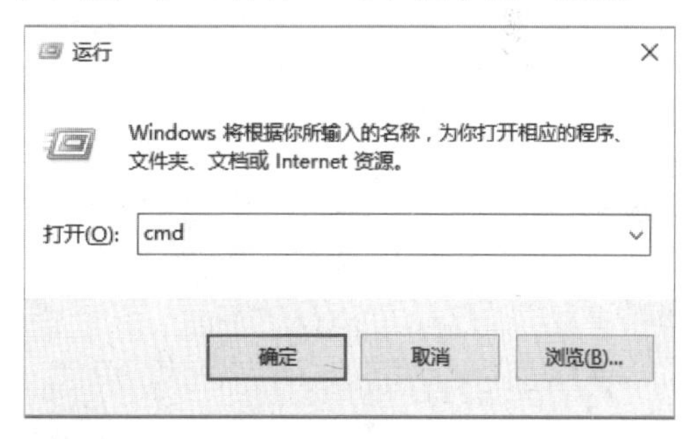

Step 02 单击“确定”按钮，系统弹出CMD命令窗口，输入syskey。

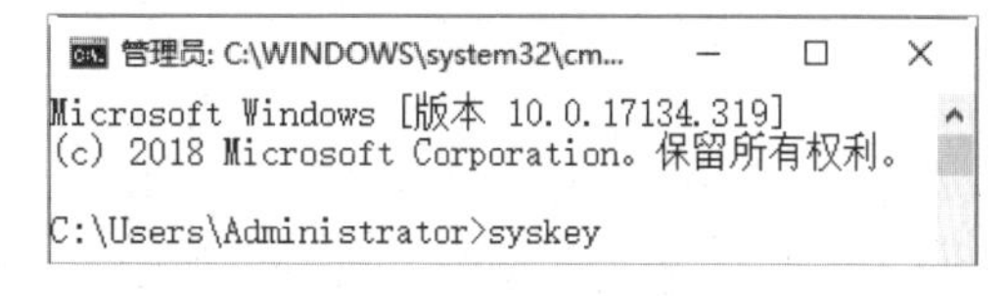

Step 03 按Enter键后，弹出“保证Windows账户数据库的安全”对话框。

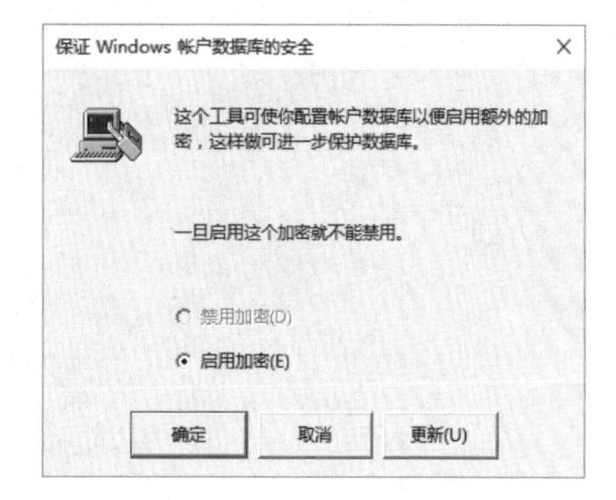

Step 04 单击“更新”按钮，弹出“启动密钥”对话框，选中“密码启动”单选按钮，并输入启动密码。

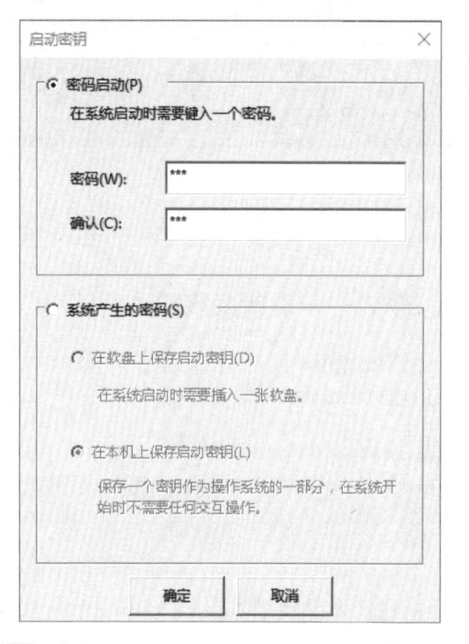

Step 05 单击“确定”按钮，重启计算机后，弹出“启动密码”对话框，在其中输入密码。

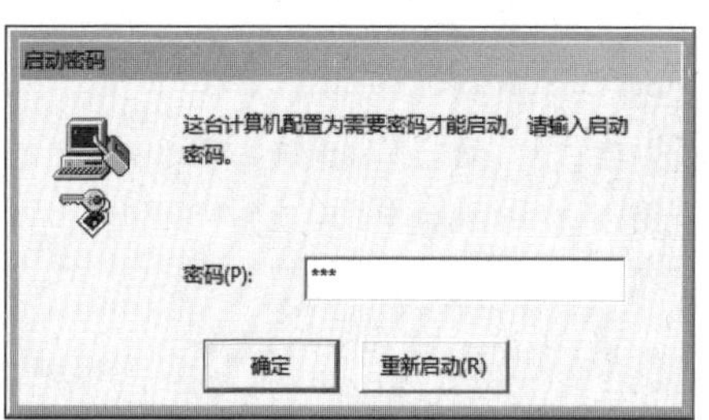

Step 06 单击“确定”按钮，进入操作系统，显示开机主页。

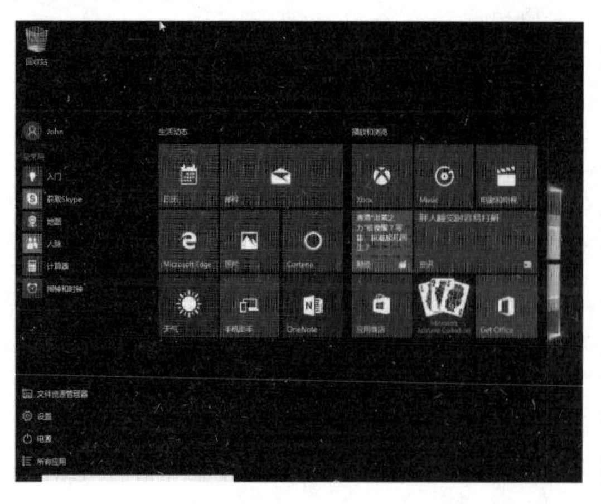

提示：如果要取消系统启动密码，在运行中输入“syskey”并按Enter键，在弹出的对话框中选择“更新”，然后选中“系统产生的密码”单选按钮和“在本机上保存启动密钥”单选按钮，单击“确定”按钮即可。

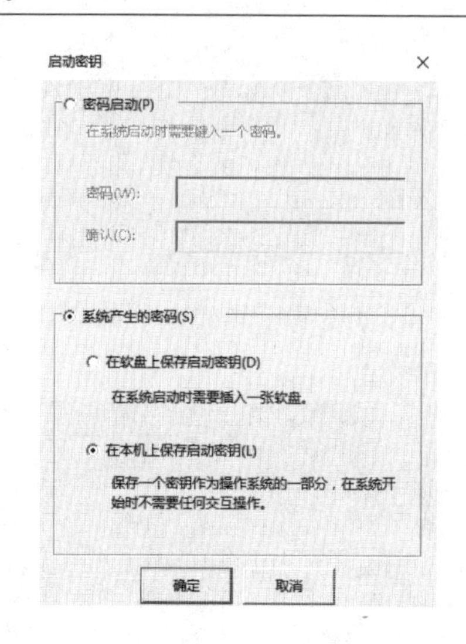

实战演练2——设置虚拟内存的大小

计算机中所运行的程序都是由内存执行的，当执行的程序占用内存过大时，可能会导致内存被消耗完。为了解决这一问题，Windows运用了虚拟内存。所谓虚拟内存，是指划出一部分硬盘空间来充当内存使用，让系统运行更加流畅。设置虚拟内存的具体操作步骤如下。

Step 01 在桌面上右击“此电脑”图标，在弹出的快捷菜单中选择“属性”选项。

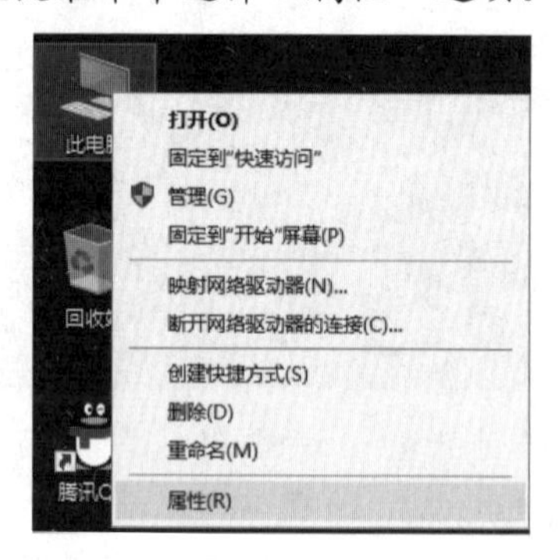

Step 02 弹出“系统”对话框，单击左侧“高级系统设置”链接。

Step 03 打开“系统属性”对话框，选择“高级”选项卡，在其中单击“设置”按钮。

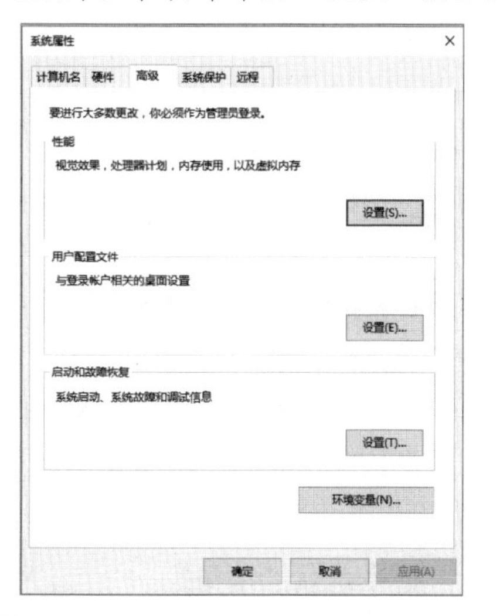

Step 04 弹出“性能选项”对话框，进入“高级”选项卡，在“虚拟内存”栏中单击“更改”按钮。

Step 05 设置虚拟内存最好在非系统盘中，这里选择盘符E:，然后选中“自定义大小”单选按钮，输入“初始大小”和“最大值”，单击“设置”按钮。

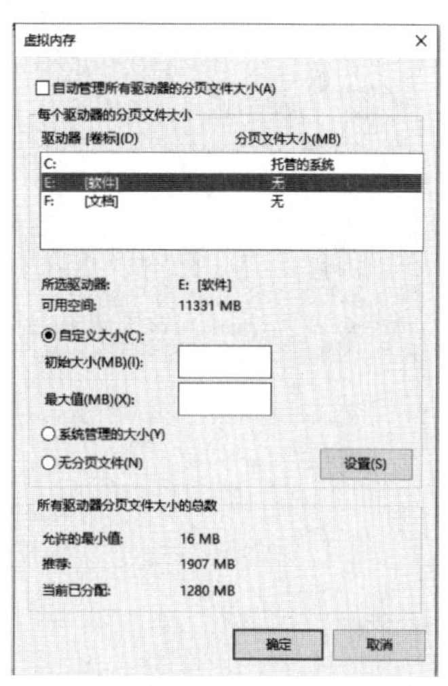

Step 06 弹出“系统属性”提示框，单击“确定”按钮，重新启动计算机后虚拟内存便设置完成。

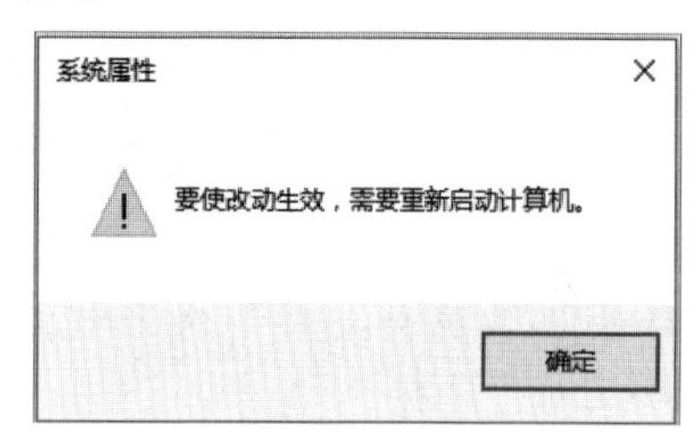

6.7　小试身手

练习1：制作系统备份光盘

使用光盘备份系统是安全又可靠的一种方法，在进行系统备份光盘制作前需要做好如下准备。

第一步：准备空白光盘。

第二步：准备好操作系统带驱动的电脑。

第三步：将光盘插入电脑开始制作系统备份光盘。

准备工作完成后，就可以制作系统备份光盘了，具体的操作步骤如下。

Step 01 右击“开始”按钮，在弹出的快捷菜单中选择“控制面板”菜单项。

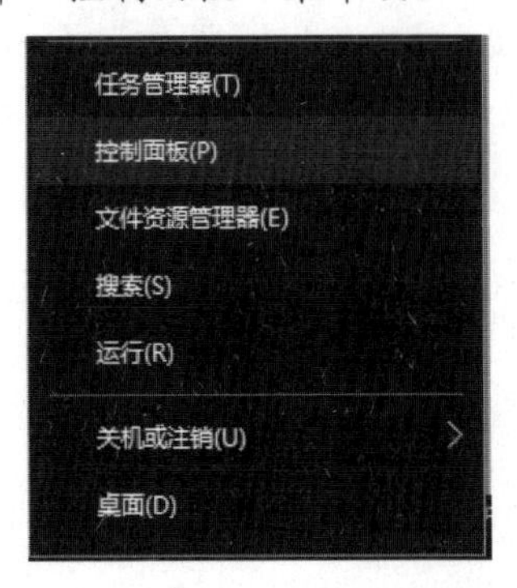

Step 02 弹出“控制面板”对话框，单击“系统和安全”链接。

Step 03 弹出“系统和安全”对话框，单击“备份和还原”链接。

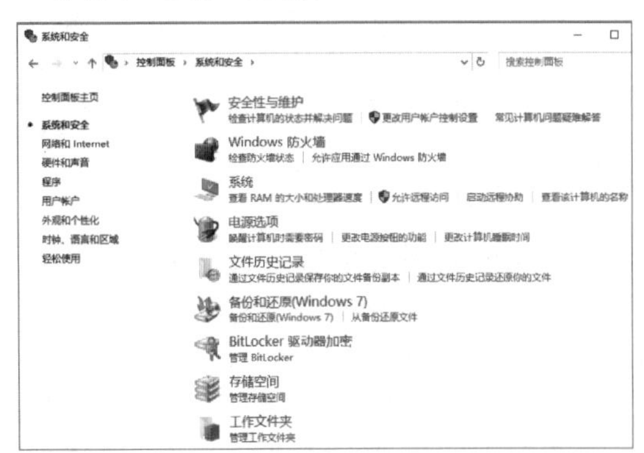

Step 04 打开“备份和还原”窗口，在该窗口的左侧窗格中单击“创建系统修复光盘”链接。

Step 05 弹出“创建系统修复光盘”对话框，在其中选择一个CD/DVD驱动器，并在此驱动器中插入空白光盘。单击“创建光盘”按钮，开始刻录系统备份光盘。

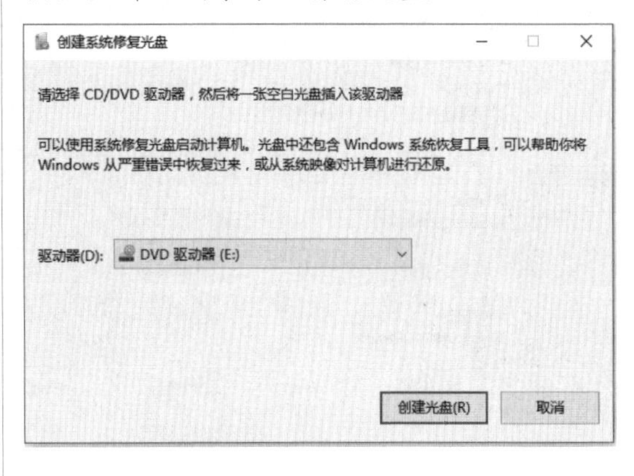

练习2：给系统盘“瘦身”

如果系统盘可用空间太小，则会影响系统的正常运行。下面就讲解如何使用《360安全卫士》的“系统盘瘦身”功能，释放系统盘空间。

Step 01 双击桌面上的“360安全卫士”快捷图标，打开“360安全卫士”主窗口，单击窗口右下角的“更多”超链接。

Step 02 进入"全部工具"界面，在"系统工具"类别下，将光标移至"系统盘瘦身"图标上，单击"添加"按钮。

Step 03 工具添加完成后，打开"系统盘瘦身"工作界面，开始扫描系统盘文件。

Step 04 扫描完成后，单击"立即瘦身"按钮，即可开始进行优化。

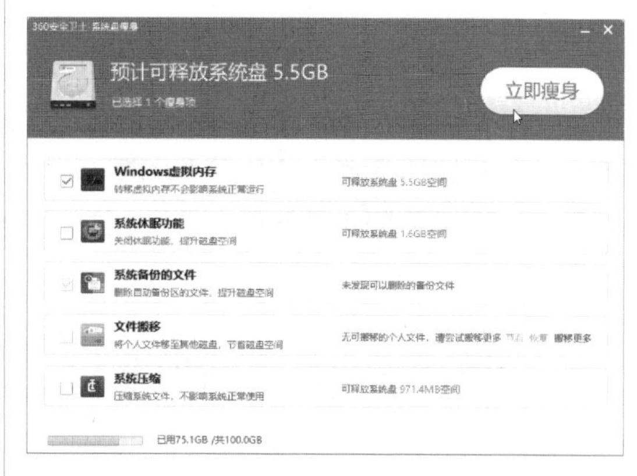

Step 05 完成后，即可看到释放的磁盘空间。由于部分文件需要重启计算机后才能生效，可直接单击"立即重启"按钮重启计算机。

第7章　电脑系统账户的防护策略

电脑系统的密码如同门一样，黑客是否能够攻击用户的计算机，就要看电脑系统账户密码是否安全。本章介绍电脑系统账户数据的防护策略，主要内容包括Windows 10的账户类型、本地系统账户的防护策略、Microsoft账户的防护策略、系统账户数据的防护策略等。

7.1　了解Windows 10的账户类型

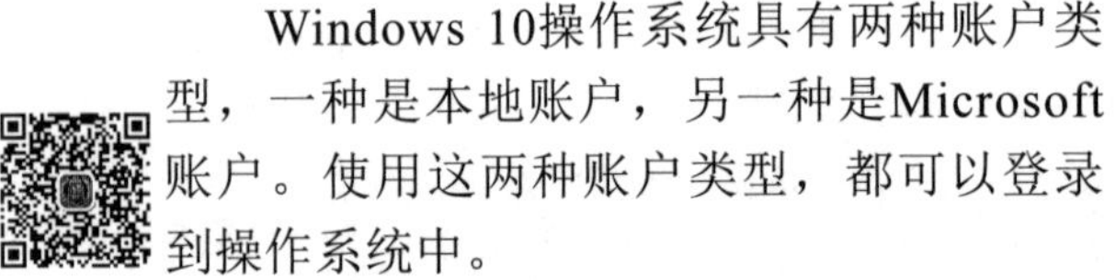

Windows 10操作系统具有两种账户类型，一种是本地账户，另一种是Microsoft账户。使用这两种账户类型，都可以登录到操作系统中。

7.1.1　认识本地账户

在Windows 7及其之前的操作系统中，Windows系统的安装和登录只有一种以用户名为标识符的账户，这个账户就是Administrator账户，这种账户类型就是本地账户。对于不需要网络功能又对数据安全比较在乎的用户来说，使用本地账户登录Windows 10操作系统是更安全的选择。

另外，对于本地账户来说，用户可以不用设置登录密码，就能登录系统。当然，不设置密码的操作，对系统安全是没有保障的，因此，不管是本地账户，还是Microsoft账户，都需要为账户添加密码。

7.1.2　认识Microsoft账户

Microsoft账户是免费的且易于设置的系统账户，用户可以使用自己所选的任何电子邮件地址完成该账户的注册与登记操作，例如，可以使用Outlook.com、Gmail或Yahoo!地址，作为Microsoft账户。

当用户使用Microsoft账户登录自己的电脑或设备时，可从Windows应用商店中获取应用，使用免费云存储备份自己的所有重要数据和文件，并使自己的所有常用内容，如设备、照片、好友、游戏、个人偏好设置、音乐等，保持更新和同步。

7.1.3　本地账户和Microsoft账户的切换

本地账户和Microsoft账户的切换包括两种情况，分别是本地账户切换到Microsoft账户和Microsoft账户切换到本地账户。

1. 本地账户切换到Microsoft账户

将本地账户切换到Microsoft账户可以轻松获取用户所有设备的所有内容，具体的操作步骤如下。

Step 01 在“设置-账户”窗口中选择“你的电子邮件和账户”选项，进入“你的电子邮件和账户”设置界面。

Step 02 单击“改用Microsoft账户登录”超链接，打开“个性化设置”窗口，在其中输入Microsoft账户的电子邮件账户与密码。

Step 03 单击“登录”按钮，打开“使用你的Microsoft账户登录此设备”对话框，在其中输入Windows的登录密码。

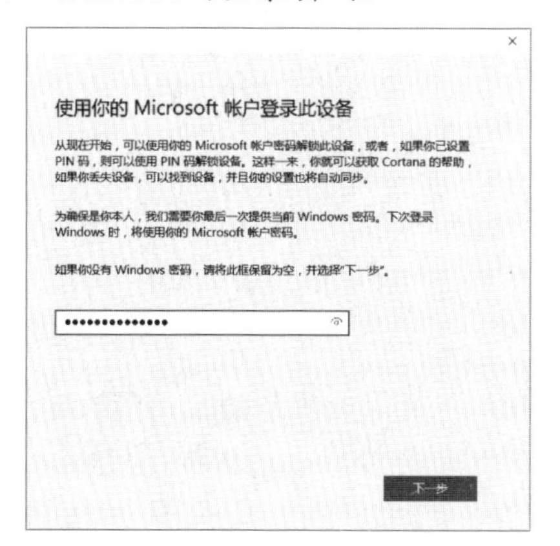

Step 04 单击“下一步”按钮，即可从本地账户切换到Microsoft账户来登录此设备。

2. Microsoft账户切换到本地账户

本地账户是系统默认的账户，使用本地账户可以轻松管理电脑的本地用户与组。将Microsoft账户切换到本地账户的具体操作步骤如下。

Step 01 以Microsoft账户登录此设备后，选择“设置-账户”窗口中的“你的电子邮件和账户”选项，在打开的设备界面中单击“更改本地账户登录”超链接。

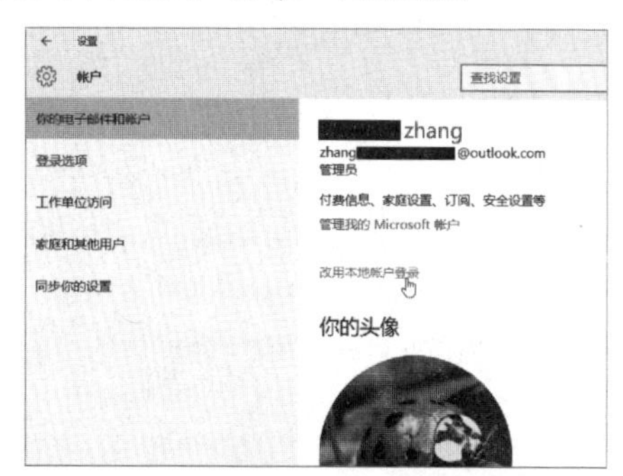

Step 02 打开“切换到本地账户”对话框，在其中输入Microsoft账户的登录密码。

Step 03 单击“下一步”按钮，打开“切换到本地账户”对话框中，在其中输入本地账户的用户名、密码和密码提示等信息。

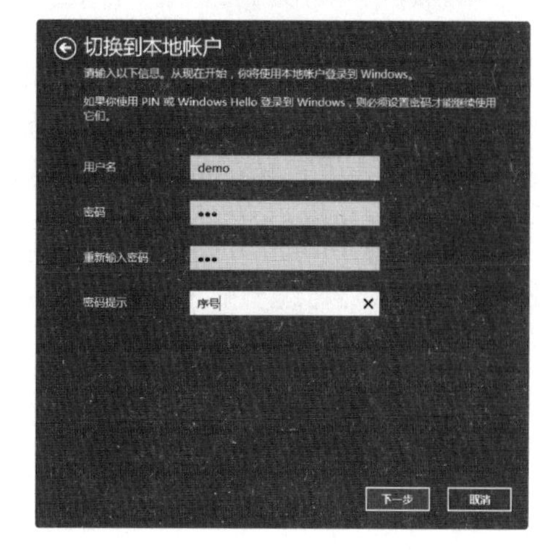

Step 04 单击“下一步”按钮，打开“切换到本地账户”对话框，提示用户所有的操作即将完成。

Step 05 单击“注销并完成”按钮，即可将Microsoft账户切换到本地账户中。

7.2 破解管理员账户的方法

在Windows 操作系统中，管理员账户有着极大的控制权限，黑客常常利用各种技术对该账户进行破解，从而获得电脑的控制权。

7.2.1 强制清除管理员账户密码

在Windows中提供了net user命令，利用该命令可以强制修改用户账户的密码，以达到进入系统的目的，具体的操作步骤如下。

Step 01 启动计算机，在出现开机画面后按F8键，进入“Windows高级选项菜单”界面，在该界面中选择“带命令行提示的安全模式”选项。

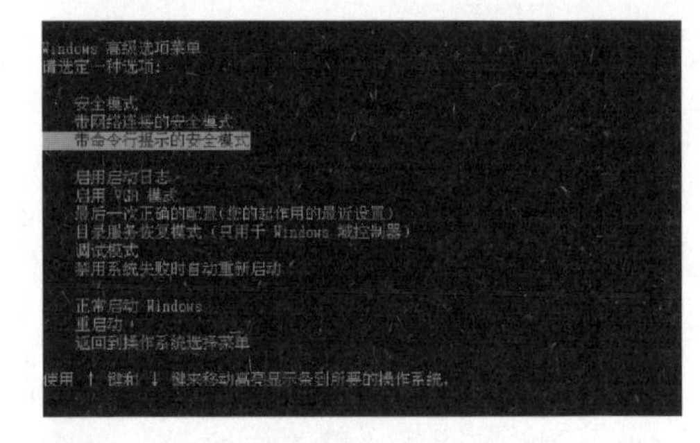

Step 02 运行过程结束后，系统列出了超级用户Administrator和本地用户的选择菜单，单击Administrator，进入命令行模式。

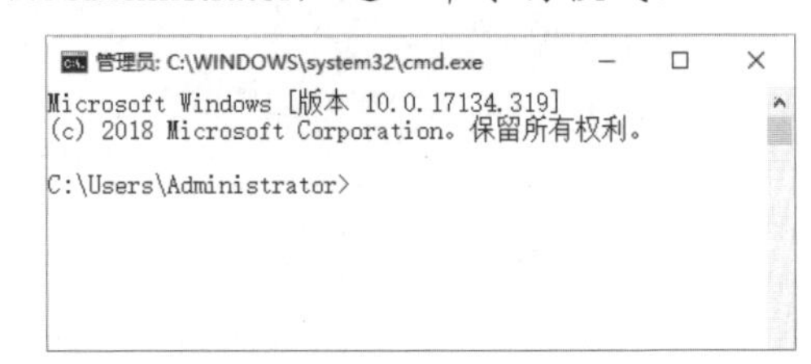

Step 03 输入命令：net user Administrator 123456 /add，强制将Administrator用户的口令更改为123456。

Step 04 重新启动计算机，选择正常模式下运行，即可用更改后的口令123456登录Administrator账户。

7.2.2　绕过密码自动登录操作系统

在安装Windows 10操作系统前，需要用户事先创建好登录账户与密码才能完成系统的安装，那么如何才能绕过密码而自动登录操作系统呢？具体的操作步骤如下。

Step 01 单击“开始”按钮，在弹出的“开始屏幕”中选择“所有应用”→“Windows系统”→“运行”菜单命令。

Step 02 打开“运行”对话框，在“打开”文本框中输入control userpasswords2。

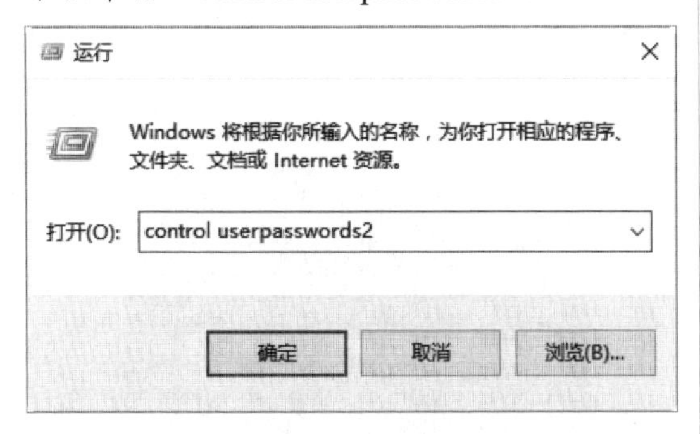

Step 03 单击“确定”按钮，打开“用户账户”对话框，在其中取消勾选“要使用本计算机，用户必须输入用户名和密码”复选框。

Step 04 单击“确定”按钮，打开“自动登录”对话框，在其中输入本台计算机的用户名和密码信息。

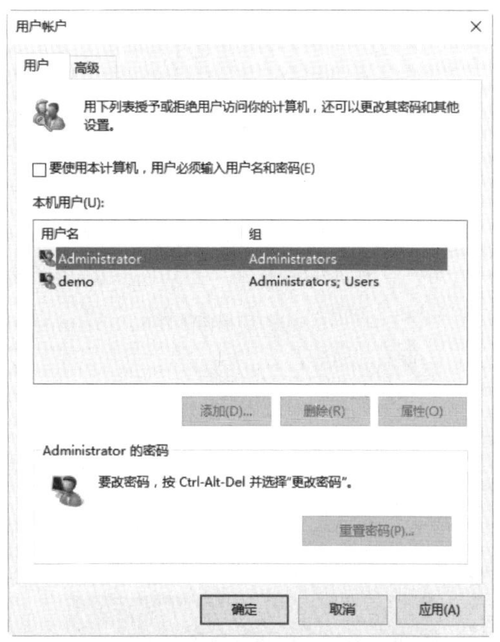

Step 05 单击“确定”按钮，这样重新启动本台计算机后，系统就可不用输入密码而自动登录到操作系统中了。

7.3　本地系统账户的防护策略

要想不被黑客轻而易举地闯进自己的操作系统，为操作系统加密是最基本的防黑实战。不加密的系统就像自己的家开了一个任人进出的后门，任何用户都可以随意打开自己的系统，查看计算机上的私密文件。

对本地账户的设置主要包括启用本地账户、创建新用户、更改账户类型、设置账户密码等，本节介绍本地账户的设置与相关应用。

7.3.1 启用本地账户

在安装Windows 10操作系统的过程中，需要通过用户在微软注册的账户来激活系统，所以当安装完成以后，系统会默认用微软账户来作为系统登录账户。不过，用户可以启用本地账户，这里以启用Administrator账户为例，这样就可以像在Windows 7操作系统一样，使用Administrator账户登录Windows 10操作系统了。

启用Administrator账户的具体操作步骤如下。

Step 01 在Windows 10操作系统的桌面中，选中“开始”按钮，单击鼠标右键，在弹出的快捷菜单中选择“计算机管理”菜单命令。

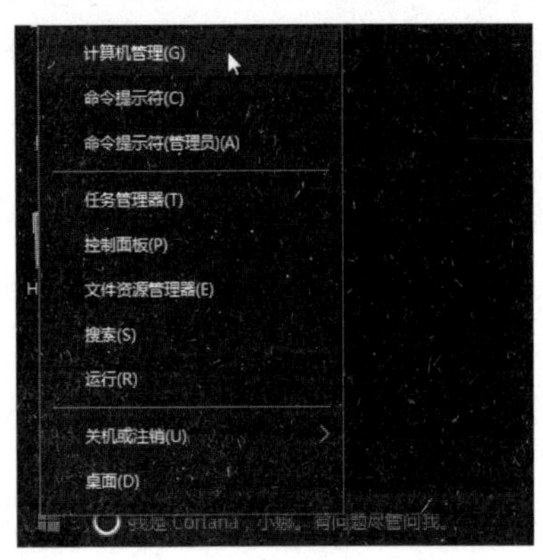

Step 02 打开“计算机管理”窗口，依次展开“本地用户和组”→“用户”选项，展开本地用户列表。

Step 03 选中Administrator账户，单击鼠标右键，在弹出的快捷菜单中选择“属性”菜单命令。

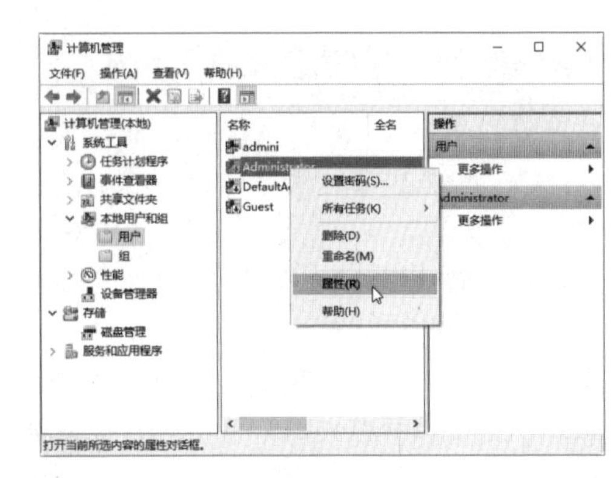

Step 04 打开“Administrator属性”对话框，在“常规”选项卡中取消勾选“账户已禁用”复选框，然后单击“确定”按钮，即可启用Administrator账户。

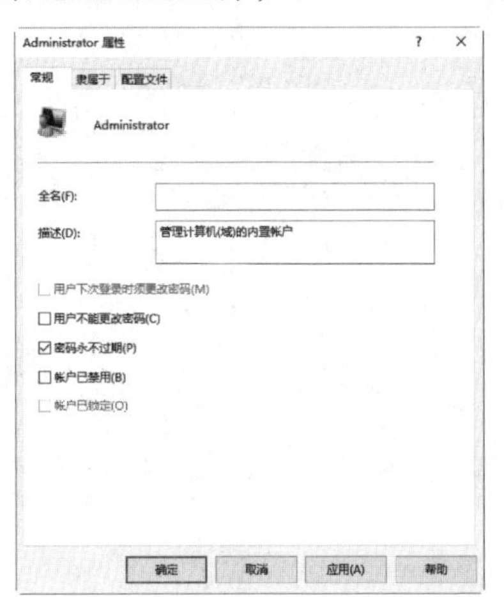

Step 05 单击“开始”按钮，在弹出的面板中单击“admini”账户，在弹出的下拉面板中可以看到已经启用的Administrator账户。

Step 06 选择Administrator账户进行系统登录，登录完成后，单击“开始”按钮，在弹出的面板中可以看到当前登录的账户就是Administrator账户。

7.3.2　更改账户类型

Windows 10操作系统的账户类型包括标准和管理员两种类型，用户可以根据需要对账户的类型进行更改，具体的操作步骤如下。

Step 01 单击“开始”按钮，在打开的面板中选择“控制面板”选项，打开“控制面板”窗口。

Step 02 单击“更改账户类型”超链接，打开“管理账户”窗口，在其中选择要更改类型的账户，这里选择“admini本地账户”。

Step 03 进入“更改账户”窗口，单击左侧的“更改账户类型”超链接。

Step 04 进入“更改账户类型”窗口，在其中选中“标准”单选按钮，为该账户选择新的账户类型，最后单击“更改账户类型”按钮，即可完成账户类型的更改操作。

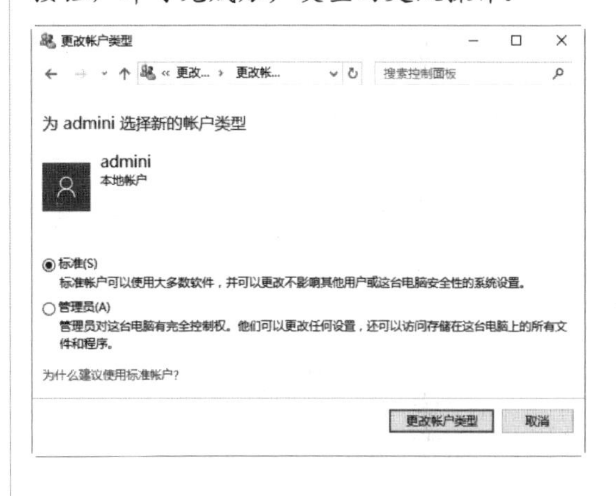

7.3.3　设置账户密码

对于添加的账户，用户可以为其创建密码，并对创建的密码进行更改，如果不需要密码了，还可以删除账户密码。下面介绍两种创建、更改或删除账户密码的方法。

1. 在“控制面板”中设置账户

在“控制面板”中创建、更改和删除账户密码的具体操作步骤如下。

Step 01 打开“控制面板”窗口，进入“更改账户”窗口，在其中单击“创建密码”超链接。

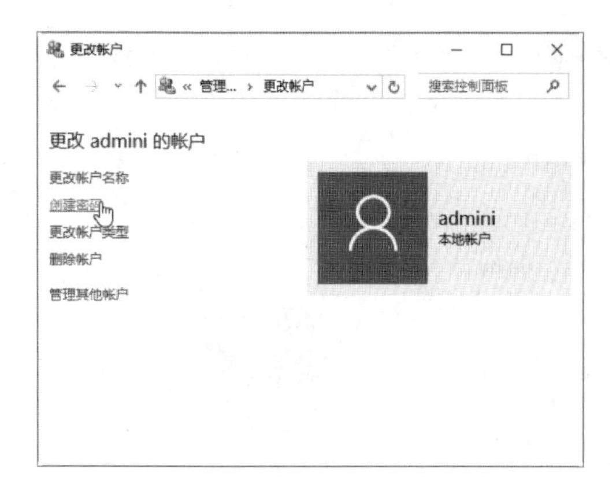

Step 02 进入“创建密码”窗口，在其中输入密码与密码提示信息。

Step 03 单击“创建密码”按钮，返回到“更改账户”窗口，在其中可以看到该账户已经添加了密码保护。

Step 04 如果想要更改密码，则需要在“更改账户”窗口中单击“更改密码”超链接，打开“更改密码”窗口，在其中输入新的密码与密码提示信息，最后单击“更改密码”按钮即可。

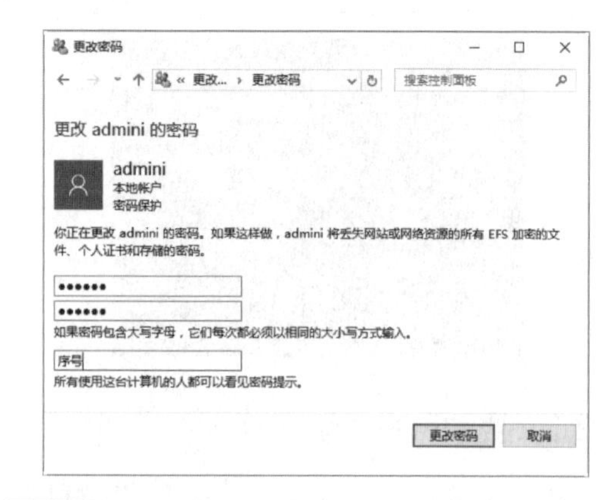

Step 05 如果想要删除密码，则需要在“更改账户”窗口中单击“更改密码”超链接，打开“更改密码”窗口，在其中设置密码为空。

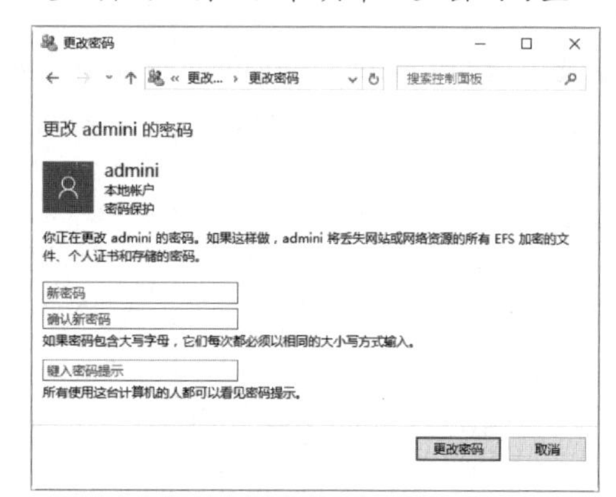

Step 06 单击“更改密码”按钮，返回到“更改账户”窗口，可以看到账户的密码保护已取消，说明已经将账户密码删除了。

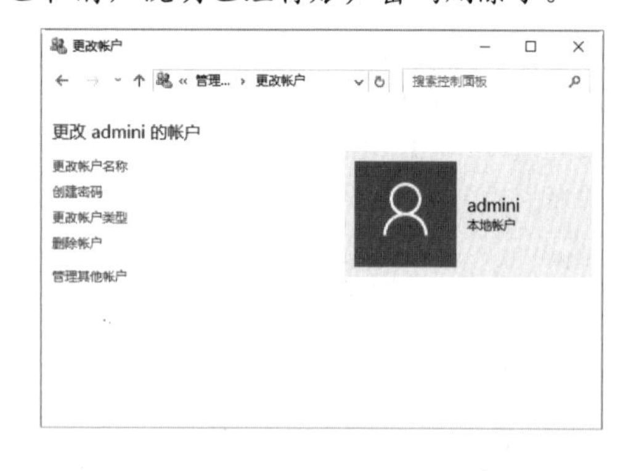

2. 在“设置-账户”窗口中设置账户密码

在“设置-账户”窗口中创建、更改和删除账户密码的具体操作步骤如下。

Step 01 单击“开始”按钮，在弹出的面板中选择“设置”选项。

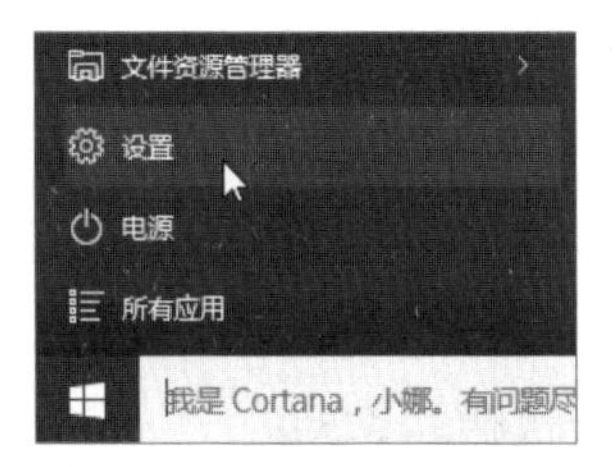

Step 02 此时，可看到打开的“设置”窗口。

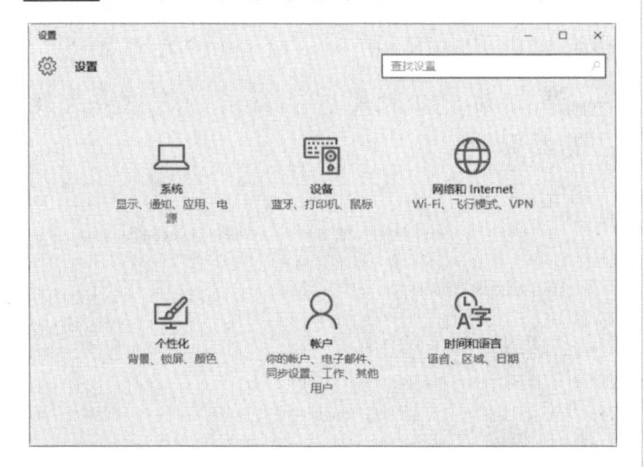

Step 03 单击“账户”超链接，进入“设置-账户”窗口。

Step 04 选择“登录选项”选项，进入“登录选项”窗口。

Step 05 单击“密码”区域下方的“添加”按钮，打开“创建密码”界面，在其中输入密码与密码提示信息。

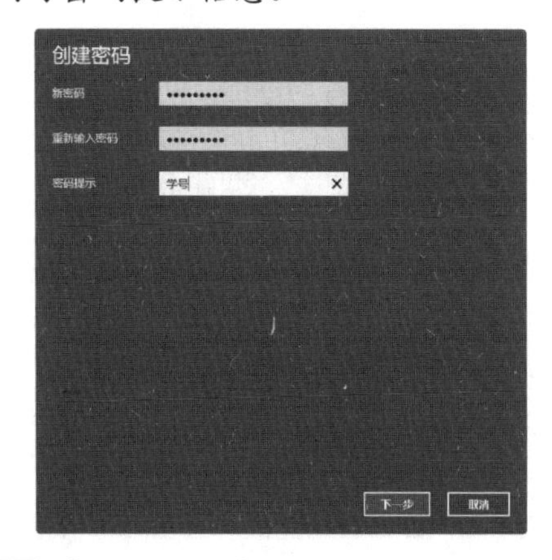

Step 06 单击“下一步”按钮，进入“创建密码”界面，在其中提示用户下次登录时，请输入创建的密码，单击“完成”按钮，即可完成密码的创建。

Step 07 如果想要更改密码，则需要选择“设置-账户”窗口中的“登录选项”选项，进入“登录选项”设置界面。

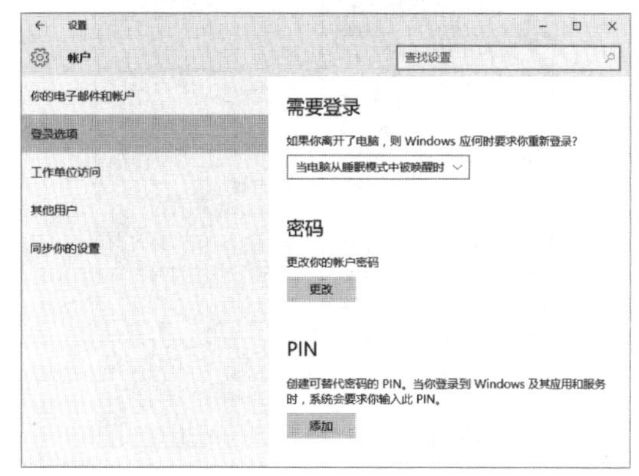

Step 08 单击“密码”区域下方的“更改”按钮，打开“更改密码”对话框，在其中输入当前密码。

Step 09 单击“下一步”按钮，打开“更改密码”对话框，在其中输入新密码和密码提示信息。

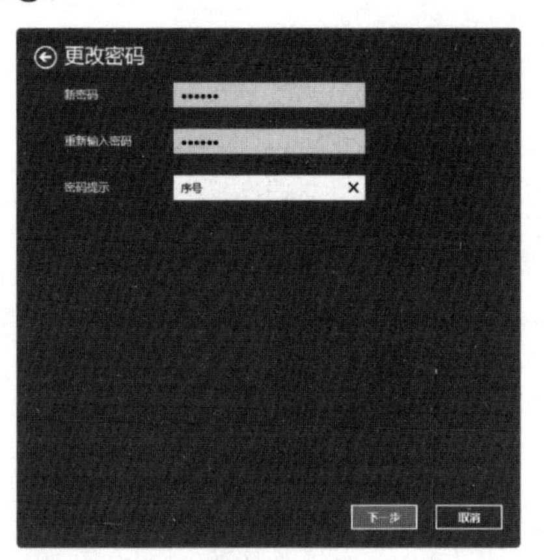

Step 10 单击“下一步”按钮，即可完成本地账户密码的更改操作，单击“完成”按钮。

Step 11 如果想要删除密码，则需要在“更改密码”界面中将密码与密码提示设置为空，然后单击“下一步”按钮，完成删除密码操作。

7.3.4 设置账户名称

对于添加的本地账户，用户可以根据需要设置账户的名称，具体的操作步骤如下。

Step 01 打开“管理账户”窗口，选择要更改名称的账户。

Step 02 进入“更改账户”窗口，单击窗口左侧的“更改账户名称”超链接。

Step 03 进入“重命名账户”窗口，在其中输入账户的新名称。

Step 04 单击“更改名称”按钮，即可完成账户名称的设置。

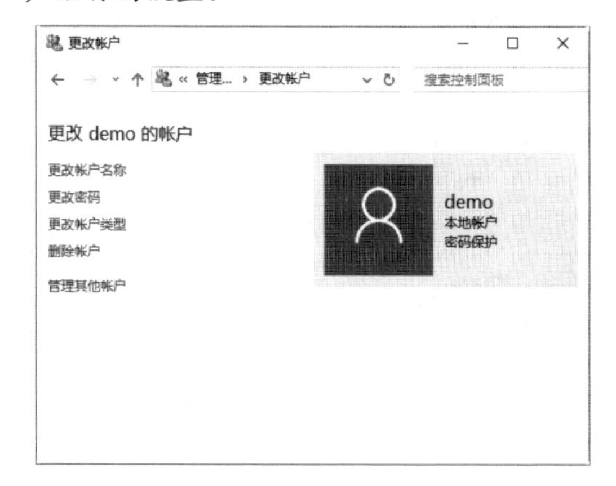

7.3.5　删除用户账户

对于不需要的本地账户，用户可以将其删除，具体的操作步骤如下。

Step 01 打开“管理账户”窗口，在其中选择要删除的账户。

Step 02 进入“更改账户”窗口，在其中单击左侧的“删除账户”超链接。

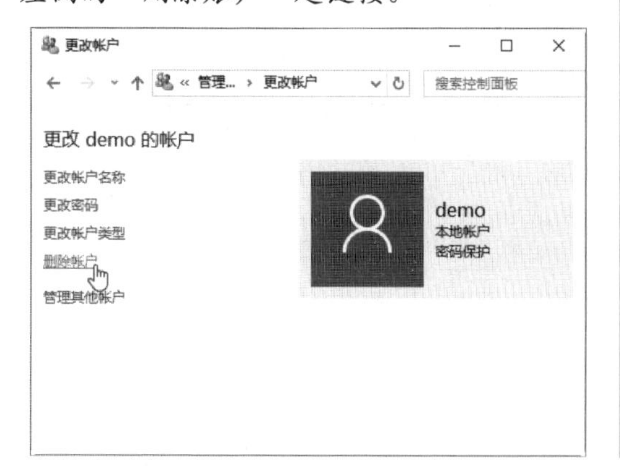

Step 03 进入“删除账户”窗口，提示用户是否保存账户的文件。

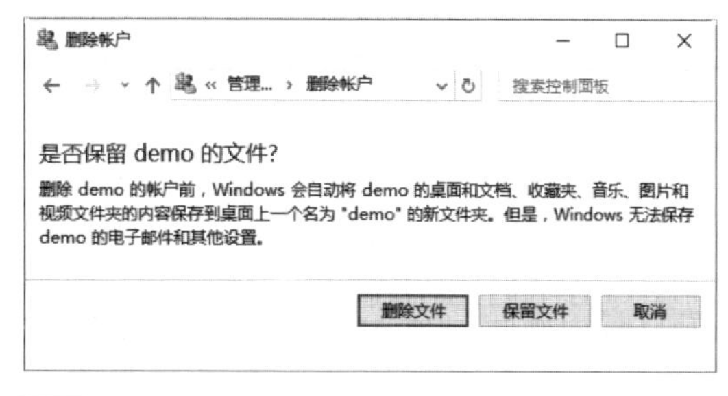

Step 04 单击“删除文件”按钮，进入“确认删除”窗口，提示用户是否确实要删除demo账户。

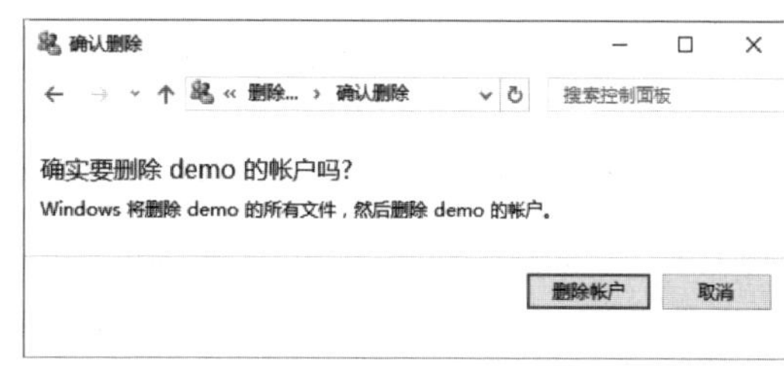

Step 05 单击“删除账户”按钮，即可删除选择的账户，并返回到“管理账户”窗口，在其中可以看到要删除的账户已经不存在了。

提示：对于当前正在登录的账户，Windows是无法删除的，因此，在删除账户的过程中，会弹出一个“用户账户控制面板”信息提示框来提示用户。

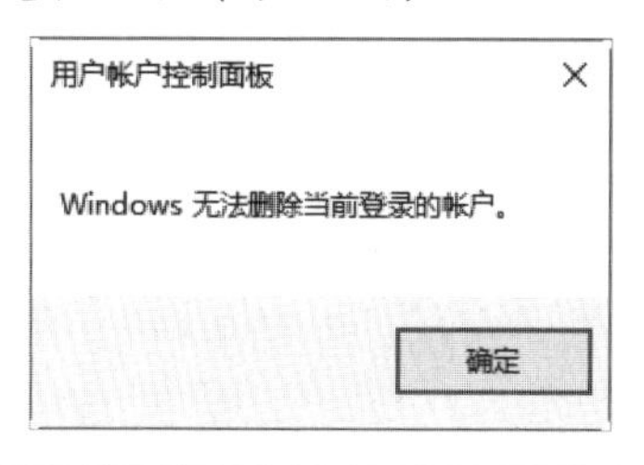

7.3.6 创建密码恢复盘

有时，进入系统的账户密码被黑客破解并修改后，用户就无法进入系统，但如果事先创建了密码恢复盘，就可以强制进行密码恢复以找到原来的密码。Windows系统自带创建账户密码恢复盘功能，利用该功能可以创建密码恢复盘。

创建密码恢复盘的具体操作步骤如下。

Step 01 选择“开始”→“控制面板”命令，打开“控制面板”窗口，双击“用户账户”图标。

Step 02 打开“用户账户”窗口，在其中选择要创建密码恢复盘的账户，单击“创建密码重置盘”超链接。

Step 03 此时，可看到弹出的“欢迎使用忘记密码向导”对话框。

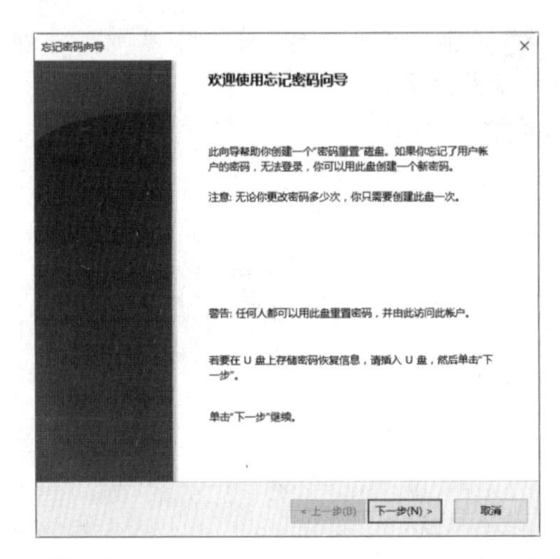

Step 04 单击“下一步”按钮，弹出“创建密码重置盘”对话框。

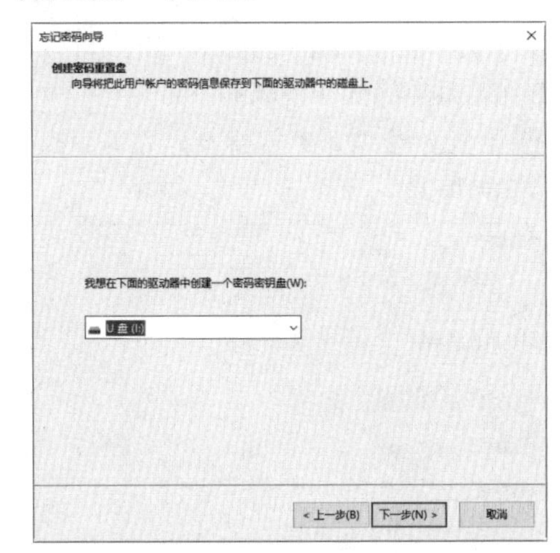

Step 05 单击“下一步”按钮，弹出“当前用户账户密码”对话框，在下面的文本框中输入当前用户密码。

Step 06 单击“下一步”按钮，开始创建密码重置盘。创建完毕后，将它保存到安全的地方，这样就可以在密码丢失后进行账户密码恢复了。

7.4　Microsoft账户的防护策略

Microsoft账户是用于登录Windows操作系统的电子邮件地址和密码，本节介绍Microsoft账户的设置与应用，从而保护电脑系统。

7.4.1　注册并登录Microsoft账户

要想使用Microsoft账户管理此设备，首先需要做的就是在此设备上注册并登录Microsoft账户。注册并登录Microsoft账户的具体操作步骤如下。

Step 01 单击“开始”按钮，在弹出的“开始屏幕”中单击登录用户，在弹出的下拉列表中选择“更改账户设置”选项。

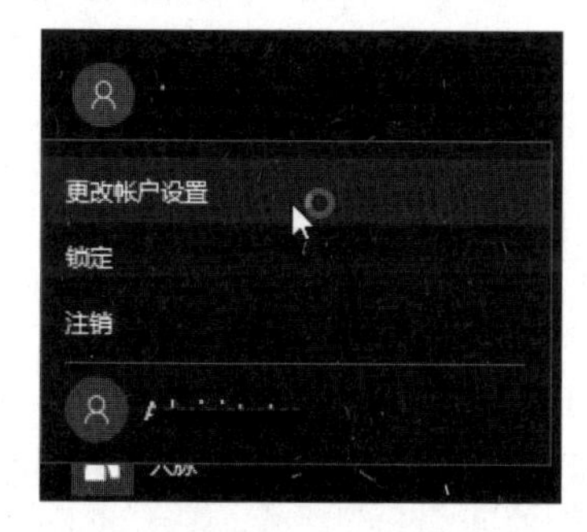

Step 02 打开“设置-账户”窗口，在其中选择“你的电子邮件和账户”选项。

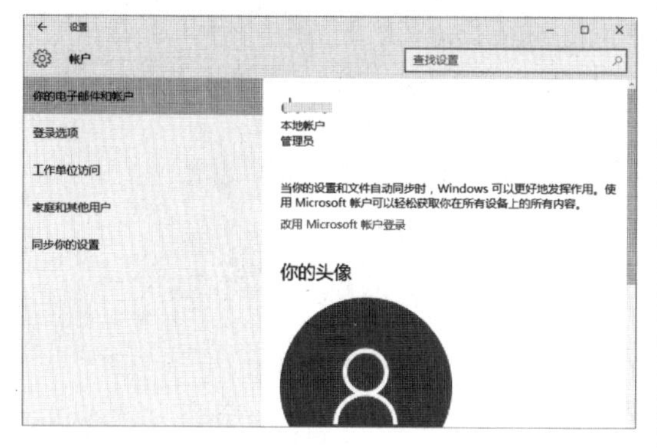

Step 03 单击“电子邮件、日历和联系人”下方的“添加账户”选项。

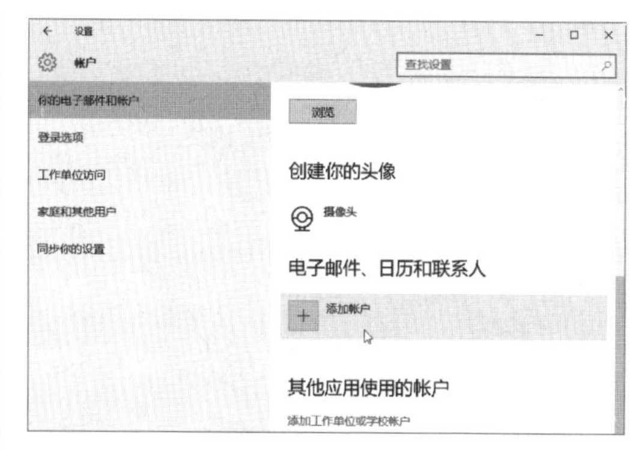

Step 04 弹出“选择账户”对话框，在其中选择“Outlook.com”选项。

Step 05 打开“添加你的Microsoft账户”对话框，在其中可以分别输入Microsoft账户的电子邮箱地址、手机号及密码。如果没有Microsoft账户，则需要单击“创建一个！”超链接。

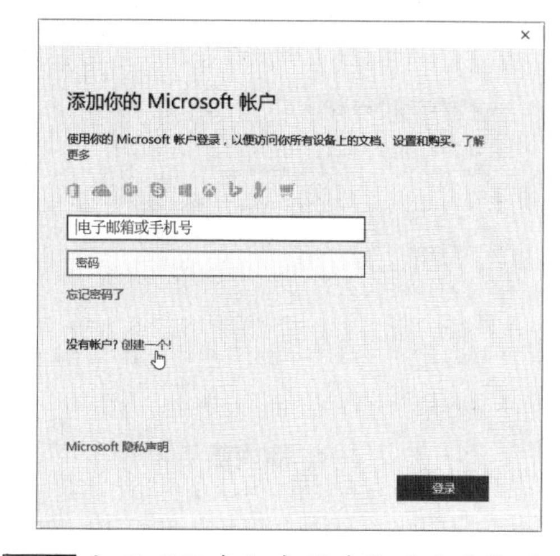

Step 06 打开“让我们来创建你的账户”对话框，在其中输入账户信息。

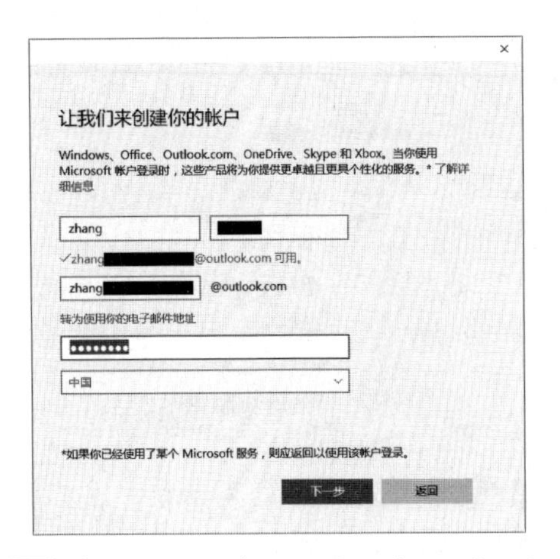

Step 07 单击“下一步”按钮，打开“添加安全信息”对话框，在其中输入手机号码。

Step 08 单击“下一步”按钮，打开“查看与你相关度最高的内容”对话框，在其中查看相关说明信息。

Step 09 单击“下一步”按钮，打开“是否使用Microsoft账户登录此设备？”对话框，在其中输入你的Windows密码。

Step 10 单击“下一步”按钮，打开“全部完成”对话框，提示用户“你的账户已成功设置”。

Step 11 单击“完成”按钮，即可使用Microsoft账户登录到本台计算机上。至此，就完成了Microsoft账户的注册与登录操作。

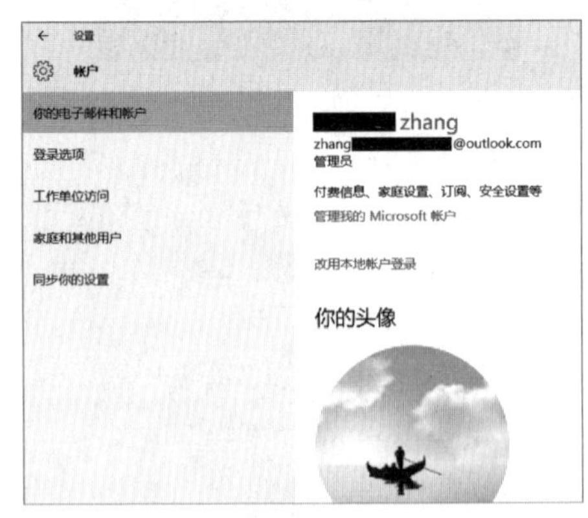

7.4.2 设置账户登录密码

为账户设置登录密码，可以在一定程度上保护电脑的安全。为Microsoft账户设置登录密码的具体操作步骤如下。

Step 01 以Microsoft账户类型登录本台设备，然后选择“设置-账户”窗口中的“登录选项”选项，进入“登录选项”设置界面。

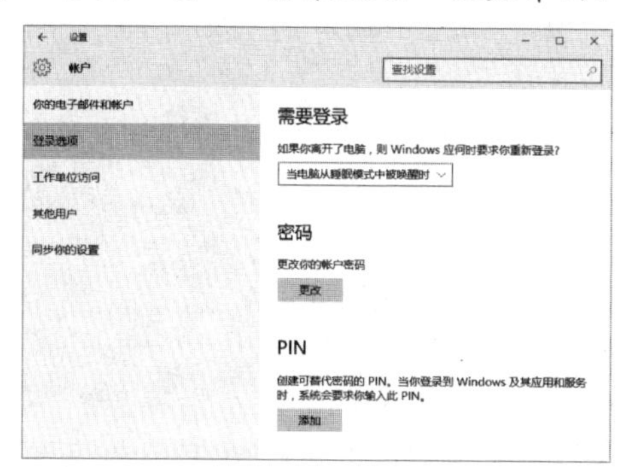

Step 02 单击“密码”区域下方的“更改”按钮，打开“更改你的Microsoft账户密码”对话框，在其中输入当前密码和新密码。

Step 03 单击“下一步”按钮，即可完成Microsoft账户登录密码的更改操作，最后单击“完成”按钮。

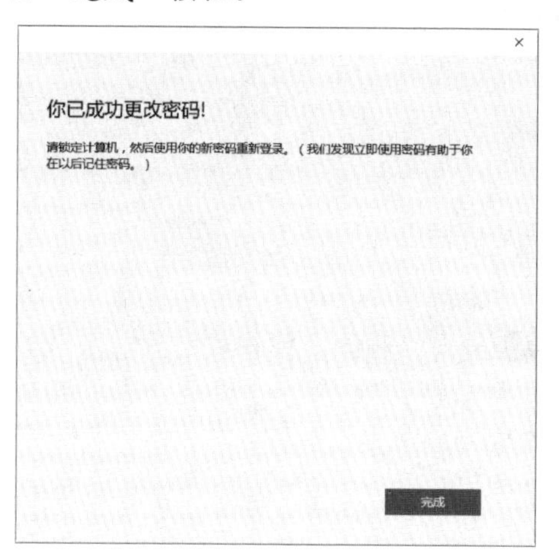

7.4.3　设置PIN密码

PIN密码是可以替代登录密码的一组数据，当用户登录到Windows及其应用和服务时，系统会要求用户输入PIN密码。设置PIN密码的具体操作步骤如下。

Step 01 在“设置-账户”窗口中选择“登录选项”选项，在右侧可以看到用于设置PIN密码的区域。

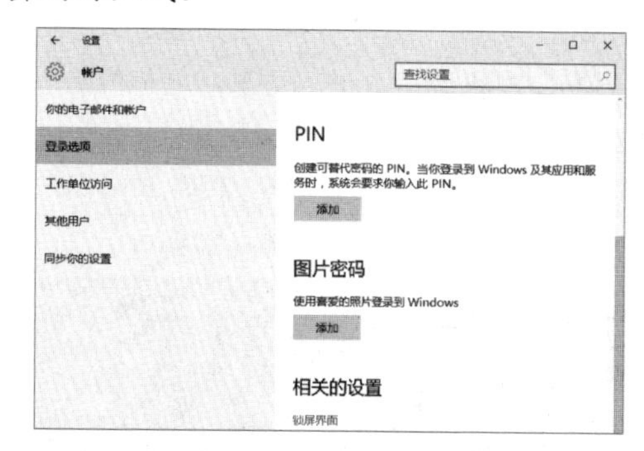

Step 02 单击PIN区域下方的“添加”按钮，打开“请重新输入密码”对话框，在其中输入账户的登录密码。

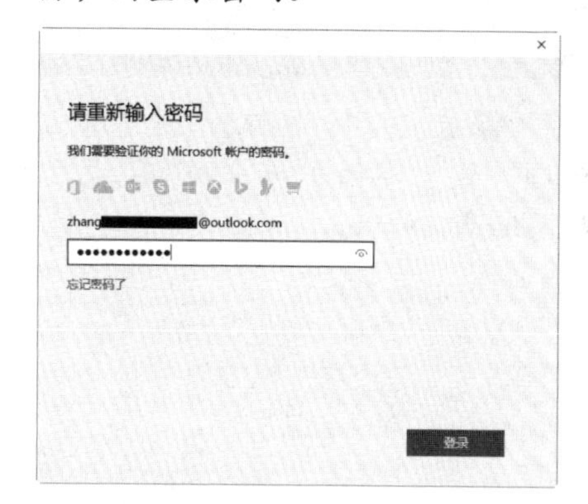

Step 03 单击“登录”按钮，打开“设置PIN”对话框，在其中输入PIN密码。

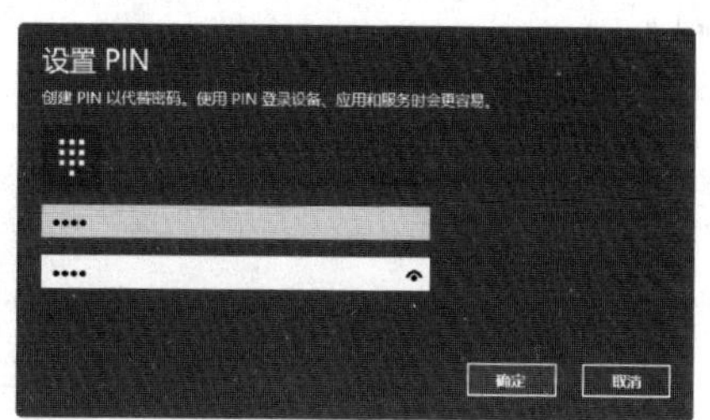

Step 04 单击“确定”按钮，即可完成PIN密码的添加操作，并返回到“登录选项”设置界面中。

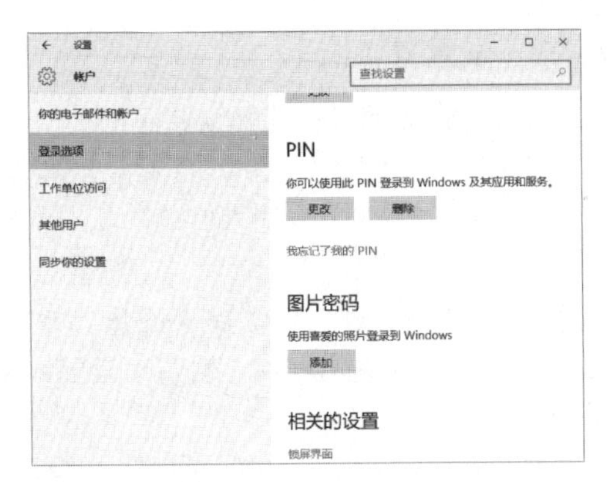

Step 05 如果想要更改PIN密码，则可以单击PIN区域下方的“更改”按钮，打开“更改PIN”对话框，在其中输入更改后的PIN密码，然后单击“确定”按钮即可。

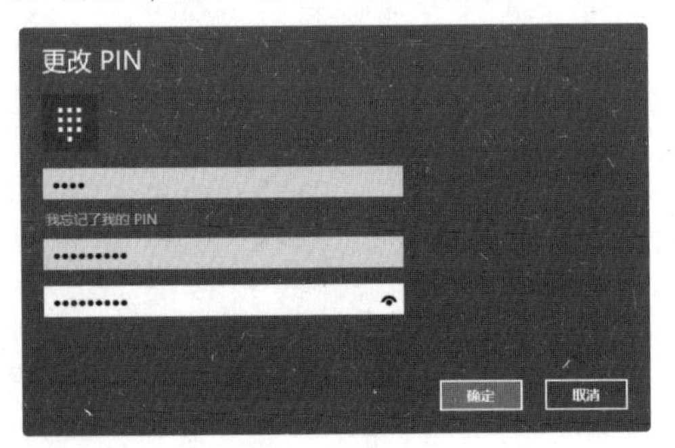

Step 06 如果忘记了PIN密码，则可以在“登录选项”设置界面中单击PIN区域下方的“我忘记了我的PIN”超链接。

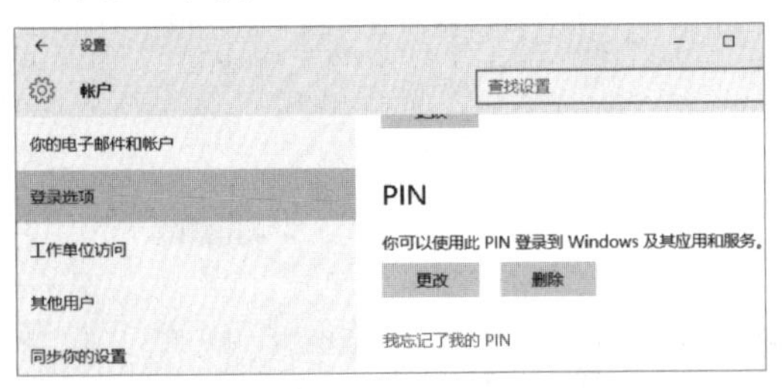

Step 07 打开“首先，请验证你的账户密码”对话框，在其中输入登录账户密码。

Step 08 单击“确定”按钮，打开“设置PIN”对话框，在其中重新输入PIN密码，单击“确定”按钮即可。

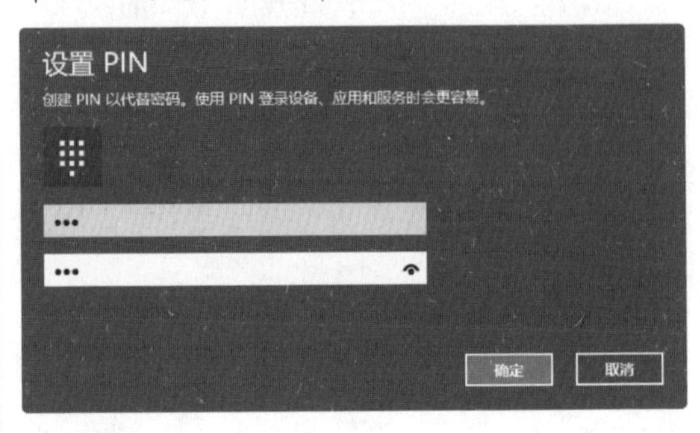

Step 09 如果想要删除PIN密码，则可以在“登录选项”设置界面中单击PIN设置区域下方的“删除”按钮。

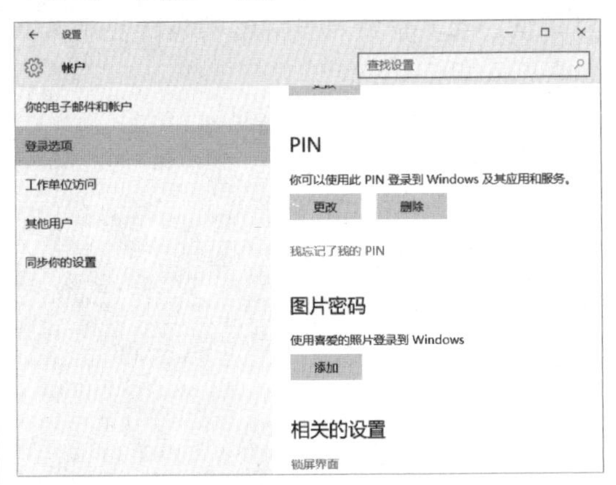

Step 10 在PIN密码区域显示出确实要删除PIN密码的信息提示。

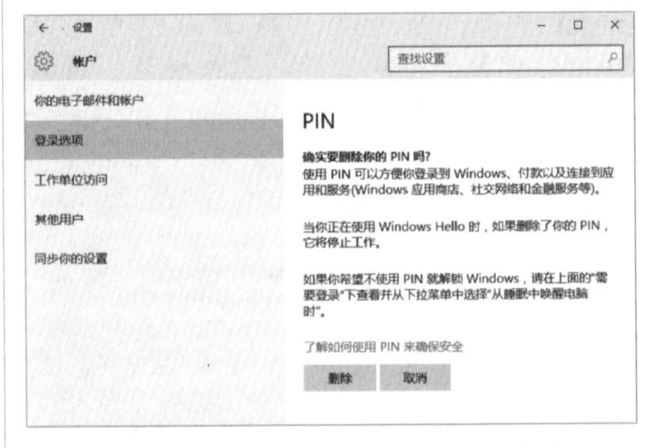

Step 11 单击“删除”按钮，打开“首先，请验证你的账户密码”对话框，在其中输入登录密码。

Step 12 单击“确定”按钮，即可删除PIN密码，并返回到“登录选项”设置界面中，可以看到PIN设置区域只剩下“添加”按钮，说明删除成功。

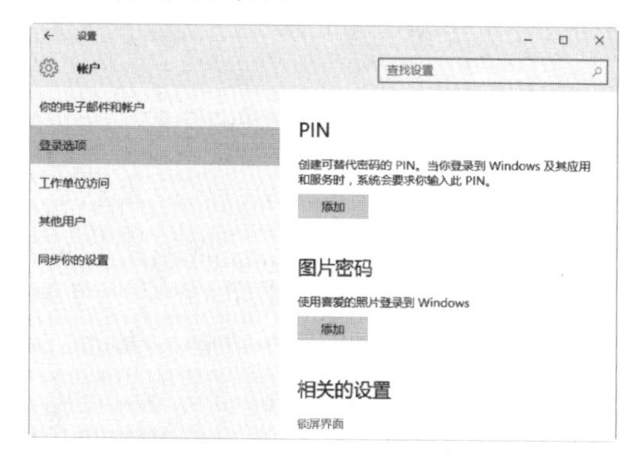

7.4.4　使用图片密码

图片密码是一种帮助用户保护触屏电脑的全新方法，要想使用图片密码，用户需要选择图片并在图片上画出各种手势，以此来创建独一无二的图片密码。

创建图片密码的具体操作步骤如下。

Step 01 在“登录选项”工作界面中单击“图片密码”下方的“添加”按钮。

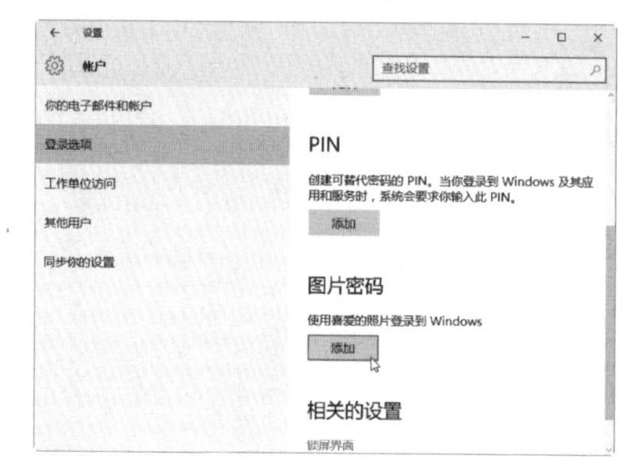

Step 02 打开“创建图片密码”对话框，在其中输入账户登录密码。

Step 03 单击“确定”按钮，进入“图片密码”窗口。

Step 04 单击“选择图片”按钮，弹出“打开”对话框，在其中选择用于创建图片密码的图片。

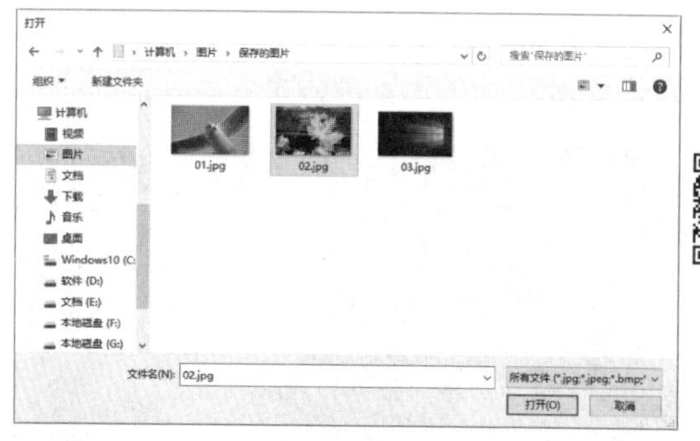

Step 05 单击“打开”按钮，返回到“图片密码”窗口，在其中可以看到添加的图片。

Step 06 单击“使用此图片”按钮，进入“设置你的手势”窗口，在其中通过拖曳鼠标绘制手势。

Step 07 手势绘制完毕后，进入“确认你的手势”窗口，在其中确认上一步绘制的手势。

Step 08 手势确认完毕后，进入“恭喜！”窗口，提示用户图片密码创建完成。

Step 09 单击“完成”按钮，返回到“登录选项”工作界面，“添加”按钮已经不存在，说明图片密码添加完成。

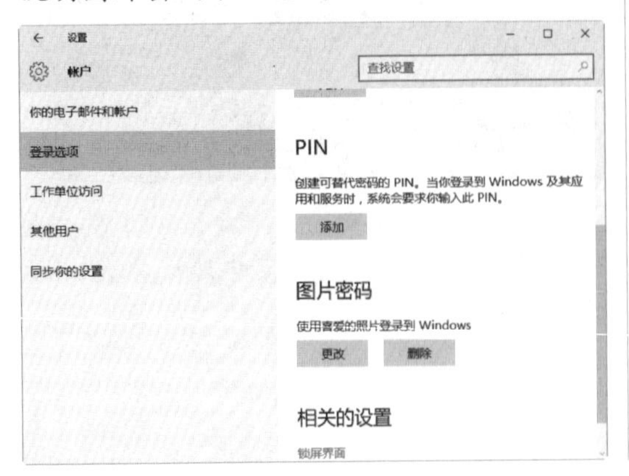

提示：如果想要更改图片密码，可以通过单击“更改”按钮来操作；如果想要删除图片密码，则可以单击“删除”按钮。

7.5 别样的系统账户数据防护策略

为了自己的电脑系统账户密码不被盗取，用户还需要在平时加强对电脑账户密码的管理。

7.5.1 更改系统管理员账户名称

在系统中Administrator账户是默认的系统管理员账户，而且无法轻易删除。黑客可以使用扫描工具和攻击工具，对Administrator账户密码进行猜解，因此，对Administrator账户加强保护是非常必要的。对Administrator账户保护最直接的方法是删除，其次是更改名称，使黑客的扫描工具不能寻找到Administrator账户名称，避免对其密码的破解。

更改Administrator账户名称的具体方法如下。

Step 01 在“控制面板”窗口中双击“管理工具”图标，进入“管理工具”窗口。

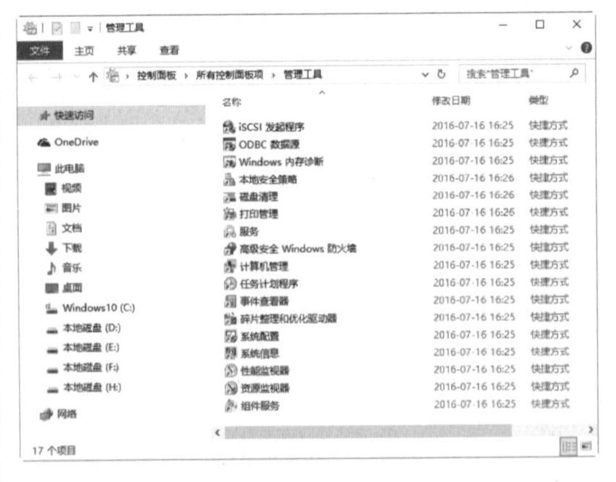

Step 02 在“管理工具”窗口中双击“计算机管理”图标，打开“计算机管理”窗口。

Step 03 在左侧窗口中展开“系统工具”→“本地用户和组”选项，选取“用户”项。

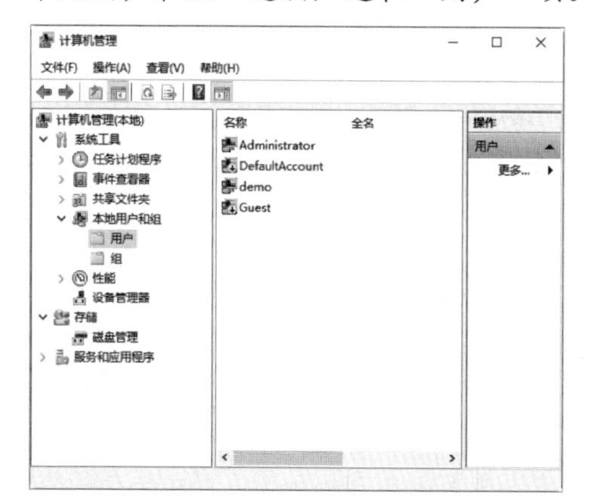

Step 04 在右侧窗口中选中“Administrator”账户名称并右击，弹出的快捷菜单中包括“设置密码”“删除”“重命名”“属性”“帮助”等。

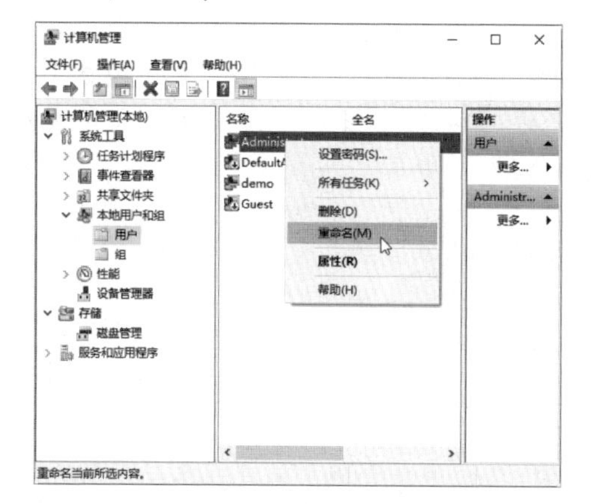

Step 05 在快捷菜单中执行“重命名”命令，则Administrator账户名称处于可修改状态，删除原来的名称并输入新的名称，如下图所示为修改后的系统管理员账户名称。

提示：修改后的名称不要使用Admin、root等系统常用的名称，否则与不修改没有两样。

7.5.2　通过伪造陷阱账户保护管理员账户

除了更改系统管理员账户的名称这个方法外，用户还可以在此操作的基础上，再重新创建一个名称为“Administraotr”的账户，但不赋予该账户任何权限，并且设置一个高度复杂的密码，然后对该账户启用审核功能。

设置账户陷阱的具体操作步骤如下。

Step 01 打开“计算机管理”窗口，依次展开“系统工具”→“本地用户和组”→“用户”选项，在右侧窗口的空白处右击，从弹出的快捷菜单中选择“新用户”菜单项。

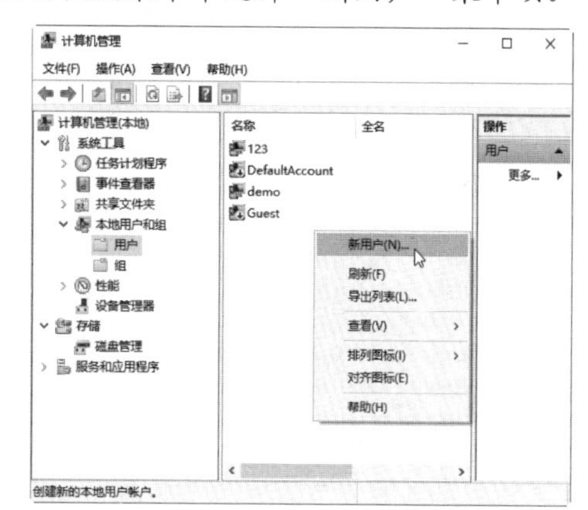

Step 02 打开“新用户”对话框，在“用户名”文本框和“全名”文本框中分别输入

Administrator，然后在“密码”文本框和“确认密码”文本框中设置高度复杂的密码，并勾选“用户不能更改密码”复选框。

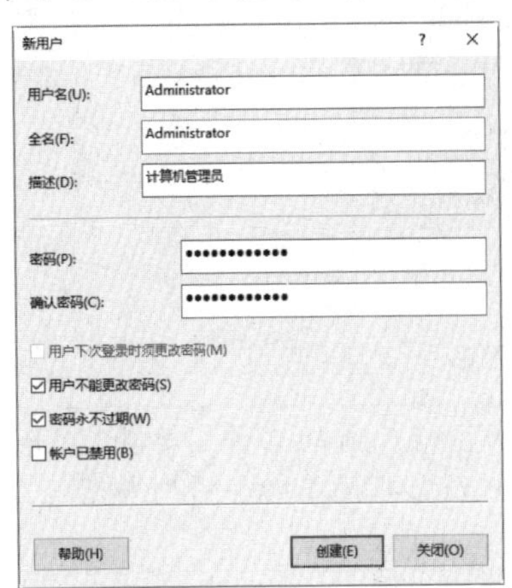

Step 03 单击“创建”按钮，即可在系统用户列表中发现多出一个Administrator账户。

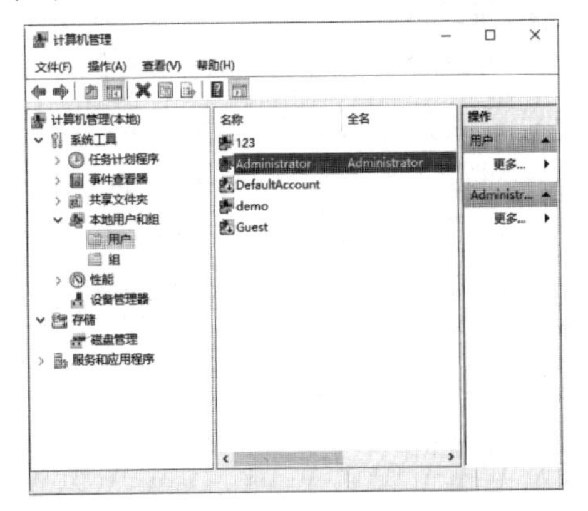

Step 04 右击该账户，在弹出的快捷菜单中选择“属性”菜单项，打开“Administrator属性”对话框。

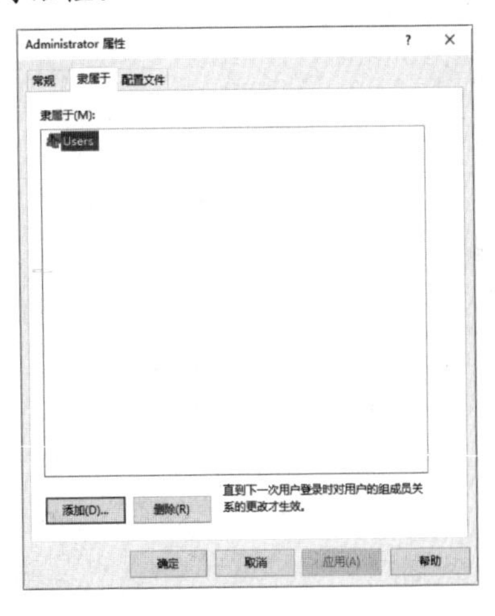

Step 05 单击“添加”按钮，打开“选择组”对话框。

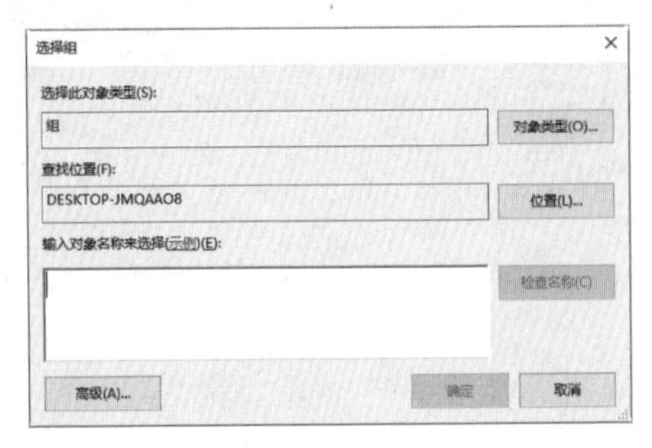

Step 06 单击“高级”按钮，即可发现该对话框的功能被扩展，再单击“立即查找”按钮，即可将当前系统中所有的组列出来。

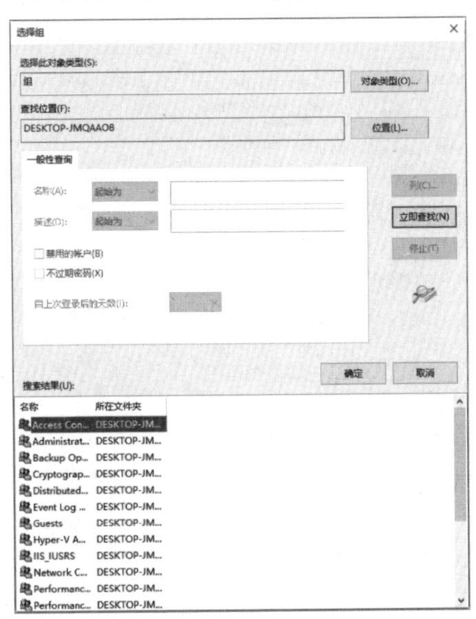

Step 07 选取Guests用户组，单击“确定”按钮，即可将其添加到“输入对象名称来选择”文本框中。

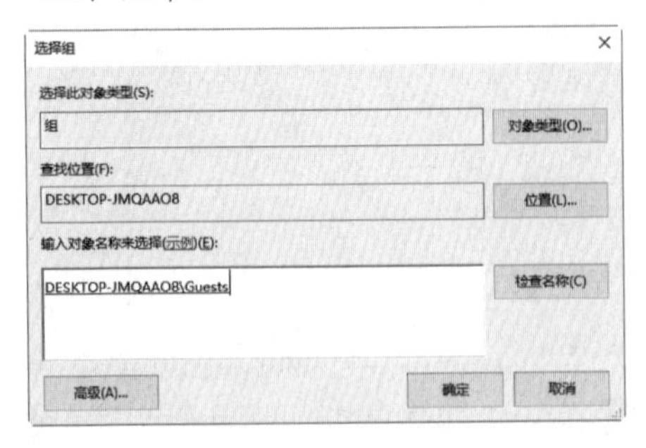

Step 08 单击“确定”按钮，即可将Guests用户组添加到Administrator的“隶属于”列表框中。

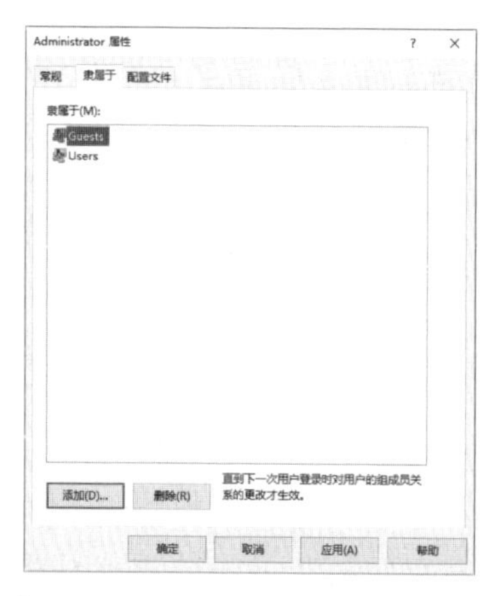

Step 09 在“隶属于”列表框中，选择Users用户组，单击“删除”按钮将其删除，即可完成系统账户陷阱的设置。

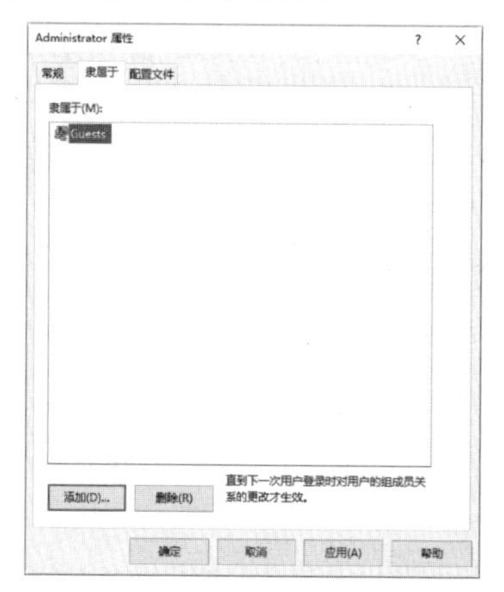

不过这样还不够完美，稍有经验的黑客都会从本地或Terminal Service的登录界面中查看到登录过的用户名，识破我们的陷阱，因此还需要禁止显示登录的用户名。

Step 01 打开“控制面板”窗口，双击“管理工具”→“本地安全策略”图标。

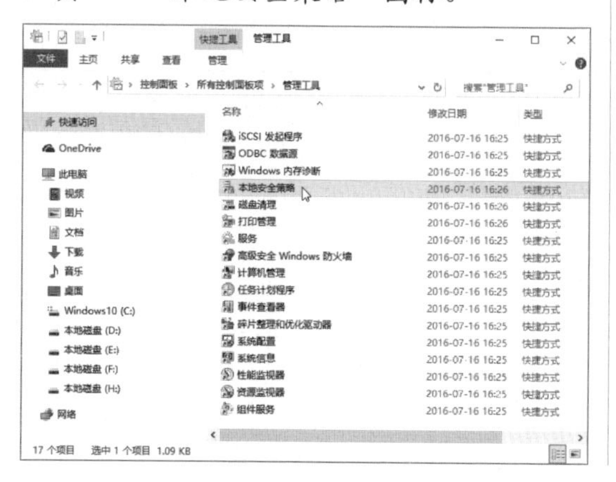

Step 02 打开“本地安全策略”窗口，依次展开“本地策略”→“安全选项”选项，在右侧窗口中找到“交互式登录：不显示最后的用户名”选项，并单击右键，在弹出的快捷菜单中选择“属性”菜单项。

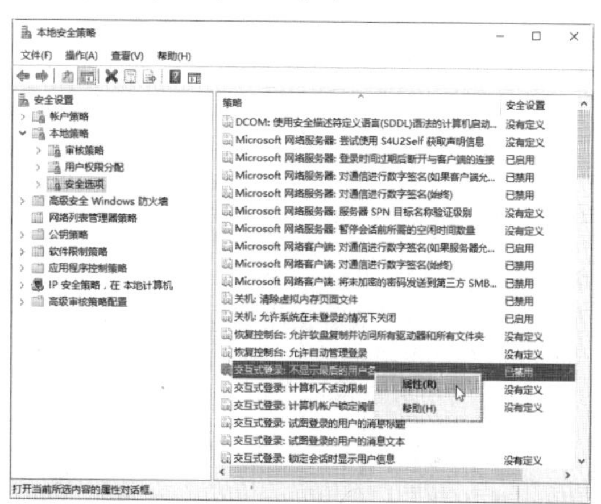

Step 03 打开“交互式登录：不显示最后的用户名 属性”对话框，选中“已启用”单选按钮，单击“确定”按钮，即可完成操作，使系统不再显示登录的用户名称。

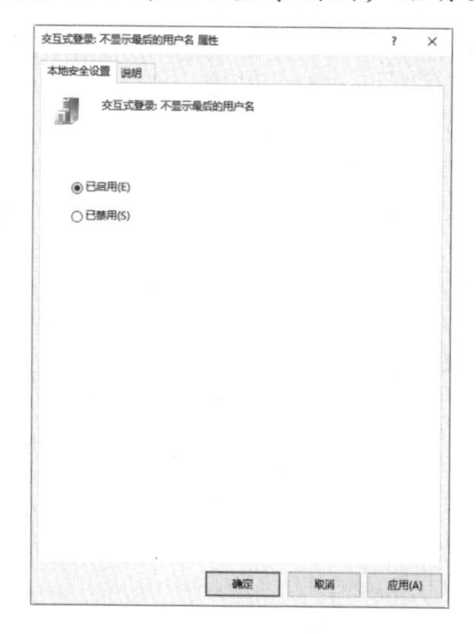

7.5.3 限制Guest账户的操作权限

停用Guest账户也不太现实，尤其在局域网共享中，Guest账户用起来还是比较方便的。可是Guest账户存在着很大的安全隐患，只要用户对Guest账户设定相关的操作权限，限制其操作的范围，这样既可以防止黑客的利用又可以享受Guest账户的便

利。设置Guest账户操作权限的具体操作步骤如下。

Step 01 在“运行”对话框中输入gpedit.msc命令，单击“确定”按钮。

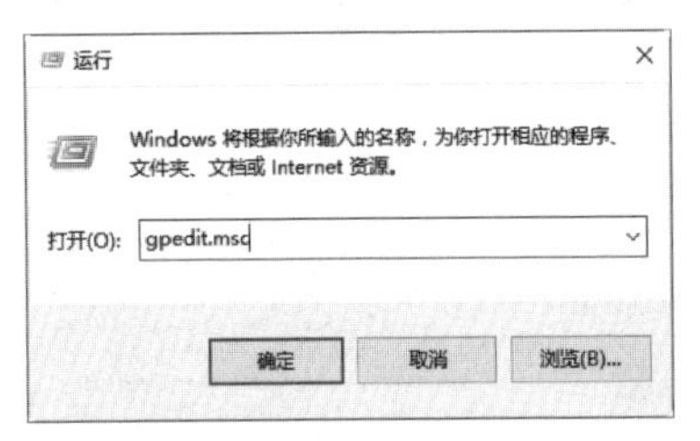

Step 02 打开“组策略”窗口，依次展开“计算机配置”→“Windows设置”→“安全设置”→“本地策略”→“安全选项”选项。

Step 03 在右侧的窗口中双击“网络访问：不允许SAM账户和共享的匿名枚举”选项，打开“网络访问：不允许SAM账户和共享的匿名枚举属性”对话框，选中“已启用”单选按钮。

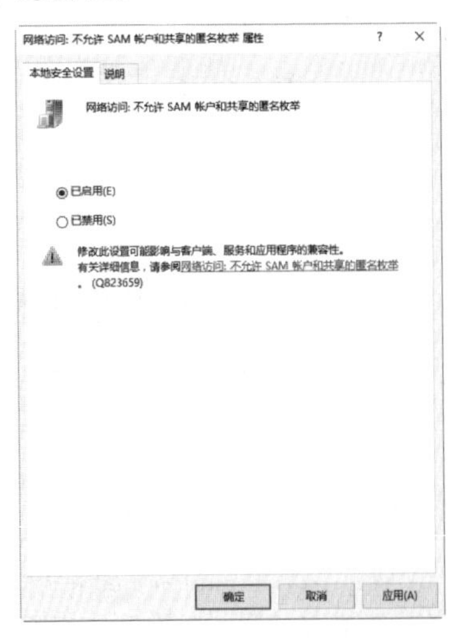

Step 04 单击“确定”按钮，完成设置。

7.6 通过组策略提升系统账户密码的安全

用户在“组策略编辑器”窗口中进行相关功能的设置，可以提升系统账户密码的安全系数，如密码策略、账户锁定策略等。

7.6.1 设置账户密码的复杂性

在“组策略编辑器”窗口中通过密码策略可以对密码的复杂性进行设置，当用户设置的密码不符合密码策略时，就会弹出提示信息。

设置密码策略的具体操作步骤如下。

Step 01 在“本地组策略编辑器”窗口中展开“计算机配置”→“Windows设置”→“安全设置”→“账户策略”→“密码策略”项，进入“密码策略设置”界面。

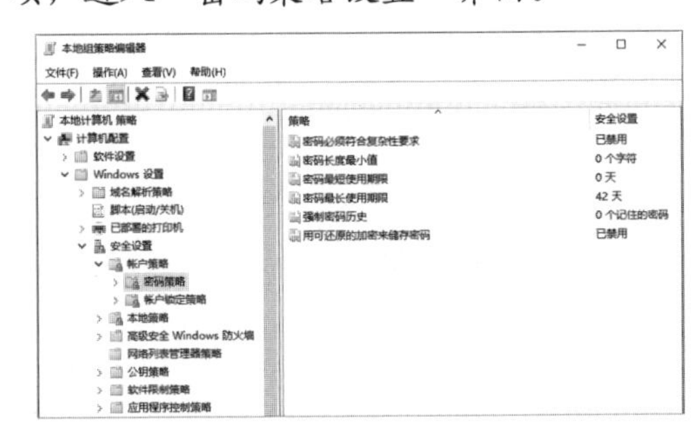

Step 02 双击“密码必须符合复杂性要求”选项，打开“密码必须符合复杂性要求 属性”对话框，选中“已启用”单选按钮，即可启用密码复杂性要求。

Step 03 双击“密码长度最小值”选项，即可打开“密码长度最小值 属性”对话框，根据实际情况输入密码的最少字符个数。

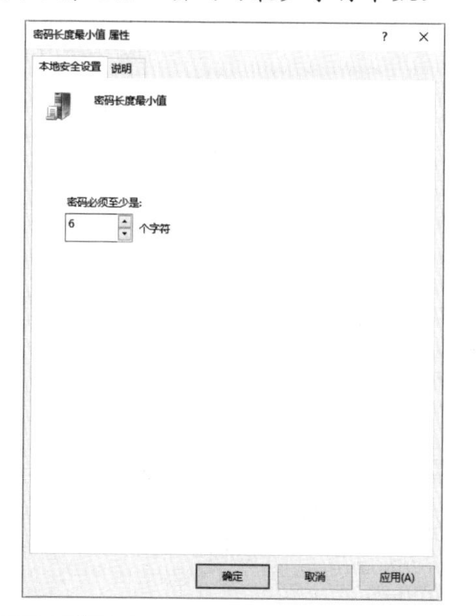

提示：由于空密码和太短的密码都很容易被专用破解软件猜测到，为减小密码破解的可能性，密码应该尽量长。而且有特权用户（例如Administrators组的用户）的密码长度最好超过12个字符。一个用来加强密码长度的方法是使用不在默认字符集中的字符。

Step 04 双击“密码最长使用期限”选项，打开“密码最长使用期限 属性”对话框，在“密码过期时间”文本框中设置密码过期的天数。

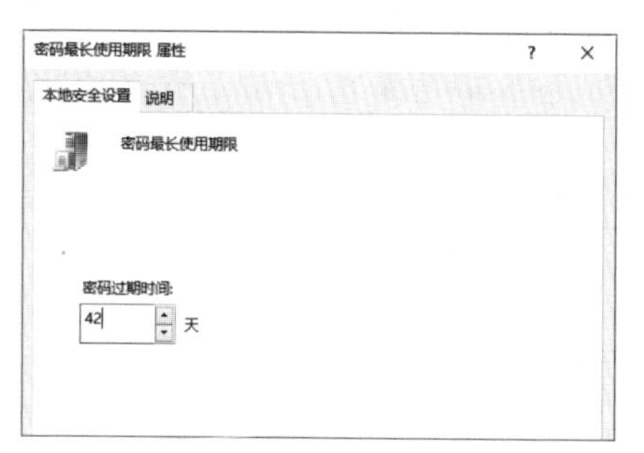

Step 05 双击“密码最短使用期限”选项，打开“密码最短使用期限 属性”对话框。根据实际情况设置密码最短存留期后，单击“确定”按钮即可。默认情况下，用户可在任何时间修改自己的密码，因此，用户可以更换一个密码，立刻再更改回原来的旧密码。这个选项可用的设置范围是0（密码可随时修改）或1～998（天），建议设置为1天。

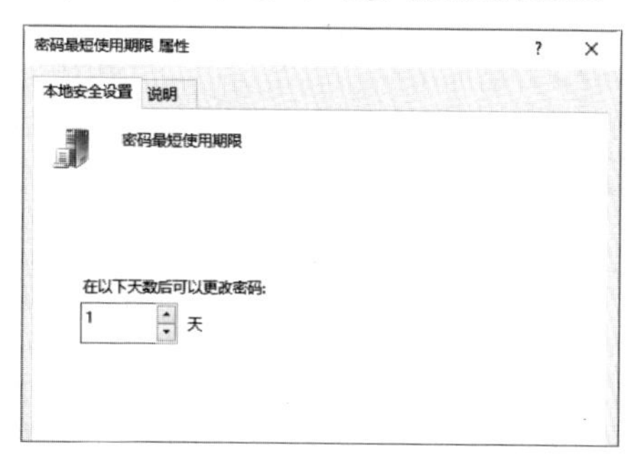

Step 06 双击“强制密码历史”选项，打开“强制密码历史 属性”对话框，根据个人情况设置保留密码历史的个数。

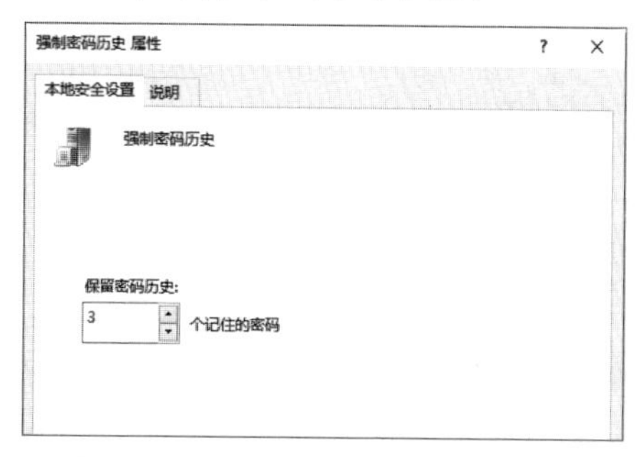

7.6.2　开启账户锁定功能

Windows 10操作系统具有账户锁定功能，可以在登录失败的次数达到管理员指定次数后锁定该账户。如可以设定在登录失败次数达到一定次数后启用本地账户锁定，可以设置在一定的时间后自动解锁，或将锁定期限设置为“永久”。

启用账户锁定功能可以使黑客不能使用该账户，除非只尝试少于管理员设定的次数就猜解出密码；如果自己已经设置对登录记录的记录和检查，并记录这些登录事件，通过检查登录日志，就可以发现那些不安全的登录尝试。

如果一个账户已经被锁定，管理员可以使用Active Directory、启用域账户、使用计算机管理等来启用本地账户，而不用等待账户自动启用。系统自带的Administrator账户不会随着账户锁定策略的设置而被锁定，但当使用远程桌面时，会因为账户锁定策略的设置而使得Administrator账户在设置的时间内，无法继续使用远程桌面。

在“本地组策略编辑器”窗口中启用“账户锁定”策略的具体设置步骤如下。

Step 01 在“本地组策略编辑器”窗口中展开“计算机配置”→“Windows设置”→“安全设置”→“账户策略”→“账户锁定策略”选项，进入“账户锁定策略设置”窗口。

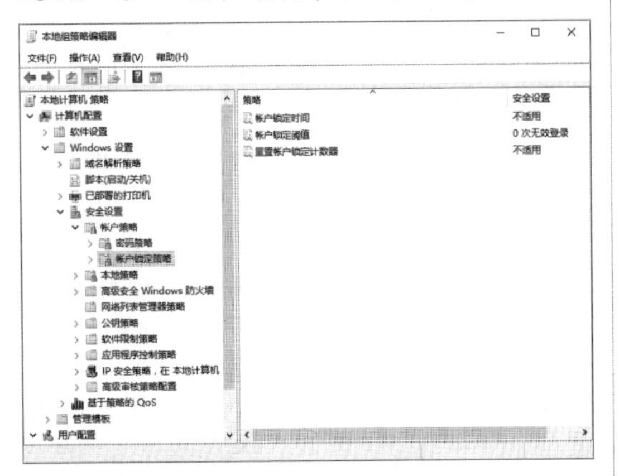

Step 02 在右侧“策略”列表中双击“账户锁定阈值”选项，打开“账户锁定阈值 属性”对话框。

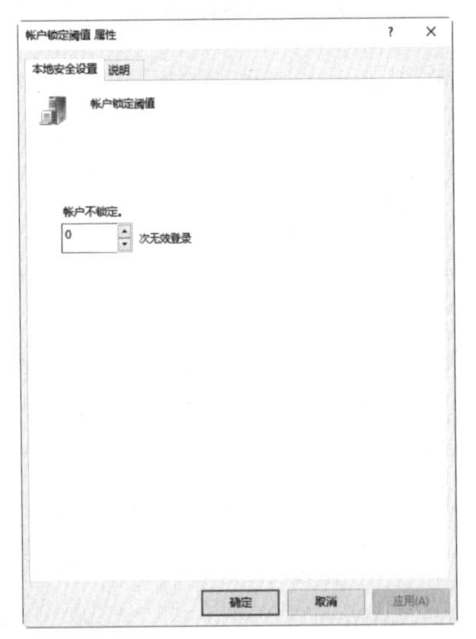

Step 03 在“账户不锁定”文本框中根据实际情况输入相应的数字，这里输入的是3，即表明登录失败3次后被猜测的账户将被锁定。

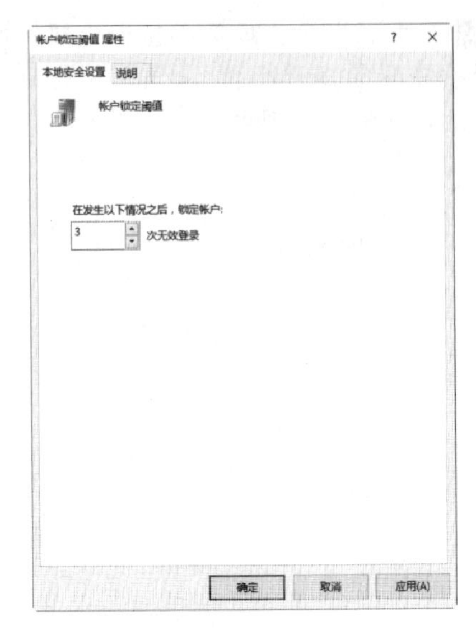

Step 04 单击“应用”按钮，弹出“建议的数值改动”对话框，连续单击“确定”按钮，即可完成应用设置操作。

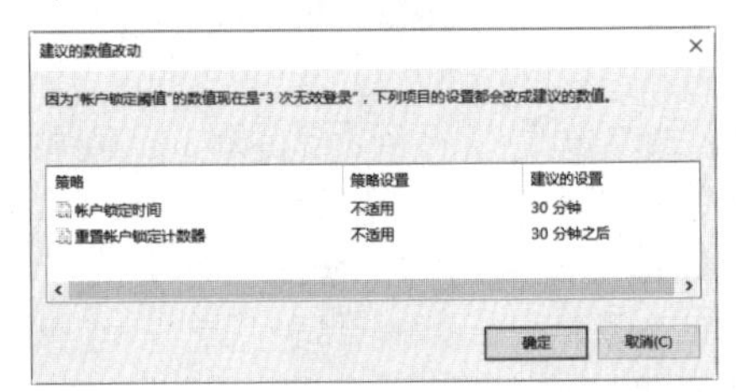

Step 05 在“账户锁定策略设置”窗口中的“策略”列表中双击“重置账户锁定计数器”选项，即可打开“重置账户锁定计数器 属性”对话框，在其中设置重置账户锁定计数器的时间。

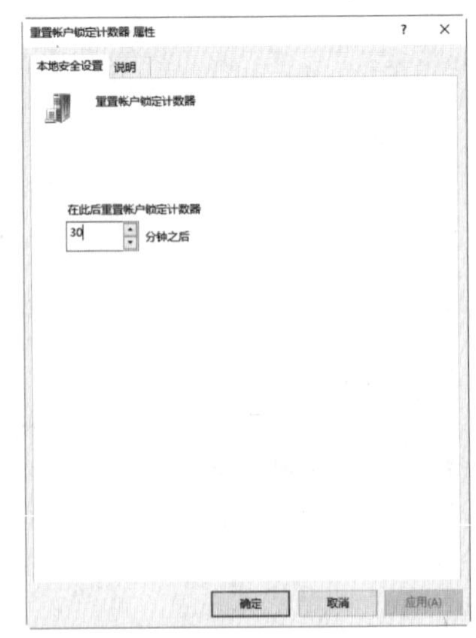

Step 06 在“账户锁定策略设置”窗口的“策略”列表中双击“账户锁定时间”选项，即可打开“账户锁定时间 属性”对话框，在其中设置账户锁定时间。

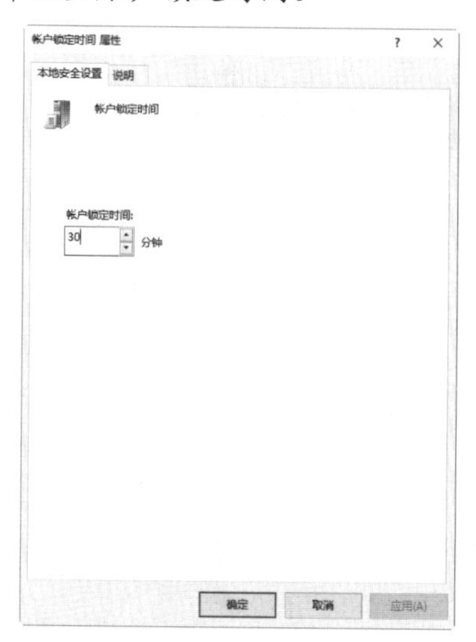

7.6.3 利用组策略设置用户权限

当多人共用一台计算机时，可以在“本地组策略编辑器”窗口中设置不同的用户权限，这样就限制黑客访问该计算机时要进行的某些操作。利用组策略设置用户权限的具体操作步骤如下。

Step 01 在“本地组策略编辑器”窗口中展开“计算机配置”→“Windows设置”→“安全设置”→“本地策略”→“用户权限分配”选项，即可进入“用户权限分配设置”窗口。

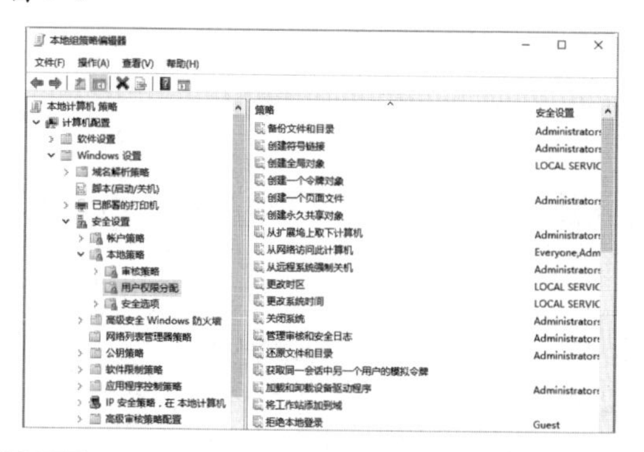

Step 02 双击需要改变的用户权限选项，如“从网络访问此计算机”选项，打开“从网络访问此计算机 属性”对话框。

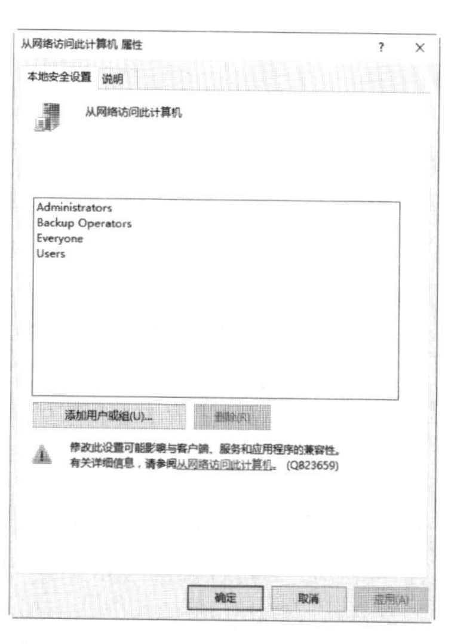

Step 03 单击“添加用户或组”按钮，即可打开“选择用户或组”对话框，在“输入对象名称来选择”文本框中输入添加对象的名称。

Step 04 单击“确定”按钮，即可完成用户权限的设置操作。

7.7 实战演练

实战演练1——禁止Guest账户在本系统登录

如何才能加强对Guest账户的管理，防止被黑客利用呢？用户可以参照如下方法进行。

Step 01 在“本地组策略编辑器”窗口中依次展开“计算机配置”→“Windows设置”→“安全设置”→“本地策略”→“用户权限分配”选项，然后在右侧窗口中找到“允许本地登录”选项并右击鼠标，在弹出的快捷菜单中选择“属性”菜单项。

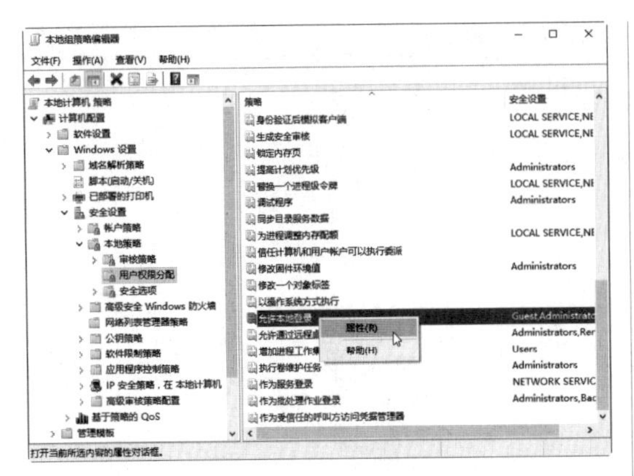

Step 02 打开“允许本地登录 属性”对话框，选择列表框中的Guest选项，然后单击“删除”按钮，使Guest账户不能在本地系统中登录。

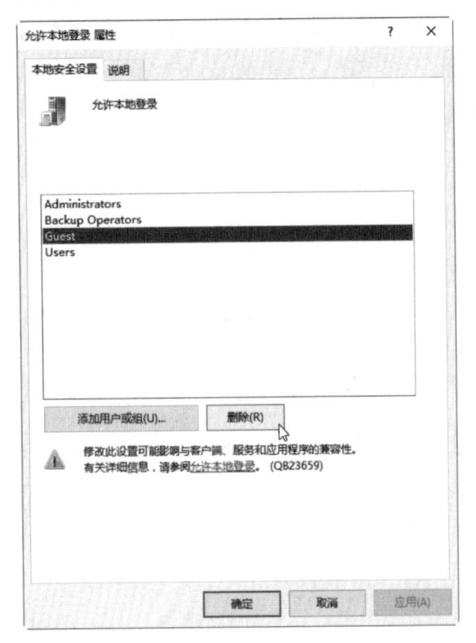

实战演练2——找回Microsoft账户的登录密码

在计算机的使用过程中，忘记开机登录密码是常有的事，而Windows10操作系统的登录密码是无法强行破解的，需要登录微软的一个找回密码的网站，重置密码，才能登录进入系统桌面，具体的操作步骤如下。

Step 01 打开一台可上网的计算机，在IE地址栏中输入找回密码的网站网址“account.live.com”，按Enter键，进入其操作界面。

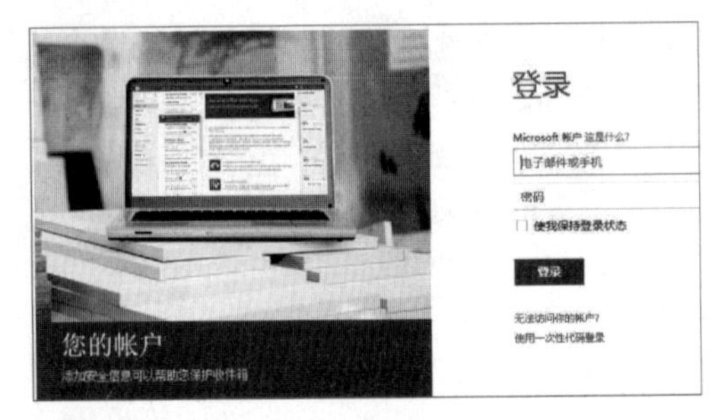

Step 02 单击“无法访问你的账户？”超链接，打开“为何无法登录？”界面，在其中选中“我忘记了密码”单选按钮。

Step 03 单击“下一步”按钮，打开“恢复你的账户”界面，在其中输入要恢复的Microsoft账户和看到的字符。

Step 04 单击“下一步”按钮，打开“我们需要验证你的身份”界面，在其中选中“短信至*******81”单选按钮，并在下方的文本框中输入手机号码的后四位。

Step 05 单击“发送代码”按钮，即可往手机中发送安全代码，并打开“输入你的安全代码”界面，在其中输入接收到的安全代码。

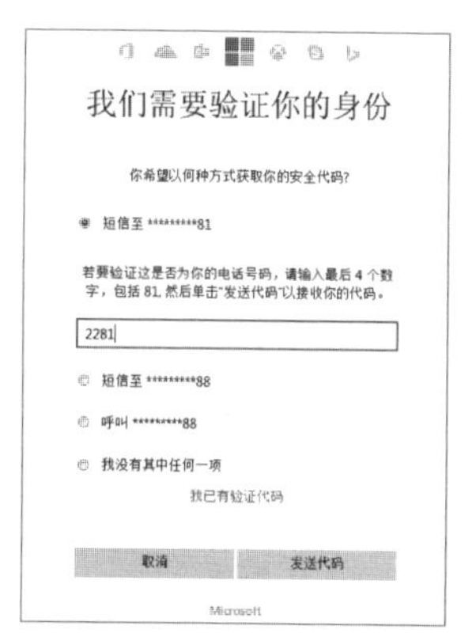

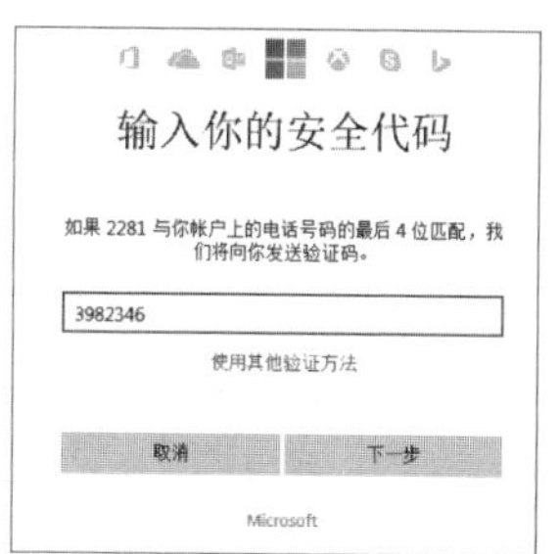

Step 06 单击“下一步”按钮，打开“重新设置密码”界面，在其中输入新的密码，并确认再次输入新的密码。

Step 07 单击“下一步”按钮，打开“你的账户已恢复”界面，在其中提示用户可以使用新的安全信息登录到你的账户了。

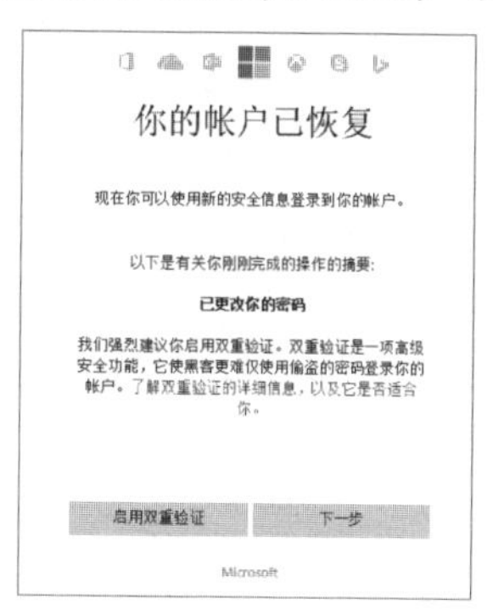

7.8　小试身手

练习1：取消Windows开机密码

虽然使用账户登录密码，可以保护电脑的隐私安全，但是每次登录时都要输入密码，对于一部分用户来讲，太过于麻烦。用户可以根据需求，选择是否使用开机密码，如果希望可以跳过输入密码直接登录Windows，可以参照以下步骤取消开机密码。

Step 01 在电脑桌面中，按Windows+R组合键，打开“运行”对话框，在“打开”文本框中输入netplwiz，按Enter键确认。

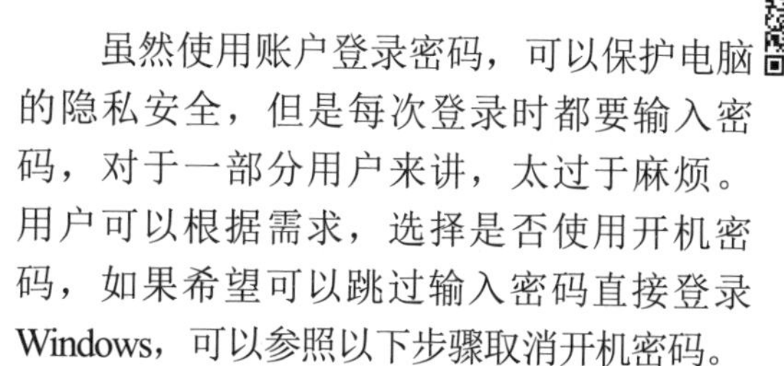

Step 02 弹出“用户账户”对话框，选中本机用户，并取消勾选“要使用本计算机，用户必须输入用户名和密码”复选框，单击“应用”按钮。

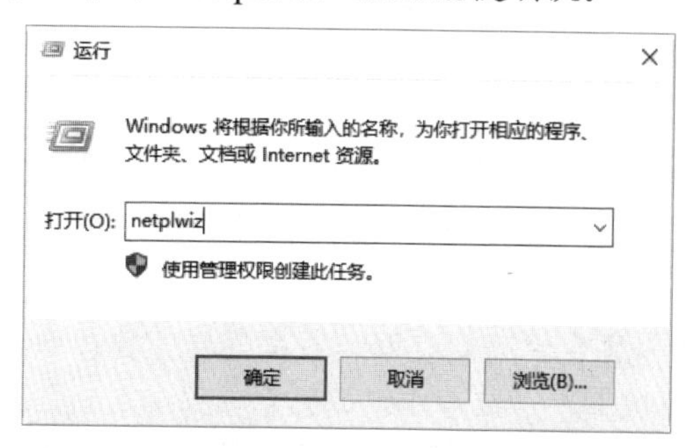

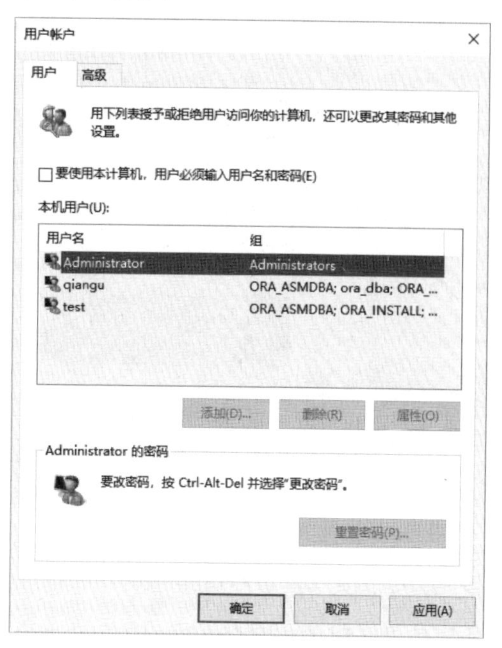

Step 03 弹出“自动登录”对话框，在“密码”文本框和“确认密码”文本框中输入当前账户密码，然后单击“确定”按钮，即可取消开机登录密码。

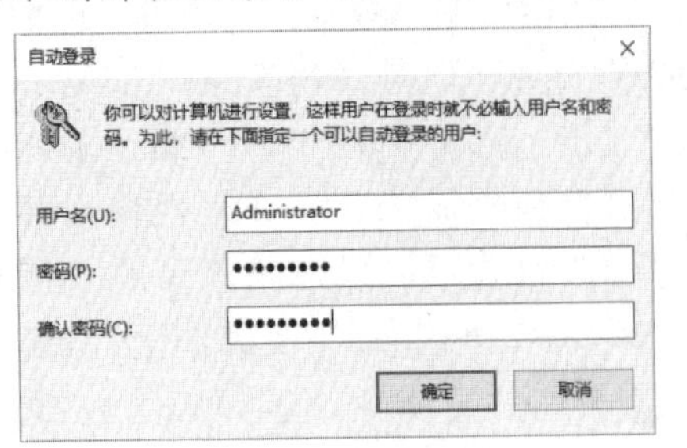

Step 04 再次重新登录时，无须输入用户名和密码，直接登录系统。

练习2：设置屏幕保护密码

设置屏幕保护密码也是增强计算机安全性的一种方式，设置屏幕保护密码的具体操作步骤如下。

Step 01 在桌面的空白处右击鼠标，在弹出的快捷菜单中选择“个性化”选项。

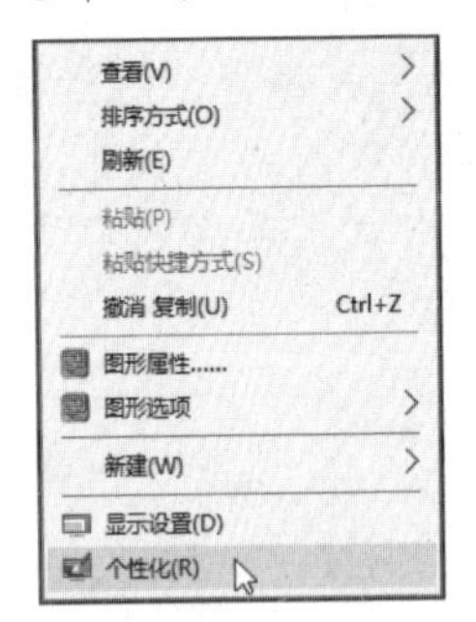

Step 02 打开“个性化”窗口，在其中选择“锁屏界面”选项。

Step 03 在“锁屏界面”设置窗口中单击“屏幕超时设置”超链接，打开“电源和睡眠”设置界面，在其中可以设置屏幕和睡眠的时间。

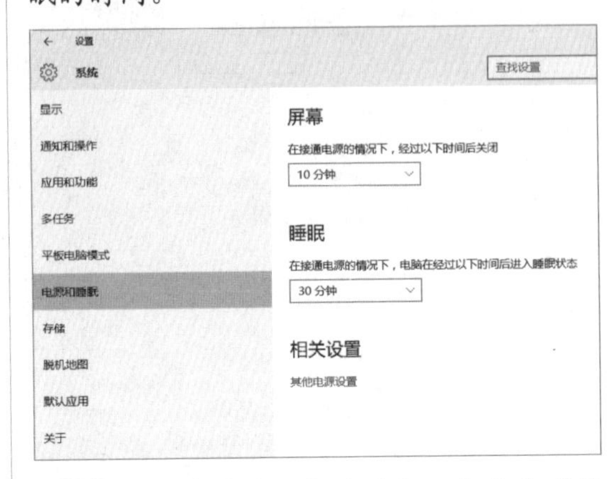

Step 04 在“锁屏界面”设置窗口中单击“屏幕保护程序设置”超链接，打开“屏幕保护程序设置”对话框，勾选“在恢复时显示登录屏幕”复选框。

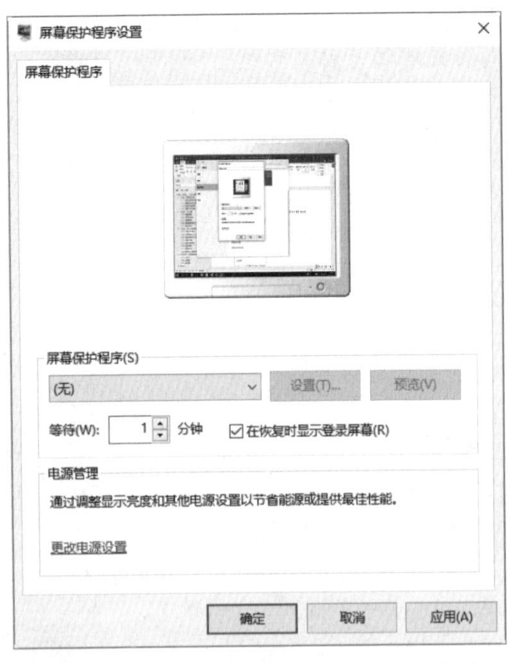

Step 05 在“屏幕保护程序”下拉列表中选择系统自带的屏幕保护程序，本实例选择“气泡”选项，此时在上方的预览框中可以看到设置后的效果。

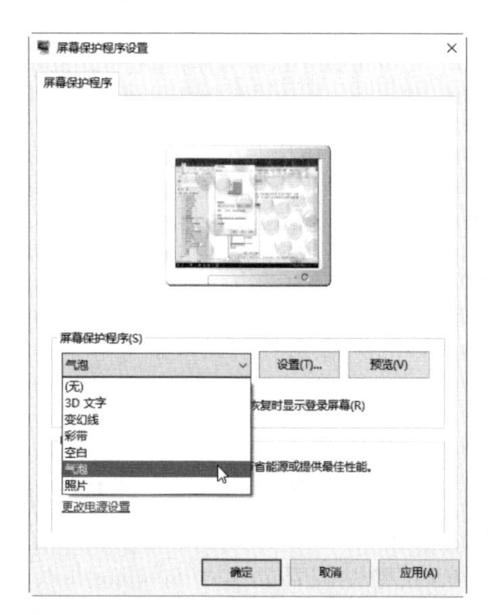

Step 06 在“等待”微调框中设置等待的时间，本实例设置为5分钟。

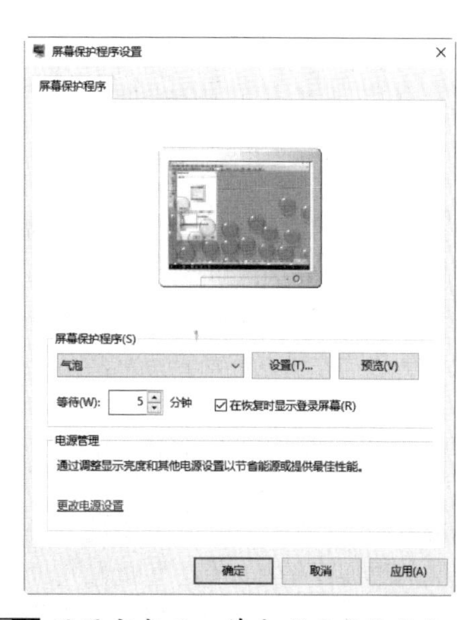

Step 07 设置完成后，单击“确定”按钮，返回到“设置”窗口，这样，如果用户在5分钟内没有对计算机进行任何操作，系统会自动启动屏幕保护程序，用户返回后输入密码即可登录系统。

第8章　磁盘数据安全的防护策略

计算机系统中的大部分数据都存储在磁盘中，而磁盘又是一个极易出现问题的部件。为了能够有效地保护计算机的系统数据，最有效的方法就是将系统数据进行备份，这样，一旦磁盘出现故障，就能把损失降到最低。本章介绍磁盘数据的防护策略，主要内容包括备份磁盘各类数据、还原磁盘各类数据和恢复丢失的磁盘数据等。

8.1　数据丢失的原因和注意事项

硬件故障、软件破坏、病毒的入侵、用户自身的错误操作等，都有可能导致数据丢失，但大多数情况下，这些找不到的数据并没有真正的丢失，如何恢复丢失的数据，这就需要根据数据丢失的具体原因而定。

8.1.1　数据丢失的原因

造成数据丢失的主要原因有如下几个方面。

（1）用户的误操作。由于用户错误操作而导致数据丢失的情况，在数据丢失的主要原因中所占比例也很大。用户极小的疏忽都可能造成数据丢失，例如用户的误删除或不小心切断电源等。

（2）黑客入侵与病毒感染。黑客入侵和病毒感染已越来越受关注，由此造成的数据破坏更不可低估。而且有些恶意程序具有格式硬盘的功能，这对硬盘数据可以造成毁灭性的损失。

（3）软件系统运行错误。由于软件不断更新，各种程序和运行错误也就随之增加，如程序被迫意外中止或突然死机，都会使用户当前所运行的数据因不能及时保存而丢失。如在运行Microsoft Office Word编辑文档时，常常会发生应用程序出现错误而不得不中止的情况，此时，当前文档中的内容就不能完整保存甚至全部丢失。

（4）硬盘损坏。硬件损坏主要表现为磁盘划伤、磁组损坏、芯片及其他元器件烧坏、突然断电等，这些损坏造成的数据丢失都是物理性质的，一般通过Windows自身无法恢复数据。

（5）自然损坏。风、雷电、洪水及意外事故（如电磁干扰、地板振动等）也有可能导致数据丢失，但这一原因出现的可能性比上述几种原因要低很多。

8.1.2　发现数据丢失后的注意事项

当发现计算机中的硬盘丢失数据后，应当注意以下事项。

（1）当发现自己硬盘中的数据丢失后，应立刻停止一些不必要的操作，如误删除、误格式化后，最好不要再往磁盘中写数据。

（2）如果发现丢失的是C盘数据，应立即关机，以避免数据被操作系统运行时产生的虚拟内存和临时文件破坏。

（3）如果是服务器硬盘阵列出现故障，最好不要进行初始化和重建磁盘阵列，以免增加恢复难度。

（4）如果是磁盘出现坏道读不出来时，最好不要反复读盘。

（5）如果是磁盘阵列等硬件出现故障，最好请专业的维修人员来对数据进行恢复。

8.2　备份磁盘各类数据

磁盘当中存放的数据有很多类，如分区表、引导区、驱动程序等系统数据，还有电子邮件、系统桌面数据、磁盘文件等本地数据，对这些数据进行备份可以在一定程度上保护数据的安全。

8.2.1　分区表数据的备份

如果分区表损坏会造成系统启动失败、数据丢失等严重后果。这里以使用DiskGenius V4.9.2.371软件为例，讲解如何备份分区表，具体的操作步骤如下。

Step 01 打开软件DiskGenius V4.9.2.371，选择需要保存备份分区表的分区。

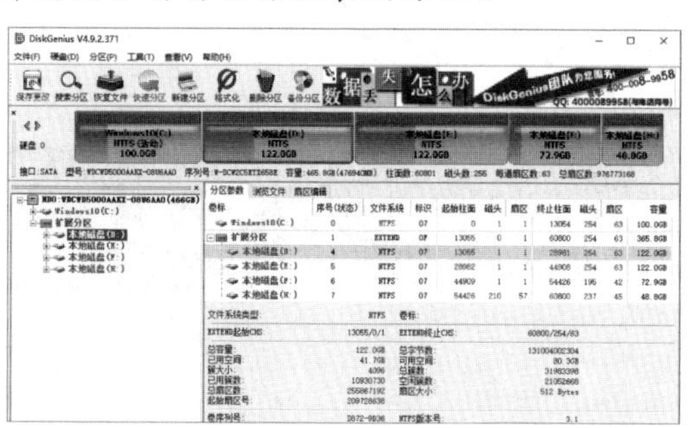

Step 02 选择“硬盘”→“备份分区表”菜单项，用户也可以按F9键备份分区表。

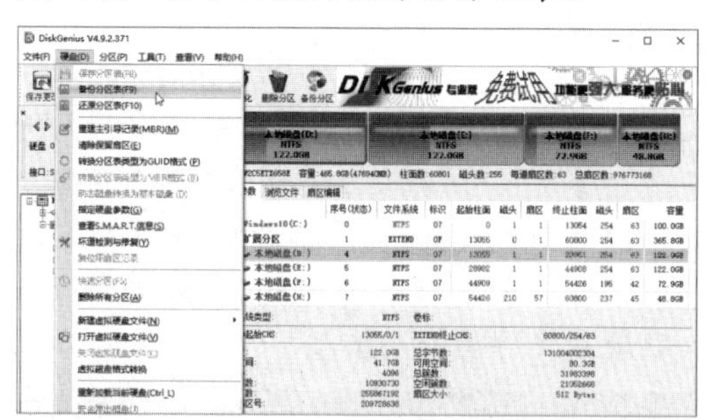

Step 03 弹出“设置分区表备份文件名及路径”对话框，在“文件名”文本框中输入备份分区表的名称。

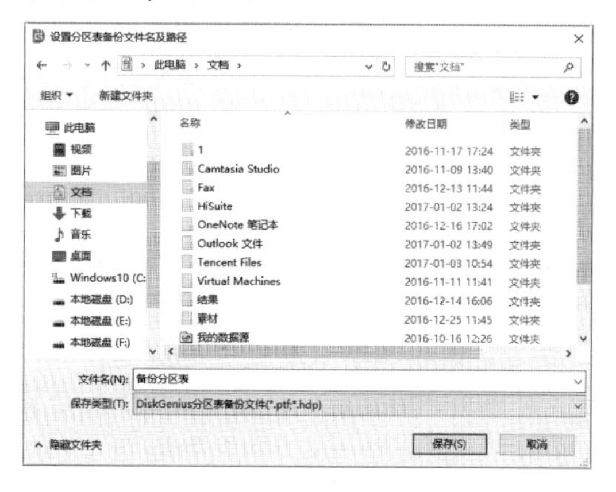

Step 04 单击“保存”按钮，即可开始备份分区表。当备份完成后，弹出“DiskGenius”提示框，提示用户当前硬盘的分区表已经备份到指定的文件中。

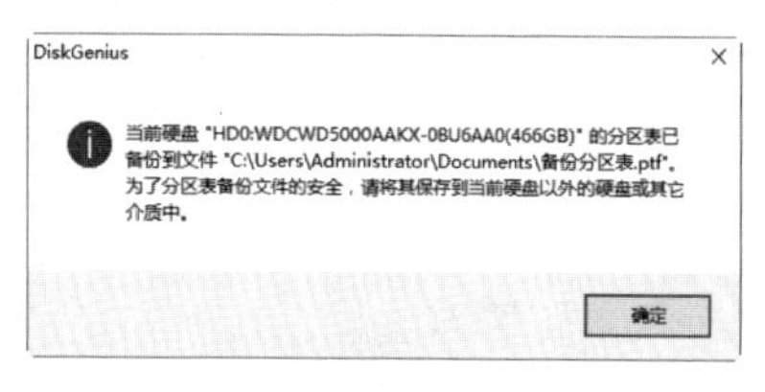

提示：为了分区表备份文件的安全，建议将其保存到当前硬盘以外的硬盘或其他存储介质中，如优盘、移动硬盘和光碟等。

8.2.2　驱动程序的修复与备份

在Windows 10操作系统中，用户可以对指定的驱动程序进行备份。一般情况下，用户备份驱动程序常常借助于第三方软件，比较常用的是《驱动精灵》。

1. 使用《驱动精灵》修复有异常的驱动

《驱动精灵》是由驱动之家研发的一款集驱动自动升级、驱动备份、驱动还原、驱动卸载、硬件检测等多功能于一身的专业驱动软件。利用驱动精灵可以在没有驱动光盘的情况下，为自己的设备下载、安装、升级、备份驱动程序。

使用《驱动精灵》修复异常驱动的具体操作步骤如下。

Step 01 下载并安装好《驱动精灵》后，直接双击计算机桌面上的“驱动精灵”图标，即可打开该程序。

Step 02 在“驱动精灵”窗口中单击“立即检测”按钮，即可开始对计算机进行全面体检。

Step 03 检测完成后，会在“驱动管理”界面给出检测结果。

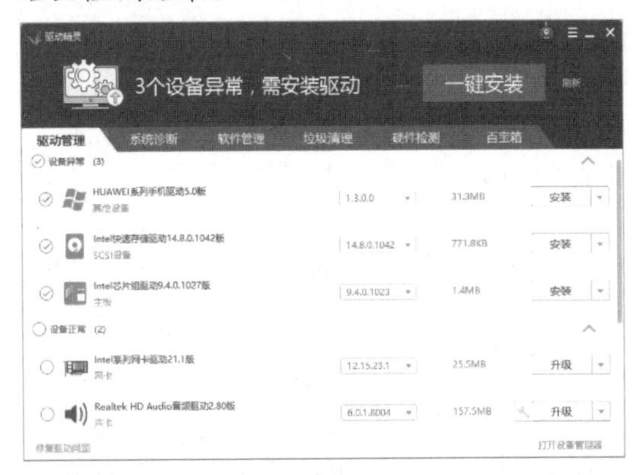

Step 04 单击“一键安装”按钮，即可开始下载并安装有异常的驱动程序。

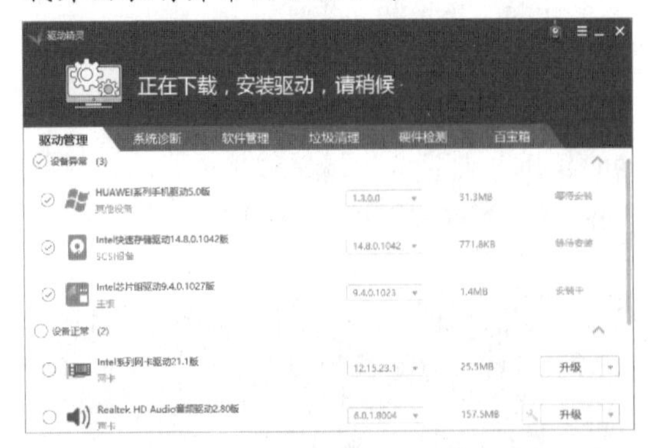

2. 使用《驱动精灵》备份单个驱动

使用《驱动精灵》备份单个驱动的具体操作步骤如下。

Step 01 在“驱动精灵”窗口中选择“百宝箱”选项卡，进入“百宝箱”界面。

Step 02 单击“驱动备份”图标，打开“驱动备份还原”工作界面，在其中显示了可以备份的驱动程序。

Step 03 单击“修改文件路径”链接，即可打开“设置”对话框，在其中可以设置驱动备份文件的保存位置和备份设置类型，如将驱动备份的类型设置为ZIP压缩文件或备份驱动到文件夹两个类型。

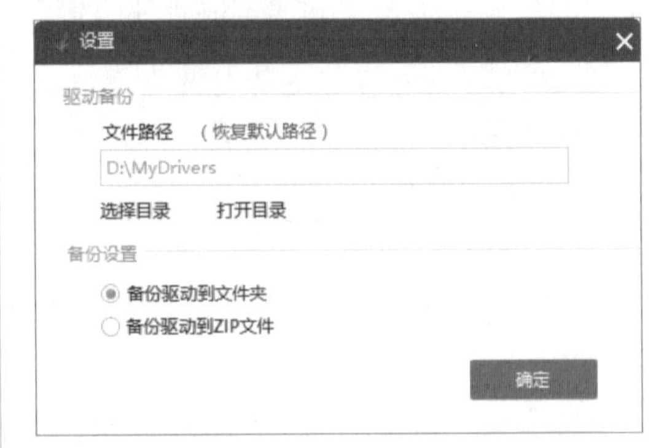

Step 04 设置完毕后，单击“确定”按钮，返回到“驱动备份还原”工作界面，在其中单击某个驱动程序右侧的“备份”按钮，即可开始备份单个硬件的驱动程序，并显示备份的进度。

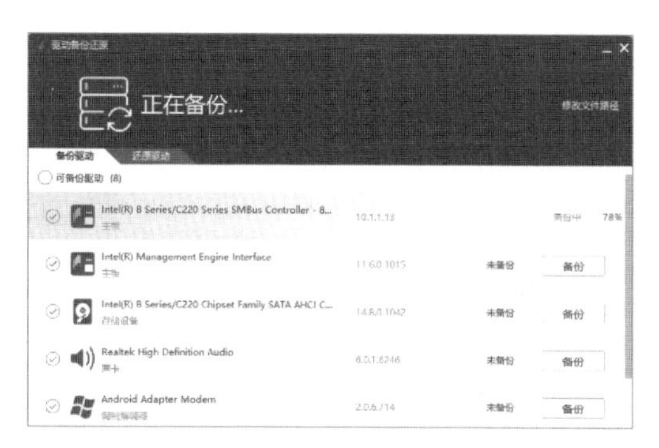

Step 05 备份完毕后，会在硬件驱动程序的后侧显示“备份完成”的信息提示。

3. 使用《驱动精灵》一键备份所有驱动

一台完整的计算机包括主板、显卡、网卡、声卡等硬件设备，要想这些设备能够正常工作，就必须在安装好操作系统后，安装相应的驱动程序。因此，在备份驱动程序时，最好将所有的驱动程序都进行备份。使用《驱动精灵》一键备份所有驱动的具体操作步骤如下。

Step 01 在“驱动备份还原”工作界面中单击“一键备份”按钮。

Step 02 此时，即可开始备份所有硬件的驱动程序，并在后面显示备份的进度。

Step 03 备份完成后，会在硬件驱动程序的右侧显示“备份完成”的信息提示。

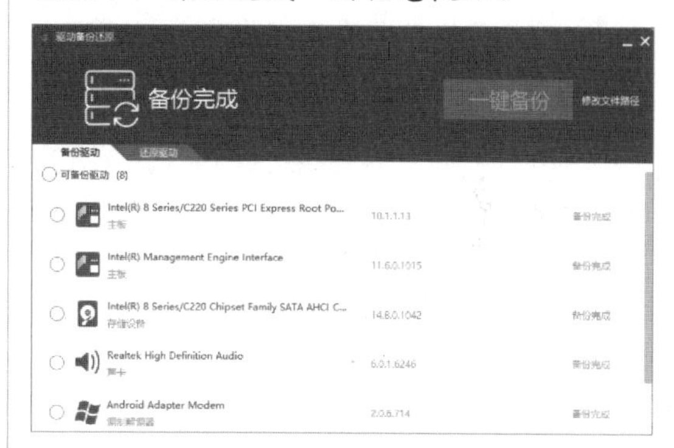

8.2.3　磁盘文件数据的备份

Windows 10操作系统为用户提供了备份文件的功能，用户只需通过简单的设置，就可以确保文件不会丢失。备份文件的具体操作步骤如下。

Step 01 右击“开始”按钮，在打开的快捷菜单中选择“控制面板”菜单命令，弹出“控制面板”窗口。

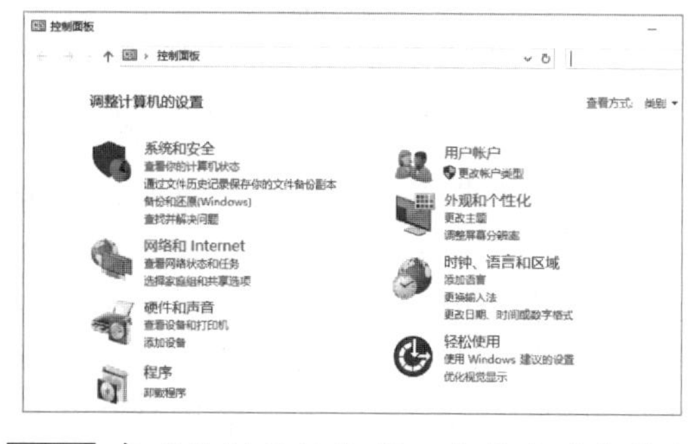

Step 02 在“控制面板”窗口中单击“查看方式”右侧的下拉按钮，在打开的下拉列表中选择“小图标”选项，单击“备份和还原”链接。

Step 03 弹出“备份或还原你的文件”窗口，在“备份”下面显示“尚未设置Windows备份”信息，表示还没有创建备份。

Step 04 单击“设置备份”按钮，弹出“设置备份”对话框，系统开始启动Windows备份，并显示启动的进度。

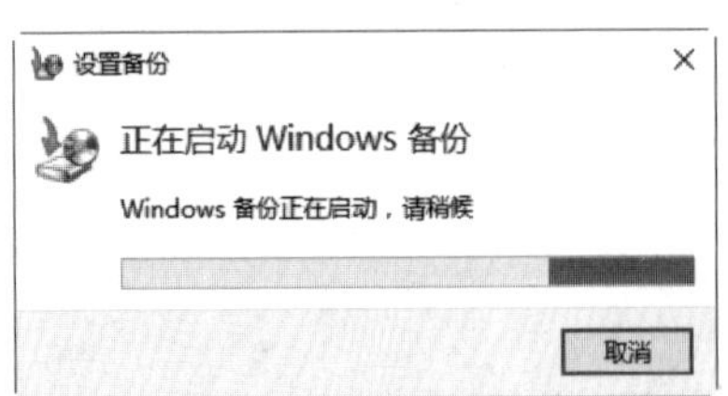

Step 05 启动完毕后，将弹出“选择要保存备份的位置”对话框，在“保存备份的位置”列表框中选择要保存备份的位置。如果想保存在网络上的位置，可以选择“保存在网络上”按钮。这里将保存备份的位置设置为本地磁盘G:，因此选择“本地磁盘（G:）”选项，单击“下一步”按钮。

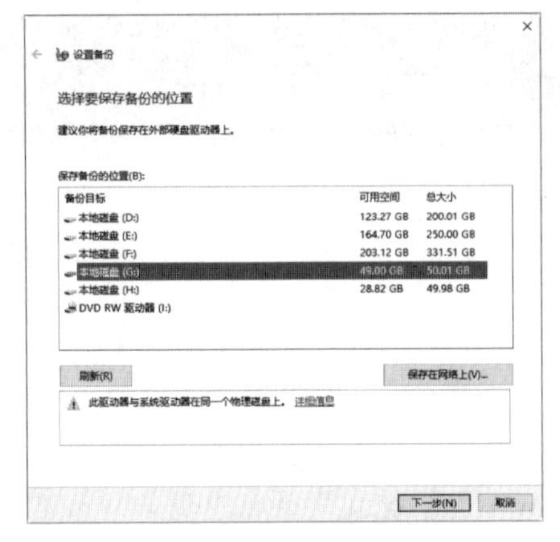

Step 06 弹出“您希望备份哪些内容？”对话框，选中“让我选择”单选按钮。如果选中“让Windows选择（推荐）”单选按钮，则系统会备份库、桌面上及在计算机上拥有用户账户的所有人员的默认Windows文件夹中保存的数据文件，单击“下一步”按钮。

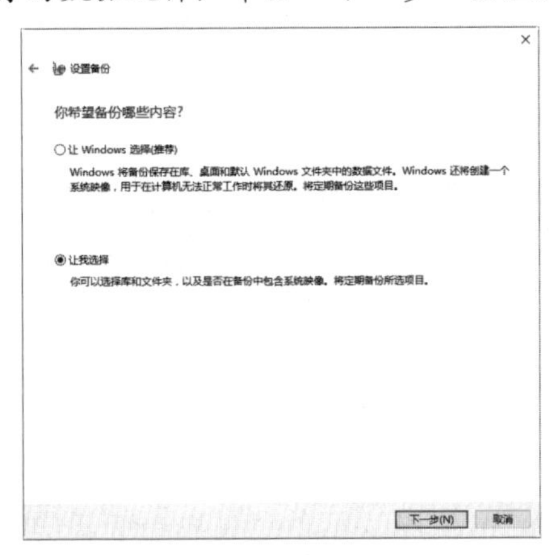

Step 07 在打开的对话框中选择需要备份的文件，如勾选“Excel办公”文件夹左侧的复选框，单击“下一步”按钮。

Step 08 弹出“查看备份设置”对话框，在“计划”右侧显示自动备份的时间，单击“更改计划”链接。

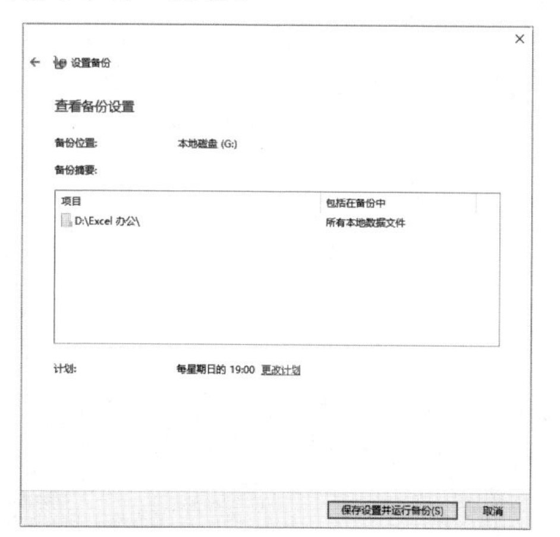

Step 09 弹出“你希望多久备份一次”对话框，单击“哪一天”右侧的下拉按钮，在打开的下拉列表中选择“星期二”选项。

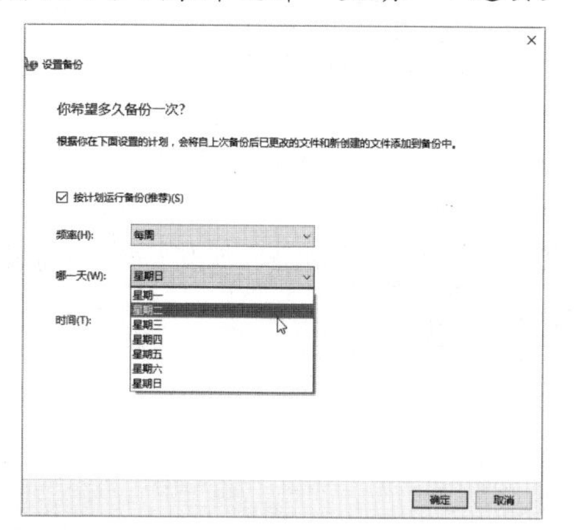

Step 10 单击“确定”按钮，返回到“查看备份设置”对话框。

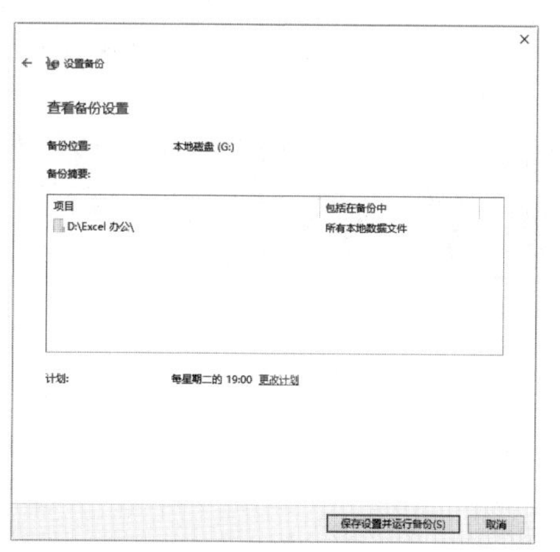

Step 11 单击“保存设置并运行备份”按钮，弹出“备份和还原”窗口，系统开始自动备份文件并显示备份的进度。

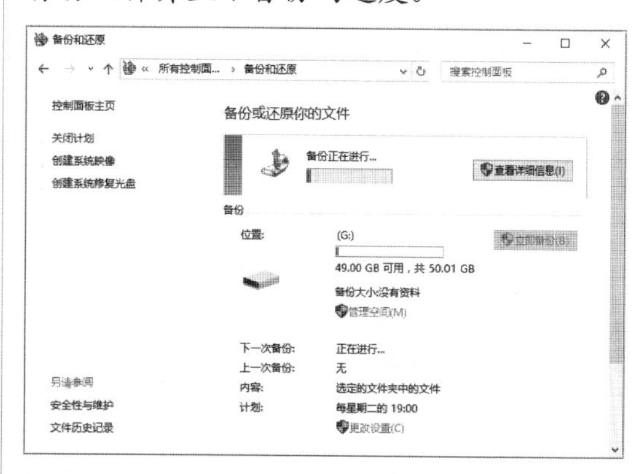

Step 12 备份完成后，将弹出“Windows备份已成功完成”对话框。单击“关闭”按钮，即可完成备份操作。

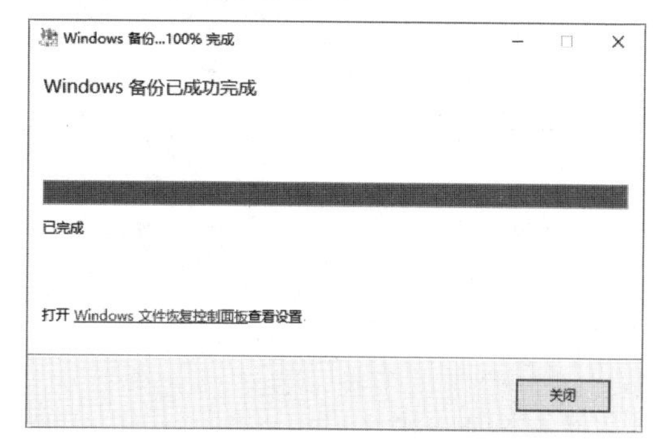

8.3　还原磁盘各类数据

在上一节学习了各类数据的备份，这样一旦发现自己的磁盘数据丢失，就可以进行恢复操作了。

8.3.1　还原分区表数据

当计算机遭到病毒破坏、加密引导区或误分区等操作导致硬盘分区丢失时，就需要还原分区表。这里以使用DiskGenius V4.9.2.371软件为例，讲解如何还原分区表，具体的操作步骤如下。

Step 01 打开软件DiskGenius V4.9.2.371，在其主界面中选择“硬盘”→“还原分区表”菜单项或按F10键。

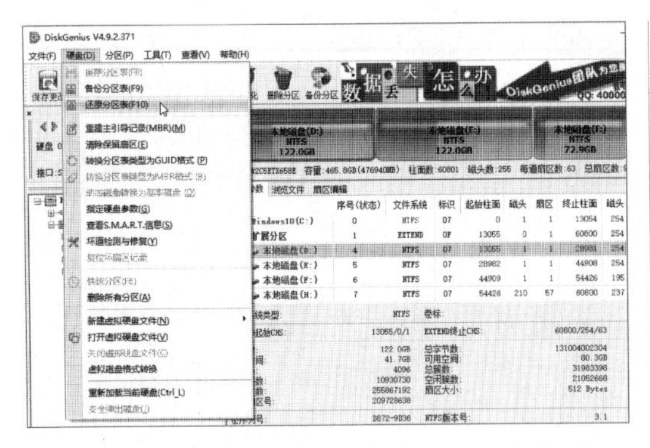

Step 02 打开“选择分区表备份文件”对话框，在其中选择硬盘分区表的备份文件。

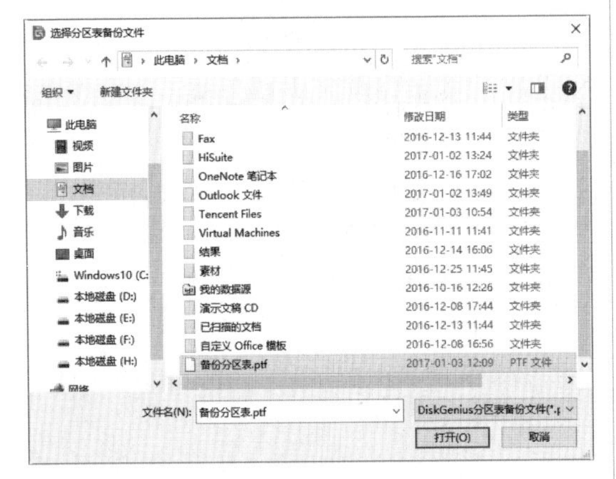

Step 03 单击“打开”按钮，即可打开“DiskGenius”信息提示框，提示用户是否从这个分区表备份文件还原分区表。

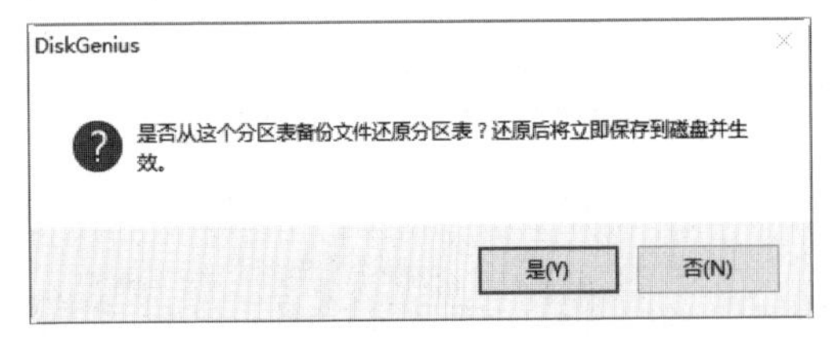

Step 04 单击“是”按钮，即可还原分区表，且还原后将立即保存到磁盘并生效。

8.3.2 还原驱动程序数据

前面介绍了使用《驱动精灵》备份驱动程序的方法，这里介绍使用《驱动精灵》还原驱动程序的方法，具体的操作步骤如下。

Step 01 在“驱动精灵”的主窗口中单击“百宝箱”按钮。

Step 02 进入“百宝箱”操作界面，在其中单击“驱动还原”图标。

Step 03 进入“驱动备份还原”界面，打开“还原驱动”选项卡。

Step 04 在“还原驱动”列表中选择需要还原的驱动程序。

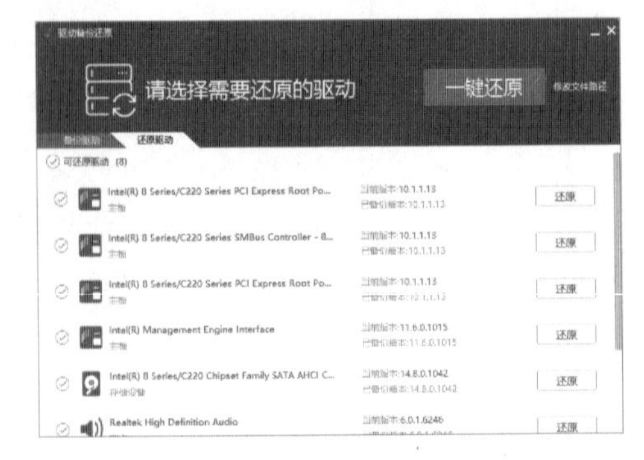

Step 05 单击"一键还原"按钮，驱动程序开始还原，这个过程相当于安装驱动程序的过程。

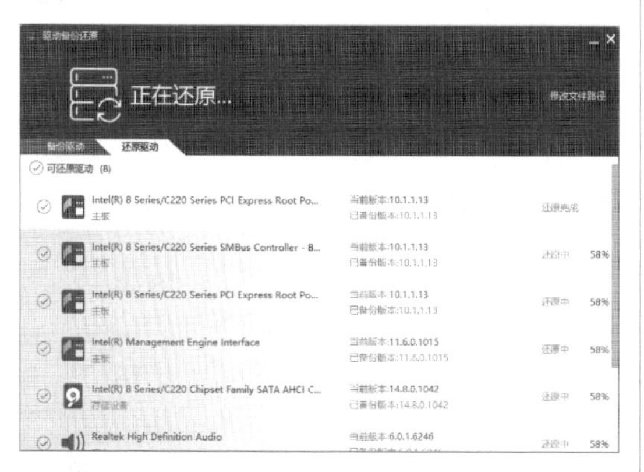

Step 06 还原完成以后，会在驱动列表的右侧显示还原完成的信息提示。

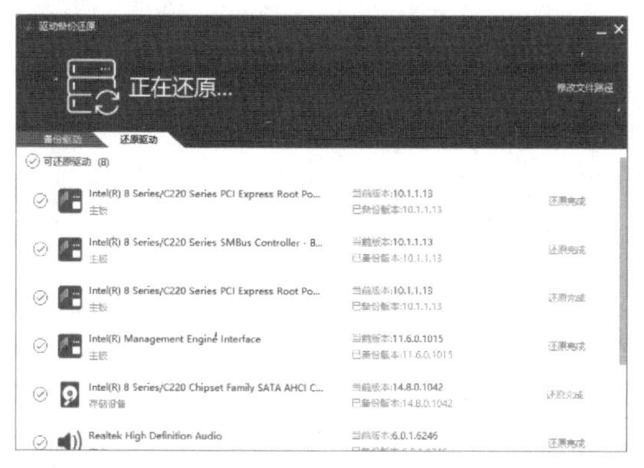

Step 07 还原完成以后，会在"驱动备份还原"工作界面显示"还原完成，重启后生效"的信息提示，这时可以单击"立即重启"按钮，重新启动计算机，使还原的驱动程序生效。

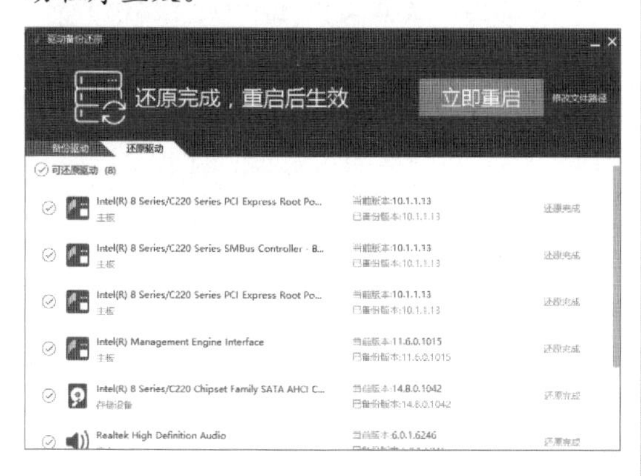

8.3.3 还原磁盘文件数据

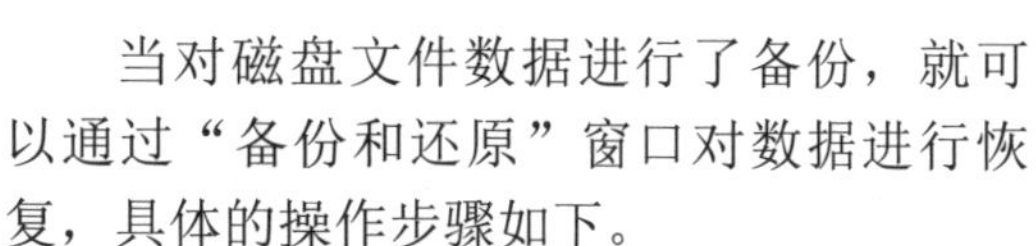

当对磁盘文件数据进行了备份，就可以通过"备份和还原"窗口对数据进行恢复，具体的操作步骤如下。

Step 01 打开"备份和还原"窗口，在"备份"类别中可以看到备份文件的详细信息。

Step 02 单击"还原我的文件"按钮，弹出"浏览或搜索要还原的文件和文件夹的备份"对话框。

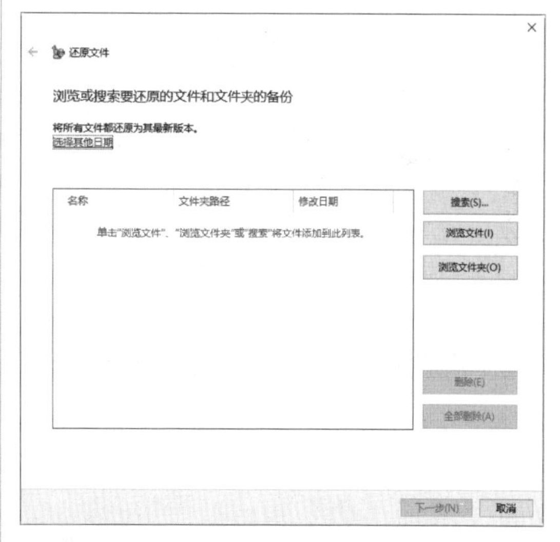

Step 03 单击"选择其他日期"链接，弹出"还原文件"对话框，在"显示如下来源的备份"下拉列表中选择"上周"选项，然后选择"日期和时间"组合框中的"2016/1/29 12.54.49"选项，即可将所有的文件都还原到选中日期和时间的版本，单击"确定"按钮。

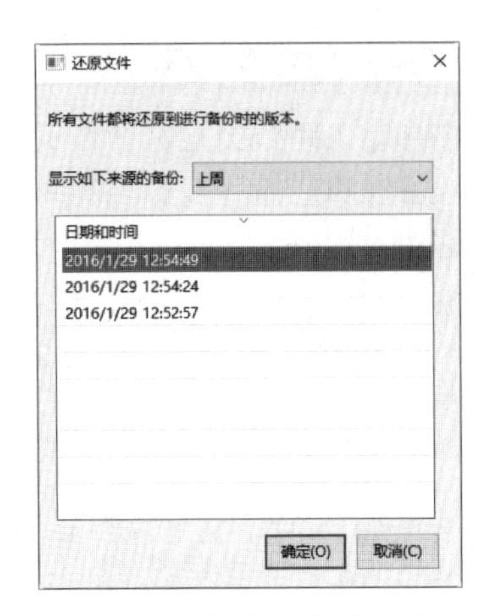

Step 04 返回到“浏览或搜索要还原的文件和文件夹的备份”对话框。

Step 05 如果用户想要查看备份的内容，可以单击“浏览文件”按钮或“浏览文件夹”按钮，在打开的对话框中查看备份的内容。这里单击“浏览文件”按钮，弹出“浏览文件的备份”对话框，在其中选择备份文件。

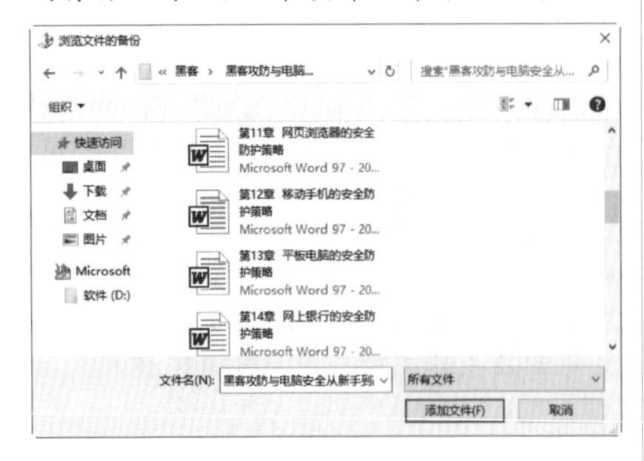

Step 06 单击“添加文件”按钮，返回到“浏览或搜索要还原的文件和文件夹的备份”对话框，可以看到选择的备份文件已经添加到该对话框的列表框中。

Step 07 单击“下一步”按钮，弹出“你想在何处还原文件？”对话框，在其中选中“在以下位置”单选按钮。

Step 08 单击“浏览”按钮，弹出“浏览文件夹”对话框，选择文件还原的位置。

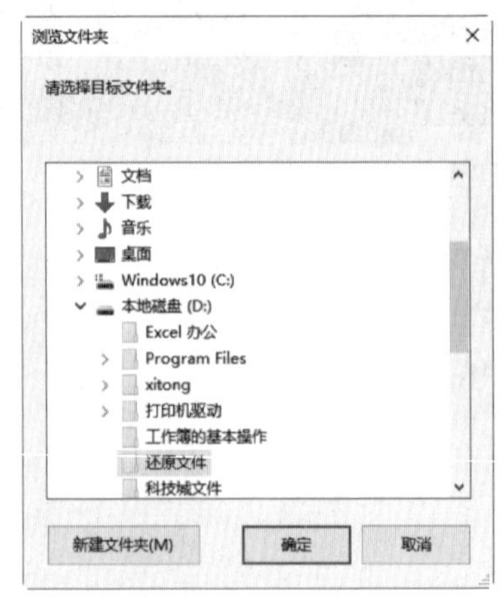

Step 09 单击“确定”按钮，返回到“还原文件”对话框。单击“还原”按钮，弹出“正在还原文件…”对话框，系统开始自动还原备份的文件。

Step 10 当出现“已还原文件”对话框时，单击“完成”按钮，即可完成还原操作。

8.4 恢复丢失的磁盘数据

当对磁盘数据没有进行备份操作，而且又发现磁盘数据丢失了，这时就需要借助其他方法或使用数据恢复软件进行丢失数据的恢复。

8.4.1 从回收站中还原

当用户不小心将某一文件删除，很有可能只是将其删除到“回收站”之中，如果还没有来得及清除“回收站”中的文件，则可以将其从“回收站”中还原出来。这里以删除本地磁盘F中的“美图”文件夹为例，讲解如何从“回收站”中还原删除的文件，具体的操作步骤如下。

Step 01 双击桌面上的“回收站”图标，打开“回收站”窗口，在其中可以看到误删除的“美图”文件夹。

Step 02 右击该文件夹，从弹出的快捷菜单中选择“还原”菜单项。

Step 03 此时，即可发现文件不见了，说明已将“回收站”中的“美图”文件夹还原到其原来的位置。

Step 04 打开本地磁盘F，即可在“本地磁盘(F:)”窗口中看到还原的“美图”文件夹。

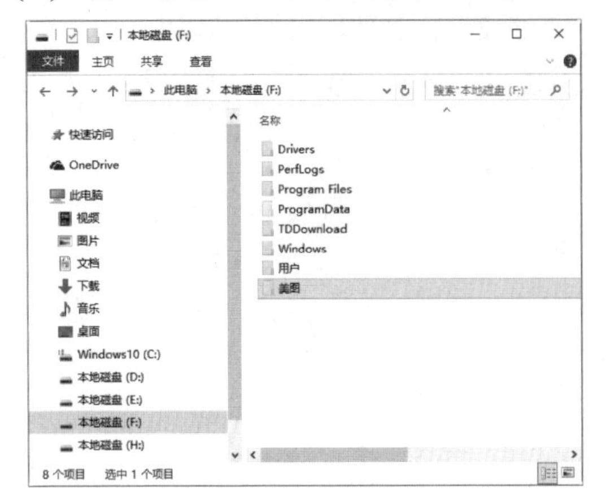

Step 05 双击“美图”文件夹，即可在打开的“美图”窗口中显示出图片的缩略图。

8.4.2 清空回收站后的恢复

当把回收站中的文件清除后，用户可以使用注册表来恢复清空回收站后的文件，具体的操作步骤如下。

Step 01 右击“开始”按钮，在弹出的快捷菜单中选择“运行”菜单项。

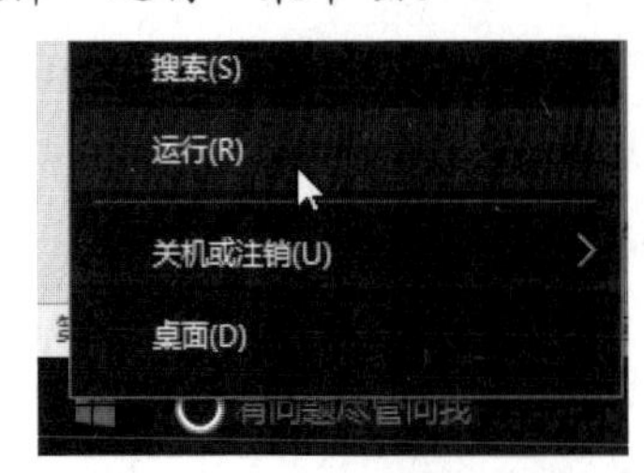

Step 02 随即打开“运行”对话框，在“打开”文本框中输入注册表命令regedit。

Step 03 单击“确定”按钮，即可打开“注册表编辑器”窗口。

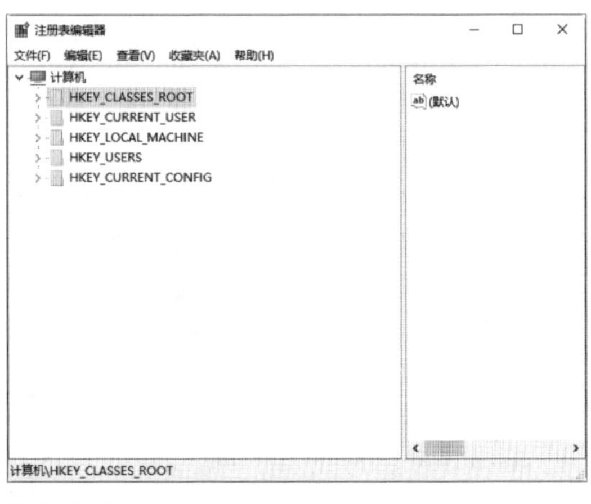

Step 04 在窗口的左侧展开“HKEY_LOCAL_MACHIME\SOFTWARE\Microsoft\Windows\CurrentVersion\Explorer\Desktop\NameSpace树形结构。

Step 05 在窗口的左侧空白处右击，在弹出的快捷菜单中选择“新建”→“项”菜单项。

Step 06 新建一个项，并将其重命名为“645FFO40-5081-101B-9F08-00AA002F954E”。

Step 07 在窗口的右侧选中系统默认项并右击，在弹出的快捷菜单中选择“修改”菜单项，打开“编辑字符串”对话框，将“数值数据”设置为“回收站”。

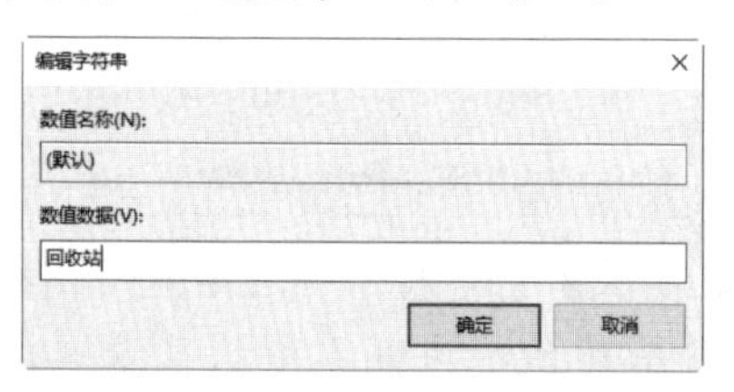

Step 08 单击“确定”按钮，退出注册表，重新启动计算机，即可将清空的文件恢复出来。

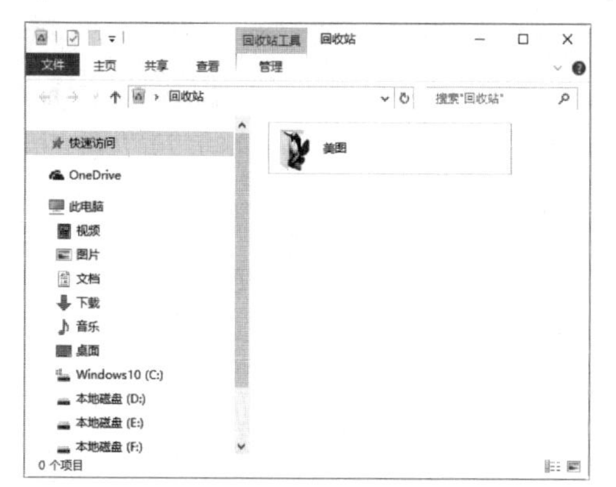

Step 09 右击该文件夹，从弹出的快捷菜单中选择“还原”菜单项。

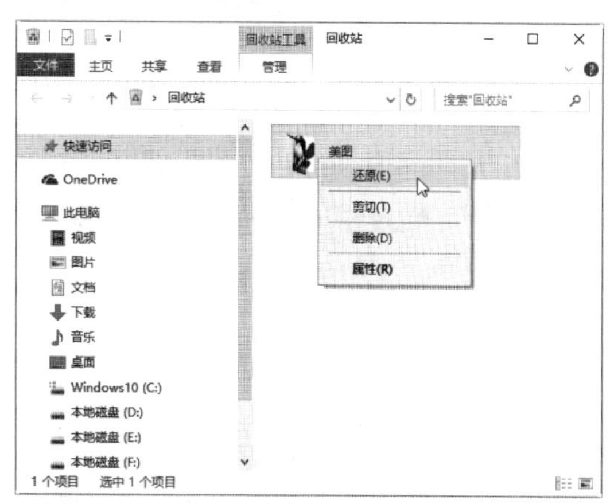

Step 10 此时，即可将“回收站”中的“美图”文件夹还原到其原来的位置。

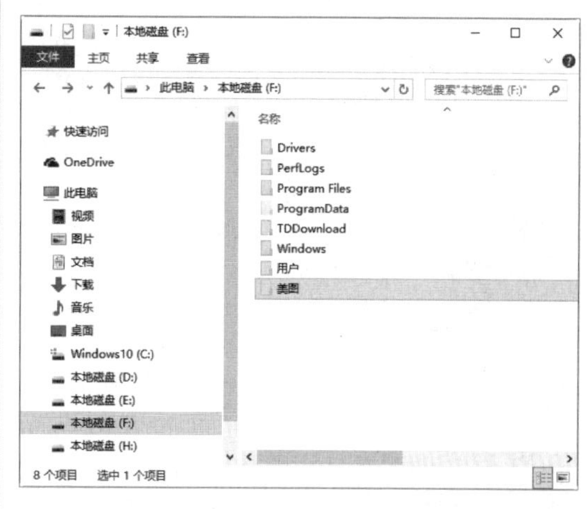

8.4.3　使用EasyRecovery恢复数据

EasyRecovery是知名数据恢复公司Ontrack的技术杰作，利用EasyRecovery进行数据恢复，就是通过EasyRecovery将分布在硬盘上的不同位置的文件碎块找回来，并根据统计信息将这些文件碎块进行重整，然后EasyRecovery会在内存中建立一个虚拟的文件夹系统，并列出所有的目录和文件。

使用EasyRecovery恢复数据的具体操作步骤如下。

Step 01 双击桌面上的EasyRecovery图标，进入EasyRecovery主窗口。

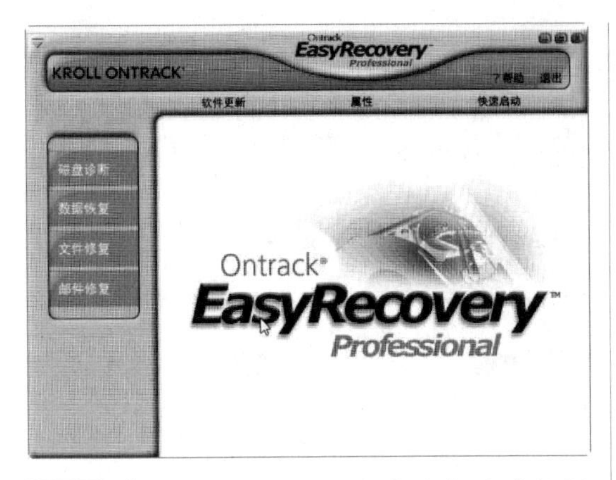

Step 02 单击EasyRecovery主界面上的“数据恢复”功能项，即可进入软件的“数据恢复”子系统窗口，在其中显示了“高级恢复”“删除恢复”“格式化恢复”“原始恢复”等项目。

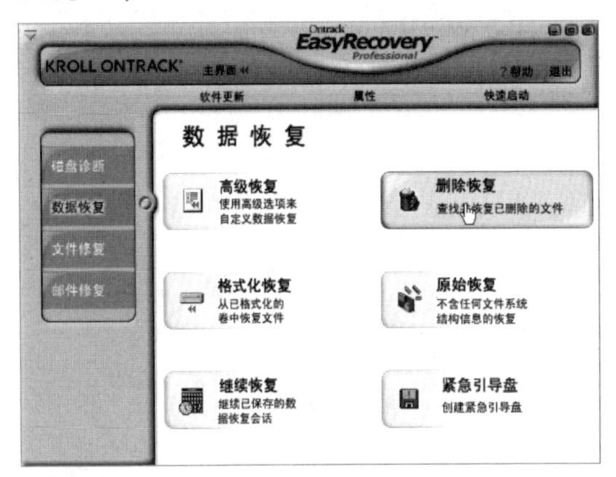

Step 03 选择F盘上的“图片.rar”文件将其进行彻底删除，单击“数据恢复”功能项中的“删除恢复”按钮，即可开始扫描系统。

Step 04 在扫描结束后，将会弹出“目的地警告”提示框，建议用户将文件复制到不与恢复来源相同的一个安全位置。

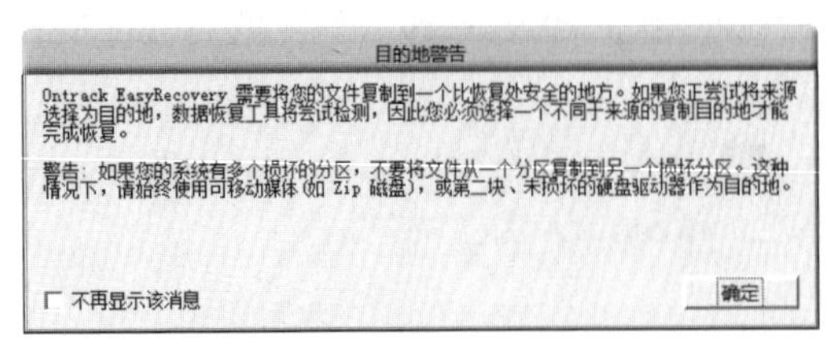

Step 05 单击“确定”按钮，将会自动弹出如下图所示的对话框，提示用户选择一个要恢复删除文件的分区，这里选择F盘。在“文件过滤器”中进行相应的选择，如果误删除的是图片，则在“文件过滤器”中选择“图像文档”选项。但若用户要恢复的文件是不同类型的，可直接选择“所有文件”，再选中“完全扫描”选项。

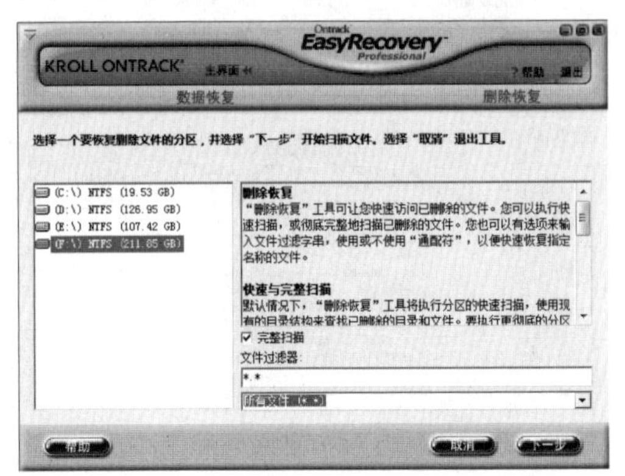

Step 06 单击“下一步”按钮，软件开始扫描选定的磁盘，并显示扫描进度，如已用时间、剩余时间、找到目录和找到文件等。

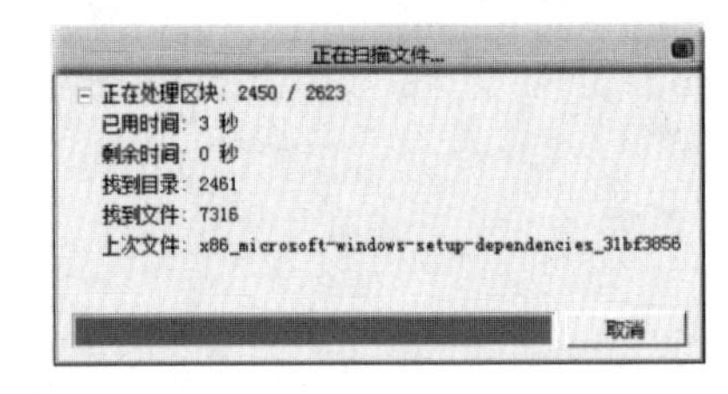

Step 07 在扫描完毕后，将扫描到的相关文件及资料在对话框左侧以树状目录列出来，右侧则显示具体删除的文件信息。在其中选择要恢复的文档或文件夹，这里选择“图片.rar”文件。

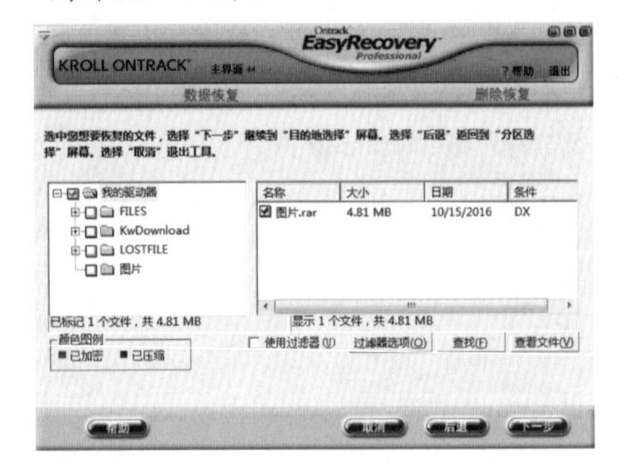

Step 08 单击“下一步”按钮，可在弹出的对话框中设置恢复数据的保存路径。

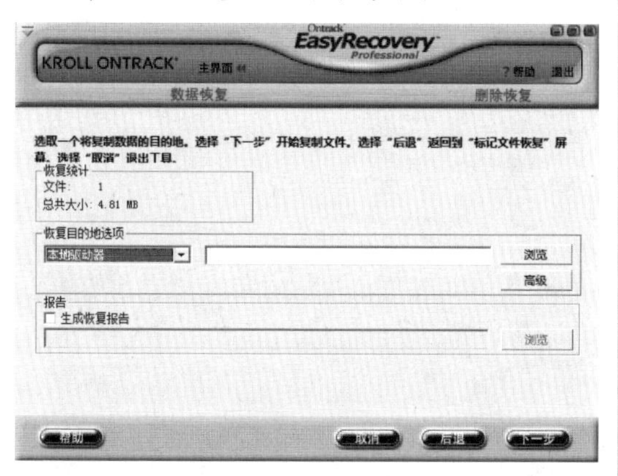

Step 09 单击“浏览”按钮，打开“浏览文件夹”对话框，在其中选择恢复数据保存的位置。

Step 10 单击“确定”按钮，返回到设置恢复数据的保存路径。

Step 11 单击“下一步”按钮，软件自动将文件恢复到指定的位置。

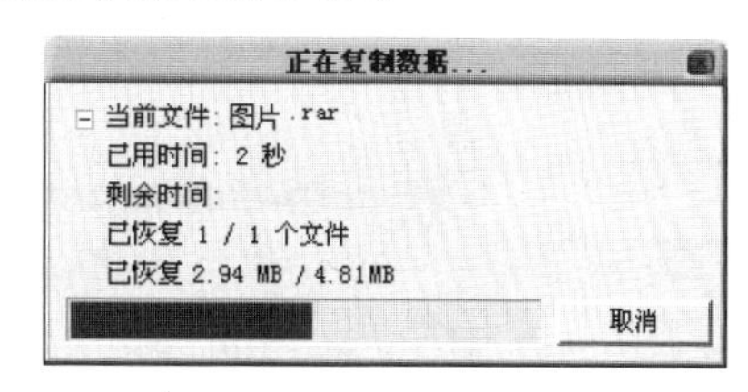

Step 12 在完成文件恢复操作后，EasyRecovery将会弹出一个恢复完成的提示信息窗口，在其中显示了数据恢复的详细内容，包括源分区、文件大小、已存储数据的位置等内容。

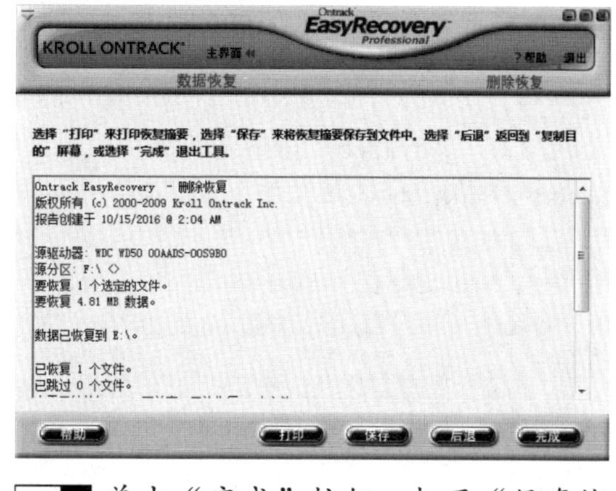

Step 13 单击“完成”按钮，打开“保存恢复”对话框。单击“否”按钮，即可完成恢复，如果还有其他的文件要恢复，则可以单击“是”按钮。

8.4.4　使用FinalRecovery恢复数据

FinalRecovery 是一个功能强大且非常容易使用的数据恢复工具，它可以帮助用户快速找回丢失的文件或者文件夹。

这里以恢复丢失的本地磁盘F:中的“美图.rar”文件为例，具体的操作步骤如下。

Step 01 在FinalRecovery程序主窗口中选中右侧窗格中丢失文件所在的驱动磁盘，这里选择本地磁盘F:。

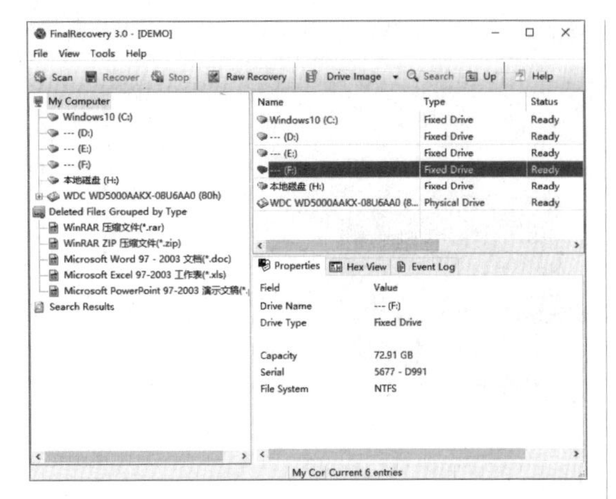

Step 02 单击工具栏中的Scan按钮，打开Select Scan Mode对话框，系统为用户提供了三种扫描模式，包括Standard Scan（标准扫描）、Advanced Scan（高级扫描）及Scan for Partitions（扫描整个分区）。

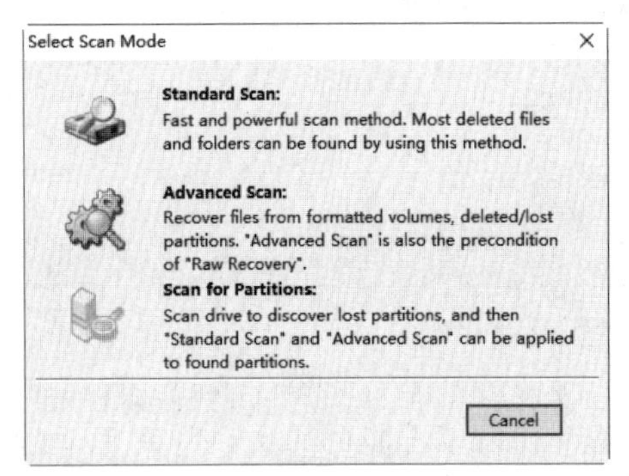

Step 03 单击Standard Scan按钮，即可开始对F盘执行标准扫描，扫描完成后，其扫描结果显示在窗口右侧的窗格中。

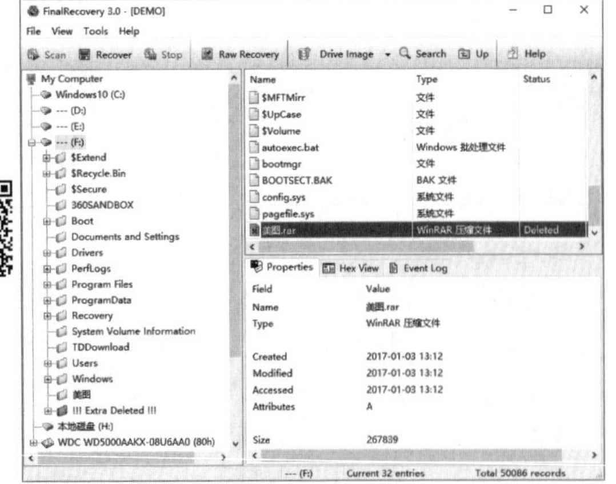

Step 04 在其中选择已经删除的“美图.rar”文件，单击工具栏中的Recover按钮，打开“打开”对话框，在其中选择恢复文件的保存位置，这里选择本地磁盘D:。

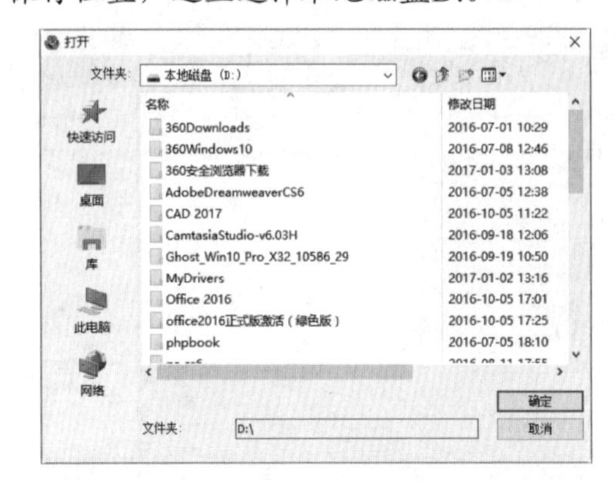

Step 05 单击“确定”按钮，即可开始恢复“美图.rar”文件，并显示恢复文件的个数。

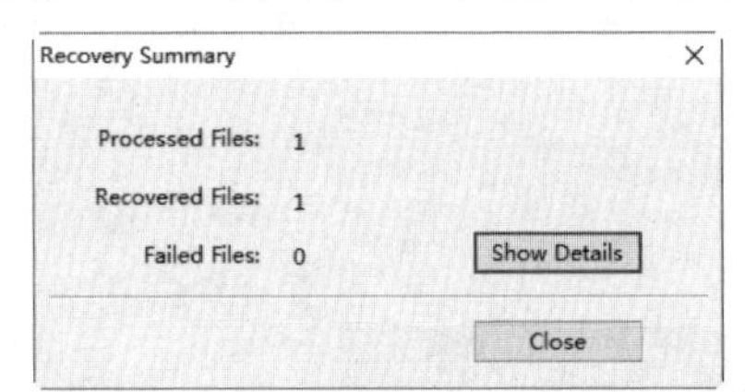

Step 06 打开本地磁盘D:，即可在其窗口中看到恢复后的“美图.rar”压缩文件。

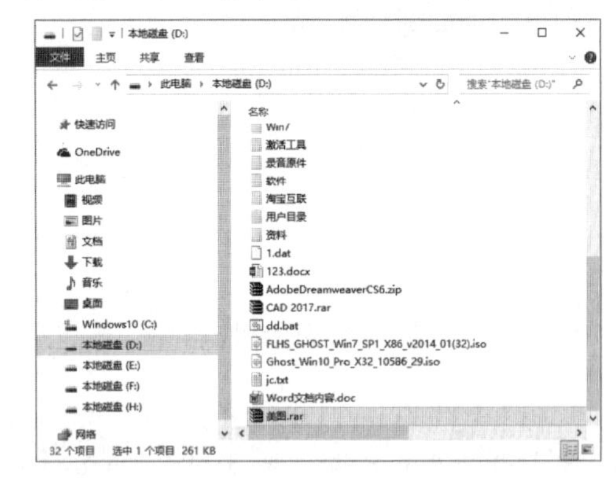

8.4.5 使用FinalData恢复数据

使用FinalData能够通过直接扫描目标磁盘，抽取并恢复出文件信息（包括文件名、文件类型、原始位置、创建日期、删除日期、文件长度等），用户可以根据这些信息方便地查找和恢复自己需要的文件。

这里以本地磁盘F盘中丢失的“美图.rar”文件为例介绍FinalData恢复数据的方法。

1. 安装FinalData软件

Step 01 双击下载的FinalData安装程序，打开“欢迎使用‘FINALDATA’安装向导”对话框，单击“下一步”按钮。

Step 02 进入“选择安装位置”对话框，在其中输入文件的安装位置，单击“安装”按钮。

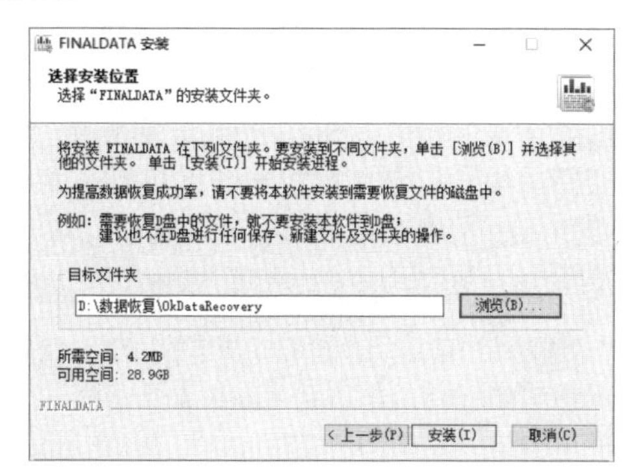

Step 03 进入“正在完成‘FINALDATA’安装向导”对话框，勾选“运行 FINALDATA（R）”复选框，单击“完成”按钮。

2. 使用FinalData恢复“美图.rar”数据

Step 01 双击FinalData程序图标，打开FinalData操作界面。

Step 02 单击“误删除文件”图标，进入“请选择要恢复的文件和目录所在的位置”对话框，在其中选择“本地磁盘(F:)”。

Step 03 单击“下一步”按钮，进入“查找已经删除的文件”对话框，程序开始对F盘进行快速扫描，以查找F盘内删除的目录和文件。

Step 04 在程序扫描完成后，自动弹出“扫描结果”对话框，在其中勾选要恢复的文件，这里勾选“美图.rar”前面的复选框。

Step 05 单击“下一步”按钮，进入“选择恢复路径”对话框，在其中输入恢复文件存放的目录。

Step 06 单击“浏览”按钮，打开“浏览文件夹”对话框，在其中选择恢复文件保存的位置。

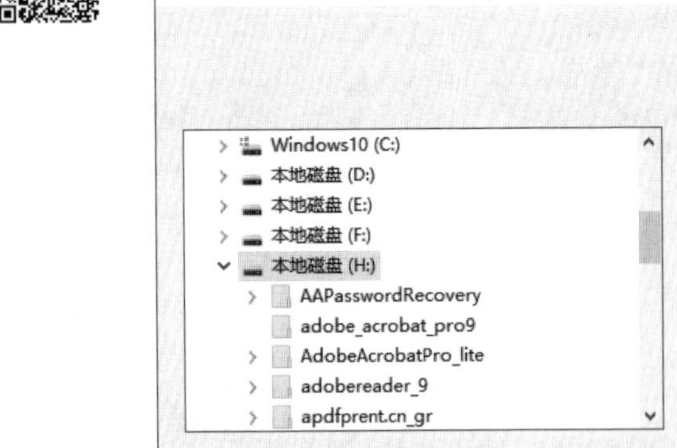

Step 07 单击“确定”按钮，返回到“选择恢复路径”对话框。

Step 08 单击“下一步”按钮，即可开始恢复数据。完成数据恢复后，返回存放路径，即可查看恢复后的文件。

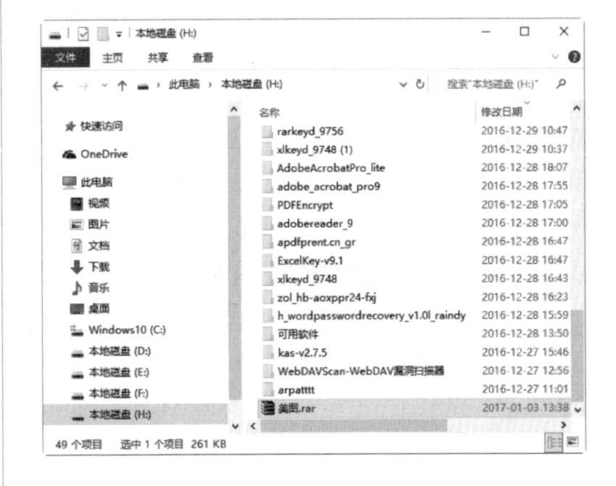

8.4.6　使用《DataExplore数据恢复大师》恢复数据

《DataExplore数据恢复大师》是一款功能强大、提供了较低层次恢复功能的硬盘数据恢复软件，支持FAT12、FAT16、FAT32、NTFS文件系统，可以导出文件夹，能够找出被删除、快速格式化、完全格式化、删除分区、分区表被破坏或者Ghost破坏后的硬盘文件。

1. 恢复已删除的文件

Step 01 在“DataExplore数据恢复大师”主窗口中单击“数据”按钮，打开“选择数据”窗口。

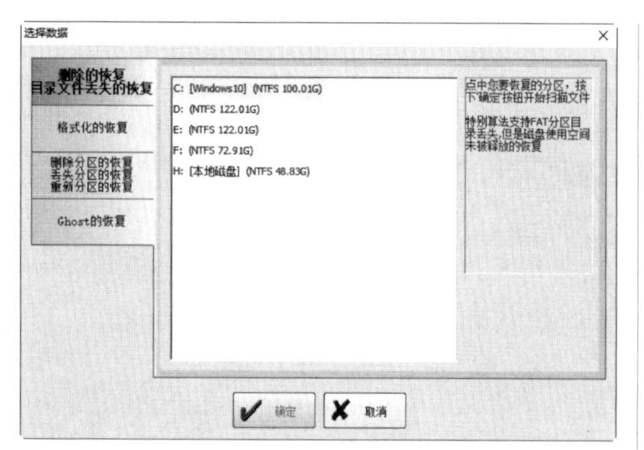

Step 02 选择左侧的“删除的恢复”选项，在右侧窗格中选择所需恢复的分区。

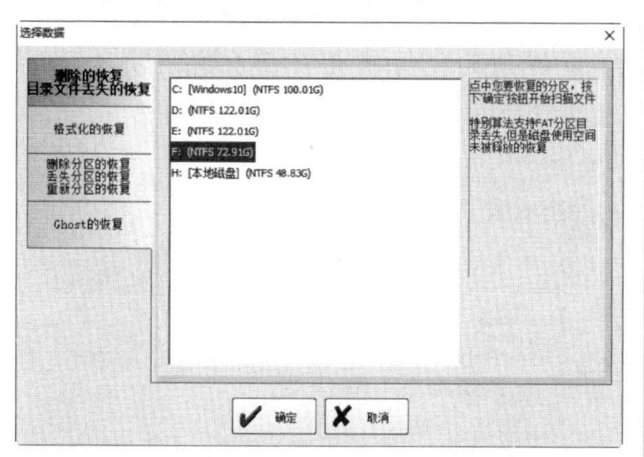

Step 03 单击“确定”按钮，系统开始扫描丢失的数据，在完成数据的扫描和查找后，所查找到的文件将会显示在文件夹视图和列表视图中。

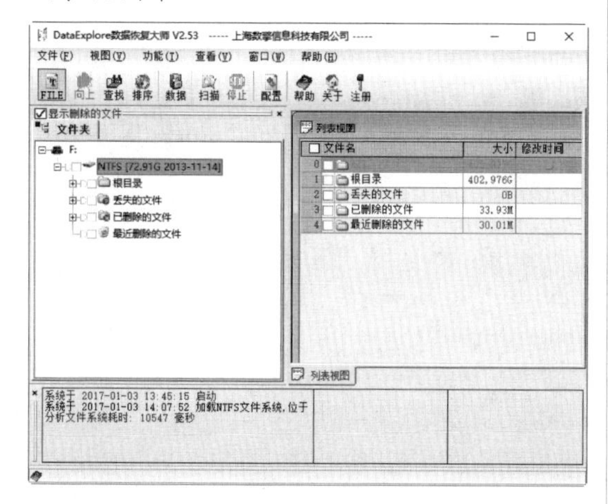

Step 04 在左侧选择“已删除的文件”选项，即可在右侧窗格中显示出其具体数据列表，可将其导出到别的分区或硬盘。

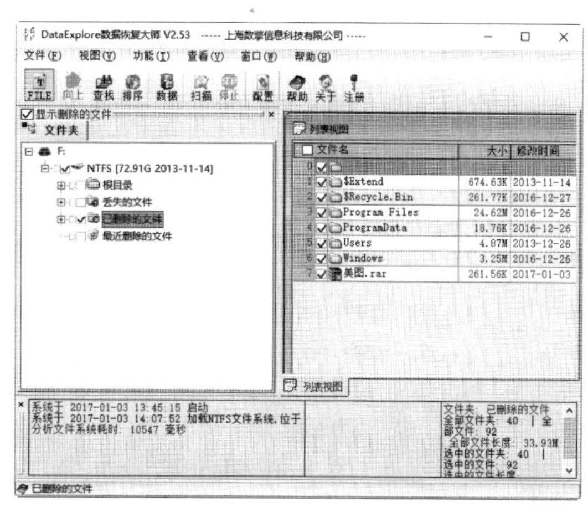

Step 05 在“列表视图”窗格中选中需要恢复的数据并右击，在弹出的快捷菜单中选择“导出”菜单项。

Step 06 打开“提示”对话框，提示用户要把文件导出到别的硬盘或者分区上，千万不要往要恢复的分区上写入新文件，以避免破坏数据。

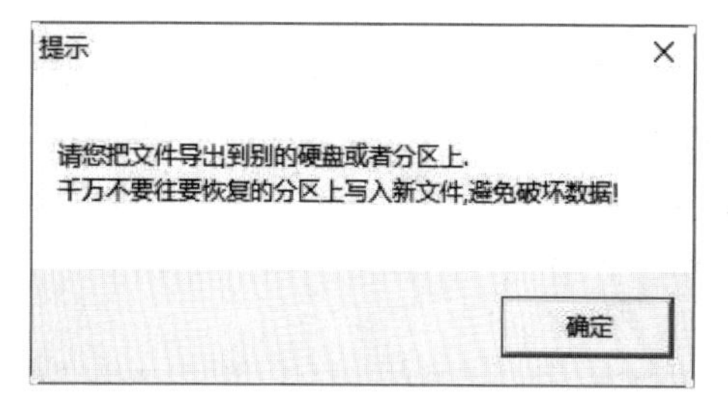

Step 07 单击“确定”按钮，打开“浏览文件夹”对话框，在其中选择要恢复文件的保存位置。

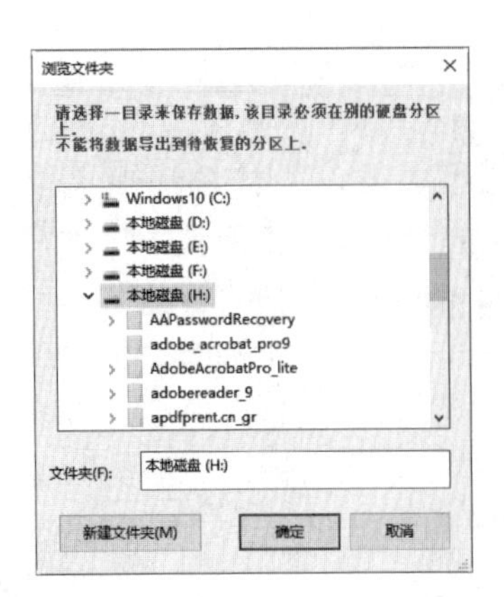

Step 08 单击“确定”按钮，即可开始恢复丢失的文件，恢复完毕后，打开保存恢复文件的位置，即可在其中看到已经将删除的文件恢复。

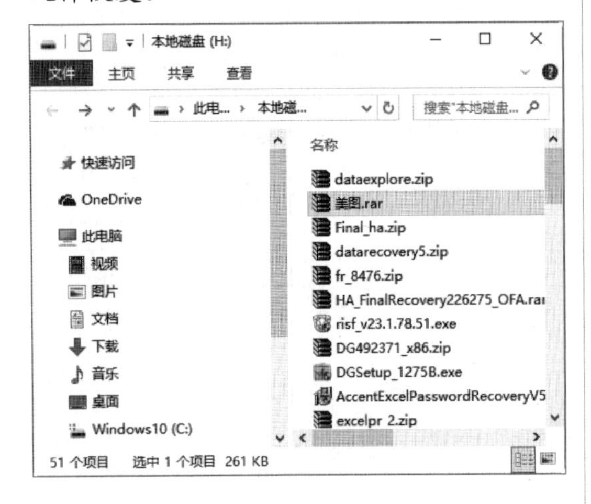

2. 恢复格式化后的文件

Step 01 在“DataExplore数据恢复大师”主窗口中单击“数据”按钮，打开“选择数据”窗口。

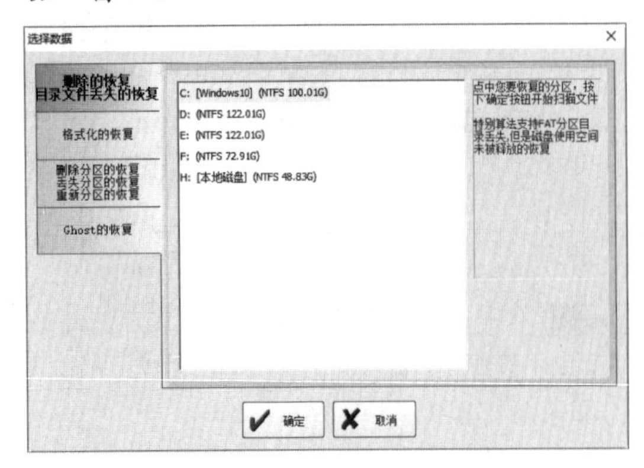

Step 02 选择左侧的“格式化的恢复”选项，在右侧窗格中选择所需恢复的分区。

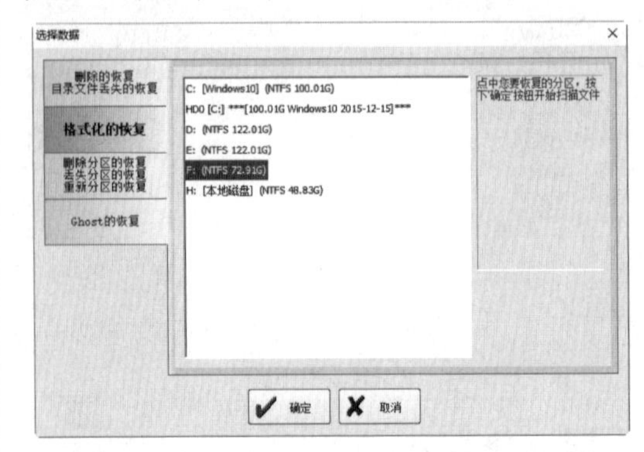

Step 03 单击“确定”按钮，系统开始扫描丢失的数据，在完成数据的扫描和查找后，所查找到的文件将会显示在文件夹视图和列表视图中，然后将其导出即可。

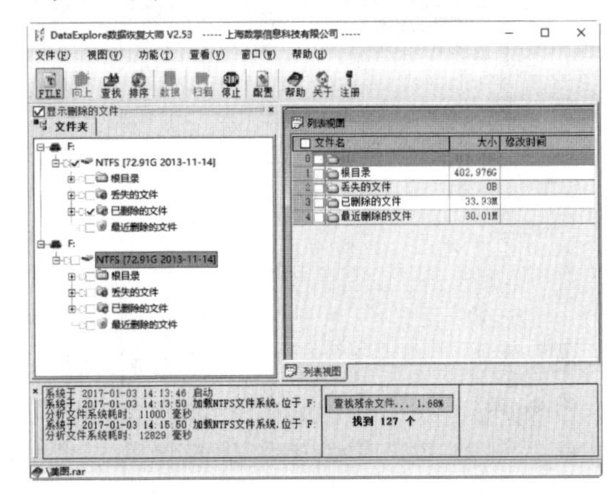

3. 恢复因分区丢失的文件

Step 01 在“DataExplore数据恢复大师”主窗口中单击“数据”按钮，打开“选择数据”窗口。

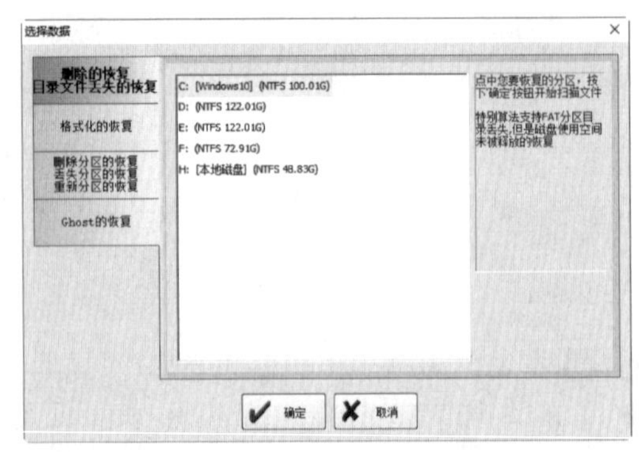

Step 02 选择左侧的“丢失分区的恢复”选项，在右侧窗格中选择所需恢复的分区。

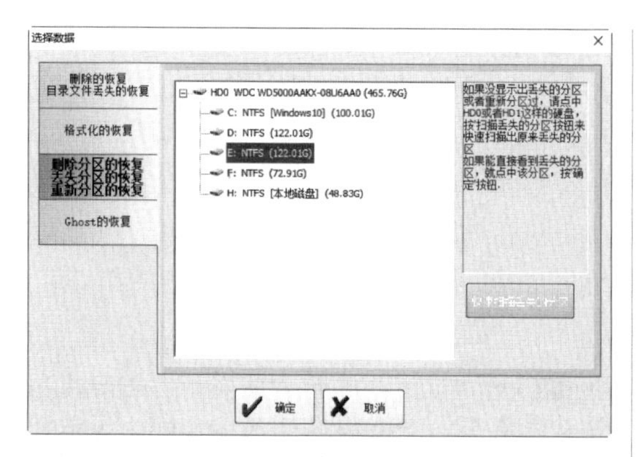

Step 03 单击“确定”按钮，系统开始扫描丢失的分区，在完成扫描和查找后，所查找到的文件将会显示在文件夹视图和列表视图中，然后将其导出即可。

Step 04 如果看不到，则可在选中所要恢复数据的硬盘HD0或HD1后，单击“快速扫描丢失的分区”按钮，即可打开“快速扫描分区”对话框。单击“开始扫描”按钮，即可快速扫描出原来丢失的分区。

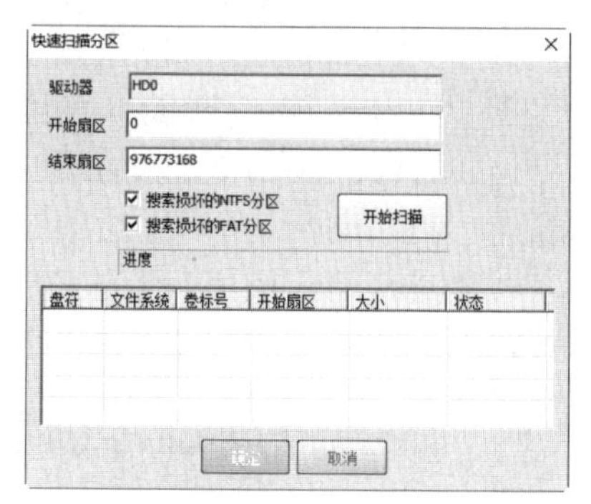

4. Ghost的恢复

Step 01 在“DataExplore数据恢复大师”主窗口中单击“数据”按钮，打开“选择数据”窗口。

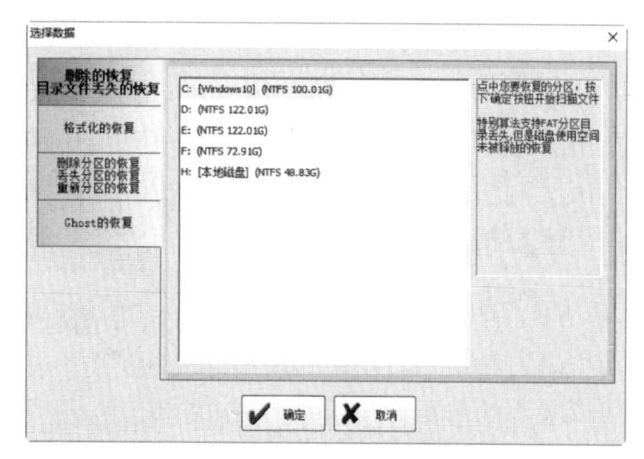

Step 02 选择左侧的“Ghost的恢复”选项，在右侧窗格中选择所需恢复的分区。

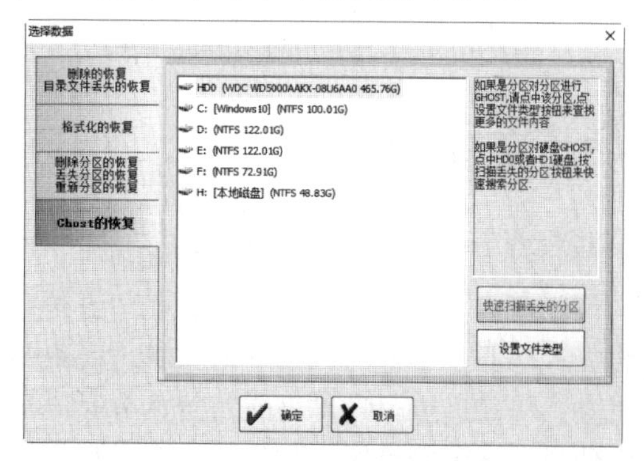

提示：如果是分区对硬盘进行Ghost恢复，则选择所要恢复数据的硬盘HD0或HD1，单击“快速扫描丢失的分区”按钮，即可打开“快速扫描分区”对话框。单击“开始扫描”按钮，即可快速扫描出原有分区。

Step 03 单击“确定”按钮，打开“属性对话框”对话框，在其中进行相应设置查找更多的文件内容。

Step 04 单击“确定”按钮，系统开始扫描丢失的数据，在完成扫描和查找后，所查找到的文件将会显示在文件夹视图和列表视图中，然后将其导出即可。

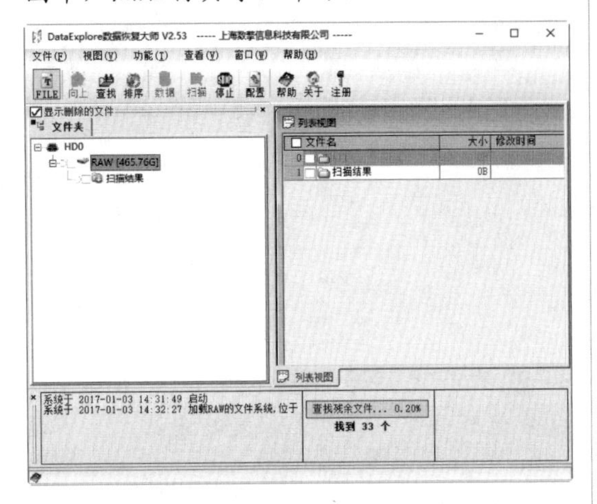

8.5 实战演练

实战演练1——恢复丢失的磁盘簇

磁盘空间丢失的原因有多种，如误操作、程序非正常退出、非正常关机、病毒的感染、程序运行中的错误或对硬盘分区不当等情况都有可能使磁盘空间丢失。磁盘空间丢失的根本原因是存储文件的簇丢失了。那么如何才能恢复丢失的磁盘簇呢？在“命令提示符”窗口中用户可以使用chkdsk/f命令找回丢失的簇，具体的操作步骤如下。

Step 01 单击“开始”按钮，从弹出的“开始”面板中选择“所有程序”→“附件”→“运行”菜单项，打开“运行”对话框，在“打开”文本框中输入注册表命令cmd。

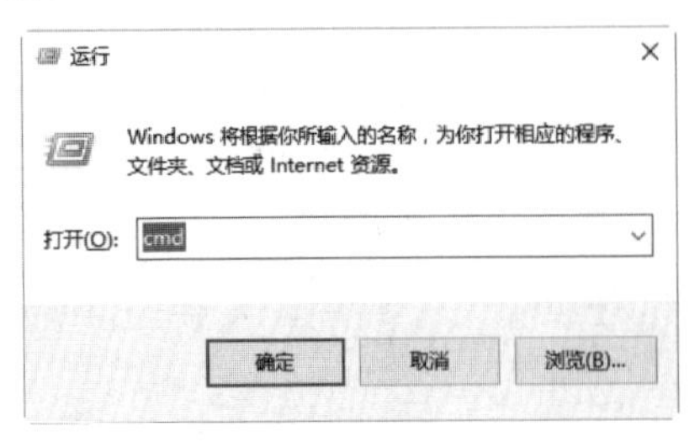

Step 02 单击“确定”按钮，打开cmd.exe运行窗口，在其中输入命令chkdsk d:/f。

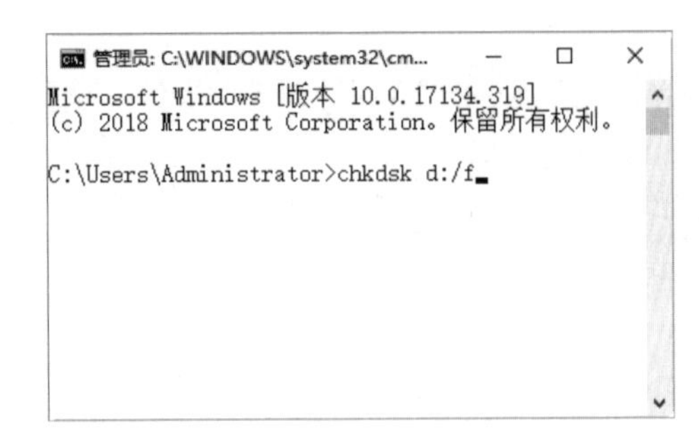

Step 03 按Enter键，此时会显示输入的D盘文件系统类型，并在窗口中显示chkdsk状态报告，同时，列出符合不同条件的文件。

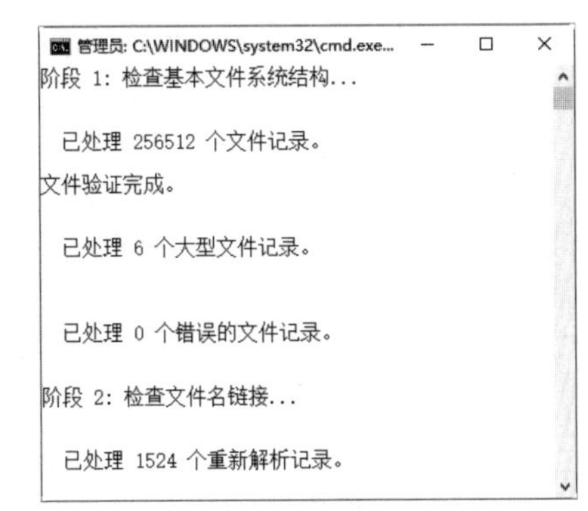

实战演练2——格式化硬盘后的数据恢复

以前当格式化硬盘后，就不能再恢复数据了，但是有了EasyRecovery软件后，这一问题就得到了解决。这里以格式化本地磁盘D:后再对其数据进行恢复为例，讲解格式化硬盘后的数据恢复，具体的操作步骤如下。

Step 01 双击桌面上的EasyRecovery快捷图标，打开EasyRecovery主窗口。

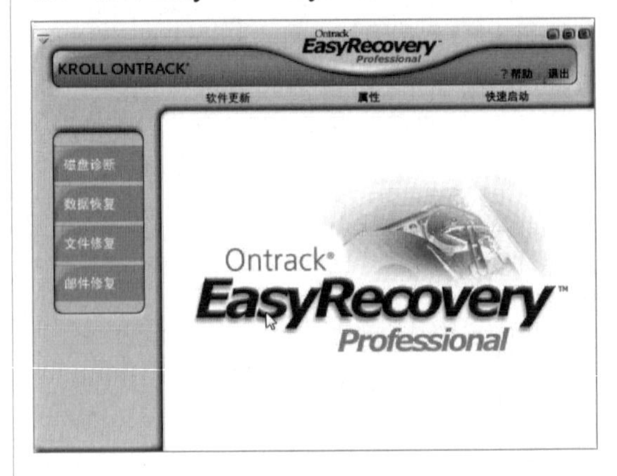

Step 02 单击EasyRecovery主界面上的“数据恢复”功能项，即可进入软件的“数据恢复”子系统窗口，在其中显示了“高级恢复”“删除恢复”“格式化恢复”“原始恢复”等项目。

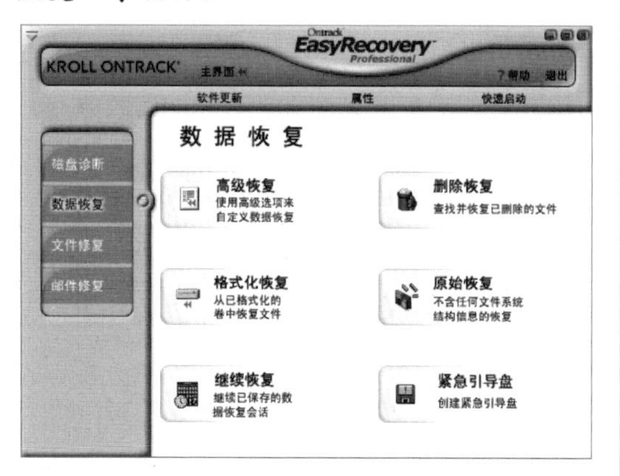

Step 03 单击“数据恢复”功能项中的“格式化恢复”按钮，即可开始扫描系统。

Step 04 在扫描结束后，将会弹出“目的地警告”提示框，建议用户将文件复制到不与恢复来源相同的一个安全位置。

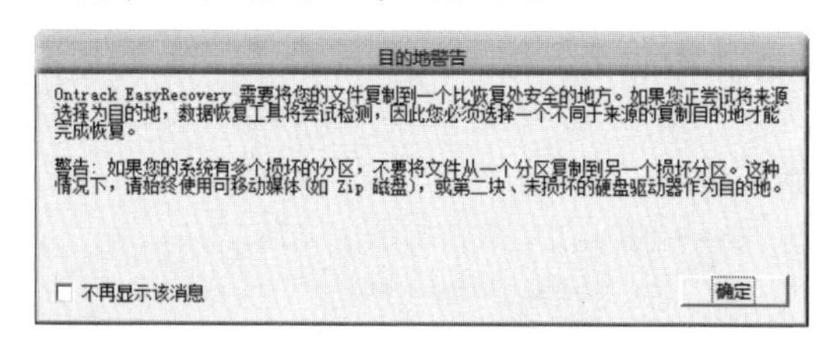

Step 05 单击“确定”按钮，将会自动弹出“格式化恢复”对话框，提示用户选择一个要恢复格式化文件的分区，这里选择D盘。

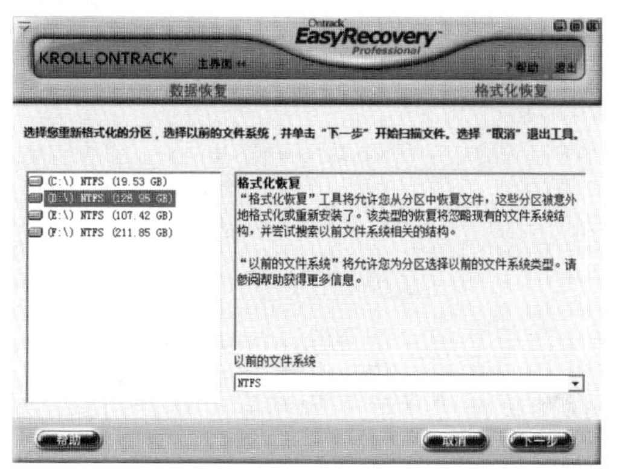

Step 06 单击“下一步”按钮，开始扫描选定的磁盘，并显示扫描进度，如已用时间、剩余时间、找到目录及找到文件等。

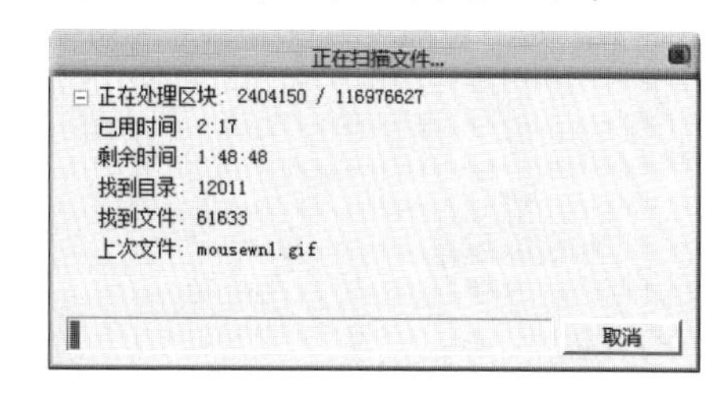

Step 07 在扫描完毕后，将扫描到的相关文件及资料在对话框左侧以树状目录列出来，右侧则显示具体格式化的文件信息。在其中选择要恢复的文档或文件夹，这里选择“图片.rar”文件。

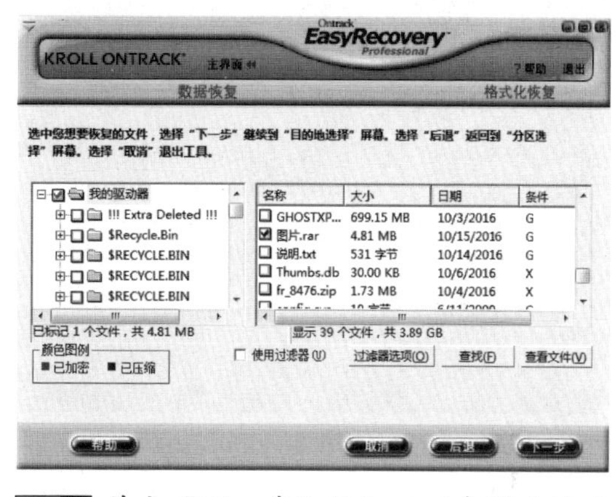

Step 08 单击“下一步”按钮，可在弹出的对话框中设置恢复数据的保存路径。

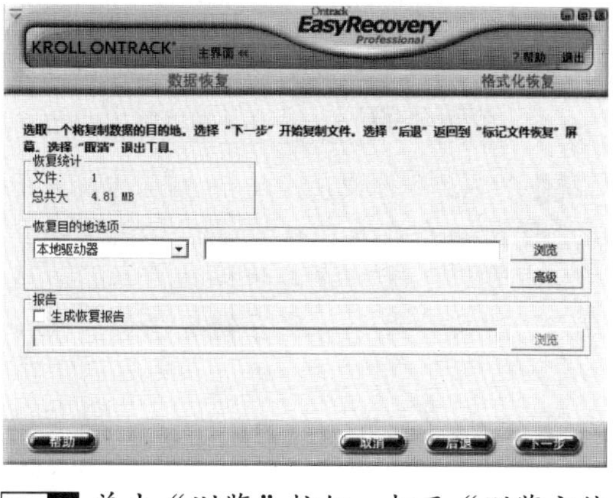

Step 09 单击“浏览”按钮，打开“浏览文件夹”对话框，在其中选择恢复数据保存的位置。

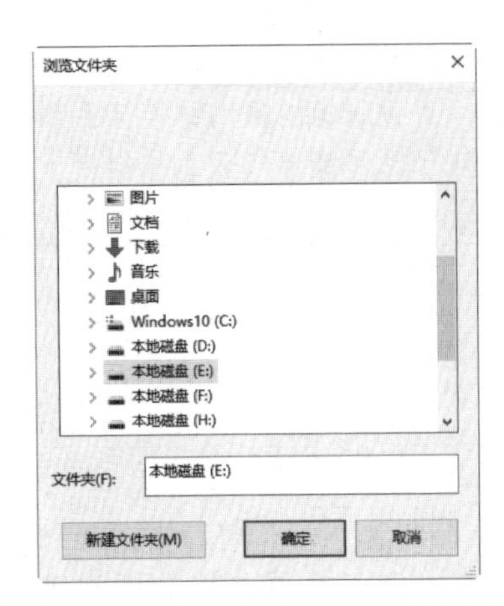

Step 10 单击“确定”按钮，返回到设置恢复数据保存的路径。

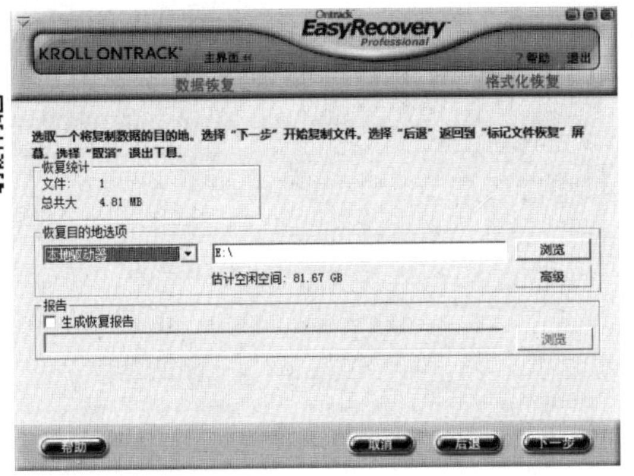

Step 11 单击“下一步”按钮，软件自动将文件恢复到指定的位置。

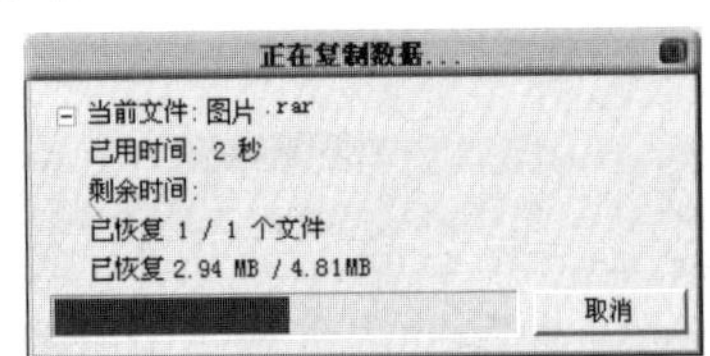

Step 12 在完成文件恢复操作后，EasyRecovery将会弹出一个恢复完成的提示信息窗口，在其中显示了数据恢复的详细内容，包括源分区、文件大小、已存储数据的位置等内容。

Step 13 单击“完成”按钮，打开“保存恢复”对话框。单击“否”按钮，即可完成恢复，如果还有其他的文件要恢复，则可以单击“是”按钮。

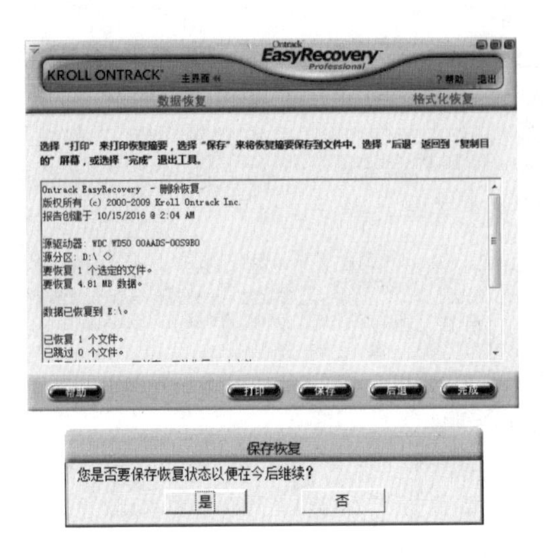

8.6　小试身手

练习1：隐藏/显示磁盘文件或文件夹

隐藏磁盘文件或文件夹可以增强文件的安全性，同时可以防止误操作导致的文件丢失现象。隐藏与显示磁盘数据的操作步骤类似，本节以隐藏和显示文件夹为例进行介绍。

1. 隐藏文件夹

隐藏文件夹的具体操作步骤如下。

Step 01 选择需要隐藏的文件夹并单击鼠标右键，在弹出的快捷菜单中选择“属性”命令，弹出“图片 属性”对话框。

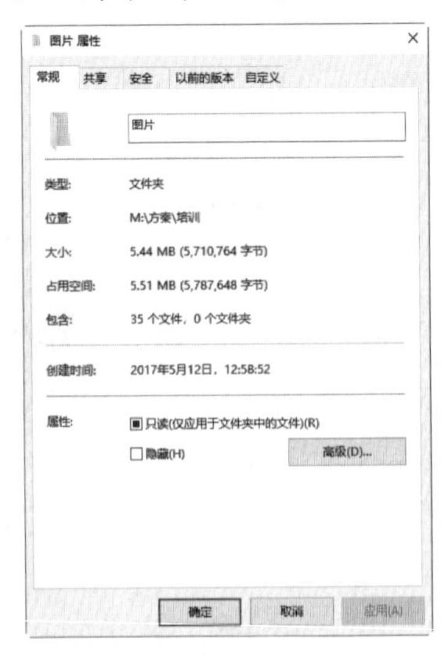

Step 02 选择“常规”选项卡，然后勾选“隐藏”复选框。

Step 03 单击“确定”按钮，弹出“确认属性更改”对话框，再次单击“确定”按钮，这样选择的文件夹被成功隐藏。

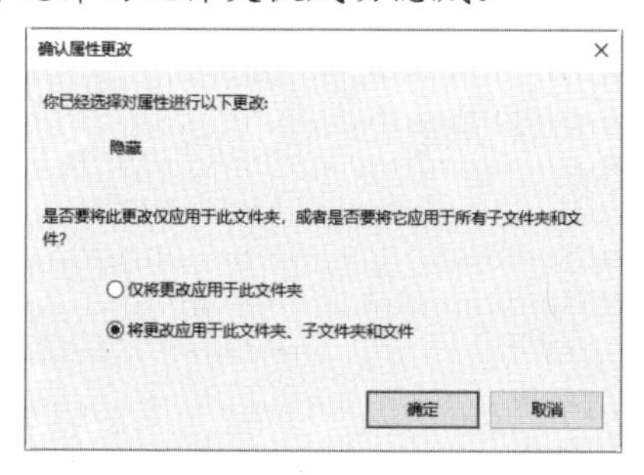

2. 显示文件夹

文件被隐藏后，用户要想调出隐藏文件，需要显示文件所在的文件夹，具体的操作步骤如下。

Step 01 按Alt键，调出功能区，选择“查看”选项卡，勾选“显示/隐藏”组中的“隐藏的项目”复选框，即可看到隐藏的文件或文件夹。

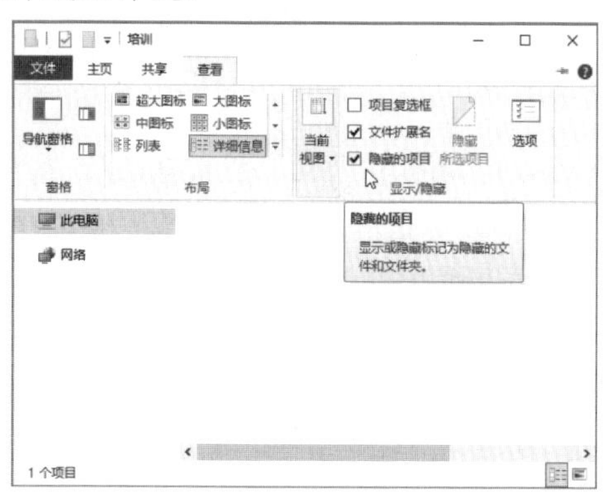

Step 02 右击该文件夹，从弹出的快捷菜单中选择“属性”命令，弹出“属性”对话框，选择“常规”选项卡，然后取消勾选“隐藏”复选框，单击“确定”按钮，便可成功显示隐藏的文件夹。

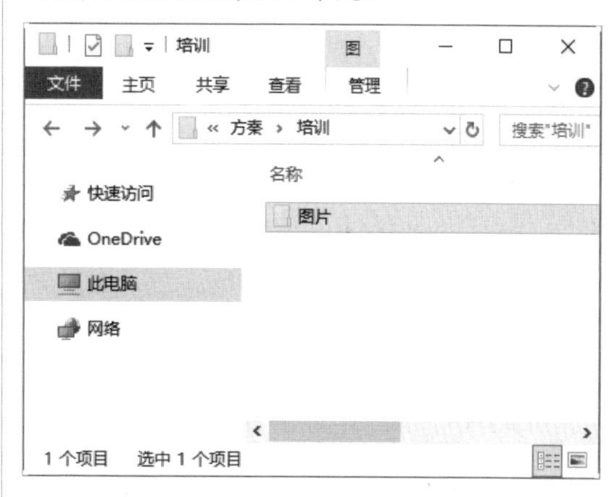

练习2：添加常用文件夹到“开始”菜单

在Windows 10操作系统中，用户可以自定义“开始”菜单显示的内容，可以把常用文件夹（例如，文档、图片、音乐、视频、下载等）添加到“开始”菜单上。

Step 01 按Windows+I组合键，打开“设置”窗口，并单击“个性化”→“开始”→“选择哪些文件夹显示在‘开始’菜单”命令。

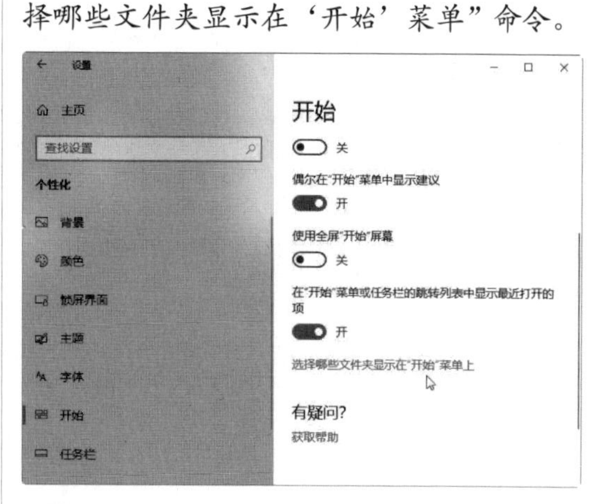

Step 02 在弹出的窗口中选择要添加到“开始”菜单上的文件夹，这里以“文件资源管理器”为例，将“文件资源管理器”按钮设置为“开”。

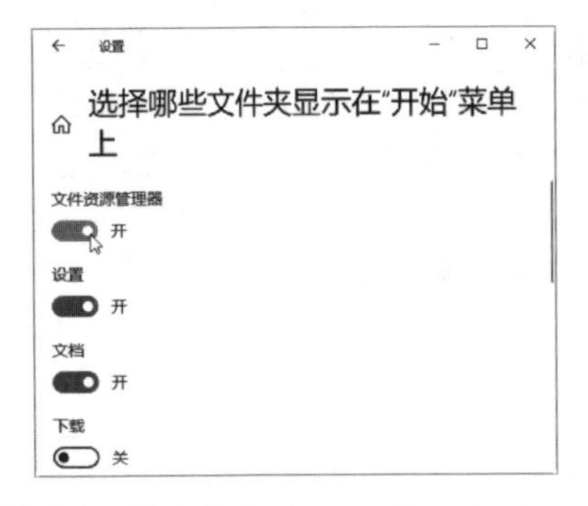

Step 03 关闭“设置”窗口，按Windows键，打开“开始”菜单，即可看到添加的“文件资源管理器”图标。

第9章　文件密码数据的防护策略

文件的安全问题是伴随着计算机的诞生而诞生的，如何才能做到文件的绝对安全，这是安全专家一直致力于的研究方向。本章介绍文件密码数据的防护策略，主要内容包括破解文件密码的常用方式、各类文件密码的防护策略和加密磁盘数据等内容。

9.1　破解文件密码的常用方式

随着计算机和互联网的普及与发展，越来越多的人习惯于把自己的隐私数据保存在个人计算机中并为文件加密，但有时难免忘记密码，而黑客要想知道文件解密后的信息，也会利用破解密码技术对其进行解密。

9.1.1　破解Word文档密码

Word Password Recovery软件可以用来快速破解Word文档密码，包括“暴力破解”“字典破解”“增强破解”3种方式。

使用Word Password Recovery软件破解Word文档密码的具体操作步骤如下。

Step 01 下载并安装Word Password Recovery软件，打开“Word Password Recovery”操作界面，可以设置不同的解密方式，从而提高解密的针对性，加快解密速度。

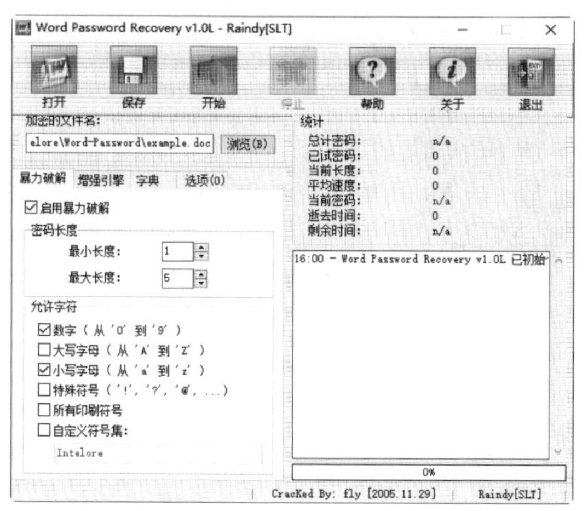

Step 02 单击“浏览”按钮，打开“打开”对话框，在其中选择需要破解的文档。

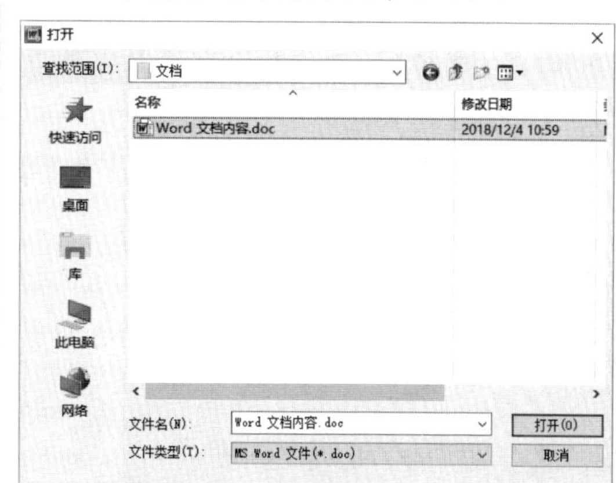

Step 03 单击“打开”按钮，返回到Word Password Recovery操作界面，并在“暴力破解”选项卡下设置密码的长度和允许的字符类型。

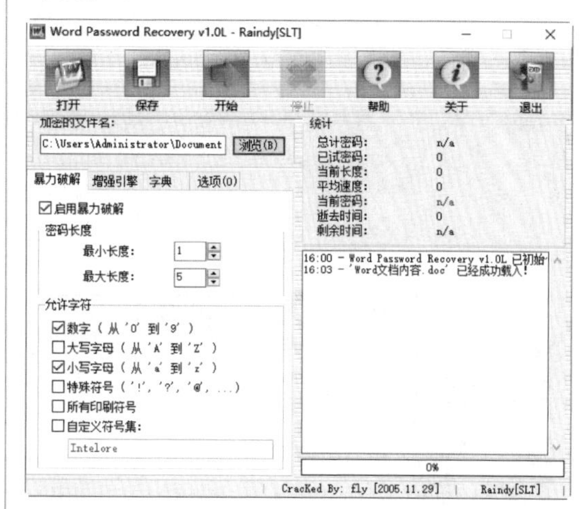

Step 04 单击“开始”按钮，即可开始破解加密的Word文档。

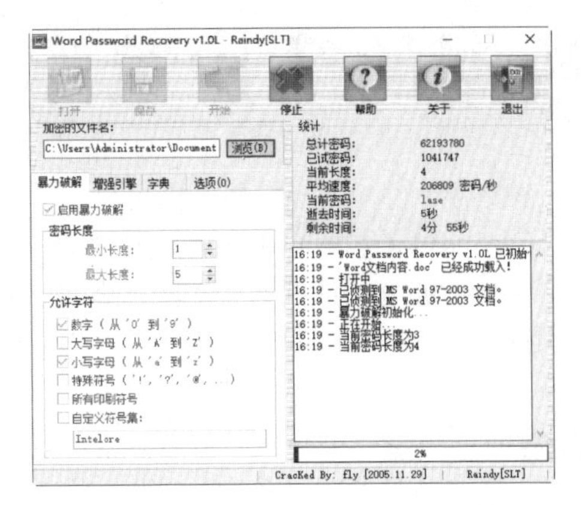

Step 05 在破解完毕后，将弹出“密码已经成功恢复”对话框，并将相关信息显示在该对话框中。

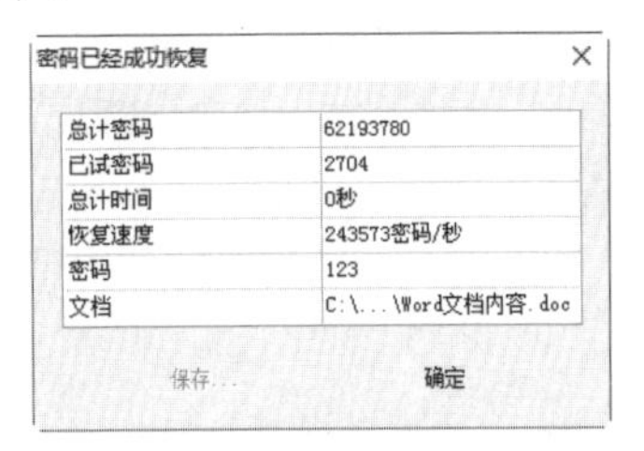

9.1.2 破解Excel文件密码

Excel Password Recovery软件是一款简单、好用的Excel文件密码破解软件，可以帮助用户快速找回遗忘丢失的Excel密码，再也不用担心忘记密码的问题了。

使用Excel Password Recovery软件破解Excel文件密码的具体操作步骤如下。

Step 01 下载并安装Excel Password Recovery程序，打开Excel Password Recovery操作界面，在“恢复”选项卡下用户可以设置攻击加密文档的类型。

Step 02 单击“打开”按钮，打开“打开文件”对话框，在其中选择需要破解的Excel文件。

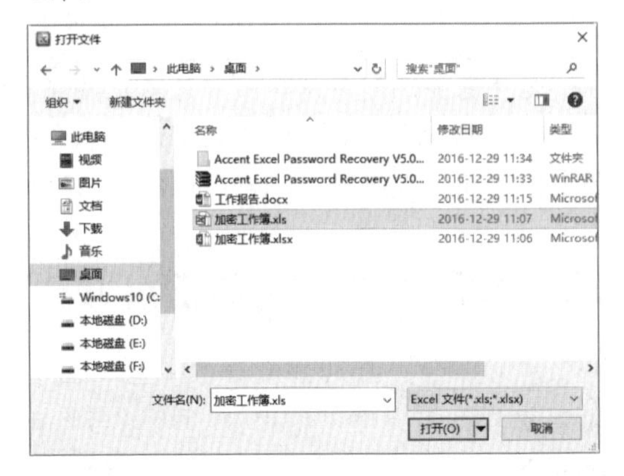

Step 03 单击“打开”按钮，返回到Excel Password Recovery操作界面。

Step 04 单击“开始”按钮，即可开始破解加密的Excel工作簿。

Step 05 在破解完毕后，将弹出“密码已经成功恢复”对话框，并将相关信息显示在该对话框中。

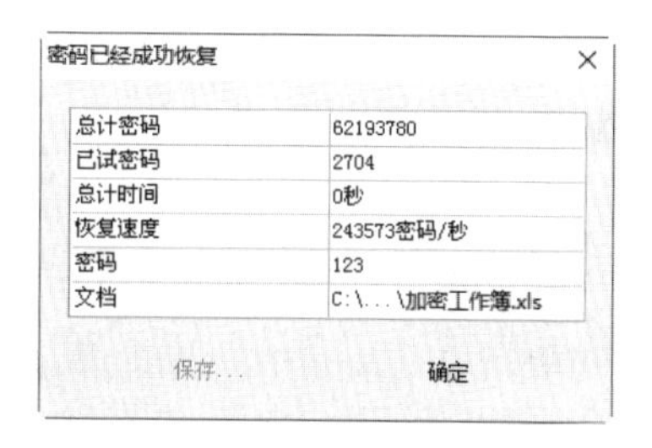

9.1.3　破解PDF文件密码

APDFPR的全称为Advanced PDF Password Recovery，该软件主要用于破解受密码保护的PDF文件，能够瞬间完成解密过程，解密后的PDF文件可以用任何PDF查看器打开，并能任意对其进行编辑、复制和打印等操作。

使用Advanced PDF Password Recovery软件破解PDF文件的具体操作步骤如下。

Step 01 启动Advanced PDF Password Recovery软件，在打开的操作界面中单击“打开”按钮。

Step 02 打开“打开”对话框，选择需要破解的PDF文件，单击“打开”按钮。

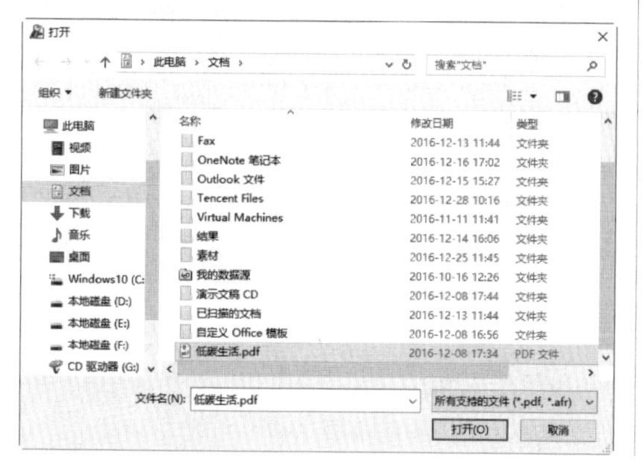

Step 03 返回到软件主界面，在“攻击类型”下拉列表中选择破解方式为“暴力”选项。

Step 04 在“范围”选项卡中，勾选“所有大写拉丁文（A～Z）”“所有小写拉丁文（a～z）”“所有数字（0～9）”“所有特殊符号（！@…）”复选框，主要设置解密时允许参与密码组合的字符及起止范围。

Step 05 选择“长度”选项卡，设置解密时密码的长度范围。

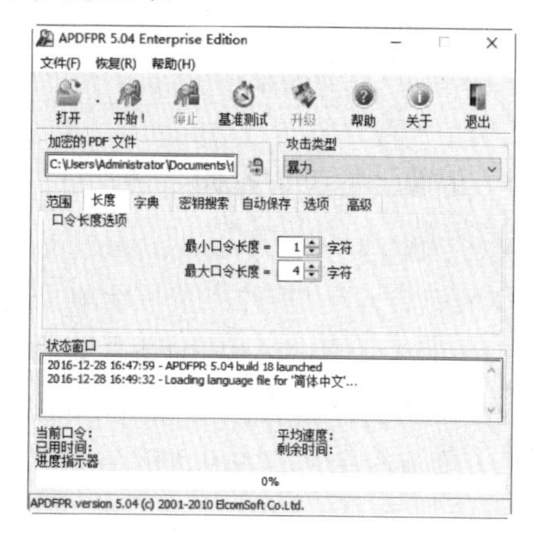

Step 06 选择“自动保存”选项卡，设置破解过程中自动保存的时间间隔。

Step 07 单击“开始”按钮，即可开始破解，相关破解信息将在“状态窗口”区域中显示。

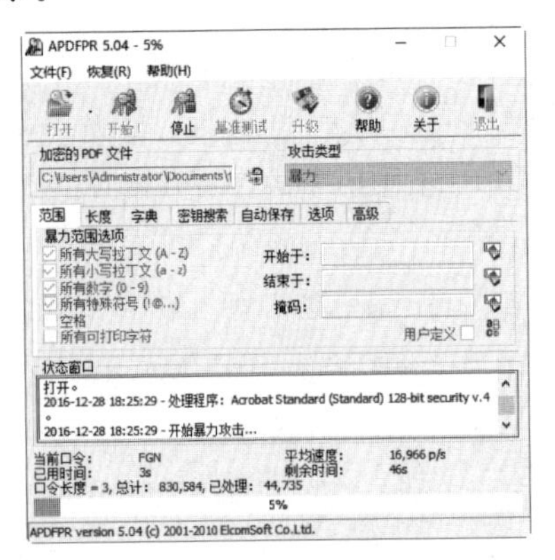

Step 08 如果破解成功，则弹出相应的对话框，提示“口令已成功恢复！”信息，单击“确定”按钮，完成解密操作。

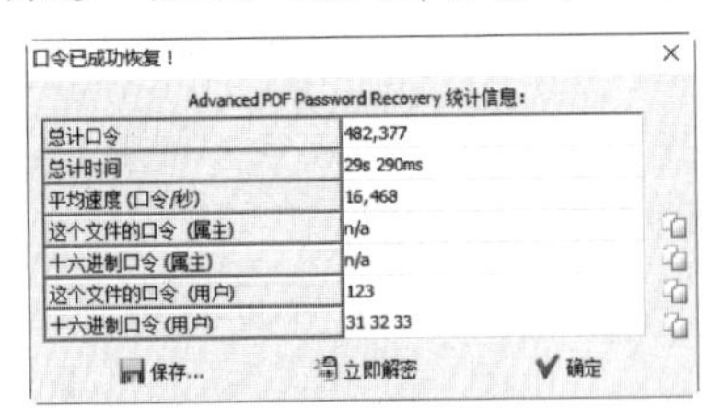
口令已成功恢复！

Advanced PDF Password Recovery 统计信息:

总计口令	482,377
总计时间	29s 290ms
平均速度 (口令/秒)	16,468
这个文件的口令 (属主)	n/a
十六进制口令 (属主)	n/a
这个文件的口令 (用户)	123
十六进制口令 (用户)	31 32 33

保存... 立即解密 确定

9.1.4 破解压缩文件密码

ARCHPR的全称Advanced Archive Password Recovery，该软件主要用于破解压缩文件，下面介绍使用ARCHPR破解压缩文件密码的具体操作步骤。

Step 01 下载并安装Advanced Archive Password Recovery工具，双击桌面上的快捷图标，打开其主窗口。

Step 02 单击“打开”按钮，打开“打开”对话框，在其中选择加密的压缩文件。

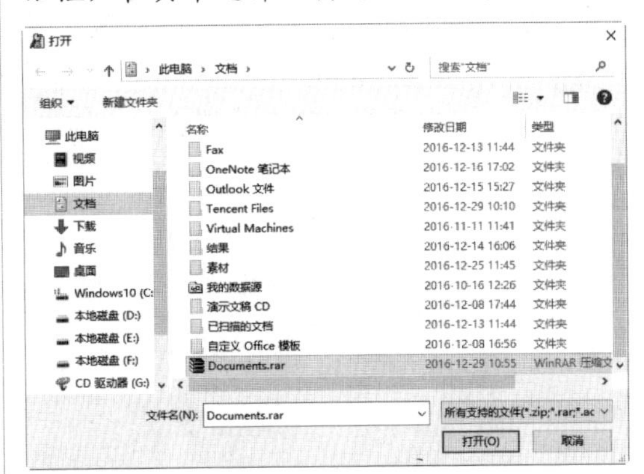

Step 03 单击“打开”按钮，返回到Advanced Archive Password Recovery主窗口，并在其中设置组合密码的各种字符，也可以设置密码的长度和破解方式等选项。

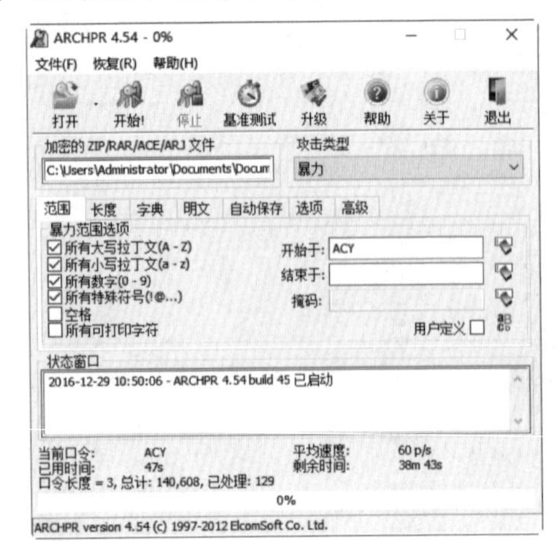

Step 04 单击“开始”按钮，即可开始破解压缩文件密码。

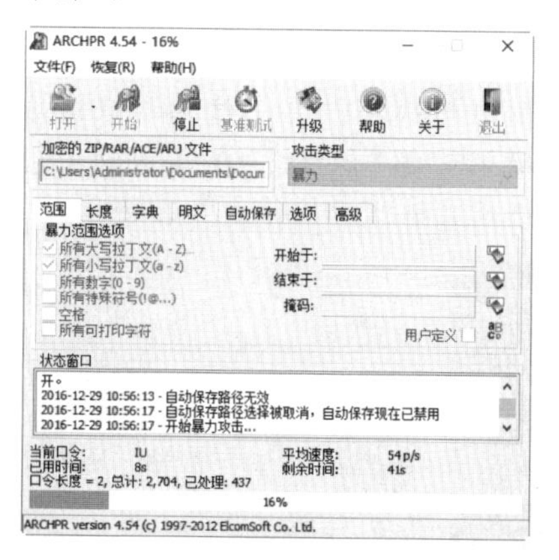

Step 05 解密完成后，弹出一个信息提示框，在其中可以看到解压出来的密码。

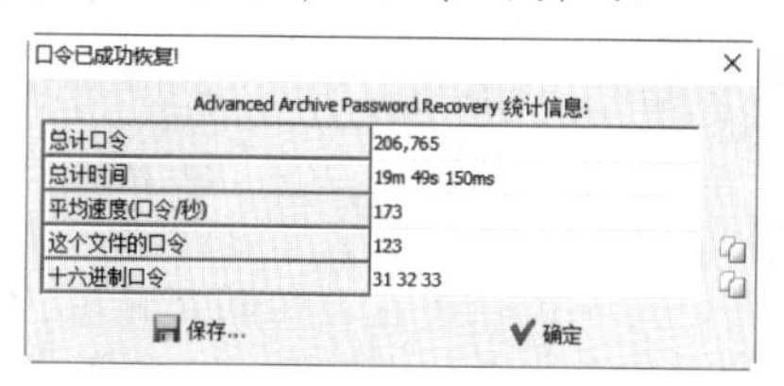

9.2　各类文件密码的防护策略

在了解各类文件密码的破解方式后，用户不难发现，这些方式能够破解成功的密码是一些比较简单的密码，因此，用户要想保护自己的文件密码不被破解，最简单的方式就是给各类文件加上比较复杂的密码，如密码包括数字、字母或特殊符号等，并且密码的长度最好超过8个字符。

9.2.1　加密Word文档

Word软件自身就提供了简单的加密功能，可以通过Word软件所提供的“选项”功能轻松实现文档的密码设置，具体的操作步骤如下。

Step 01 打开一个需加密的文档，选择“文件”选项卡，在打开的“文件”界面中选择“另存为”选项，然后选择文件保存的位置为“这台电脑”。

Step 02 单击“浏览”按钮，打开“另存为”对话框，在其中单击“工具”按钮，在弹出的下拉列表中选择“常规选项”选项。

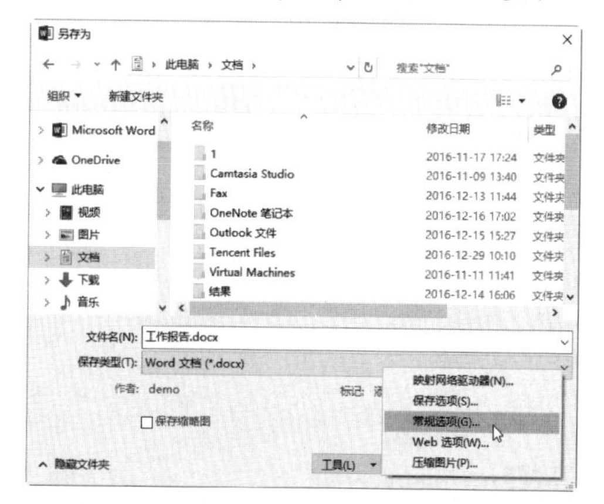

Step 03 打开“常规选项”对话框，在其中设置打开当前文档时的密码及修改当前文档时的密码（这两个密码可以相同，也可以不同）。

Step 04 输入完毕后，打开“确认密码”对话框，在“请再次键入打开文件时的密码”文本框中输入打开该文件的密码。

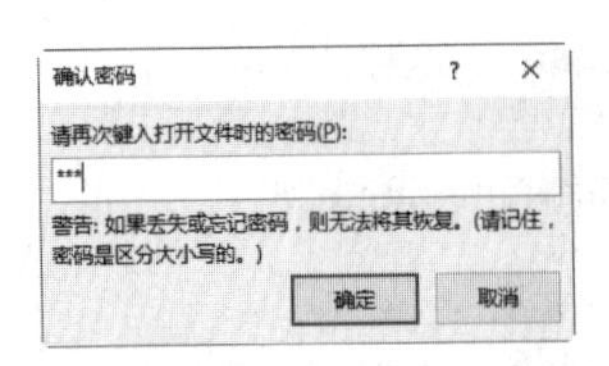

Step 05 单击“确定”按钮，打开“确认密码”对话框，在“请再次键入修改文件时的密码”文本框中输入修改该文件的密码。

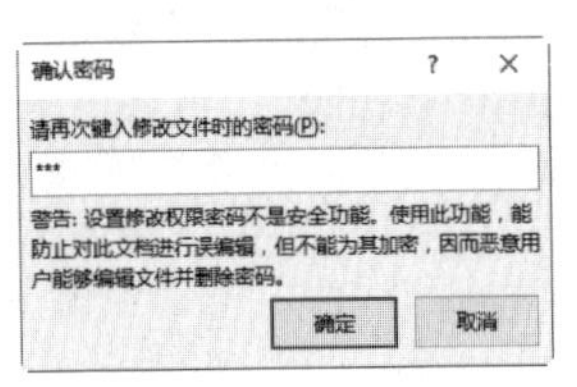

Step 06 单击“确定”按钮，返回到“另存为”对话框中，在“文件名”文本框中输入保存文件的名称。

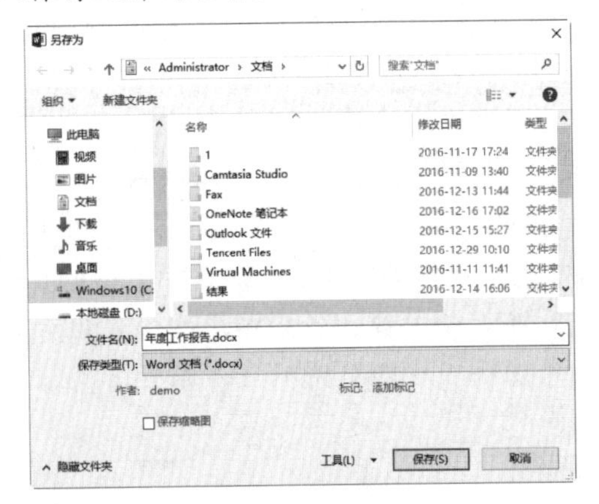

Step 07 单击“保存”按钮，即可将打开的Word文档保存起来。当再次打开时，将会弹出“密码”对话框，在其中提示用户输入打开文件所需的密码。

9.2.2 加密/解密Excel文件

Excel软件自身提供了简单的设置密码加密/解密功能，使用Excel自身功能加密/解密Excel文件的具体操作步骤如下。

1. 加密/解密Excel工作表

Step 01 打开需要保护当前工作表的工作簿，选择“文件”选项卡，在打开的界面中选择“信息”选项，在“信息”区域中单击“保护工作簿”按钮，在弹出的下拉菜单中选择“保护当前工作表”选项。

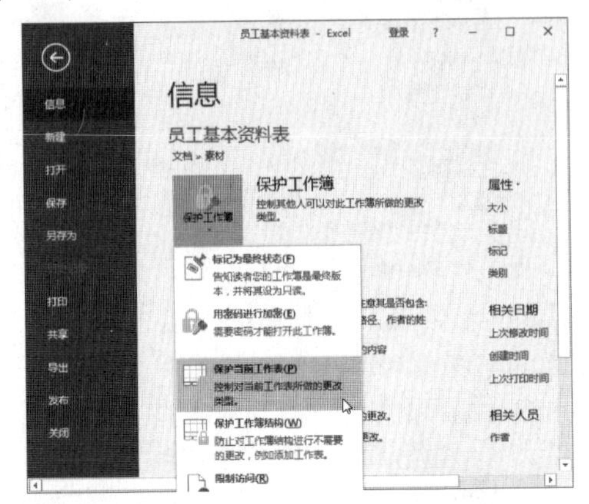

Step 02 弹出“保护工作表”对话框，系统默认勾选“保护工作表及锁定的单元格内容”复选框，也可以在“允许此工作表的所有用户进行”列表中选择允许修改的选项。

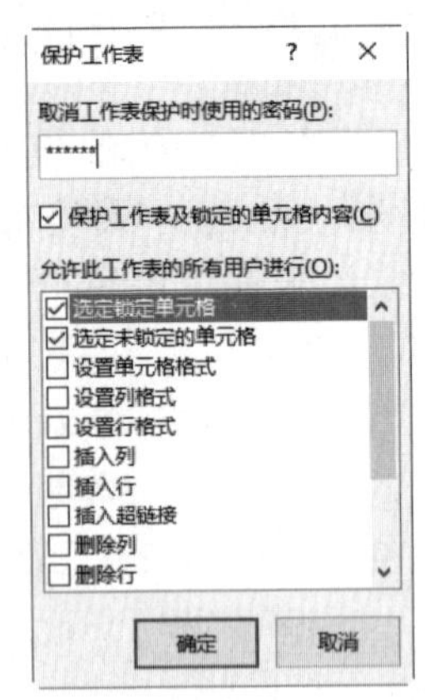

Step 03 弹出“确认密码”对话框，在此输入密码，单击“确定”按钮。

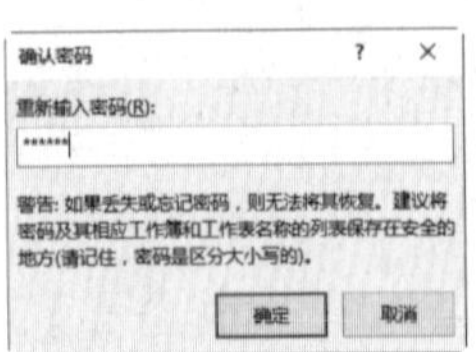

Step 04 返回到Excel工作表中，双击任一单元格进行数据修改，则会弹出如下图所示的提示框。

Step 05 如果要取消对工作表的保护，可单击“信息”选项卡，然后在“保护工作簿”选项中，单击“取消保护”超链接。

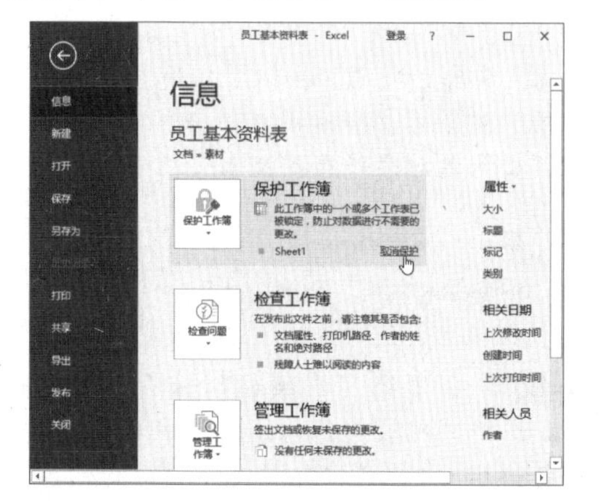

Step 06 在弹出的“撤销工作表保护”对话框中输入设置的密码，单击“确定”按钮即可取消对工作表的保护。

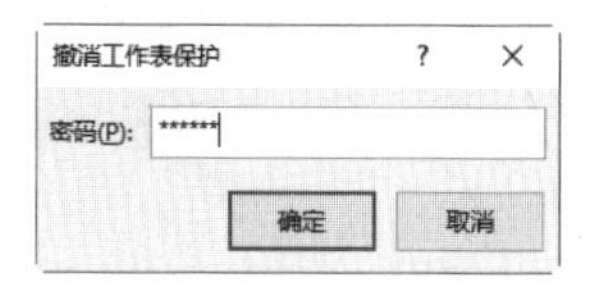

2. 加密/解密工作簿

Step 01 打开需要密码进行加密的工作簿。选择“文件”选项卡，在打开的界面中选择“信息”选项，在“信息”区域中单击“保护工作簿”按钮，在弹出的下拉菜单中选择“用密码进行加密”选项。

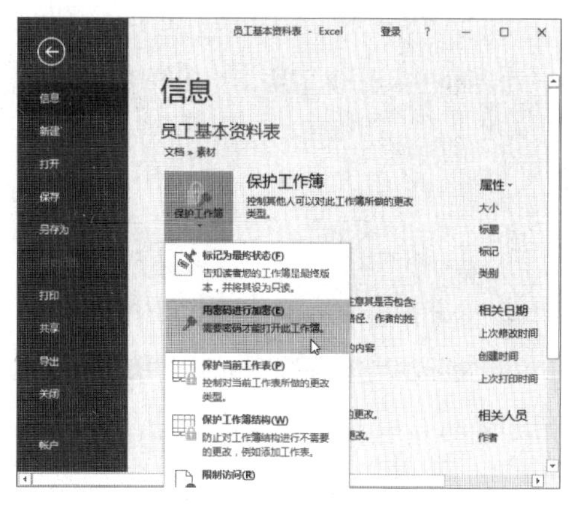

Step 02 弹出“加密文档”对话框，输入密码，单击“确定”按钮。

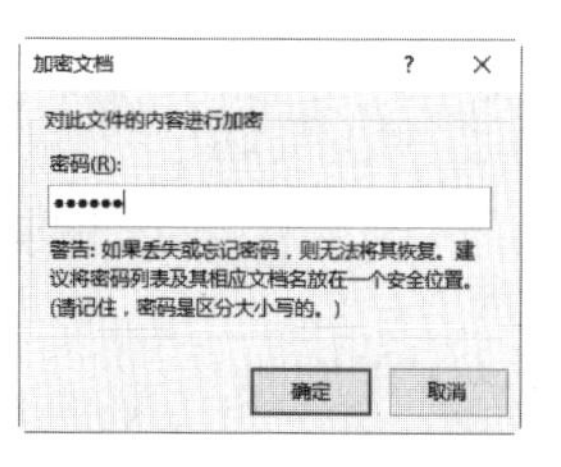

Step 03 弹出“确认密码”对话框，再次输入密码，单击“确定”按钮。

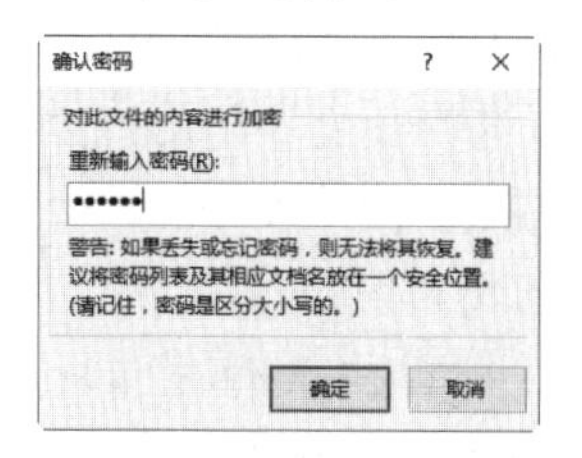

Step 04 为文档使用密码进行加密后，在“信息”区域内会显示已加密。

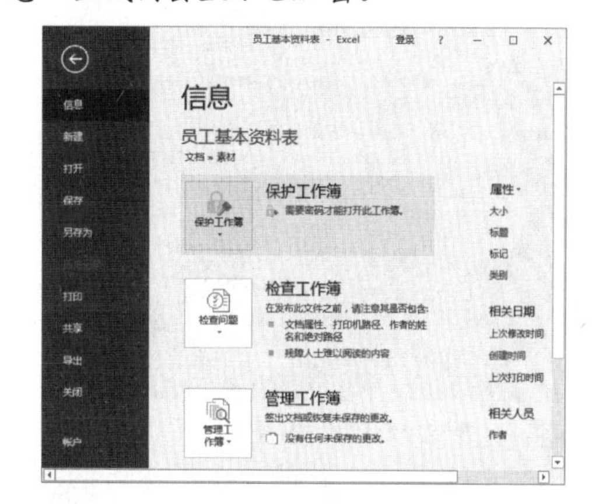

Step 05 再次打开文档时，将弹出“密码”对话框，输入密码后单击“确定”按钮，即可打开工作簿。

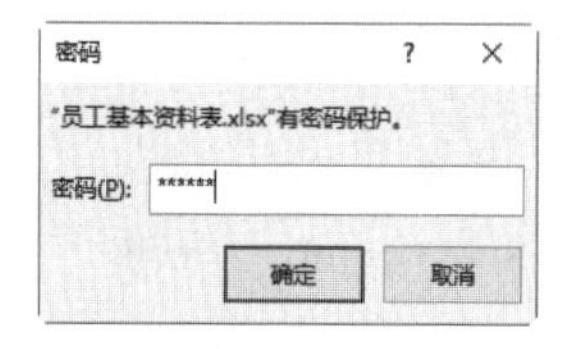

Step 06 如果要取消对工作簿的加密，在“信息”区域中单击“保护工作簿”按钮，在弹出的下拉菜单中选择“用密码进行加密”选项，弹出“加密文档”对话框，清除文本框中的密码，单击“确定”按钮即可。

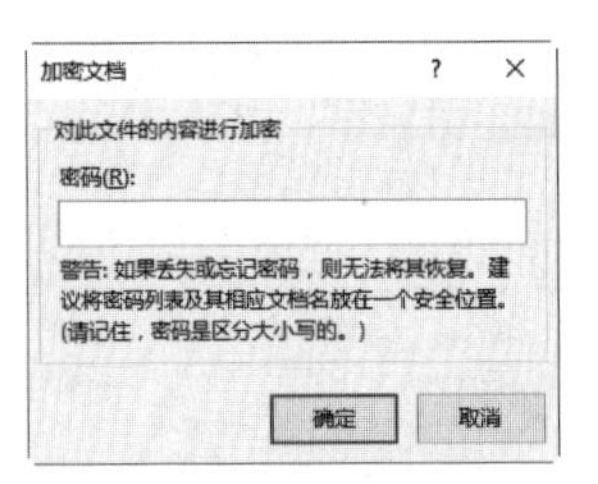

9.2.3 加密PDF文件

当使用Adobe Acrobat Professional来创建PDF文件时，创作者可以使用口令安全性对其添加限制，以禁止打开、打印或编辑文档，包含这些安全限制的PDF文件被称为受限制的文档。使用Adobe Acrobat Professional加密PDF文件的具体操作步骤如下。

Step 01 在制作好PDF文件内容后，选择“高级”→“安全性”→“使用口令加密”菜单项。

Step 02 打开“口令安全性-设置”对话框，勾选“要求打开文档的口令”复选框，并在“文档打开口令”文本框中输入打开文档的口令。

Step 03 单击“确定”按钮，打开“Adobe Acrobat-确认文档打开口令”对话框，在“文档打开口令”文本框中再次输入打开的口令。

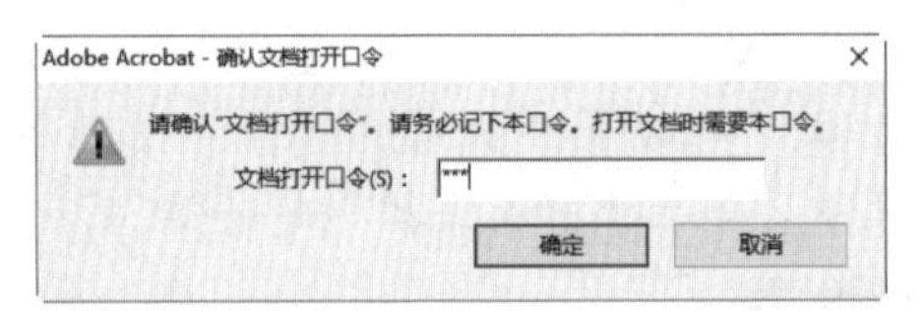

Step 04 单击“确定”按钮，打开“Acrobat安全性”对话框，提示用户“安全性设置在您保存文档之后才能应用至本文档……”。

Step 05 单击“确定”按钮，保存创建好的PDF文件，然后打开创建该PDF文件，则系统将弹出“口令”对话框。

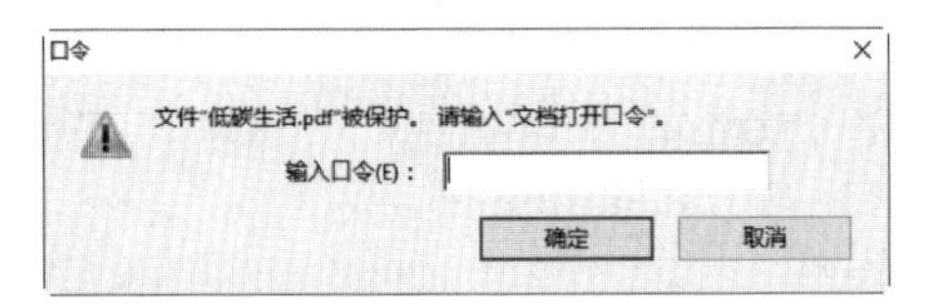

Step 06 在“输入口令”文本框中输入创建的口令密码。

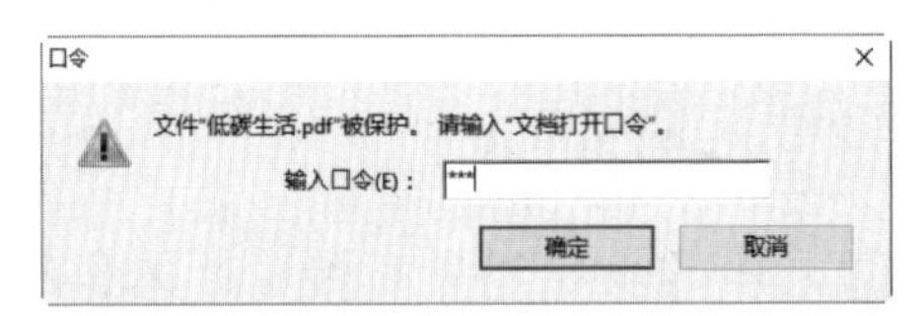

Step 07 单击“确定”按钮，即可打开该PDF文件。

Step 08 如果需要查看或者修改安全性属性，则选择“高级”→“安全性”→“显示安

全性属性”菜单项，打开“文档属性”对话框，在其中查看该文档属性。

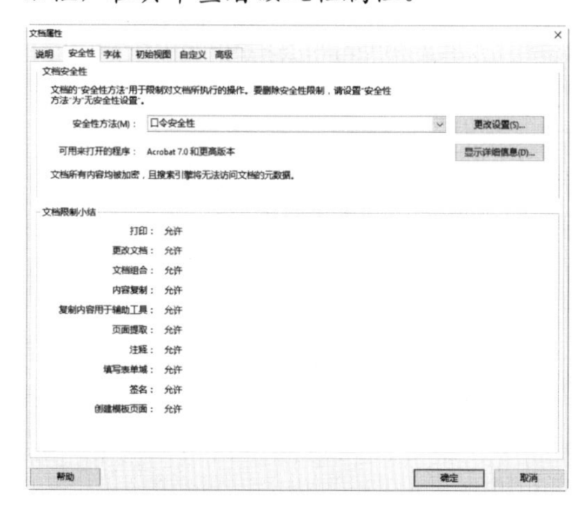

Step 09 在其中单击“显示详细信息”按钮，打开“文档安全性”对话框，在其中查看文档的安全性属性。

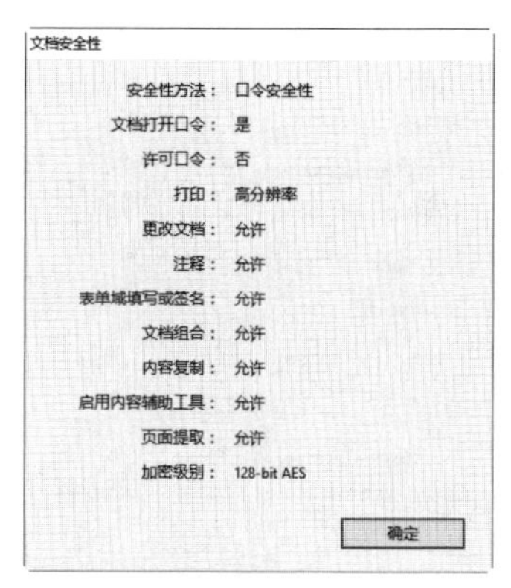

Step 10 若在“文档属性”对话框中单击“更改设置”按钮，打开“口令安全性-设置”对话框，在其中可以对文档进行相应的修改。

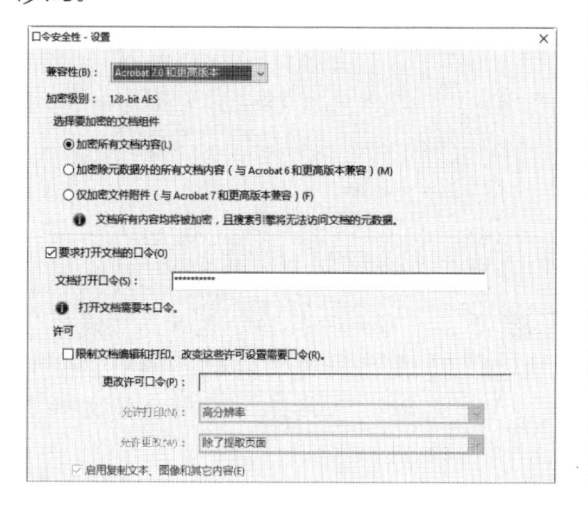

提示： 修改文档口令的安全性与设置文档口令的安全性相似，这里不再重述。

9.2.4　加密压缩文件

WinRAR是一款功能强大的压缩包管理器，该软件可用于备份数据、缩减电子邮件附件的大小、解压缩从Internet上下载的RAR、ZIP格式及其他格式文件，并且可以新建RAR及ZIP格式的文件。

使用WinRAR软件的自带加密功能对压缩文件进行加密的具体操作步骤如下。

Step 01 在计算机驱动器窗口中选中需要压缩和加密的文件并右击，在弹出的快捷菜单中选择“添加到压缩文件”菜单项。

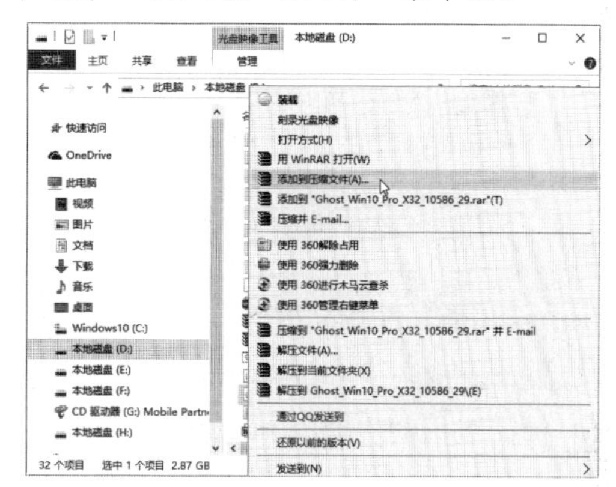

Step 02 打开“压缩文件名和参数”对话框，在“压缩文件格式”文本框中选中“RAR”单选按钮，并在“压缩文件名”文本框中输入压缩文件的名称。

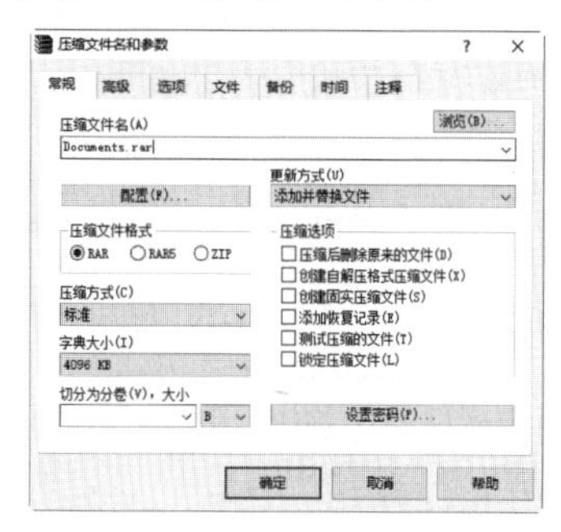

Step 03 单击右下角的“设置密码”按钮，打开“带密码压缩”对话框，在其中“输入密码”文本框和“再次输入密码以确认”文本框中输入自己的密码。

Step 04 这样当解压缩该文件时，会弹出输入密码的提示信息框。只有在其中输入正确的密码后，才可以对该文件解压。

9.2.5 加密文件或文件夹

用户可以为文件或文件夹进行加密，从而保护数据的安全。加密文件或文件夹的具体操作步骤如下。

Step 01 选择需要加密的文件或文件夹并右击，从弹出的快捷菜单中选择“属性”菜单命令。

Step 02 弹出“属性”对话框，选择“常规”选项卡，单击“高级”按钮。

Step 03 弹出“高级属性”对话框，勾选“加密内容以便保护数据”复选框，单击“确定”按钮。

Step 04 返回到“属性”对话框，单击“应用”按钮，弹出“确认属性更改”对话框，选中“将更改应用于此文件夹、子文件夹和文件”单选按钮。

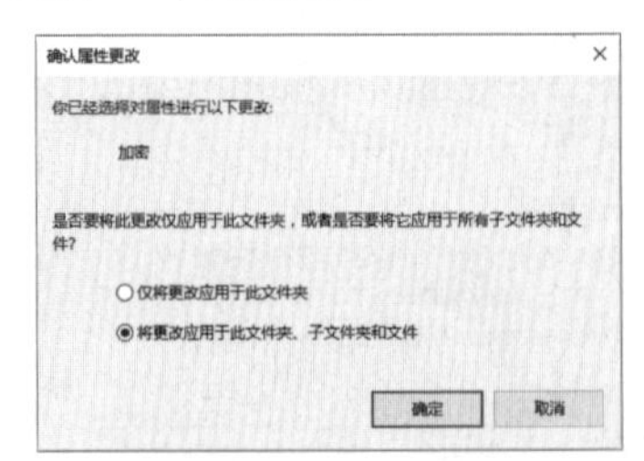

Step 05 单击“确定”按钮，返回到“属性”对话框。单击“确定”按钮，弹出“应用属性”对话框，系统开始对所选的文件夹进行加密操作。

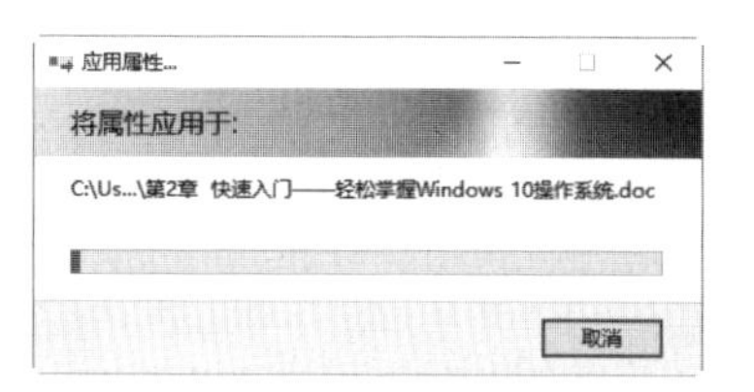

Step 06 加密完成后，可以看到被加密的文件夹图标上添加了小锁标志，表示加密成功。

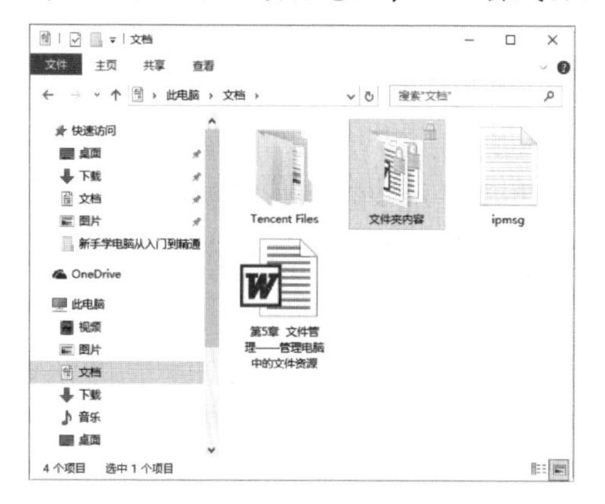

9.3 使用BitLocker加密磁盘或U盘数据

对磁盘或U盘数据进行加密主要是使用Windows 10操作系统中的BitLocker功能，该功能主要是用于解决用户数据的失窃、泄漏等安全性问题。

9.3.1 启动BitLocker

使用BitLocker加密磁盘数据前，需要启动BitLocker功能，具体的操作步骤如下。

Step 01 右击“开始”按钮，在弹出的快捷菜单中选择“控制面板”菜单命令。

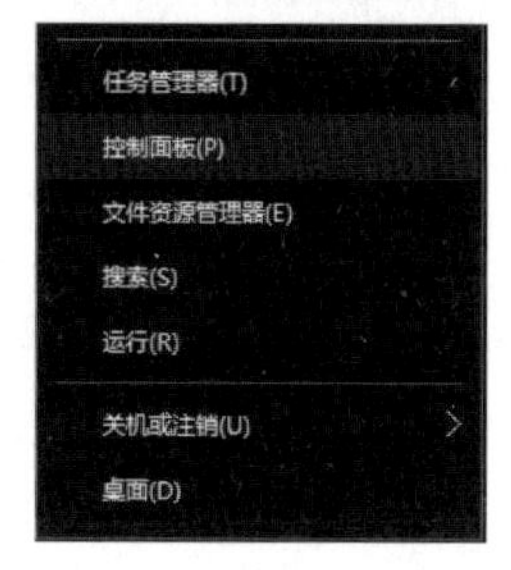

Step 02 此时，可以看到打开的“控制面板”窗口。

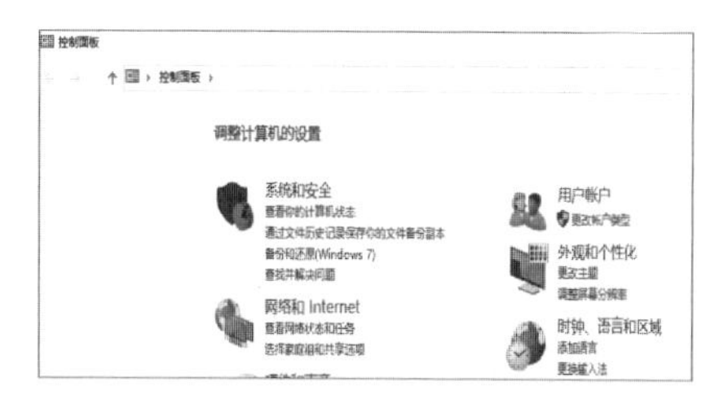

Step 03 在“控制面板”窗口中单击“系统和安全”链接，打开“系统和安全”窗口。

Step 04 在该窗口中单击“BitLocker驱动器加密”链接，打开“BitLocker驱动器加密”窗口，在该窗口中显示了可以加密的驱动器盘符和加密状态。展开各个盘符后，单击盘符后面的“启用BitLocker”链接，可以对各个驱动器进行加密。

Step 05 单击U盘D后面的“启用BitLocker”链接，打开“正在启动BitLocker”对话框。

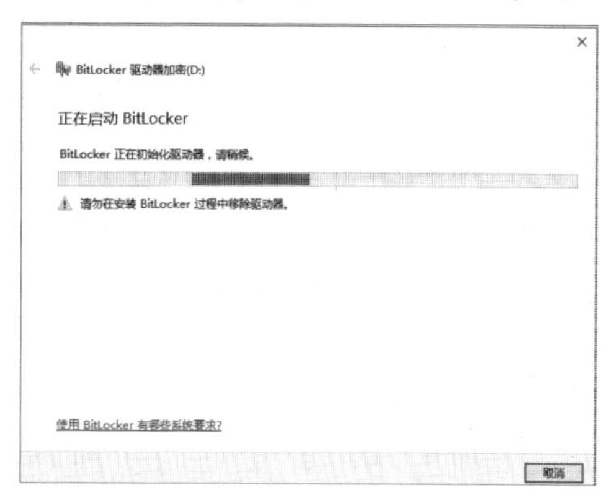

9.3.2 为磁盘进行加密

启动BitLocker完成后，就可以为磁盘数据进行加密操作了，具体的操作步骤如下。

Step 01 启动BitLocker完成后，打开“选择希望解锁此驱动器的方式”对话框，勾选“使用密码解锁驱动器”复选框，按要求输入内容。

BitLocker 驱动器加密(D:)

选择希望解锁此驱动器的方式

使用密码解锁驱动器(P)

密码应该包含大小写字母、数字、空格以及符号。

输入密码(E)

重新输入密码(R)

使用智能卡解锁驱动器(S)

你将需要插入智能卡。解锁驱动器时，将需要智能卡 PIN。

下一步(N) 取消

Step 02 单击“下一步”按钮，打开“你希望如何备份恢复密钥？”对话框，可以选择“保存到Microsoft账户”“保存到文件”“打印恢复密钥”选项，这里选择“保存到文件”选项。

BitLocker 驱动器加密(D:)

你希望如何备份恢复密钥?

如果你忘记密码或者丢失智能卡，可以使用恢复密钥访问驱动器。

→ 保存到 Microsoft 帐户(M)

→ 保存到文件(F)

→ 打印恢复密钥(P)

什么是恢复密钥?

下一步(N) 取消

Step 03 打开“将BitLocker恢复密钥另存为”对话框，在该对话框中选择恢复密钥保存的位置，在“文件名”文本框中更改文件的名称。

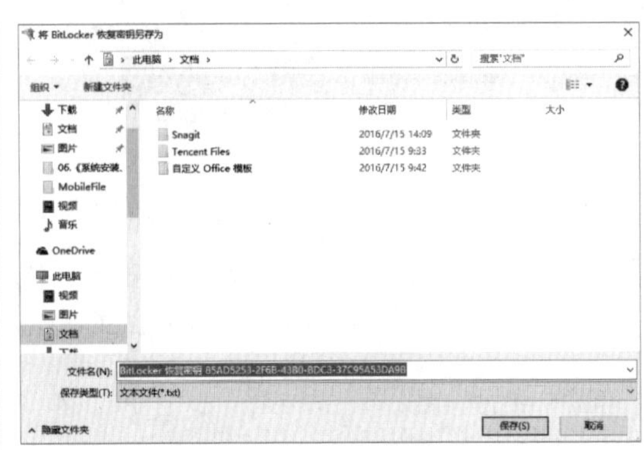

Step 04 单击“保存”按钮，关闭对话框，返回“你希望如何备份恢复密钥”对话框，在该对话框的下侧会显示已保存恢复密钥的提示信息。

Step 05 单击“下一步”按钮，进入“选择要加密的驱动器空间大小”对话框。

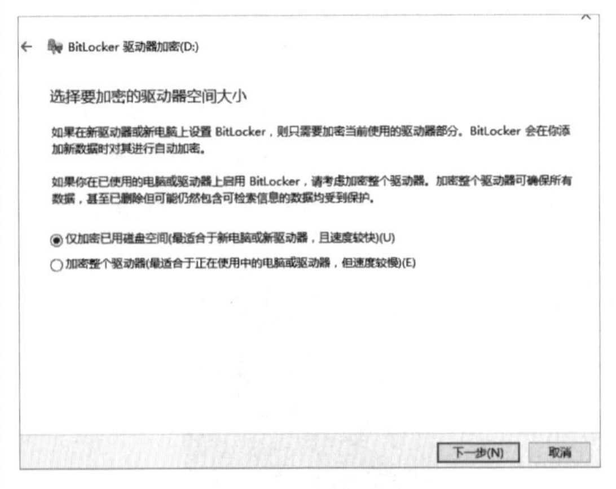

Step 06 单击“下一步”按钮，选择要使用的加密模式。

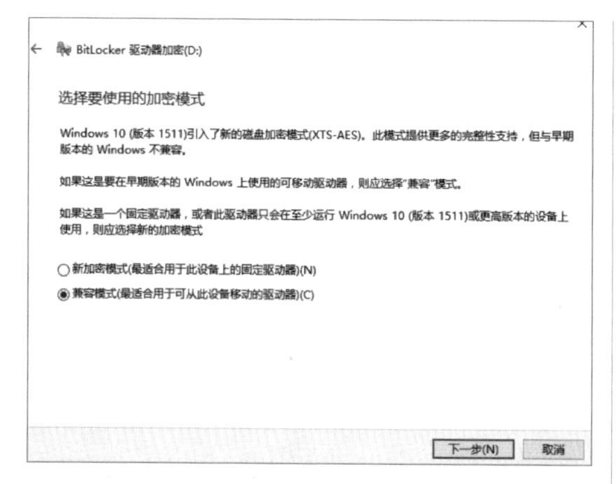

Step 07 单击“下一步”按钮，确认是否准备加密该驱动器。

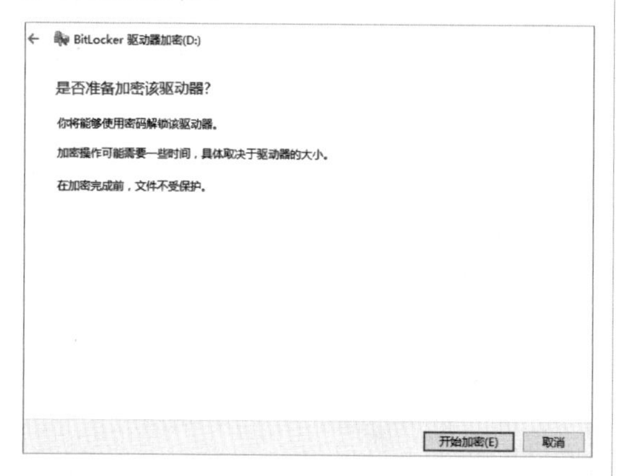

Step 08 单击“开始加密”按钮，系统开始对可移动数据驱动器进行加密，加密的时间与驱动器的容量有关，但是加密过程中不能中止。

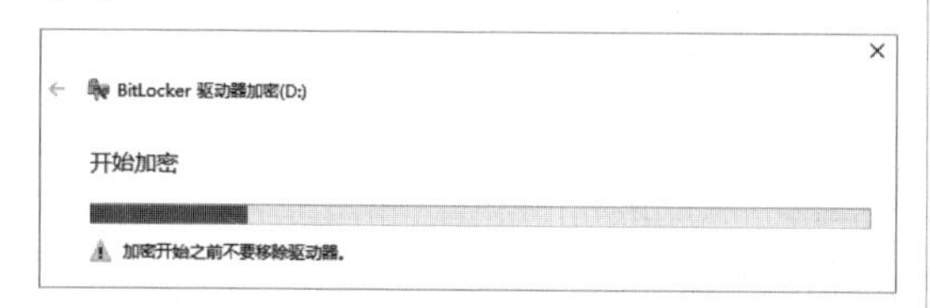

Step 09 开始加密启动完成后，打开“BitLocker驱动器加密”对话框，它显示加密的进度。

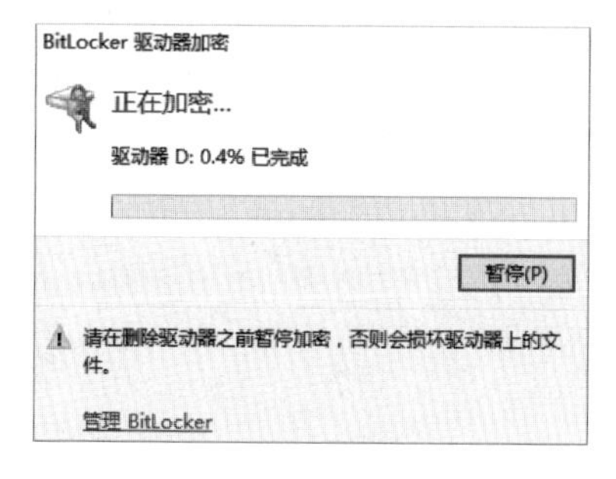

提示：如果希望加密过程暂停，则单击“暂停”按钮暂停驱动器的加密。单击“继续”按钮，可继续对驱动器进行加密，但是在完成加密过程之前，不能取下U盘，否则驱动器内的文件将被损坏。

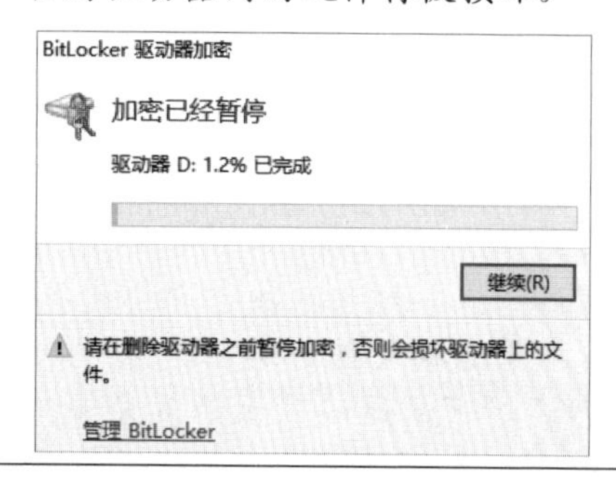

Step 10 加密完成后，将弹出信息提示框，提示用户已经加密完成。单击“关闭”按钮，U盘的加密完成。

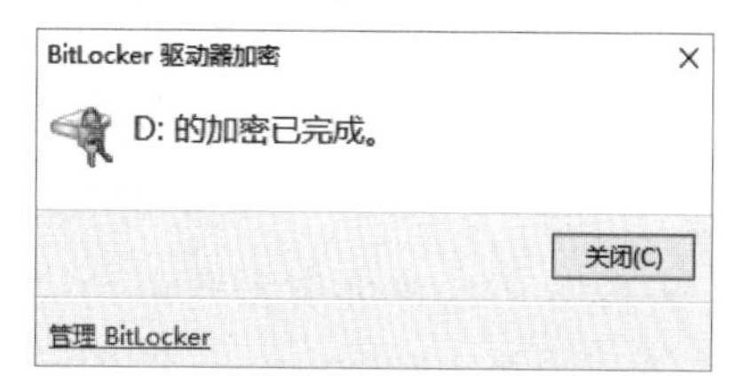

9.4　实战演练

实战演练1——使用命令隐藏数据

通过简单的方法隐藏文件后，其他人可以通过简单的操作显示文件。为了解决这一问题，可以使用命令隐藏文件。通过命令隐藏文件后，别人不能再显示文件，而且通过搜索也不能找到隐藏的文件，这样就更进一步增加了数据的安全性。

使用命令隐藏文件的具体操作步骤如下。

Step 01 按Windows+R组合键，打开“运行”对话框，在“打开”文本框中输入cmd命令。

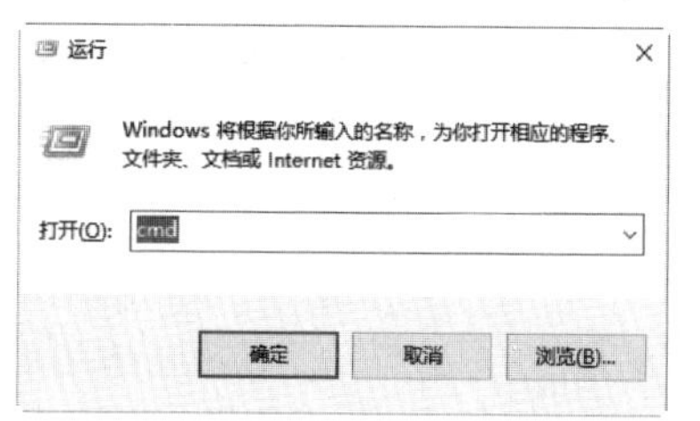

Step 02 单击“确定”按钮，在弹出的DOS窗口中输入attrib +s +a +h +r D:\123.docx，其中“D:\123.docx”代表需要隐藏的文件的具体路径，按Enter键确认。

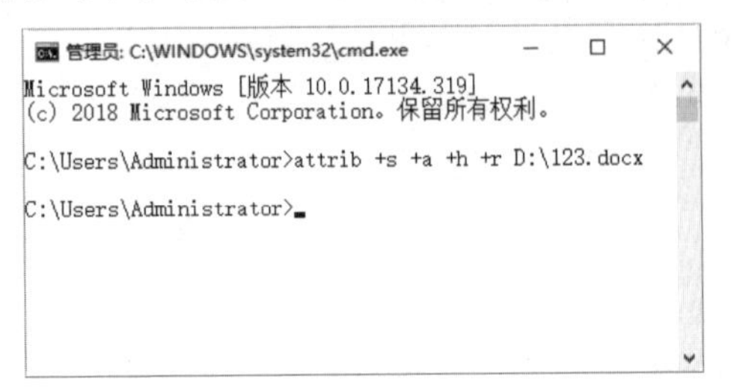

Step 03 打开隐藏文件的路径，发现文件已经隐藏了。下面通过显示隐藏文件的方法检验是否被真正隐藏了，单击“查看”按钮，在弹出的选项卡中勾选“隐藏的项目”复选框。

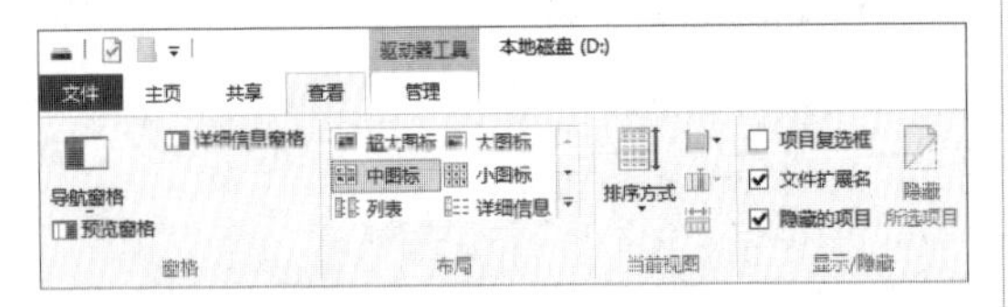

Step 04 如果用户想再次调出隐藏的文件，在DOS窗口中输入attrib -a -s -h -r D:\123.docx，按Enter键确认。

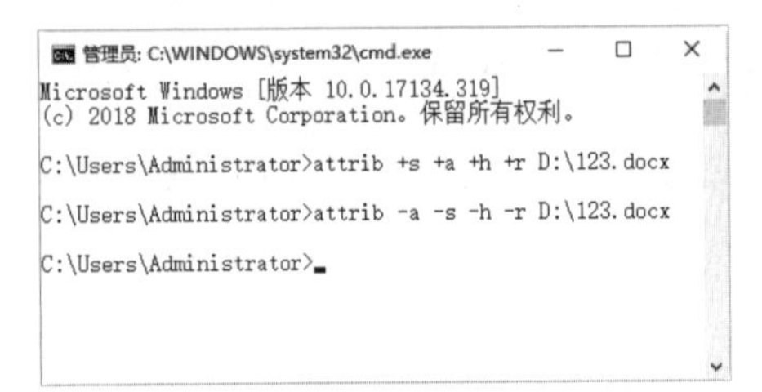

Step 05 此时，即可调出隐藏的文件。

实战演练2——显示文件的扩展名

Windows 10操作系统默认情况下并不显示文件的扩展名，用户可以通过相应的设置显示文件的扩展名，具体的操作步骤如下。

Step 01 单击“开始”按钮，在弹出的“开始”菜单中选择“文件资源管理器”选项，打开“文件资源管理器”窗口。

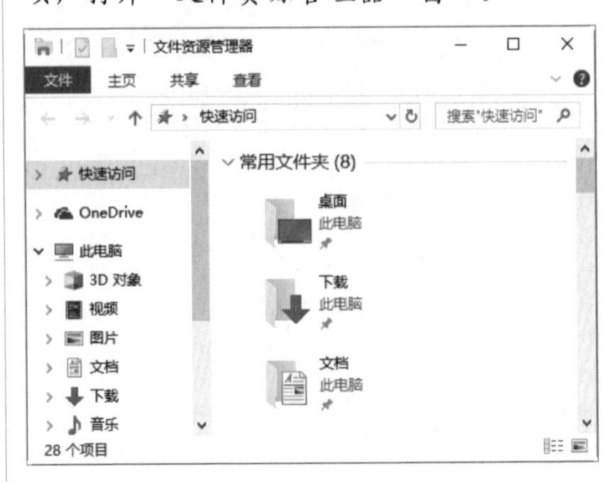

Step 02 选择“查看”选项卡，在打开的功能区域中勾选“显示/隐藏”区域中的“文件扩展名”复选框。

Step 03 此时打开一个文件夹，用户便可以查看到文件的扩展名。

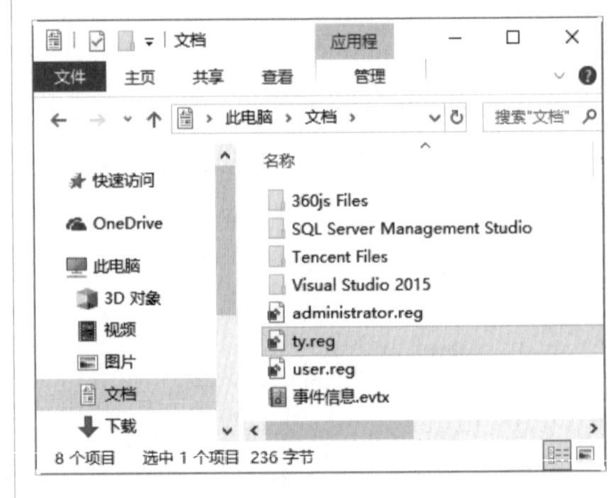

9.5　小试身手

练习1：限制编辑Word文档

限制编辑是指控制其他人可对文档进行哪些类型的更改，这对文档具有保护作用。为Word文档添加限制编辑的具体操作步骤如下。

Step 01 打开需要限制编辑的Word文档，选择“文件”选项卡，在打开的列表中选择“信息”选项，在“信息”区域中单击“保护文档”按钮，在弹出的下拉菜单中选择“限制编辑”选项。

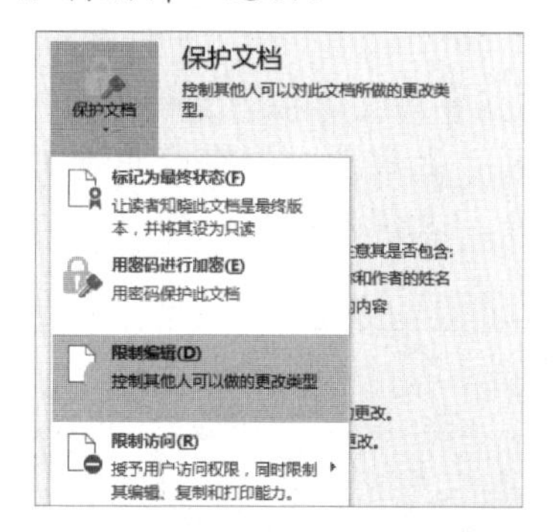

Step 02 在文档的右侧弹出“限制编辑”窗格，勾选“仅允许在文档中进行此类型的编辑”复选框，单击“不允许任何更改（只读）”下拉列表框右侧的下拉按钮，在弹出的下拉列表中选择允许修改的类型，这里选择“不允许任何更改（只读）”选项。

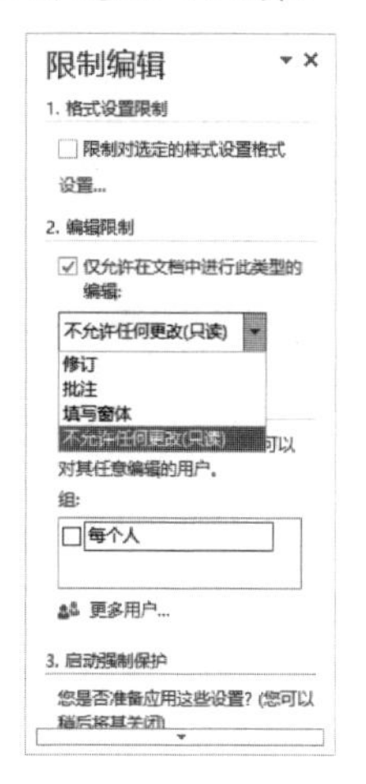

Step 03 单击“限制编辑”窗格中的“是，启动强制保护”按钮。

Step 04 弹出“启动强制保护”对话框，在该对话框中选中“密码”单选按钮，输入新密码及确认新密码，单击“确定”按钮。

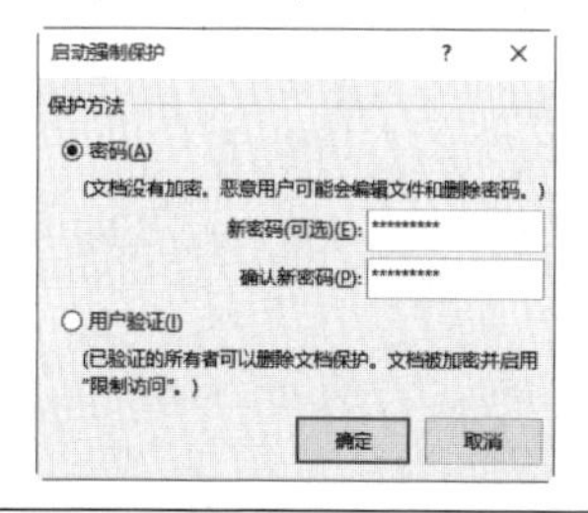

提示：如果选中“用户验证”单选按钮，已验证的所有者可以删除文档保护。

Step 05 此时就为文档添加了限制编辑。当阅读者想要修改文档时，在文档下方显示“由于所选内容已被锁定，您无法进行此更改”字样。

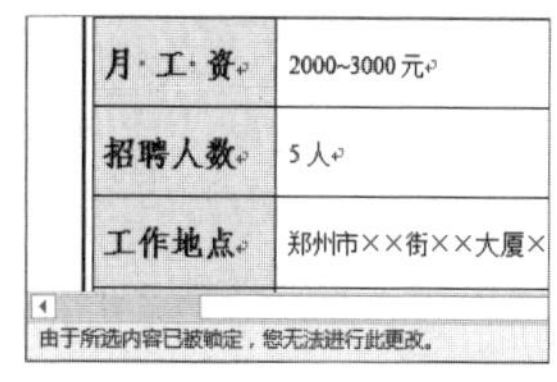

Step 06 如果用户想要取消限制编辑，在“限制编辑”窗格中单击“停止保护”按钮。

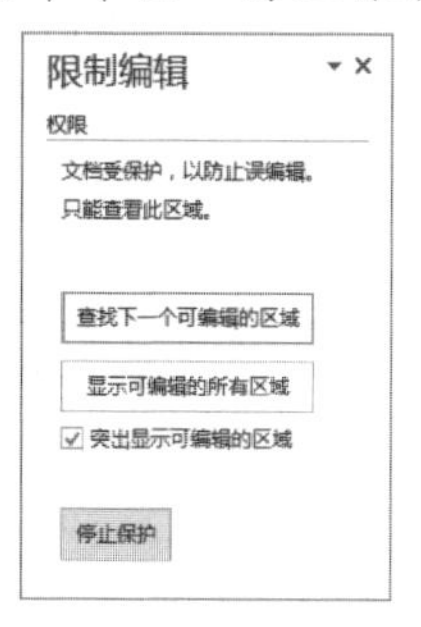

练习2：将文档上传至OneDrive

云端OneDrive是由微软公司推出的一项云存储服务，用户可以通过自己的Microsoft账户进行登录，并上传自己的图片、文档等到OneDrive中进行存储。无论身在何处，用户都可以访问OneDrive上的所有内容。

用户可以直接打开“OneDrive”窗口上传文档，具体的操作步骤如下。

Step 01 在“此电脑”窗口中选择OneDrive选项，或者在任务栏的OneDrive图标上单击鼠标右键，在弹出的快捷菜单中选择“打开你的OneDrive文件夹”选项，都可以打开OneDrive窗口。

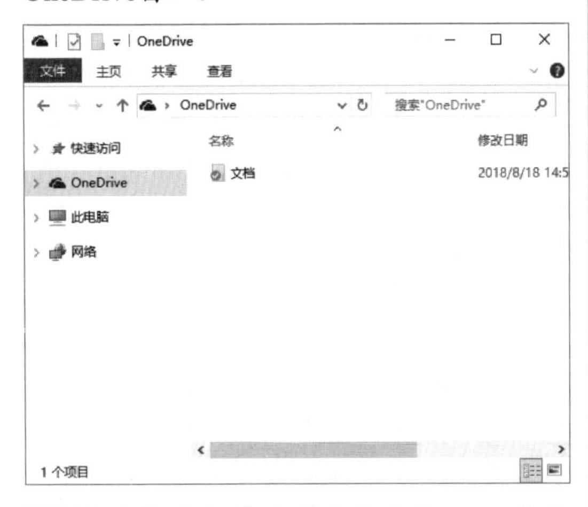

Step 02 选择要上传的“重要文件.docx”文件，将其复制并粘贴至“文档”文件夹（或者直接拖曳文件至“文档”文件夹）中。

Step 03 在“文档”文件夹图标上即显示刷新图标，表明文档正在同步。

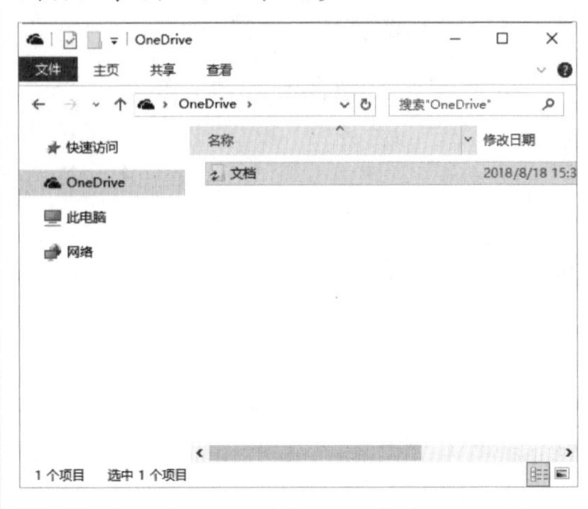

Step 04 在任务栏上单击“上载中心”图标，在打开的“上载中心”窗口中即可看到上传的文件。上传完成后，即可使用上传的文档。

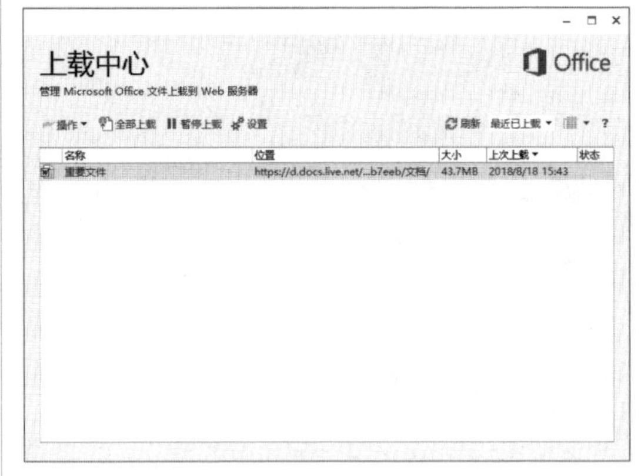

第10章　网络账号及密码的防护策略

随着网络用户数量的飞速增长，各种各样的网络账号密码也越来越多，账号密码被盗的现象也屡见不鲜。本章介绍网络账号及密码的防护策略，主要内容包括QQ账号及密码的防护策略、邮箱账号及密码的防护策略和网游账号及密码的防护策略等。

10.1　QQ账号及密码的防护策略

通过QQ聊天，广大网民打破了地域限制，可以和任何地方的朋友进行交流，方便了工作和生活，但是随着QQ的普及，一些盗取QQ账号与密码的黑客也活跃起来，QQ账号与密码被盗的现象也渐渐多起来。

10.1.1　盗取QQ密码的方法

下面介绍几种盗取QQ密码的方法。

1. 通过解除密码

解除别人的QQ密码有本地解除和远程解除两种方法。本地解除就是在本地机上解除，不需要登录上网，如使用QQ密码终结者程序，只需选择好QQ号码的目录所在路径后，选择解除条件（如字母、数字型或混合型），再单击“开始”按钮即可。远程解除密码则使用一个称为“QQ机器人”的程序，可以快速在线解除一个或同时解除多个账号的密码。

2. 通过木马植入

木马攻击通常是通过Web、邮件等方式给用户发送木马的服务器端程序，一旦用户不小心运行了，该木马程序就会潜伏在用户的系统中，并把用户信息以电子邮件或其他方式发送给攻击者，这些用户信息当然也包括QQ。

10.1.2　使用盗号软件盗取QQ账号与密码

《QQ简单盗》是一款经典的盗号软件，采用插入技术，本身不产生进程，因此难以被发现。它会自动生成一个木马，只要黑客将生成的木马发送给目标用户，并诱骗其运行该木马文件，就达到了入侵的目的。

使用《QQ简单盗》盗取密码的具体操作步骤如下。

Step 01 下载并解压“QQ简单盗”文件夹，然后双击“QQ简单盗.exe”应用程序，打开“QQ简单盗”主窗口。

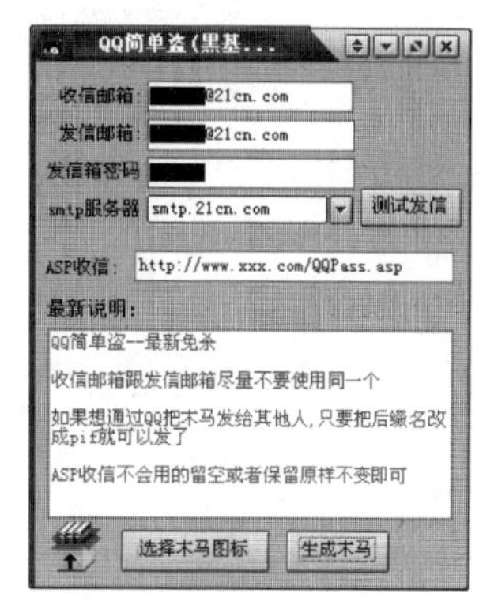

Step 02 在“收信邮箱”“发信邮箱”“发信箱密码”等文本框中分别输入邮箱地址和密码等信息；在“smtp服务器”下拉列表中选择一种邮箱的smtp服务器。

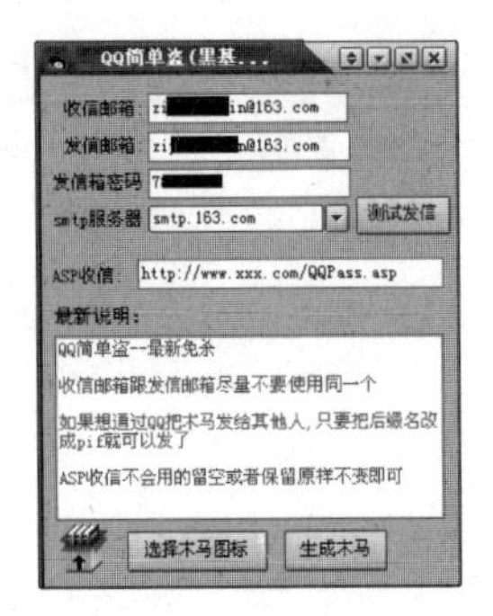

Step 03 设置完毕后，单击“测试发信”按钮，打开“请查看您的邮箱是否收到测试信件”提示框。

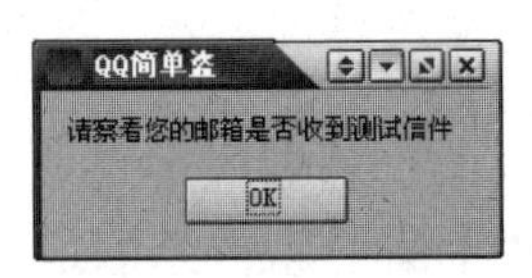

Step 04 单击OK按钮，然后在IE地址栏中输入邮箱的网址，进入“邮箱登录”页面，在其中输入设置的收信邮箱的账户和密码后，即可进入该邮箱首页。

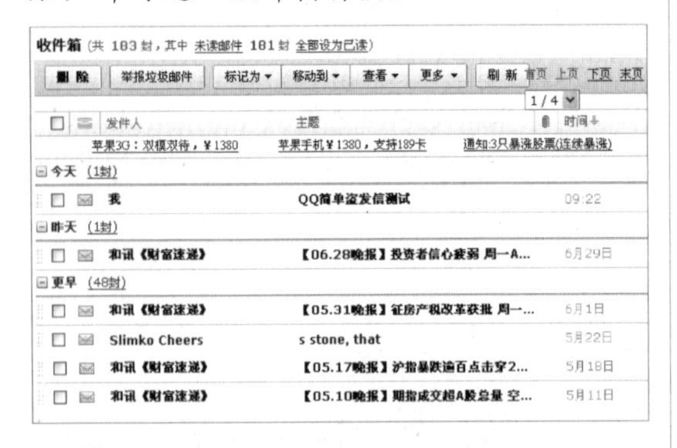

Step 05 双击接收到的“测试发信”邮件，进入该邮件的相应页面，如收到这样的信息，则表明“QQ简单盗”发消息功能正常。

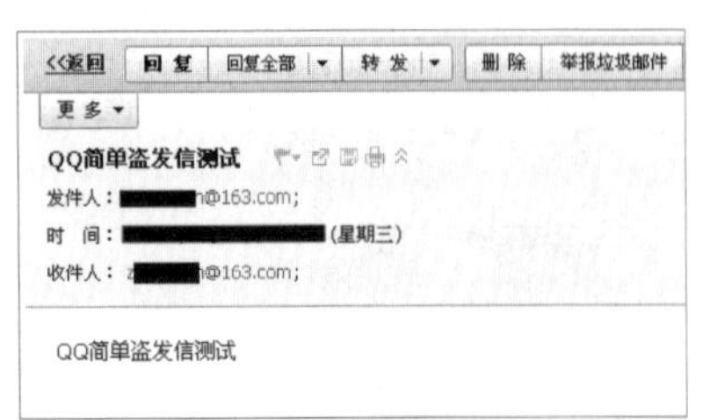

提示：一旦“QQ简单盗”截获到QQ的账号和密码，会立即将内容发送到指定的邮箱中。

Step 06 在“QQ简单盗”主窗口中单击“选择木马图标”按钮，打开“打开”对话框，根据需要选择一个常见的不易被人怀疑的文件作图标。

Step 07 单击“打开”按钮，返回“QQ简单盗”主窗口，在窗口的左下方即可看到木马图标已经换成了普通图片。

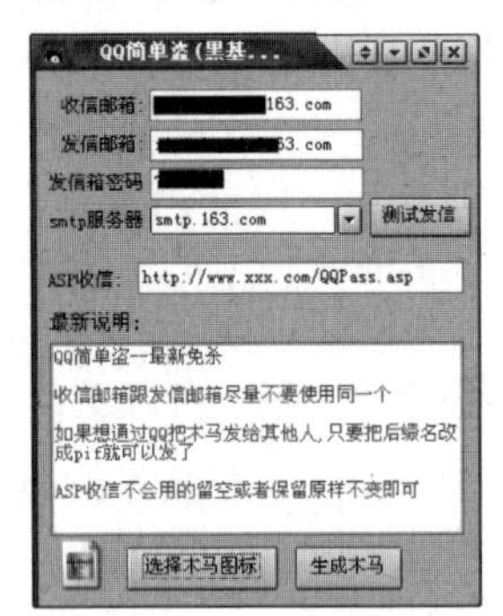

Step 08 单击“生成木马”按钮，打开“另存为”对话框，在其中设置存放木马的位置和名称。

Step 09 单击“保存”按钮，打开“提示”提示框，在其中显示生成的木马文件的存放位置和名称。

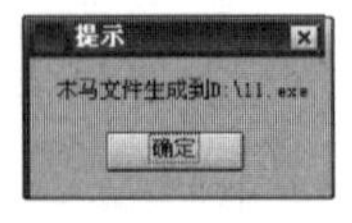

Step 10 单击“确定”按钮，即可成功生成木马。打开存放木马所在的文件夹，即可看到做好的木马程序。此时盗号者会将它发送出去，欺骗QQ用户去运行它，即可完成植入木马操作。

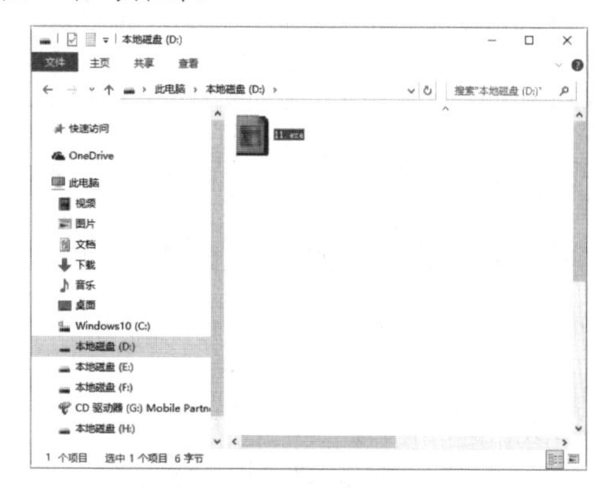

10.1.3　提升QQ账号的安全设置

QQ软件提供了保护用户隐私和安全的功能。通过QQ的安全设置，可以很好地保护用户的个人信息和账号的安全。

Step 01 打开QQ主界面，单击“打开系统设置”按钮，在展开的菜单中选择“设置”选项。

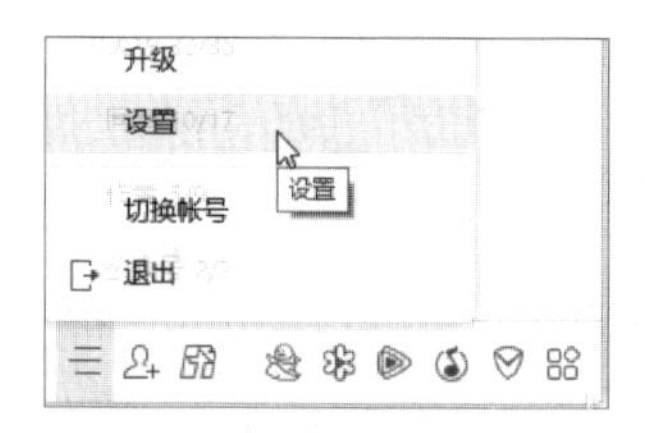

Step 02 弹出“系统设置”对话框，选择“安全设置”选项卡，用户可以修改密码、设置QQ锁和文件传输的安全级别等。

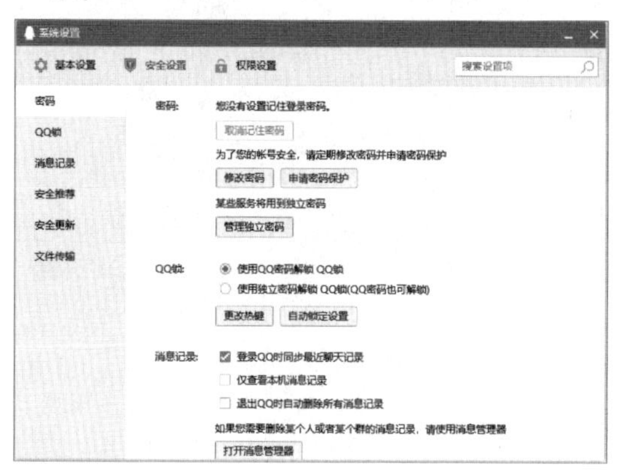

Step 03 选择“QQ锁”选项，用户可以设置QQ加锁功能。

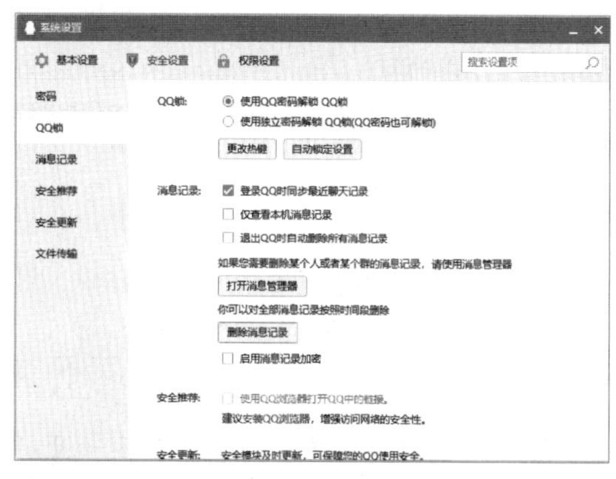

Step 04 选择“消息记录”选项，勾选“退出QQ时自动删除所有消息记录”复选框，并勾选“启用消息记录加密”复选框，然后输入相关口令，还可以设置加密口令提示。

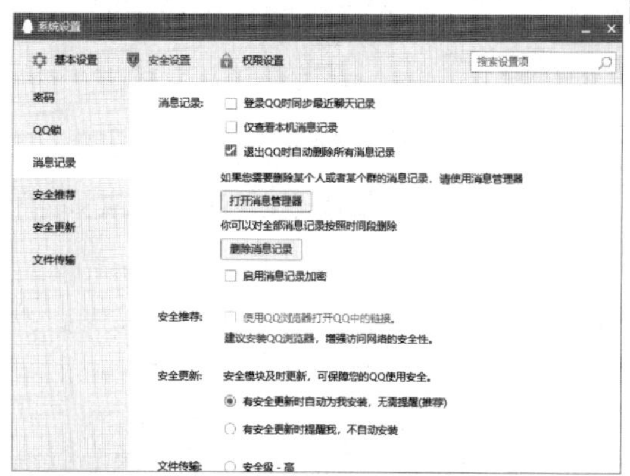

Step 05 选择“安全推荐”选项，QQ建议安装QQ浏览器，从而增强访问网络的安全性。

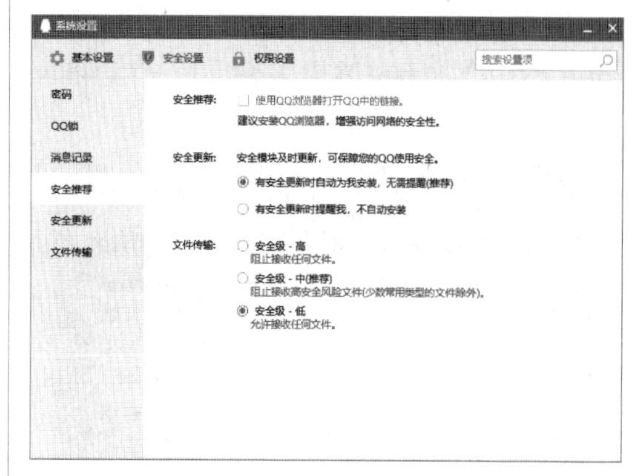

Step 06 选择“安全更新”选项，用户可以设置安全更新的安装方式，一般选中“有安全更新时自动为我安装，无须提醒（推荐）”单选按钮。

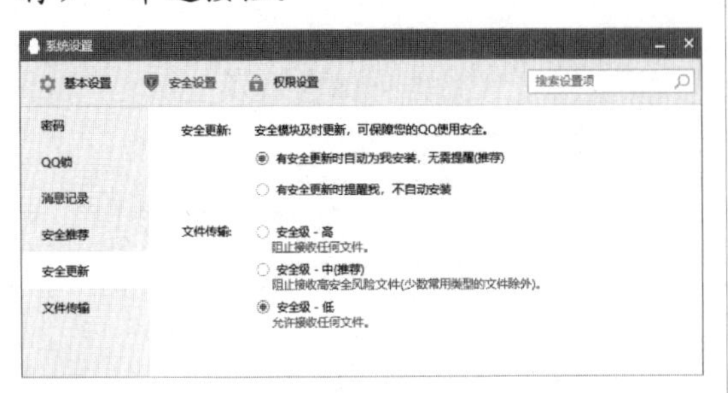

Step 07 选择“文件传输”选项，在其中可以设置文件传输的安全级别，一般采用推荐设置即可。

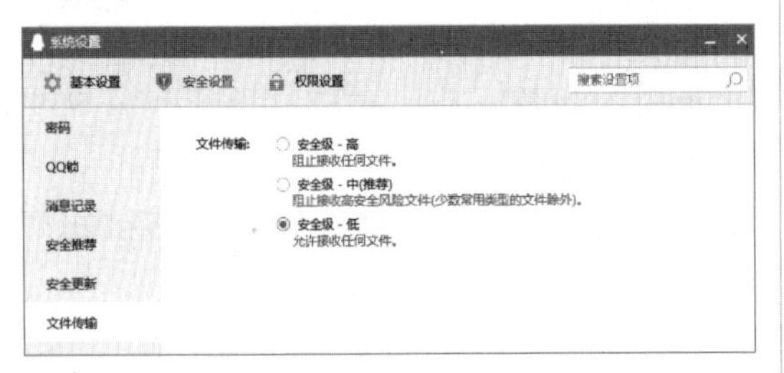

10.1.4 使用《金山密保》来保护QQ号码

《金山密保》是针对用户安全上网时的密码保护需求而开发的一款密码保护产品。使用《金山密保》可有效保护网上银行账号、网络游戏账号和QQ账号等。

使用《金山密保》保护QQ号码的具体操作步骤如下。

Step 01 下载并安装《金山密保》软件，选择“开始”→“金山密保”菜单项，打开“金山密保”主界面，在其中即可看到“腾讯QQ”软件正在被保护，此时QQ图标右下方会出现一个黄色的叹号。

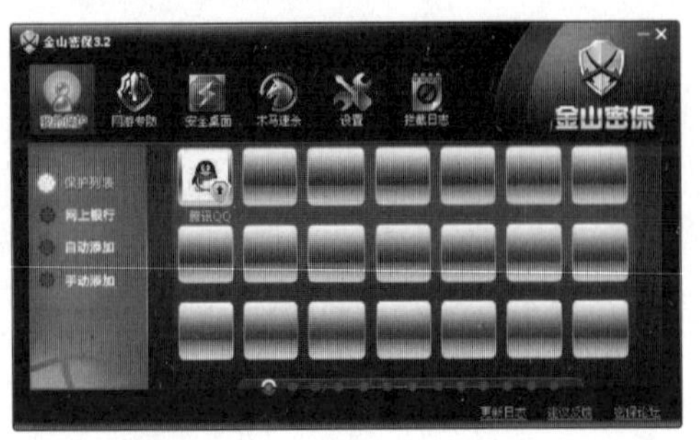

Step 02 右击QQ图标，在弹出的快捷菜单中选择“结束”选项，即可停止对QQ的保护，此时黄色的叹号就会消失。

Step 03 如果选择“设置”选项，则可打开“添加保护”对话框，在其中即可设置程序路径、程序名和运行参数等属性。

提示：如果选择“从我的保护中移除”选项，即可将QQ程序移出保护列表。如果想保护其他程序，需在“金山密保”主界面中单击“手动添加”按钮，在打开的对话框进行添加。

Step 04 在“金山密保”主界面中单击“木马速杀”按钮，打开“金山密保盗号木马专杀”对话框，在其中即可对关键位置、系统启动项、保护游戏、保护程序等进行扫描。

10.2　邮箱账号及密码的防护策略

随着计算机与网络的快速普及，电子邮件作为便捷的传输工具，在信息交流中发挥着重要的作用。很多大中型企业和个人已实现了无纸办公，所有的信息都以电子邮件的形式传送着，其中包括了很多商业信息、工业机密和个人隐私。因此，电子邮件的安全性成为人们需要重点考虑的问题。

10.2.1　盗取邮箱密码的常用方法

为了保护电子邮箱，防止密码被黑客盗取，有必要了解黑客盗取邮箱密码的一些常用手段。

1. 各个击破法

现在普通用户可以选择的电子邮箱种类很多，如腾讯、网易、搜狐、Hotmail等。这些网站的邮箱系统本身都有很好的安全保障措施。而网易和腾讯邮箱在保障邮箱安全方面都运用了SSL技术，因此黑客如果要破解邮箱密码，必须要先研究SSL技术，才能进行突破。

黑客破解这种邮箱的关键是在加密的数据包上“切开”一个切口，然后利用数据交换的方式将编译好的数据源嵌入到加密的数据源上，再利用编译的数据结合要破解邮箱密码的账号，编译的程序会以自定的最小与最大密码长度的数字、字母、符号组成字符串找到正确的邮箱密码。但是由于各种邮箱的加密技术不同，要具体到每款邮箱来分析，从而实现各个击破的目的。

2. TCP/IP协议法

协议TCP/IP的主要作用是在主机上建立一个虚拟连接，以实现高可靠性的数据包交换。其中协议IP可以进行IP数据包的分割和组装，而协议TCP则负责数据到达目标后返回来的确认。

根据协议TCP/IP的工作原理，黑客可以通过目标计算机的端口或系统漏洞潜入到对方后，并运行程序ARP。然后阻断对方的TCP反馈确认，目标计算机会重发数据包，此时ARP将接收这个数据包并分析出其中的信息。

3. 邮箱破解工具法

上面的两种方法涉及的技术较高，操作过程也比较复杂，“菜鸟”级别的黑客一般并不选用。比较方便简单的方法是使用邮箱破解工具，如《黑雨》《朔雪》《流光》等，这些软件具有安装方便快捷、程序简便易懂、界面清新一目了然、使用方便等特点。

10.2.2　使用《流光》盗取邮箱密码

《流光》是一款FTP、POP3解密工具，在破解密码方面具有以下功能。

- 加入了本地模式，在本机运行时不必安装Sensor。
- 用于检测POP3/FTP主机中用户密码的安全漏洞。
- 高效服务器流模式，可同时对多台POP3/FTP主机进行检测。
- 支持10个字典同时检测，提高破解效率。

使用《流光》破解密码的具体操作步骤如下。

Step 01 运行《流光》软件，主窗口显示如下图所示。

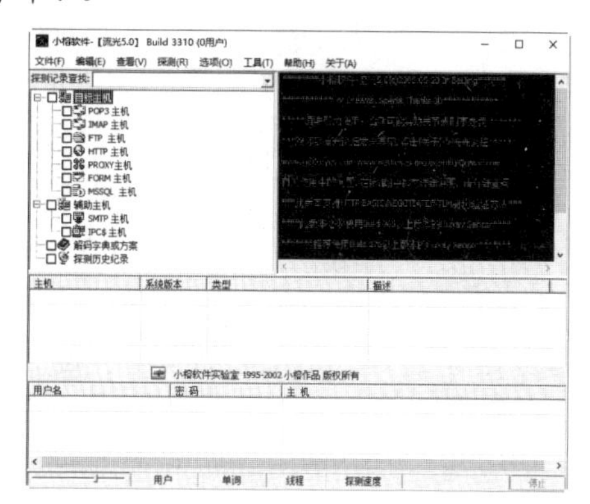

Step 02 勾选“POP3主机”复选框，选择“编辑”→“添加”→“添加主机”菜单项。

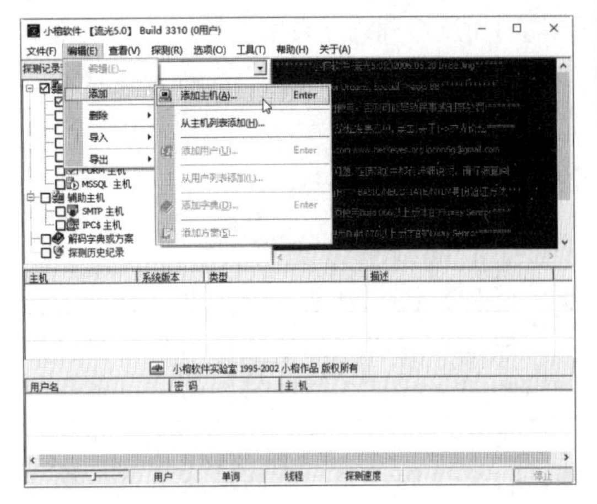

Step 03 打开“添加主机”对话框，在文本框输入要破解的POP3服务器地址，单击“确定”按钮。

Step 04 勾选刚添加的服务器地址前的复选框，选择“编辑”→“添加”→“添加用户”菜单项，弹出“添加用户”对话框，在文本框中输入要破解的用户名，单击“确定”按钮。

Step 05 勾选“解码字典或方案”复选框，选择“编辑”→“添加”→“添加字典”菜单项，弹出“打开”对话框，选择要添加的字典文件，单击“打开”按钮。

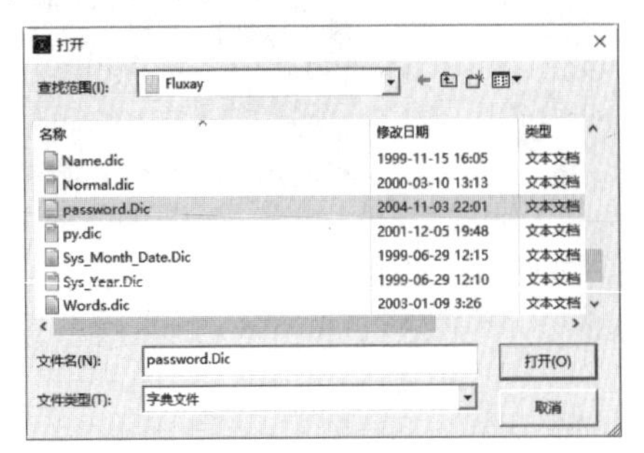

Step 06 选择“探测”→“标准模式探测”菜单项（“简单模式探测”功能不用指定具体的字典文件，使用“流光”内置的简单密码）。

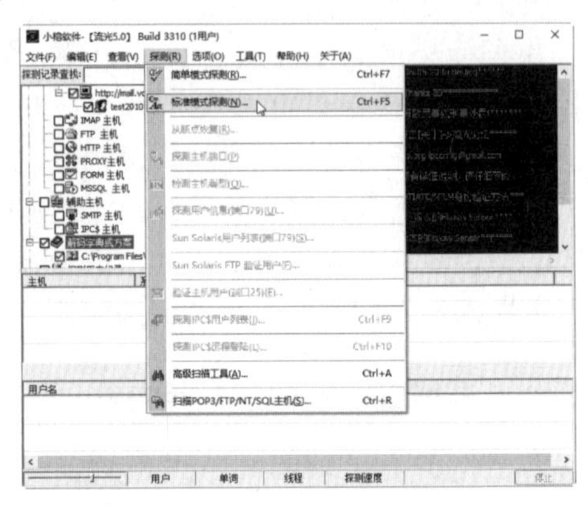

Step 07 “流光”开始进行探测，右窗格中显示实时探测过程。如果字典选择正确，就会破解出正确的密码，如下图所示。

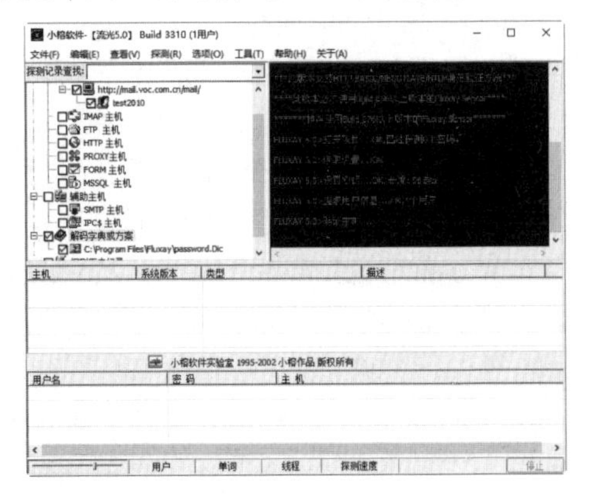

10.2.3 重要邮箱的保护措施

重要邮箱是用户用于存放比较重要的邮件和信息的邮箱，需要采取一些措施进行保护。

1. 使用备用邮箱

建议用户不要轻易把自己的重要邮箱地址泄露给他人，但在某些网站或BBS上，需要用户进行邮箱注册才能实现浏览和发帖等功能；或是在工作中需要用邮箱进行交流、发布信息等，这时就需要我们使用备用邮箱了。

用户可以申请一个免费邮箱作为备用

邮箱，可以利用这个邮箱订阅新闻、电子杂志，放在自己的个人主页上，在自己感兴趣的论坛或者BBS上使用，或是用于代表公司对外进行业务联系。

需要注意的是，如果是利用了备用邮箱进行过一些必要的网络服务申请，应该把确认信息再转发到自己的私人邮箱中备用。

2. 保护邮箱密码

除了要保护好重要邮箱的地址以外，邮箱的密码也是需要重点保护的。主要可以采取以下几种方式来防止攻击者进行暴力破解。

- 密码选择。密码至少要有8位，并且至少要包括1个数字、1个大写字母和1个小写字母，最好能包括1个符号。这种字母、数字和符号组成的密码，对于暴力破解软件来说，是比较不易被破解的。另外，密码最好不要包括用户的名字缩写、生日、手机号、公司电话等公开信息。
- 定期更改密码。要养成定期更改密码的习惯，最好每一个月更改一次密码，这样会大大增加破解密码的难度。

启用邮箱密码保护功能。通过设置密码保护，可以在忘记密码时通过回答密码提示问题或发送短信验证的方式取回密码。

10.2.4　找回被盗的邮箱密码

如果邮箱密码已经被黑客窃取甚至篡改，此时用户应该尽快将密码找回并修改密码以避免重要的资料丢失。目前，绝大部分的邮箱都提供恢复密码功能，用户可以使用该功能找回邮箱密码，以便邮箱服务的继续使用。

下面介绍找回163邮箱密码的具体操作步骤。

Step 01 在IE浏览器中打开163邮箱的登录页面（http://mail.163.com）。

Step 02 单击“忘记密码了”超链接，打开“网易通行证”窗口，在其中即可看到各种修复密码的方法。

Step 03 单击“通过密码提示问题”超链接，打开“输入密码问题”窗口。

Step 04 在其中输入申请邮箱时设置的问题的答案后，单击“下一步”按钮，打开“重新设置密码”窗口。

Step 05 在输入新密码和验证码后，单击“下一步”按钮，即可看到“您已成功设置您的网易通行证密码”提示框，单击“登录”超链接，即可直接登录自己的邮箱。

10.2.5 通过邮箱设置防止垃圾邮件

在电子邮箱的使用过程中，遇到垃圾邮件是很平常的事，那么如何处理这些垃圾邮件呢？用户可以通过邮箱设置防止垃圾邮件。这里以在QQ邮箱中设置防止垃圾邮件为例，讲解通过邮箱设置防止垃圾邮件的方法，具体的操作步骤如下。

Step 01 在QQ邮箱工作界面中单击“设置”超链接，进入“邮箱设置”界面。

Step 02 在“邮箱设置”界面中单击“反垃圾”选项，即可进入“反垃圾”设置界面。

Step 03 单击“设置邮件地址黑名单”链接，进入“设置邮件地址黑名单”界面，在其中输入邮箱地址。

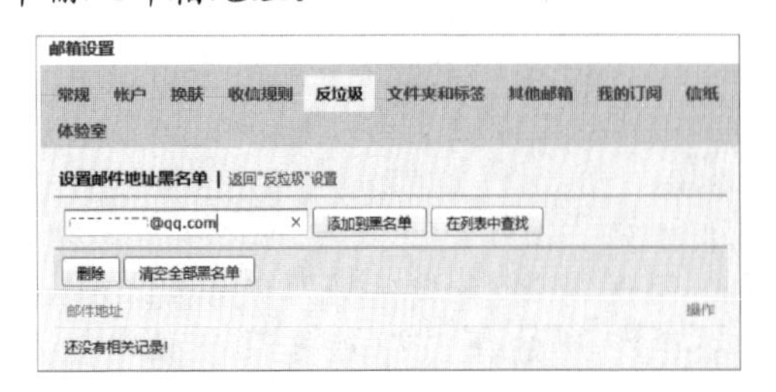

Step 04 单击“添加到黑名单”按钮，即可将该邮箱地址添加到黑名单列表中。

Step 05 单击“返回‘反垃圾’设置”超链接，进入“反垃圾”界面，在“反垃圾选项”界面中选中“拒绝”单选按钮。

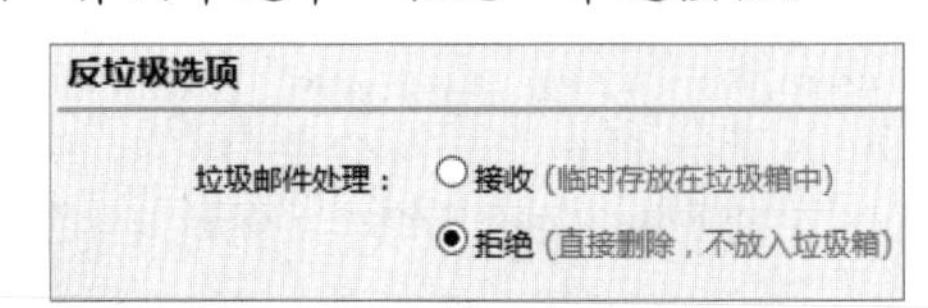

Step 06 在“邮件过滤提示”界面中选中“启用”单选按钮，这样当有发给用户的邮件被过滤时会给出相应的提示。

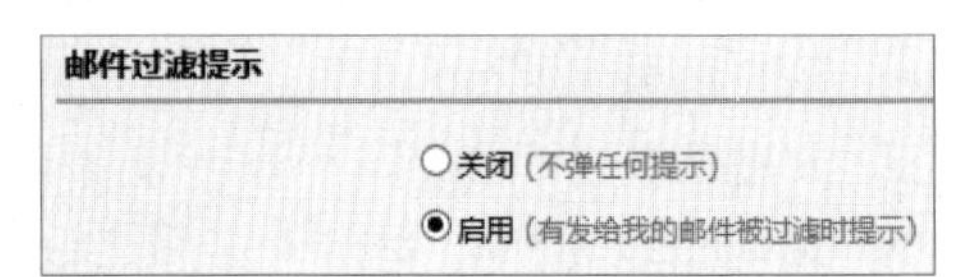

Step 07 设置完毕后，单击“保存更改”按钮，即可保存修改。

10.3 网游账号及密码的防护策略

如今网络游戏可谓是风靡一时，而

大多数网络游戏玩家都在公共网吧中玩，这就给一些不法分子以可乘之机，即只要能够突破网吧管理软件的限制，就可以使用盗号木马来轻松盗取大量的网络游戏账号。本节介绍一些常见网络游戏账号的盗取及防范方法，以便于玩家能切实保护好自己的账号和密码。

10.3.1　使用盗号木马盗取账号的防护

在一些公共的上网场所（如网吧），使用木马盗取网络游戏玩家的账号、密码是比较常见的。如常见的一种情况就是：一些不法分子将盗号木马故意放在网吧计算机中，等其他人在这台计算机上玩网络游戏的时候，种植的木马程序就会偷偷地把账号和密码记录下来，并保存在隐蔽的文件中或直接根据实际设置发送到黑客指定的邮箱中。

针对这些情况，用户可以在事先登录网游账号前，使用《瑞星》《金山毒霸》等杀毒软件手工扫描各个存储空间，以查杀这些木马。下面以使用《金山毒霸》中的顽固病毒木马专杀工具为例，讲解查杀盗号病毒木马的具体操作步骤。

Step 01 双击桌面上的“金山毒霸”快捷图标，打开金山毒霸工作界面。

Step 02 单击“百宝箱”图标，打开“金山毒霸”的百宝箱工作界面。

Step 03 单击“电脑安全”区域中的“顽固木马专杀”图标，打开“顽固病毒木马专杀”对话框。

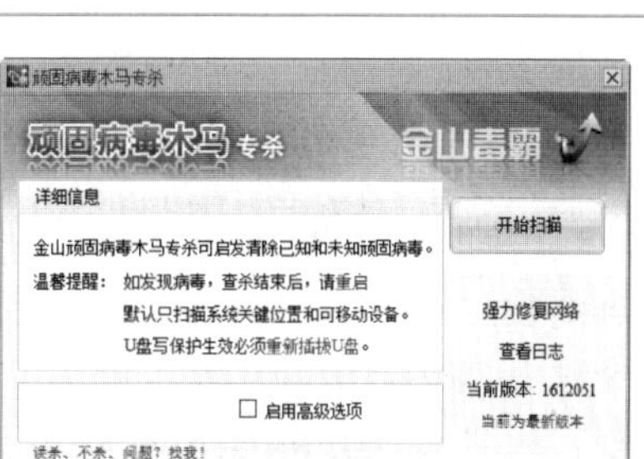

Step 04 单击“开始扫描”按钮，即可开始扫描计算机中的顽固病毒木马。

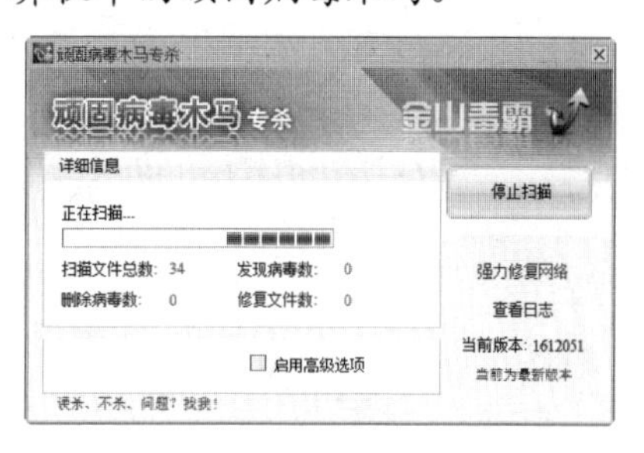

Step 05 扫描完成后，弹出“详细信息”界面，在其中给出扫描结果，对于扫描出来的病毒木马则直接进行清除。

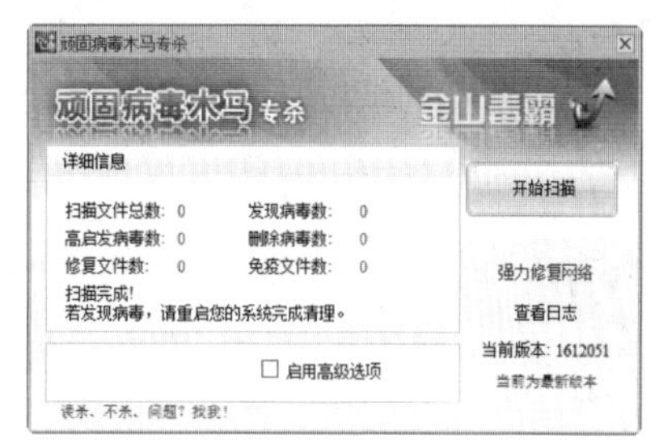

10.3.2　使用远程控制方式盗取账号的防护

使用远程控制方式来盗取网游账号是一种比较常见的盗号方式，通过该方式可以远程查看、控制目标计算机，从而拦截用户的输入信息，窃取账号和密码。

针对这种情况，防御起来并不难，因为远程控制工具或者是木马肯定要访问网络，所以只要在计算机中安装“金山网镖”等网络防火墙，木马等就一定逃不过网络防火墙的监视和检测。因为“金山网镖”一直将具有恶意攻击的远程控制木马加到病毒库中，这样有利于《金山毒霸》对这类木马进行查杀。

使用“金山网镖”拦截远程盗号木马或恶意攻击的具体操作步骤如下。

Step 01 下载并安装好《金山毒霸》软件后，将自动安装好“金山网镖”。双击桌面上的“金山网镖2010”快捷图标，或选择“开始”→“金山毒霸杀毒套装”→“金山网镖”选项，打开“金山网镖”程序主界面，在该界面中可查看当前网络的接收流量、发送流量和当前网络活动状态。

Step 02 选择“应用规则”选项卡，在该界面中即可对互联网监控和局域网监控的安全级别进行设置。另外，还可对防隐私泄露的相关参数进行开启或关闭的设置。

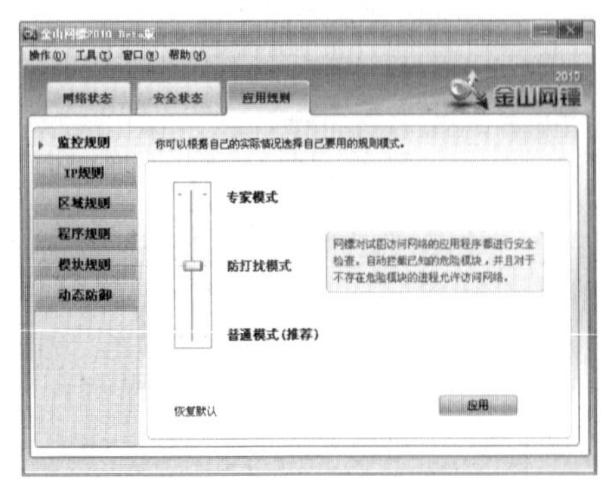

Step 03 单击“IP规则”按钮，在弹出面板中单击“添加”按钮。

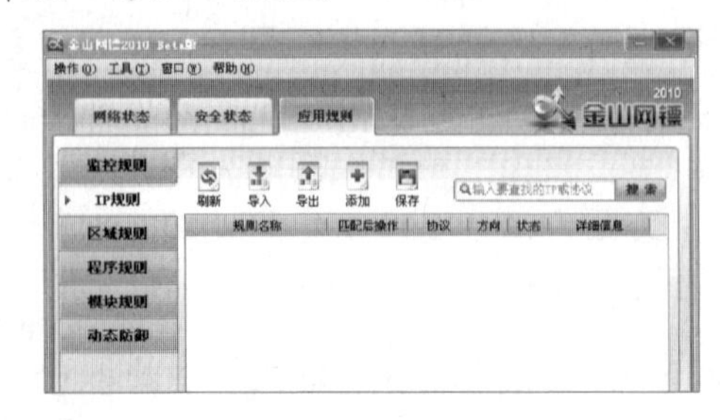

Step 04 打开“IP规则编辑器”对话框，在该对话框中的相应文本框中输入要添加的自定义IP规则名称、描述、对方的IP地址、数据传输方向、数据协议类型、端口及匹配条件时的动作等。

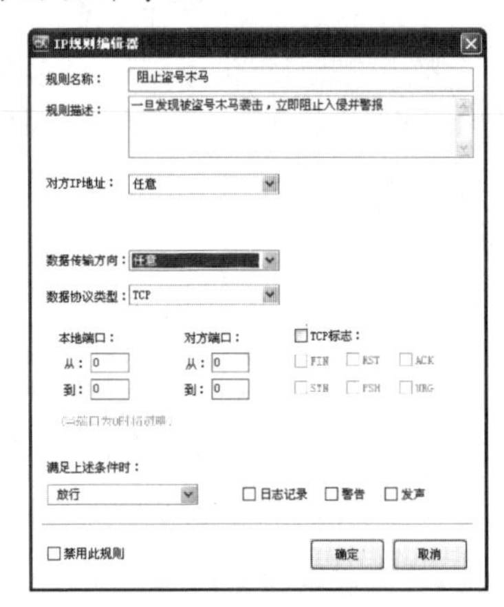

Step 05 设置完毕后，单击“确定”按钮，即可看到刚添加的IP规则。单击“设置此规则”按钮，即可重新设置IP规则。

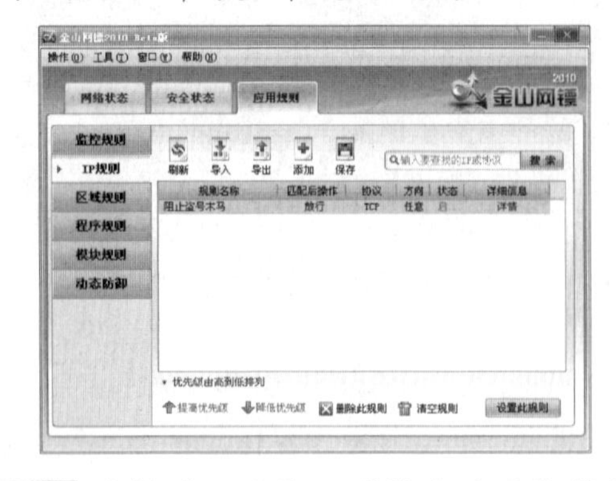

Step 06 选择“工具”→“综合设置”菜单项，打开“综合设置”对话框，即可在该界面中对是否开机自动运行金山网镖及受到攻击时的报警声音进行设置。

Step 07 选择“ARP防火墙”选项，即可在打开的界面中对是否开启木马防火墙进行设置。

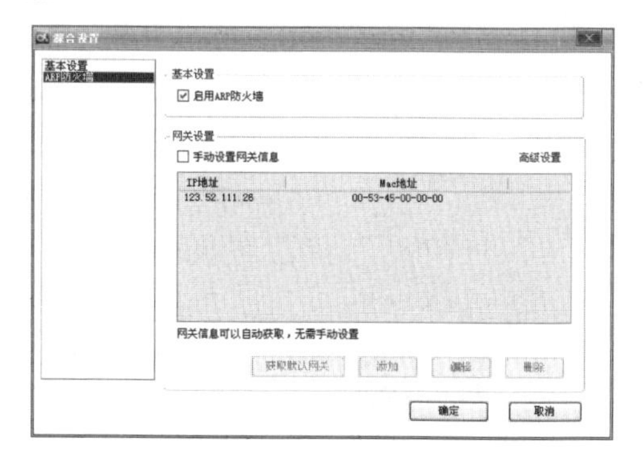

Step 08 单击“确定”按钮，即可保存综合设置。这样一旦本机系统遭受木马或有害程序的攻击，“金山网镖”即可给出相应的警告信息，用户可根据提示进行相应的处理。

10.3.3　利用系统漏洞盗取账号的防护

利用系统漏洞来盗取网游账号，是一种通过系统漏洞在本机植入木马或者远程控制工具，然后通过前面的方式进行盗号活动。针对这样的盗号方法，网游玩家可以使用很多漏洞扫描工具，如《360安全卫士》《电脑管家》等工具帮助自己找到本机系统的漏洞，然后根据提示及时把系统漏洞打上补丁，做到防患于未然。

使用《电脑管家》扫描系统漏洞并为系统打补丁的具体操作步骤如下。

Step 01 下载并安装《电脑管家》，然后双击桌面上的快捷图标，或选择“开始”→“所有程序”→“电脑管家”菜单项，即可进入电脑管家首页体验界面。

Step 02 单击“电脑当前状态”图标，即可开始检测电脑的状态。检测完毕后，会显示出当前电脑系统漏洞。

Step 03 单击“一键修复”按钮，即可开始下载并修复系统漏洞。

Step 04 修复完成后，会给出相应的修复结果。

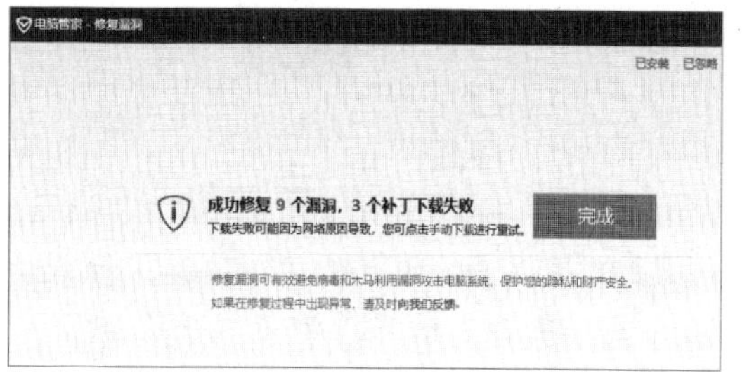

这样，即可防范盗号木马或有害程序利用系统漏洞来盗取玩家账号、密码等隐

私信息。毕竟，提高防范意识就是最好的防范方法。

10.4 实战演练

实战演练1——找回被盗的QQ账号密码

通过QQ申诉可以找回密码，但是在找回密码的过程中，用户需要让自己的QQ好友辅助进行。下面介绍通过QQ申诉找回密码的具体操作步骤。

Step 01 双击桌面上的QQ登录快捷图标，打开“QQ登录”窗口。

Step 02 单击“找回密码”链接，进入“QQ安全中心”页面。

Step 03 单击“单击完成验证”链接，打开验证页面，在其中根据提示完成安全验证，单击“验证”按钮。

Step 04 完成安全验证后，会提示用户“验证通过”。

Step 05 单击“确定”按钮，进入“身份验证”页面，在其中单击“免费获取验证码”按钮，这时QQ安全中心会给密保手机发送一个验证码，用户需要在下面的文本框中输入收到的验证码。

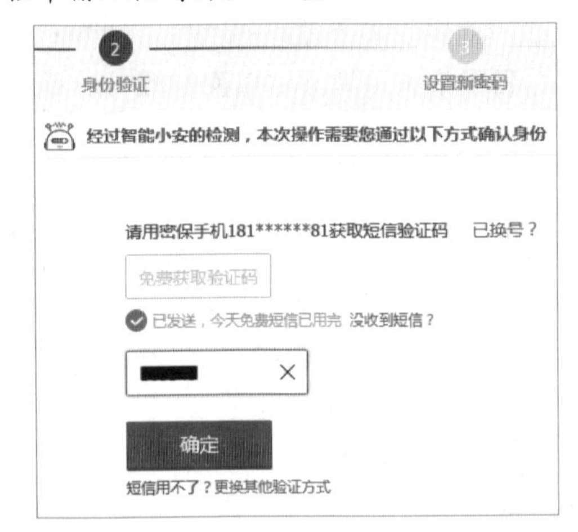

Step 06 单击“确定”按钮进入“设置新密码”页面，在其中输入要设置的新密码。

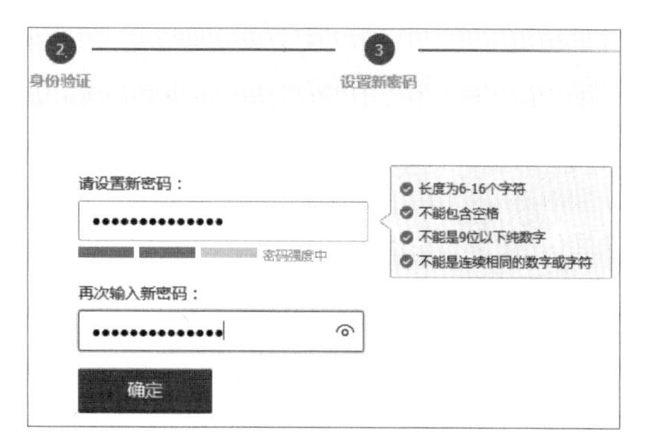

Step 07 单击“确定”按钮，重置密码成功，这样就找回了被盗的QQ账号密码。

实战演练2——将收到的“邮件炸弹”标记为垃圾邮件

目前大多数邮箱都提供了垃圾邮件举报功能，用户可以对收到的垃圾邮件进行举报，避免下次受到同样的攻击。排除“邮件炸弹”就是直接将其从邮件服务器中删除。

将接收到的“邮件炸弹”标记为垃圾邮件并举报的具体操作步骤如下。

Step 01 成功登录163邮箱，单击“收件箱”，即可在右侧的“收件箱”列表中看到收到的邮件。

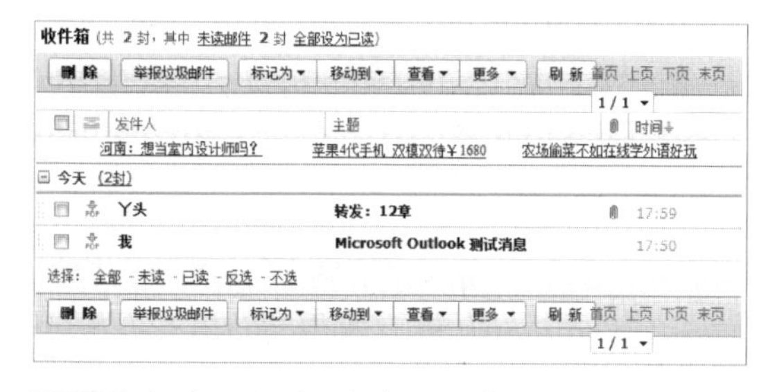

Step 02 勾选垃圾邮件前面的复选框。

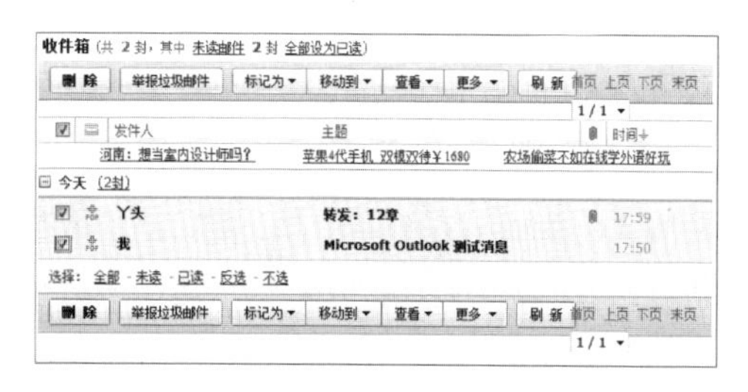

Step 03 单击“举报垃圾邮件”按钮，打开“举报垃圾邮件”提示框。

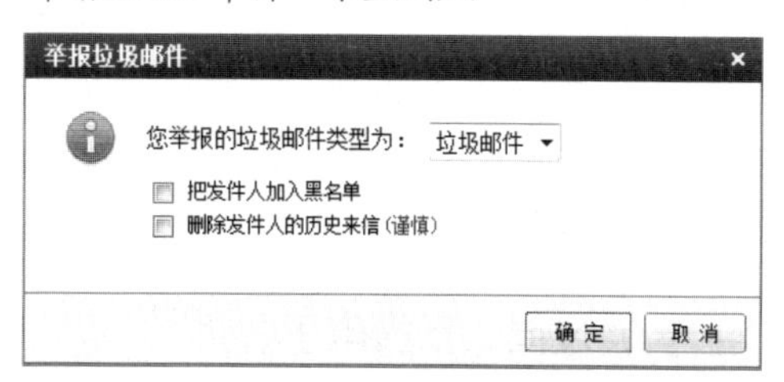

Step 04 单击“确定”按钮，即可看到“举报成功，已将邮件移入垃圾邮件箱”提示框。

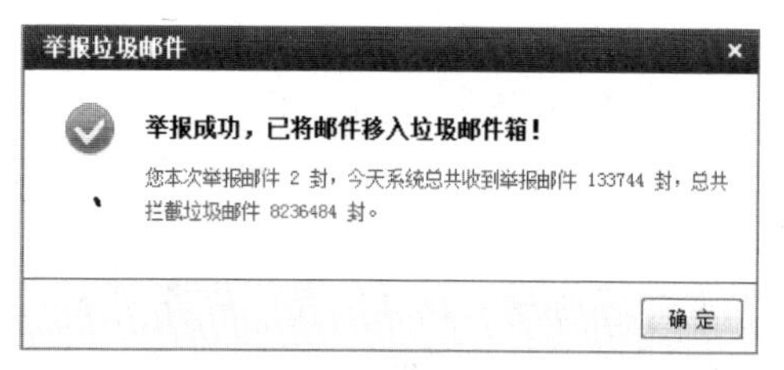

Step 05 单击“确定”按钮，即可将选中的垃圾邮件标记为垃圾邮件。在“垃圾邮件”选项卡下，即可看到所标记的垃圾邮件。

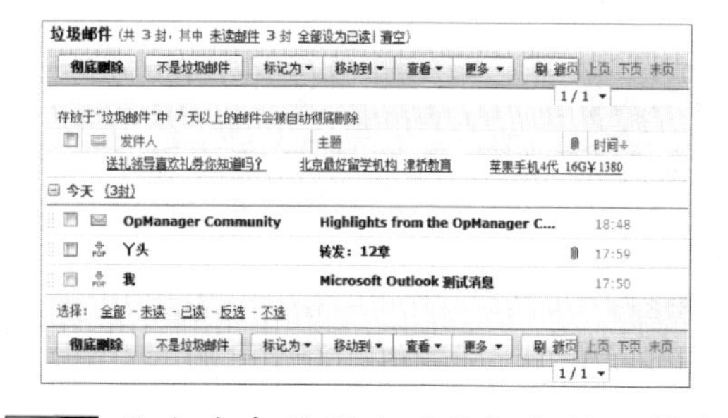

Step 06 再次选中要删除的垃圾邮件，单击“彻底删除”按钮，将弹出“删除确认”对话框，提示用户“如果删除，这些邮件将无法恢复。您确定吗？”。

Step 07 单击“确定”按钮，即可将这些垃圾邮件从邮件服务器上删除。

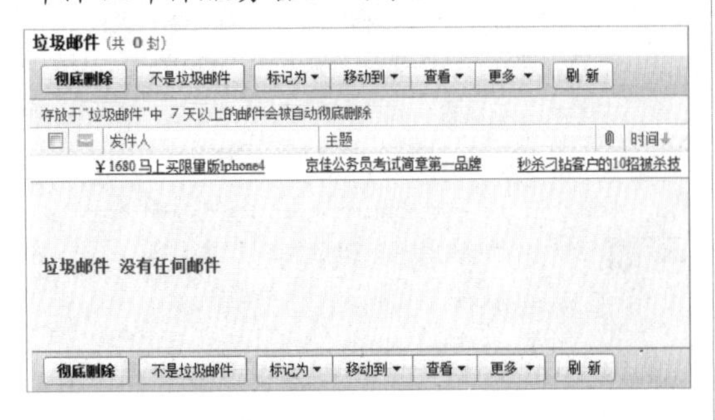

10.5 小试身手

练习1：通过向导备份电子邮件

随着网络的日益普及，越来越多的用户使用电子邮件进行学习、交流、办公及娱乐等，显然电子邮件的内容大多数是比较重要的信息。为了防止病毒（如木马）的攻击导致电子邮件的丢失，对电子邮件进行备份和还原就显得非常重要了。

使用Outlook中的导入/导出向导功能可以备份电子邮件，具体的操作步骤如下。

Step 01 启动Outlook 2016主程序，选择“文件”选项卡，进入“文件”界面，在该界面中选择“打开和导出”区域内的“导入/导出”选项。

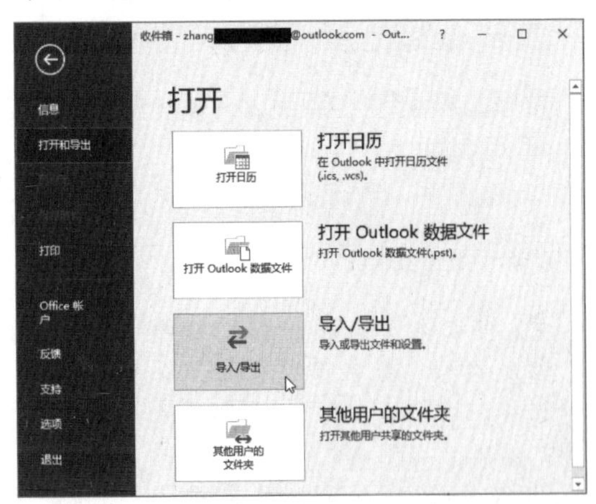

Step 02 打开“导入和导出向导”对话框，在“请选择要执行的操作”列表框中选择“导出到文件”选项。

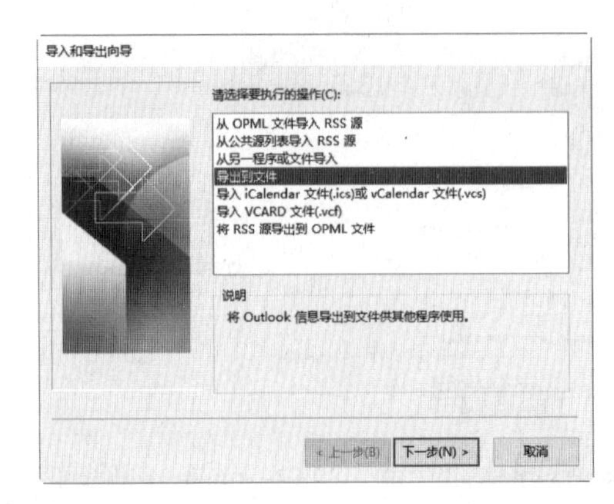

Step 03 单击“下一步”按钮，打开“导出到文件”对话框，在“创建文件的类型”列表框中选择“Outlook 数据文件（.pst）”选项。

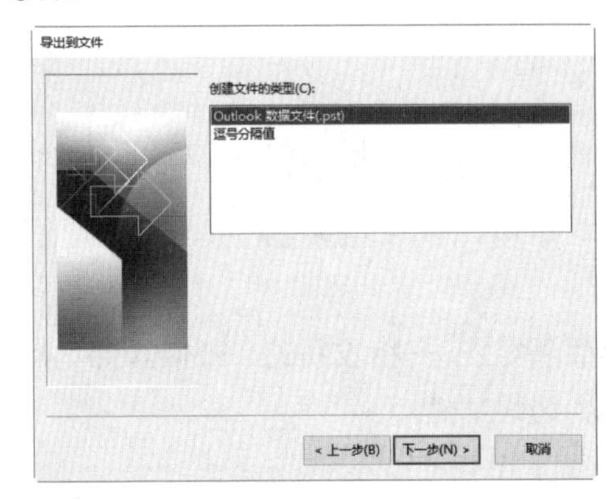

Step 04 单击“下一步”按钮，打开“导出Outlook数据文件”对话框，在“选定导出的文件夹”列表框中选择要导出的文件夹。

Step 05 单击“下一步”按钮，打开下一级“导出Outlook数据文件”对话框，在“选

项”选项组中选中“用导出的项目替换重要的项目”单选按钮，在“将导出文件另存为”下的文本框中输入文件保存的路径。

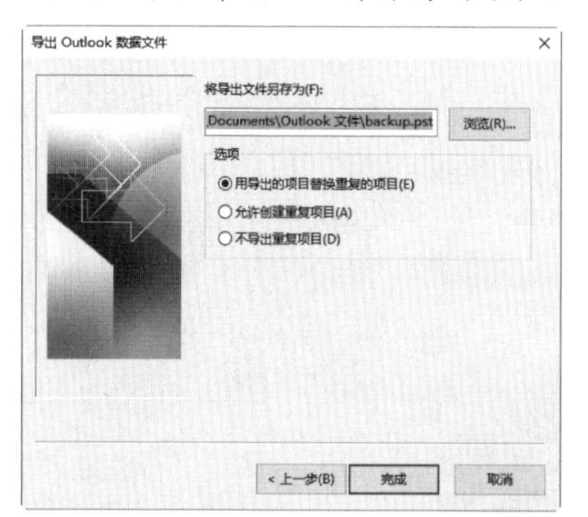

Step 06 单击“完成”按钮，打开“创建Outlook数据文件”对话框，在“密码”文本框和“验证密码”文本框中输入相同的文件密码。

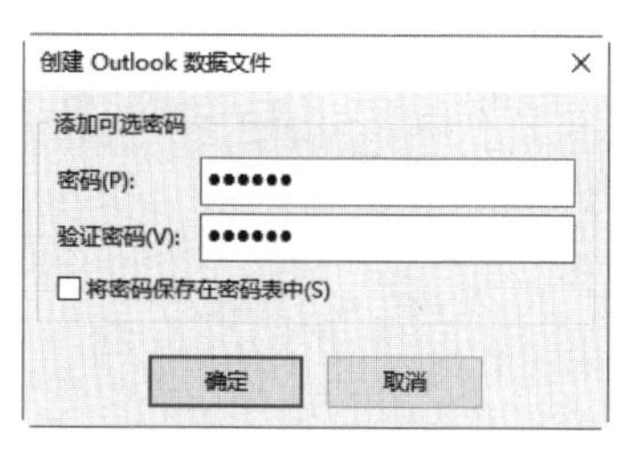

Step 07 单击“确定”按钮，打开“Outlook数据文件密码”对话框，在“密码”文本框中输入文件的密码，单击“确定”按钮，即可完成备份电子邮件的操作。

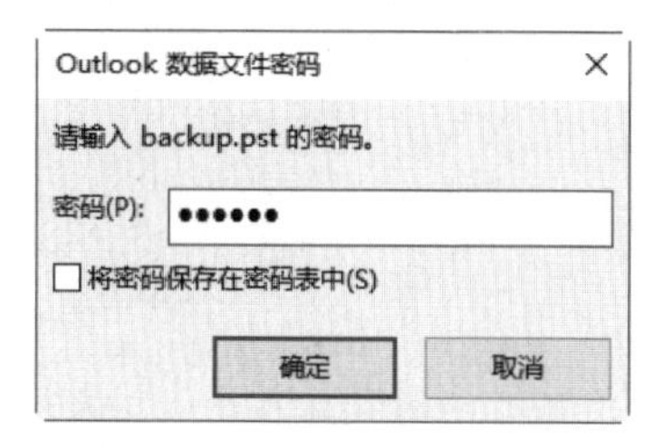

练习2：使用向导还原电子邮件

当电子邮件丢失或受到木马病毒入侵后，可以使用备份的电子邮件来还原。使用向导还原电子邮件的具体操作步骤如下。

Step 01 启动Outlook 2016主程序，选择“文件”选项卡，进入“文件”界面，在该界面中选择“打开和导出”区域内的“导入/导出”选项。

Step 02 打开“导入和导出向导”对话框，在“请选择要执行的操作”列表框中选择“从另一程序或文件导入”选项。

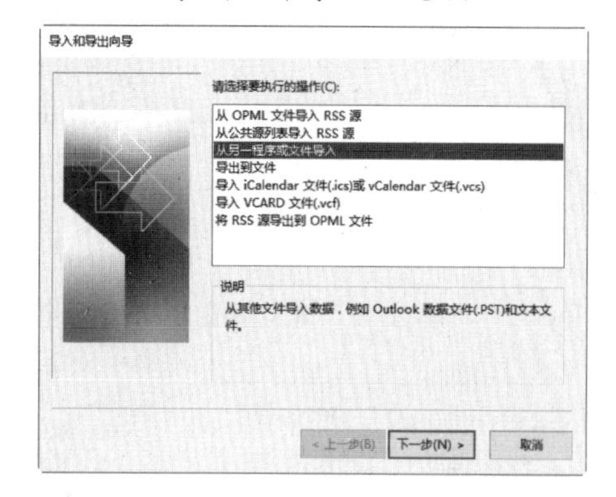

Step 03 单击“下一步”按钮，打开“导入文件”对话框，在“从下面位置选择要导入的文件类型”对话框中选择“Outlook 数据文件（.pst）”选项。

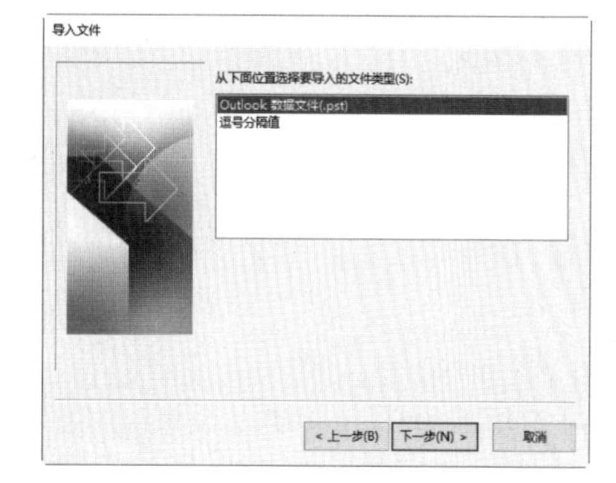

Step 04 单击“下一步”按钮，打开“导入Outlook数据文件”对话框，在“选项”选项组中选中“用导入的项目替换重要的

项目”单选按钮，在“导入文件”下的文本框中输入导入文件的路径，或单击“浏览”按钮，打开“打开Outlook数据文件”对话框，在其中选择备份的数据文件。

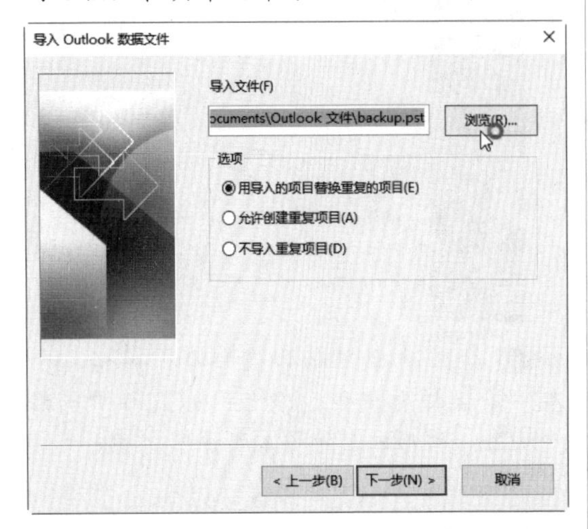

Step 05 单击“下一步”按钮，打开“Outlook数据文件密码”对话框，在“密码”文本框中输入数据文件的密码。

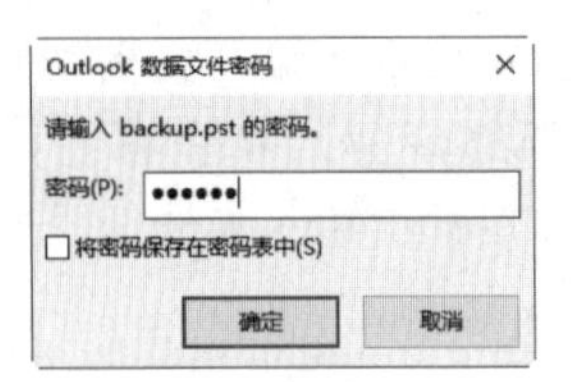

Step 06 单击“确定”按钮，打开“导入Outlook数据文件”对话框，选择需要恢复的邮件，单击“完成”按钮即可。

第11章　网页浏览器的防护策略

网页浏览器是进入网页的入口，其中Internet Explorer是使用最广泛的Web浏览器，其功能非常强大，但由于支持JavaScript脚本、ActiveX控件等元素，Internet Explorer在浏览网页时为系统留下了许多的隐患，因此，保护浏览器的安全也就成了一项刻不容缓的工作。

本章介绍网页浏览器的防护策略。

11.1　认识网页恶意代码

用户在上网时经常会遇到偷偷篡改IE标题栏的网页代码，有的网站更是不择手段，当用户访问过它们的网页后，不仅IE默认首页被篡改了，而且每次开机后IE都会自动弹出访问该网站。以上这些情况都是因为感染了网络上的恶意代码。

11.1.1　恶意代码概述

恶意代码（Malicious Code）的最常见表现形式就是网页恶意代码。网页恶意代码是一种利用网页进行破坏的计算机病毒。它以WSH（Windows Scripting Host，Windows脚本宿主）为基础，使用脚本语言编写一些恶意代码，利用IE漏洞实现病毒植入。

当用户登录某些含有网页病毒的网站时，网页病毒便被悄悄激活。这些病毒一旦被激活，可以对用户的计算机系统进行破坏，强行修改用户操作系统的注册表配置及系统实用配置程序，甚至可以对被攻击的计算机进行非法控制系统资源、盗取用户文件、删除硬盘中的文件、格式化硬盘等恶意操作。

11.1.2　恶意代码的特征

恶意代码或者称为恶意软件（Malicious Software）具有以下共同特征。

- 恶意的目的。
- 本身是程序。
- 通过执行发生作用。

有些恶作剧程序或者游戏程序不能被看作恶意代码。对过滤性病毒的特征进行讨论的文献很多。尽管过滤性病毒数量很多，但是其机理比较类似，在防病毒程序的防护范围之内，更值得注意的是非滤过性病毒。

11.1.3　恶意代码的传播方式

恶意代码的传播方式在迅速地演化，从引导区传播，到某种类型文件传播、宏病毒传播和邮件传播，再到网络传播，恶意代码发作和流行的时间越来越短，危害越来越大。

目前，恶意代码主要通过网页浏览或下载、电子邮件、局域网和移动存储介质、即时通信工具（IM）等方式传播。广大用户遇到的最常见的方式是通过网页浏览进行攻击，这种方式具有传播范围广、隐蔽性较强等特点，潜在的危害性也是最大的。

11.2　常见网页恶意代码及攻击方法

网络上的恶意代码各种各样，怎样判断电脑是否已经感染了恶意代码呢？如果已经感染了恶意代码，又怎样进行清除呢？本节总结了几种最常见的恶意代码及相应的解决方法。

11.2.1　启动时自动弹出对话框和网页

相信大多数用户都会遇到下面的情况：

- 系统启动时弹出对话框，通常是一些广告信息，如“欢迎访问××网站”等。

- 开机弹出网页，通常会弹出很多窗口，让你措手不及，更有甚者可以重复弹出窗口直到死机。

这就说明恶意代码已修改了用户的注册表信息，使得启动浏览器时出现异常。可以通过编辑系统注册表来解决，具体的操作步骤如下。

Step 01 右击“开始”按钮，在弹出的快捷菜单中选择“运行”命令，在弹出的“运行”对话框中输入regedit命令。打开“注册表编辑器”窗口，依次展开HKEY_LOCAL_MACHINE\SOFTWARE\Microsoft\Windows\CurrentVersion\Winlogon主键，删除右窗格中的LegalNoticeCaption和LegalNoticeText两项。

Step 02 步骤同上打开“运行”对话框，在其中输入msconfig命令，弹出“系统配置”对话框，选择“启动”选项卡。

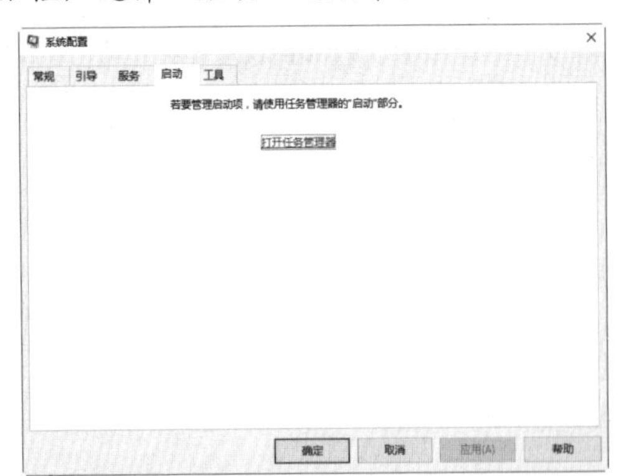

Step 03 单击“打开任务管理器”超链接，打开“任务管理器”窗口，在“启动”选项卡下将URL扩展名为.html、.htm的网址文件禁用即可。

11.2.2 利用恶意代码禁用注册表

有时浏览恶意网页后系统被修改，想要用regedit命令通过注册表编辑器更改时，却发现系统提示没有权限运行该程序。这说明恶意代码不但修改了用户的浏览器设置，甚至禁用了注册表编辑功能。

遇到这种情况，用户可以从网上下载一个第三方的注册表编辑器，推荐使用Registry Workshop软件。Registry Workshop是一款高级的注册表编辑工具，能够完全替代Windows系统自带的注册表编辑器。

使用该工具恢复注册表系统权限的具体操作步骤如下。

Step 01 下载Registry Workshop软件后，安装并运行。在软件的左窗格中依次展开HKEY_CURRENT_USER\Software\Microsoft\Windows\CurrentVersion\Policies\System主键。

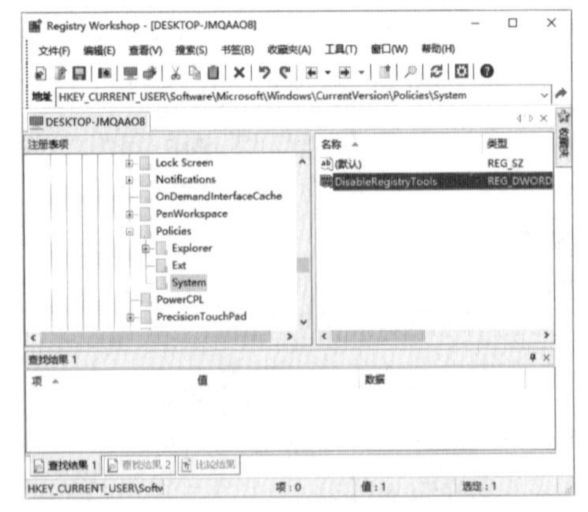

Step 02 在右窗格中把DisableRegistryTools的DWORD值的“数值数据”改为0。单击

“确定”按钮，并退出Registry Workshop软件，重新启动计算机，即可恢复注册表的系统权限。

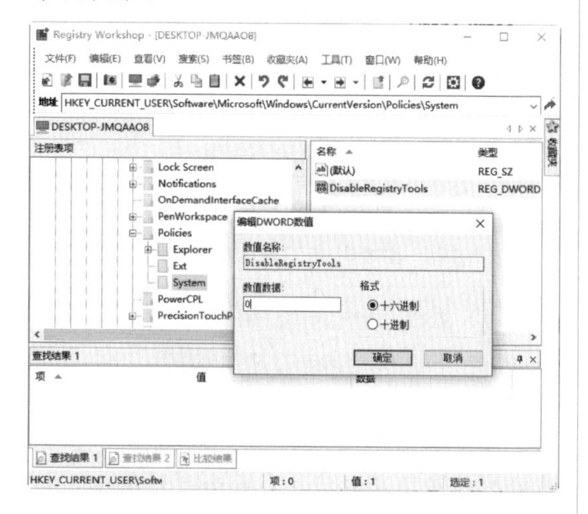

11.3　网页恶意代码的预防和清除

虽然有的恶意代码的破坏性不是很大，但是恶意代码常常会对用户计算机系统做一些强制设置，并且使得清除起来非常麻烦。因此，用户要学会对恶意代码的预防和清除。

11.3.1　网页恶意代码的预防

用户在上网前和上网时做好如下工作，才能很好地对网页恶意代码进行预防。

- 要避免被网页恶意代码感染，关键的是不要轻易登录一些自己并不了解的站点，尤其是一些看上去非常美丽诱人的网址更不要轻易进入，否则往往在不经意间就会误入网页恶意代码的圈套。
- 微软官方经常发布一些漏洞补丁，要及时对当前操作系统及IE浏览器进行更新升级，才能更好地对恶意代码进行预防。
- 一定要在电脑上安装病毒防火墙和网络防火墙，并要时刻打开“实时监控功能”。通常防火墙软件都内置了大量查杀VBS、JavaScript恶意代码的特征库，能够有效地警示、查杀、隔离含有恶意代码的网页。
- 对防火墙等安全类软件进行定时升级，并在升级后检查系统进程，及时了解系统运行情况。定期扫描系统（包括毒病扫描与安全漏洞扫描），以确保系统安全性。
- 关闭局域网内系统的网络硬盘共享功能，防止一台电脑中毒影响到网络内的其他电脑。
- 利用hosts文件可以将已知的广告服务器重定向到无广告的机器（通常是本地的IP地址：127.0.0.1）上来过滤广告，从而拦截一些恶意网站的请求，防止访问欺诈网站或感染一些病毒或恶意软件。
- 对IE浏览器进行详细安全设置。

11.3.2　网页恶意代码的清除

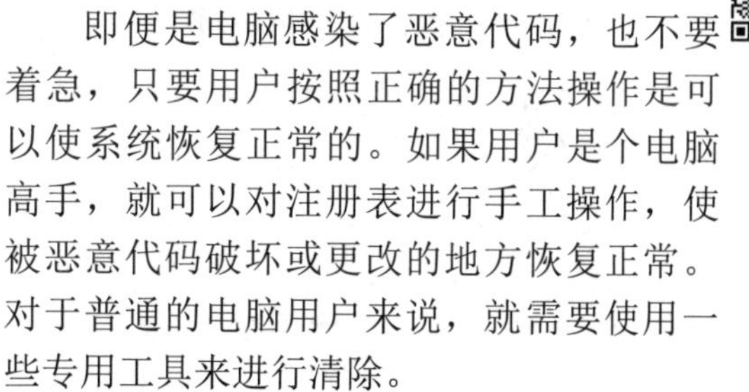

即便是电脑感染了恶意代码，也不要着急，只要用户按照正确的方法操作是可以使系统恢复正常的。如果用户是个电脑高手，就可以对注册表进行手工操作，使被恶意代码破坏或更改的地方恢复正常。对于普通的电脑用户来说，就需要使用一些专用工具来进行清除。

1. 使用《IEScan恶意网站清除》软件

《IEscan恶意网站清除》软件是功能强大的IE修复工具及流行病毒专杀工具，它可以进行恶意代码的查杀，并对常见的恶意网络插件进行免疫。

使用《IEScan恶意网站清除》软件的具体操作步骤如下。

Step 01 运行《IEscan恶意网站清除》软件，单击“检测”按钮，可以对电脑系统进行恶意代码的检查。直接单击“治疗”按钮，则可以对IE浏览器进行修复。

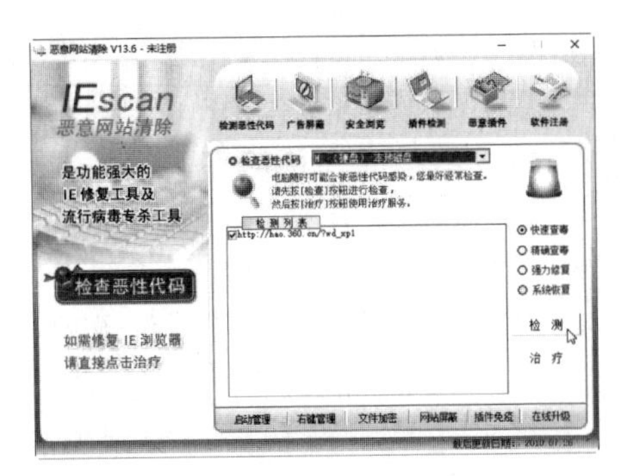

Step 02 单击“插件免疫”按钮，显示软件窗口，以列表形式显示了已知的恶意插件的名称，勾选对应的复选框，单击“应用”按钮。

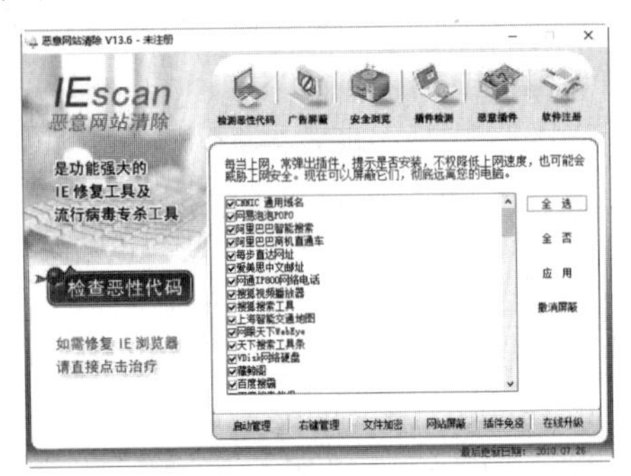

2. 使用《恶意软件查杀助理》

《恶意软件查杀助理》软件是针对网上流行的各种木马病毒及恶意软件开发的。《恶意软件查杀助理》可以查杀超过900多款恶意软件、木马病毒插件，找出隐匿在系统中的木马病毒，具体使用方法如下。

Step 01 安装软件后，单击桌面上的恶意软件查杀助理程序图标，启动恶意软件查杀助理，其主界面如下图所示。

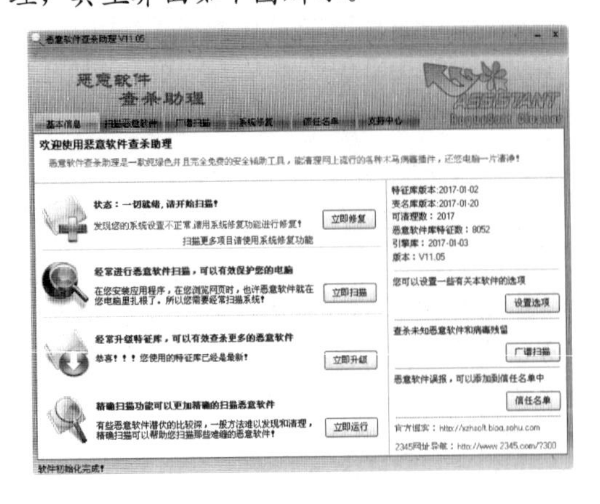

Step 02 单击“扫描恶意软件”按钮，软件开始检测电脑系统。

Step 03 在安装《恶意软件查杀助理》的同时，还要安装一个恶意软件查杀工具。运行恶意软件查杀工具，主界面如下图所示。

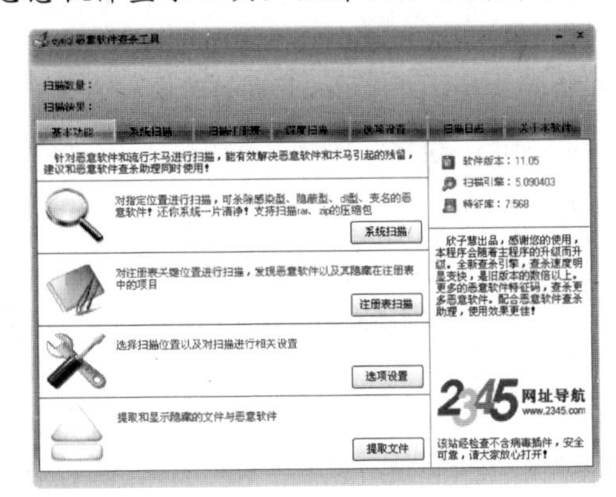

Step 04 单击“系统扫描”按钮，软件开始对电脑系统进行扫描，并实时显示扫描过程。

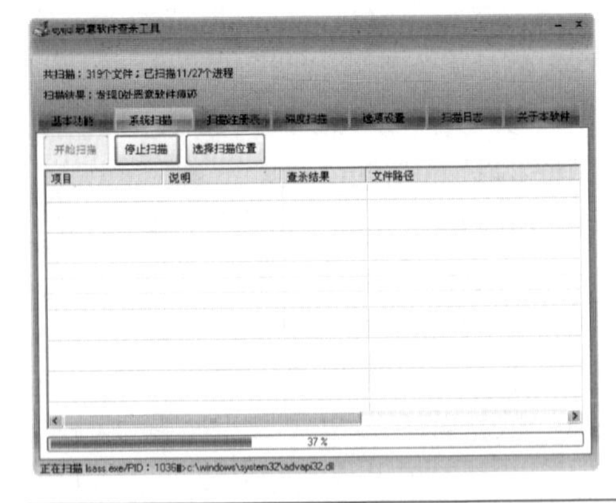

提示：“系统扫描”完成后，用户可以根据软件提示的结果进行进一步的清除操作。因此，一定要记得经常对电脑系统进行系统扫描。

11.4　常见网页浏览器的攻击方式

网页浏览器是用户访问网站的主要工具。通过网页浏览器，用户可以访问海量的信息。本节就以常用的IE浏览器为例，来介绍常见网页浏览器的攻击方法。

11.4.1　修改默认主页

某些网站为了提高自己的访问量和做广告宣传，就使用恶意代码，将用户设置的主页修改为自己的网页。解决这一问题最简单的方法是在“Internet选项”对话框中进行设置，具体的操作步骤如下。

Step 01 打开IE浏览器，在其中选择“工具”→“Internet选项”菜单项。

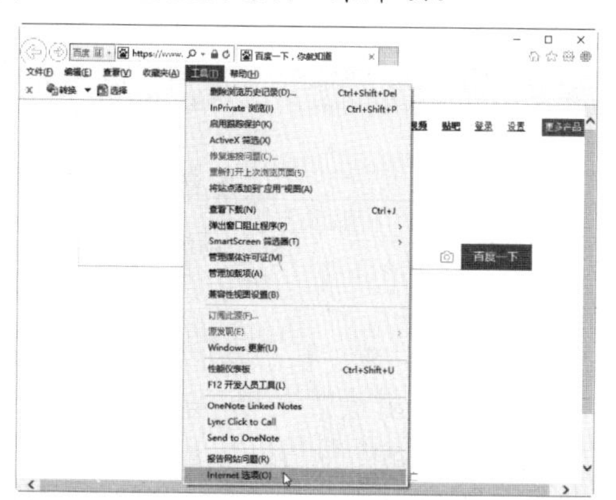

Step 02 打开“Internet选项”对话框，在其中选择“常规”选项卡。

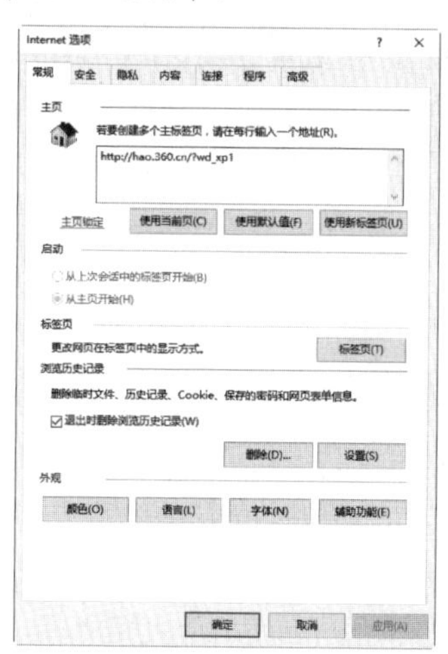

Step 03 在“主页”设置区域中的“地址”文本框中输入自己需要的主页，如这里输入百度的网址为http://www.baidu.com/。

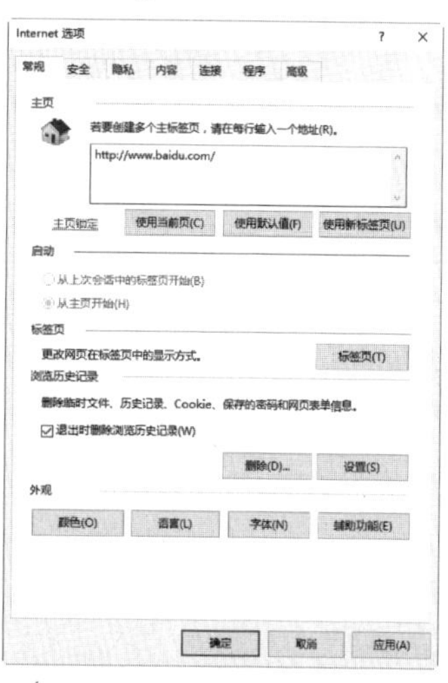

Step 04 单击“确定”按钮，这样就可以把主页设置为百度。双击桌面上的“IE浏览器”图标，即可打开IE浏览器主页，即百度首页。

11.4.2　恶意更改浏览器标题栏

网页浏览器的标题栏也是黑客攻击浏览器常用的方法之一，具体表现为浏览器的标题栏被加入一些固定不变的广告等信息。针对这种攻击方法，用户可以通过修改注册表来清除标题栏中的广告等信息，具体的操作步骤如下。

Step 01 打开“运行”对话框，在“打开”文本框中输入regedit命令。

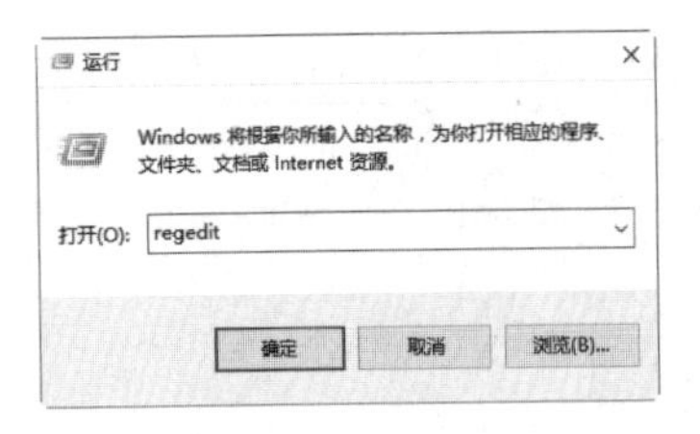

Step 02 单击“确定”按钮，即可打开“注册表编辑器”窗口。

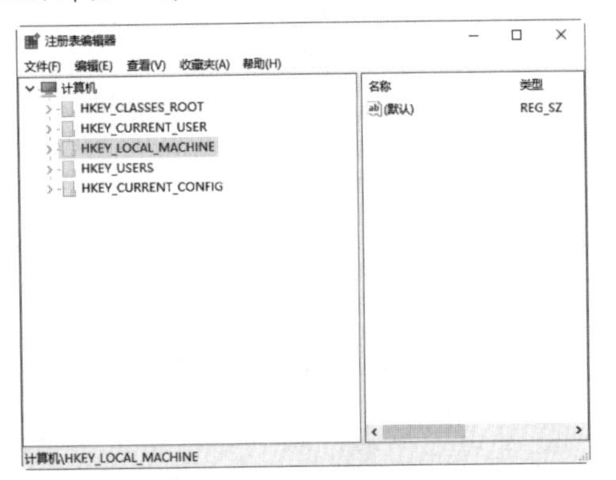

Step 03 在左侧窗格中选择HKEY_LOCAL_MACHINE\SOFTWARE\Microsoft\Internet Explorer/ Main选项。

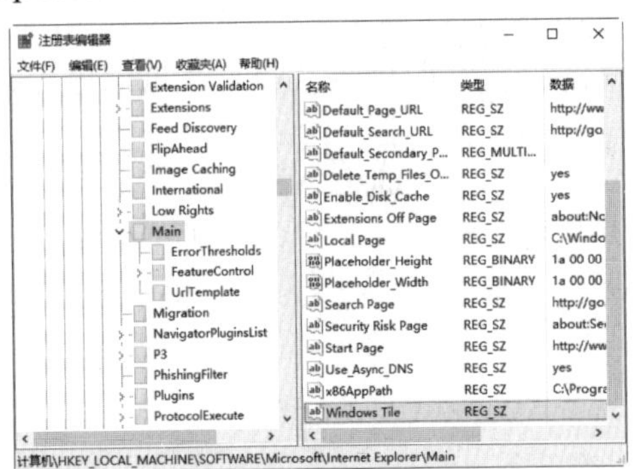

Step 04 在右侧窗格中选中“Windows Tile”选项值项并右击，在弹出的快捷菜单中选择“删除”菜单项。

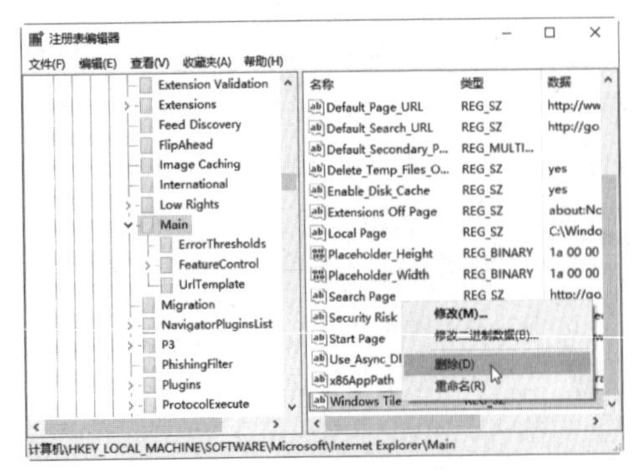

Step 05 随即打开“确认数值删除”对话框，提示用户“确实要永久删除此数值吗？”。

Step 06 单击“是”按钮，即可完成数值删除操作，关闭“注册表编辑器”，然后重新启动计算机。当再次使用IE浏览器浏览网页时，就会发现标题栏中的广告等信息已经被删除了。

11.4.3 强行修改网页浏览器的右键菜单

被强行修改了右键菜单的现象主要表现在：

- 右键快捷菜单被添加非法网站链接；
- 右键弹出快捷菜单功能被禁用，在IE浏览器中单击鼠标右键无反应。

针对浏览器右键菜单中出现的非法链接这种情况，修复的具体操作步骤如下。

Step 01 打开“注册表编辑器”窗口，在左侧窗格中单击展开HKEY_CURRENT_USER\Software\Microsoft\Internet Explorer\MenuExt。

Step 02 IE的右键菜单都在这里设置，在其中选择非法的右键链接，如这里选择“追加到现有的PDF”选项并右击，在弹出的快捷菜单中选择“删除”菜单项。

Step 03 打开“确认项删除”对话框，提示用户是否确实要永久删除这个项和所有其子项。

Step 04 单击“是”按钮，即可将该项删除。

提示：在删除前，最好先展开MenuExt主键检查一下，里面是否会有一个子键，其内容是指向一个HTML文件的，找到这个文件路径，然后根据此路径将该文件也删除，这样才能彻底清除。

针对右键菜单打不开的情况，下面介绍其修复的操作步骤。

Step 01 打开“注册表编辑器”窗口，在左侧窗格中单击展开HKEY_CURRENT_USER\Software\Policies\Microsoft\Internet Explorer\Restrictions。

Step 02 在右侧窗格中选中“NoBrowserContextMenu”选项并右击，在弹出的快捷菜单中选择“修改”菜单项。

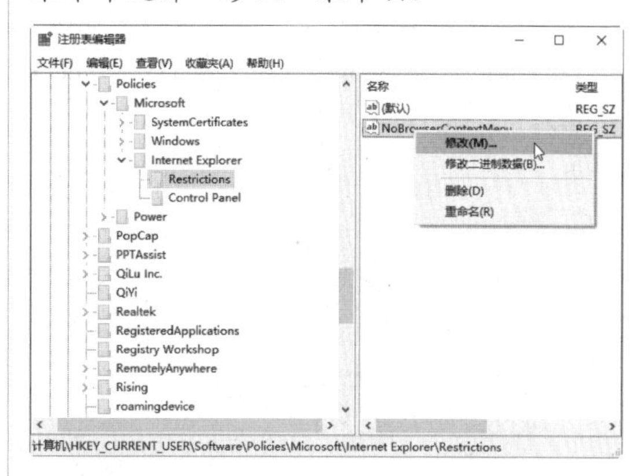

Step 03 打开“编辑字符串”对话框，在“数值数据”文本框中输入00000000，单击“确定”按钮，即可完成IE浏览器的修复。

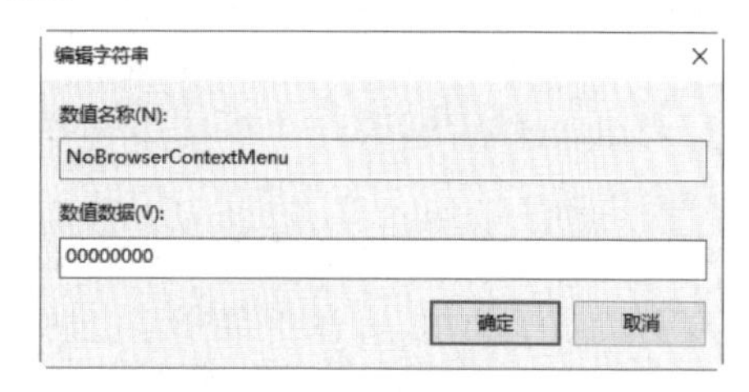

11.4.4　禁用网页浏览器的“源”菜单命令

一般网页浏览器都为用户提供查看网页源文件的菜单命令，即“源”菜单命令，该菜单常常受到黑客的攻击，具体表现为被禁用。

出现这种现象的原因是恶意代码修改了注册表的键值，具体位置为HKEY_CURRENT_USER\Software\Policies\Microsoft\Internet Explorer下，建立子键“Restrictions”，然后在“Restrictions”下面建立一个DWORD值NoViewSource，且将DWORD值赋值为“1”。

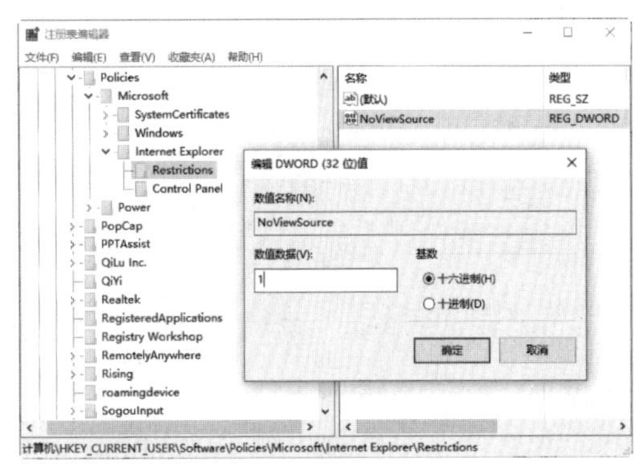

另外一个位置为HKEY_USERS\.DEFAULT\Software\Policies\Microsoft\Internet Explorer\Restrictions下，将DWORD值NoViewSource的键值改为“1”。

通过上面这些键值的修改就可以达到使“查看”菜单下中的“源文件”被禁用的目的。

在明白问题的所在之后，就可以通过以下方法进行修复。

Step 01 打开记事本文件，在其中输入以下内容。

```
    Windows Registry Editor Version 5.00
    [HKEY_CURRENT_USER\Software\Policies\Microsoft\Internet Explorer\Restrictions]
    “NoViewSource” =dword:00000000
    [HKEY_USERS\.DEFAULT\Software\Policies\Microsoft\Internet Explorer\Restrictions]
    “NoViewSource” =dword:00000000
```

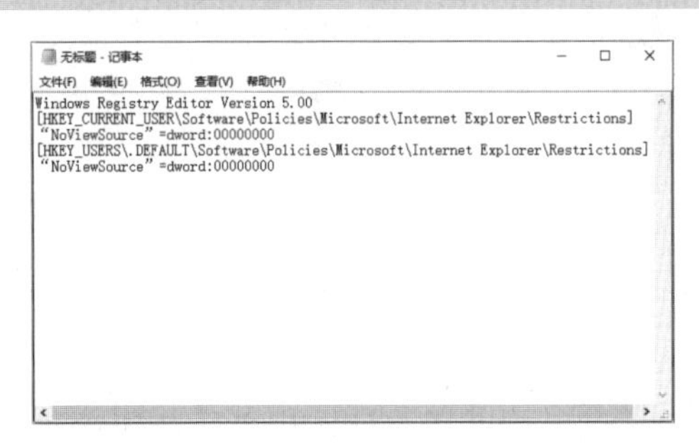

Step 02 选择“文件”→“另存为”菜单项。

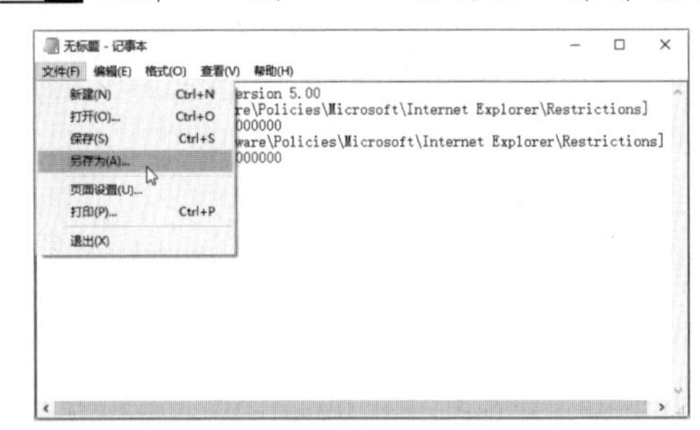

Step 03 打开“另存为”对话框，在“文件名”文本框中输入文件名，这里输入unlock.reg。

Step 04 单击“保存”按钮，即可将该文件以注册表的形式保存。

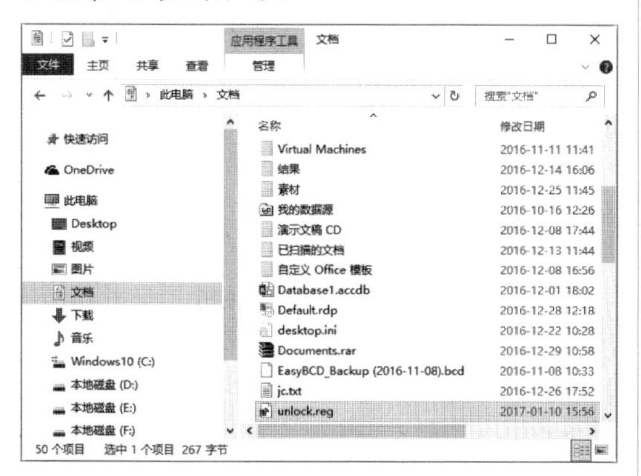

Step 05 将该文件导入到注册表中，无须重新启动计算机，这时只要重新运行IE浏览器，就会发现IE的“源”菜单项已恢复使用。

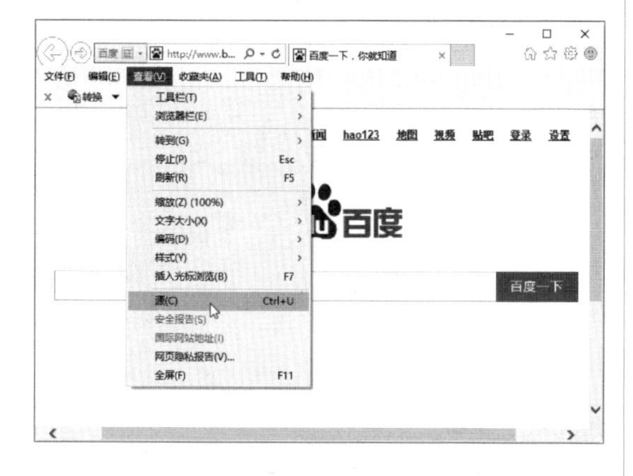

11.4.5　强行修改浏览器的首页按钮

IE浏览器默认的首页变成灰色且按钮不可用，主要是由于注册表HKEY_USERS\.DEFAULT\Software\Policies\Microsoft\Internet Explorer\Control Panel下的Word值homepage的键值被修改了，即原来的键值为“0”，被修改为“1”。

针对这种情况用户可以采用下列方法进行修复。

Step 01 打开“注册表编辑器”窗口，在左侧窗格中单击展开HKEY_USERS\.DEFAULT\Software\Policies\Microsoft\Internet Explorer\Control Panel项。

Step 02 在右侧窗格中选择homepage选项并右击，在弹出的快捷菜单中选择“修改”菜单项。

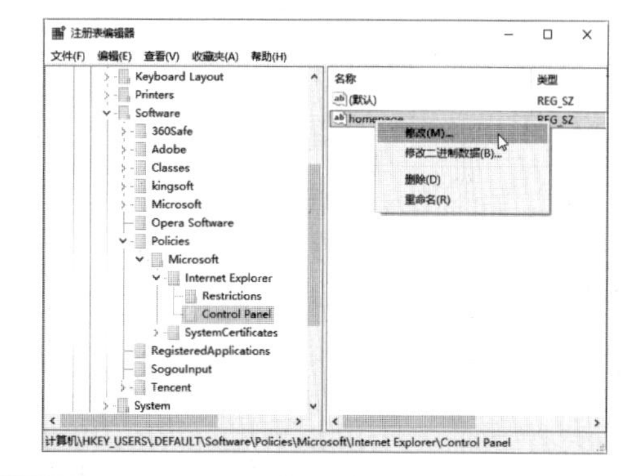

Step 03 打开“编辑字符串”对话框，在“数值数据”文本框中将数值1修改为0。

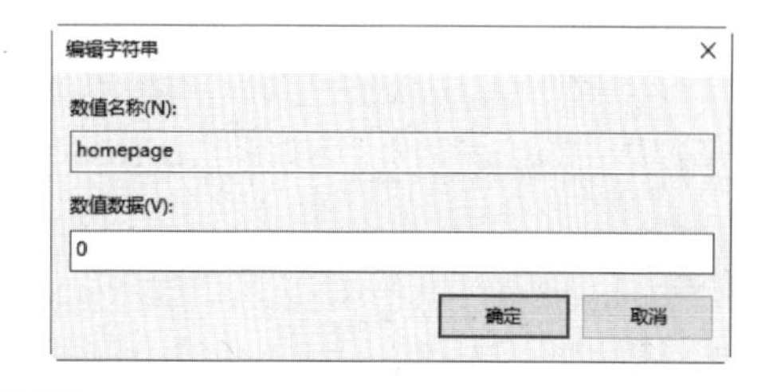

Step 04 单击“确定”按钮，重新启动计算机后，该问题即可修复。

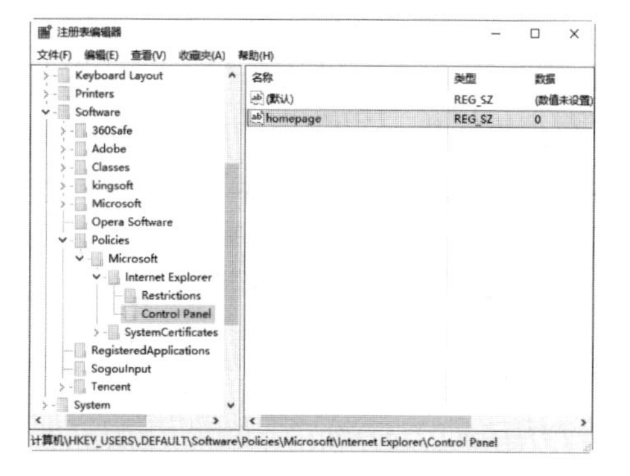

11.4.6 删除桌面上的浏览器图标

当桌面上的IE浏览器图标“不见”了，出现这种现象的主要原因还是流氓软件的篡改所致，或计算机中了病毒，这时建议用户使用杀毒软件查杀病毒，然后重新启动计算机。不过，还可以通过手动建立快捷方式来使图标出现在桌面上。

通过手工建立IE快捷方式的具体操作步骤如下。

Step 01 双击桌面上的“此电脑”图标，打开“此电脑”窗口。

Step 02 在其中打开Program Files→ Internet Explorer文件夹。

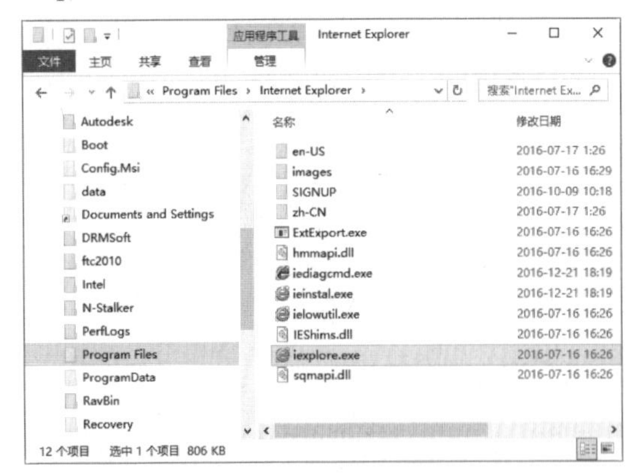

Step 03 选择iexplore.exe图标并右击，在弹出的快捷菜单中选择“发送到”→“桌面快捷方式”菜单项，这样就可以将IE快捷方式放松到桌面上使用。

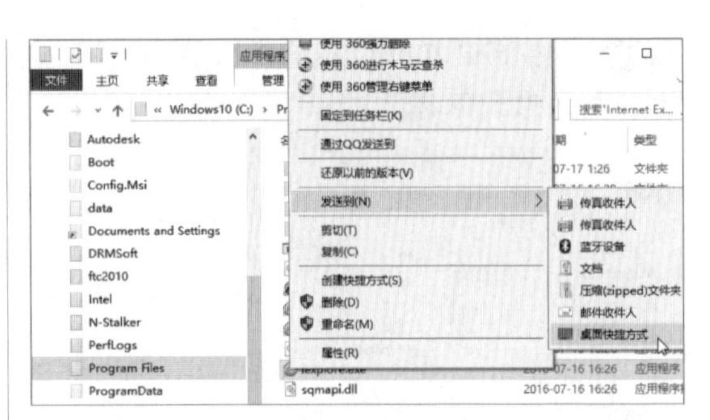

另外，还可以在注册表中修复IE浏览器图标“不见”的情况，具体的操作步骤如下。

Step 01 打开“注册表编辑器”窗口，在左侧窗格中单击展开HKEY_CURRENT_USER\Software\Microsoft\Windows\CurrentVersion\Explorer\HideDesktopIcons\NewStartPanel项。

Step 02 在右侧的窗格中选择“871C5380-42A0-1069-A2EA-08002B30309D”键值项并右击，在弹出的快捷菜单中选择“修改”菜单项。

Step 03 打开“编辑DWORD（32位）值”对话框，在“数值数据”文本框中输入0。

Step 04 单击“确定”按钮，然后刷新桌面，即可看到消失的IE图标重新出现，且右键菜单也可用。

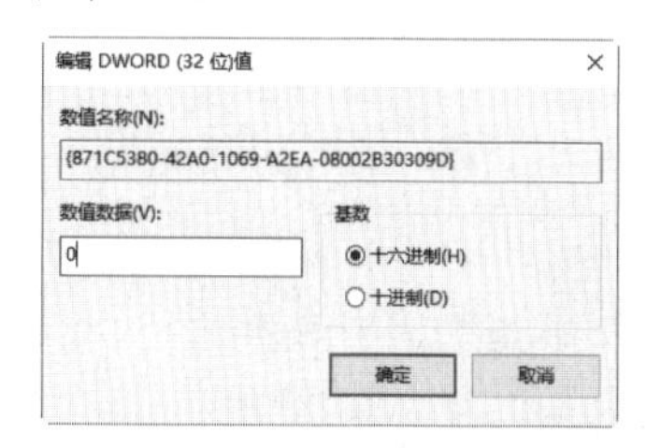

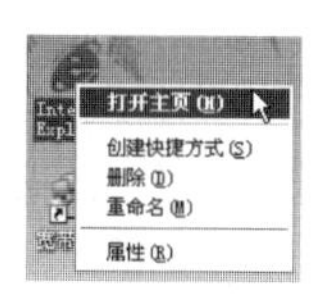

11.5 网页浏览器的自我防护技巧

为保护计算机的安全，在上网浏览网页时需要注意对网页浏览器的安全维护，一般情况下，网页浏览器其自身均有防护功能，这里以最常用的IE浏览器为例，来介绍网页浏览器的自身防护技巧。

11.5.1 提高IE的安全防护等级

通过设置IE浏览器的安全等级，可以防止用户打开含有病毒和木马程序的网页，这样可以保护系统和计算机的安全。

下面介绍设置IE安全等级的具体操作步骤。

Step 01 在IE浏览器中选择“工具”→“Internet选项”命令，打开“Internet选项”对话框。

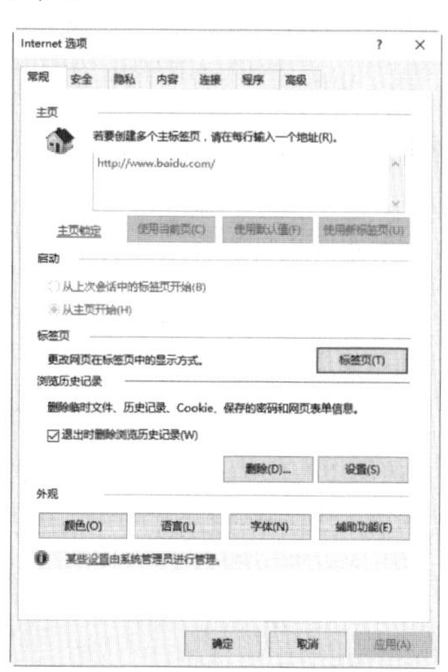

Step 02 选择“安全”选项卡，进入“安全”设置界面。

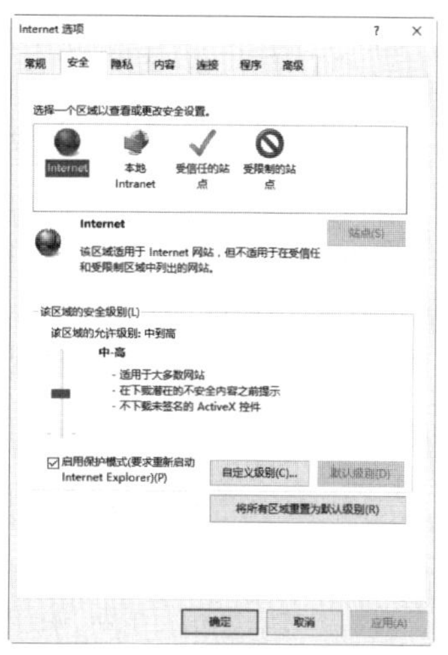

Step 03 选中Internet图标，单击“自定义级别”按钮，打开“安全设置-Internet区域”对话框。

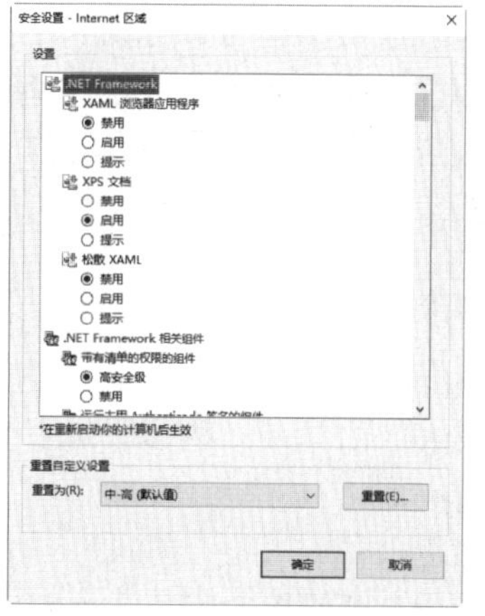

Step 04 单击“重置为”下拉按钮，在弹出的下拉列表中选择“高”选项。

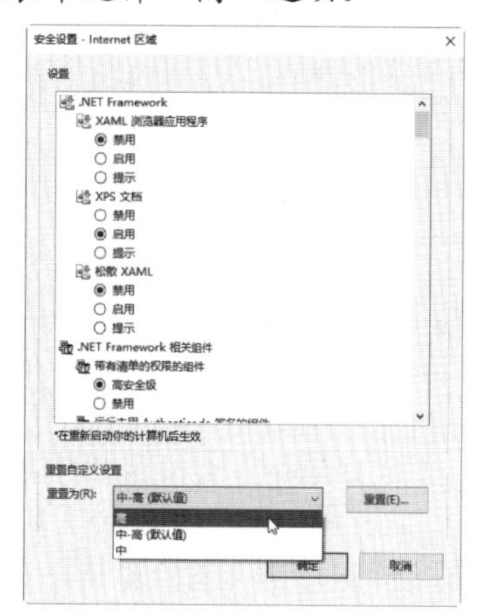

Step 05 单击“确定”按钮，即可将IE安全等级设置为“高”。

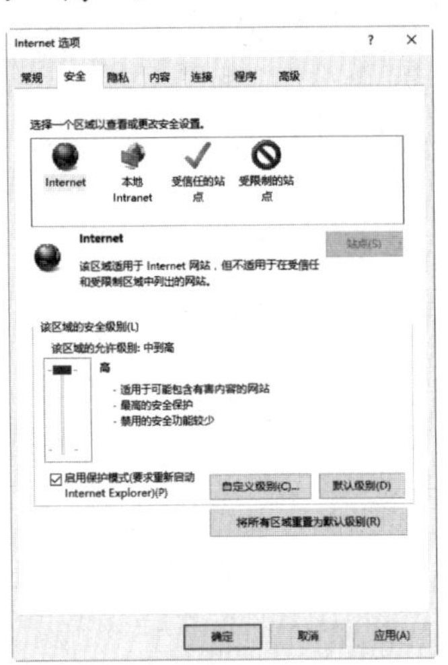

11.5.2 清除浏览器中的表单

浏览器的表单功能在一定程度上方便了用户，但也常被黑客用来窃取用户的数据信息，所以从安全角度出发，需要清除浏览器的表单并取消自动记录表单的功能。

清除IE浏览器中的表单的具体操作步骤如下。

Step 01 在IE浏览器中选择“工具”→“Internet选项”命令，打开“Internet选项”对话框，并选择“内容”选项卡。

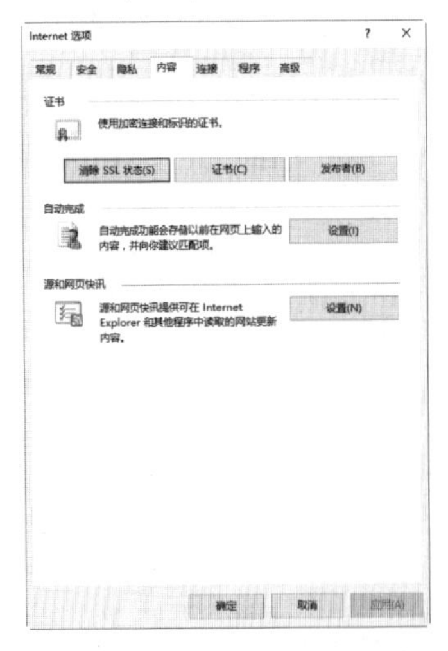

Step 02 在“自动完成”选项区域中单击“设置”按钮，打开“自动完成设置”对话框，取消对所有的复选框的勾选。

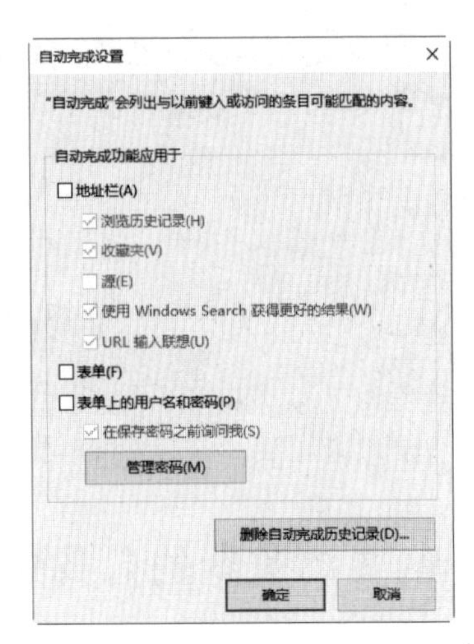

Step 03 单击“删除自动完成历史记录”按钮，打开“删除浏览历史记录”对话框，勾选“表单数据”复选框。

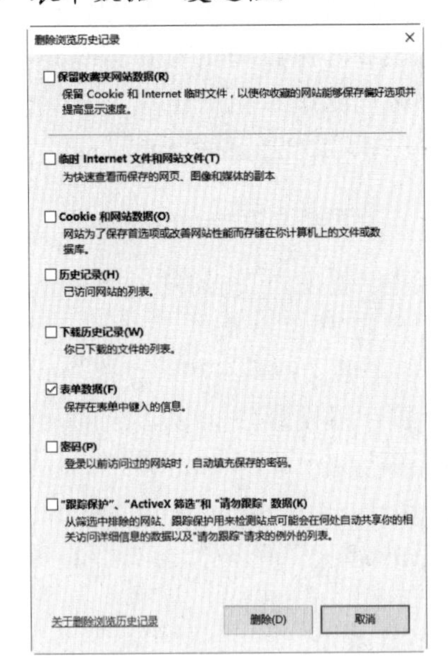

Step 04 单击“删除”按钮，即可删除浏览器中的表单信息。

11.5.3 清除浏览器的上网历史记录

Windows操作系统具有历史记录功能，可以将用户以前所运行过的程序、浏览过的网站、查找过的内容等记录下来，但这同样会泄露用户的信息。可以通过如下方法来对这些信息进行清除。

方法1：通过在“Internet 选项”对话框的“常规”选项卡下，勾选“浏览历史记录”区域中的“退出时删除浏览历史记录”复选框，即可实现清除浏览过的IE网址。

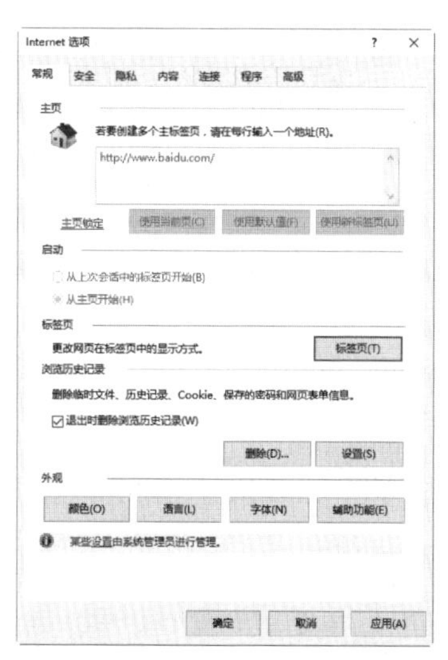

方法2：利用注册表进行清除。IE历史记录在“注册表编辑器”中的保存位置是HKEY_CURRENT_USER\Software\Microsoft\Internet Explorer\TypedURLs，因此，只要删除该子项下的所有内容即可。

提示：在输入网址时按Ctrl+O组合键，在弹出的“打开”对话框中输入要访问的网站名称或IP地址，输入的地址链接URL就不会保存在地址栏里了。

11.5.4　删除Cookie信息

Cookie是Web服务器发送到计算机中的数据文件，它记录了用户名、口令及其他一些信息。特别目前在许多网站中，Cookie文件中的Username和Password是不加密的明文信息，就更容易泄露。因此，在离开时删除Cookie内容是非常必要的。

用户可以通过“Internet选项”对话框中的相关功能实现删除Cookie，具体的操作步骤如下。

Step 01 打开“Internet选项”对话框，选择“常规”选项卡，在“浏览历史记录”选项区域中单击“删除”按钮。

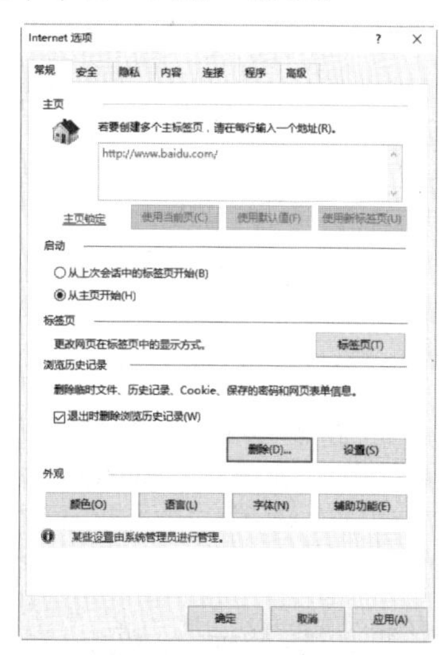

Step 02 打开“删除浏览历史记录”对话框，在其中勾选“Cookie和网站数据”复选框，单击“删除”按钮，即可清除IE浏览器中的Cookie文件。

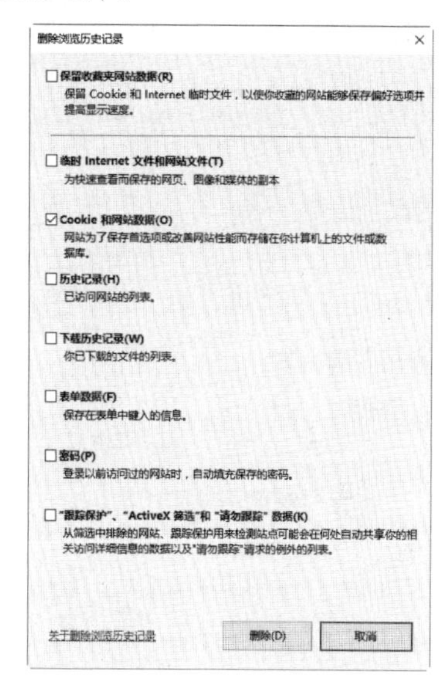

11.6　使用其他工具保护网页浏览器的安全

除了可以利用浏览器自身的防护功能来保护其安全外，用户还可以借助第三方软件来保护网页浏览器的安全。

11.6.1　使用《IE修复专家》

使用《IE修复专家》可以修复IE的标题栏、首页、右键菜单、工具栏按钮、工具栏菜单、附加工具栏、Outlook标题等；还可以全面修复各项Internet选项，包括常规、安全、连接、内容、高级等所有选项设置；并提供“一键修复”功能，单击其即可自动修复所有设置。

使用《IE修复专家》修复IE浏览器的具体操作步骤如下。

Step 01 下载并安装《IE修复专家》后，打开“IE修复专家”主窗口，在其中选择“常规设置”选项，进入“常规设置”界面，在其中根据提示输入相应的内容。

Step 02 单击“常规修复”按钮，即可对IE浏览器进行常规修复。

Step 03 在“常规设置”界面中的“选项”设置区域中，用户还可以根据需要勾选相应的复选框。

Step 04 单击“全面修复”按钮，打开“全面修复-修复选项设置”窗口，在其中勾选相应的修复选项。

Step 05 单击“立即修复”按钮，即可开始对IE浏览器进行全面修复。修复完毕后，弹出“修复成功”对话框，单击“确定”按钮。

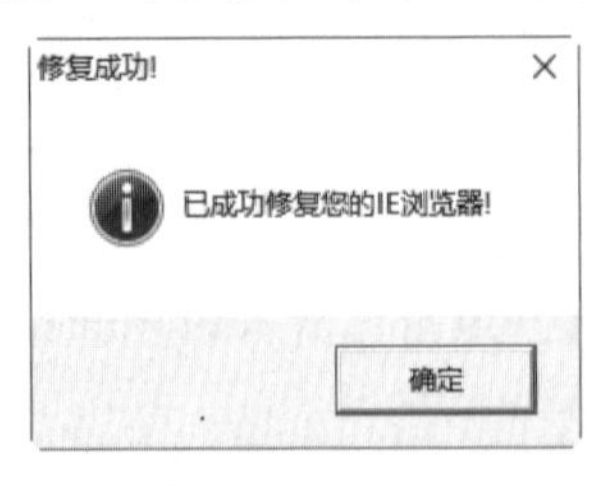

11.6.2　使用《IE修复免疫专家》

《IE修复免疫专家》可以修复被篡改的Internet Explorer浏览器的标题、Outlook

标题、Windows启动时自动运行的网址、Windows系统设置及主页地址等。

使用“IE修复免疫专家”修复IE浏览器的具体操作步骤如下。

第1步：对IE插件进行免疫

Step 01 下载并安装《IE修复免疫专家》后，双击桌面上的“IE修复免疫专家”快捷图标，即可打开“IE修复免疫专家”主窗口。

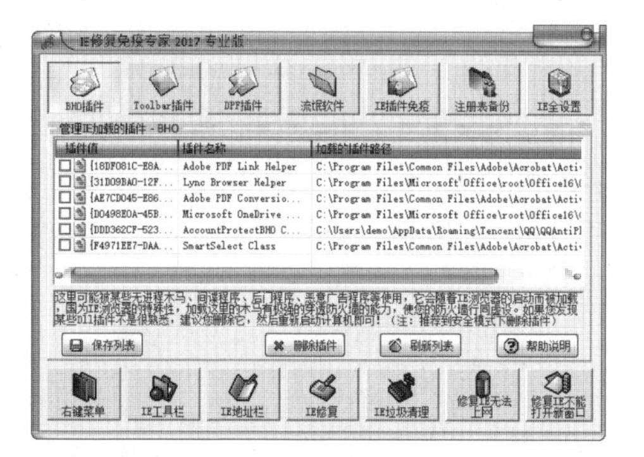

Step 02 单击“IE插件免疫”按钮，进入“IE插件免疫”界面。

Step 03 在“IE插件免疫设置”列表框中勾选需要免疫的插件，或单击“全选”按钮，将所有的IE插件选中。

Step 04 单击“开始免疫”按钮，即可对所选的IE插件进行免疫处理。免疫成功后，弹出一个信息提示框，提示用户免疫成功。

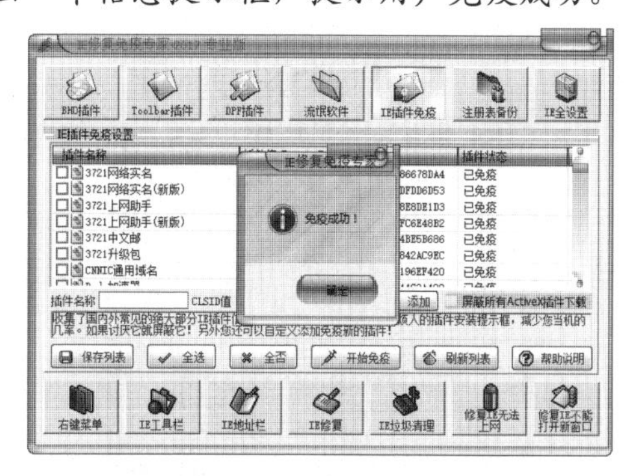

第2步：进行IE安全设置

Step 01 在“IE修复免疫专家”窗口中单击“IE安全设置”按钮，打开“木马分析专家（修复IE属性和菜单设置）”对话框，在“常规”选项卡的“IE属性设置”区域中，用户可以根据实际需要对常规选项进行设置。

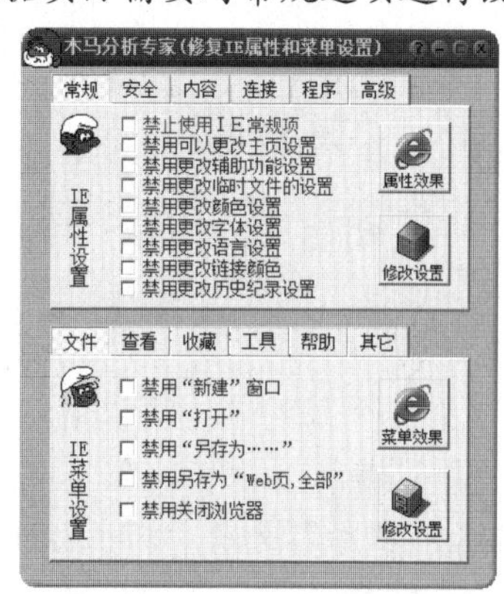

Step 02 选择“安全”选项卡，在打开的界面中用户可以根据实际需要对IE属性的安全选项进行设置。

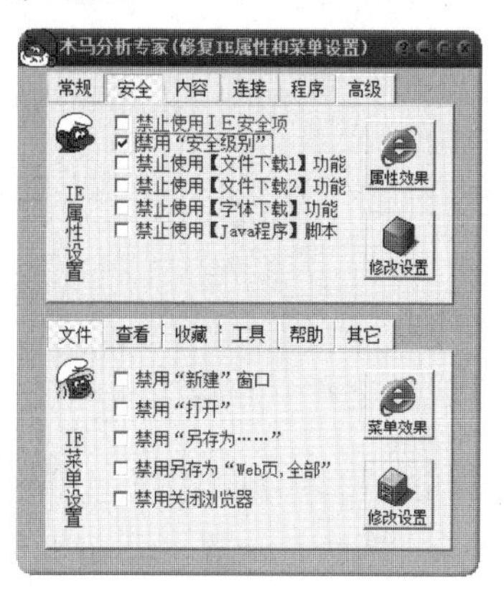

Step 03 选择“内容”选项卡，在打开的界面中用户可以根据实际需要对IE属性的内容选项进行设置。

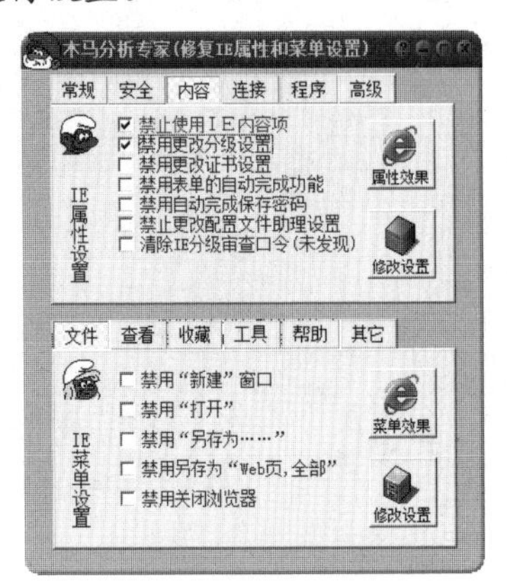

Step 04 选择“连接”选项卡，在打开的界面中用户可以根据实际需要对IE属性的连接选项进行设置。

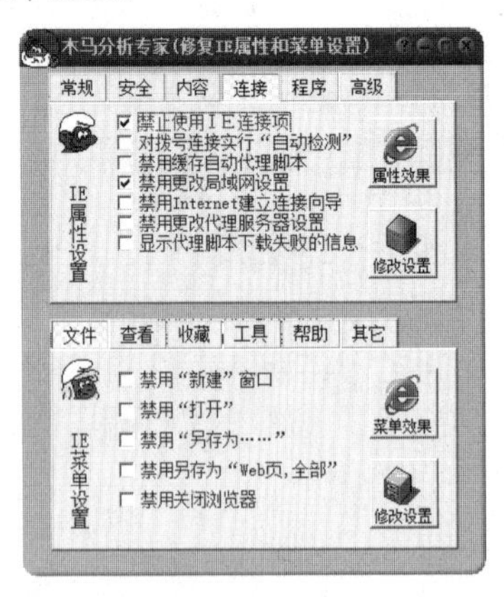

Step 05 选择“程序”选项卡，在打开的界面中用户可以根据实际需要对IE属性的程序选项进行设置。

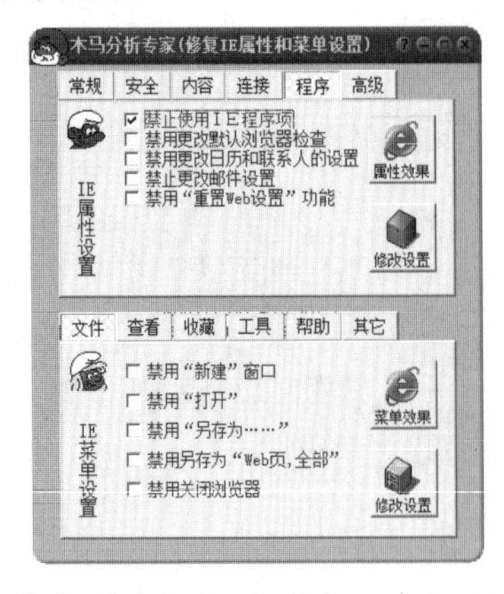

Step 06 选择“高级”选项卡，在打开的界面中用户可以根据实际需要对IE属性的高级选项进行设置。

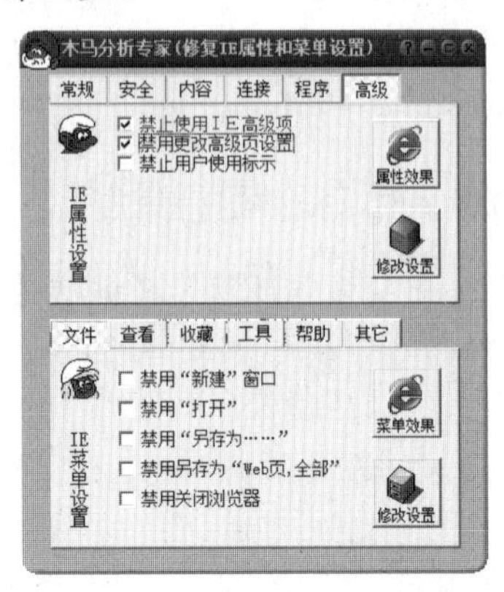

Step 07 在“文件”选项卡的“IE菜单设置”区域中，用户可以根据实际需要对IE菜单的文件选项进行设置。

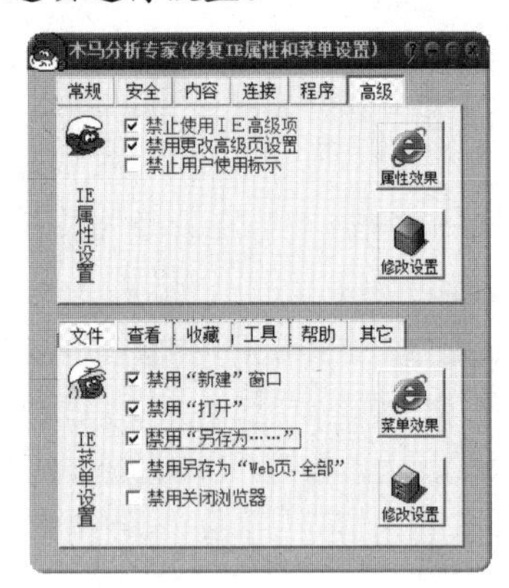

Step 08 选择“查看”选项卡，在打开的界面中用户可以根据实际需要对IE菜单的查看选项进行设置。

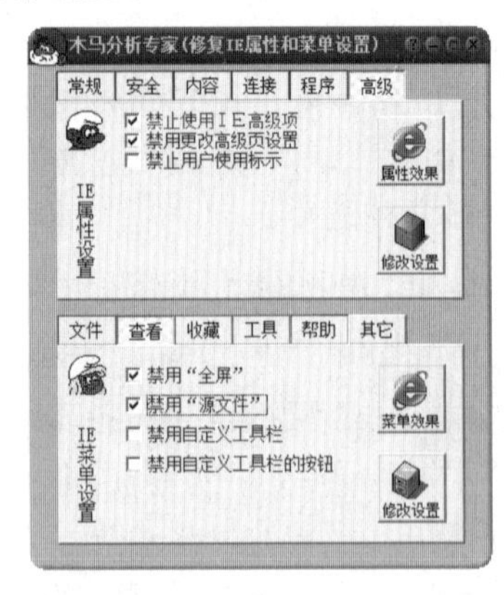

Step 09 选择“收藏”选项卡，在打开的界面中用户可以根据实际需要对IE菜单的收藏选项进行设置。

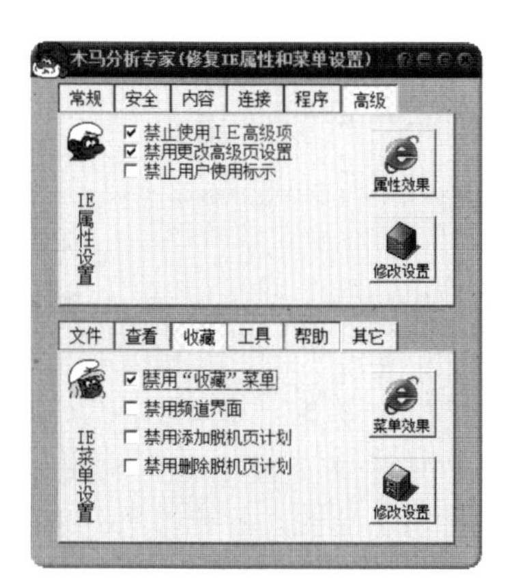

Step 10 选择“工具”选项卡，在打开的界面中用户可以根据实际需要对IE菜单的工具选项进行设置。

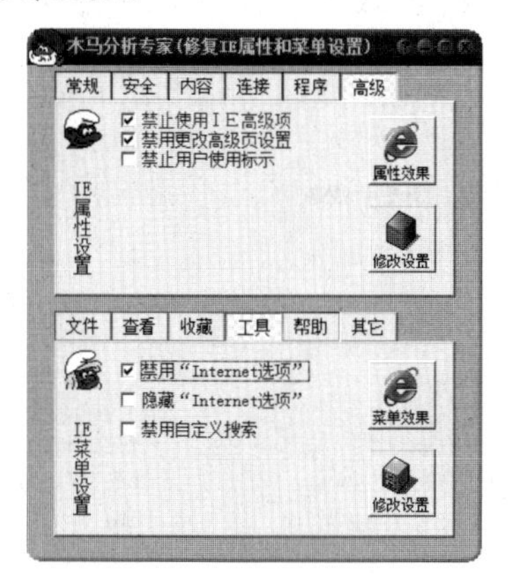

Step 11 选择“帮助”选项卡，在打开的界面中用户可以根据实际需要对IE菜单的帮助选项进行设置。

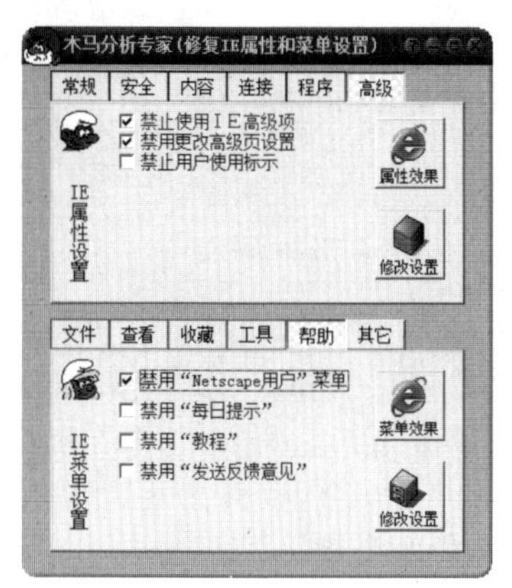

Step 12 选择“其他”选项卡，在打开的界面中用户可以根据实际需要对IE菜单的其他选项进行设置。

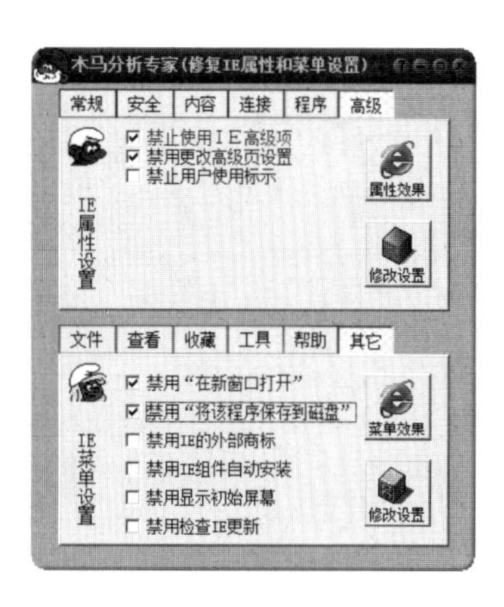

第3步：IE修复的设置

Step 01 在“IE修复免疫专家”主窗口中单击“IE修复”按钮，进入“IE修复”界面。

Step 02 在其中根据需要勾选“待修复的项目”列表中的相关选项，也可以单击“全选”按钮，将要修复的项目全选。

Step 03 单击“开始修复”按钮，即可开始修复IE浏览器中经常被篡改的选项。修复完毕后，弹出一个信息提示框，提示用户修复完毕。

第4步：修复IE无法上网

Step 01 在“IE修复免疫专家”主窗口中单击“修复IE无法上网”按钮，打开一个信息提示框，在其中提示用户“如果系统能够正常上网，建议不要修复”。

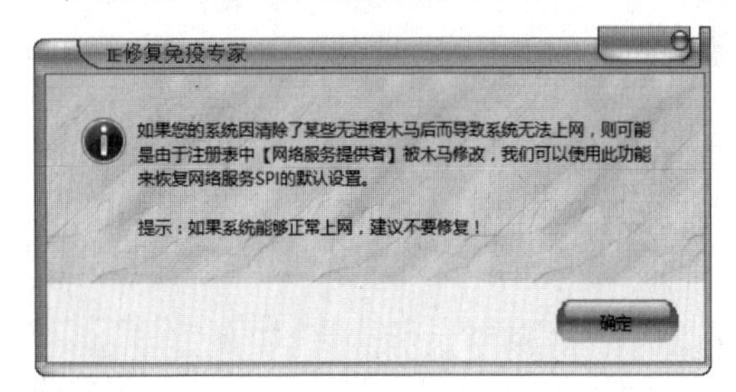

Step 02 单击“确定”按钮，即可开始修复IE不能上网的问题。

第5步：修复IE不能打开新窗口

Step 01 在“IE修复免疫专家”主窗口中单击“修复IE不能打开新窗口”按钮，打开“修复IE不能打开新窗口”对话框。

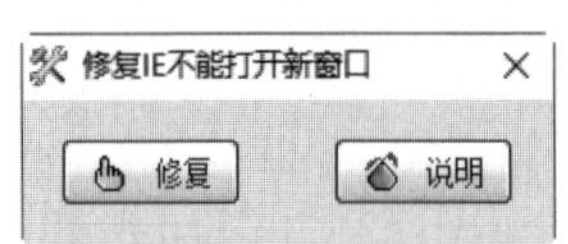

Step 02 单击“修复”按钮，弹出“修复IE”对话框，提示用户是否立即进行修复。

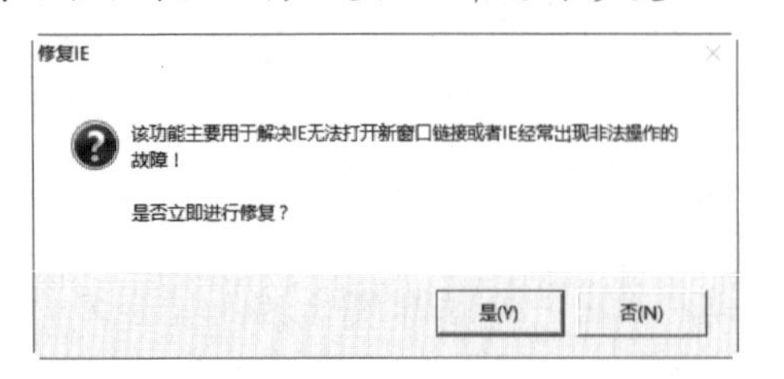

Step 03 单击“是”按钮，即可开始修复IE不能打开新窗口的问题。

第6步：IE垃圾清除

Step 01 在“IE修复免疫专家”主窗口中单击“IE垃圾清理”按钮，打开“木马分析专家→清理Windows的垃圾文件”对话框，在其中单击“全否”按钮，将“请选择要扫描的垃圾文件类型”列表框中的所有类型选中。

Step 02 单击“扫描”按钮，即可开始扫描Windows系统中的垃圾文件。

Step 03 扫描完成后，弹出“木马分析专家”对话框，提示用户扫描完毕，以及扫描出来的垃圾文件个数。

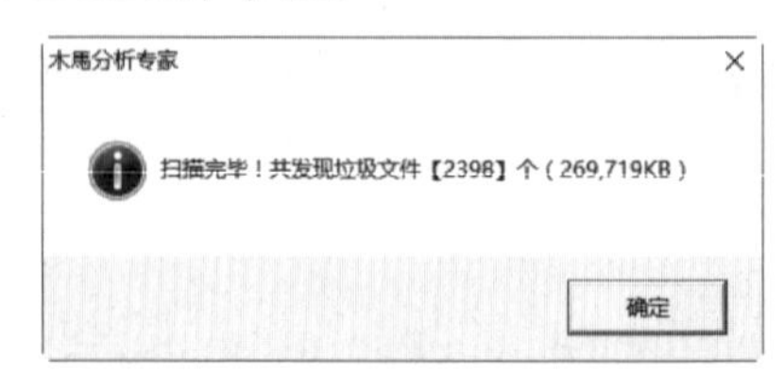

Step 04 单击“确定”按钮，返回到“木马分析专家→清理Windows的垃圾文件”对话框中，单击“全选”按钮，将扫描出来的垃圾文件全部选中。

Step 05 单击“清除”按钮，即可开始清除所选的垃圾文件。

Step 06 清除完毕后，弹出“清除完毕”的信息提示框。

另外，在“IE修复免疫专家”主窗口中还可以通过单击“BHO插件”按钮、“Toolbar插件”按钮、“DPF插件”按钮、“流氓软件”按钮、“注册表备份”按钮等对系统中的相关插件进行管理，这里不再详述。用户可以参照对IE插件免疫、IE修复等的操作进行学习。

11.6.3　使用《IE伴侣》

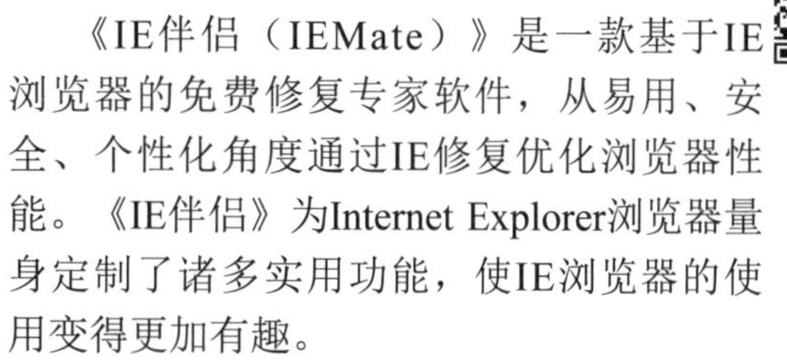

《IE伴侣（IEMate）》是一款基于IE浏览器的免费修复专家软件，从易用、安全、个性化角度通过IE修复优化浏览器性能。《IE伴侣》为Internet Explorer浏览器量身定制了诸多实用功能，使IE浏览器的使用变得更加有趣。

使用《IE伴侣》快速修复IE浏览器的具体操作步骤如下。

Step 01 双击下载《IE伴侣》安装程序，打开“欢迎使用IE伴侣安装向导”对话框。

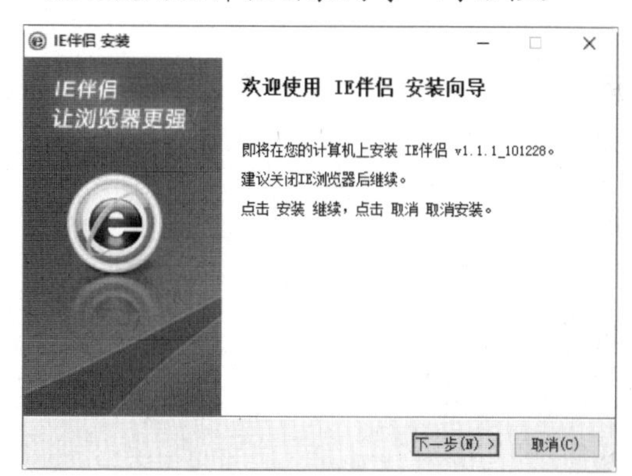

Step 02 单击“下一步”按钮，进入“许可协议”对话框，用户在安装前需要阅读其中相关的许可协议。

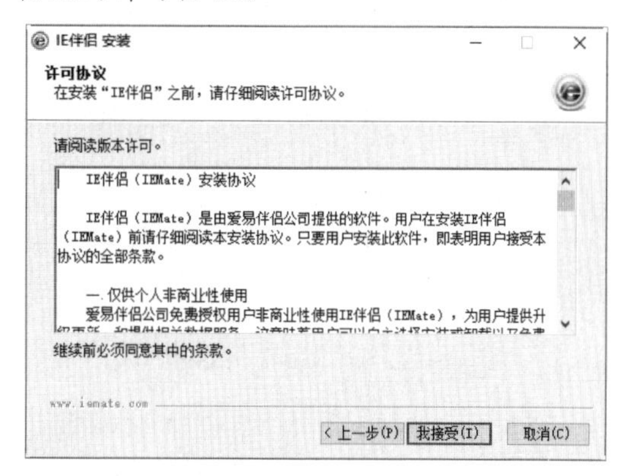

Step 03 单击“我接受”按钮，进入“正在安装”对话框，在其中显示了程序安装的进度。

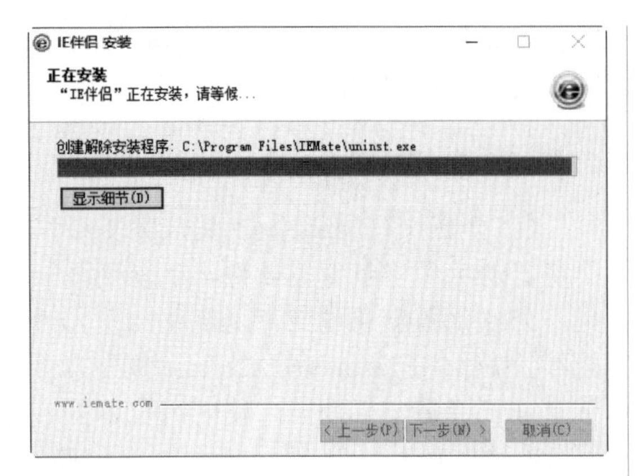

Step 04 安装完毕后，弹出“完成IE伴侣安装向导”对话框，在其中提示用户IE修复伴侣已经安装在系统中了，勾选“运行IE紧急修复工具”复选框。

Step 05 单击“完成”按钮，即可打开“IE伴侣-超强IE修复工具”对话框。

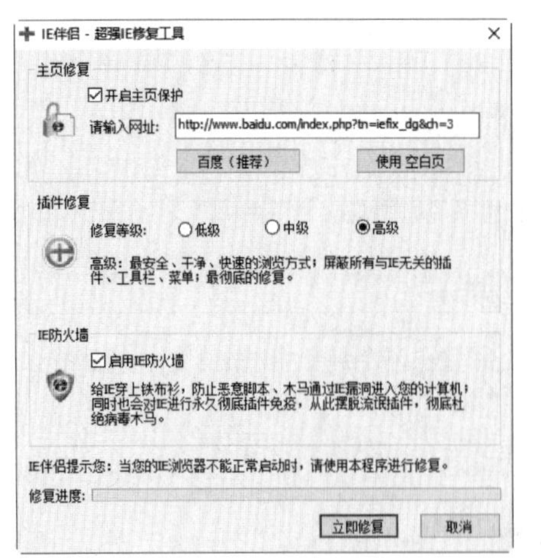

Step 06 在“主页修复”设置区域中的“请输入网址”文本框中输入想要开始的主页，并勾选“开启主页保护”复选框。

Step 07 单击“立即修复”按钮，即可成功修复被篡改的IE主页，并弹出修复成功的信息提示框。

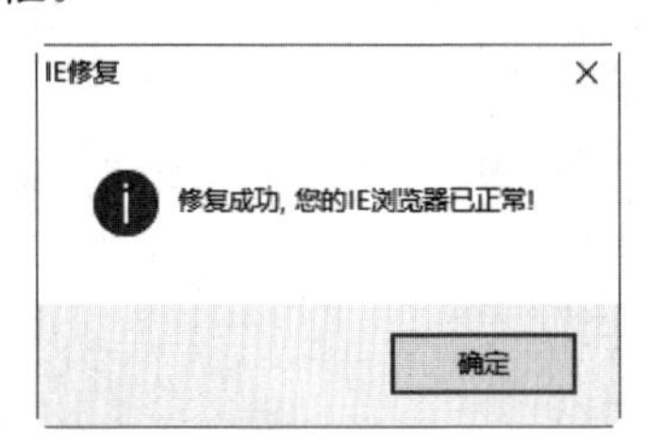

Step 08 单击“确定”按钮，即可关闭信息提示框，则IE浏览器已经正常工作。

在成功修复IE后，利用《IE伴侣》还可以加强IE选项的设置，具体的操作步骤如下。

Step 01 选择“开始”→“IE伴侣配置”菜单项，打开“增强选项”界面，在其中勾选相应的选项，以增强IE浏览器的功能。设置完毕后，单击“保存设置”按钮即可。

Step 02 选择“实用工具”选项，进入“实用工具”界面，在其中勾选相应的复选框，以加强IE浏览器的实用功能。设置完毕后，单击“保存设置”按钮即可。

Step 03 选择“标签栏”选项，进入“标签栏”界面，在其中用户可以根据需要选择是否启用标签栏及其他选项。设置完毕后，单击“保存设置”按钮即可。

Step 04 选择“鼠标手势”选项，进入“鼠标手势”界面，在其中用户可以根据实际需要选择是否启用鼠标手势等选项。

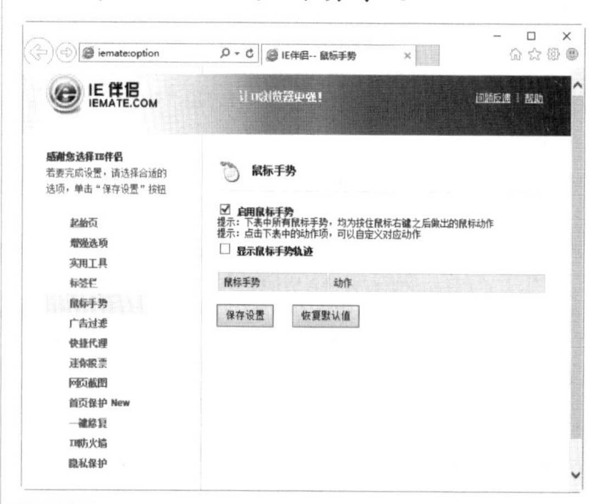

Step 05 选择“广告过滤”选项，进入“广告过滤”界面，在其中用户可以根据实际需要设置广告过滤选项。

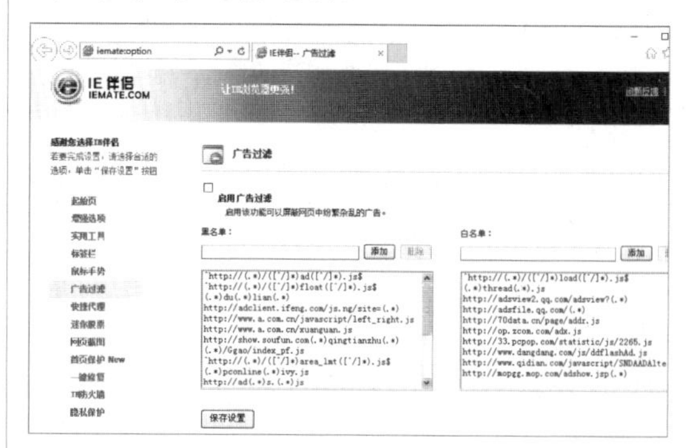

Step 06 选择“快捷代理”选项，进入“快捷代理设置”界面，在其中用户可以根据需要选择是否启动快捷代理及其他代理设置参数。

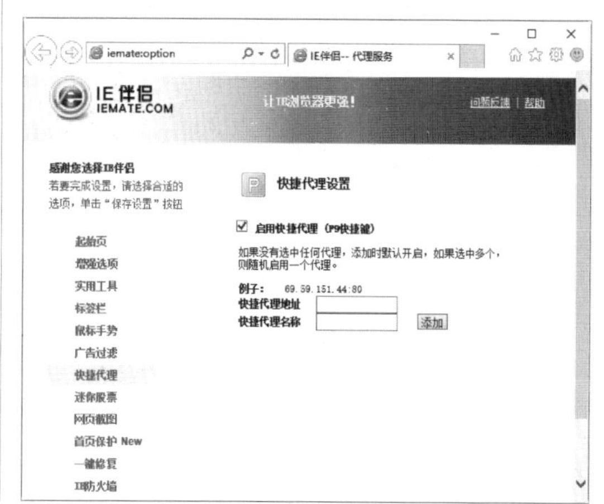

Step 07 选择“迷你股票”选项，进入“迷你股票”界面，在其中用户可以根据需要选择是否启用迷你股票选项。

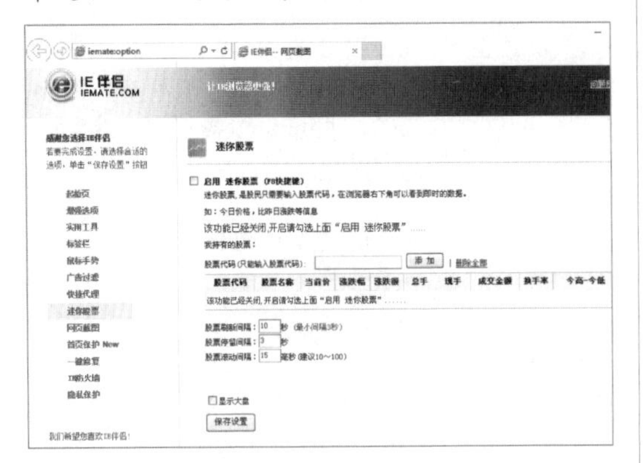

Step 08 选择“网页截图”选项，进入“网页截图”界面，在其中用户可以根据需要选择是否启用网页截图选项。

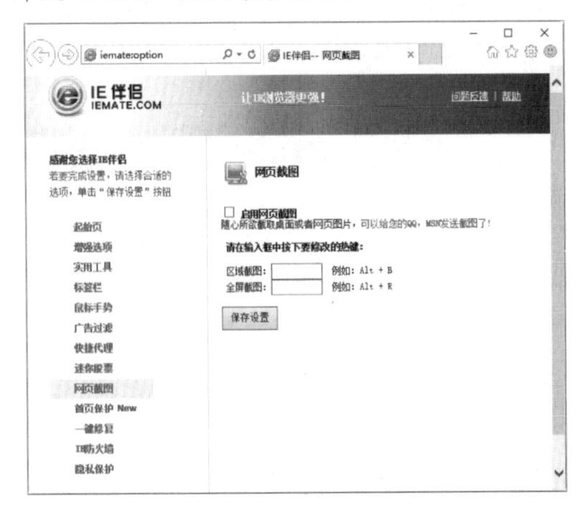

Step 09 选择“首页保护”选项，进入“首页保护”界面，在其中用户可以根据需要选择是否启用首页保护选项。

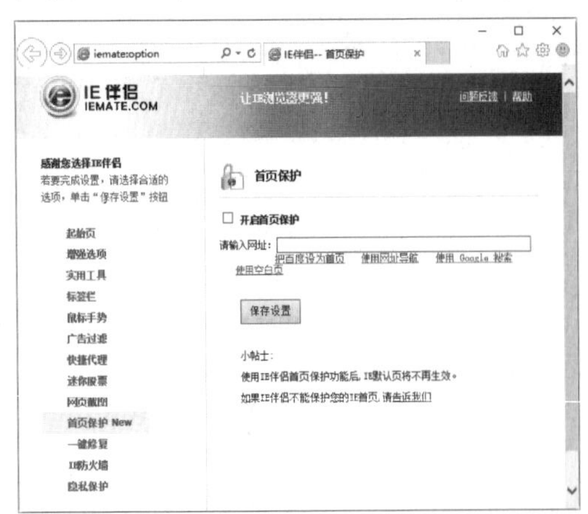

Step 10 选择“一键修复”选项，进入“一键修复”界面，在其中用户可以根据需要选择修复的等级。

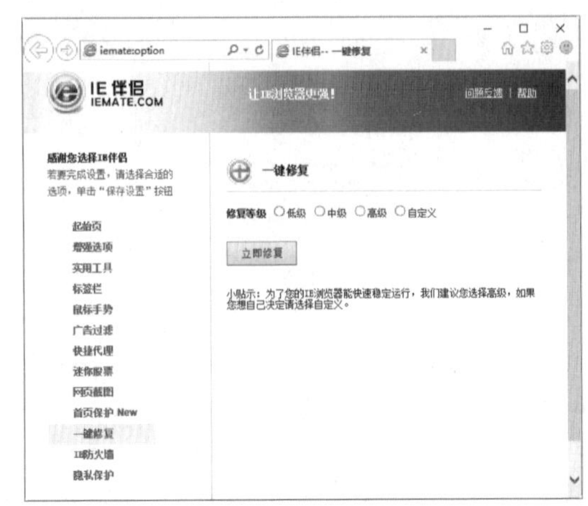

Step 11 选择“IE防火墙”选项，进入“IE防火墙”界面，在其中用户可以根据需要选择是否启用IE防火墙选项。

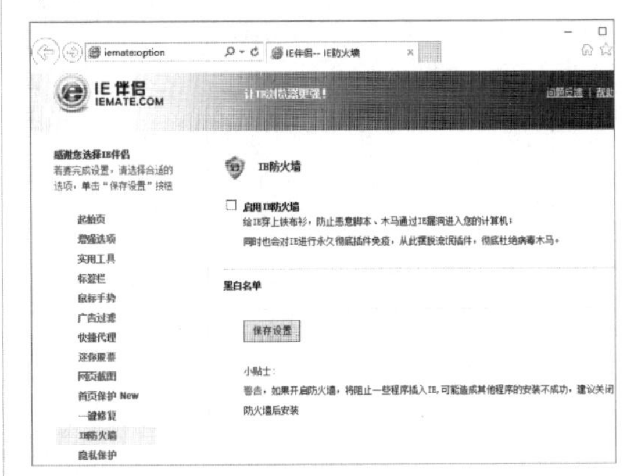

Step 12 选择“隐私保护”选项，进入“隐私防护”界面，在其中用户可以根据需要设置相应的隐私保护参数。

11.7 实战演练

实战演练1——查看加密网页的源码

现在很多网站为了防止被黑客复制和修改，常常给自己的网页源码加密，使得网页源码不能被顺利查看。那么怎么才能查看加密的网页源码呢？下面介绍一种利用在线网页解密功能解密网页的方法，就是利用密码破解工具WebCracker来破解。WebCracker可以通过读取要破解的用户名列表和要探索的密码字典，对需要密码的网站进行穷举破解，具体的操作步骤如下。

Step 01 下载并运行WebCracker程序，即可打开WebCracker的运行主窗口。

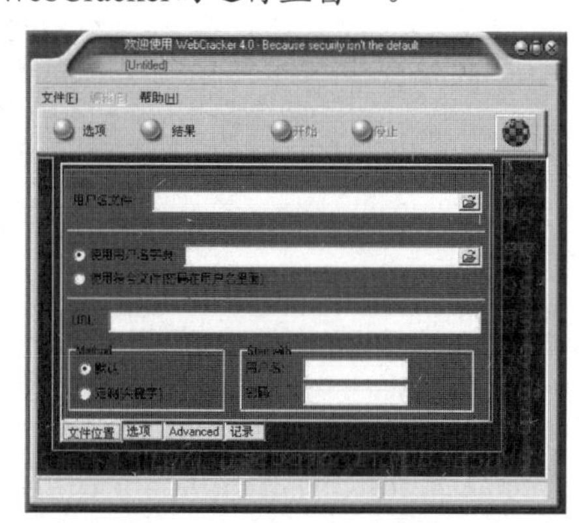

Step 02 分别单击“用户名文件”文本框和“使用用户名字典”文本框右侧的图标，在弹出的对话框中选择要破解的用户名列表和要探测的密码字典，并在URL地址栏中输入要破解的目标网址。

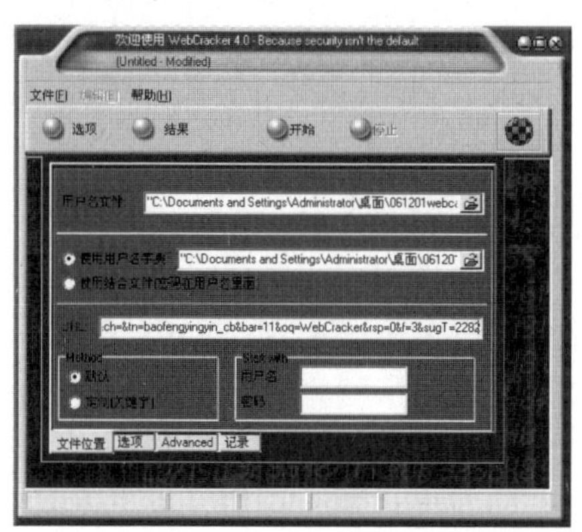

Step 03 单击工具栏的“开始”按钮，即可开始破解，状态栏中会显示破解的进度。

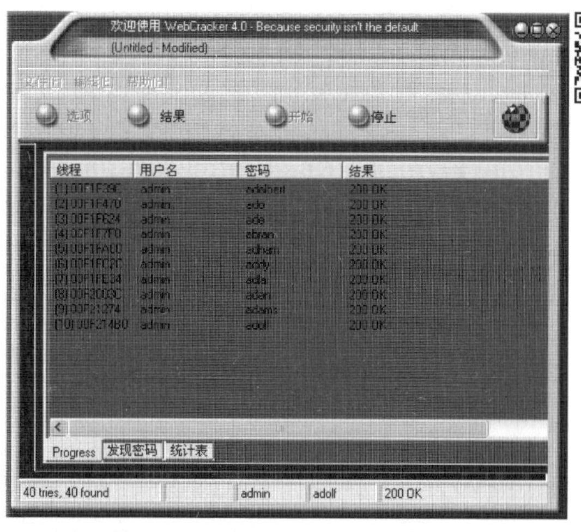

Step 04 在破解开始后，WebCracker软件会从用户名列表和密码字典中不断读出用户和密码，再测试其是否可以通过。当测试到某个符合要求的用户名和密码时，WebCracker会自动发出声音提醒用户已经破解到了密码，在“发现密码”选项卡中可以进行查看。

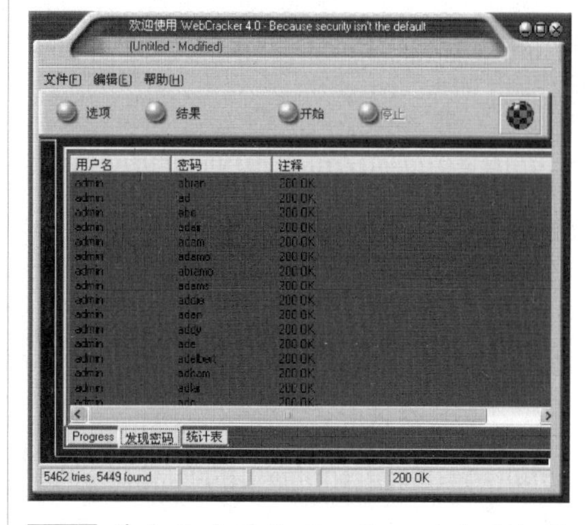

Step 05 单击其中的某项，即可对其进行复制。返回到刚才的网站，在其中输入用户名和密码就可以访问加密网页的源码了。

实战演练2——屏蔽浏览器窗口中的广告

在浏览网页时，除了遭遇病毒攻击、网速过慢等问题外，还时常遭受铺天盖地的广告攻击，利用IE自带工具可以屏蔽广告，具体的操作步骤如下。

Step 01 打开“Internet 选项”对话框，在“安全”选项卡中单击“自定义级别”按钮。

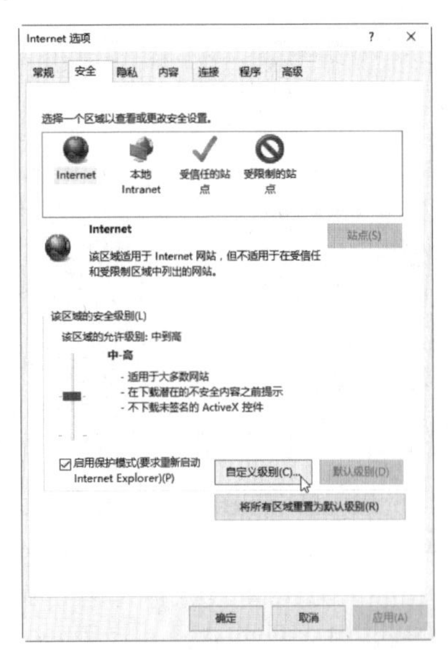

Step 02 打开“安全设置-Internet区域”对话框，在“设置”列表框中将“活动脚本”设置为“禁用”。单击“确定”按钮，即可屏蔽一般的弹出窗口。

提示：还可以在“Internet 选项”对话框中选择“隐私”选项卡，勾选“启用弹出窗口阻止程序”复选框。单击“确定”按钮，即可屏蔽一般的弹出窗口。

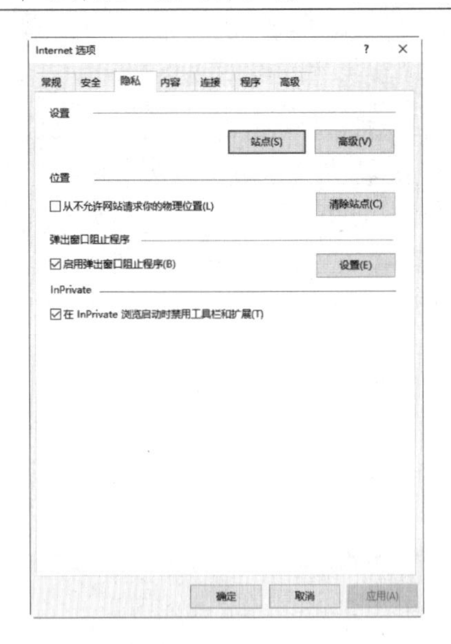

11.8 小试身手

练习1：使用地址栏进行关键词搜索

在进行网络搜索时，不是只有打开搜索引擎网站，才能进行内容搜索，用户可以直接将关键词输入到浏览器的地址栏中进行搜索查询，具体的操作步骤如下。

Step 01 在地址栏中输入“宠物狗”。

Step 02 按Enter键，即可搜索出相关结果。

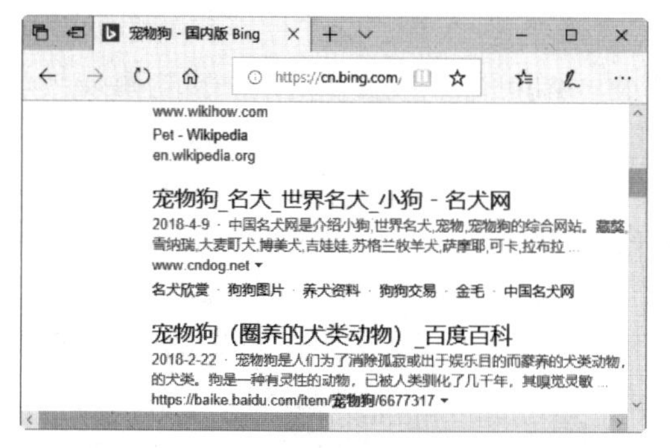

另外，用户也可以在高级设置中对地址栏搜索方式进行设置。

练习2：清除Microsoft Edge中的浏览数据

浏览器在上网时会保存很多的上网记录，这些上网记录不但随着时间的增加越来越多，而且还有可能泄露用户的隐私信息。如果不想让别人看见自己的上网记录，则可以把上网记录删除，具体的操作步骤如下。

Step 01 打开Microsoft Edge浏览器，选择“更多操作”下的“设置”选项。

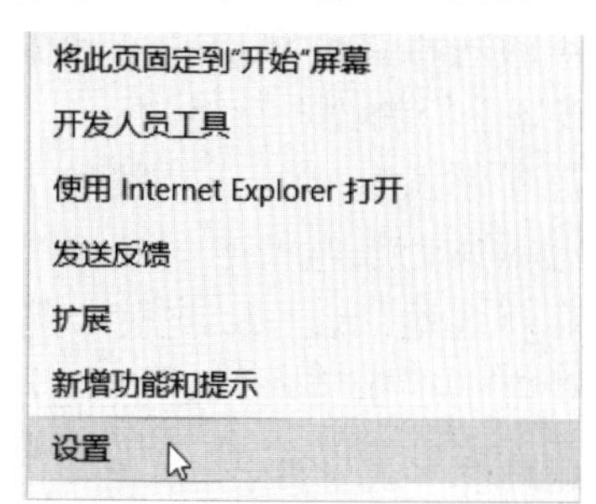

Step 02 打开“设置”窗格，单击“清除浏览数据”组下的“选择要清除的内容”按钮。

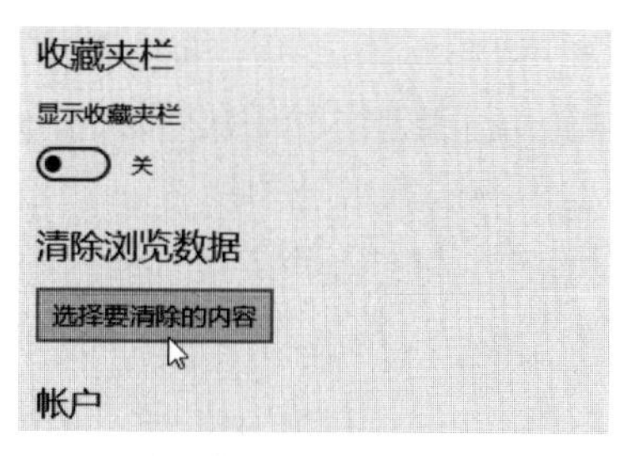

Step 03 弹出“清除浏览数据”窗格，单击选中要清除的浏览数据内容，单击“清除”按钮。

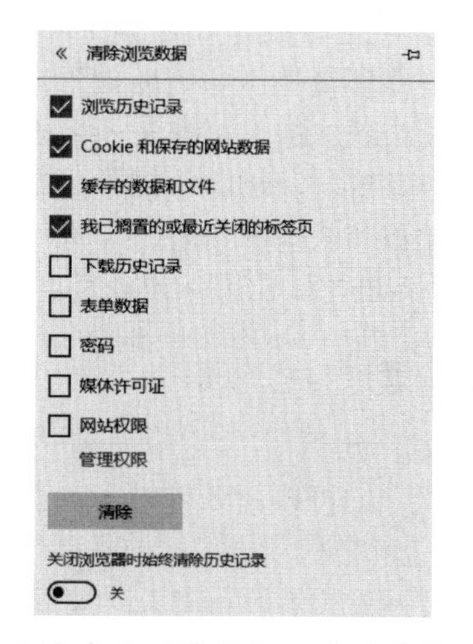

Step 04 开始清除浏览数据，清除完成后，即可看到历史记录中所有的浏览记录都已被清除。

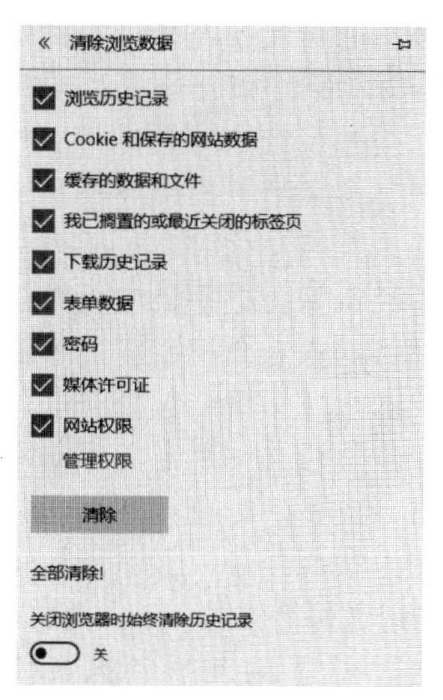

第12章　移动手机的安全防护策略

当前，随着无线传输技术和手机自身智能技术的不断发展，手机越来越智能化，致使越来越多的病毒木马和黑客也开始扩大其攻击的范围，即从传统的计算机发展到基于网络的攻击，又从网络的攻击发展到当前针对手机的攻击和破坏。本章介绍移动手机的防护策略。

12.1　手机的攻击手法

攻击手机常用的手法就是使用手机病毒。由于受目前手机所处的“硬件环境”“软件环境”“通信环境”“人为环境”限制，现在的手机非常不安全，诸如手机操作系统的漏洞、软硬件的兼容性等问题。就目前的情况来看，黑客使用手机病毒攻击手机的传染途径有如下几个。

12.1.1　通过网络下载

目前，几乎所有的手机都支持网络下载功能，如可以通过手机下载图片、音乐、手机游戏等，另外，还可以使用手机浏览WAP网站、炒股、聊天（使用移动QQ和微信）等。这给用户带来了随时随地上网的乐趣，同时，再加上现在的GPRS、EDGE、CDMA及3G、4G技术更是保证了手机上网的速度，因此，手机病毒也会像电脑病毒一样通过网络来感染用户的手机，如一些黑客将木马病毒与手机游戏文件捆绑在一起，当手机用户将该文件下载到自己的手机并运行时，手机就会感染病毒文件，轻者将会把手机中的数据信息盗取或删除等，重者会把手机的核心程序破坏掉，从而造成手机的频繁开关机或永远无法打开，最后必须拿回厂家进行维修的严重后果。此外，还有一些手机病毒将自己捆绑在下载程序中，通过运营商的无线下载功能通道传播。

总之，随着越来越多的人使用手机访问互联网和下载文件，手机病毒对手机的攻击将是一个“迫在眉睫”的危险。如Commwarrior手机病毒，该手机病毒最早是在芬兰被发现，至今已蔓延到了很多个国家，中了该病毒的手机可自动读取手机用户的本地通讯录，并逐个号码发送隐藏病毒文件的MMS（彩信）信息，包含视频、音频和文本等多种文件。再如Skulls病毒，该病毒文件可以替换系统应用程序，并使其不能应用，只能接打电话。一旦手机中了Skulls病毒，所有应用程序图标都被替换为骷髅和交叉骨头的图标，而且图标也不再和应用程序关联，手机的上网、短信、彩信和照相等功能全部丧失。

注意： 一旦中了该病毒，千万不要急于重新启动手机，否则就只有格式化手机了。

12.1.2　利用红外线或蓝牙传输

手机病毒除了通过网络下载进行传播外，还可以通过手机的红外线和蓝牙功能进行传播，因为利用手机的蓝牙模块和红外线模块可以实现与电脑连接的目的，所以电脑中的病毒文件可以传入手机，进而攻击和破坏手机的相关功能。

所谓蓝牙（Bluetooth）技术，实际上是一种短距离无线电技术，利用“蓝牙”技术能够有效地简化掌上电脑、笔记本电脑和移动电话手机等移动通信终端设备之间的通信，也能够成功地简化以上这些设备与Internet之间的通信，从而使这些现代通信设备与因特网之间的数据传输变得更加迅速、高效。

当手机用户通过蓝牙或红外线将自己的手机和电脑连接到一起后，电脑中已经存在的病毒木马文件或恶意程序就会借助蓝牙传输到手机中，从而感染手机的操作系统和应用程序。另外，木马病毒通过蓝牙或红外线感染手机不仅仅存在于手机和电脑之间，还存在于两部手机之间，即当一部手机的蓝牙功能打开后，就会自动搜索其周围半径10m左右的手机蓝牙设备与之配对，配对成功后就可以互相传播数据了，而如果一部手机中存在木马病毒文件，就会传播到另一部，从而使其感染病毒。

通过红外线或蓝牙来攻击手机的病毒文件有多种，常见的就是Cabir（卡比尔）病毒，该病毒文件主要是通过蓝牙近距离传播，手机中此病毒后，除了电力消耗很快，一般没有明显的特征反应。但是，Cabir病毒会改写系统启动文件，让其自身随系统一起启动，然后通过蓝牙不停地搜索附近是否有配置为“可见”的蓝牙手机，一旦发现就会将自身发送出去，感染其他设备。目前此病毒的变种很多，主要是增强了传播功能，另外在安装时显示的名称由原来的“Cabire”变得越来越隐秘，从而吸引接收者运行，而且部分恶意代码还能替换第三方应用程序文件，并自我复制，甚至能引起系统死机及不稳定。

12.1.3　短信与乱码传播

除上述介绍的两种手机病毒传染途径外，手机病毒还会借助于“病毒短信”来攻击手机，因为一般的手机都具有发送和接收短信的功能，当手机用户接收到一些短信后，警惕性不高，很容易打开进行查看，这提高了黑客攻击手机的成功率。

一般中了“病毒短信”的手机就会无法提供某些方面的服务，同时病毒短信会显示一些怪字符或乱码等。这些乱码有时会在来电显示中出现，用户一旦接听了乱码电话，就会感染病毒，手机中的资料将会被木马病毒修改或破坏。

常见的手机短信一般不会遭到木马病毒的捆绑，但是，一些在网上很受欢迎的彩信则容易被木马病毒捆绑，而且在传播时也很可能受到恶意程序和木马病毒的入侵与修改，使其成功携带有病毒的数据，这样，当手机用户在自己的手机中查看彩信时，病毒就会在神不知鬼不觉的情况下进入手机系统，但是对于传统的文字短信来说，由于其格式简单化，病毒文件无法实现捆绑的操作。当手机用户在网上下载一些时尚彩信时，一定要提高警惕。

12.1.4　利用手机BUG传播

智能手机除了具有像CUP、内存等硬件设置外，还有其自己的操作系统，这和电脑中的Windows操作系统功能原理一样在管理着硬件设备。同时，手机操作系统也和电脑中的操作系统一样需要及时安装漏洞补丁，否则黑客就会利用手机漏洞来实现攻击的目的。

12.2　手机的防护策略

现在一些“终止应用程序”“衍生变种家族”“无线入侵”“伪装免费软件”“窃取资讯”等电脑病毒常见的破坏手法，现在的手机病毒也跟着模仿来入侵手机用户，可以说手机病毒已经在我国初露端倪。不过，手机用户也不要太过担心，因为手机病毒的危害性还不是很大，其影响的范围也有一定的局限性。如果用户使用的是一款很普通的手机，那么其中病毒的概率几乎是零，而如果使用的具有上网功能WAP手机或智能手机，也可以通过一些防范措施来保护手机的安全。

12.2.1 关闭手机蓝牙功能

具有蓝牙功能的手机与外界（包括手机之间、手机与电脑之间）虽然传输数据非常便捷，但是对于自己不明白的信息来源，最好不要打开，以免手机遭到攻击。针对这种情况，建议拥有蓝牙功能的手机用户注意以下事项。

1. 不使用时，要关闭

如果希望保护具有蓝牙功能的手机安全，一个首要的原则是在不需要使用蓝牙的时候将其关闭。对于移动电话来说，可以在蓝牙设置界面中将蓝牙关闭，而对于计算机上的蓝牙适配器，则可以通过附带的工具软件或操作系统本身的蓝牙软件将其设置为不可连接状态。

2. 设置蓝牙的安全功能模式，可见模式存在安全隐患

使用一些探寻蓝牙设备的工具，可以发现周围处于不可见状态的蓝牙设备。蓝牙设备可以设置可见、不可见、有限可见3种模式，这些模式决定了该蓝牙设备在何种情况下可被其他蓝牙设备发现。

事实上，将蓝牙设备设置为不可见并不会对验证受信任设备造成影响，而且可以减少不必要的安全威胁。尽管将蓝牙设备设置为不可见仍然有可能被发现，但是攻击者必须进行强度高得多的扫描，相对来说设置为不可见的蓝牙设备是较难被攻击的。

3. 使用蓝牙安全设置

在蓝牙规定中定义了3种安全模式：没有任何保护的无安全模式、通过验证码保护的服务级安全、可以应用加密的设备级安全。在适用的情况下尽可能应用较高的安全模式。事实上，平均每100部蓝牙手机中有10%～20%设置了1111或1234这样容易被猜解的密码，设置了复杂密码的蓝牙手机可以在很大程度上避免未受权访问和一些暴力破解类型的攻击。

4. 及时为手机漏洞打补丁——保持手机安全

手机操作系统的漏洞是造成蓝牙手机安全问题的最主要原因之一，好在大部分存在安全漏洞的手机都可以通过厂商提供的更新来获得解决，所以蓝牙手机用户应该了解自己的设备是否有安全漏洞并及时从厂商处获取更新。另外，更多地了解蓝牙安全方面的知识，并应用一些免费的蓝牙安全工具（如Bluekey）也可以有效地减少受攻击的可能。

12.2.2 保证手机下载应用程序的安全性

随着手机营运商大力推行GPRS功能，手机上网已经成了时髦的名词，手机上网除了可以看新闻外，还可以远程下载游戏、铃声及图片等信息，这给某些病毒的传播提供了良好的渠道，很多木马病毒文件就隐藏在这些资源中，运行游戏的同时会将病毒同时启动，如“蚊子木马”事件就是一个很好的教训。这就要求用户在使用手机下载各种资源的时候，确保下载站点是否安全可靠，尽量避免去那些个人网站或一些不知名的WAP站点下载。

总之，用手机上网时，尽量要到各大知名网站上去下载，以防止手机病毒从互联网向手机传播，因此，不要使用那些私人开发的第三方手机管理和应用程序。另外，在通过蓝牙或红外线将手机连接电脑之前，先用杀毒软件扫描电脑中的文件和系统，确保没有中毒后再进行数据传输。

12.2.3 关闭乱码电话，删除怪异短信

在手机的日常使用过程中，除了要尽量少从网上下载信息和关闭蓝牙功能外，还要时时当心黑客通过其他途径来攻击手机，即随时注意检测手机的异常情况。

1. 检测乱码电话

当对方的电话拨入时，屏幕上显示的一般是来电电话号码，如果显示的是别的字样或奇异符号。遇到这种情形时，用户千万不要应答，应立即把电话关闭。如果接听了该来电，就很有可能遭受黑客的攻击，手机内所有设定都很有可能被破坏。

2. 删除怪异短信

接收和发送短信息是手机的重要功能之一，这也是黑客攻击手机最常用的一种方法，通常是通过短信发送一些手机病毒。手机用户一旦接收到带有病毒的短信息，阅读后便可能会出现手机键盘被锁、手机IC卡被破坏等严重后果。

针对上述问题，对于陌生人发送的短信息，手机用户不要轻易打开，更不要转发，应及时删除。而对于那些不能在本机上直接删除的顽固病毒文件，应尽快关闭手机，然后将中毒手机中的SIM卡取出，再将其装入其他类型或品牌的手机中，就可以将带有病毒的短信息删除。如果仍无法使用，则应尽快与手机服务商联系，通过无线网站对手机进行杀毒，或通过手机的IC接入口或红外传输接口进行杀毒。

12.2.4　安装手机卫士软件

除了上述介绍的一些防范措施外，还应该在自己的手机中安装手机版的杀毒软件。目前，手机的杀毒软件也比较完善，可以对手机进行全盘杀毒、目标杀毒等操作，还可以对杀毒软件的病毒库进行升级和设置计划任务，即在指定的时间进行自动的升级和杀毒。另外，利用手机杀毒软件还可以进行实时监控，像电脑中的防火墙一样，对短信、彩信、WAP站点信息和程序进行实时监控。

国内外各大杀毒软件开发商都在开发自己的手机版杀毒软件，像《手机管家》《360手机卫士》等，用户可以在网上下载或购买与自己手机系统相应的软件。

12.2.5　经常备份手机中的个人资料

手机一旦遭受黑客攻击，手机中的资料会全部丢失或无法重新开机，这时就需要对手机进行“格机”操作，将手机状态恢复到出厂状态。因此，经常备份数据是非常必要的。

12.3 实战演练

实战演练1——使用手机交流工作问题

使用手机可以在线交流工作问题，以手机QQ为例进行介绍，具体的操作步骤如下。

Step 01 下载并安装“手机QQ”，进入QQ登录界面。

Step 02 输入账号和密码后，单击“登录”按钮登录QQ。

Step 03 在进入好友界面后，点击联系人的名称。

Step 04 在空白框中输入信息，然后单击“发送”按钮，即可发送消息。

实战演练2——使用《手机管家》查杀手机病毒

使用《手机管家》可以查杀手机病毒，这也是加强手机安全的方式之一。使用《手机管家》查杀手机病毒的具体操作步骤如下。

Step 01 在手机屏幕中使用手指点按“手机管家”图标，进入手机管家工作界面。

Step 02 使用手指点按“病毒查杀”图标，即可开始扫描手机中的病毒。

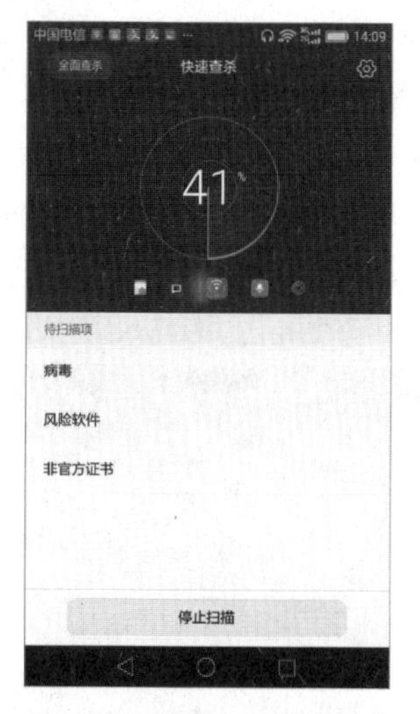

Step 03 扫描完成后，会给出相应的查杀结果。

12.4　小试身手

练习1：使用手机QQ传输文件

在移动设备和电脑中登录同一QQ账号，在QQ主界面“我的设备”中双击识别的移动设备，在打开的窗口中可直接将文件拖曳至窗口中，以实现将办公文件传输到移动设备。

练习2：使用手机邮箱发送办公文档

使用手机、平板电脑可以将编辑好的文档发送给领导或好友，这里以手机发送PowerPoint演示文稿为例进行介绍，具体的操作步骤如下。

Step 01 演示文稿制作完成后，单击“菜单”按钮，并单击“共享”选项。

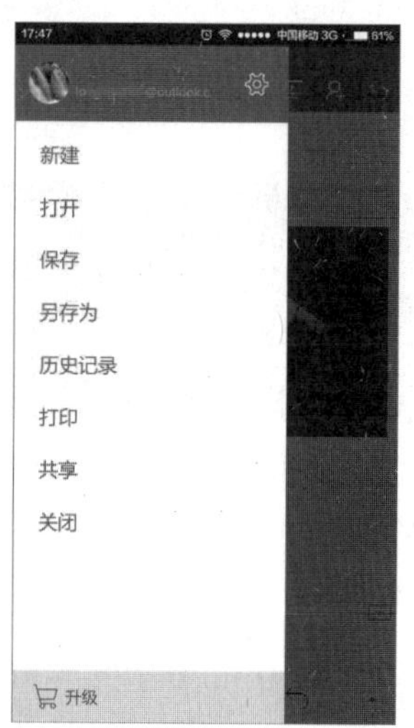

Step 02 在打开的“共享”界面中选择“作为附件共享”选项。

Step 03 打开“作为附件共享”界面，选择“演示文稿”选项。

Step 04 在打开的选择界面中选择共享方式，这里选择“电子邮件”选项。

Step 05 在“电子邮件”窗口中输入收件人的邮箱地址，并输入邮件正文内容，单击“发送”按钮，即可将办公文档以附件的形式发送给他人。

第13章　平板电脑的安全防护策略

如果自己的平板电脑被黑客攻击或无意中丢失，那存储于平板电脑上的个人隐私、商业机密无疑会被窃取。本章介绍平板电脑的安全防护策略，主要内容包括平板电脑的攻击手法和平板电脑的防护策略等。

13.1　平板电脑的攻击手法

平板电脑是PC家族新增加的一名成员，其外观和笔记本电脑相似，但不是单纯的笔记本电脑，它可以被称为笔记本电脑的浓缩版。因此，电脑存在的安全问题，一般平板电脑也会存在。

下面给出平板电脑的安全问题，如果黑客利用这些安全漏洞，就可能实施攻击了。

（1）系统漏洞问题。随着时间的推移，任何一个系统都会存在系统漏洞，那么平板电脑也不例外。

（2）病毒攻击。由于平板电脑可以与电脑任意互传资料，那么电脑中的病毒也会随着这些资料进入平板电脑，一定在平板电脑上运行打开或运行这些资料，就会使平板电脑感染病毒。

（3）平板电脑密码安全问题。平板电脑和电脑一样，也可以设置系统管理员密码，那么该密码就成了黑客攻击的对象，从而窃取平板电脑中的个人信息。

13.2　平板电脑的防护策略

常用的平板电脑防护策略主要有如下几种。

13.2.1　自动升级iPad固件

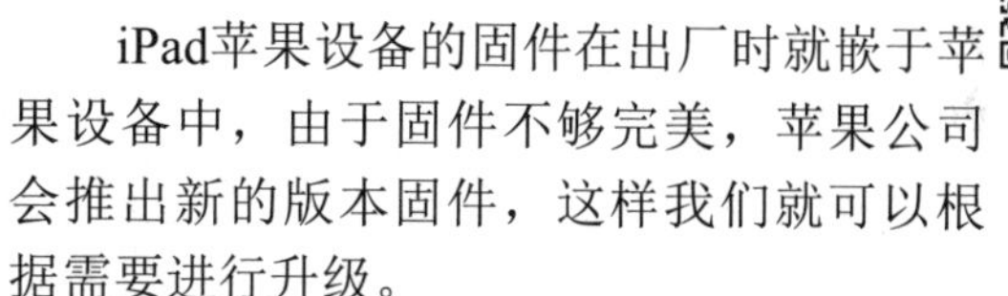

iPad苹果设备的固件在出厂时就嵌于苹果设备中，由于固件不够完美，苹果公司会推出新的版本固件，这样我们就可以根据需要进行升级。

Step 01 使用数据线将设备与电脑连接，之后在计算机中运行iTunes，在左侧单击链接的设备图标，在“摘要”选项卡下单击“更新”按钮。

Step 02 这时将弹出iPad软件更新提示信息框，提示用户“正在联系iPad软件更新服务器”。

提示： 如果设备中包含iTunes中未购买的项目，则会提示用户先进行备份。

Step 03 联系完成后，会弹出要求用户进行更新的对话框。

Step 04 单击“更新”按钮，弹出“iPad 软件更新”对话框。

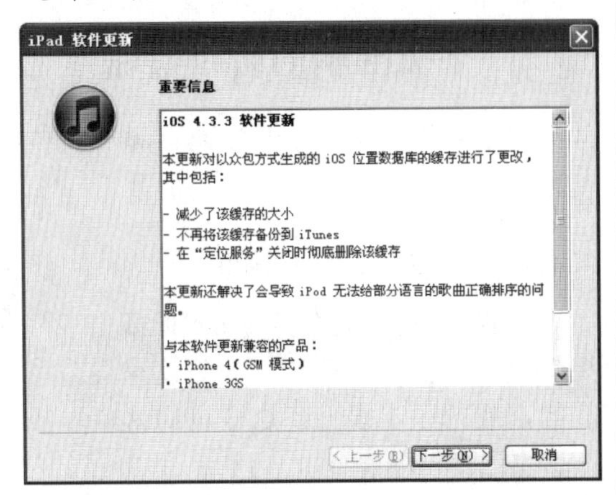

Step 05 单击“下一步”按钮，之后询问用户是否同意软件更新的许可协议。

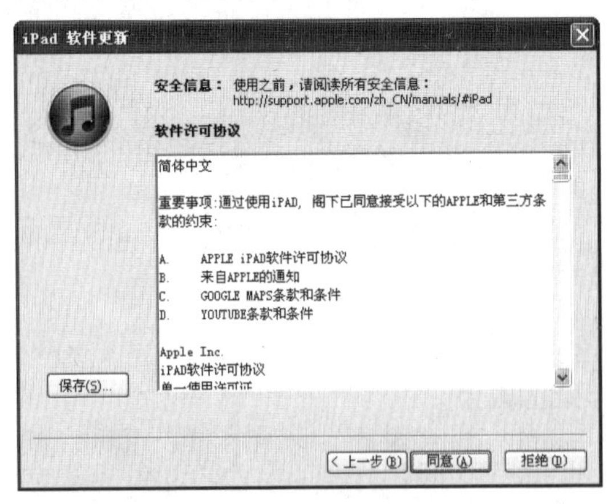

Step 06 单击“同意”按钮，开始下载软件、更新软件、验证软件及更新iPad固件。

Step 07 片刻之后再次弹出“iTunes”对话框，提示用户已恢复出厂值，需要重启设备。

Step 08 单击“确定”按钮，在iTunes界面中显示设置iPad，单击“设置为新iPad”选项。

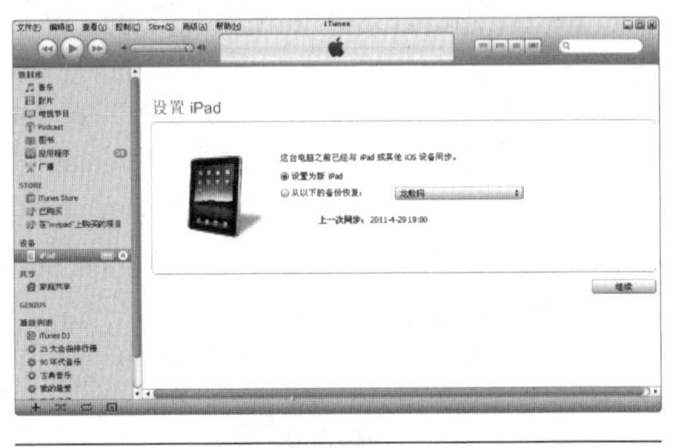

提示：选择“设置为新iPad”选项，则会将iPad设置为新的不包含任何设置及内容的设备，而选择“从以下的备份恢复”选项，可以选择备份文件进行恢复，则可以将升级前的一些设置恢复到设备中。

Step 09 单击“继续”按钮，在打开的界面中设置iPad界面，更改设备的名称为My iPad选项。

提示：大家可以根据需要更改设备的名称。

Step 10 单击“完成”按钮，更新后会显示版本信息。

提示： 如果之前设备已经越狱，则固件升级后为未越狱状态，需要重新进行越狱。所以固件升级前，需要确认一下要升级到的固件版本是否已经可以完美越狱。

13.2.2 重装iPad系统

在重装系统之前，可以根据实际的需求，将设备处于不同的模式：直接重装、恢复模式和DFU模式。

1. 直接重装

将设备与计算机连接后，在计算机中打开iTunes，可以直接开始重装系统的操作。具体的方法为运行iTunes，在左侧单击链接的设备图标，在“摘要”选项卡下单击“恢复”按钮。

提示： 当设备出现问题，或者越狱时便出现了连接USB画面的提示，iTunes可以识别设备时，可采用单击“恢复”按钮的方法来恢复设备。

2. 恢复模式

进入恢复模式。具体的方法为保持设备与计算机的连接，并打开iTunes，同时按住iPad设备中的Home键和开关机/休眠键，稍等片刻，设备界面上提示“移动滑块来关机”，不用理会，继续按住Home键和开关机/休眠键不松，直至屏幕上出现苹果的Logo时再松开关机/休眠键，此时继续按Home键。

此时观察iTunes，当iTunes识别出有需要恢复的iPad时表示已进入了恢复模式。

提示： 恢复模式主要用来升级和格式化苹果设备，如果无法恢复则使用DFU模式。

3. DFU模式

进入DFU模式。具体的方法为在计算机中启动iTunes，使用数据线将设备与计算机连接，然后将关机。按住“开/关机”键和Home键，持续到第10s，立即松开“开/关机”键，并继续按住Home键，这个时候iTunes会提示发现一个恢复模式，设备会一直保持黑屏状态。

提示：DFU模式主要是用于苹果设备固件的强制升降级操作。

13.2.3 为视频加锁

iPad中如果存放了不希望其他人看到的视频文件，借用《私密手电》，就可以轻松实现为视频文件加密的目的，具体的操作步骤如下。

Step 01 在iPad中下载安装《私密手电》软件，使用数据线将iPad与计算机连接，在计算机中启动iTunes，然后选择识别的iPad（这里的iPad名称为“龙数码”）。

Step 02 选择“应用程序”选项。

Step 03 选择“SecretLight”（私密手电）选项。

Step 04 将一个或多个视频直接拖曳至“SecretLight”程序的文件列表。

Step 05 此时即可直接将所选视频拖到iPad的“私密手电”程序中。

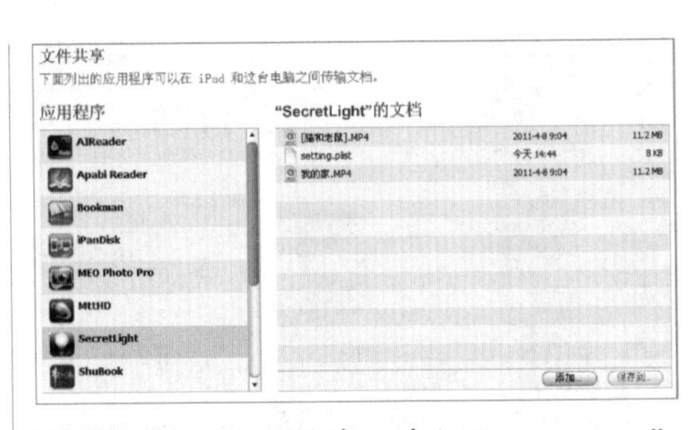

Step 06 在iPad的主屏幕上单击“SecretLight”图标按钮。

Step 07 打开“私密手电”，按顺序单击下方不同颜色的图标，即可实现密码的输入，默认密码是连续按“♣”六次。

Step 08 此时即可打开存放视频的文件夹，在界面底部单击“Password”按钮。

Step 09 在打开的界面中按照不同的顺序单击下方的图标，即可重新设置密码。

Step 10 单击“完成”按钮，完成修改视频文件夹的访问密码的操作，再次打开存放视频的文件夹就需要重新输入新的密码，进入后单击要播放的视频。

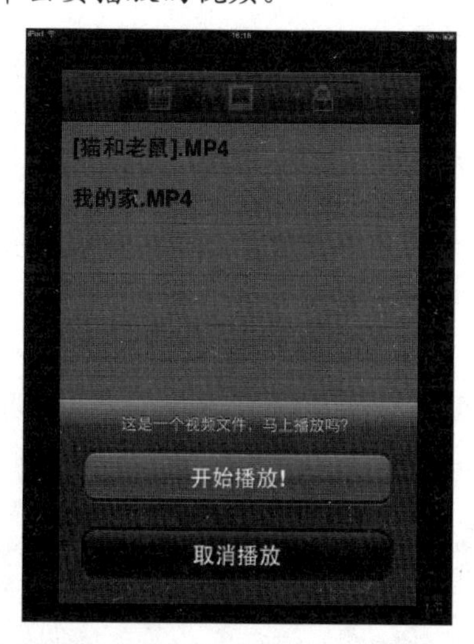

Step 11 在界面底部单击“开始播放”按钮，即可开始播放所选的视频。

13.2.4　开启“查找我的iPad”功能

要想在丢失后能够凭借MobileMe的寻找功能找到iPad，需要提前在iPad中安装软件并开启寻找的功能。

第1步：安装“寻找我的iPhone”软件

在iPad中下载并安装“寻找我的iPhone”（iPad版）应用程序。下载地址：http://itunes.apple.com/cn/app/id376 101648?mt=8。

提示：MobileMe是苹果公司官方提供的在线同步服务，包括电子邮件、联系人和日历的即时同步。

第2步：登录MobileMe

Step 01 在iPad的主屏幕上单击“设置”图标按钮。

Step 02 在左侧列表中单击“邮件、通讯录、日历”选项。

Step 03 单击“添加账户…”选项。

Step 04 单击MobileMe选项。

Step 05 在弹出的登录框中输入已有的Apple ID和密码。

提示：通过已有的Apple ID或MobileMe电子邮箱都可以登录MobileMe。

Step 06 单击“下一步”按钮。

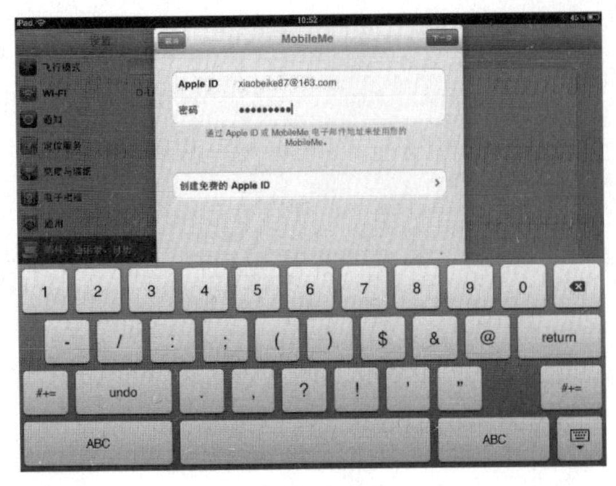

Step 07 在新打开的界面中单击 按钮，该按钮变成 时即可激活“查找我的iPad”功能。

Step 08 在弹出的“查找我的iPad”对话框中提示是否启用“查找我的iPad”功能，单击“允许”按钮同意启用该功能。

Step 09 此时即可自动返回到“MobileMe”界面，单击“存储”按钮。

Step 10 此时即可自动返回到“邮件、通讯录、日历”界面，看到已经登录到MobileMe并且开通“查找我的iPad”功能。

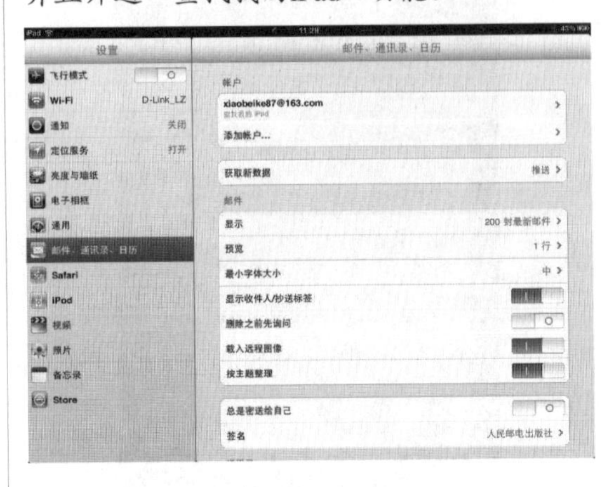

13.2.5 远程锁定iPad

在iPad中开启了“查找我的iPad”功能后，在计算机上即可对iPad进行远程定位和锁定操作，避免iPad丢失后他人随意操作iPad，窃取其中的信息。

Step 01 在计算机上打开IE浏览器，在地址栏中输入me.com后，按键盘上的Enter键，即可进入“MobileMe登录”界面。

Step 02 输入Apple ID。

Step 03 输入密码。

Step 04 单击“登录”按钮。

Step 05 打开“MobileMe查找我的iPhone”界面，看到iPad的设备信息，单击“龙数码（设备名）”标签。

Step 06 在弹出的对话框中显示iPad的定位信息，单击“锁定”按钮。

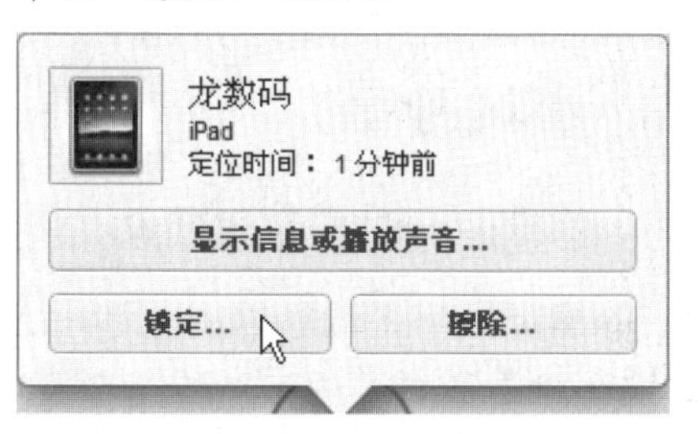

Step 07 输入锁定密码。

Step 08 单击“下一步”按钮。

Step 09 重新输入密码。

Step 10 单击“锁定”按钮。

提示：如果iPad已经启用了屏幕锁定密码，此时会直接弹出对话框提示是否使用现有密码，单击“锁定”按钮，即可使用现有密码锁定iPad。

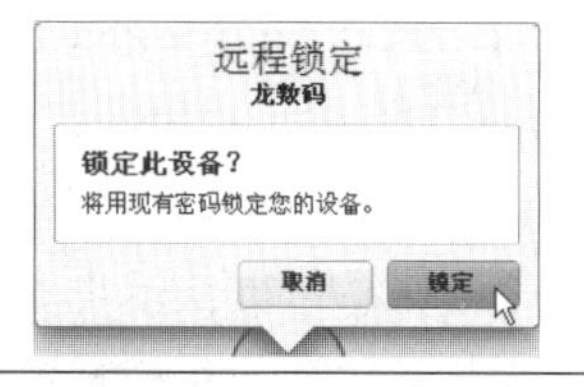

Step 11 此时iPad即可被远程锁定，使用者要解开锁定，必须输入解锁密码。

13.3　实战演练

实战演练1——给丢失的iPad发信息

如果由于大意将iPad落在某个地方，被好心人捡到，你可以远程给iPad发信息，通过这种方式来联系捡到的人，从而找回iPad，具体的操作步骤如下。

Step 01 在计算机中的“MobileMe查找我的iPhone”界面中单击“显示信息或播放声音”按钮。

Step 02 输入信息，单击“发送”按钮，开始联系捡到的人。

Step 03 此时iPad屏幕上会显示发送的信息。

实战演练2——丢失的iPad在哪

iPad丢失后，远程锁定和清除其中的信息，虽然可以防止iPad中的信息不泄露，但是根据定位信息，找到丢失的iPad才是最重要的。

在计算机上登录me.com后的这个页面已经显示出了iPad的位置信息，只是由于使用的是Google地图，所以IE会显示不能打开地图。

可通过使用IE代理，来显示地图。

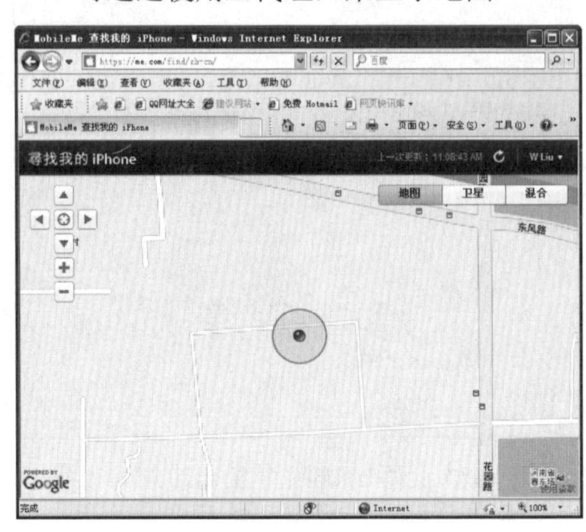

13.4 小试身手

练习1：修复iPad的白苹果现象

iPad出现白苹果现象的主要原因是：系统不稳定或者软件、字体产生冲突。解决这一问题的具体操作步骤如下。

Step 01 使用数据线连接计算机和iPad，并启动iTunes，iTunes识别iPad后，先备份iPad中所有的资料。

Step 02 卸载所有可疑的软件。在卸载软件之前一定先关闭该软件。

Step 03 如果安装程序后，就已经开始白苹果，则可尝试使用WinScp或第三方资源管理软件访问iPad，删除之前安装的软件文件夹。

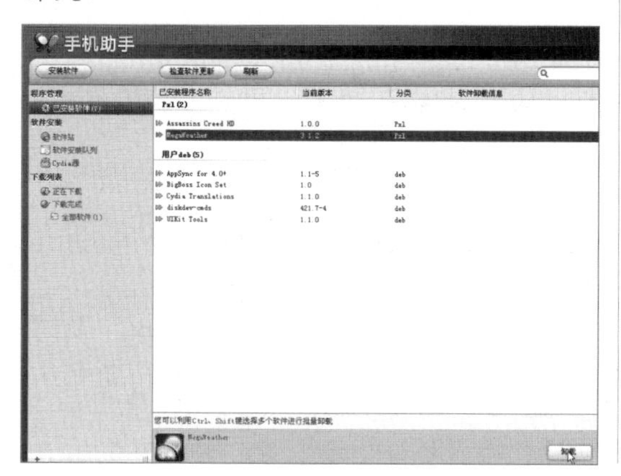

练习2：远程清除iPad中的信息

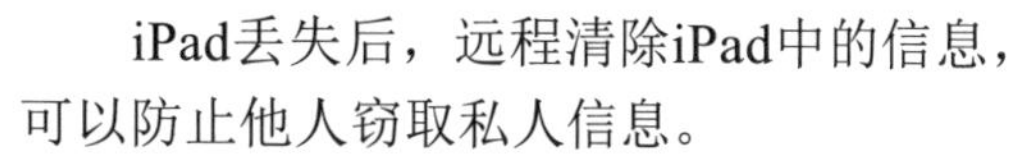

iPad丢失后，远程清除iPad中的信息，可以防止他人窃取私人信息。

Step 01 在计算机中的“MobileMe查找我的iPhone”界面中单击“擦除”按钮。

Step 02 单击“抹掉所有数据”按钮，即可永久地删除iPad上所有媒体数据，并恢复为出厂设置。

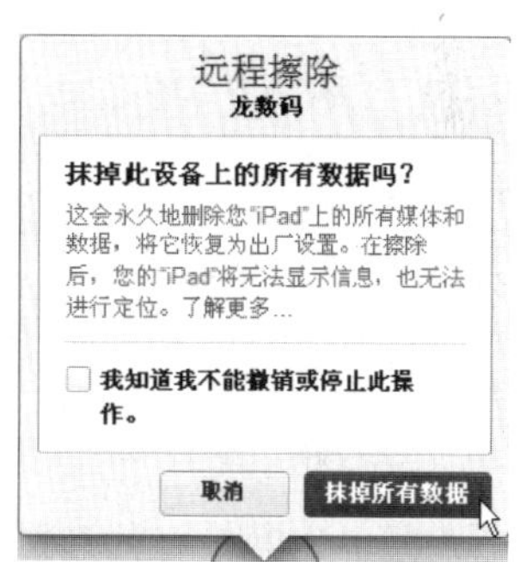

第14章　网上银行的安全防护策略

随着网络的发展，现在很多人开始使用网上银行进行商品交易、资金的管理，如网上支付、转账汇款、定期存款及网上贷款等，本章就来介绍网上银行的安全防护策略。

14.1　开通个人网上银行

网上银行能够给人们的生活带来“3A服务”（任何时间、任何地点、任何方式）的便利，不过要想得到这种3A服务，首先必须开通网上银行。这里以开通网上工商银行为例进行介绍。

14.1.1　开通个人网上银行的步骤

个人网上工商银行适用的对象为：凡在工行开立本地工银财富卡、理财金账户、牡丹灵通卡、牡丹信用卡、活期存折等账户且信誉良好的个人客户，均可申请成为个人网上银行注册客户。

开通个人网上工商银行的步骤如下。

Step 01 需要客户提供本人有效身份证件和所需注册的工行本地银行卡或存折。

Step 02 客户填写资料。客户需填写的资料为《中国工商银行电子银行个人客户注册申请表》，在填写资料之前务必知悉申请表背面的《中国工商银行电子银行个人客户服务协议》。

Step 03 提交申请资料。客户应向工行提交的申请资料包括：已在本地开立账户、《中国工商银行电子银行个人客户注册申请表》、本人有效身份证件、需注册的银行卡。

Step 04 客户确认签字，开通。

Step 05 在电脑上安装安全控件和证书驱动。

Step 06 证书安装成功后，成为个人网上银行高级客户，可使用个人网上银行的所有服务。

如下图所示即为工商银行网上银行开通流程和开办条件介绍界面。

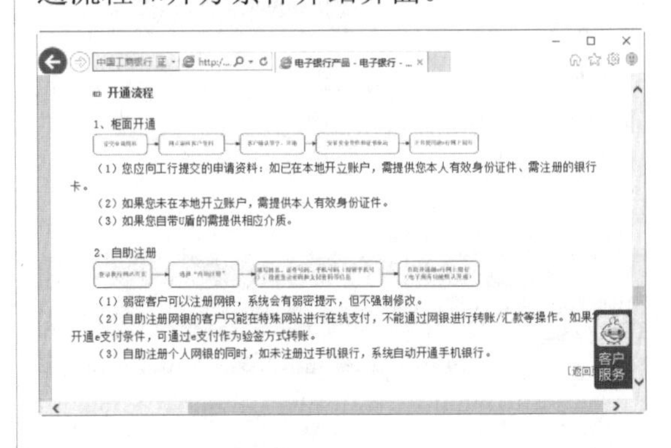

14.1.2　注册网上个人银行

网上银行注册与登录的具体操作步骤如下。

Step 01 打开IE浏览器，在地址栏中输入工商银行的网址http://www.icbc.com.cn/，按Enter键，即可打开工商银行首页。

Step 02 在其中单击“个人网上银行”下侧的“注册”按钮，打开“网上自助注册须知”界面，在其中认真阅读其相关说明。

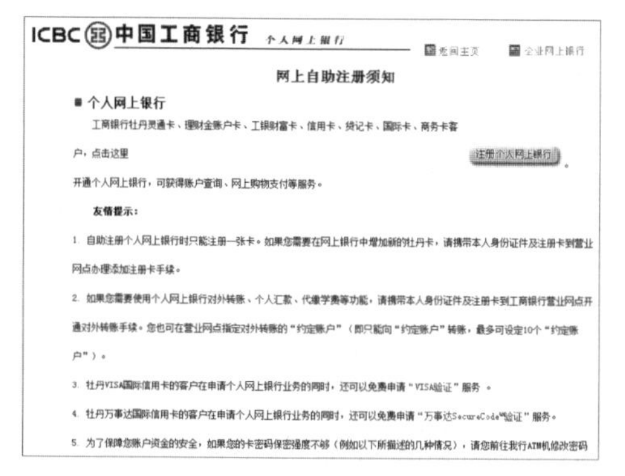

Step 03 单击“注册个人网上银行”按钮，打开“开户信息提示”界面，在其中输入用户自助注册的注册卡号、账户或注册卡密码及验证码等，单击“提交”按钮，即可注册成功。

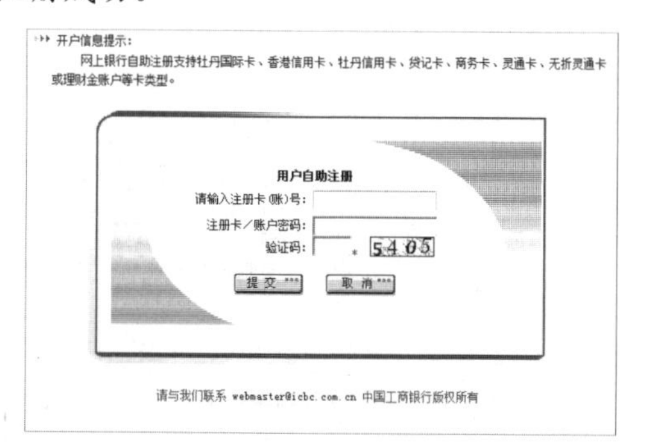

Step 04 在注册成功后，单击工商银行首页中的“个人网上银行登录”按钮，打开“个人网上银行登录”界面。

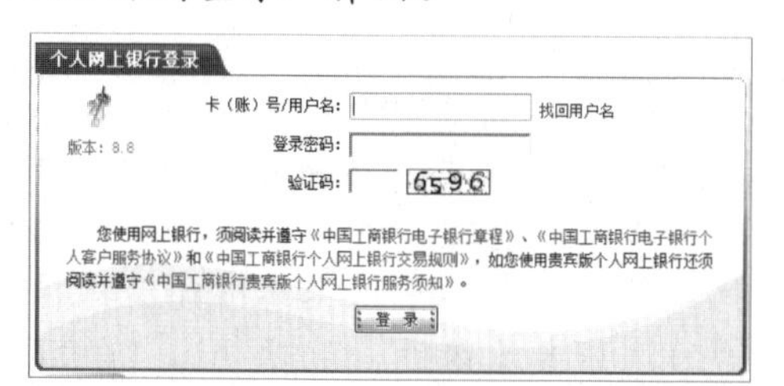

Step 05 在“卡（账）号/用户名”文本框中输入个人网上银行的用户名或卡号，以及登录密码和验证码等。

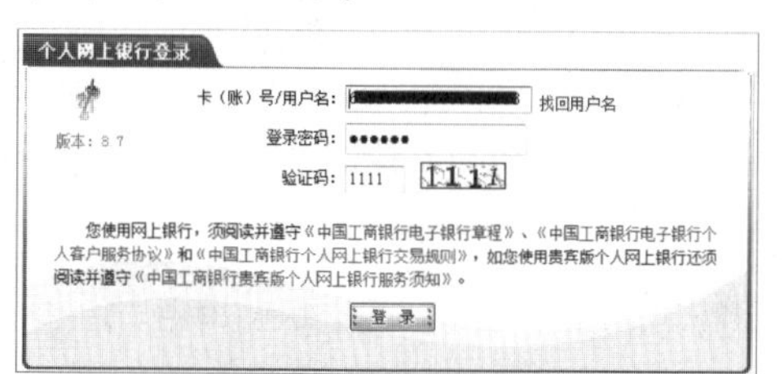

Step 06 单击“登录”按钮，即可登录到个人网上银行账户界面。

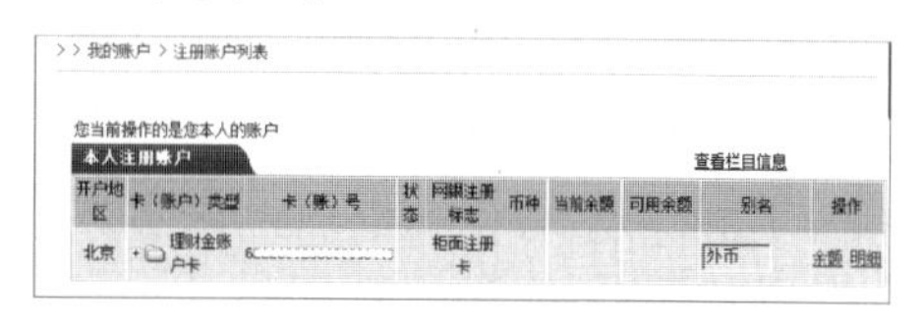

提示：在注册网上银行账户后，用户就可以用注册的账户和密码登录网上银行系统，但是，在进入网上银行系统之前，还需要进行一些必要的安全设置，如下载网上银行安全控件、进行必要的登录验证等，以确保其安全性。

14.1.3　自助登录网上银行

自助登录的操作非常简单，用户只需下载和安装网上银行安全控件后，就可以进入个人网上银行用户登录面。

进行自助登录的操作步骤如下。

Step 01 注册网上银行成功后，再次登录工商银行的网上银行，在其主页中单击“个人网上银行登录”按钮，进入中国工商银行个人网上银行登录界面。

Step 02 在该界面中单击“安装”链接，打开“安全警告”对话框，提示用户是否安装此软件。

Step 03 单击“安装”按钮，即可开始下载并安装银行安全控件。安装完毕后，自动返回到个人网上银行登录界面。

Step 04 在个人网上银行登录区域中输入卡号或用户名及登录密码和验证码等，最后单击“登录”按钮，就可以进入网上银行了。

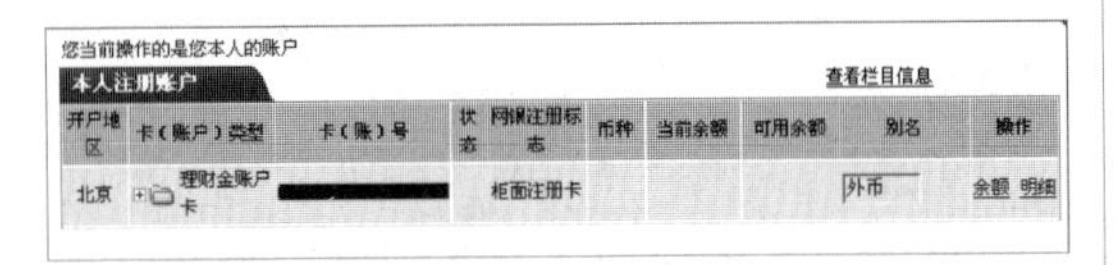

14.2 账户信息与资金管理

在登录到个人网上银行后，下面就可以对账户信息与资金进行管理了。本节就来介绍如何在网上管理自己的账户信息与资金。

14.2.1 账户信息管理

管理账户信息的具体操作步骤如下。

Step 01 参照网上银行登录的方法，登录到个人网上银行。在界面的左侧单击“账户信息”前面的“+”，展开账户信息列表。

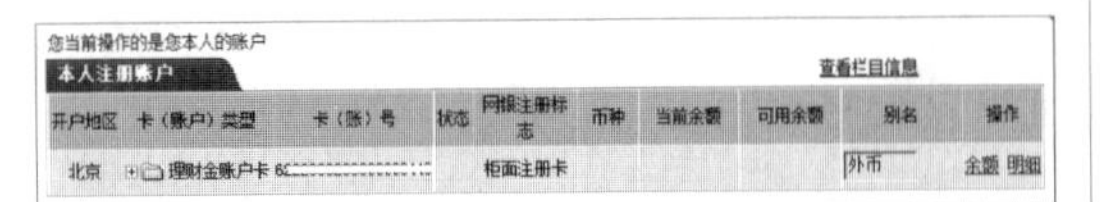

Step 02 在“账户管理”列表中单击“账户别名维护”选项，进入“账户别名维护”界面，在“未设置”文本框中输入要设置的别名，并在“交易提示”框中查看相关提示信息。

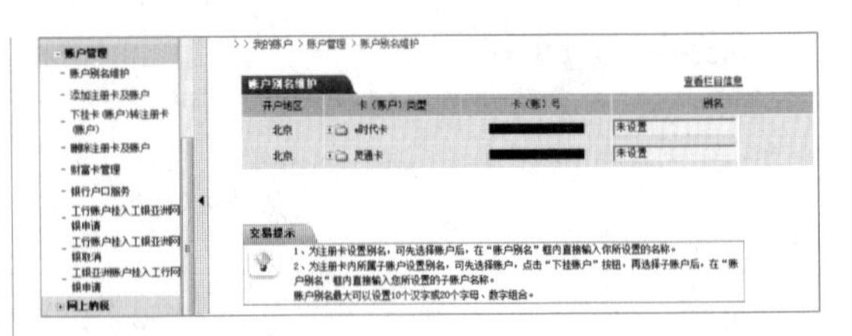

Step 03 在“账户管理”列表中单击“添加注册卡及账户”选项，进入“添加注册卡及账户”界面，在其中根据提示输入相应的内容，然后单击“增加”按钮即可。

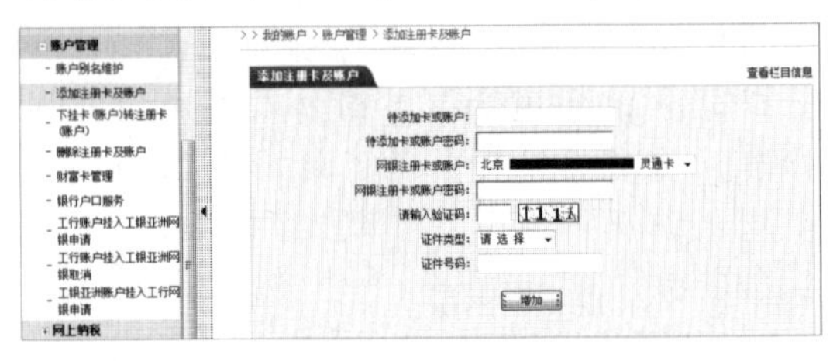

Step 04 在“账户管理”列表中单击“下挂卡（账户）转注册卡（账户）”选项，进入“下挂卡（账户）转注册卡（账户）”界面，在其中根据提示选择要转为注册卡的下挂牡丹卡账户，然后单击“确定”按钮即可。

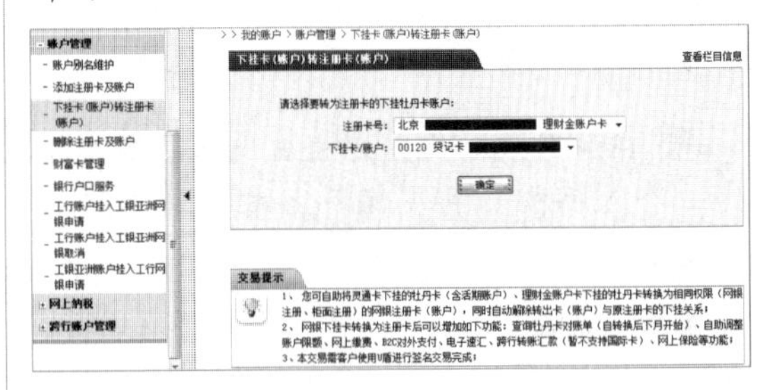

Step 05 在“账户管理”列表中单击“删除注册卡及账户”选项，进入“删除注册卡及账户”界面，在其中根据实际情况选择要删除的注册卡及账户，然后单击“删除”按钮即可。

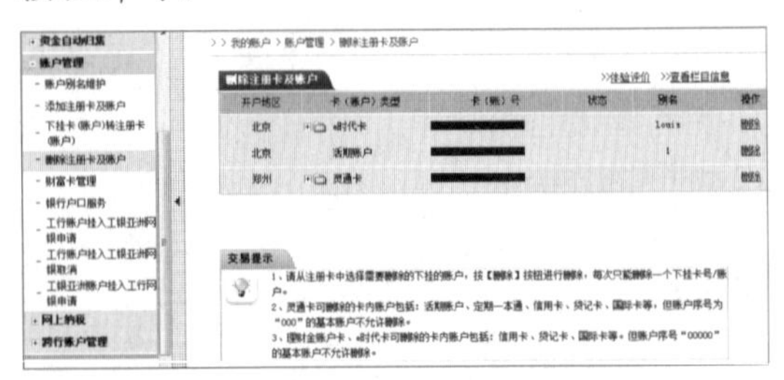

Step 06 在“账户管理”列表中单击“财富卡管理”选项，进入“财富卡管理”界面，

在其中根据实际情况选择注册卡，然后单击“确定”按钮。

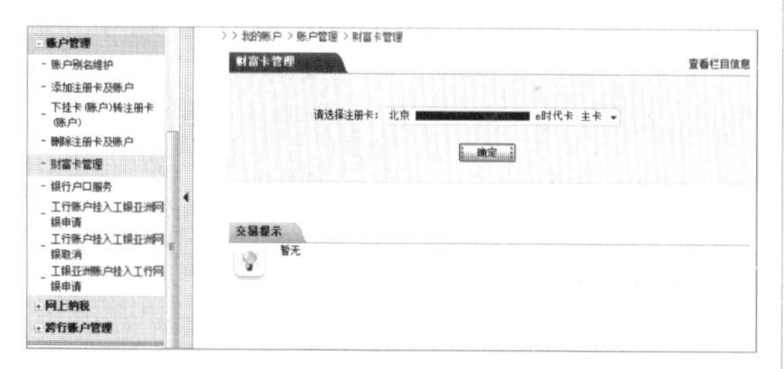

Step 07 进入“财富卡管理”设置界面，在其中根据实际情况选中相应的单选按钮。

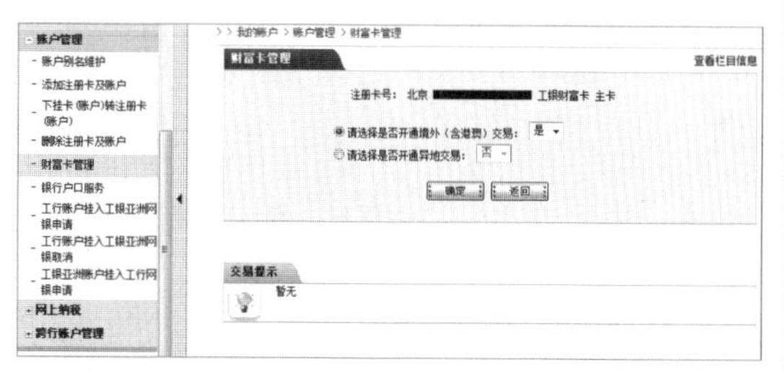

Step 08 设置完毕后，单击“确定”按钮，即可将选择的注册卡号开通境外交易。

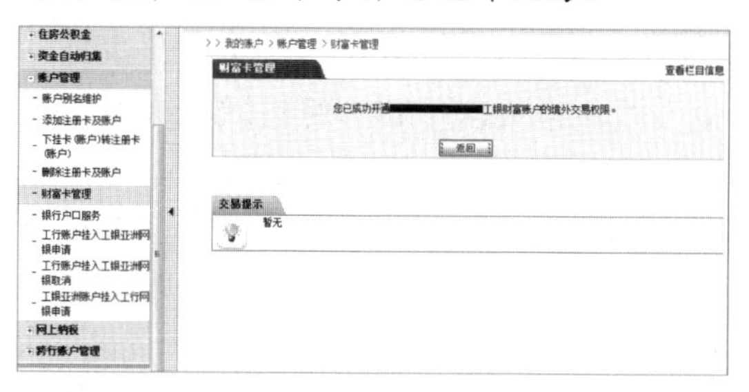

Step 09 在“账户管理”列表中选择“银行户口服务”选项，进入“银行户口服务”界面，在其中根据实际情况输入支付密码、验证码等信息，单击“确认”按钮即可。

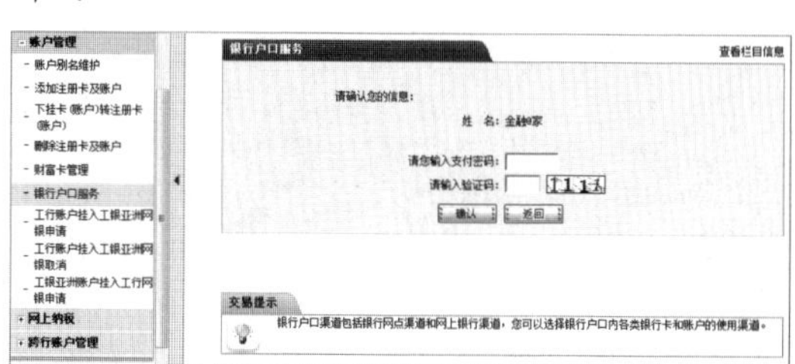

Step 10 在“账户管理”列表中选择“工行账户挂入工银亚洲网银申请”选项，进入“工行账户挂入工银亚洲网银申请”界面，在其中根据提示输入相应的内容，单击“确定”按钮即可。

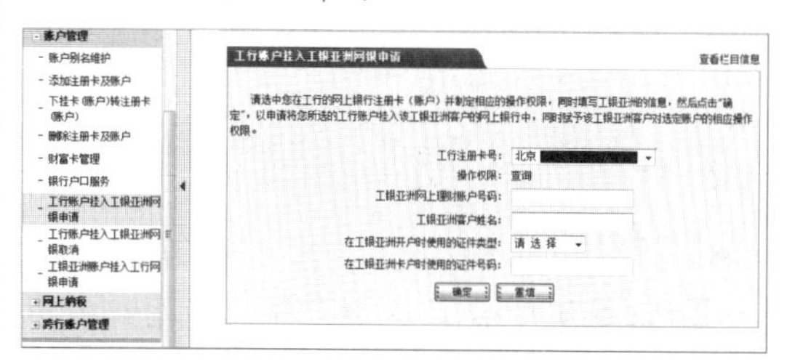

Step 11 在“账户管理”列表中选择“工行账户挂入工银亚洲网银取消”选项，进入“工行账户挂入工银亚洲网银取消”界面，在其中根据提示输入相应的卡号。

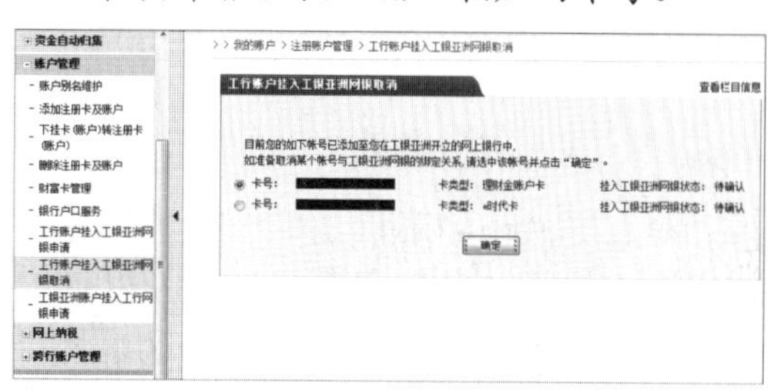

Step 12 单击“确定”按钮，在打开的页面中提示是否真的要取消该账户的绑定关系。

Step 13 单击“确定”按钮，在打开的界面中提示用户“工行账户挂入工银亚洲网银取消成功”。

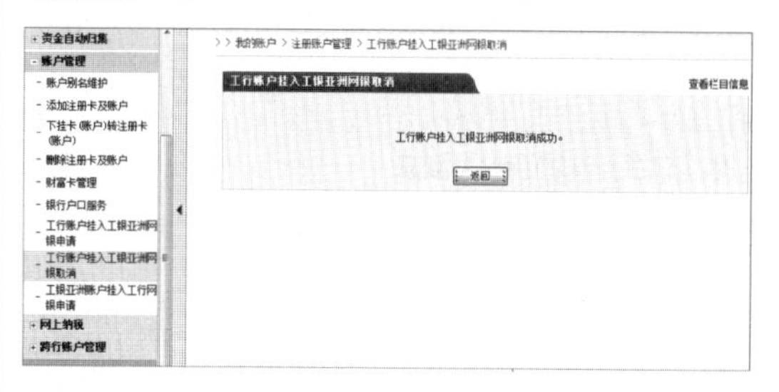

Step 14 在“账户管理”列表中选择“工银亚洲账户挂入工行网银申请”选项，进入“工银亚洲账户挂入工行网银申请”界面，在其中根据提示输入相应的卡号、户名及证件号等。

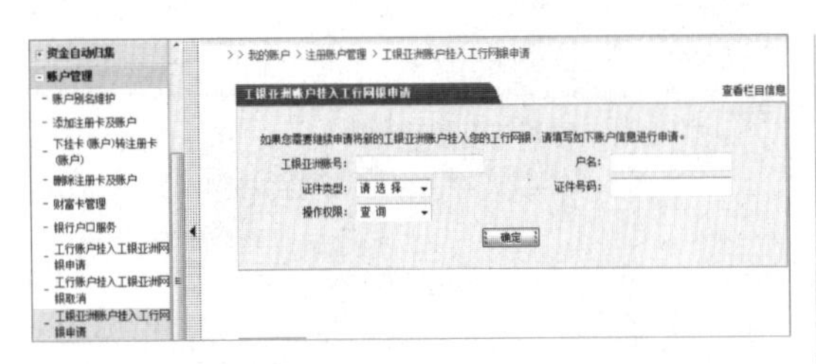

Step 15 设置完毕后，单击“确定”按钮，即可提交申请。

提示：个人网上银行用户还可以参照账户管理的方法，来对自己的账务进行查询，如查看电子回单、电子工资单、住房公积金、网上纳税及跨行账户管理。

14.2.2 网上支付缴费

网上支付已经不再是一个新的话题，随着网络技术的发展和普及，以及网购的盛行，网上支付交易越来越多。这里就以网上缴费为例，讲解网上支付的方法，具体的操作步骤如下。

Step 01 登录到个人网上银行账户中，在界面中单击“缴费站”按钮，进入“缴费产品”界面，在其中可以看到自己需要支付的清单。

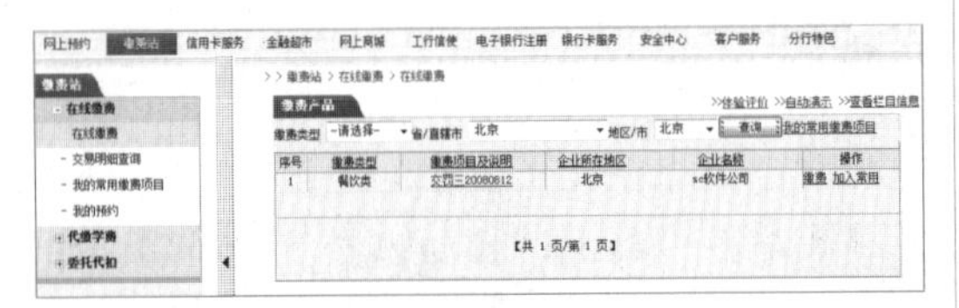

Step 02 单击“缴费”链接，进入1702直接缴费界面，在“金额”文本框中输入缴费的金额。

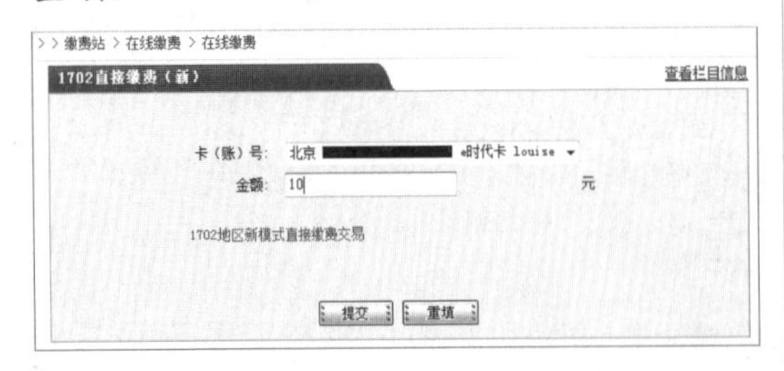

Step 03 单击“提交”按钮，在打开的界面中输入卡号的支付密码及验证码。

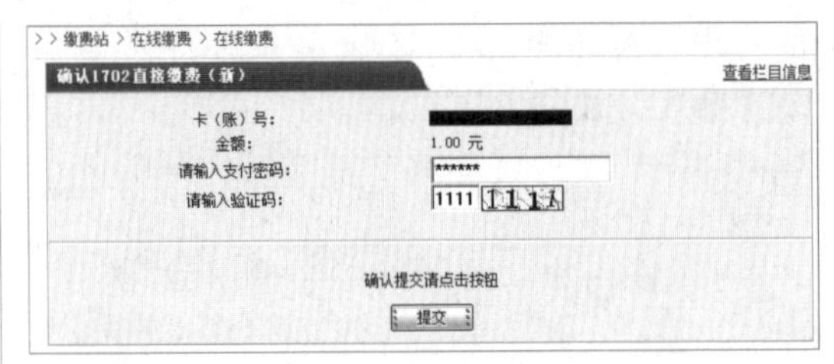

Step 04 单击“提交”按钮，即可缴费成功，并显示交易结果，显示为ok。

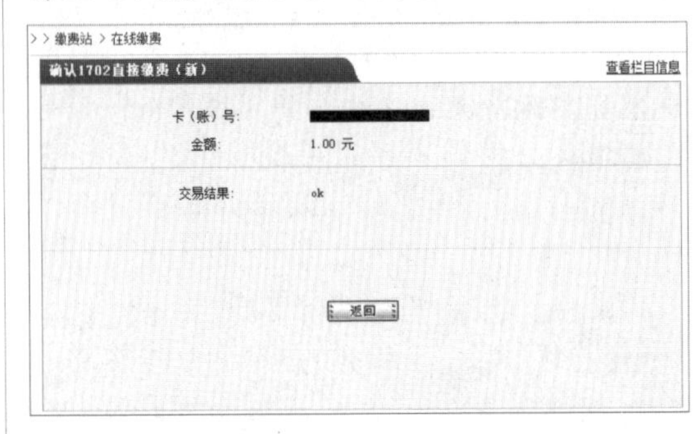

14.2.3 网上转账汇款

转账汇款是网上银行的主要业务，尤其是对企业及网上开店的店主来说更是如此。以在个人网上银行转账汇款为例，具体的操作步骤如下。

Step 01 打开个人网上银行主页，在其中单击“转账汇款”按钮，进入“转账汇款”界面。

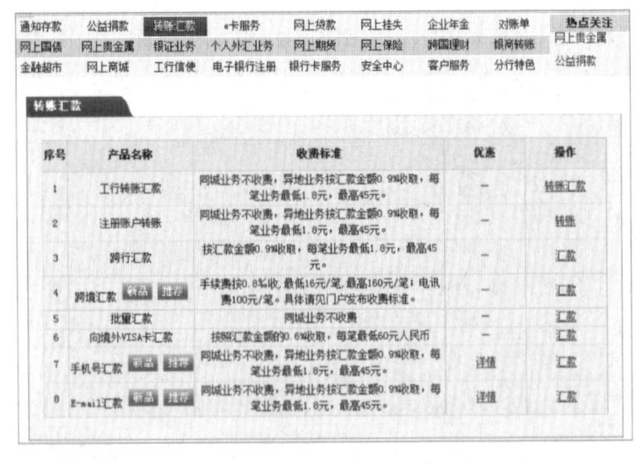

Step 02 在其中单击“转账”链接，进入“工行转账汇款”界面，在其中输入收款人姓名、账号，然后根据提示填写汇款信息。

工行转账汇款　　查看栏目信息
特别提示：公益捐款，请点击 这里 。
第一步：请填写收款人信息或选择我的收款人
收款人：请选择或手工输入
账　号：
第二步：请填写汇款信息
币　种：人民币
汇款金额：　元　大写：
用　途：还款
附　言：　(可不输)
第三步：请填写付款信息
付款卡(账)号：北京　理财金账户卡 理财金
付款账户：00000 活期 基本户　余额：待查询
汇款成功后，如需向他人发送汇款短信通知，请输入手机号码：
或从收款人名册中提取手机号码

Step 03 输入完毕后，单击“工行转账汇款”界面中的“提交”按钮，即可转账成功。

第二步：请填写汇款信息
币　种：人民币
汇款金额：　元　大写：
用　途：还款
附　言：　(可不输)
第三步：请填写付款信息
付款卡(账)号：北京　理财金账户卡 理财金
付款账户：00000 活期 基本户　余额：待查询
汇款成功后，如需向他人发送汇款短信通知，请输入手机号码：
或从收款人名册中提取手机号码
注：短信通知费0.20元/条
提交　重填

14.3　网银安全的防护策略

网上银行为用户提供了安全、方便、快捷的网上理财服务，不仅使用户能够进行账户查询、支付结算等传统银行柜台服务，而且还可以实现现金管理、投资理财等功能。但是，为了保证网上银行的安全，一些安全措施是必不可少的。

14.3.1　网上挂失银行卡

当突然发现自己的银行卡丢失了，则必须马上进行挂失。用户可以到实体银行进行申请挂失，也可以在网上申请挂失。在网上申请挂失的操作步骤如下。

Step 01 登录到自己的个人网上银行账户，在打开的界面中单击“网上挂失”按钮，进入“操作指南”界面。

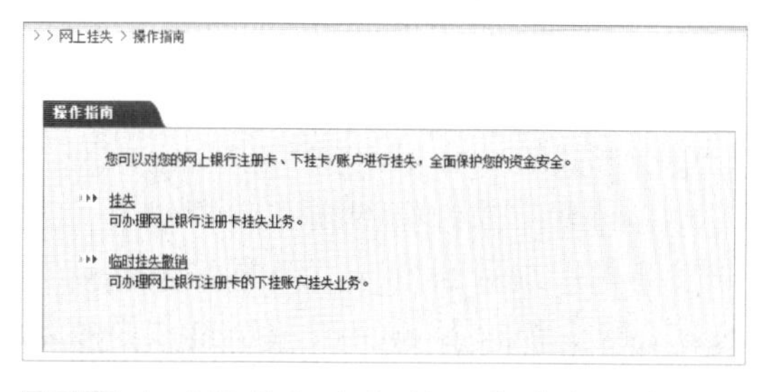

Step 02 在“操作指南”界面中单击“挂失”链接，进入“挂失”界面。

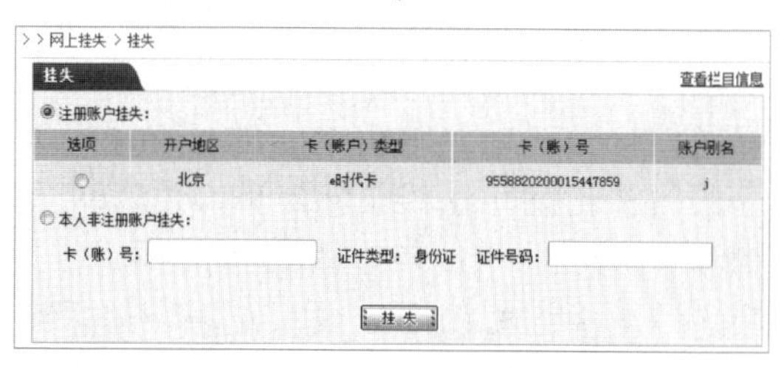

Step 03 在其中输入要挂失的银行卡号，并选择证件类型及输入证件号码。

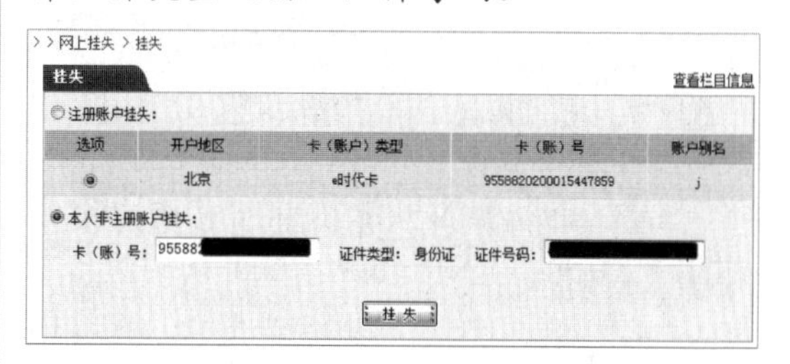

Step 04 单击“挂失”按钮即可。

14.3.2　避免进入钓鱼网站

随着使用网上银行的用户越来越多，钓鱼网站也进入了一个“飞速”发展的阶段，用户一不小心就会进入黑客设计好的钓鱼网站，最后造成不可估量的损失。那么如何才能避免进入钓鱼网站呢？这就需要用户了解钓鱼网站的欺骗技术和防范钓鱼网站的方法。

1. 网络钓鱼网站的欺骗技术

网络钓鱼的技术手段有多种，如邮件攻击、跨站脚本、网站克隆、会话截取等，但在各种网银事件中，最常见的是克隆网站和URL地址欺骗这两种手段，下面分别进行分析。

（1）克隆网站

“克隆网站”，也称“伪造网站”，其攻击形式被称作域名欺骗攻击，即网站的内容和真实的银行网站非常相似，而且非常简单，最致命的一点是通过网站克隆技术克隆的网站和真实的网站真假很难辨别，有时只是在网站域名中有一些极细小的差别，不细心的用户就很容易上当。

进行网站克隆首先需要对网站的域名地址进行伪装欺骗，最常用的就是采用和真实银行的网址非常相似的域名地址，如虚假的农业银行域名地址为www.95569.cn和真实的网址www.95599.cn只有一个“6”字之差，不细心的用户很难发现。如下图所示即为真实农业银行与虚拟农业银行的对比图。

另外，在其他银行中类似的情况也出现不少，如在2004年出现的中国工商银行假冒的网站使很多用户上当受骗，其假冒的网站域名为www.1cbc.com.cn，这与真实的网址www.icbc.com.cn只有数字“1”和字母“i”的不同，还有一些假冒的工商银行的网站地址www.icbc.com只比真实的网址缺少“cn”两个字母，不细心的用户根本不容易发现。

总之，网站克隆攻击很难被用户发现，一不小心就很容易上当受骗。除此之外，现在网站的域名管理也不是很严格，普通用户也可以申请注册域名，使得网站域名欺骗屡屡发生，给网银用户带来了极大的经济损失。但是，假的真不了，真的假不了，伪造的网站界面无论是网站的Logo、图标、新闻还是超级链接等内容即使都能连接到真实的网页，但在输入账号的位置处就会存在着与真实网站的不同之处，这是网站克隆攻击是否成功的关键所在。当用户输入自己的账号和密码时，网站会自动弹出一些不正常的窗口，如提示用户输入的账号或密码不正确，要求再次输入账号和密码的信息窗口等。其实，在用户第一次输入账号和密码并提示输入错误时，该账号信息已经被网站后门程序记录下来并发送给黑客手中了。

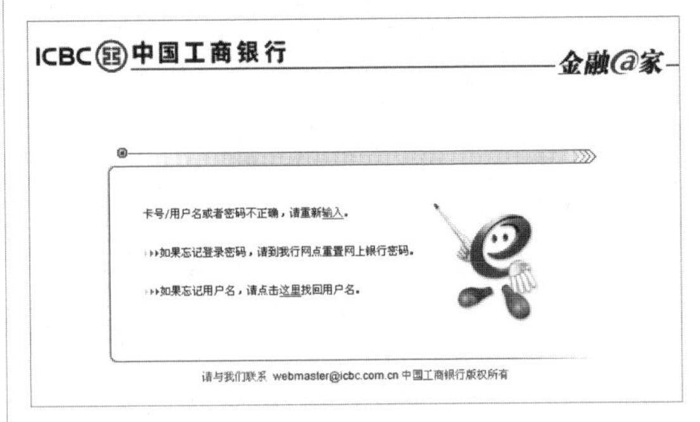

（2）URL地址欺骗攻击

URL全称为Uniform Resource Locators，即统一资源定位符的意思，在地址栏中输入的网址就属于URL的一种表现方式。基本上所有访问网站的用户都会用到URL，其作用非常强大，但也可以利用URL地址进行欺骗攻击，即攻击者利用一定的攻击技术，构造虚假的URL地址，当用户访问该地址的网页时，以为自己访问的是真实的网站，从而把自己的财务信息泄露出去，造成严重的经济损失。

在使用该方法进行诱骗时，黑客们常常是通过垃圾邮件或在各种论坛网页中发布伪造的链接地址，进而使用户访问虚假的网站。伪造虚假的URL地址的方法有多种，如起个具有诱惑性的网站名称、调包易混的字母和数字等，但最常用的还是利用IE编码或IE漏洞进行伪造URL地址，该方法使得用户单击的链接与真实的网址不符，从而登录到黑客伪造的网站中。

这里举一个具体的实例来说明利用URL伪造地址进行网上银行攻击的过程，具体的操作步骤如下。

Step 01 在任意网上论坛中发布一个极具有诱惑性的帖子，其主题为“注册网上银行即可中1万元大奖！”。

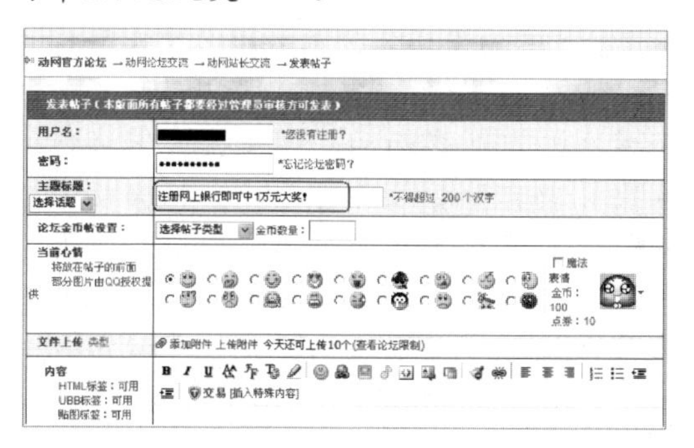

Step 02 帖子内容中输入诱惑性的信息，并留下网上银行的链接地址，这个地址的作用是诱导用户登录到自己伪造的网站中，并使用户误认为自己登录的网站地址是正确的，因此需要在帖子中加入如下代码“点击<a href="http://www.baidu.com">中国农业银行网上银行</a>，即可登录或注册网上银行就有可能中1万元大奖！”。

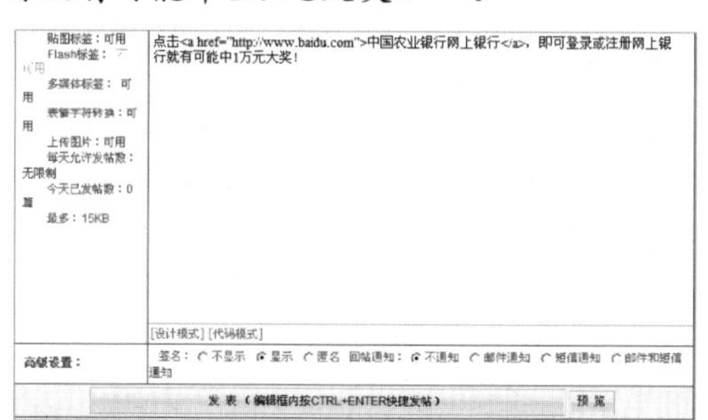

Step 03 输入完毕后，单击“发表”按钮或在编辑框内按快捷键Ctrl+Enter发表帖子。在帖子发表成功后，即可在网页中显示“中国农业银行网上银行”的信息。

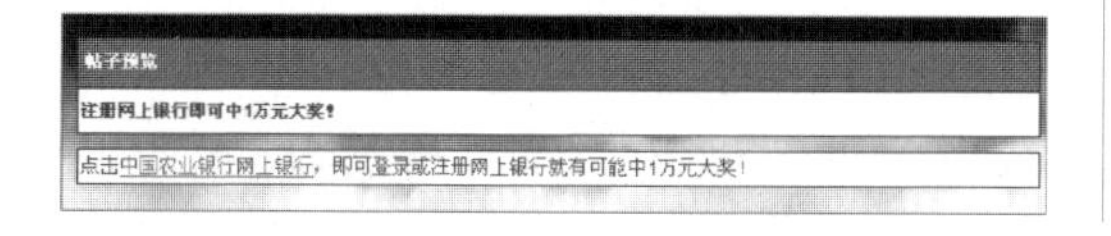

Step 04 当用户单击“中国农业银行网上银行”链接时，打开的却是黑客伪造的网站，这里是百度网页。如果把百度的网址换成黑客伪造的银行网站，那么用户就有可能上当受骗。

提示： 当然，这种欺骗方法是一种比较简单的方法，稍有一点上网经验的用户只需将光标放置在该链接上，即可在下方的状态栏中看到实际所链接到的网址，从而识破该欺骗形式。

Step 05 为了进一步伪装URL地址，还需要在真实的网上银行URL地址中加入相关代码，如把上述帖子源代码修改为“点击<a href="http://www.baidu.com">http://www.95599.cn/ </a>，即可登录或注册网上银行就有可能中1万元大奖！”。

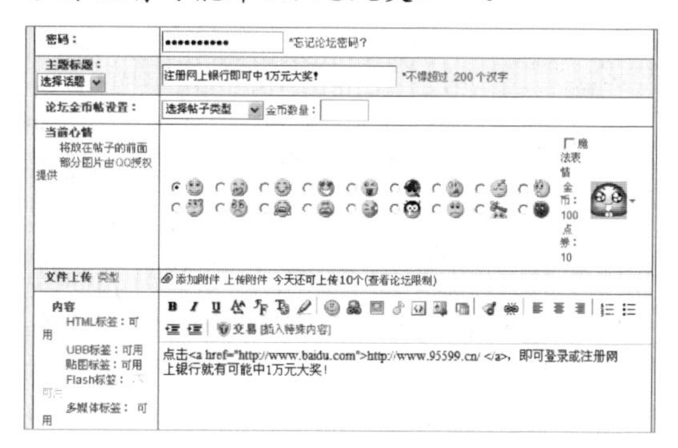

Step 06 发帖成功后，在网页中将显示http://www.95599.cn的链接地址，即使光标移动到链接地址上，在其窗口的状态栏中看起来依然连接到http://www.95599.cn。但是到单击该链接后才发现打开的是伪装的网站。

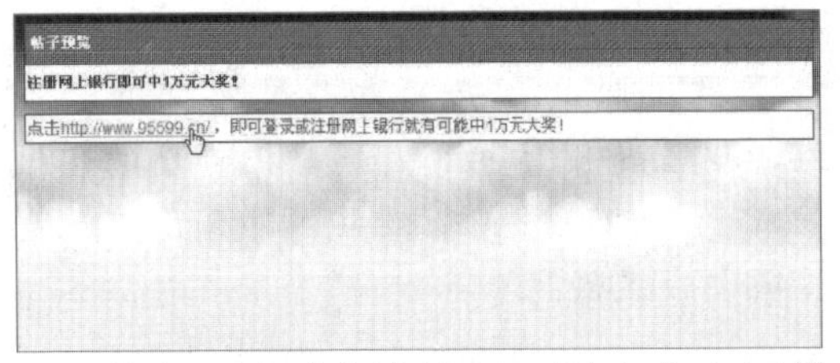

总之，针对上述情况，用户在上网的过程中，一定要随时注意地址栏中URL的变化，一旦发现地址栏中的域名发生变化就要引起高度的重视，从而避免自己上当受骗。

2. 浏览器漏洞攻击

利用浏览器的相关漏洞和语法错误等，可以让用户无法觉察到URL地址的变化，进而起到欺骗用户的目的。如在一些没有打过补丁的计算机中，将URL地址修改为http://www.95599.cn/@www.baidu.com/，当用户单击后在打开的浏览器标题栏和地址栏中都会看到其链接地址为http://www.95599.cn，但其实际上显示的界面却是百度网页。

这时如果将百度网址换成黑客伪造的银行地址，则后果是十分严重的。另外，URL欺骗攻击的手段还有其他形式，如利用IE最新漏洞或其他一些脚本编程技术，使得新打开的网页不显示地址栏或完全显示与真实网站界面一样的信息，所以网上银行使用者一定要及时为自己的系统打上漏洞补丁，以避免黑客们利用这个漏洞来窃取自己的银行账户等隐私信息。

14.3.3 使用网银安全证书

网银安全证书是银行系统为网银客户提供的一种高强度的安全认证产品，也是网银用户登录网上银行系统的唯一凭证。目前，所有国内银行网站，在第一次进入网银服务项目时，都需要下载并安装安全证书，所以网银用户可以通过检查网银安全证书，来确定打开的银行网站系统是不是黑客伪造的。这里以中国工商银行为例，来具体介绍网银安全证书下载并安装的过程，进而判断自己打开的工行网站的真伪，具体的操作步骤如下。

Step 01 在IE浏览器地址栏中输入工商银行的网址http://www.icbc.com.cn打开该银行系统的首页，在该界面的左侧单击网上银行任意服务项目按钮，即可打开该服务项目的账号密码登录界面，如单击“个人网上银行登录”按钮，即可打开个人网上银行登录窗口。

Step 02 在该登录界面地址栏后面可看到一个图标按钮，单击该按钮即可弹出一个“网站标识”信息提示界面，提示用户本次与服务器的连接是加密的。

Step 03 单击“查看证书”连接按钮，打开

“证书”对话框，在“常规”选项卡中可查看该证书的目的、颁发给、颁发者和有效起始日期等信息。

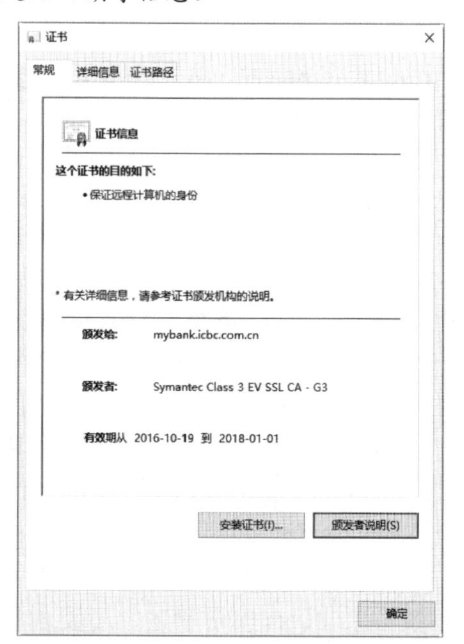

Step 04 单击“安装证书”按钮，打开“欢迎使用证书导入向导”对话框。该向导将帮助网银用户把证书、证书信任列表和证书吊销列表从磁盘中复制到证书存储区中。

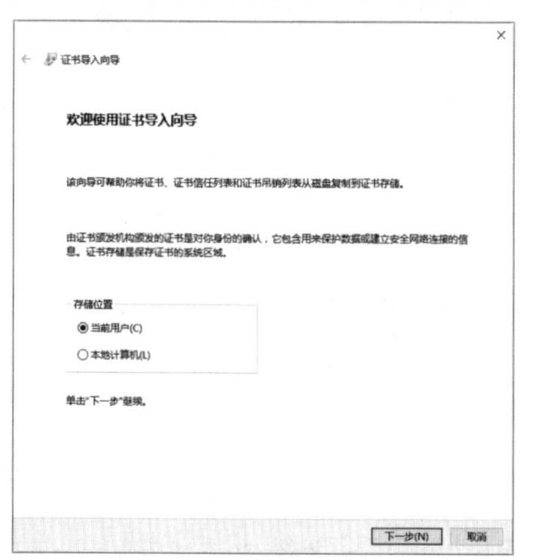

Step 05 单击“下一步”按钮，打开“证书存储”对话框，其中证书存储区是保存证书的系统区域，用户可根据实际需要自动选择证书存储区，一般采用系统默认选项“根据证书类型，自动选择证书存储”。

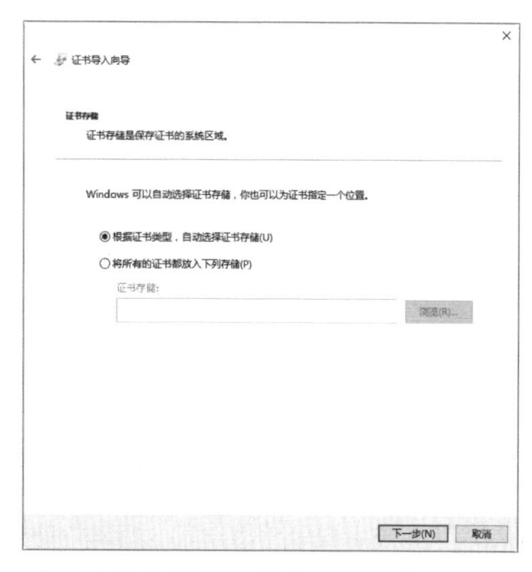

Step 06 选择完毕后，单击“下一步”按钮，即可打开“正在完成证书导入向导”对话框，并提示用户已成功完成证书的导入。

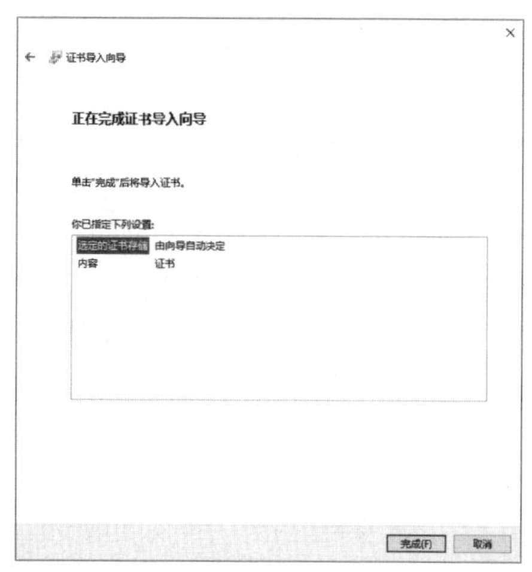

Step 07 单击“完成”按钮，打开“导入成功”对话框，至此，就完成了中国工商银行网上银行安全证书的安装操作。

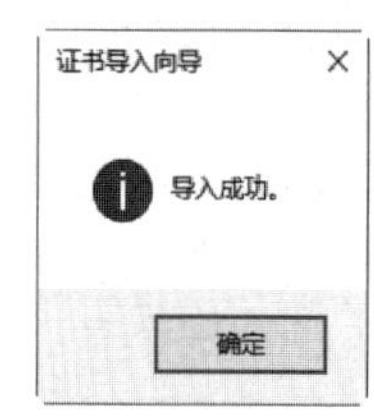

Step 08 切换到“详细信息”选项卡，即可在该界面中根据实际需要查看证书的相关信息，如证书的版本、序列号、主题、公钥、算法、证书策略等。

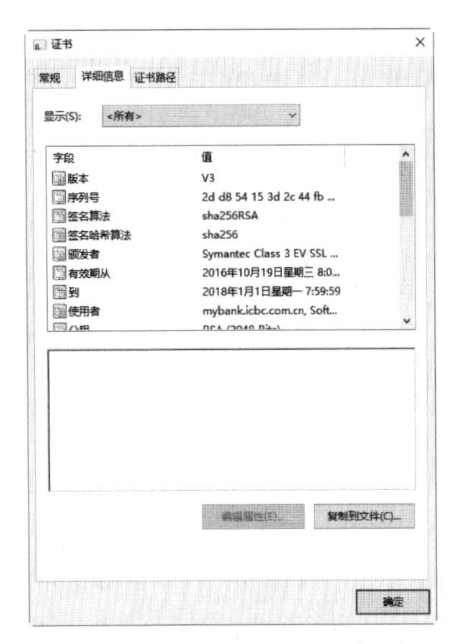

Step 09 切换到“证书路径”选项卡，即可在该界面中查看证书的相关路径信息。

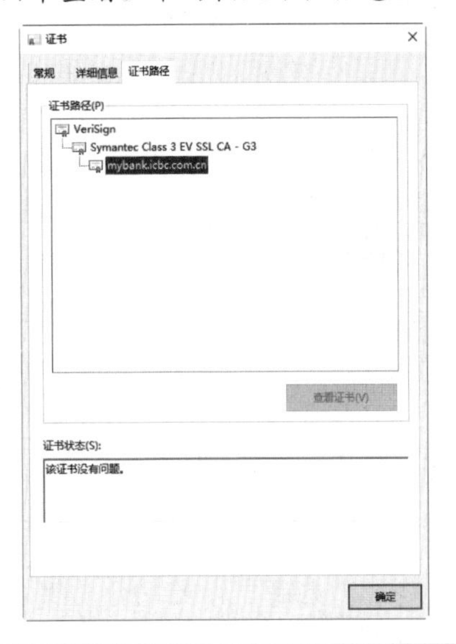

提示： 在网银安全证书安装完毕后，就可以使用该证书来保护自己的网银账号安全了，注意在查看网银证书信息时，一定要注意网银证书上的信息是否正确及证书是否在有效期内，如果证书显示的信息不一致或不在有效期内，那么这个网上银行系统就有可能是黑客伪造的钓鱼网站。

14.3.4 使用过程中的安全

现在很多人都喜欢使用网上银行进行交易，以享受随时随地理财的方便，但是在用户使用网上银行服务之前，还需要提高网上银行安全防范意识，确保网上银行交易的安全。

在使用的过程中用户需要注意以下事项。

（1）不要随便开启来历不明并附带有附件的电子邮件，以免自己的计算机中毒，并且不要单击邮件中的可疑超级链接，尤其是中奖类型的链接。

（2）在下载安全网上银行安全控件时，一定要在网上银行系统中进行下载，不要到不明网站中下载。

（3）保护好自己的身份证号、手机号、账号及密码等个人信息，不要在不熟悉的网站上输入，不要随意泄露给他人。

（4）如果必须提供自己的隐私信息，需要查看当前网站的隐私政策说明及安全防护措施说明。

（5）定期更换自己的网上银行密码。

（6）避免误入假冒网站。建议访问网上银行时，直接输入网址登录，或将经常用到的银行网站地址添加到浏览器的“收藏夹”中，切记不要采用超级链接方式间接访问网上银行网站，如通过电子邮件及即时通信工具对话信息中的网页链接登录银行。

（7）不要登录来历不明的网站并留意地址栏的域名变化。

（8）仔细核对网上支付交易信息。在交易支付时仔细核对商户名称和订单号，确保无误后再支付。

（9）妥善保管好网银盾、动态口令卡等安全产品，不要随意交给他人使用，完成交易后要及时拔出网银盾。

（10）切勿使用公用计算机登录网上银行的网站。

（11）定期查阅网上银行户口余额及交易记录，如果发现任何错漏或未经授权的交易，请立即通知相关银行。

14.4　实战演练

实战演练1——如何网上申请信用卡

除了去银行的营业厅申请信用卡外，也可以到网上申请，由于可在网上申请开通信用卡的银行很多，开通的方式又大同小异，所以下面就以一家银行为例，来介绍网上申请信用卡的操作步骤。

Step 01 在银行的网站中，找到信用卡申请服务功能模块。

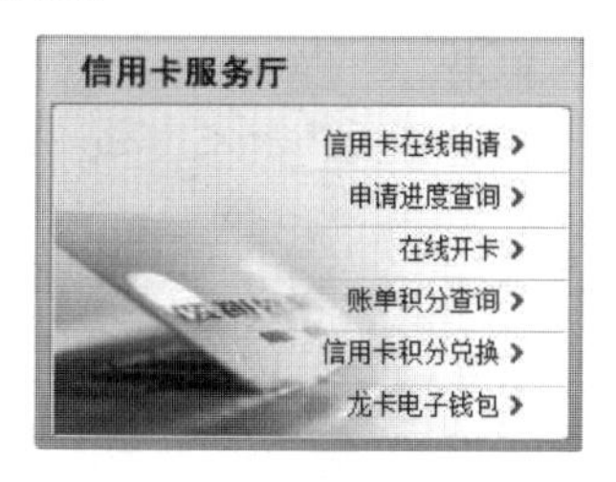

Step 02 单击“信用卡在线申请”超链接，进入“信用卡申请”界面，在其中输入界面提示的相关信息。

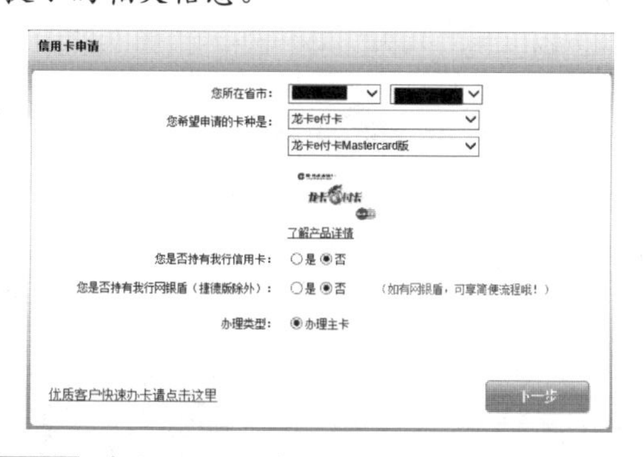

Step 03 单击“下一步”按钮，打开“信用卡申请”协议界面，勾选下方的复选框，表示愿意遵守相关协议。

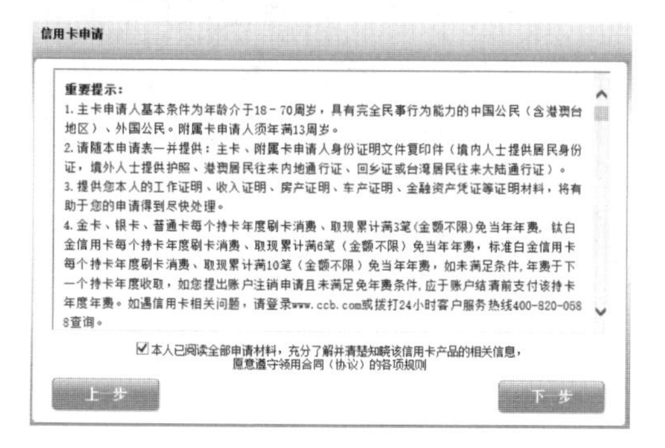

Step 04 单击“下一步”按钮，进入“基本资料”填写界面，在其中根据提示输入基本资料。

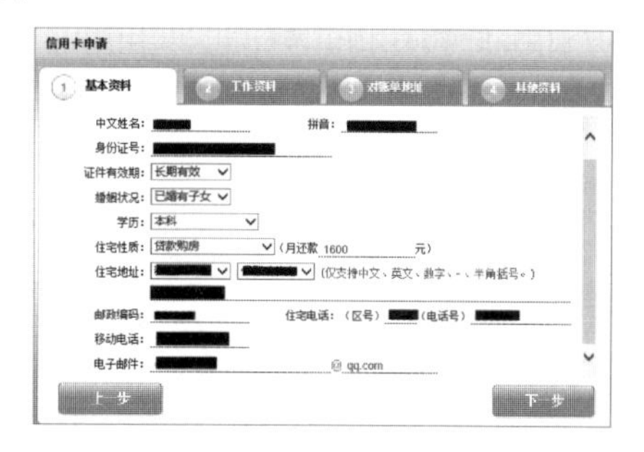

Step 05 单击“下一步”按钮，打开“工作资料”界面，在其中输入工作资料信息。

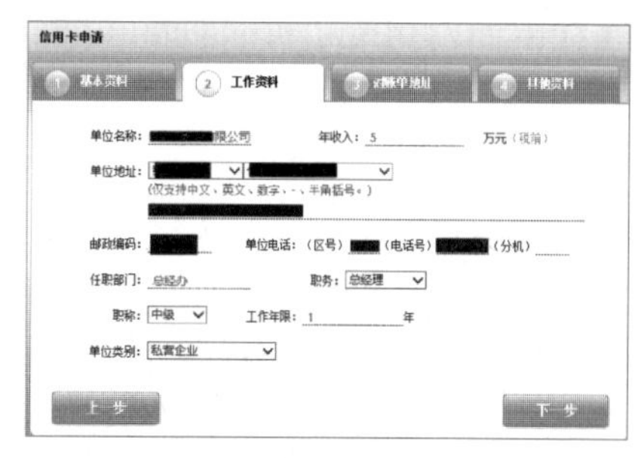

Step 06 单击“下一步”按钮，进入“对账单地址”界面，在其中根据提示输入对账单的相关地址。

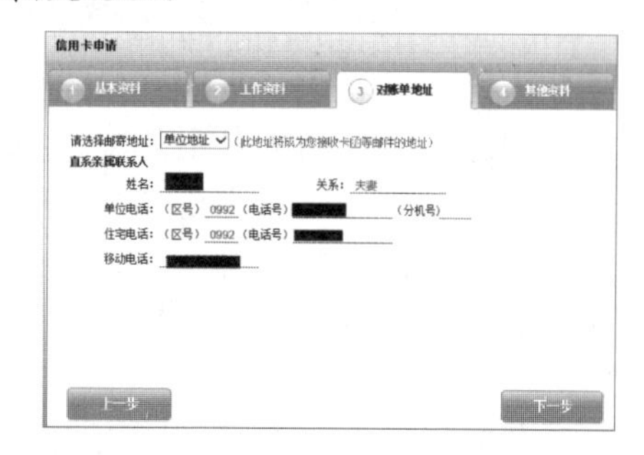

Step 07 单击“下一步”按钮，打开“其他资料”界面，在其中根据提示输入其他资料。

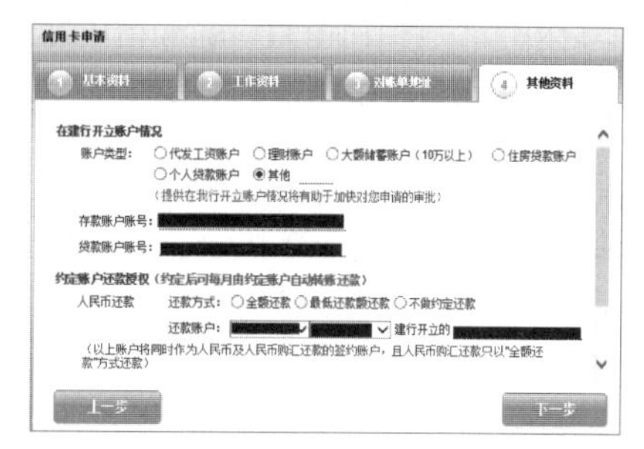

Step 08 单击“下一步”按钮，打开“您的申请”界面，在其中可以查看自己的基本资料，并输入手机的验证码。

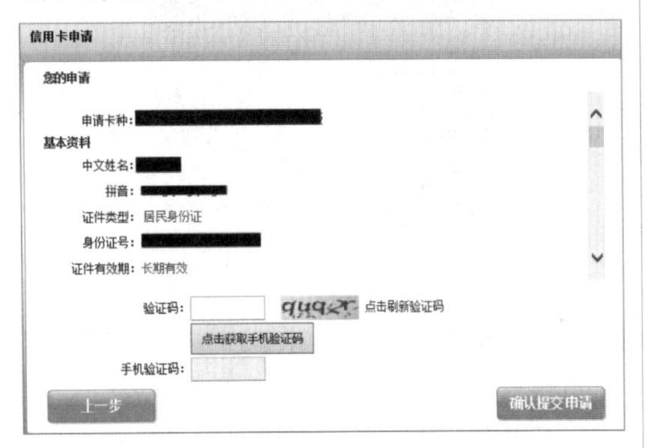

Step 09 单击“确认提交申请”按钮，即可完成信用卡的网上申请操作。

提示： 信用卡申请后，银行会通过客服联系用户，一般有两种情况：银行要求用户带上相关证件去营业厅办理，或者银行工作人员上门帮用户办理。只要身份等核实正确，用户符合开通信用卡的条件，那么用户的网上申请信用卡就算是真的成功了。

实战演练2——使用网银进行网上购物

网上购物，就是通过互联网检索商品信息，并通过电子订购单发出购物请求，然后进行网上支付，厂商通过邮购的方式发货，或是通过快递公司送货上门。这里以在淘宝上购物为例，介绍使用网上银行进行购物的方法。

要想在淘宝网上购买商品，首先要注册一个账号，才可以以淘宝会员的身份在其网站上进行购物。下面介绍如何在淘宝网上注册会员并购买物品。

1. 注册淘宝会员

Step 01 启动Microsoft Edge浏览器，在地址栏中输入http://www.taobao.com，打开淘宝网首页。

Step 02 单击界面左上角的“免费注册”按钮，打开“注册协议”工作界面。

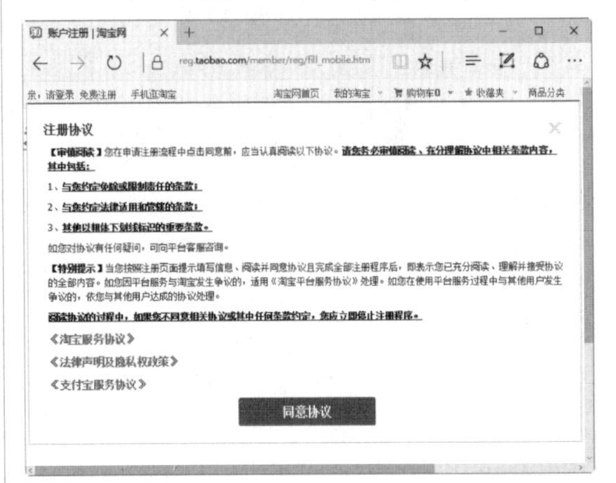

Step 03 单击“同意协议”按钮，打开“设置用户名”界面，在其中可以输入自己的手机号码进行注册。

Step 04 单击“下一步”按钮，打开“验证手机”界面，在其中输入淘宝网发给手机的验证码。

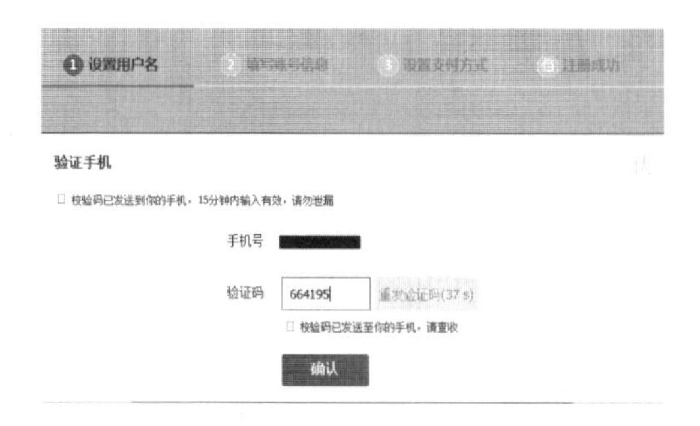

Step 05 单击“确认”按钮，打开“填写账户信息”界面，在其中输入相关的账户信息。

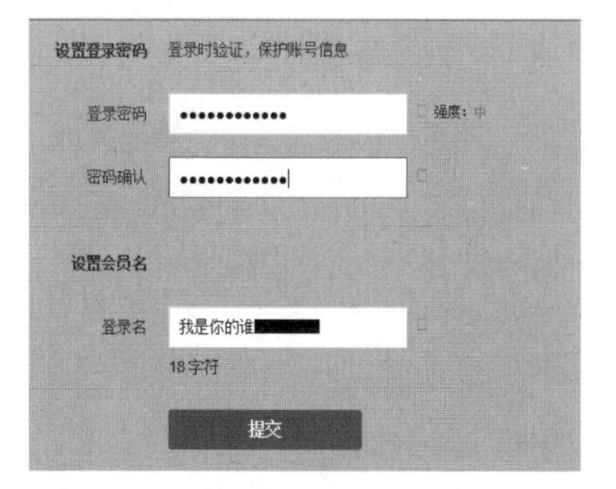

Step 06 单击“提交”按钮，打开“用户注册”界面，在其中提示用户注册功能。

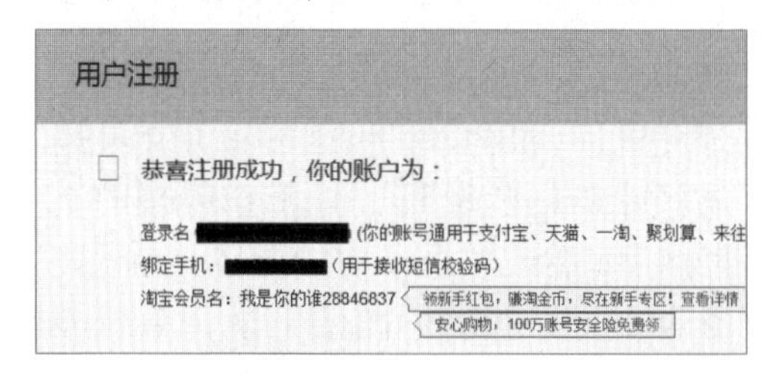

Step 07 单击“登录”按钮，打开淘宝网用户登录界面，在其中输入淘宝网的账号与登录密码。

Step 08 单击“登录”按钮，即可以会员的身份登录淘宝网上，这时可以在淘宝网首页的左上角显示登录的会员名。

2. 在淘宝网上购买商品

Step 01 在淘宝网的首页搜索文本框中输入自己想要购买的商品名称，如这里想要购买一个手机壳，就可以输入“手机壳”。

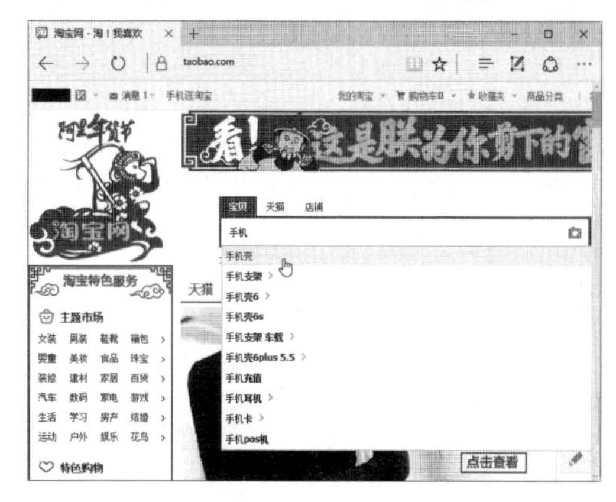

Step 02 单击“搜索”按钮，弹出搜索结果界面，选择喜欢的商品。

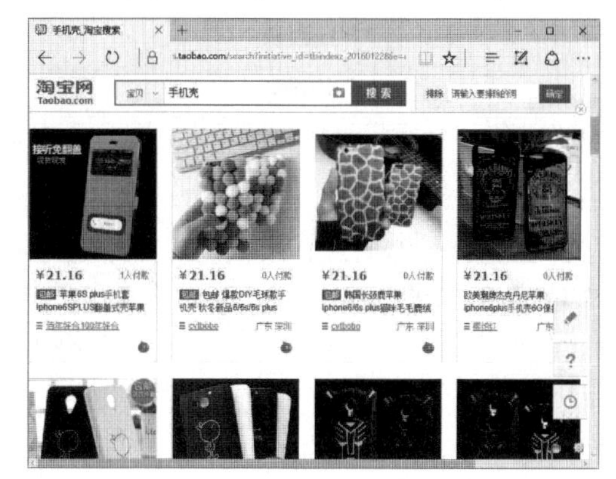

Step 03 单击其图片，弹出商品的详细信息界面，在“颜色分类”中选择商品的颜色分类，并输入购买的数量。

Step 04 单击“立刻购买”按钮，弹出发货详细信息界面，设置收货人的详细信息和运货方式，单击“提交订单”按钮。

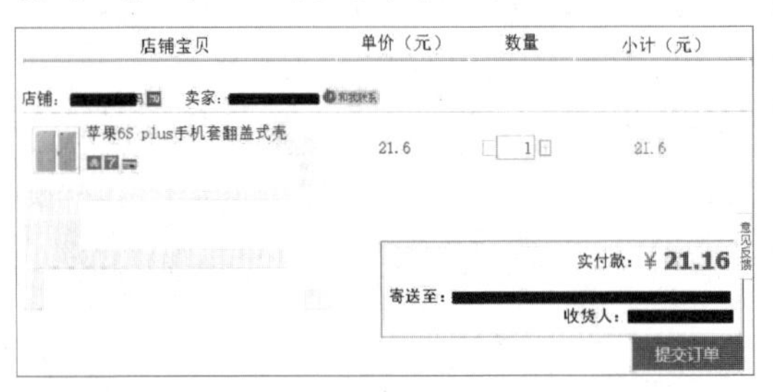

Step 05 弹出支付宝我的收银台窗口，在其中输入支付宝的支付密码。

Step 06 单击“确认付款”按钮，即可完成整个网上购物操作，并在打开的界面中显示付款成功的相关信息，下面只需要等待快递送货即可。

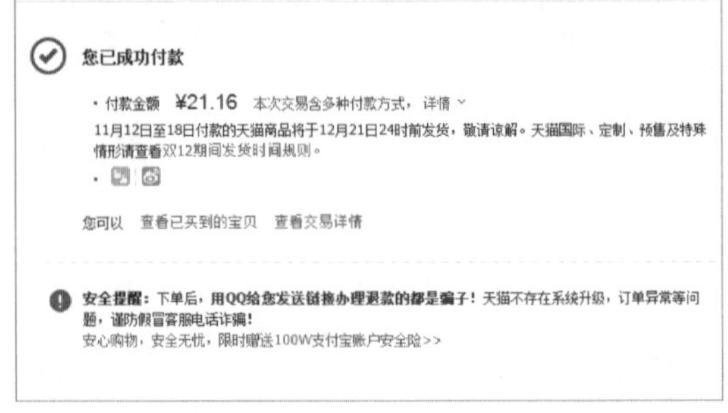

14.5 小试身手

练习1：设置手机短信认证的最低限额

用户可以登录网上银行自行设置手机短信认证最低限额，具体的开通流程如下。

（1）如果在柜面注册网上银行时已经预留了手机号码，用户可以登录网上银行，选择“安全中心”栏目下的手机短信认证自助开通该功能。

（2）如果在柜面注册网上银行时没有预留手机号码，用户可以携带有效身份证件到工行营业网点申请开通手机短信认证服务。

设置后，用户今后的支付类交易高于该限额才需短信验证，低于该限额的交易可直接用U盾或口令卡完成交易。为保障客户资金安全，设置手机短信认证最低限额需要进行短信认证，并使用U盾或口令卡验证客户身份。

练习2：开通银行账户余额变动提醒

开通银行账户余额变动提醒可以及时掌握账户资金变动、获取银行金融信息。这里以工商银行为例，来介绍开通银行账户余额变动提醒的方法。

工商银行的工银信使是以手机短信或电子邮件等方式向客户指定的手机号码或电子邮箱发送电子信息的业务。用户可通过工行个人网上银行、个人电话银行、个人手机银行和短信银行等多种渠道签订工银信使服务协议，定制工银信使服务。

使用手机银行开通工银信使的操作流程如下图所示。

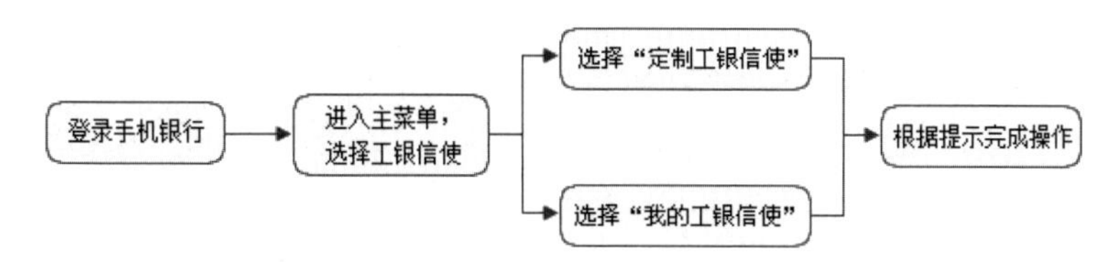

第15章　手机钱包的安全防护策略

随着科技迅猛发展，移动终端也在不断突破和变革。起初，手机还只是打电话、发短信的联系工具；如今，随着娱乐功能和移动银行等各类服务的加入，人们越来越离不开手机，“手机钱包”也融入了人们的生活。本章介绍手机钱包的安全防护策略。

15.1　手机钱包的攻击手法

在用户享受手机支付带来的轻松方便的同时，如何确保支付安全，也成了许多用户的关注与担心焦点。交易过程中存在的安全隐患，将间接导致交易失败，甚至严重威胁到我们的财产安全。下面介绍手机钱包的攻击手法。

15.1.1　手机病毒

手机窃听病毒的出现给人们提了个醒，开放的手机系统平台为人们带来多种精彩的同时，还带来了诸多风险与安全隐患，智能手机的开放性给恶意软件等安全威胁带来可乘之机。

手机支付时代到来之际，各大手机运营商纷纷开发出手机支付客户端软件，中国移动推出了综合性移动支付服务，如缴话费、收付款、生活缴费、订单支付等；中国银联借助其强大的金融渠道体系，在“手机银行”中实现了包括手机话费查询及缴纳、银行卡余额查询、航空订票等多种支付服务；第三方在线支付厂商也逐步把互联网上的成熟消费模式移植到手机终端上。

与此同时，病毒的魔爪也悄悄伸向人们的手机“钱包”，染上盗号病毒的手机会将用户的网银、手机炒股等重要密码，传送给不法分子。2010年下半年，网秦全球手机安全中心就截获了一个名为“终极密盗”的高危盗号类手机病毒。该手机病毒通过伪装成塞班手机系统的“系统升级包”骗取用户下载安装。感染手机后，在用户登录手机QQ、网银及手机炒股软件时窃取用户密码，并通过短信形式发送到其指定号码实现盗号。据介绍，此类手机盗号病毒具备极强的传播性，伪装巧妙，感染用户手机后，自动启动并在后台运行，且难以简单卸载清除。

15.1.2　盗取手机

由于手机支付的支付账户和手机必须进行绑定，手机不慎丢失后，如果用户未设置支付密码或验证过于简单，很容易被他人利用，造成利用机主名义完成相关支付的严重后果。

15.2　手机钱包的防护策略

在了解手机钱包的攻击手法后，下面介绍相对应的防护策略。

15.2.1　手机盗号病毒的防范

为避免手机用户被不法分子侵害，专家建议用户应谨慎单击短信链接、运行彩信附件，并在网络下载和通过蓝牙等设备接收到陌生安装包时，及时通过手机安全软件对其进行安全检测。

由于近期在中小安卓软件商店、论坛中频繁出现伪装成正常手机软件，在用户下载后屏蔽运营商业务短信并实施扣费的安卓恶意软件，专家建议用户在通过软件商店下载应用程序后及时进行安全检测，阻止恶意插件的安装。同时密切关注自己的手机资费情况，发现手机话费存在异常，且无法收到正常的业务提示时，用户应选择通过拨打运营商客服电话等方式做详细了解，或前往营业厅查询当前手机的SP业务开通情况。

特别是针对盗号类手机病毒，用户要选择正规手机软件下载网站进行下载，切勿轻信“破解版”“完美修正版”等经过二次打包的手机软件、手机游戏、歌曲、电子书等，谨防其中埋藏手机病毒。

如果自己的手机是智能手机，这时就可以到网上下载针对自己手机型号或系统的杀毒软件，下图为360手机杀毒软件的下载页面。

15.2.2　手机丢失后手机钱包的防范

自己的手机一旦丢失，为了防止不法分子冒充自己使用手机钱包，首先立刻通知银行取消此项业务，这样盗取或捡到手机的人也会因为不知道密码而无法消费。如下图所示为中国工商银行的手机银行业务页面。

15.2.3　强健手机钱包的支付密码

由于用户信息是通过无线传输方式进行传输的，其加密手段相对简单，一旦手机钱包的支付密码被破解，用户的损失将很难挽回。针对这种情况，就要求用户设置相对复杂的密码。复杂密码应该符合以下条件。

- 不要使用可轻易获得的关于自己的信息作为密码。这包括执照号码、电话号码、身份证号码、工作证号码、生日、手机号码、所居住的街道名字等。
- 定期更换密码，因为8位数以上的字母、数字和其他符号的组合也不是绝对不可破解的，但更换密码前请确保所使用电脑的安全。
- 不要把密码轻易告诉任何人。尽可能避免因为对方是网友或现实生活中的朋友，而把密码告诉他。
- 避免多个资源共用一个密码，一旦一个密码泄露，所有的资源都受到威胁。
- 不要让Windows操作系统或者IE浏览器保存你任何形式的密码，因为“*”符号掩盖不了真实的密码，而且在这种情况下，Windows操作系统都会将密码以简单的加密算法存储在某个文件中。
- 不要随意放置你的账号密码，注意把账号密码存放在相对安全的位置。密码写在台历上、记在钱包上、写入PDA等都是危险的做法。

- 申请密码保护，也即去设置安全码，安全码不要和密码设置的一样。如果没有设置安全码，别人一旦破解密码，就可以把密码和注册资料（除证件号码）全部修改。
- 不使用简单危险密码，推荐将密码设置为8位以上的大小写字母、数字和其他符号的组合。

15.2.4 微信手机钱包的安全设置

微信支付已经是当前流行的支付方式了，因此，对微信手机钱包的安全设置非常重要，安全设置的具体操作步骤如下。

Step 01 在手机微信中进入“我的钱包”界面。

Step 02 点按右上角的▦图标，进入“支付中心”界面。

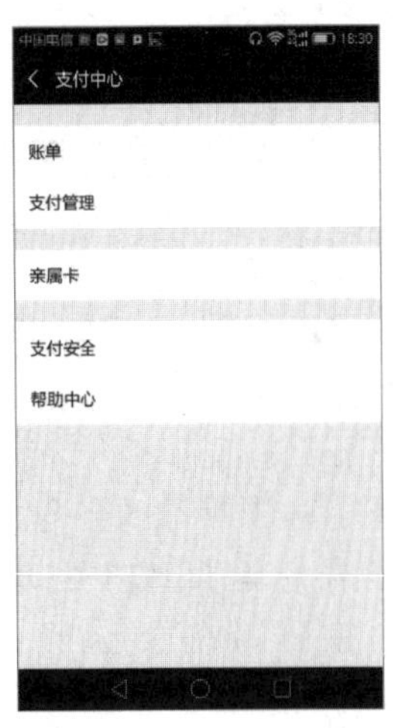

Step 03 点按“支付安全”选项，进入“支付安全”界面，在其中可以选择更多的安全设置。

Step 04 点按“数字证书”选项，进入“数字证书”界面，提示用户未启用数字证书。

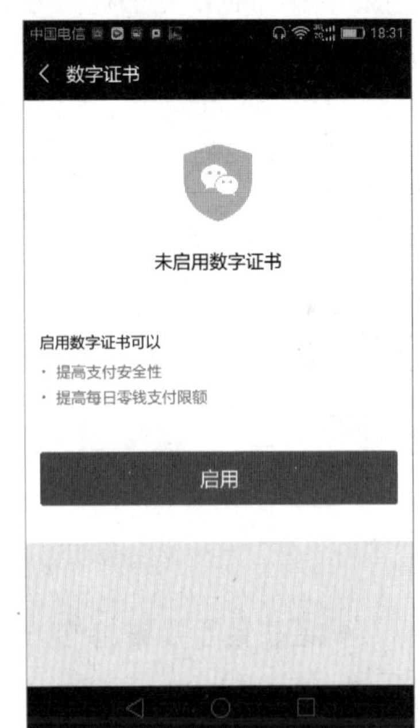

Step 05 点按“启用”按钮，进入“启用数字证书”界面，在其中输入身份证号。

Step 06 点按“验证”按钮，即可开始验证身份证信息，验证完成后，会给出相应的提示信息。

Step 07 返回到“支付安全”界面，在其中可以看到数字证书已经启用，使用同样的方法还可以启动钱包锁功能。

15.3　实战演练

实战演练1——手机钱包如何开通

中国移动手机客户无须换手机和号码，本人携带有效身份证件和手机，到指定的中国移动营业厅将原SIM卡更换为新型RFID SIM卡，完成交易距离校准，即可开通手机支付、手机钱包功能。

实战演练2——手机钱包如何充值

在开通手机钱包时，中国移动将为您开通手机支付账户，可以通过网站http://www.cmpay.com实现网上银行转账，或者到移动营业厅将资金充到手机支付账户。如果手机钱包账户余额不够，可以通过手机菜单远程操作，或者在移动营业厅，将资金从手机支付账户转至手机钱包账户，移动话费不能为手机钱包充值。

15.4 小试身手

练习1：使用微信手机钱包转账

使用手机钱包转账是比较流行的支付方式，下面介绍使用手机钱包转账的具体操作步骤。

Step 01 登录微信，点按需要给予转账的用户，进入微信聊天界面，点按右侧的⊕图标，进入如下图所示的界面。

Step 02 点按“转账”图标，进入“转账”界面，在其中输入转账金额，这里输入100。

Step 03 点按“转账”按钮，进入“请输入支付密码”界面，在其中需要输入支付密码。

Step 04 输入密码正确后，会弹出支付成功界面。

Step 05 点按“完成”按钮，即可将红包发送给对方，并显示发送的金额。

Step 06 当对方收钱后，会给自己返回一个对方已收钱的信息提示。

练习2：使用手机钱包给手机充值

使用手机钱包可以给手机充值，具体的操作步骤如下。

Step 01 在手机微信中进入“我”界面，在其中可以看到“钱包”选项。

Step 02 点按“钱包”选项，进入“钱包”设置界面，可以看到当前钱包中的零钱及服务项目。

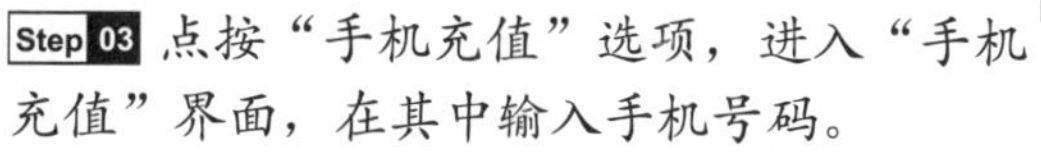

Step 03 点按“手机充值”选项，进入“手机充值”界面，在其中输入手机号码。

Step 04 点按需要充值的金额，如这里点按50元，会弹出“支付”界面，点按“确认支付”按钮，即可完成用手机钱包给手机充值话费的操作。

第16章　无线蓝牙设备的安全防护策略

蓝牙是大家经常使用的一种工具，手机之间的文件互传、手机和电脑之间的文件传输，蓝牙在其中发挥了重要作用。本章介绍无线蓝牙设备的安全防护策略，主要内容包括了解蓝牙、蓝牙设备的配对操作、蓝牙基本Hacking技术、蓝牙DoS攻击技术及蓝牙的安全防护策略等内容。

16.1　了解蓝牙

蓝牙技术已经融入了人们生活当中，进入商场，几乎每款手机都带有蓝牙功能。另外，常见的蓝牙设备有蓝牙耳机、蓝牙适配器和蓝牙键盘等。下图分别为蓝牙键盘和蓝牙耳机。

16.1.1　什么是蓝牙

蓝牙这个名称来自于10世纪的一位丹麦国王 Harald Blatand，Blatand 在英文里的意思可以被解释为 Bluetooth（蓝牙）因为国王喜欢吃蓝梅，牙龈每天都是蓝色的，所以叫蓝牙。在行业协会筹备阶段，需要一个极具表现力的名字来命名这项高新技术。行业组织人员，在经过一夜关于欧洲历史和未来无限技术发展的讨论后，有些人认为用Blatand国王的名字命名再合适不过了。Blatand国王将现在的挪威，瑞典和丹麦统一起来；他的口齿伶俐，善于交际，就如同这项即将面世的技术，技术将被定义为允许不同工业领域之间的协调工作，保持着各个系统领域之间的良好交流，例如计算机、手机和汽车行业之间的工作。名字于是就这么定下来了。

蓝牙的创始人是瑞典爱立信公司，爱立信早在1994年就已进行研发。1997年，爱立信与其他设备生产商联系，并激发了他们对该项技术的浓厚兴趣。1998年2月，5个跨国大公司，包括爱立信、诺基亚、IBM、东芝及Intel组成了一个特殊兴趣小组（Special Interest Group，SIG），他们共同的目标是建立一个全球性的小范围无线通信技术，即现在的蓝牙。下图为蓝牙技术的标志。

蓝牙是一种支持设备短距离（一般10m内）通信的无线电技术，能在包括移动电话、PDA、无线耳机、笔记本电脑和相关外设等众多设备之间进行无线信息交换。利用“蓝牙”技术，能够有效地简化移动通信终端设备之间的通信，也能够成功地简化设备与Internet之间的通信，从而使数

据传输变得更加迅速、高效，为无线通信拓宽道路。蓝牙采用分散式网络结构及快跳频和短包技术，支持点对点及点对多点通信，工作在全球通用的2.4GHz ISM（即工业、科学、医学）频段。其数据速率为1Mb/s。采用时分双工传输方案实现全双工传输。

Bluetooth 无线技术是市场上支持范围广泛，功能丰富且安全的无线标准。全球范围内的资格认证程序可以测试成员的产品是否符合标准。自 1999 年发布 Bluetooth 规格以来，总共有超过 4000 家公司成为 Bluetooth 特别兴趣小组的成员。

16.1.2 蓝牙适配器的选择

蓝牙适配器就是为了各种数码产品能适用蓝牙设备的接口转换器。总线类型可分为ISA总线、PCI总线和USB总线。ISA总线以16位传送数据，标称速度能够达到10Mb/s。PCI总线以32位传送数据，速度较快。随着USB接口的逐渐普及，现有的蓝牙适配器基本上都为USB总线的，即蓝牙USB适配器。

蓝牙适配器和前面提及的无线网卡一样。对于芯片，也有很多厂商推出了不同的芯片。不过这些芯片的种类和数量要远超于无线WiFi的数量，想想这世界上带有蓝牙功能的手机、PDA、笔记本电脑的使用人数吧，单是手机这一项，数量就已经很多了。

不过现在提及的蓝牙适配器，暂时仅限于用于电脑主机的外接蓝牙适配器，主要以USB接口为主。下图为其外形，一般都很小巧。

提到蓝牙适配器的选择就会涉及蓝牙芯片，不过市面上绝大部分外置蓝牙适配器都采用CSR芯片，所以这里就以CSR蓝牙芯片为例做简单说明。

知识链接

CSR，全称为Cambridge Silicon Radio，总部设在英国剑桥的CSR公司，是全球领先的个人无线技术提供商。其产品组合包括蓝牙、GPS、FM接收器和WiFi（IEEE 802.11）。CSR基于其芯片平台提供先进的软硬件解决方案，并与完全集成的无线电、基带及微型控制器的产品合并。蓝牙设备厂商，被誉为无线科技专家暨全球蓝牙连接方案领导厂商。CSR开发的产品解决了设计者所面临的关键问题，如成本、尺寸、性能及互操作性等。而CSR公司作为SIG联盟的初期成员之一，到2008年4月，售出蓝牙芯片已达十亿块。其占据市场领先地位的CSR BlueCore芯片，得到所有一线手机制造商的采用，目前CSR公司客户包括许多业界领先的厂商，例如苹果、戴尔、LG、摩托罗拉、NEC、诺基亚、松下、RIM、三星、夏普、索尼、TomTom和东芝等。此外，市场上已有约60%的蓝牙产品采用了CSR的蓝牙芯片。

下图分别为CSR公司标志和CSR的蓝牙芯片。

在Windows操作系统下用BlueSoleil查看当前的蓝牙适配器属性，显示其使用的正是CSR芯片，如下图所示。

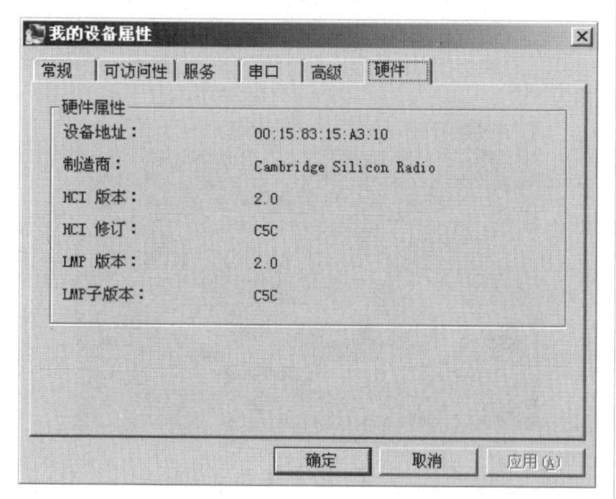

感兴趣的读者可以到CSR官方网站http://www.csr.com上了解更多内容。

16.2　蓝牙设备的配对操作

对于手机与蓝牙耳机的配对，笔记本电脑与智能手机的配对，相信用户都比较了解了。那么，为了让用户掌握不同操作系统的蓝牙配对，本节就以两台分别安装了Windows 2003和Ubuntu操作系统的笔记本电脑之间的蓝牙连接为例，讲解蓝牙设备间配对的操作。

16.2.1　蓝牙（驱动）工具安装

实际工作中，在使用蓝牙设备之前，需要先安装蓝牙驱动（工具），这样才能够识别出蓝牙适配器，并使用其与其他蓝牙外设进行正常工作。很多读者可能除了手机上的蓝牙外，对于笔记本电脑上的蓝牙适配器如何使用还是不太了解，所以下面就以实例来讲解蓝牙工具的安装及使用。

1. Windows操作系统下安装蓝牙工具

Windows操作系统下除了系统自带的蓝牙驱动外，其实最广泛使用的是由IVT公司开发的蓝牙软件产品BlueSoleil。

BlueSoleil可以让计算机享受蓝牙的便捷。凭借3Mb/s的数据交换量，用户可以畅听音质好的音乐并无线使用蓝牙鼠标和键盘。凭借独特的蓝牙AV/Mono数据频道协同工作方式，BlueSoleil支持用户同时通过普通的蓝牙立体声仿真耳机听音乐和打电话，或者轻松地转换这两种模式，新加入的Skype 2.X程序可以方便地让用户通过普通的蓝牙耳机接打电话。通过使用蓝牙适配器，BlueSoleil 可以实现多台电脑组网并且无线交互信息。BlueSoleil还可以实现电脑和其他蓝牙设备快速、稳定的连接，例如移动手机、头戴式耳机、个人掌上电脑、局域网接入设备、打印机、数码相机、电脑的外部设备等，可以说是Windows操作系统下必备的蓝牙工具。

官方网站：http://www.bluesoleil.com。

下图为Windows操作系统下BlueSoleil的工作界面。

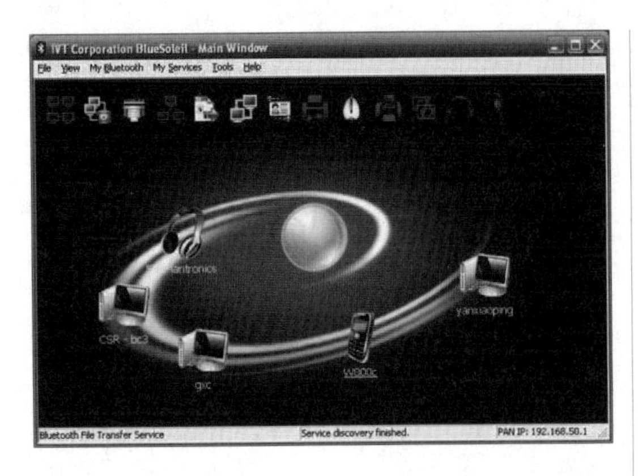

2. Linux操作系统下安装蓝牙工具

若BackTrack4 Linux下没有蓝牙工具或者需要升级到最新的版本，可以使用如下命令实现。

```
sudo apt-get install bluez-utils libbluetooth-dev
```

按Enter键后，就能看到如下图所示的内容。

```
root@ZerOne: ~ # sudo apt-get install bluez-utils libbluetooth-dev
Reading package lists... Done
Building dependency tree
Reading state information... Done
bluez-utils is already the newest version.
bluez-utils set to manually installed.
libbluetooth-dev is already the newest version.
libbluetooth-dev set to manually installed.
0 upgraded, 0 newly installed, 0 to remove and 37 not upgraded.
root@ZerOne: ~ #
```

16.2.2 启用蓝牙适配器

在蓝牙驱动（工具）安装完毕后，就可以启用蓝牙适配器了，具体的操作步骤如下。

Step 01 在Windows 2003操作系统下安装好上面提到的BlueSoleil，并准备好蓝牙适配器，将蓝牙适配器插入笔记本电脑对应接口。

Step 02 此时，在系统的任务栏上会显示“发现蓝牙硬件”的提示。

Step 03 在任务栏的蓝牙图标上单击鼠标右键，选择“启动蓝牙”选项。

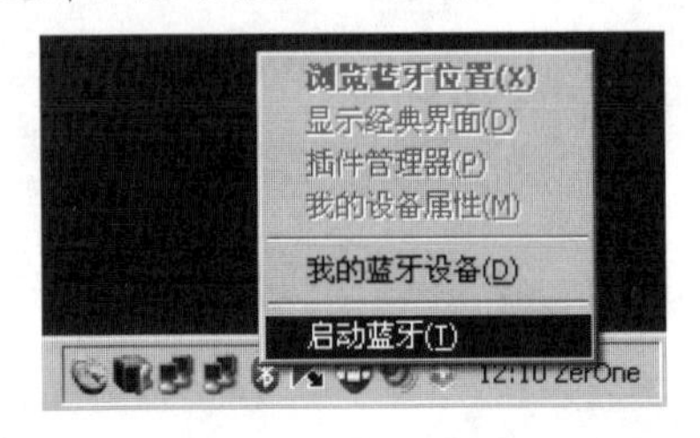

Step 04 启动完成后，在此图标上单击鼠标右键，可以看到此时出现了完整的菜单，选择“显示经典界面”选项。

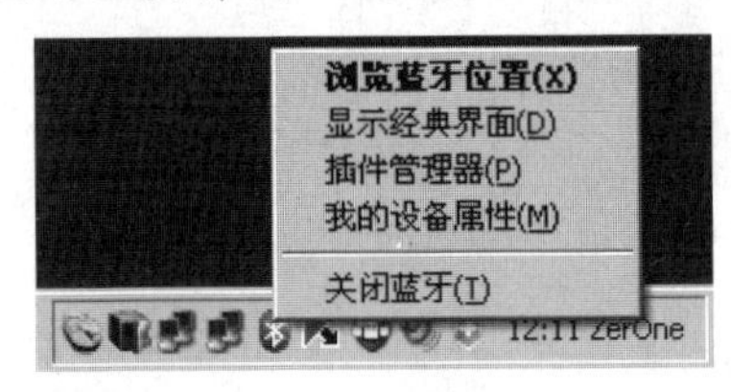

Step 05 可以看到如下图所示的界面，这是Windows 2003操作系统下BlueSoleil的主界面，出现该界面意味着蓝牙适配器已经正常载入。

类似地，在另一台安装了Ubuntu 9.10桌面版操作系统的笔记本电脑上，也插入蓝牙适配器，并在任务栏上启用蓝牙功能。

提示：Linux操作系统下的配置与Ubuntu下的配置极其相似，不过在使用前需要提前安装蓝牙工具或驱动包。

16.2.3 搜索开启蓝牙功能的设备

当蓝牙适配器成功载入后，下面就可以开始搜索蓝牙设备了。在默认情况下，操作系统下的蓝牙功能是自动进入被搜索模式的，也就是“可被搜索到”这个选项被选中。当然，也可以根据实际需要取消这个选项，从而使得笔记本电脑的蓝牙不可见。具体操作随着操作系统及蓝牙工具的不同，也将会有细节上的不同，需要用户仔细查看对应的说明文档。

Step 01 如下图所示为Windows 2003操作系统下的蓝牙配置工具Bluesoleil中的“我的设备属性”界面，在“可访问性”选项卡中，如果勾选“允许其他设备发现该设备”复选框，则意味着当前的蓝牙设备是可被搜索到的，取消勾选，则其他设备便无法发现该设备。

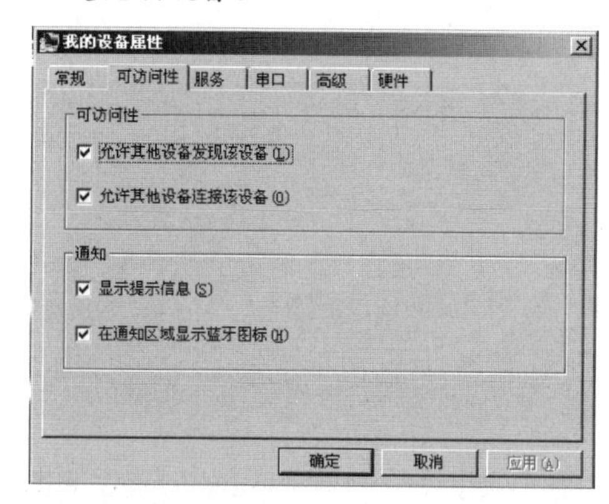

Step 02 一般来说，当便携式设备进入搜索模式后，会出现指示灯一闪一闪的情况。以Ubuntu为例，此时就可以在Ubuntu操作系统任务栏上单击蓝牙标志，在其下拉菜单中选择“设置新的设备”选项。

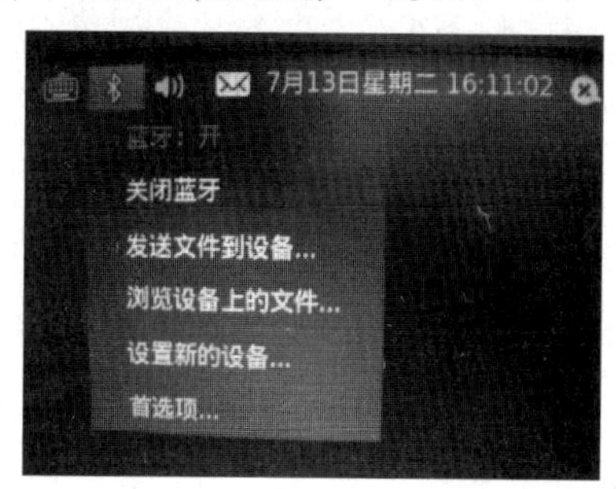

Step 03 弹出如下图所示的向导界面，单击“前进”按钮来继续下一步。

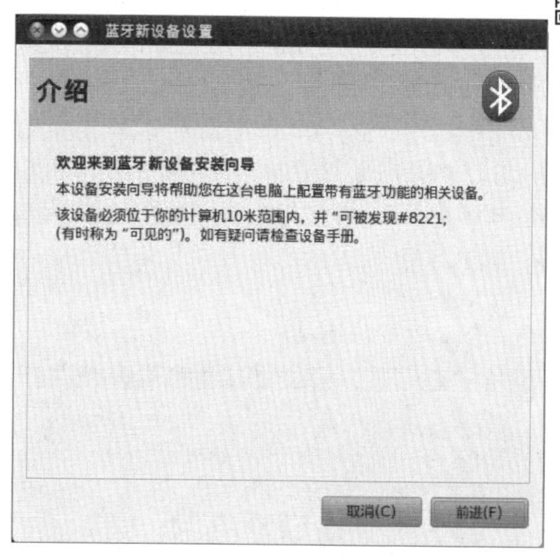

Step 04 稍等片刻，就能看到找到了两个蓝牙设备，在设备搜索界面中会在类型中给出定义。其中，名为mckh3e8b4f1bc6的是一台计算机，也就是要连接的安装Windows 2003操作系统的笔记本电脑。

Step 05 此时，若希望看到蓝牙设备的MAC地址，也可以在Shell下使用hcitool命令进行蓝牙设备扫描。

```
longas@ZerOne:~$ sudo hcitool scan
Scanning ...
        00:24:BA:DE:1F:80       T2223
        09:05:23:AF:20:5E       mckh3e8b4f1bc6
        00:26:BB:3F:90:A9       “liuwei”的 iPod
longas@ZerOne:~$
```

16.2.4 使用蓝牙适配器进行设备间配对

在蓝牙设备配对中，并不需要输入账户，只需要被连接方输入正确的PIN码，就能够建立合法的蓝牙连接。

Step 01 在上面Step04中用鼠标选择搜索到的这个名为mckh3e8b4f1bc6的设备，然后单击该界面下方的“前进”按钮，当前的Ubuntu 9.10操作系统就会自动生成一个随机PIN码，并要求对方设备输入该PIN码以建立合法的可信连接。

Step 02 当然，若用户希望使用简单的固定PIN码，而非随机码，也可以在上小节Step04中单击“PIN选项”按钮来使用如下图所示诸如0000、1111、1234等固定PIN码。这类PIN码一般都是诸如蓝牙耳机、蓝牙GPS模块等设备固定使用的，都是由厂商出厂之前直接设置好的，在其产品说明书中都会有说明。

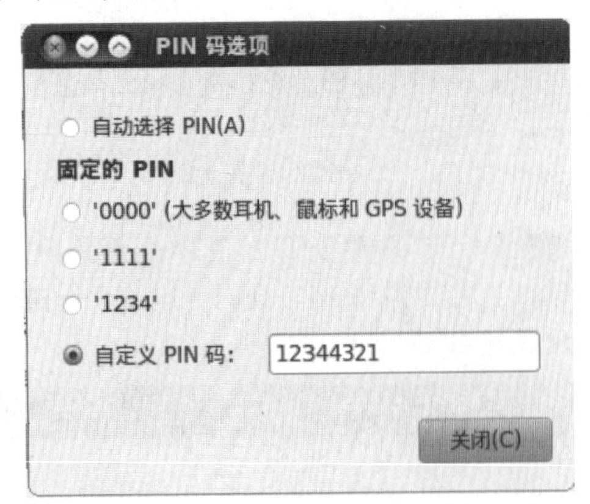

Step 03 当Ubuntu操作系统下出现随机的PIN码内容后，此时在Windows 2003操作系统下的蓝牙配置工具Bluesoleil上就会出现如下图所示的弹出窗口，上面告知Windows 2003用户当前有设备试图进行配对，此时直接输入事先制定好的PIN码，单击“确定”按钮即可。

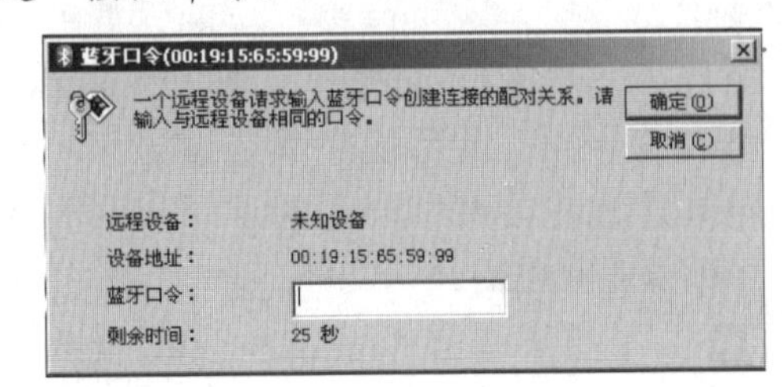

Step 04 若PIN码不正确会有提示，但只要成功配对，就能看到如下图所示内容，图中出现了一个计算机图标，且该图标与中心建立了一条关联线路，这就表示已经成功配对了，同时主界面下方的状态栏上也会有“已连接”的提示。

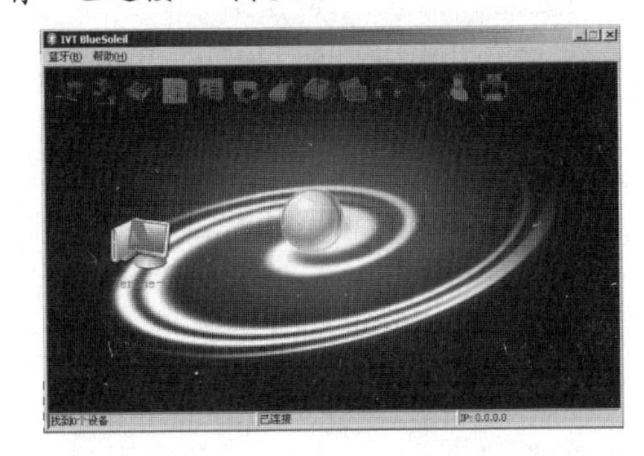

Step 05 与此同时，在Ubuntu 9.10操作系统上也会出现如下图所示的提示界面，告知蓝牙设备之间的配对已经完成。

16.3　蓝牙基本Hacking技术

蓝牙技术在给人们带来方便的同时，也给人们带来了一些安全隐患，下面就来介绍一些蓝牙基本Hacking技术。

16.3.1　识别及激活蓝牙设备

市面上蓝牙适配器有多种，大小也各不相同，不过大多数外置蓝牙适配器均以USB接口为主。在识别及激活蓝牙设备前，需要在笔记本电脑上插入USB接口的外置蓝牙适配器，正确插入USB外置蓝牙适配器的效果如下图所示。

在正确插入USB外置蓝牙适配器后，就可以使用Linux操作系统内置的hciconfig命令对蓝牙适配器的插入状态进行查询，具体命令如下：

```
hciconfig
```

一般都会先输入hciconfig命令来查看是否有蓝牙设备插入，直接按Enter键后即可看到当前已经识别出来的蓝牙适配器，如下图所示为hci0。注意，此时在hci0后面的BD Address处显示为“00:00:00:00:00:00”，这就意味着该蓝牙适配器驱动并未载入。

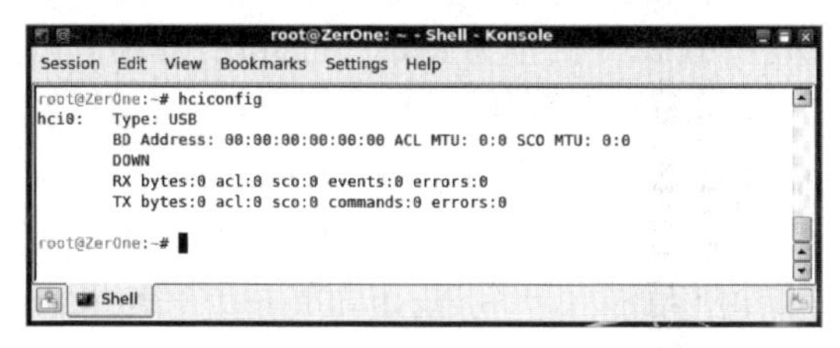

在确认已经识别出蓝牙适配器后，就可以进行将蓝牙适配器载入的操作了。具体命令如下：

```
hciconfig  hci0  up
```

【参数解释】

- hci0：为蓝牙适配器名称，一般都为hci0，若有多个蓝牙适配器，则第二个就是hci1，以此类推。
- up：和ifconfig类似，up是载入该设备，若是down，就是卸载该设备。

在激活蓝牙适配器后，就能够看到如下图所示的内容，其中，在BD Address一栏可以清楚地看到出现了具体的MAC，这就表示系统已经正确识别并载入了该蓝牙适配器的驱动。

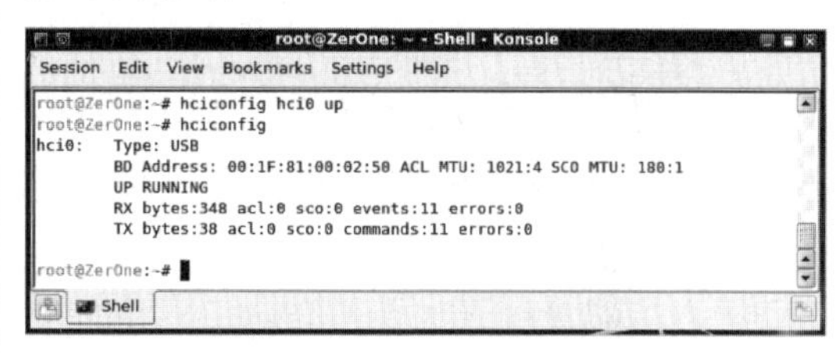

16.3.2　查看蓝牙设备相关内容

hciconfig所能提供的功能有很多，在Linux操作系统下可以使用-help参数或者使用man命令来查看这些支持的功能。下面举一个例子。

```
hciconfig hci0 class
```

【参数解释】

- hci0：这里指的是当前已经载入的蓝牙设备，这里就是hci0。
- class：支持级别、内容。

按Enter键后就能看到如下图所示的内容，不过在下图中Service Classes和Device Class等处，并没有看到显示出很详细的内容。

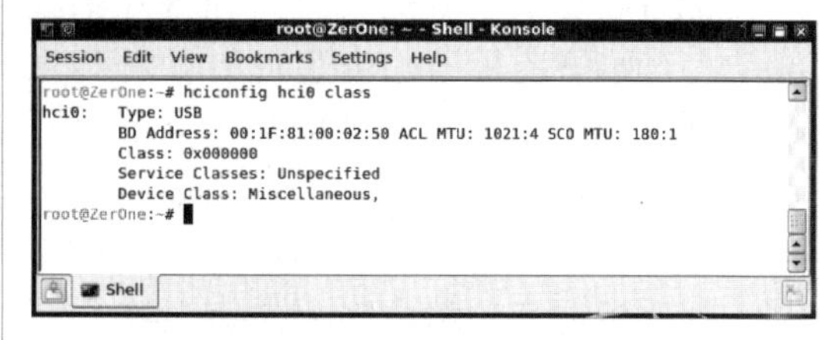

对于有的蓝牙适配器，hciconfig可以轻松地将其提取出来。如下图所示，可以看到在Service Classes处显示为“Rendering,

Information”，而在Device Class处显示为“Computer,Laptop”。

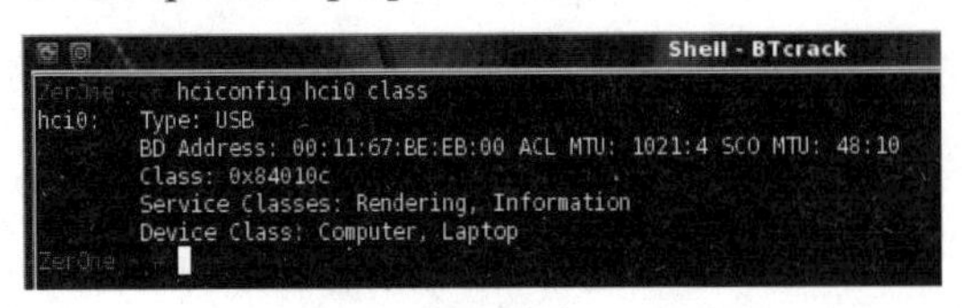

16.3.3 扫描蓝牙设备

为了便于蓝牙设备的连接，那些开启了蓝牙功能的智能手机、PDA和PSP等便携式设备，在默认情况下，都是处于广播开启状态的，也就是说允许其他任意蓝牙设备探测。而在Linux操作系统下，扫描蓝牙设备常用到的工具就是hcitool及图形化的btscanner。

1. hcitool

在Linux操作系统下完成BackTrack4的升级操作后，系统会自动安装好蓝牙的全套操作工具，其中就包括了hcitool。该工具支持大量的蓝牙设备操作，如扫描、查看设备属性等。下面就来看一些该工具是如何进行扫描的。具体命令如下：

```
hcitool -i hci0 scan
```

【参数解释】

- -i：设备名称，这里的蓝牙设备名称是hci0，还可以先输入hciconfig来查看其名称，不过若只有一个蓝牙适配器，这个-i参数可省略。
- scan：扫描模式，该模式下将对附近蓝牙适配器工作范围内的所有蓝牙设备进行探测。

按Enter键后就开始扫描，稍等片刻就可以看到如下图所示的内容，可以看到发现了两个蓝牙设备，在名称描述上出现了“Dell Wireless 365 Bluetooth Module”字样的设备。根据经验，显示为Module模块的，一般都是笔记本电脑上的蓝牙模块，所以初步判断为两台开启了蓝牙功能的笔记本电脑。

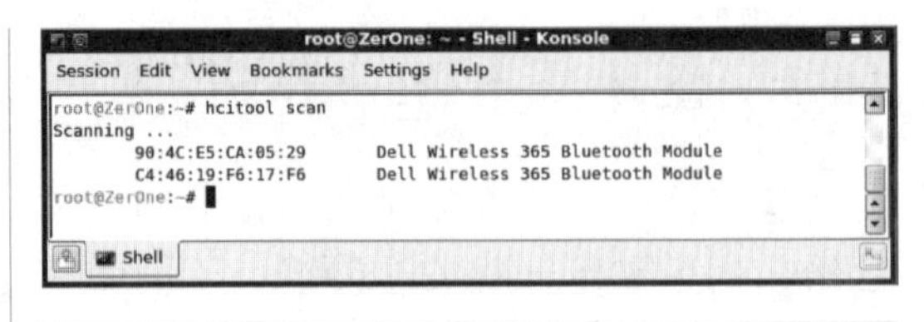

注意：该命令很简单直观，不过也有个缺点，就是不能够持续地探测周边的蓝牙设备。

2. btscanner

用户要想使用btscanner工具扫描蓝牙设备，需要先打开该工具，有两种打开方式：一个是通过蓝牙功能菜单；另一个是先打开一个shell，然后在其中输入btscanner。

在打开btscanner之前，该工具会自动检查是否存在蓝牙设备，如存在则启动并进入图形模式，否则不能启动。当刚进入btscanner时，会看到如下图所示的界面，在其中可以看到给出了相应参数的关键字。

这里如果输入字母“i”，即采用“inquiry scan”扫描方式，按Enter键后稍等片刻，就能够看到如下图所示的内容，可以看到发现了3个开启了蓝牙的设备。与hcitool不同，这款工具会实时对当前蓝牙适配器有效探测范围（一般以6m为半径）内进行扫描，并将扫描结果实时地显示在上方。换句话说，就是不停地对周边进行雷达式扫描。如下图所示，能看到会不停地出现“Found device ××××××××××”提示，这就表示扫描到了新的蓝牙设备。

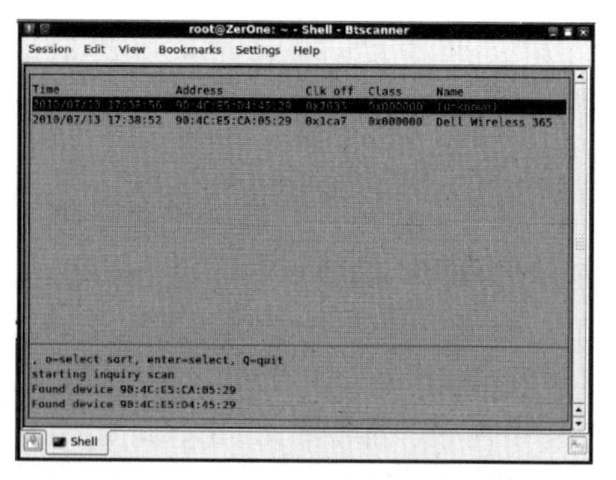

需要注意的是，有时，由于距离、扫描频率等因素，btscanner在初次扫描的时候，会识别不出蓝牙设备的名称，如下图所示，在设备后面会出现“unknown”（未知）的提示。

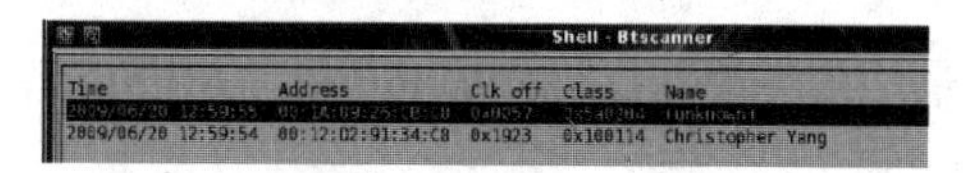

不过只要稍等片刻，btscanner就会识别出该蓝牙设备的名称，刚才显示为“unknown”的设备名称已经被识别出来，为“OMIZ_2219”，这是一款蓝牙耳机，如下图所示。

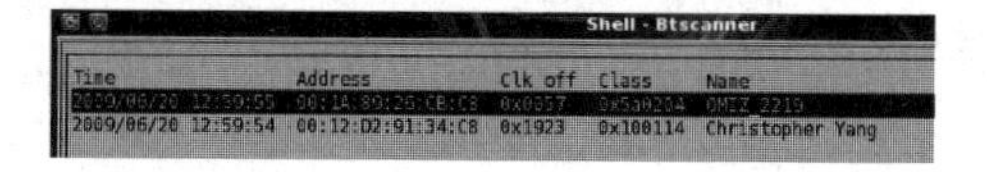

3. bluescan

若用户对btscanner的不间断扫描方式不满意，还可以使用bluescan进行蓝牙设备的搜索，具体命令如下：

```
./bluescan
```

输入效果如下图所示，如果不需要参数，直接按Enter键就可以开始扫描。

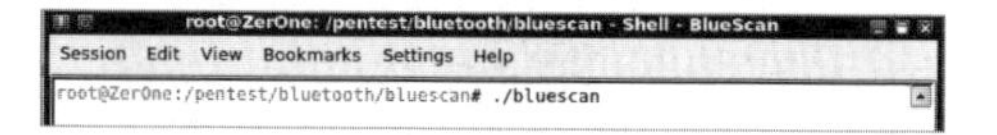

开始扫描后，bluescan会不断地扫描周边的蓝牙信号，并同时将扫描的结果反馈到当前界面上。如下图所示，可以看到多个名称描述为“Dell Wireless 365 Bluetooth Module”的设备被扫描到，这些设备MAC地址皆不相同，这是由于当前环境中有多台Dell笔记本电脑正在使用。

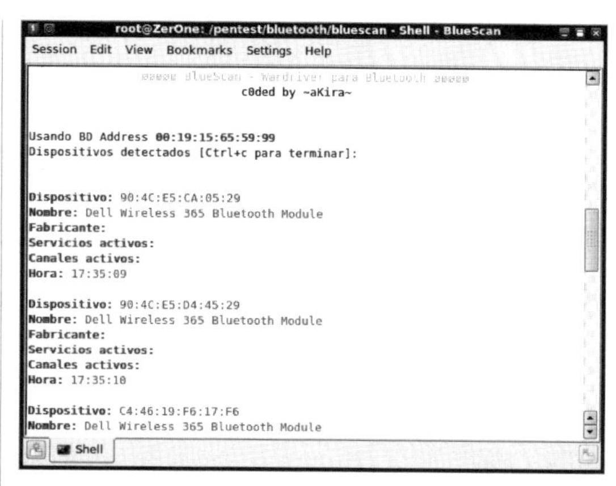

如下图所示，bluescan会自动不断刷新周边的蓝牙设备，并将其一一显示在当前界面上，除了名为“Dell Wireless 365 Bluetooth Module”的笔记本蓝牙模块外，还出现了苹果的iPod设备。

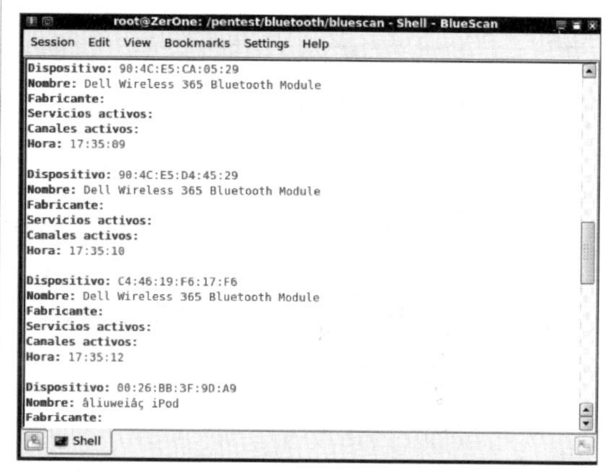

由于该软件是不间断地刷新屏幕，所以会出现重复的情况。当不需要继续扫描时，可以使用键盘上Ctrl+C组合键来强制中断扫描。如下图所示，在中断后，bluescan会提示保存扫描结果，输入数字“2”并按Enter键即可保存，该文件被保存在/root/bslog.txt。

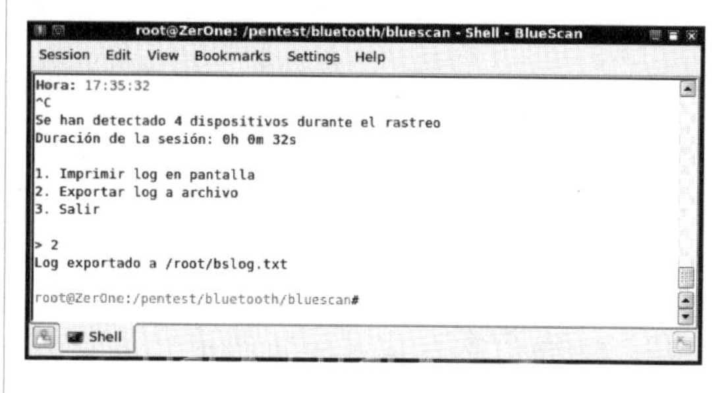

若需要查看扫描结果，在Linux操作系统下可以使用cat命令打开该文件，具体命令如下：

```
cat /root/bslog.txt
```

按Enter键后就可以看到如下图所示的内容，该文本中记录了所有已扫描到的蓝牙设备名称、地址及发现时间。

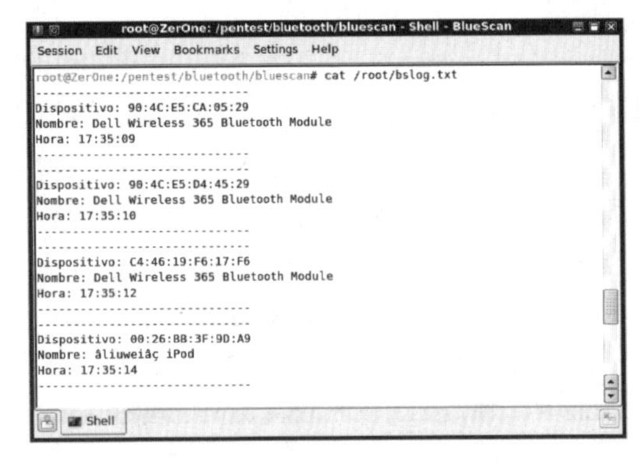

16.3.4 蓝牙攻击技术

任何一个新技术在使用的过程中，都会出现这样或者那样的安全漏洞和潜在的攻击隐患，蓝牙技术也不例外。下面就来介绍比较出名的蓝牙攻击，分别是bluebugging攻击和bluejacking攻击。

1. bluebugging攻击

bluebugging 允许恶意攻击者利用蓝牙无线技术，在事先不通知或不提示手机用户的情况下，访问手机命令。此缺陷可以使恶意的攻击者通过手机拨打电话、发送和接收短信、阅读和编写电话簿联系人、偷听电话内容及连接至互联网。要在不使用专门装备的情况下发起所有这些攻击，黑客必须位于距离手机蓝牙有效工作范围内。

此类攻击最早出现于2005年4月，主要是蓝牙自身缺陷导致，受其影响的机型也主要为2005年前后的Nokia 6310、6310i及索爱T68等，现在正规厂商生产的新款智能手机已基本不受其影响。这方面较出名的工具就是bluebugger了。具体命令如下：

```
bluebugger -a 设备地址  info
```

【参数解释】

- -a：设备地址，这里的设备地址就是预攻击的地址。
- info：获取目标手机上的信息。

按Enter键后，如果攻击成功，可以看到在攻击开启了蓝牙功能的Nokia 6310i的手机后，成功地获取到了目标手机的部分联系人名单，包括姓名和对应的手机号码。

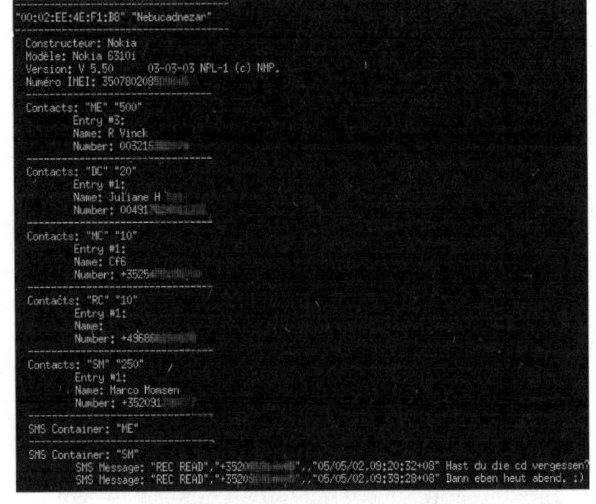

而当攻击失败时，会有“Cannot open”的提示，这往往是由于目标设备当前蓝牙版本过高或者为非手机类便携设备。

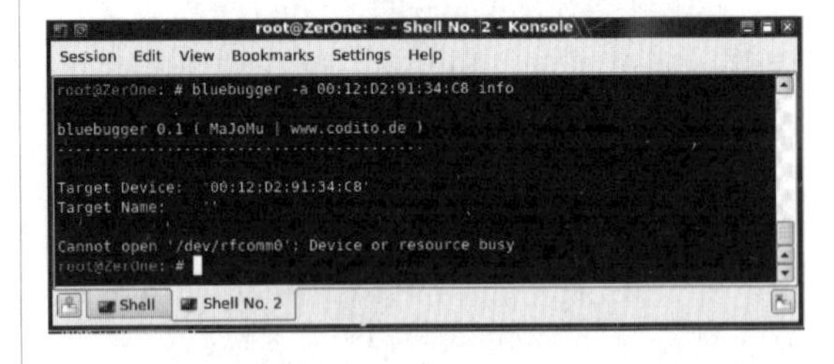

2. bluejacking攻击

bluejacking是指手机用户使用蓝牙技术匿名发送名片的行为。需要注意的是，bluejacking并不会从设备上删除或修改任何数据。而这些名片通常包括一些玩笑、挑逗或骚扰性的消息，而不是通常所说的姓名和电话号码。

从攻击本质上说，接收bluejacking消息并不会对自身的手机造成危害，但接收bluejacking文件会存在感染恶意代码的可能，所以为避免垃圾消息群发攻击及无意识的私人消息泄露，作为手机机主应拒绝将此类联系人添加至通讯录。一般情况下，设为不可发现模式的设备不容易受到bluejacking 等的攻击。

如下图所示为在PDA上对开启蓝牙功能的Nokia 5300进行bluejacking攻击，通过蓝牙发送恶意名片的工作界面。如这里写了一条短信，内容为“Hi,I'm Christopher Yang！！”，而作为攻击目标的Nokia 5300，此时会有提示收到一条未知的短信，询问是否查看，当使用者选择接收，就能够收到该短信。

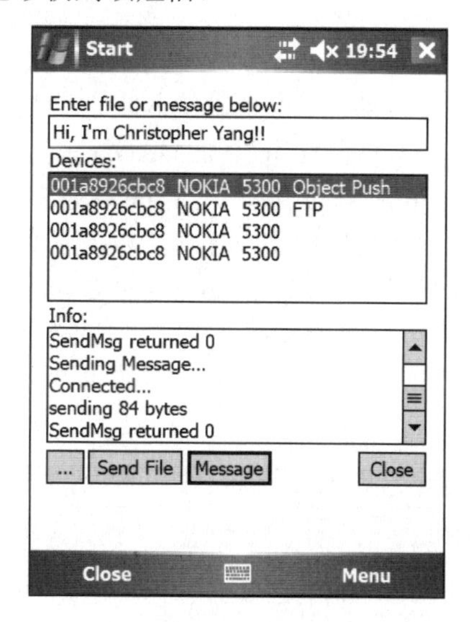

16.4　蓝牙DoS攻击技术

DoS攻击是网络攻击方式的一种，而蓝牙技术是无线网络的一种，因此，蓝牙设备也会受到DoS攻击，本节就来介绍有关蓝牙DoS攻击技术的相关知识与实战。

16.4.1　关于蓝牙DoS攻击

DoS攻击是以向目标主机发送大量畸形的ICMP数据包的方式，使得目标计算机忙于响应，从而达到资源耗尽死机的目的，实现这种攻击技术的相关工具是“Ping”，与之相类似，实现蓝牙DoS攻击的工具是“L2ping”。

L2ping是一款用于测试蓝牙链路连通性的工具，主要在Linux操作系统下使用。不过这款工具并不需要先使用PIN码建立连接，而是对蓝牙适配器探测范围内的蓝牙设备都可以进行连通性测试。

16.4.2　蓝牙DoS攻击演示

在了解有关蓝牙DoS攻击的相关基础知识后，下面就以在BackTrack4 Linux环境下演示DoS攻击为例，讲解实现DoS攻击的相关操作步骤。

Step 01 载入蓝牙适配器。在开始实战前需要先载入笔记本电脑内置的或者外置蓝牙适配器，具体命令如下：

```
hciconfig
hciconfig hci0 up
```

【参数解释】

- hci0：此为蓝牙适配器名称，一般都为hci0，若同时使用多个蓝牙适配器，则第二个就是hci1，以此类推。
- up：和ifconfig类似，up就是载入该设备，若是不再使用适配器，此处应当使用down来卸载该设备。

一般都会先输入hciconfig来查看是否有蓝牙设备插入，若hci0存在，再执行hciconfig up来激活，若没有任何回应，则应该重新插入蓝牙适配器，具体如下图所示。

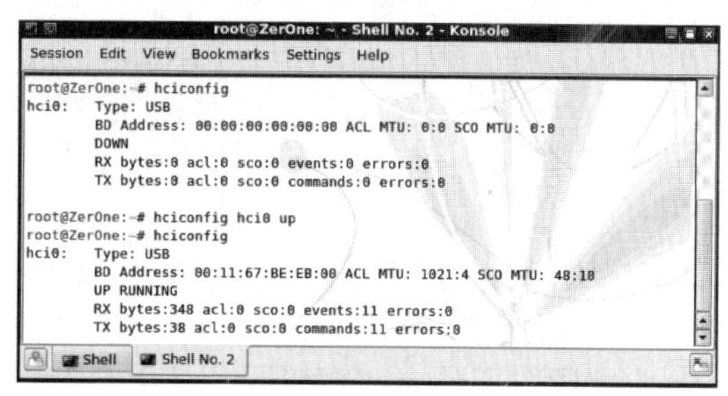

Step 02 扫描蓝牙设备，具体命令如下：

```
hcitool scan
```

由于之前小节已经详细介绍过该命令，这里不再解释。执行效果如下图所示，可以看到扫描出一个开启蓝牙的设备，MAC地址为“00:12:D2:91:34:C8”，设备名称为“Christopher Yang”。

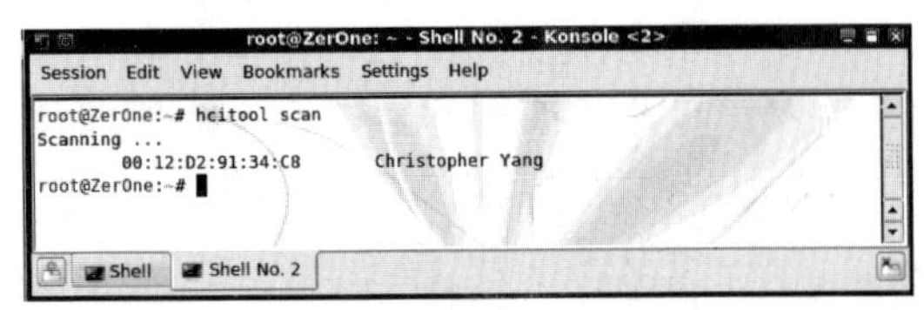

Step 03 对蓝牙设备进行DoS攻击。目标确认后，就可以直接开始连通性测试，l2ping的基本命令很简单，具体命令如下：

```
l2ping 目标MAC
```

【参数解释】

目标MAC：此处输入之前扫描得到的目标蓝牙设备的MAC地址。

按Enter键后，将看到类似于如下所示的内容。

```
----------------------------
ZerOne ~ # l2ping 00:12:D2:91:34:C8
Ping: 00:12:D2:91:34:C8 from 00:15:83:F0:F0:5F (data size 44) ...
96 bytes from 00:12:D2:91:34:C8 id 0 time 816.88ms
96 bytes from 00:12:D2:91:34:C8 id 1 time 77.67ms
96 bytes from 00:12:D2:91:34:C8 id 2 time 69.61ms
96 bytes from 00:12:D2:91:34:C8 id 3 time 69.55ms
96 bytes from 00:12:D2:91:34:C8 id 4 time 71.49ms
96 bytes from 00:12:D2:91:34:C8 id 5 time 78.44ms
96 bytes from 00:12:D2:91:34:C8 id 6 time 76.38ms
96 bytes from 00:12:D2:91:34:C8 id 7 time 79.31ms
8 sent, 8 received, 0% loss
----------------------------
```

在默认情况下，Linux操作系统下和Windows操作系统下的ping命令不同，使用上述命令会持续发包，直到按Ctrl+C组合键来终止，默认发包的大小为44个字节，如下图所示。

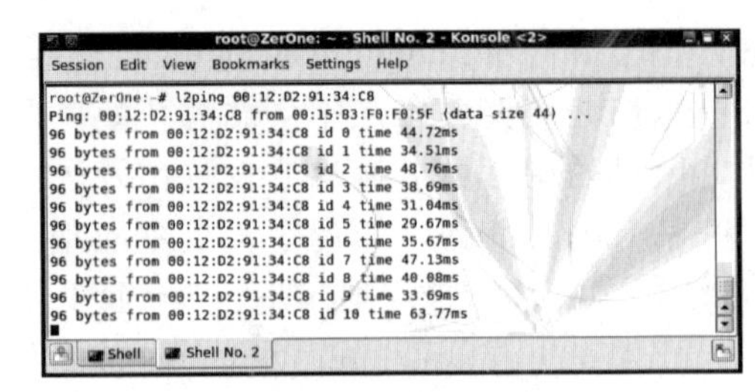

与在传统有线网络中使用ping命令一样，由于发送数据量很少，所以上面的操作及命令只能算是蓝牙连通性测试，而不能算是蓝牙DoS攻击。那么，想要对目标蓝牙设备造成DoS攻击，则应该增大蓝牙数据流，具体命令如下：

```
l2ping -s num 目标MAC
```

【参数解释】

- -s num：这里是定制发送数据包的大小，而num处则是输入具体的数值。
- 目标MAC：此处输入之前扫描得到的目标蓝牙设备的MAC地址。

这里注意一下，返回的数据报文的延时。如下图所示，当设置数据包大小为2000时，延时达到了160ms左右，而之前在默认情况应为40ms左右，可见随着单包容量的增大，目标设备的响应也开始变得缓慢。

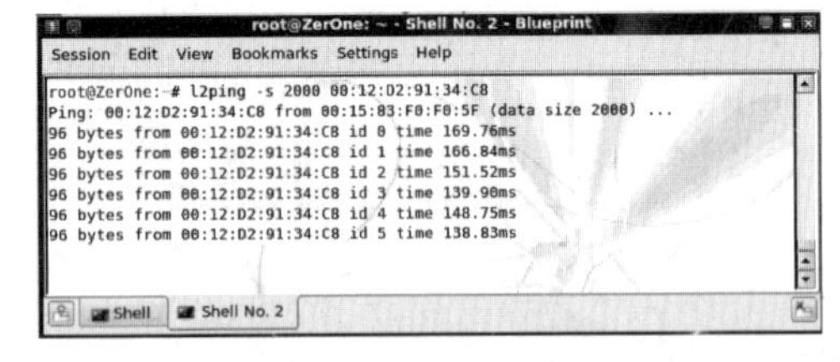

作为对比，如下图所示，当数据包变为5000时，延时增长到2000ms左右，可见由于数据包的增大，确实使得目标耗费了大量的资源进行处理，也就造成了响应的缓慢。

```
root@ZerOne:~# l2ping -s 5000 00:12:D2:91:34:C8
Ping: 00:12:D2:91:34:C8 from 00:15:83:F0:F0:5F (data size 5000) ...
96 bytes from 00:12:D2:91:34:C8 id 0 time 1688.27ms
96 bytes from 00:12:D2:91:34:C8 id 1 time 1890.66ms
96 bytes from 00:12:D2:91:34:C8 id 2 time 1887.36ms
96 bytes from 00:12:D2:91:34:C8 id 3 time 2113.96ms
96 bytes from 00:12:D2:91:34:C8 id 4 time 2658.46ms
96 bytes from 00:12:D2:91:34:C8 id 5 time 2102.42ms
96 bytes from 00:12:D2:91:34:C8 id 6 time 1901.81ms
96 bytes from 00:12:D2:91:34:C8 id 7 time 2586.57ms
```

类似地，当数据包变为40 000时，延时也增长到7500ms左右，目标的蓝牙模块或适配器耗费了大量的运算性能进行处理，从而响应也变得愈发缓慢。

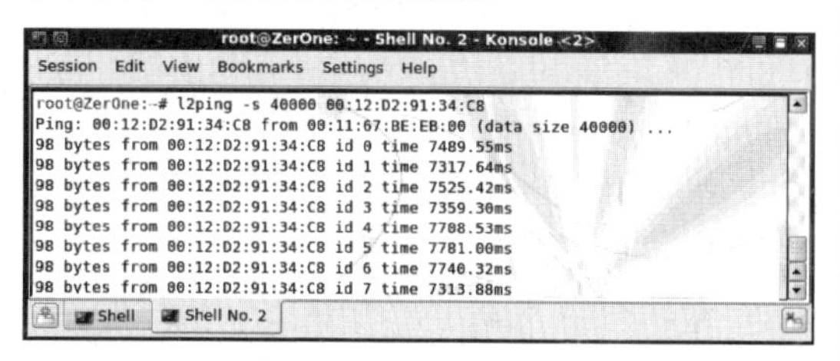

Step 04 检查攻击效果。由下图可以看到，在攻击前，使用hcitool还能探测到开启蓝牙的PDA设备，而在遭到攻击后，则无法探测到，或者出现“时而能够探测到，时而不能”的情况。

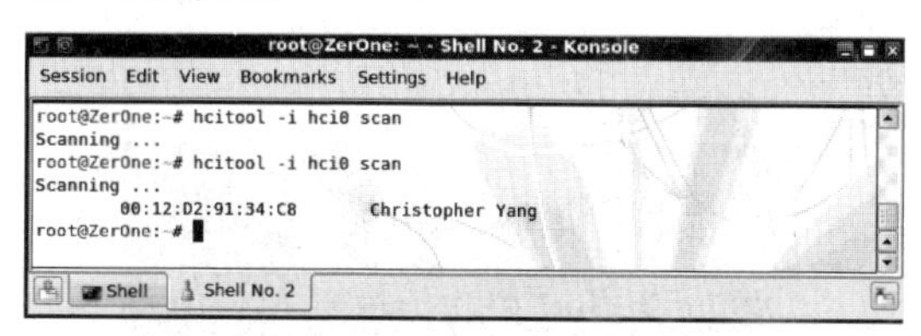

要注意的是，包的大小也不能设置得太大，对于不同的蓝牙适配器，能够承受的程度也不一样，比如当设置数据包为10 000的时候，直接就提示连接被中断了。而比较上图所示，那款Broadcom芯片的蓝牙适配器是可以达到40 000数据包的。

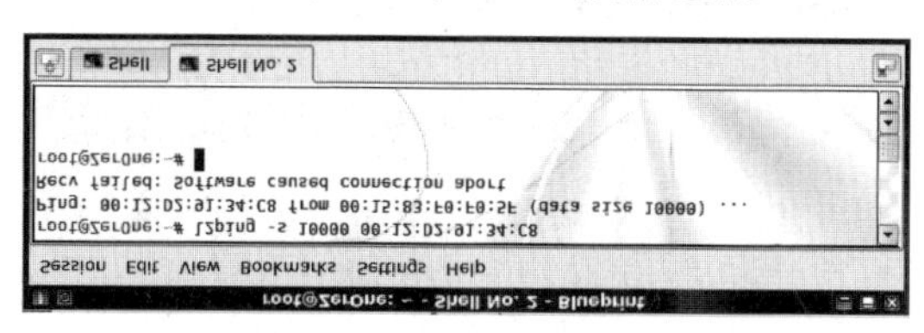

16.5　安全防护及改进

在了解有关黑客蓝牙攻击的相关技术后，本节给出比较有效的几种改进现有蓝牙设备安全性的方法，供大家参考。

1. 关闭蓝牙功能

关闭蓝牙功能是提交设备安全性最有效的方法。看到这一项估计有很多读者会颇不以为然，但是事实证明，有很多用户在购买全新手机后，由于对很多手机默认设置蓝牙开启的不了解，所以导致自己手机蓝牙功能长期处于开启状态却毫不知情，增加了自身隐私泄露的社会。如下图所示为设置手机的蓝牙为关闭状态。

2. 设置蓝牙设备不可见

其实有一个很简单的办法就是将蓝牙功能设置为不可见，所谓不可见就是不能够被其他蓝牙设备直接搜索到，只有之前连接过的蓝牙设备才可以直接连接此设备。在手机中单击“蓝牙设置”选项，取消“可检测”的选中状态，这样就会使手机上的蓝牙设备处于不可见的状态，也就是说别人扫描时是扫描不到我的蓝牙设备的，即可实现蓝牙功能不可见的目的。

3. 限制蓝牙可见时长

直接关闭可见模式可能对于一些用户而言，反而会造成一些麻烦。那么，也可以通过限制可见模式的时长，来达到加强安全性的目的。对于使用Windows Mobile系统的智能手机而言，进入到蓝牙配置界面下，可以将蓝牙的可见时间设置为“5分钟后”，即5分钟后该智能手机的蓝牙功能将自动转为“不可见”模式。这样，就有效地防止了可能的蓝牙扫描及攻击隐患。

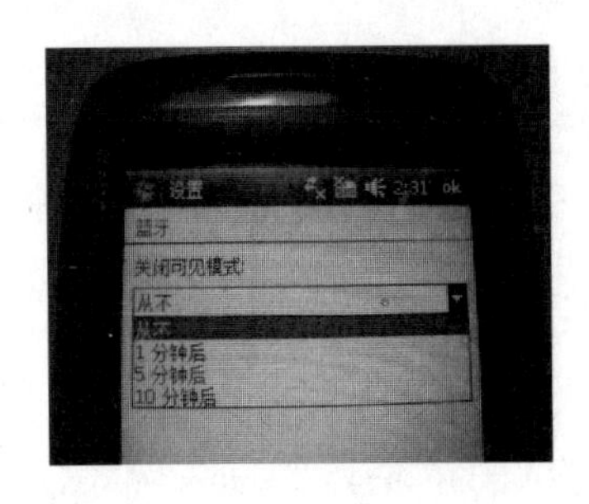

4. 升级操作系统至最新版本

及时将智能手机的操作系统或者固件升级到最新的版本也是提高蓝牙设备安全性的方法。尤其是那些既需要蓝牙功能，又需要不时使用蓝牙与朋友分享桌面、音乐、铃声及图片或者传送文件的朋友，避免蓝牙安全漏洞隐患最好的办法就是升级手机的操作系统，比如将智能手机默认的Windows Mobile 5.0/6.1版系统升级为较新的6.5版本系统。

5. 设置高复杂度的PIN码

通常情况下，蓝牙耳机等便携式外设默认PIN码长度均为4位数，且一般为纯数字的简单组合，如1234、0000、1111等。即使个别产品支持额外配置PIN码，但很多人为了方便起见，仍然会使用3～4位纯数字这样简单的密码。

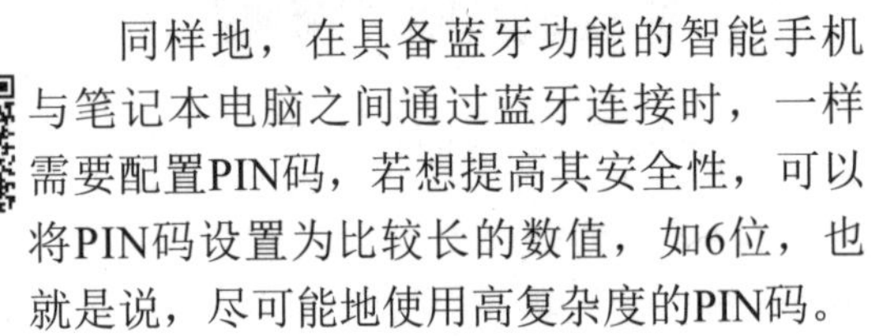

同样地，在具备蓝牙功能的智能手机与笔记本电脑之间通过蓝牙连接时，一样需要配置PIN码，若想提高其安全性，可以将PIN码设置为比较长的数值，如6位，也就是说，尽可能地使用高复杂度的PIN码。

6. 拒绝陌生蓝牙连接请求

对于手机或者PDA上突然出现的蓝牙连接提示，应明确其来源。若无法确定来源，应拒绝接受蓝牙连接请求，这样可最大可能地避免蓝牙攻击及病毒的侵扰。

7. 拒绝可疑蓝牙匿名信件

同样地，当自己的手机上显示为一个蓝牙信息收取，而来源是并不熟悉的其他设备，应拒绝接收，这样同样对避免蓝牙攻击及病毒的侵扰有所帮助。

8. 启用蓝牙连接验证

对于智能手机或者使用外置蓝牙适配器的笔记本电脑而言，开启强制安全验证将有效地确保通过蓝牙信道传输的安全性。在开启验证后，所有的蓝牙连接操作都将经过对方的同意，比如通过蓝牙发送文件，则接收方的设备上会出现连接提示，只有接收方选择同意后，文件才能够通过蓝牙发出。

如下图所示，应确保在蓝牙配置中无线发送验证界面的“需要验证”复选框是处于勾选状态的。

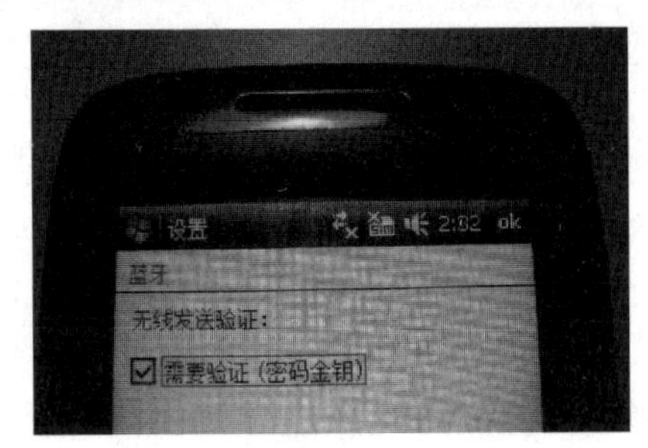

16.6 实战演练

实战演练1——蓝牙bluebugging攻击技术

在“蓝牙基本Hacking技术”这一节中，已经简单介绍了有关蓝牙bluebugging攻击技术的相关知识，下面来介绍一个有关蓝牙bluebugging攻击的相关实例。

在实施攻击之前，需要准备一些攻击工具，大多数的蓝牙攻击在Linux操作系统下默认已安装，如hciconfig、hcitool等，不过还需要安装minicom终端工具。对于BackTrack4 Linux的用户来说，minicom已经内置安装完毕，无须再下载。

这里以国内广泛流行的山寨手机为例来演示bluebugging攻击，具体的攻击步骤如下。

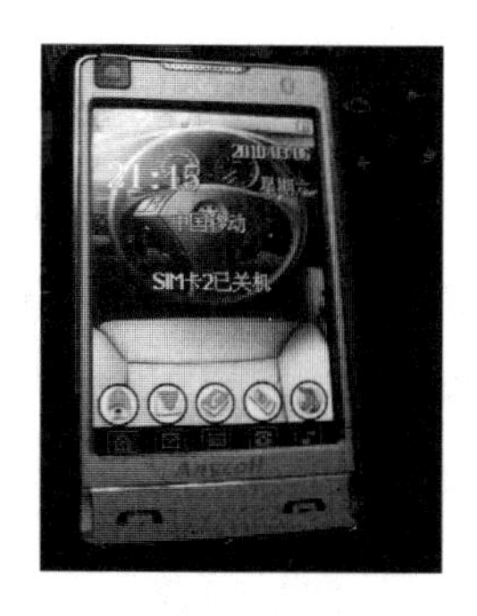

第1步：扫描蓝牙设备

Step 01 在载入蓝牙适配器后，就可以对周边开启蓝牙的移动设备进行扫描，具体命令如下：

```
hcitool scan
```

Step 02 按Enter键后，可以看到发现一个名为“MTKBTDEVICE”的设备，该设备即为测试用的山寨手机，这个名称是其内置的蓝牙芯片名称，其中，MTK表示出其芯片厂商，而BT即BlueTooth的缩写，DEVICE就是设备的缩写。

Step 03 一般在搜索到开启蓝牙功能的设备后，会使用l2ping来测试一下与该设备的蓝牙模块之间是否数据可达。具体命令如下：

```
l2ping 目标蓝牙设备MAC
```

Step 04 按Enter键后即可看到如下图所示内容，会显示出类似“6 sent,6 received, 0% loss”的提示，即“发送6个包，收到6个包，没有丢失”的意思。

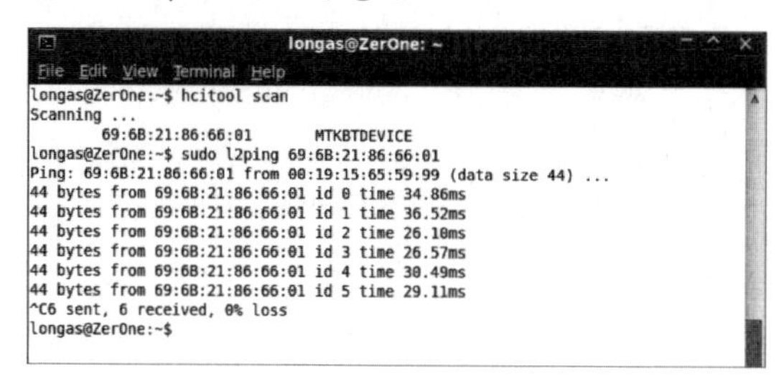

第2步：查找串行端口服务

Step 01 为了获取手机的控制权，需要连接目标设备的串行端口，所以需要通过蓝牙来搜索关于串行端口的服务。这里需要使用到sdptool工具，具体命令如下：

```
sdptool browse 目标设备的MAC
```

【参数解释】

- browse：浏览所有可用服务，主要是列出所有隐藏的服务内容、工作频道等。

Step 02 按Enter键后，可以看到出现了详细的服务列表，这些都是该手机设备支持的服务内容。

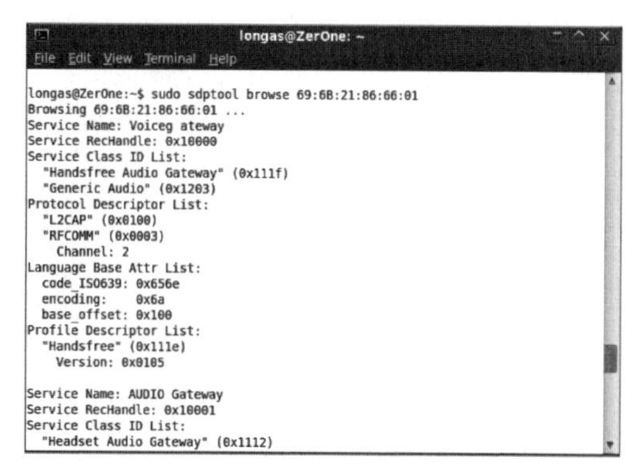

Step 03 对于攻击者而言，需要找到串行端口即Serial Port的信息，在sdptool命令返回的内容中查看，即可看到名为Serial Port的内容，其中，主要需留意的是Channel（频道）的数值。如下图黑框处所示，这里的Channel就是10，即串口使用的隐藏频道是10。

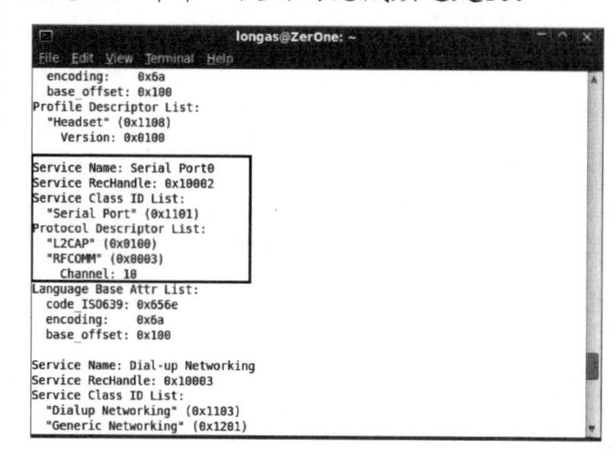

第3步：配置蓝牙连接设置

Step 01 对Ubuntu操作系统下的蓝牙配置文件进行修改和设置，具体命令如下：

```
nano /etc/Bluetooth/rfcomm.conf
```

【参数解释】

- nano：Linux操作系统下一款工作在

Shell下的编辑工具。

- rfcomm.conf蓝牙连接配置文件。

Step 02 按Enter键后即可看到如下图所示内容，其中，在device后面填入需要连接的目标蓝牙设备MAC地址，这里就是上面使用hcitool搜索到的蓝牙设备MAC地址。然后在channle后面填入Serial Port的频道数值，这里就是上面使用sdptool列出的内容，即10频道。

Step 03 配置完毕，使用Ctrl+X组合键退出，注意选择Y保存。然后开始配置设备的映射。

```
rfcomm bind /dev/rfcomm0
```

【参数解释】

- bind：绑定在某一个设备上，这里指与目标蓝牙设备之间建立一个映射关系，也就是rfcomm0指代目标设备。

Step 04 按Enter键后就可以开始配置终端工具minicom。

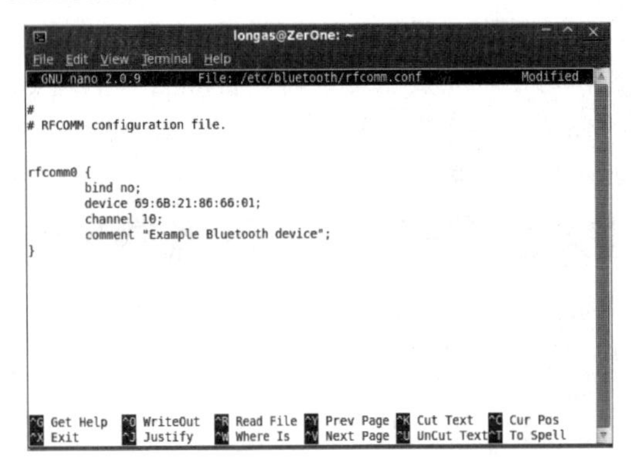

第4步：配置minicom

Step 01 在使用minicom连接之前，需要先对串口进行设置，具体命令如下：

```
minicom -m -s
```

【参数解释】

- -s：进入setup模式，即配置模式。

Step 02 按Enter键后，即可看到如图所示的配置菜单，使用上下键在菜单中选择“Serial port setup”项并按Enter键，该选项主要设置串口。

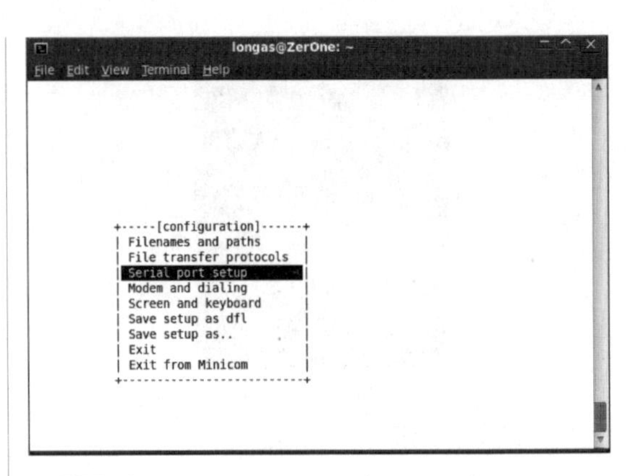

Step 03 在打开的设置框中，确保“Serial Device”项中设置为/dev/rfcomm0，与前面绑定的一样，具体如下图所示。然后在配置菜单中选“Save setup as dfl”保存（一定要记得这一步），提示成功后再选“Exit from Minicom”退出菜单。

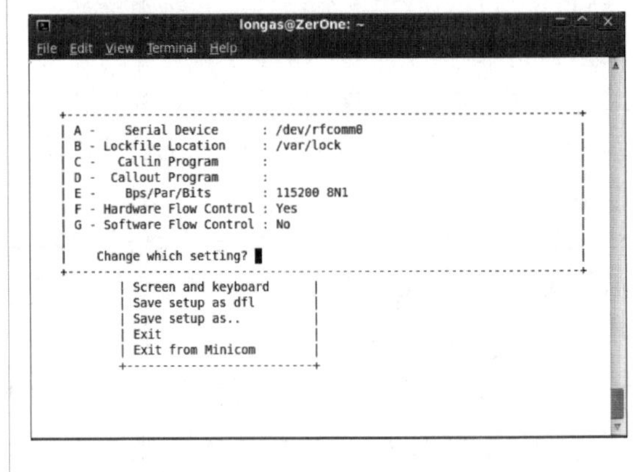

第5步：实施bluebugging攻击

Step 01 一切配置无误后，就可以开始进行bluebugging攻击，先确定目标手机设备在蓝牙适配器的工作范围内，然后输入命令如下：

```
minicom -m
```

Step 02 按Enter键后即可看到如下图所示内容，成功连接至该手机设备。此时，受害者手机上会出现一个提示“串口已连接”，不过该提示会一闪而过，不需要对方的确定。这时候，攻击者就已经成功地获取了该手机的控制权。

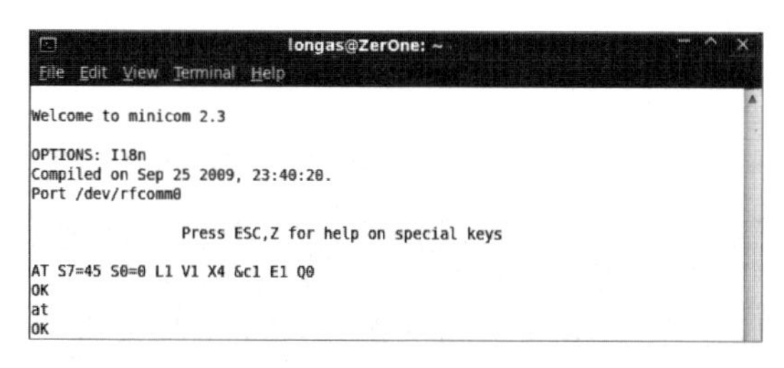

Step 03 现在，攻击者已经可以对该手机进行任意操作，包括命令该手机向外拨打电话、读取手机短信、编写短信向外发送、读取通话记录等。拨打电话，输入参数如下：

```
Atdt 手机号码
```

【参数解释】

- Atdt手机号码：该参数用于拨打电话，后面“手机号码”为具体的电话号码，需要注意的是，由于机型的不同，有时在拨打手机时需要加入086这样国际区号。

Step 04 按Enter键后，受害人的手机会自动拨打该号码，如下图所示。

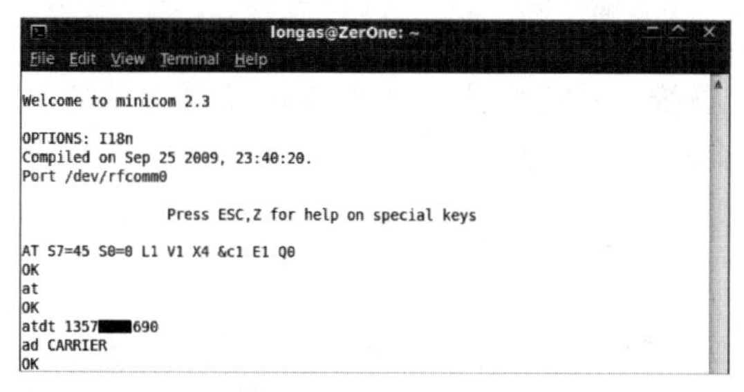

对于攻击者而言，当然不会简单地拨号那么简单，输入参数如下：

```
at+cpbr=1,100
```

【参数解释】

- at+cpbr=<index1> [,<index2>]：该参数用于查询手机中电话簿的内容。其中，在index1处输入序号，即可查询该顺序号码下的电话号码。若需要查询某一段号码，则在index1处输入起始位，在index2处输入结束位即可。

在这里的命令意为列举出手机电话号码簿中前100位的内容。按Enter键后就可看到如下图所示的内容，将会自动将读取的前100位号码全部列举出来。此时，受害者的手机是没有任何提示和反应的。

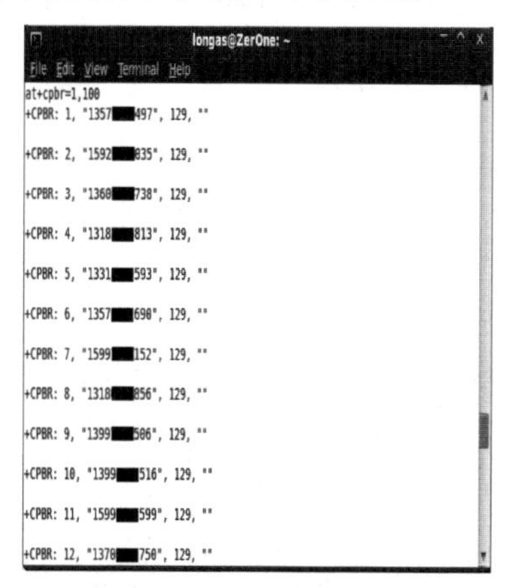

如下图所示可以看到，由于该手机中只存了70个号码，所以经过数秒后，就成功地将全部号码读取完毕。

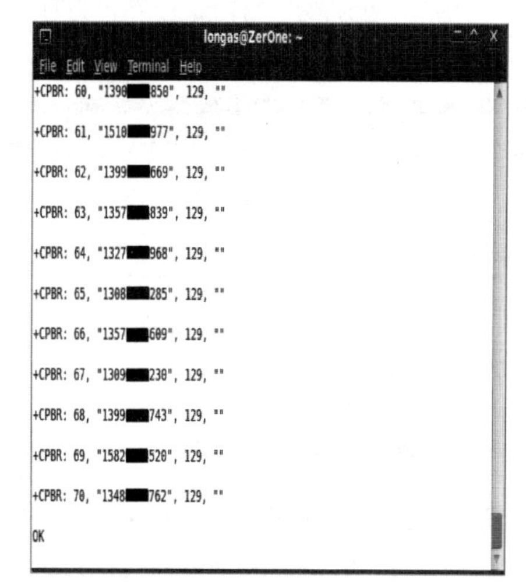

实战演练2——蓝牙DoS测试问题

为了解决初次学习蓝牙攻击可能遇到的几种情况，下面给出常见的几种情况及相应的解释。

1. 目标蓝牙芯片不支持

当发送的蓝牙通信数据包大小过于庞大，超过目标设备蓝牙芯片默认所能接受的时，会失去响应或者直接拒绝响应。

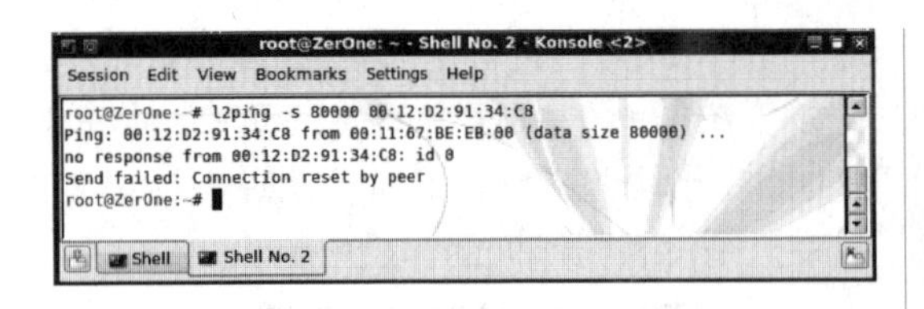

2. 程序出错

若长时间用于进行大数据流的蓝牙DoS攻击，L2ping也会出现一些莫名的错误，比如下图所示的，会显示当前程序已经在执行中，这往往是程序在缓存上出了问题。

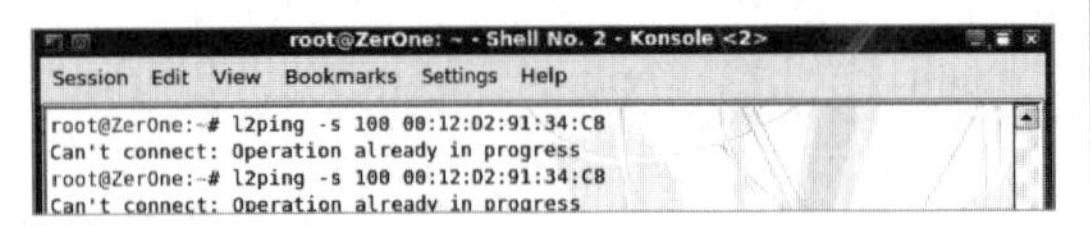

3. 远程蓝牙设备关闭，或者当机重启

当突然无法探测到蓝牙设备时，比如对方关闭蓝牙功能、关机或重启等，会出现如下图所示的提示“Host is down”，即目标已关闭。

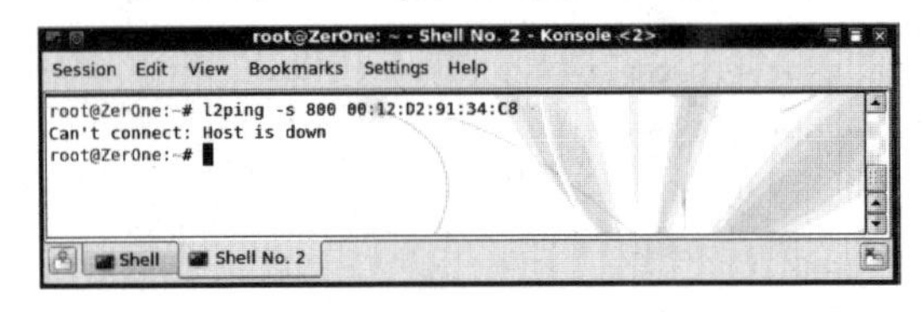

16.7 小试身手

练习1：修改蓝牙设备地址

为了躲避可能的搜索和跟踪，用户可以修改蓝牙设备的地址来迷惑黑客，从而提高蓝牙设备的安全系数。对于黑客而言，可以将蓝牙适配器的MAC地址修改成其他的或者指定的地址，以达到迷惑欺骗对方的攻击目的。

修改蓝牙设备地址比较常用的工具是bdaddr，该工具在BackTrack4 Linux下已经内置。这里就来介绍如何使用bdaddr，具体的操作步骤如下。

Step 01 查看当前蓝牙设备的地址，输入hciconfig，按Enter键后出现如下图所示的内容，在其中可以查看当前设备的MAC地址。

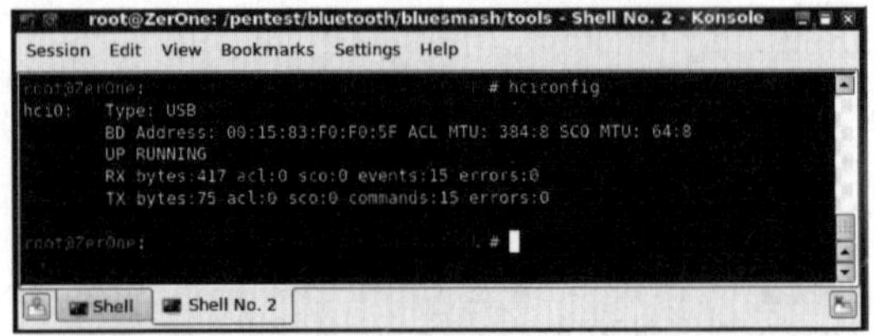

Step 02 作为测试，这里就修改成“00:11:22:33:44:55”，具体命令如下：

```
bdaddr [-i hci0] [00: 11: 22: 33: 44: 55]
```

按Enter键后，就可以看到如下图所示的内容。其中在MAC地址下方显示的是“Address changed- Reset device now”，即地址成功修改，重新启动蓝牙适配器。接下来只要使用命令hciconfig hci0 reset就可以。

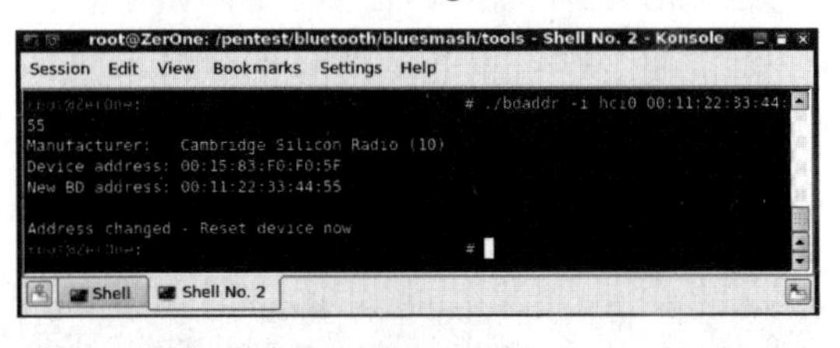

提示：修改蓝牙设备MAC地址命令的具体格式如下：

```
bdaddr  [-i <dev>]  [new bd-addr]
```

【参数解释】

- -i <dev>：后跟蓝牙设备，就是前面载入的设备，一般都是以hci0、hci1等名称设置，这里是hci0。
- bd_addr：此为希望修改成的蓝牙MAC地址。

练习2：使用耳机建立通信

蓝牙之间配对完成后，就可以使用耳机建立通信了，具体的操作步骤如下。

Step 01 已经成功配对，此时就可以在BlueSoleil的主界面上方单击左上角的“蓝牙个人局域网”图标。直接双击可以建立连接，或者右键单击建立连接、查看状态及属性等。

Step 02 一旦连接成功，就会看到在BlueSoleil主界面中心和蓝牙耳机图标出现了一条不断闪动的双向链路。此时，蓝牙设备图标及Windows操作系统任务栏右下角蓝牙图标的颜色会从原来的蓝色变成绿色。

Step 03 现在，在Ubuntu操作系统下随意选中一个文件，选择“发送到”菜单命令，就能够看到如下图所示的内容，在“发送作为”栏中选择“蓝牙（OBEX Push）”，然后在“发送到”栏中选择目标为已经建立关联的名为“mckh3e8b4f1bc6”的主机设备，单击“发送”按钮。

Step 04 此时，在Windows 2003操作系统下的BlueSoleil上就能够看到如下图所示的弹出窗口，提示当前名为“ZerOne-0”的设备正试图建立蓝牙信息交互，单击“是”按钮接受这一请求。

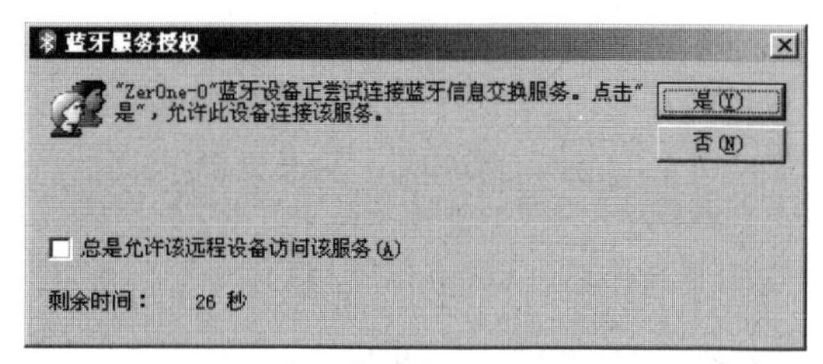

Step 05 当Windows用户接受请求后，在Ubuntu操作系统下就会出现如下图所示的文件传输窗口，可以看到传输速度为77KB/s，这个速度和蓝牙设备间距离、蓝牙协议版本等都有关系。

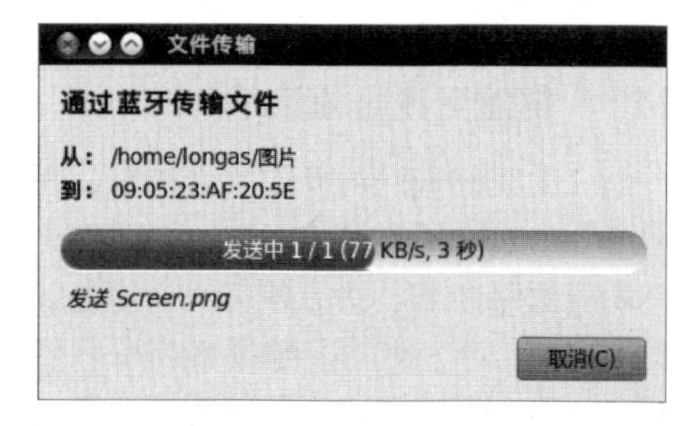

这样，就成功地建立了不同类型操作系统间的蓝牙连接，并能够通过该连接分享和传输诸如图片、mp3、文档等各类文件，这样的蓝牙局域网传输技术优点很明显，不但可以不需要路由器的支持，还可以在最节省电量的情况下实现文件共享，同时在距离上还能够保证10m甚至更远范围内的有效传输。

第17章 无线网络安全的防护策略

无线网络是利用电磁波作为数据传输的媒介，就应用层面而言，与有线网络的用途完全相似，最大的不同是传输信息的媒介不同。本章介绍无线网络安全的防护策略，主要内容包括组建无线局域网、共享无线上网、无线网络的安全防护策略和无线路由器的管理工具等。

17.1 组建无线网络

无线局域网络的搭建给家庭无线办公带来了很多方便，而且可随意改变家庭里的办公位置而不受束缚，大大适应了现代人的追求。

17.1.1 搭建无线局域网环境

建立无线局域网的操作比较简单，在有线网络到户后，用户只需连接一个具有无线WiFi功能的路由器，然后各房间里的电脑、笔记本电脑、手机和iPad等设备都可利用无线网卡与路由器之间建立无线链接，即可构建整个办公室的内部无线局域网，如下图所示为一个无线局域网连接示意图。

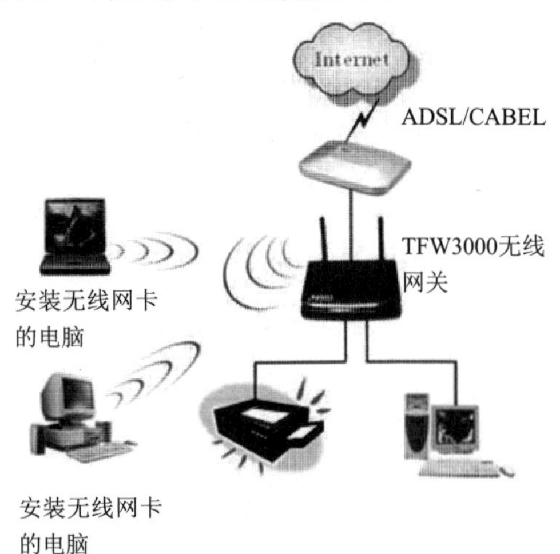

17.1.2 配置无线局域网

建立无线局域网的第一步就是配置无线路由器，默认情况下，具有无线功能的路由器是不开启无线功能的，需要用户手动配置。在开启路由器的无线功能后，就可以配置无线网了。

使用电脑配置无线网的操作步骤如下。

Step 01 打开IE浏览器，在地址栏中输入路由器的网址，一般情况下路由器的默认网址为“192.168.0.1”，输入完毕后单击“转至”按钮，即可打开路由器的登录窗口。

Step 02 在“请输入管理员密码”文本框中输入管理员的密码，默认情况下管理员的密码为123456。

Step 03 单击“确认”按钮，即可进入路由器的“运行状态”工作界面，在其中可以查看路由器的基本信息。

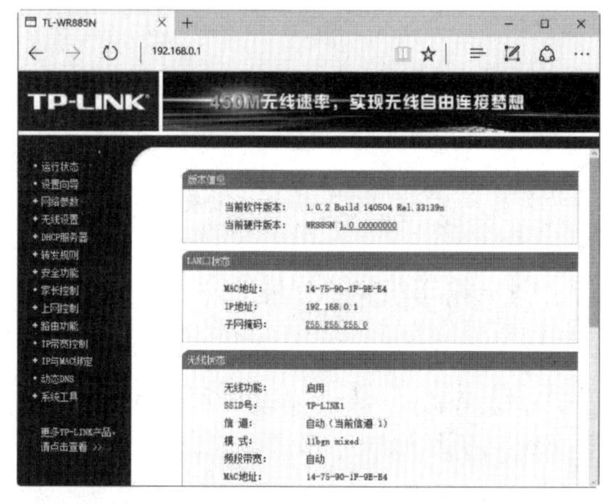

Step 04 选择窗口左侧的“无线设置”选项，在打开的子选项中选择“基本信息”选项，即可在右侧的窗格中显示无线设置的基本功能，并分别勾选“开启无线功能”复选框和“开启SSID广播”复选框。

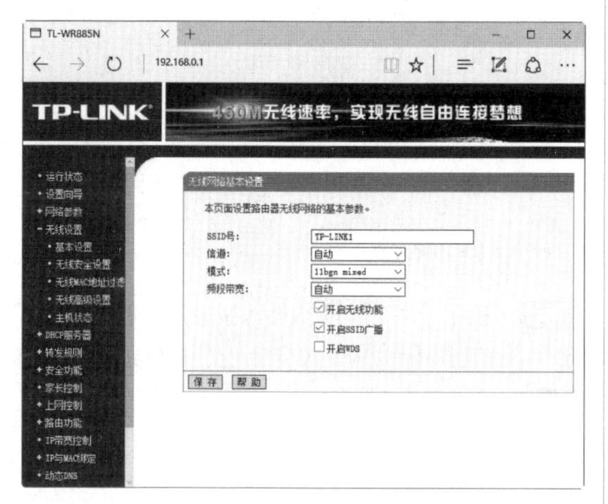

Step 05 当开启路由器的无线功能后，单击“保存”按钮进行保存，然后重新启动路由器，即可完成无线网的设置，这样具有WiFi功能的手机、电脑、iPad等电子设备就可以与路由器进行无线连接，从而实现共享上网。

17.1.3　将电脑接入无线网

笔记本电脑具有无线接入功能，台式电脑要想接入无线网，需要购买相应的无线接收器。这里以笔记本电脑为例，介绍如何将电脑接入无线网，具体的操作步骤如下。

Step 01 双击笔记本电脑桌面右下角的无线连接图标，打开“网络和共享中心”窗口，在其中可以看到本台电脑的网络连接状态。

Step 02 单击笔记本电脑桌面右下角的无线连接图标，在打开的界面中显示了电脑自动搜索的无线设备和信号。

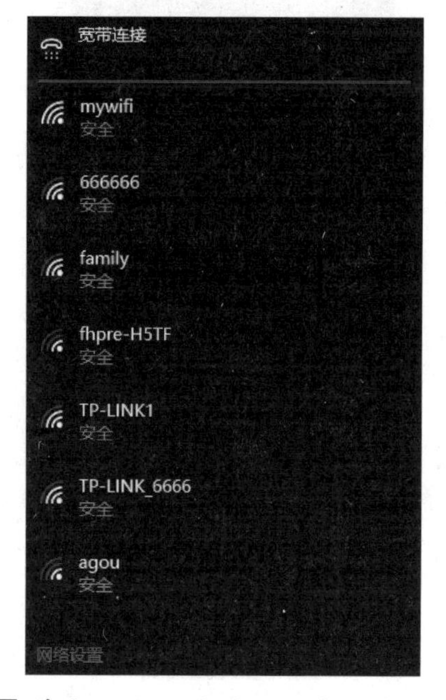

Step 03 单击一个无线连接设备，展开无线连接功能，在其中勾选“自动连接”复选框。

Step 04 单击“连接”按钮，在打开的界面中输入无线连接设备的连接密码。

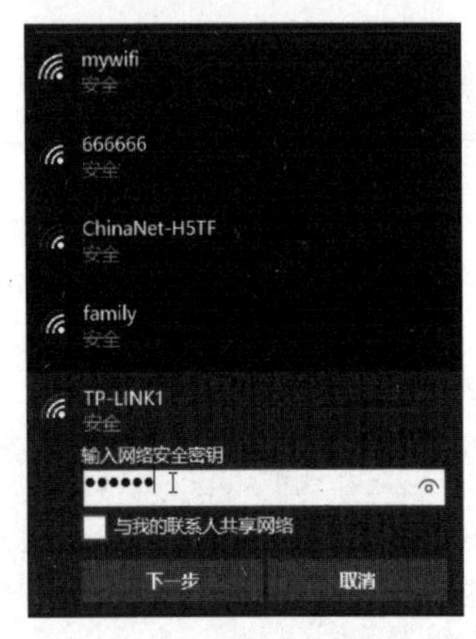

Step 05 单击“下一步”按钮，开始连接网络。

Step 06 连接到网络后，桌面右下角的无线连接设备显示正常，并以弧线的方法给出信号的强弱。

Step 07 再次打开“网络和共享中心”窗口，在其中可以看到这台电脑当前的连接状态。

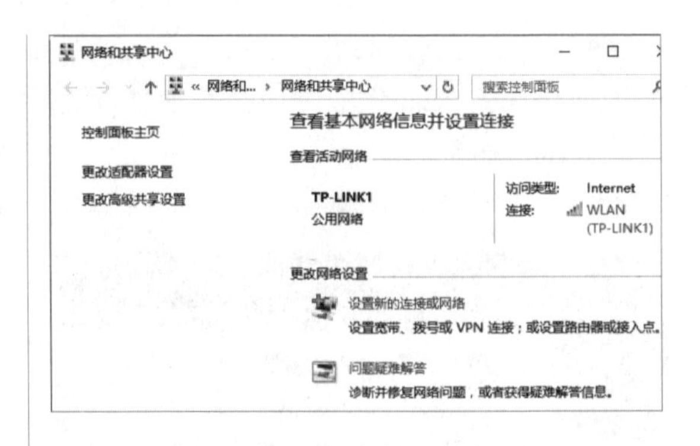

17.1.4　将手机接入WiFi

无线局域网配置完成后，用户可以将手机接入WiFi，从而实现无线上网。手机接入WiFi的具体操作步骤如下。

Step 01 在手机界面中用手指点按“设置”图标，进入手机的“设置”界面。

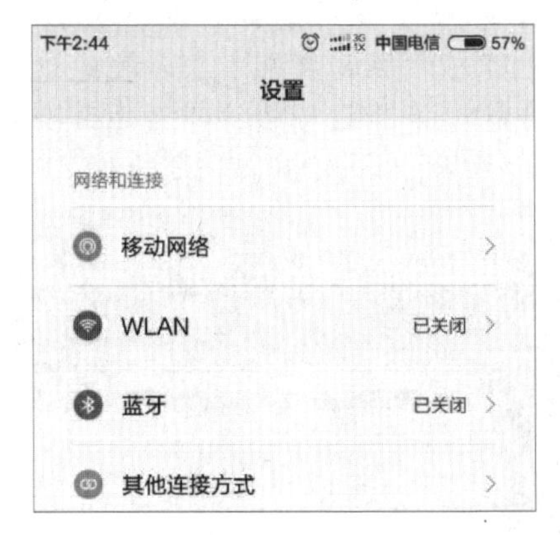

Step 02 使用手指点按WLAN右侧的“已关闭”，开启手机WLAN功能，并自动搜索周围可用的WLAN。

Step 03 使用手指点按下面可用的WLAN，弹出连接界面，在其中输入相关密码。

Step 04 点按“连接”按钮，即可将手机接入WiFi，并在下方显示“已连接”字样，这样手机就接入了WiFi，然后就可以使用手机进行上网了。

17.2　电脑和手机共享无线上网

随着网络和手机上网的普及，电脑和手机的网络是可以互相共享的，这在一定程度上方便了用户，例如：如果手机共享电脑的网络，则可以节省手机的上网流量；如果自己的电脑不在有线网络环境中，则可以利用手机的流量进行电脑上网。

17.2.1　手机共享电脑的网络

电脑和手机网络的共享需要借助第三方软件，这样可以使整个操作简单方便，这里以借助360免费WiFi软件为例进行介绍，具体的操作步骤如下。

Step 01 将电脑接入WiFi环境中。

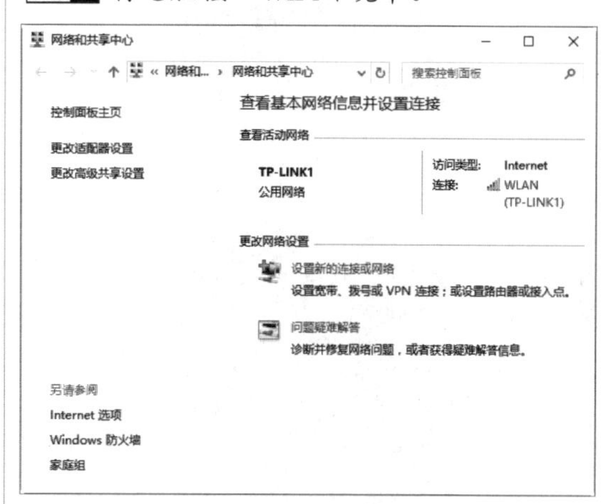

Step 02 在电脑中安装360免费WiFi软件，然后打开其工作界面，在其中设置WiFi名称与密码。

Step 03 打开手机的WLAN搜索功能，可以看到搜索出来的WiFi名称，如这里是“LB-LINK1”。

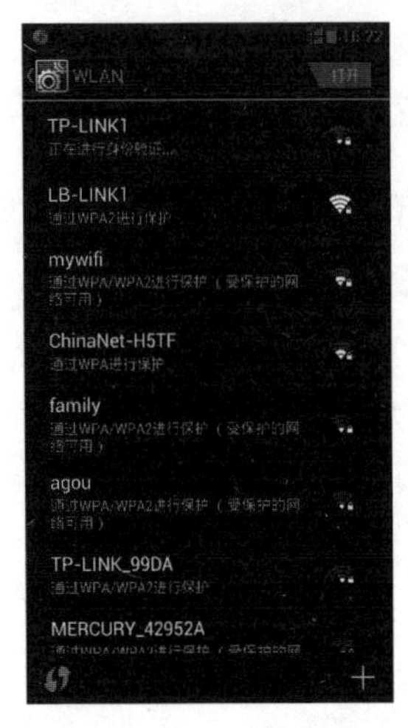

Step 04 使用手指点按“LB-LINK1”，即可打开WiFi连接界面，在其中输入密码。

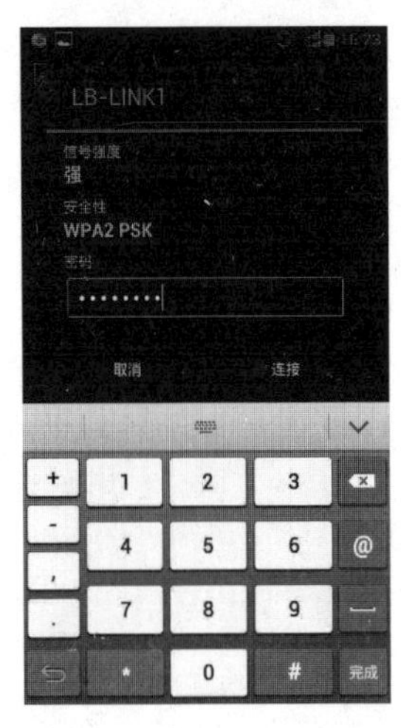

Step 05 点按“连接”按钮，手机就可以通过电脑发出来的WiFi信号进行上网了。

Step 06 返回到电脑工作环境中，在“360免费WiFi”的工作界面中选择“已经连接的手机”选项卡，则可以在打开的界面中查看通过此电脑上网的手机信息。

17.2.2 电脑共享手机的网络

手机可以共享电脑的网络，电脑也可以共享手机的网络，具体的操作步骤如下。

Step 01 打开手机，进入手机的设置界面，在其中使用手指点按“便携式WLAN热点”，开启手机的便携式WLAN热点功能。

Step 02 返回到电脑的操作界面，单击右下角的无线连接图标，在打开的界面中显示了电脑自动搜索的无线设备和信号，这里就可以看到手机的无线设备信息“HUAWEI C8815”，单击手机无线设备。

Step 03 打开其连接界面，单击“连接”按钮。

Step 04 此时，可以看到正在将电脑通过手机设备连接网络。

Step 05 连接成功后，在手机设备下方显示“已连接，开放”信息，其中的“开放”表示该手机设备没有进行加密处理。

提示：至此，就完成了电脑通过手机上网的操作，这里需要注意的是一定要注意手机的上网流量。

17.3　无线网络的安全策略

无线网络不需要物理线缆，非常方便，但正因为无线需要靠无线信号进行信息传输，而无线信号又管理不便，所以数据的安全性更是遭到了前所未有的挑战，于是，各种各样的无线加密算法应运而生。

17.3.1　设置管理员密码

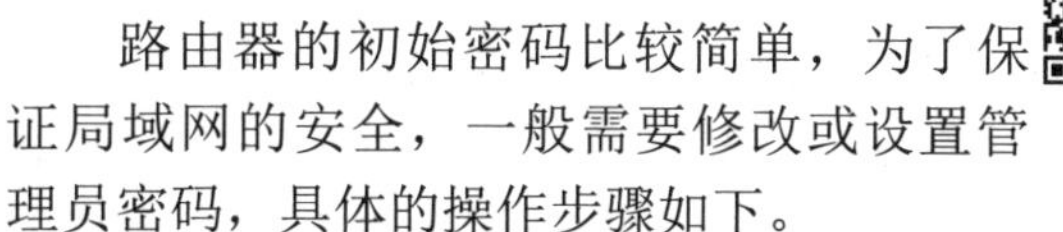

路由器的初始密码比较简单，为了保证局域网的安全，一般需要修改或设置管理员密码，具体的操作步骤如下。

Step 01 打开路由器的Web后台设置界面，选择“系统工具”选项下的“修改登录密码”选项，打开“修改管理员密码”工作界面。

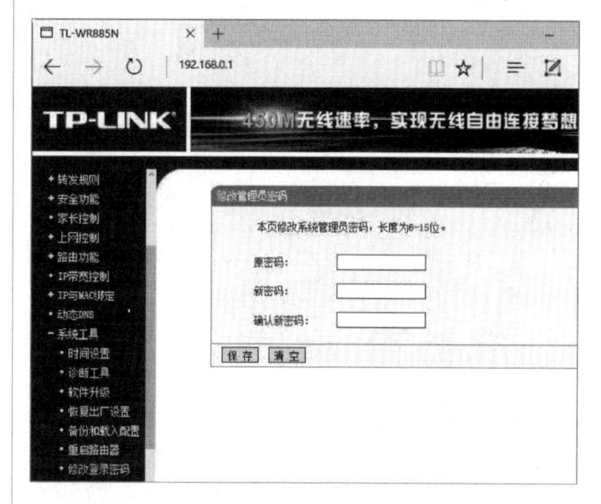

Step 02 在“原密码”文本框中输入原来的密码，在“新密码”文本框和“确认新密码”文本框中输入新设置的密码，最后单击“保存”按钮即可。

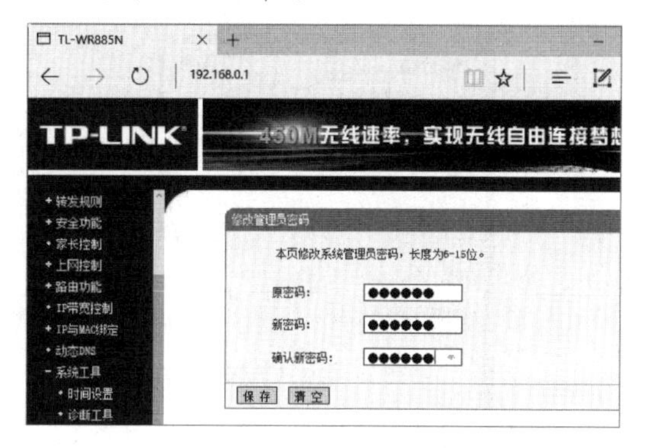

17.3.2　无线网络WEP加密

WEP采用对称加密机理，数据的加密和解密采用相同的密钥和加密算法。下面详细介绍无线网络WEP加密的具体方法。

1. 设置无线路由器WEP加密数据

打开路由器的Web后台设置界面，单击左侧“无线设置”→“基本设置”选项，勾选“开启安全设置”复选框，在“安全类型”下拉列表中选择“WEP”选项，在“密钥格式选择”下拉列表中选择“ASCII码”选项。设置密钥，在“密钥1”后面的“密钥类型”下拉列表中选择“64位”选项，在“密钥内容”文本框中输入要使用的密码，本实例输入密码为cisco，单击“保存”按钮。

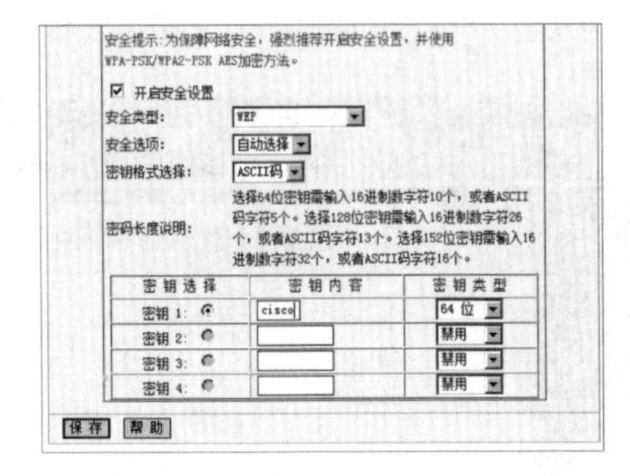

2. 客户端连接

需要WEP加密认证的无线客户端连接的具体操作步骤如下。

Step 01 单击系统桌面右下角的图标，无线客户端自动扫描到区域内的所有无线信号。

Step 02 右击“tp-link”信号，在弹出的快捷菜单中选择“连接”选项。

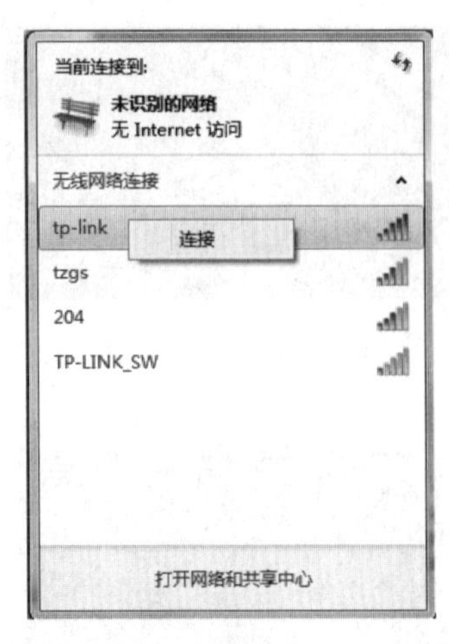

Step 03 弹出“连接到网络”对话框，在“安全密钥”文本框中输入密码cisco，单击“确定”按钮。

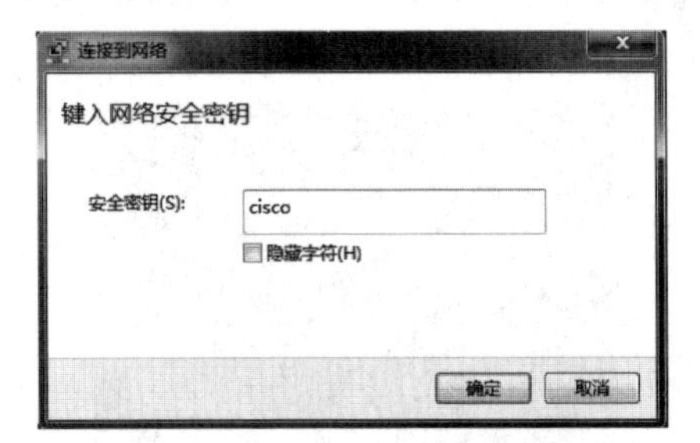

Step 04 单击系统桌面右下角的图标，将光标放在“tp-link”信号上，可以看到无线信号的连接情况，如下图所示表明已经成功连接无线路由器。

17.3.3 WPA-PSK安全加密算法

WPA-PSK可以看成是一个认证机制，只要求一个单一的密码进入每个无线局域网节点（例如无线路由器），只要密码正确，就可以使用无线网络。下面介绍如何使用WPA-PSK或者WPA2-PSK加密无线网络。

1. 设置无线路由器WPA-PSK安全加密数据

Step 01 打开路由器的Web后台设置界面，选择左侧“无线设置”→“基本设置”选项，勾选“开启安全设置”复选框，在“安全类型”下拉列表中选择“WPA-PSK/WAP2-PSK”选项，在“安全选项”下拉列表和“加密方法”下拉列表中分别选择“自动选择”选项，在“PSK密码”文本框中输入加密密码，本实例设置密码为sushi1986。

☑ 开启无线功能
☑ 允许SSID广播
☐ 开启Bridge功能
安全提示：为保障网络安全，强烈推荐开启安全设置，并使用WPA-PSK/WPA2-PSK AES加密方法。
☑ 开启安全设置
安全类型： WPA-PSK/WPA2-PSK
安全选项： 自动选择
加密方法： 自动选择
PSK密码： 最短为8个字符，最长为63个字符
sushi1986
组密钥更新周期： 86400 （单位为秒，最小值为30，不更新则为0）
保 存　帮 助

Step 02 单击“保存”按钮，弹出一个提示对话框，单击“确定”按钮，重新启动路由器即可。

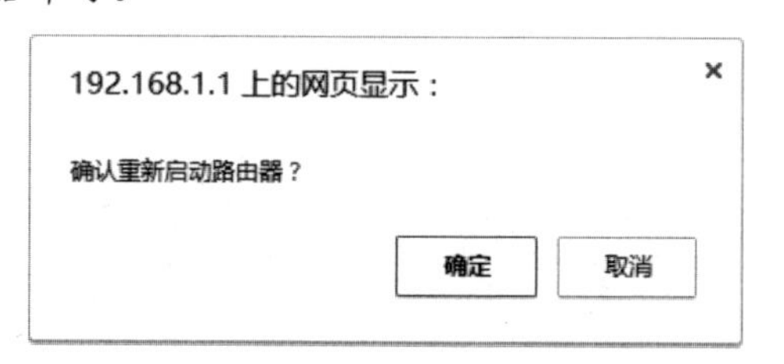

2. 使用WPA-PSK安全加密认证的无线客户端

Step 01 单击系统桌面右下角的图标，无线客户端会自动扫描区域内的无线信号。

Step 02 右击“tp-link”信号，在弹出的快捷菜单中选择“连接”选项。

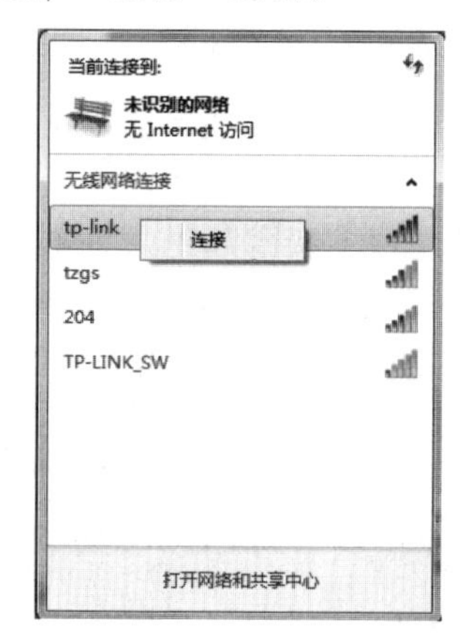

Step 03 弹出“连接到网络”对话框，在“安全密钥”文本框中输入密码sushi1986，单击“确定”按钮。

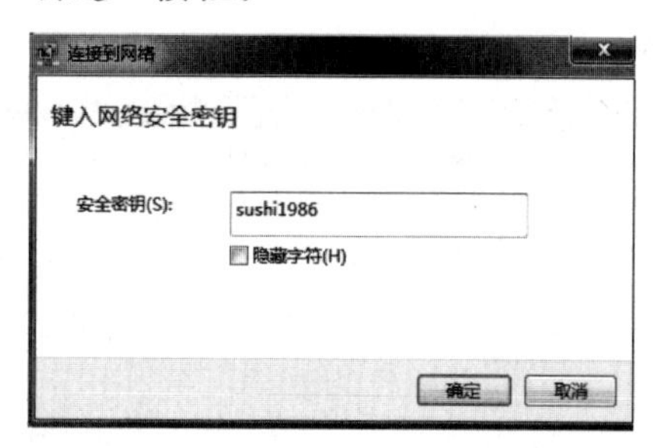

Step 04 单击系统桌面右下角的图标，将光标放在“tp-link”信号上，可以看到无线信号的连接情况，如下图所示表明已经成功连接无线路由器。

提示：在WPA-PSK加密算法的使用过程中，密码设置应该尽可能复杂，并且要注意定期更换密码。

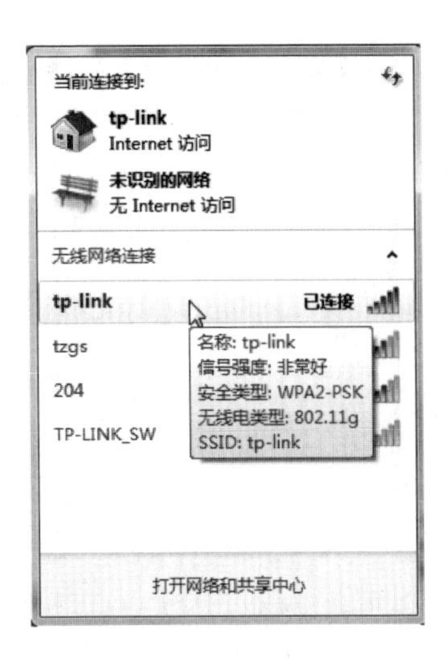

17.3.4 禁用SSID广播

SSID就是一个无线网络的名称，无线客户端通过无线网络的SSID来区分不同的无线网络。为了安全起见，往往要求无线AP禁止广播该SSID，只有知道该无线网络SSID的人员才可以进行无线网络连接。

1. 设置无线路由器禁用SSID广播

无线路由器禁用SSID广播的具体操作步骤如下。

Step 01 打开路由器的Web后台设置界面，设置自己无线网络的SSID信息，取消勾选“允许SSID广播”复选框，单击“保存”按钮。

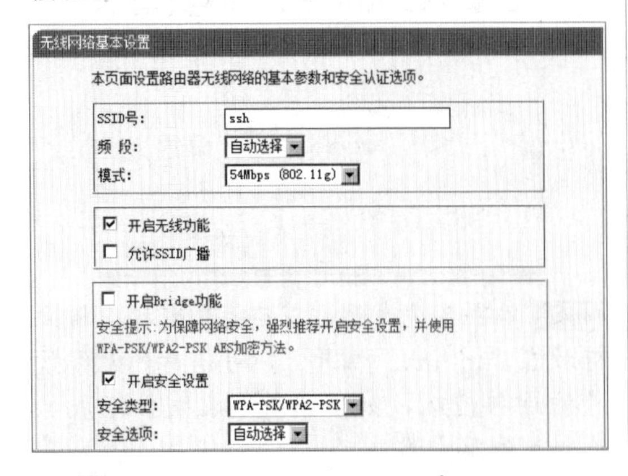

Step 02 弹出一个提示对话框，单击“确定”按钮，重新启动路由器。

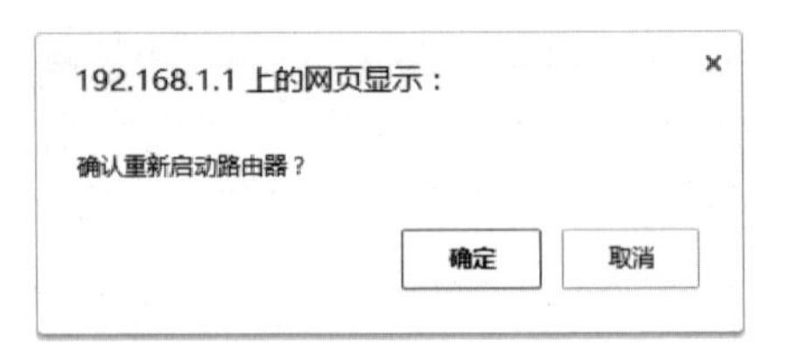

2. 客户端连接

禁用SSID广播的无线客户端连接的具体操作步骤如下。

Step 01 单击系统桌面右下角的图标，会看到无线客户端自动扫描到区域内的所有无线信号，会发现其中没有SSID为“ssh”的无线网络，但是会出现一个名称为“其他网络”的信号。

Step 02 右击“其他网络”，在弹出的快捷菜单中选择“连接”选项。

Step 03 弹出“连接到网络”对话框，在“名称”文本框中输入要连接网络的SSID号，本实例这里输入ssh，单击“确定”按钮。

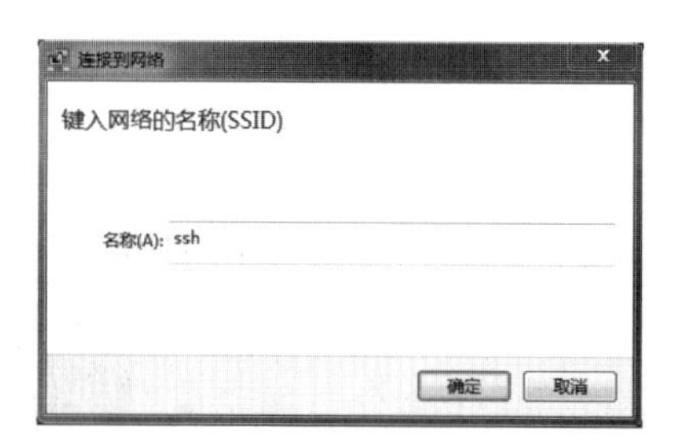

Step 04 在“安全密钥”文本框中输入无线网络的密钥，本实例这里输入密钥sushi1986，单击“确定”按钮。

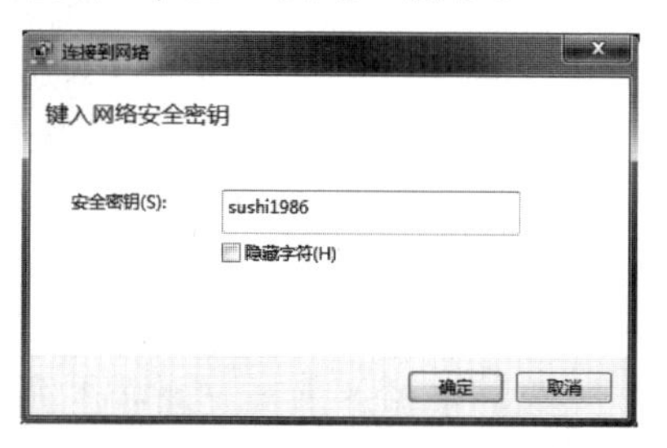

Step 05 单击系统桌面右下角的图标，将光标放在“ssh”信号上可以看到无线网络的连接情况，如下图所示表明无线客户端已经成功连接到无线路由器。

17.3.5　媒体访问控制地址过滤

网络管理的主要任务之一就是控制客户端对网络的接入和对客户端的上网行为进行控制，无线网络也不例外，通常无线AP利用媒体访问控制（MAC）地址过滤的方法来限制无线客户端的接入。

使用无线路由器进行MAC地址过滤的具体操作步骤如下。

Step 01 打开路由器的Web后台设置界面，单击左侧“无线设置”→“无线MAC地址过滤”选项，默认情况下MAC地址过滤功能是关闭状态，单击“启用过滤”按钮，开启MAC地址过滤功能，单击“添加新条目”按钮。

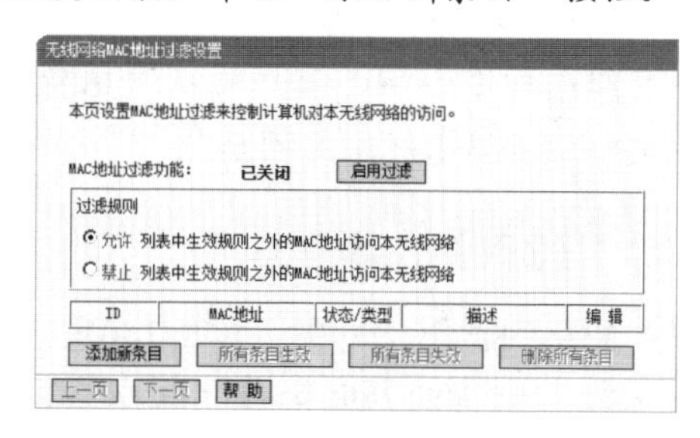

Step 02 打开“MAC地址过滤”对话框，在“MAC地址”文本框中输入无线客户端的MAC地址，本实例输入MAC地址为00-0C-29-5A-3C-97，在“描述”文本框中输入MAC描述信息为sushipc，在“类型”下拉列表中选择“允许”选项，在“状态”下拉列表中选择“生效”选项，依照此步骤将所有合法的无线客户端的MAC地址加入到此MAC地址表后，单击“保存”按钮。

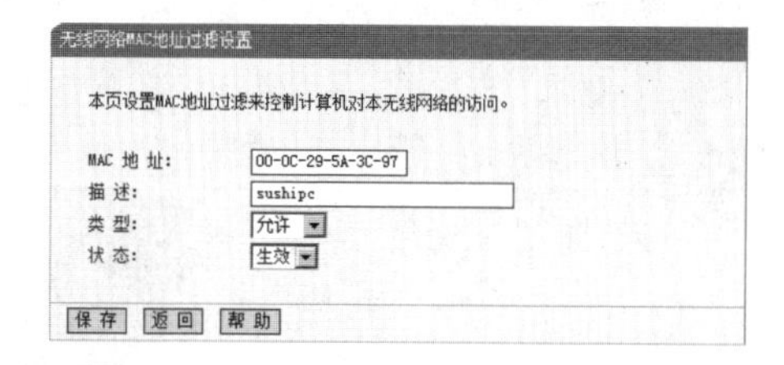

Step 03 选中“过滤规则”选项下的“禁止”单选按钮，表明在下面MAC列表中生效规则之外的MAC地址可以访问无线网络。

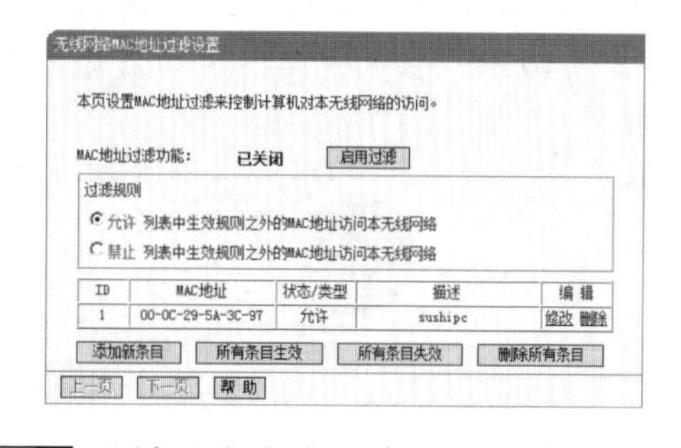

Step 04 这样无线客户端在访问无线AP时，会发现除了MAC地址表中的MAC地址外，其他的MAC地址无法访问无线AP，也就无法访问互联网。

17.4 无线路由器的安全管理工具

使用无线路由管理工具可以方便管理无线网络中的上网设备，本节就来介绍两个无线路由安全管理工具，包括《360路由器卫士》与《路由优化大师》。

17.4.1 《360路由器卫士》

《360路由器卫士》是一款由360官方推出的绿色、免费的家庭必备无线网络管理工具。《360路由器卫士》软件功能强大，支持几乎所有的路由器。在管理的过程中，一旦发现蹭网设备想禁止就禁止。下面介绍使用《360路由器卫士》管理网络的操作方法。

Step 01 下载并安装《360路由器卫士》，双击桌面上的快捷图标，打开“路由器卫士”工作界面，提示用户正在连接路由器。

Step 02 连接成功后，弹出“路由器卫士提醒您”对话框，在其中输入路由器账号与密码。

Step 03 单击“下一步”按钮，进入“我的路由”工作界面，在其中可以看到当前的在线设备。

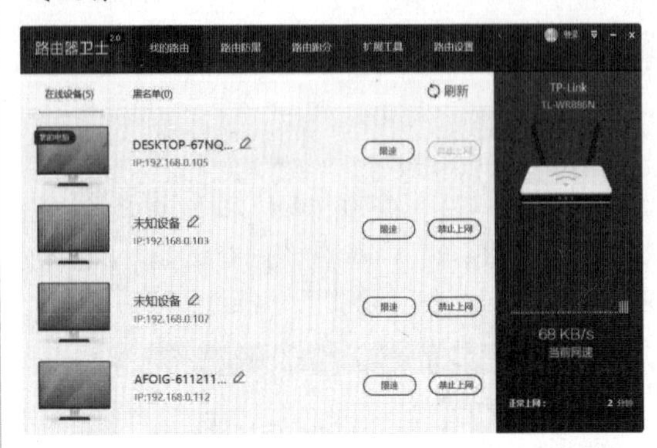

Step 04 如果想要对某个设备限速，则可以单击设备后的“限速”按钮，打开“限速”对话框，在其中设置设备的上传速度与下载速度，设置完毕后单击“确认”按钮即可保存设置。

Step 05 在管理的过程中，一旦发现有蹭网设备，可以单击该设备后的“禁止上网”按钮。

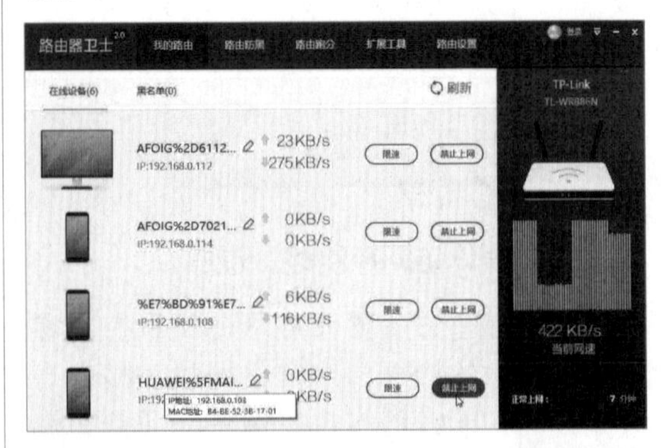

Step 06 禁止上网后，选择“黑名单”选项卡，进入“黑名单”设置界面，在其中可以看到被禁止的上网设备。

Step 07 选择“路由防黑”选项卡，进入“路由防黑”设置界面，在其中可以对路由器进行防黑检测。

Step 08 单击“立即检测”按钮，即可开始对路由器进行检测，并给出检测结果。

Step 09 选择“路由跑分”选项卡，进入“路由跑分”设置界面，在其中可以查看当前路由器信息。

Step 10 单击“开始跑分”按钮，即可开始评估当前路由器的性能。

Step 11 评估完成后，会在“路由跑分”界面中给出跑分排行榜信息。

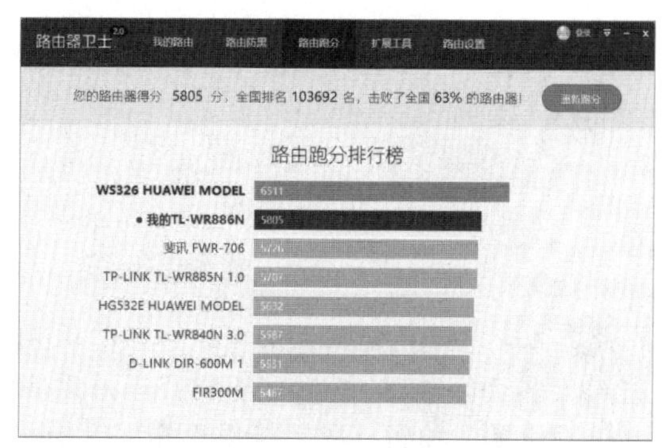

Step 12 选择“路由设置”选项卡，进入“路由设置”界面，在其中可以对宽带上网、WiFi密码、路由器密码等选项进行设置。

Step 13 选择“路由时光机”选项，在打开的界面中单击“立即开启”按钮，即可打开“时光机开启”设置界面，在其中输入360账号和密码，然后单击“立即登录并开启”按钮，即可开启时光机。

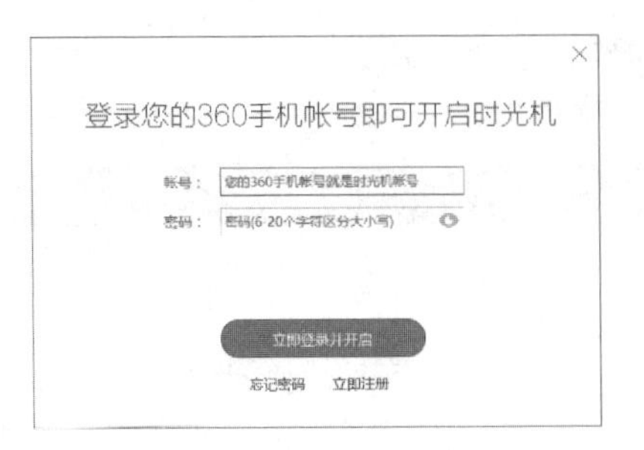

Step 14 选择“宽带上网”选项，进入“宽带上网”界面，在其中输入网络运营商给出的上网账号和密码，单击“保存设置”按钮，即可保存设置。

Step 15 选择“WiFi密码”选项，进入“WiFi密码”界面，在其中输入WiFi密码，单击“保存设置”按钮，即可保存设置。

Step 16 选择“路由器密码”选项，进入“路由器密码”界面，在其中输入路由器密码，单击“保存设置”按钮，即可保存设置。

Step 17 选择“重启路由器”选项，进入“重启路由器”界面，单击“重启”按钮，即可对当前路由器进行重启操作。

Step 18 使用《360路由器卫士》在管理无线网络安全的过程中，一旦检测到有设备通过路由器上网，就会在电脑桌面的右上角弹出信息提示框。

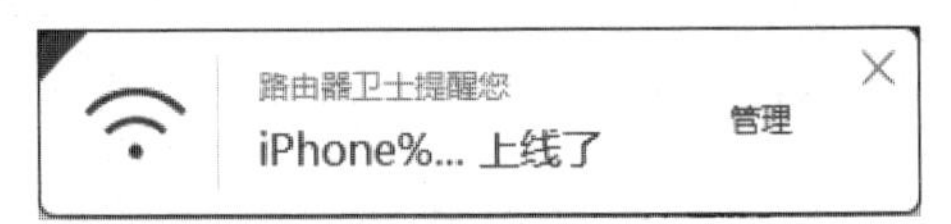

Step 19 单击“管理”按钮，打开该设备的详细信息界面，在其中可以对网速进行限制管理，最后单击“确认”按钮即可。

17.4.2 《路由优化大师》

《路由优化大师》是一款专业的路由器设置软件，其主要功能有一键设置优化路由、屏广告、防蹭网、路由器全面检测及高级设置等，从而保护路由器安全。

使用《路由优化大师》管理无线网络安全的具体操作步骤如下。

Step 01 下载并安装《路由优化大师》，双击桌面上的快捷图标，即可打开“路由优化大师”的工作界面。

Step 02 单击“登录”按钮，打开“RMTools”窗口，在其中输入管理员密码。

Step 03 单击“确定”按钮，即可进入路由器工作界面，在其中可以看到主人网络和访客网络信息。

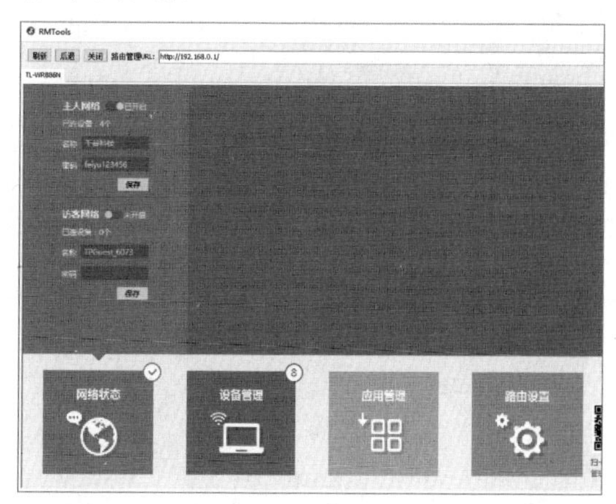

Step 04 单击“设备管理”图标，进入“设备管理”工作界面，在其中可以看到当前无线网络中的连接设备。

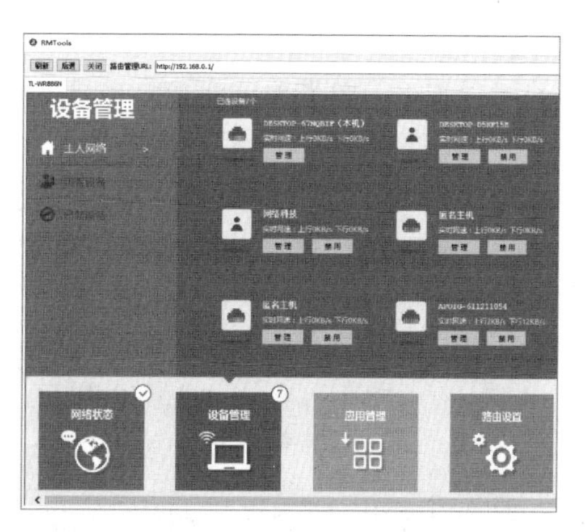

Step 05 如果想要对某个设备进行管理，则可以单击“管理”按钮，进入该设备的管理界面，在其中可以设置设备的上传速度、下载速度及上网时间等信息。

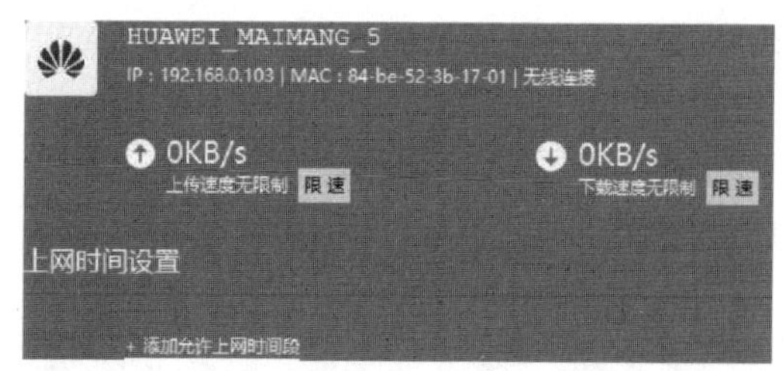

Step 06 单击“添加允许上网时间段”超链接，即可打开上网时间段的设置界面，在其中可以设置时间段描述、开始时间和结束时间等信息。

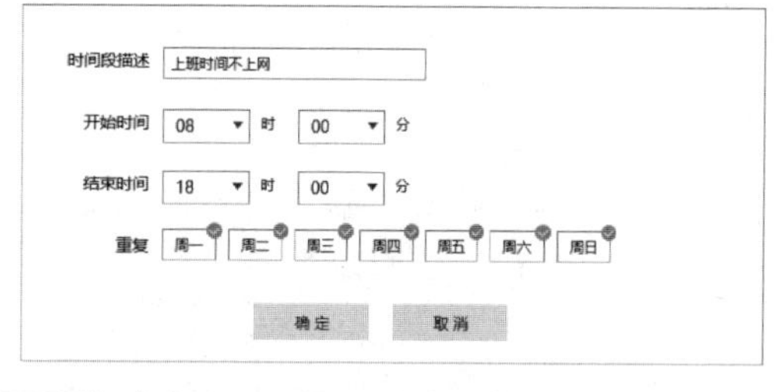

Step 07 单击“确定”按钮，即可完成上网时间段的设置操作。

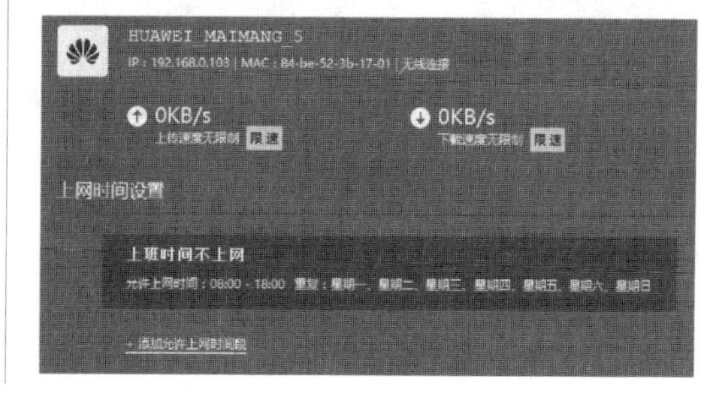

Step 08 单击“应用管理”图标，即可进入“应用管理”工作界面，在其中可以看到路由优化大师为用户提供的应用程序。

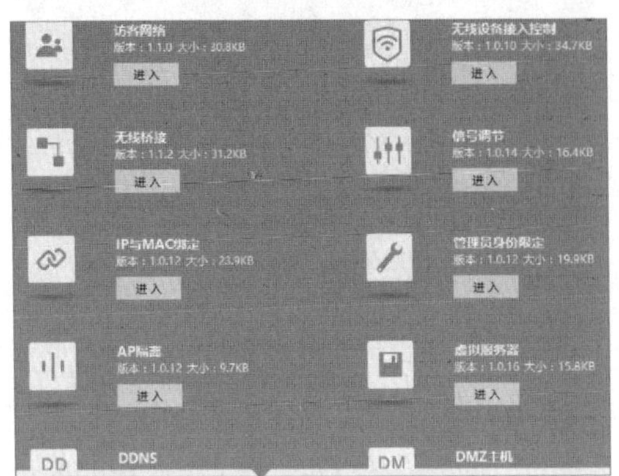

Step 09 如果想要使用某个应用程序，则可以单击某应用程序下的“进入”按钮，进入该应用程序的设置界面。

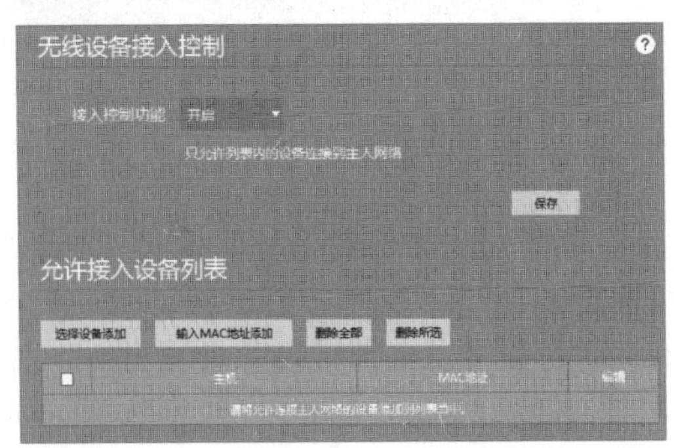

Step 10 单击“路由设置”图标，在打开的界面中可以查看当前路由器的设置信息。

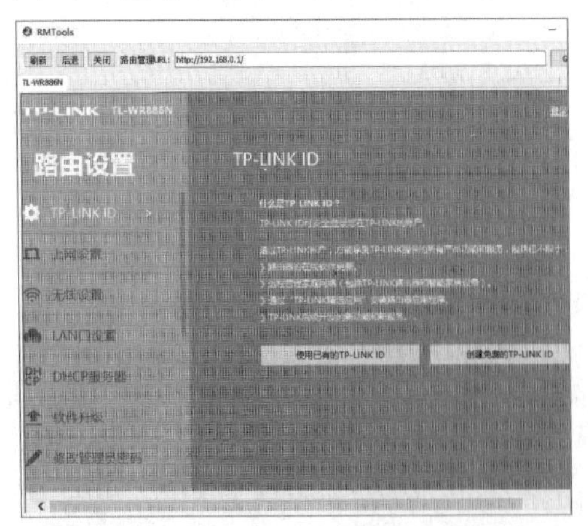

Step 11 选择左侧的“上网设置”选项，在打开的界面中可以对当前的上网信息进行设置。

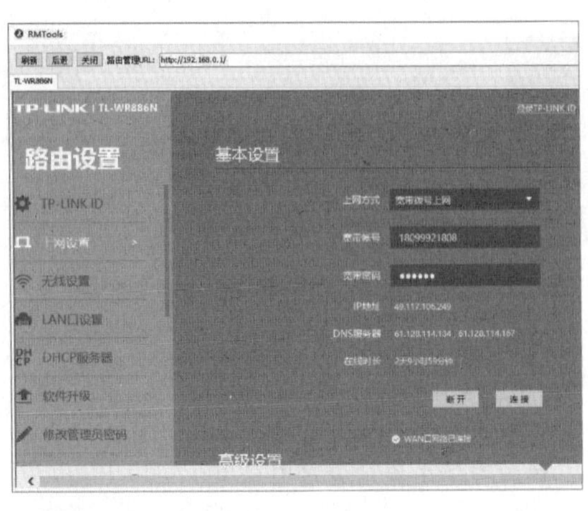

Step 12 选择“无线设置”选项，在打开的界面中可以对路由的无线功能进行开关及对名称、密码等信息进行设置。

Step 13 选择“LAN口设置”选项，在打开的界面中可以对路由的LAN口进行设置。

Step 14 选择“DHCP服务器”选项，在打开的界面中可以对路由的DHCP服务器进行设置。

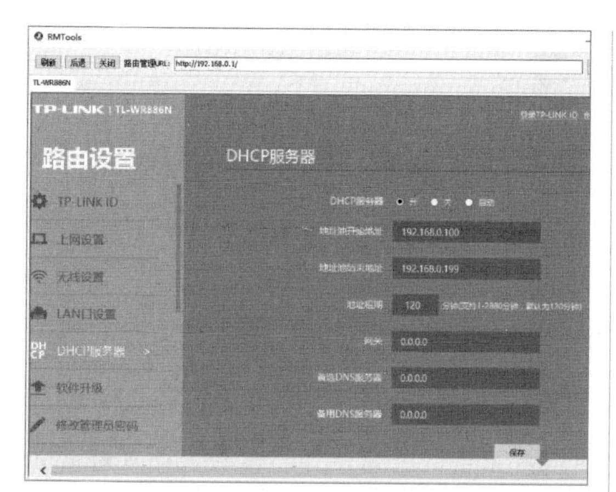

Step 15 选择“在线升级”选项，在打开的界面中可以对路由优化大师的版本进行升级操作。

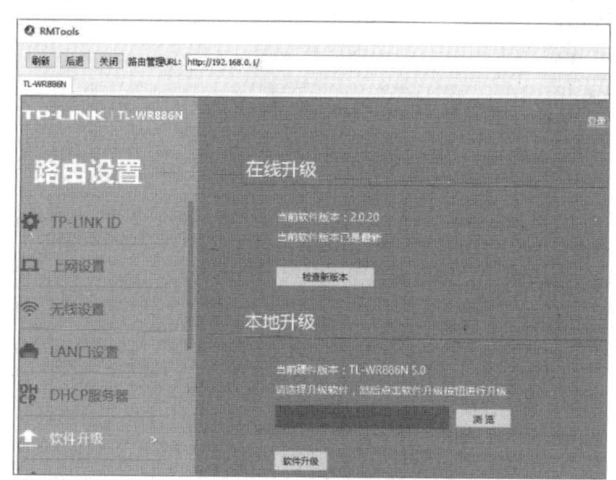

Step 16 选择“修改管理员密码”选项，在打开的界面中可以对管理员密码进行修改设置。

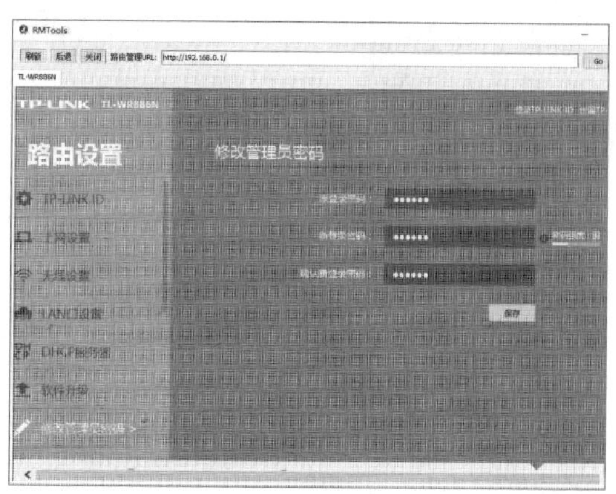

Step 17 选择“备份和载入配置”选项，在打开的界面中可以对当前路由器的配置进行备份和载入设置。

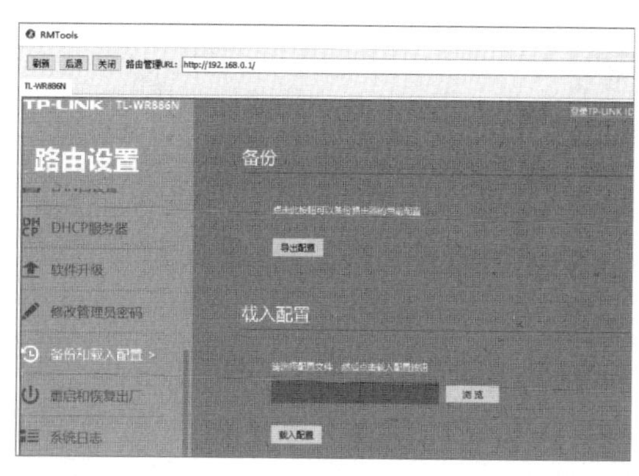

Step 18 选择“重启和恢复出厂”选项，在打开的界面中可以对当前路由器进行重启和恢复出厂设置。

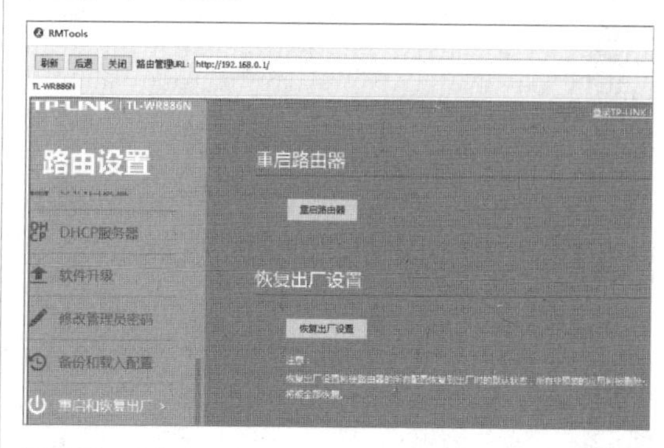

Step 19 选择“系统日志”选项，在打开的界面中可以查看当前路由器的系统日志信息。

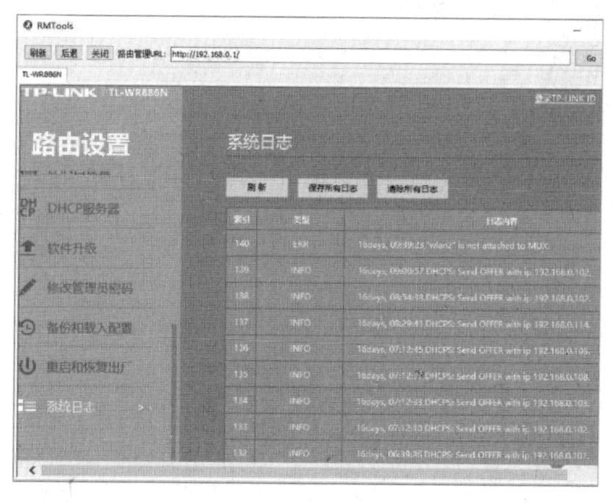

Step 20 路由器设备设置完毕后，返回到路由优化大师的工作界面中，选择“防蹭网”选项，在打开的界面中可以设置进行防蹭网设置。

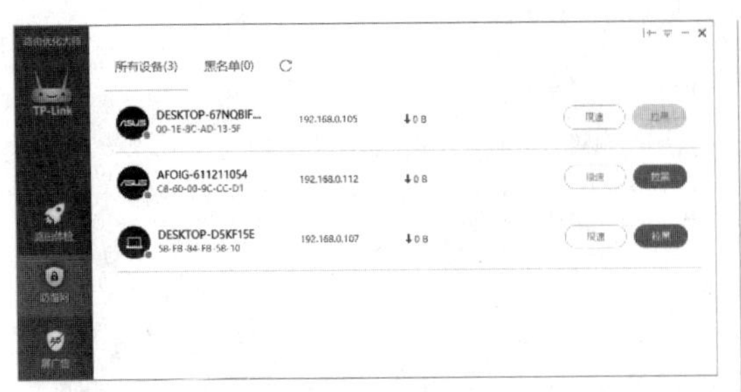

Step 21 选择“屏广告”选项，在打开的界面中可以设置过滤广告是否开启。

Step 22 单击“开启广告过滤”按钮，即可开启视频过滤广告功能。

Step 23 单击“立即清理”按钮，即可清理广告信息。

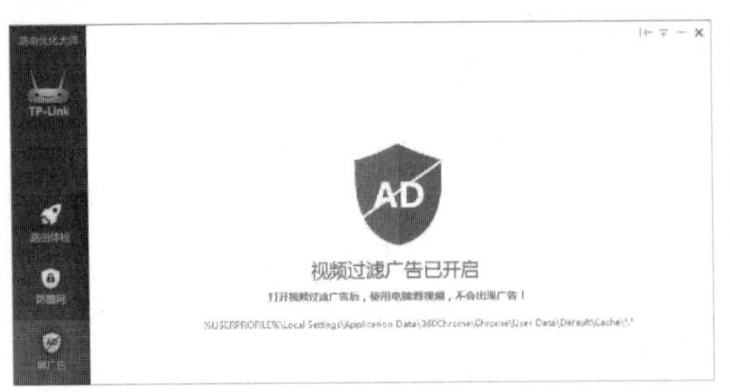

Step 24 选择“测网速”选项，进入网速测试设置界面。

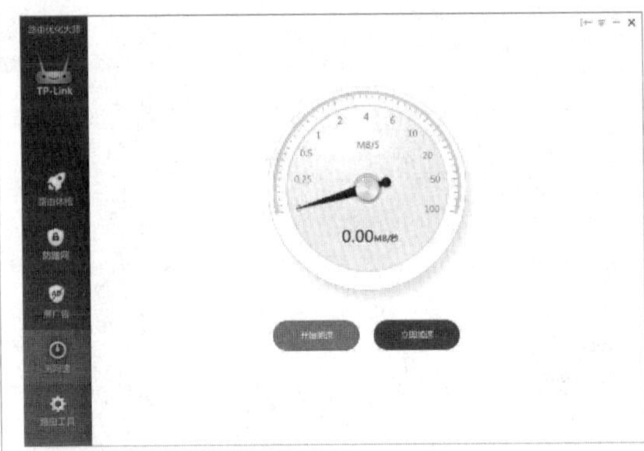

Step 25 单击“开启测速”按钮，即可对当前网络进行测速操作，测出来的结果显示在工作界面中。

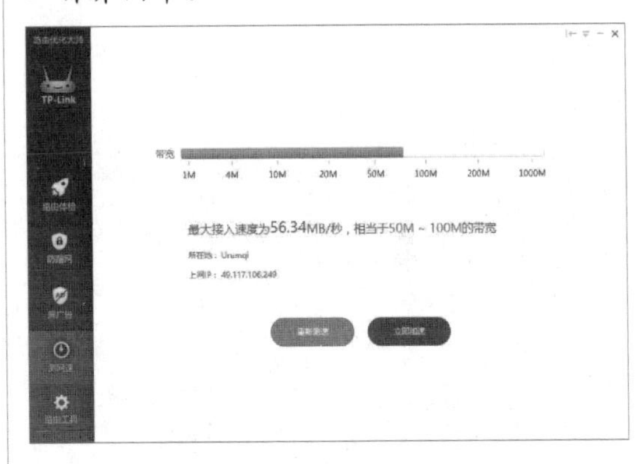

17.5 实战演练

实战演练1——控制无线网中设备的上网速度

在无线局域网中所有的终端设备都是通过路由器上网的，为了更好地管理各个终端设备的上网情况，管理员可以通过路由器控制上网设备的上网速度，具体的操作步骤如下。

Step 01 打开路由器的Web后台设置界面，在其中选择“IP宽带控制”选项，在右侧的窗格中可以查看相关的功能信息。

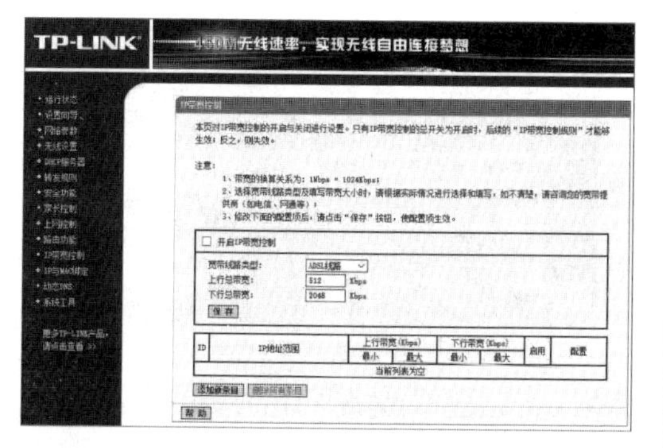

Step 02 勾选“开启IP宽带控制”复选框，即可在下方的设置区域中对设备的上行总宽带和下行总宽带数进行设置，进而控制终端设置的上网速度。

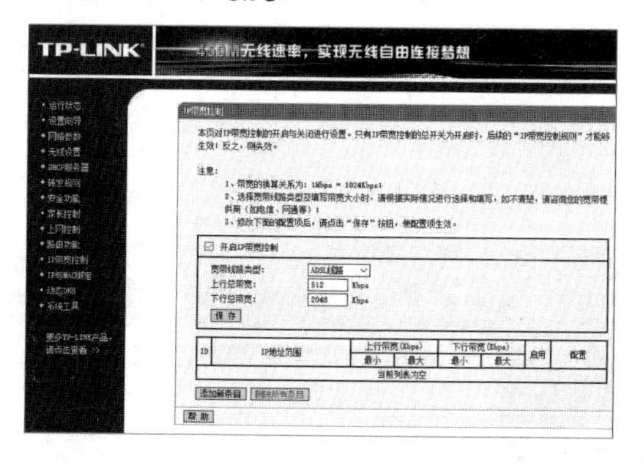

实战演练2——诊断和修复网络不通的问题

当计算机不能上网时，说明计算机与网络连接不通，这时就需要诊断和修复网络了，具体的操作步骤如下。

Step 01 打开“网络连接”窗口，右击需要诊断的网络图标，在弹出的快捷菜单中选择“诊断”选项，弹出“Windows网络诊断”对话框，并显示网络诊断的进度。

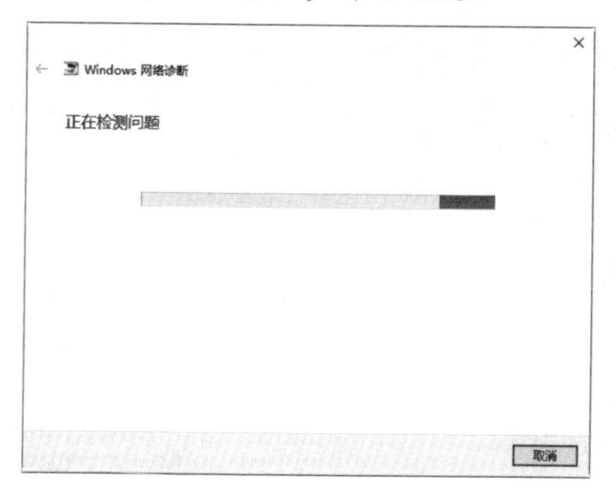

Step 02 诊断完成后，将会在下方的窗格中显示诊断的结果。

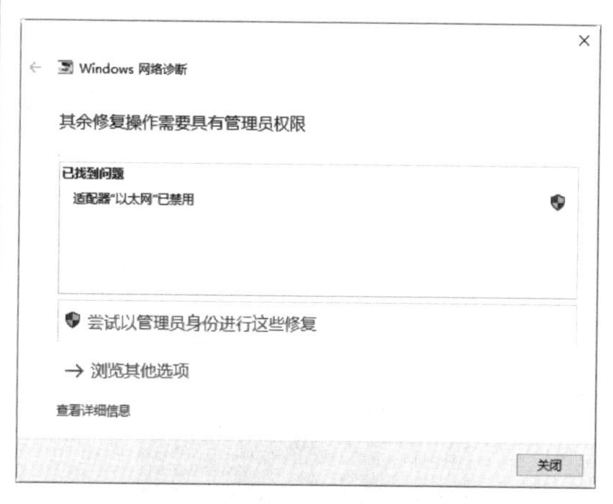

Step 03 单击“尝试以管理员身份进行这些修复”连接，即可开始对诊断出来的问题进行修复。

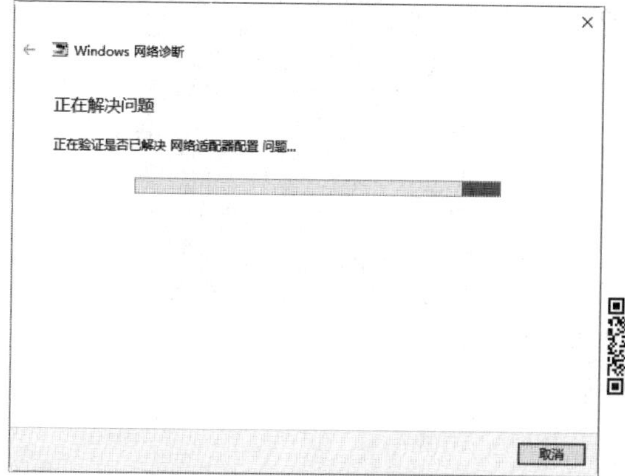

Step 04 修复完毕后，会给出修复的结果，提示用户疑难解答已经完成，并在下方显示已修复信息提示。

17.6 小试身手

练习1：加密手机的WLAN热点功能

为保证手机的安全，一般需要给手机的WLAN热点功能添加密码，具体的操作步骤如下。

Step 01 在手机的移动热点设置界面中，点按“配置WLAN热点”功能，在弹出的界面中点按“开放”选项，可以选择手机设备的加密方式。

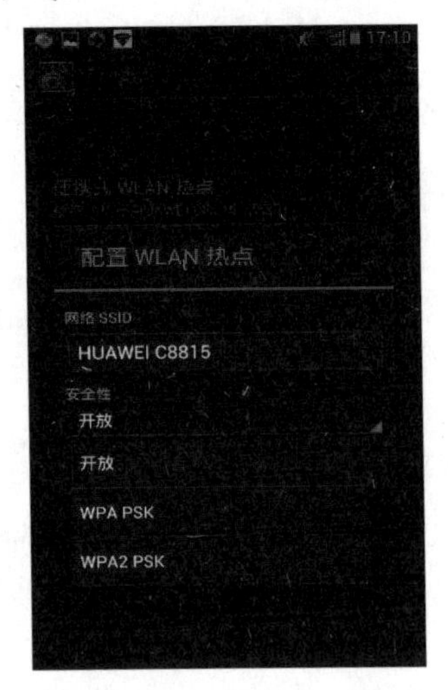

Step 02 选择好加密方式后，即可在下方显示密码输入框，在其中输入密码，然后单击“保存”按钮。

Step 03 加密完成后，使用电脑再连接手机设备时，系统提示用户输入网络安全密钥。

练习2：通过修改WiFi名称隐藏路由器

WiFi的名称通常是指路由器当中SSID号的名称，该名称可以根据自己的需要进行修改，具体的操作步骤如下。

Step 01 打开路由器的Web后台设置界面，在其中选择“无线设置”选项下的“基本设置”选项，打开“无线网络基本设置”工作界面。

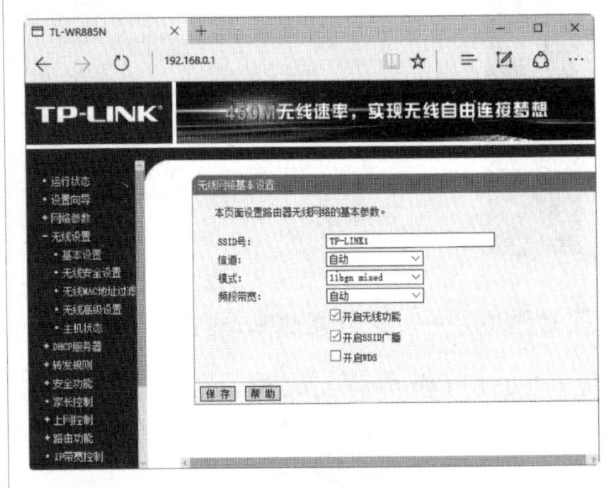

Step 02 将SSID号的名称由“TP-LINK1”修改为“WiFi”，单击“保存”按钮，即可保存修改后的WiFi名称。

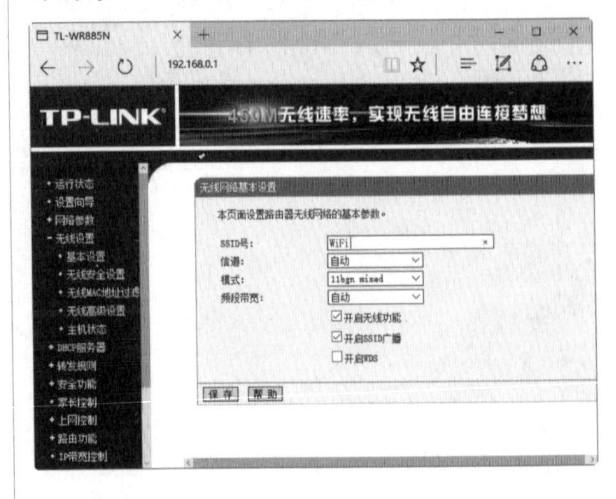